농업기계기사

필기

♻ (사) 한국농업기계학회

대표저자 강진석
공동저자 박영준 · 박재성 · 조우재
　　　　 이아영 · 남주석

Hj 골든벨타임

머리말

 농촌의 인구 감소와 고령화, 외국인 근로자의 유입 제한 등으로 농업 노동력 부족 문제가 대두되면서 농업기계의 중요성이 매우 커지고 있습니다. 이제 농업기계가 없는 농사는 상상할 수 없는 시대가 되었습니다.

 최근에는 발전된 정보통신기술을 접목한 농업기계가 등장하는 등 우리나라 농업기계산업이 새로운 도약을 준비하면서 국내 시장을 벗어나 세계로 향하고 있습니다. 트랙터의 경우 국내의 판매량보다 수출량이 훨씬 많고, 관련 작업기나 타 농업기계의 수출로 그 영역을 넓히며 농업기계산업의 외연 확대를 이끌고 있습니다. 현재 약 6조 원에 달하는 우리나라 농업기계 산업의 규모에도 불구하고 우리는 농업기계 전문인력이 부족합니다. 매년 농업기계기사 자격시험에 지원하는 사람이 줄어들고 있고, 합격률이 떨어져 고민이라고 걱정하면서도 학계에서 이를 해결하기 위한 실질적인 노력이 부족했던 것도 사실이기에 새로운 전략이 필요했습니다.

 그리하여 시작한 것이 우리 학회에서 실시한 온라인 기출문제 풀이 강좌였습니다. (사)한국농업기계학회 게시판에 역대급 조회 수를 기록한 것이 온라인 강좌였으니, 학생들을 비롯한 수험자의 목마름을 느끼기에는 충분했습니다. 다음 단계로 추진한 것이 이 수험서의 발간입니다. 기존 수험서의 경우 시험 과목 전체를 대상으로 하고 있지 않고 일부 과목만 기술했기에 이를 인지하지 못하고 시험을 준비하려 한 나조차도 당황했었던 기억이 납니다. 그것이 수험서의 발간을 고려하게 된 계기이기도 했습니다. 물론 책 한 권으로 농업기계기사 시험 준비를 완벽하게 하기는 어렵겠지만, 수험자들에게 하나의 지침이 될 수 있다는 것만 해도 그들에게 갈증을 해소해 줄 수 있는 청량제의 역할을 할 수 있을 것으로 기대합니다.

이 책의 발간에는 (주)대동, LS엠트론(주), (주)TYM 등의 업체를 중심으로 한 (사)한국농업기계학회 산학협동연구사업관리위원회의 전적인 지원, 그리고 학회 교육분과위원회 집필진 여러분의 각고의 노력이 있었습니다. 바쁘신 중에도 도움 주신 여러분께 진심으로 감사드립니다.

끝으로 이 책을 펼치고 계신 수험생 여러분, 환영합니다. 여러분의 건승을 기원합니다.

2023년 12월
(사)한국농업기계학회
회장 **이 강 진**

information

농업기계기사

노동력 중심의 농업에서 기계 중심의 농업으로 전환됨에 따라 농업기계의 정비에 대한 수요가 증가하고 있다. 이때 안전하고 편리한 농업기계의 제작, 조립 또는 정비 기능을 갖춘 전문기술인력이 필요하므로 본 자격제도를 제정하였다.

❶ 시험정보

(1) 응시자격

기술자격 소지자	관련학과 졸업자	순수 경력자
• 동일(유사)분야 다른 종목 기사 • 동일종목 외국자격취득자	• 대졸(졸업예정자) • 기사수준의 훈련과정 이수자 • 산업기사수준의 훈련과정 이수 +2년	실무경력 4년 (동일 유사 분야)

① 관련학과 : 4년제 대학교 이상의 학교에 개설되어 있는 농업기계공학, 농업공학, 기계공학, 기계설계공학 등
② 동일직무분야 : 경영·회계·사무 중 생산관리, 건설, 재료, 화학, 전기·전자, 정보통신 중 방송무선, 통신, 안전관리, 환경·에너지

(2) 시험과목 및 검정방법

구분	시험과목	검정방법 및 시험시간
필기시험	1. 재료역학 2. 기계열역학 3. 기계유체역학 4. 농업동력학 5. 농업기계학	객관식 4지 택일형, 과목당 20문항(과목당 30분)
실기시험	농업기계설계	복합형 (필답형(2시간) + 작업형(4시간 정도))

(3) 합격 기준
① 필기 : 100점을 만점으로 하여 과목당 40점 이상, 전 과목 평균 60점 이상
② 실기 : 100점을 만점으로 하여 60점 이상

(4) 필기시험 면제기간
필기시험에 합격한 자에 대하여는 필기시험 합격자 발표일로부터 2년간 필기시험을 면제한다.

❷ 자격증 활용 정보

(1) 취업
농업기계생산업체, 농업기계수리 및 정비업체, 농업기계대리점, 농업기계 A/S센터, 농협농업기계 서비스센터, 농업기계 시험 평가기관, 농업기계 연구소 등에 취업할 수 있다.

(2) 우대
국가기술자격법에 의해 공공기관 및 일반기업 채용 시 / 보수, 승진, 전보, 신분보장 등에 있어서 우대받을 수 있다.

(3) 가산점
6급 이하 및 기술직공무원 채용시험 시 가산점을 준다. 공업직렬의 일반기계, 농업기계 직류에서 채용계급이 8·9급, 기능직 기능 8급 이하일 경우와 6·7급, 기능직 기능7급 이상일 경우 모두 5%의 가산점이 부여된다. 다만, 가산 특전은 매 과목 4할 이상 득점자에게만, 필기시험 시행 전일까지 취득한 자격증에 한한다.

(4) 자격 부여
농업기계산업기사 자격을 취득하면, 건설산업기본법에 의한 건설업 등록을 위한 기술인력(산업환경설비공사업), 산업안전보건법에 의한 안전관리대행기관, 근로자의 보건·안전 지정교육기관, 지정검사기관으로 지정받기 위한 기술인력, 석유사업법에 의한 품질검사기관 지정을 받기위한 기술인력 등으로 활동할 수 있다.

❸ 출제기준 [2025. 1. 1. ~ 2028.12.31.]

필기과목명	주요항목	세부항목	세세항목
재료역학	1. 개요	1. 힘과 모멘트	1. 힘의 성분 2. 힘과 모멘트 평형 3. 자유물체도 4. 마찰력
		2. 평면도형의 성질	1. 도심 2. 관성 모멘트 3. 극관성 모멘트 4. 평행축 정리
	2. 응력과 변형률	1. 응력의 개념	1. 인장응력 2. 압축응력 3. 전단응력 4. 응력 집중
		2. 변형률의 개념 및 탄성-소성 거동	1. 재료의 물성치 2. 응력-변형률 선도 3. 전단변형률 4. 탄성-소성 거동 5. 크리프 및 피로 6. 후크의 법칙 7. 푸아송의 비 8. 파손이론 9. 허용응력 10. 안전계수
		3. 축하중을 받는 부재	1. 수직 응력 및 변형률 2. 변형량 3. 탄성변형에너지 4. 열응력
	3. 비틀림	1. 비틀림 하중을 받는 부재	1. 비틀림 강도 2. 전단응력 3. 비틀림 모멘트 4. 전단 변형률 5. 비틀림 각도 6. 비틀림 강성 7. 비틀림 변형에너지 8. 동력 전달 및 강도설계(축, 풀리) 9. 스프링 10. 박막튜브의 비틀림
	4. 굽힘 및 전단	1. 굽힘 하중	1. 반력 2. 굽힘 모멘트 선도 3. 하중, 전단력 및 굽힘, 모멘트 이론
		2. 전단 하중	1. 보의 전단력 2. 보의 모멘트

information

필기과목명	주요항목	세부항목	세세항목
재료역학	5. 보	1. 보의 굽힘과 전단	1. 곡률, 변형률 및 굽힘 모멘트 관계 2. 굽힘공식 3. 굽힘응력 및 변형률 4. 전단공식 5. 전단응력 및 변형률 6. 탄성에너지 7. 전단류
		2. 보의 응용	1. 부정정보 2. 카스틸리아노(Castigliano) 정리
	6. 응력과 변형률 해석	1. 응력 및 변형률 변환	1. 평면 응력과 평면 변형률 2. 응력 및 변형률 변환 3. 주응력과 최대전단응력 4. 모어 원
	7. 평면응력의 응용	1. 압력용기, 조합하중 및 응력 상태	1. 평면응력상태의 후크의 법칙 2. 삼축 응력상태(Bulk modulus & Dilatation) 3. 압력용기 4. 원심력에 의한 응력 5. 조합하중 6. 보의 최대응력(굽힘응력과 전단응력 조합)
	8. 기둥	1. 기둥이론	1. 회전 반경 2. 편심하중을 받는 단주 3. 기둥의 좌굴
기계열역학	1. 열역학의 기본사항	1. 기본개념	1. 열역학시스템과 검사체적 2. 물질의 상태와 상태량 3. 과정과 사이클 등
		2. 용어와 단위계	1. 질량, 길이, 시간 및 힘의 단위계 등
	2. 순수물질의 성질	1. 물질의 성질과 상태	1. 순수물질 2. 순수물질의 상평형 3. 순수물질의 독립상태량
		2. 이상기체	1. 이상기체와 실제기체 2. 이상기체의 상태방정식 3. 이상기체의 성질 및 상태변화 등
	3. 일과 열	1. 일과 동력	1. 일과 열의 정의 및 단위 2. 일이 있는 몇 가지 시스템 3. 일과 열의 비교
		2. 열전달	1. 전도, 대류, 복사의 기초
	4. 열역학의 법칙	1. 열역학 제1법칙	1. 열역학 제 0법칙 2. 밀폐계 3. 개방계
		2. 열역학 제2법칙	1. 비가역과정 2. 엔트로피
	5. 각종 사이클	1. 동력사이클	1. 동력시스템 개요 2. 랭킨사이클 3. 공기표준 동력 사이클 4. 오토, 디젤, 사바데 사이클 5. 기타 동력 사이클
		2. 냉동사이클	1. 냉동시스템 개요 2. 증기압축 냉동사이클 3. 공기표준 냉동사이클 4. 열펌프 및 기타 냉동사이클
	6. 열역학의 응용	1. 열역학의 적용사례	1. 압축기 2. 엔진 3. 냉동기 4. 보일러 5. 증기 터빈 등

필기과목명	주요항목	세부항목	세세항목
기계 유체역학	1. 유체의 기본개념	1. 차원 및 단위	1. 유체의 정의 2. 연속체의 개념 3. 뉴턴 유체의 개념 4. 차원 및 단위
		2. 유체의 점성법칙	1. 뉴턴의 점성법칙 2. 점성계수, 동점성계수 3. 전단응력 및 속도구배
		3. 유체의 기타 특성	1. 밀도, 비중, 압축률과 체적탄성계수 2. 음속, 상태방정식 3. 표면장력- 모세관 현상, 물방울 및 비누방울
	2. 유체정역학	1. 유체정역학의 기초	1. 정역학의 개념, 파스칼 원리 2. 절대압력/계기압력, 대기압 3. 가속/회전시 압력분포 4. 부력
		2. 정수압	1. 액주계, 마노미터 2. 용기, 해수 중 압력의 계산
		3. 작용 유체력	1. 작용점 2. 평면 및 곡면에 작용하는 힘 및 모멘트
	3. 유체역학의 기본 물리법칙	1. 연속방정식	1. 질량보존의 법칙 2. 평균 유속, 유량
		2. 베르누이방정식	1. 정압, 정체압, 동압, 수두 2. 베르누이방정식 응용
		3. 운동량 방정식	1. 선운동량 방정식의 응용 2. 각운동량 방정식의 응용
		4. 에너지 방정식	1. 에너지 방정식 응용, 마찰 2. 펌프 및 터빈 동력, 효율 3. 수력 및 에너지 기울기선
	4. 유체운동학	1. 운동학 기초	1. 속도장, 가속도장 2. 유선, 유적선 3. 오일러 방정식 4. 나비에스톡스 방정식
		2. 포텐셜 유동	1. 포텐셜, 유동함수, 와도
	5. 차원해석 및 상사법칙	1. 차원 해석	1. 무차원수, 차원해석, 파이정리
		2. 상사 법칙	1. 모형과 원형, 상사법칙
	6. 관내 유동	1. 관내유동의 개념	1. 층류/난류 판별
		2. 층류점성유동	1. 하겐-포아젤 유동
		3. 관로내 손실	1. 난류에서의 직관 손실 2. 부차적 손실 3. 비원형관 유동
	7. 물체 주위의 유동	1. 외부유동의 개념	1. 경계층 유동 2. 박리, 후류
		2. 항력 및 양력	1. 항력, 양력
	8. 유체 계측	1. 유체 계측	1. 벤투리, 노즐 2. 오리피스 유량계 3. 유량계수, 송출계수 4. 점도계, 압력계 등

information

필기과목명	주요항목	세부항목	세세항목
농업 동력학	1. 전동기	1. 전동기의 종류와 작동원리	1. 직류 전동기 2. 교류 전동기
		2. 전동기의 기동법과 성능	1. 기동법 2. 성능
	2. 내연기관	1. 내연기관의 종류와 작동원리	1. 가솔린 기관 2. 디젤 기관 3. 로터리 기관 등 기타 기관
		2. 주요부의 구조와 기능	1. 헤드 및 실린더와 연소실 2. 흡·배기 밸브장치 3. 피스톤 및 피스톤 링 4. 크랭크 축 및 플라이 휠 등
		3. 기관 부속장치	1. 윤활유 및 윤활 장치 2. 연료 및 연소장치 3. 소기 및 과급장치 4. 냉각장치 및 기타부속장치
	3. 트랙터	1. 종류 및 용도	1. 트랙터의 종류 및 용도와 특성
		2. 주요부의 구조, 기능 및 작동원리	1. 동력전달장치 2. 주행장치 3. 조향장치 4. 제동장치 5. 작업기 장착장치 6. 유압장치 7. 전기장치 8. 안전장치
농업 기계학	1. 농업 기계화	1. 농업 기계의 능률과 부담 면적	1. 포장기계의 능률과 부담면적 2. 농업기계의 이용비용 3. 농업기계 선택과 이용 4. 농업기계 사용 안전
	2. 경운 및 정지기계	1. 경운 및 정지기계	1. 경운 및 정지 기본이론 2. 플라우 3. 로터리 경운 4. 정지기계
	3. 이앙기, 파종 및 이식기	1. 이앙기와 파종기	1. 이앙기 2. 파종기
		2. 이식기	1. 이식기
	4. 재배관리용 기계	1. 제초기 및 관개용 기계	1. 제초기, 배토기 2. 관개용 기계
		2. 방제용 기계	1. 방제용 기계
		3. 비료살포용 기계	비료살포용 기계
	5. 수확기계	1. 곡물수확기	1. 예취기 2. 탈곡기 3. 콤바인
		2. 기타 수확기계	1. 과일, 채소, 뿌리 수확기 2. 목초 및 기타 수확기계
	6. 농산가공기계	1. 곡물 및 농산물건조기	1. 곡물 및 농산물의 건조이론 2. 곡물 및 농산물 건조방법과 건조시설 3. 곡물 및 농산물 저장시설과 관리
		2. 조제가공시설	1. 선별포장장치 2. 도정장치 3. 이송장치
	7. 기타 농업기계	1. 축산기계 및 설비	1. 축산용 기계설비
		2. 원예기계 및 설비	1. 원예용 기계설비
		3. 임업기계 및 설비	1. 임업용 기계설비
		4. 기타 농작업 기계	1. 식품기계 및 설비 2. 기타 농작업 및 운반기계

01 재료역학

1. **응력과 변형 및 안전율** — 2
   - 응력과 변형 및 안전율, 탄성계수 — 2
   - 신축에 따른 열응력 — 7
   - 탄성에너지 — 8
2. **비틀림** — 9
   - 비틀림 모멘트(토크, T) — 9
   - 최대 전단응력() — 9
   - 비틀림 각() — 10
3. **보의 응력과 처짐** — 11
   - 보(beam)의 종류 및 반력 — 11

   기출문제 — 19

02 기계열역학

1. **열역학의 기본 사항** — 46
   - 기본 개념 — 46
   - 용어와 단위계(질량, 길이, 시간 및 힘의 단위계) — 48
2. **순수물질(증기)** — 51
   - 물질의 성질과 상태 — 51
   - 이상기체 — 56
3. **일과 열** — 61
   - 일과 동력 — 61
   - 열전달 — 62
4. **열역학의 법칙** — 64
   - 열역학의 제1법칙 — 64
   - 열역학의 제2법칙 — 66
5. **각종 사이클** — 69
   - 동력 사이클 — 69
   - 냉동 사이클 — 74
6. **열역학의 응용** — 79
   - 증기 터빈 — 79

   기출문제 — 81

Contents

03 기계유체역학

1. **유체의 성질 및 정의** ———————— 152
   - 유체의 정의 ● 뉴턴의 제2법칙 ———— 152
   - 단위 ————————————————— 153
   - 뉴턴(Newton)의 점성법칙(粘性法則) ——— 157
   - 완전기체(perfect gas) ——————— 159
   - 유체의 탄성과 압축성 ——————— 160
   - 이상 유체와 실제 유체 ● 표면장력과 모세관현상 161

2. **유체 정역학** ———————————— 163
   - 압력 ● 정지유체의 압력 —————— 163
   - 정지유체 내의 압력변화 —————— 163
   - 대기압, 계기압, 절대압력 ————— 164
   - 액주계 ————————————————— 165
   - 정지 유체에서의 압력 ——————— 167
   - 정지 유체 속에서 압력의 변화 ——— 168
   - 유체 속에 잠겨 있는 면에 작용하는 힘 —— 169
   - 부력 및 부양체의 안정 ——————— 171
   - 등가속도 운동을 받는 유체 ———— 172

3. **유체의 운동학** ——————————— 175
   - 유체유동의 유형 ————————— 175
   - 유선, 유적선, 유맥선, 유관 ——— 176
   - 유체 유동의 지배 방정식 ————— 178
   - 공률(power) ——————————— 185
   - 연속방정식과 베르누이 방정식의 응용 —— 186
   - 유체계측(流體計測) ——————— 190

4. **운동량 방정식과 응용** ——————— 193
   - 역적과 운동량(모멘텀) —————— 193
   - 프로펠러와 풍차 ————————— 197
   - 각운동량 ————————————— 198
   - 분류에 의한 추진 ————————— 199
   - 점성 유동 ————————————— 200

5. **유체기계** ————————————— 206
   - 유체기계 기초이론 ———————— 206
   - 유압기기 ————————————— 210
   - 유압 회로 ————————————— 212

   기출문제 ————————————— 214

04 농업동력학

1. 전기장치 ──────── 252
   - 교류 전동기 ──────── 252
   - 직류 전동기 ──────── 256
2. 내연기관 ──────── 263
   - 내연기관 일반 ──────── 263
   - 내연기관의 구조 ──────── 265
   - 기관의 성능 ──────── 270
   - 기관의 연료 ──────── 272
   - 윤활 장치 ──────── 276
3. 트랙터 ──────── 279
   - 트랙터의 기능 ──────── 279
   - 트랙터의 종류 ──────── 279
   - 트랙터의 동력전달장치 ──────── 281
   - 트랙터의 주행 장치 ──────── 282
   - 트랙터의 조향 장치 ──────── 283
   - 트랙터의 제동 장치 ──────── 285
   - 트랙터의 작업기 부착 방식 ──────── 285
   - 유압 장치 ──────── 286

   기출문제 ──────── 288

05 농업기계학

1. 농업기계학 ──────── 348
   - 농업 기계화 ──────── 348
   - 농업기계의 운영과 관리 ──────── 349
   - 경운 및 정지기계 ──────── 353
   - 파종기 ──────── 356
   - 이앙기, 이식기 ──────── 358
   - 재배관리용 기계 ──────── 361
   - 방제용 기계 ──────── 367
   - 비료살포용 기계 ──────── 368
   - 수확기계 ──────── 369
   - 농산가공기계 ──────── 375
   - 기타 농업기계 ──────── 380

   기출문제 ──────── 382

Contents

06 CBT 실전모의고사

1. 제1회 CBT 실전모의고사 — 448
2. 제2회 CBT 실전모의고사 — 466
3. 제3회 CBT 실전모의고사 — 485
4. 제4회 CBT 실전모의고사 — 502
5. 제5회 CBT 실전모의고사 — 520
※ 정답 — 537

PART 01

재료역학

1. 응력과 변형 및 안전율
2. 비틀림
3. 보의 응력과 처짐

chapter 01 응력과 변형 및 안전율

PART1. 재료역학

01 응력과 변형 및 안전율, 탄성계수

1 하중(load)

기계나 구조물이 외부에서 받는 힘을 하중(load)이라 하며, 하중은 작용하는 방법이나 속도에 따라 다음과 같이 분류한다.

(1) 하중이 작용하는 방향에 따른 분류

① **인장하중**(tensile load) : 재료의 축 방향으로 늘어나게 하는 하중
② **압축하중**(compressive load) : 재료를 누르는 하중
③ **전단하중**(shearing load) : 재료의 단면에 나란히 작용하는 하중
④ **굽힘 하중**(bending load) : 재료를 구부리려는 하중
⑤ **비틀림 하중**(torsion load) : 재료를 비틀려고 하는 하중

(2) 하중이 걸리는 속도에 따른 분류

① **정하중**(static load) : 시간에 따라 변화하지 않고 하중의 크기 및 방향이 일정한 하중
② **동하중**(dynamic load) : 하중의 크기와 방향이 시간에 따라 변화하는 하중
　• 교번하중 : 하중의 크기와 방향이 주기적으로 변화하는 하중이다.
　• 반복하중 : 같은 방향으로 반복하여 작용하는 하중이다.
　• 충격하중 : 순간적으로 격렬하게 작용하는 하중으로 안전율을 가장 크게 하여야 한다.

(3) 분포상태에 따른 분류

① **집중하중** : 한 지점에 집중하여 작용하는 하중
② **분포하중** : 부재 현상에 따라 연속적으로 작용하는 하중
※ 삼각형 모양 구조에 하중 P가 작용할 때 로프에 발생하는 힘은 라미의 정리를 활용한다.

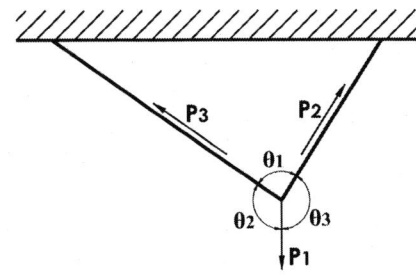

[그림1-1] 라미의 정리

$$\frac{P_1}{\sin\theta_1} = \frac{P_2}{\sin\theta_2} = \frac{P_3}{\sin\theta_3}$$

2 응력(stress)

물체에 하중을 작용시키면 그 내부에는 하중에 저항하는 내력이 발생한다. 이 내력을 단면적으로 나눈 것을 응력이라 한다. 즉 단위 면적에 대한 내력의 크기를 말한다. 일반적으로 응력이 크고 작은 것에 따라 하중에 대한 안전도를 알 수 있다.

단면에 수직으로 작용하는 응력을 수직응력(normal stress), 이것에는 인장하중에 따라 발생하는 인장응력(tensile stress)과 압축 하중에 따라 발생하는 압축응력(compressive stress)이 있다. 또 리벳이 전단 하중을 받을 때 발생하는 응력과 같이 단면에 따라 발생하는 응력을 전단응력(shearing stress)이라 한다. 인장과 압축의 경우 하중을 P [kg$_f$], 단면적을 A [mm^2] 라 하면 수직응력 σ는 다음 공식으로 나타낸다.

$$\sigma = \frac{P}{A} [\text{kg}_f/\text{mm}^2]$$

전단하중을 P_s [kg$_f$], 전단 응력이 발생한 단면적을 A [mm^2]라 하면 전단응력 τ는 다음 공식으로 나타낸다.

$$\tau = \frac{P_s}{A} [\text{kg}_f/\text{mm}^2]$$

그리고 봉에 비틀림 모멘트가 작용할 경우 봉에 발생하는 전단응력 τ_a은 다음 공식으로 나타낸다.

$$\tau_a = \frac{16T}{\pi d^3}$$

여기서, T : 비틀림 모멘트 [kg$_f$-cm], d : 봉의 지름 [cm]

3 변형률

물체에 하중을 작용시키면 변형한다. 이 변형량과 본래의 길이와의 비율을 말한다. 인장 또는 압축에서 λ만큼 늘어나거나 또는 줄어들었다고 하면 λ를 본래의 길이 l로 나눈 것을 세로 변형률이라 하며 ϵ로 나타낸다. 변형률은 단위가 없다.

$$\varepsilon = \frac{\lambda}{l} \quad \text{또는} \quad \varepsilon = \frac{l' - l}{l}$$

여기서, l' : 변형 후 길이, l : 변형 전의 길이

4 후크의 법칙(Hook's law)

대부분의 재료에서는 그 재료에 따라 정해진 일정한 응력의 범위 안에서 응력과 변형률이 서로 비례한다. 이것을 후크의 법칙이라 한다.

인장과 압축에서는 $\sigma = E\epsilon = E\dfrac{\lambda}{L_o} = \dfrac{P}{A}$ 이고,

전단에서는 $G = \dfrac{\tau}{\gamma}$ 또는 $\tau = G\gamma$ 이다.

여기서, E, G는 비례상수이며, E를 세로탄성계수, G를 가로탄성계수라 한다. 그리고 하중을 $P[\text{kg}_f]$, 단면적을 $A[\text{mm}^2]$, 길이를 $l[\text{mm}]$라 할 때 변형량(신장량) λ은 다음 공식으로 나타낸다.

$$\lambda = \frac{Pl}{AE}$$

5 포와송 비(poisson's ratio)

포와송 비란 횡(가로)변형률을 종(세로)변형률로 나눈 값. 즉 인장 하중을 받았을 때 종변형률에 대한 횡변형률의 비율을 말한다. 재료의 횡변형률과 종변형률의 비율은 탄성한계 이내에서 항상 일정한 값을 갖는다.

① **가로변형률**(ϵ') : 가로방향으로 줄어든 길이 δ와 원래 가로 길이 d_o의 비로서 단위 길이당 늘어난 길이가 된다.

$$\delta = d - d_o \qquad \epsilon' = \frac{\delta}{d_o}$$

② **세로변형률**(ϵ) : 늘어난 길이와 원래 길이의 비로서 단위 길이당 늘어난 길이가 된다. 변형률은 길이의 비이므로, 단위를 사용하지 않는다.

$$\lambda = L - L_o \qquad\qquad \epsilon = \frac{\lambda}{L_o}$$

λ : 늘어난 길이 L : 나중 길이 L_o : 원래 길이

$$포와송\ 비 = \frac{가로변형률}{세로변형률}$$

$$\nu = -\frac{\epsilon'}{\epsilon} = -\frac{\dfrac{\delta}{d_o}}{\dfrac{\lambda}{L_o}} = \frac{1}{m}$$

6 재료의 강도와 허용응력

(1) 응력-변형률 선도

연강(軟鋼)의 시험편을 재료 시험기에 걸어서 잡아당기면 점차 하중이 커져가며, 하중과 늘어나는 양의 관계를 측정한다. 이때 하중을 시험편의 본래의 단면적으로 나눈 것을 응력으로 세로축에 잡고, 늘어난 양을 본래의 길이로 나눈 값을 변형률로 가로축에 잡으면 그림과 같은 응력 변형률 선도가 생긴다.

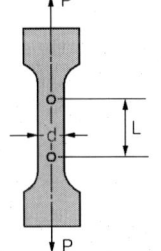 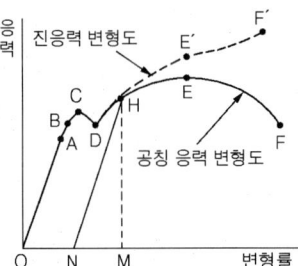

A : 비례한도(proportional limit) B : 탄성한도(elastic limit)
C : 상 항복점(upper yield point) D : 하 항복점(lower yield point)
E : 극한강도(ultimate strength)
F′ : 실제 파괴강도(actual rupture strength)
F : 파괴강도(rupture strength)   NM : 탄성변형(elastic strain)
ON : 잔류 변형(residual strain) 또는 영구 변형(permanent strain)

[그림1-2] 응력 변형률 선도

① **비례한도** : 하중을 거는 순간부터 A점에 도달할 때까지는 응력과 변형률은 서로 비례하여 증가한다. 이 범위 안에서는 후크의 법칙이 성립한다.
② **탄성한도** : B점에서 하중을 제거하면 응력도 늘어난 양도 본래의 상태로 되돌아가는 성질을 탄성이라 하고, 점B의 응력을 탄성한도라 한다.
③ **항복점** : 하중을 증가하여도 C점에 도달하면 응력은 증가하지 않고 변형률만 증가하여 D점에 도달한다. 이 때 점 C의 응력을 **상항복점**, 점 D의 응력을 **하항복점**이라 한다.
④ **극한강도** : 항복점을 지나면 응력과 변형률이 다시 증가하여 점 E에서 최대응력이 된다. 이 점의 응력을 극한 강도라 하며, 인장의 경우는 **인장강도**, 압축의 경우는 **압축강도**라 한다.
⑤ **파괴점** : E점을 지나면 응력이 감소하며, 시험편의 일부가 끊어지기 시작하여 점 F에서 파괴된다.

(2) 허용응력과 안전율

기계를 설계할 때 그 사용 상태를 잘 생각하여 발생한 응력이 안전한 값 이하로 되게 설계하여야 한다. 이와 같은 일정한 한도의 응력을 **허용응력(allowable stress)**이라 한다. 재료가 파괴될 때까지의 최대 응력, 즉 극한강도를 허용응력으로 나눈 값을 **안전율**이라 한다.

$$S = \frac{\sigma_s}{\sigma_a} = \frac{극한강도}{허용응력}$$

① **안전한 설계를 위한 안전율 적용 시 참고사항**
  충격하중 > 교번하중(교하중) > 반복하중 > 정하중
② **안전율을 결정하는데 고려해야 하는 요소**
  - 재료의 신뢰성
  - 하중의 정확한 파악
  - 응력계산 또는 예측의 정확성
  - 불연속 형상의 존재
  - 운전 중 사용환경의 변화
  - 가공 및 조립의 정밀도와 신뢰성

그리고 재료가 반복하중을 받는 경우의 안전율은 다음 공식으로 나타낸다.

$$안전율 = \frac{크리프한도}{허용응력}$$

① 탄소강 재료를 사용하는 경우의 사용응력, 허용응력, 탄성한도의 관계는
  탄성한도 > 허용응력 ≥ 사용응력이다.
② 안전율을 결정하는 요소에는 재료의 품질, 하중과 응력 계산의 정확성, 하중의 종류에 따른 응력의 성질 등이 있다.
③ 탄성한도 내에서 인장하중을 받는 봉의 허용응력이 2배가되면 안전율은 처음에 비해 1/2배가 된다.

(3) 전단응력 τ, 전단변형률 γ

① **전단응력** : 물체 내 하나의 단면에 따라 크기가 같고 방향이 반대인 1쌍의 힘이 작용하여 물체를 그 단면에서 절단하도록 하는 하중으로 가위로 자르듯이 절단하는 하중에 발생하는 응력

$$\tau = \frac{P}{A}$$

P : 전단하중 A : 단면 ab의 단면적

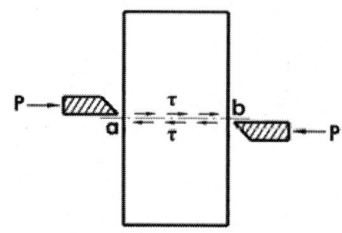

[그림1-3] 전단응력

② 재료가 전단력에 의해 변형되는 양

$$\gamma = \frac{\delta_1}{l} \fallingdotseq \tan\gamma$$

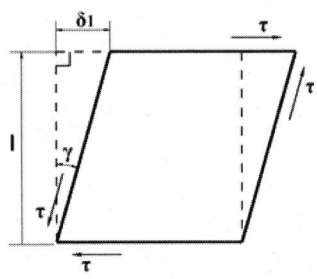

[그림1-4] 전단력에 의한 변형량

③ **전단변형에 대한 훅(Hooke)의 법칙** : 전단응력과 전단변형률이 재료의 전단탄성계수 G의 비율로 비례한다.

$$\tau = G\gamma$$

G : 재료의 전단탄성계수

(4) 탄성계수와 전단탄성계수의 관계

$$G = \frac{E}{2(1+\nu)}$$

02 신축에 따른 열응력

열응력이란 온도변화에 의한 신축이 방해되었기 때문에 발생하는 응력이며, 열응력에 영향을 미치는 주요 인자에는 선팽창계수, 세로 탄성계수, 온도 차이 등이 있다.

$$\sigma_h = E\alpha(t - t_o)$$

E : 재료의 탄성계수(탄성률) α : 재료의 열팽창계수
t : 나중 온도 t_o : 처음 온도

03 탄성에너지(u)

탄성한도 내에서 인장하중 P를 받는 막대에 저장되는 단위 체적당 탄성에너지 u는 다음과 같이 계산한다.

$$u = \frac{P\delta}{2Al} = \frac{\sigma\epsilon}{2} = \frac{E\epsilon^2}{2} = \frac{\sigma^2}{2E}$$

δ : 막대의 늘어난 길이 A : 막대의 단면적
l : 막대의 길이 σ : 인장응력
ϵ : 변형률 E : 재료의 탄성계수

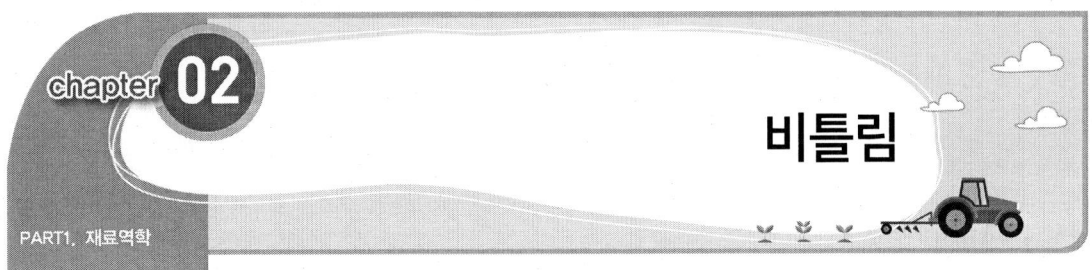

chapter 02 비틀림

PART1. 재료역학

1 비틀림 모멘트(토크, T)

재료의 단면과 수직인 축을 회전축으로 작용하는 힘을 비틀림 모멘트라고 하며, 토크(toque)로 표시하기도 한다.

접선력 P와 반지름 r의 곱으로 계산한다.

$$T = Pr$$

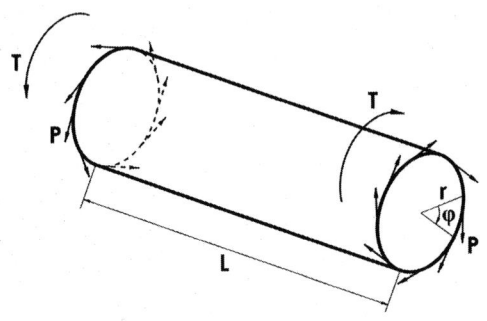

[그림2-1] 비틀림 모멘트

2 최대 전단응력(τ_{max})

비틀림 모멘트에 의해 단면에 발생하는 최대 전단응력 τ_{max}

$$\tau_{max} = \frac{T}{I_p}r = \frac{T}{Z_p}$$

Z_p : 극단면계수

① 직경 d 인 원형단면 : $Z_p = \dfrac{\pi d^4}{16}$

② 내경 d_1, 외경 d_2 인 중공단면(중공축) : $Z_p = \dfrac{\pi\left(d_2^{\,4} - d_1^{\,4}\right)}{16}$

③ 가로길이 b, 높이 h 인 사각형 단면 : $Z_p = \dfrac{bh}{6}(b^2 + h^2)$

3 비틀림 각(ϕ)

서로 평행한 단면이 비틀림 하중을 받았을 때 회전하는 각을 비틀림 각이라고 한다. 비틀림 각은 단면의 극관성 모멘트 I_p를 이용하여 다음과 같이 계산한다.

$$\phi = \frac{TL}{GI_p}$$

G : 재료의 전단탄성계수 I_p : 극관성모멘트

(1) 형상별 극관성 모멘트(I_p)

① 직경 d인 원형단면 : $I_p = \dfrac{\pi d^4}{32}$

② 내경 d_1, 외경 d_2 인 중공단면(중공축) : $I_p = \dfrac{\pi\left(d_2^{\,4} - d_1^{\,4}\right)}{32}$

③ 가로길이 b, 높이 h 인 사각형 단면 : $I_p = \dfrac{bh}{12}(b^2 + h^2)$

[표1] 모형별 단면 2차 관성 모멘트

단면 2차 모멘트 I		
도형의 종류	도심의 수평축에서 계산	하단에서 계산
직사각형 (b×h)	$I = \dfrac{bh^3}{12}$	$I = \dfrac{bh^3}{3}$
원 (직경 d)	$I = \dfrac{\pi d^4}{64}$	$I = \dfrac{5\pi d^4}{64}$
삼각형 (b×h)	$I = \dfrac{bh^3}{36}$	$I = \dfrac{bh^3}{12}$

1. 재료역학   11

보의 응력과 처짐

PART1. 재료역학

01 보(beam)의 종류 및 반력

1 보의 종류

(1) 정정보

① **단순보** : 양끝에서 받치고 있는 보이며, 양단 지지보라고도 한다.
② **외팔보** : 보의 한쪽 끝만을 고정한 것. 고정된 끝을 고정 단, 다른 쪽을 자유단이라 한다.
③ **돌출보 또는 내다지보** : 지점의 바깥쪽에 하중이 걸리는 보이다.

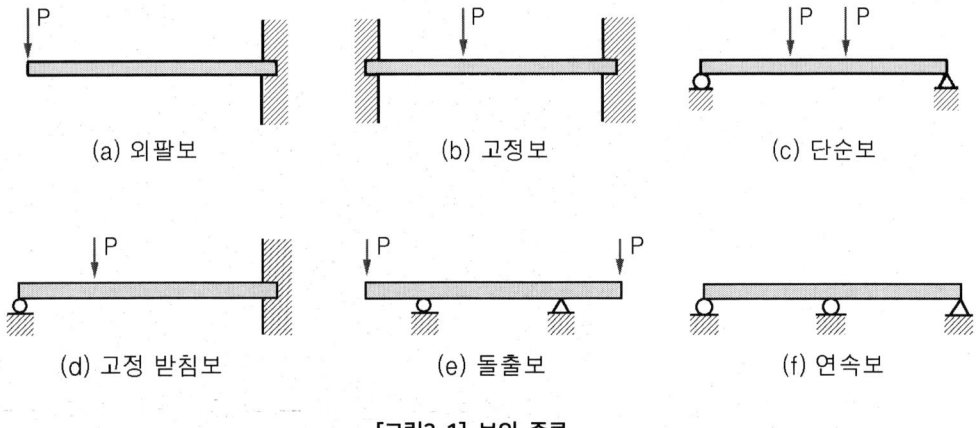

[그림3-1] 보의 종류

■ 단순보의 집중하중(P)을 받는 경우

① **지점반력** R_A, R_B : 하중에 대한 평형조건을 이용하여 다음과 같이 계산한다.

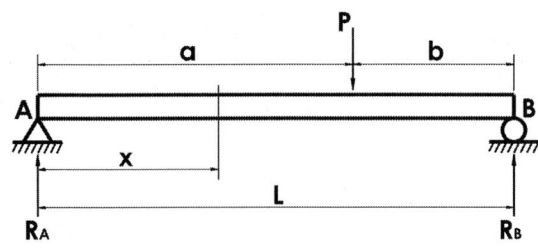

[그림3-2] 단순보의 집중하중

$$P = R_A + R_B$$

$$R_A = \frac{b}{L}P$$

$$R_B = \frac{a}{L}P$$

② **전단력 F 와 굽힘모멘트 M**

- $x < a$ 일 때,
  $F = R_A$
  $M = R_A\,x$

- $a \leq x \leq L$ 일 때,
  $F = R_A - P$
  $M = R_A\,x - P(x-a)$
  또는 $M = R_B(L-x)$

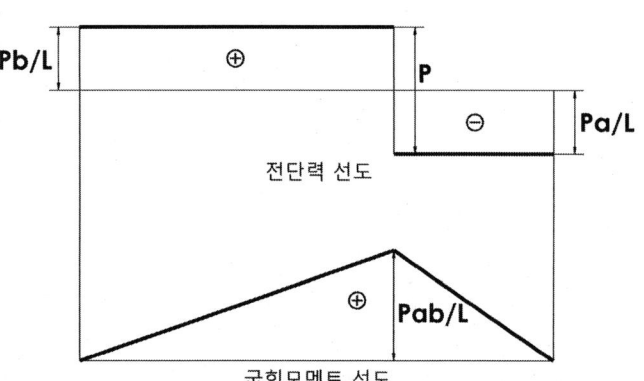

[그림3-3] 단순보의 집중하중에 의한 선도

- 집중하중 P가 중앙에 작용하면, 최대 굽힘모멘트 M_{max} 또한 중앙지점에서 발생하고 크기는 다음과 같다.

$$M_{max} = \frac{PL}{4}$$

③ **최대 굽힘응력** σ_b

$$\sigma_b = \frac{M}{I}y = \frac{M}{Z}$$

y : 중립축에서 끝단까지의 거리

- 직경 d 인 원형단면 : $y = \dfrac{d}{2}$

- 가로길이 b, 높이 h 인 사각형 단면 : $y = \dfrac{h}{2}$

I : 단면 2차 모멘트 (도심의 수평축에서 계산)

- 직경 d 인 원형단면 : $I = \dfrac{\pi d^4}{64}$

- 가로길이 b, 높이 h 인 사각형 단면 : $I = \dfrac{bh^3}{12}$

Z : 단면계수 (도심의 수평축에서 계산)

- 직경 d 인 원형단면 : $Z = \dfrac{I}{y} = \dfrac{\pi d^3}{32}$

- 가로길이 b, 높이 h 인 사각형 단면 : $Z = \dfrac{I}{y} = \dfrac{bh^2}{6}$

④ **최대 처짐 위치** x_1 **과 최대 처짐** δ_{max}

$a \geq b$ 일 때,

$$x_1 = \sqrt{\frac{L^2 - b^2}{3}}$$

$$\delta_{max} = \frac{Pb(L^2 - b^2)^{\frac{3}{2}}}{9\sqrt{3}\, LEI}$$

집중하중 P 가 중앙에 작용하면,

$$x_1 = \frac{L}{2} \;,\; \delta_{max} = \frac{PL^3}{48EI}$$

E : 재료의 탄성계수

■ 단순보의 균일 분포하중(w)를 받는 경우

① **지점반력 R_A, R_B** : w는 단위 길이당 하중이므로 길이를 곱하면 전체하중이 된다.

균일분포하중이 분포하는 구간의 중앙에 전체하중이 작용한다고 가정하여 반력을 계산한다.

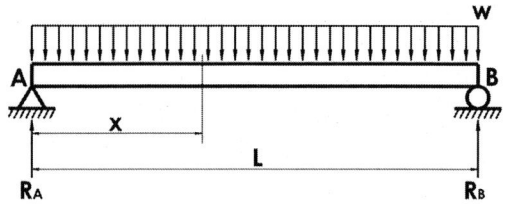

[그림3-4] 단순보의 균일 분포하중

$$wL = R_A + R_B$$

$$R_A = \frac{wL}{2}$$

$$R_B = \frac{wL}{2}$$

② **전단력 F 와 굽힘모멘트 M**

$$F = R_A - wx$$

$$M = R_A\, x - wx\frac{x}{2} = \frac{wL}{2}x - \frac{w}{2}x^2 = \frac{wx}{2}(L-x)$$

- 최대 전단력 F_{max} 는 양끝에서 발생하고 그 크기는 지점반력과 같다.
- 최대 굽힘모멘트 M_{max} 는 중앙지점에서 발생하고 크기는 다음과 같다.

$$M_{max} = \frac{wL^2}{8}$$

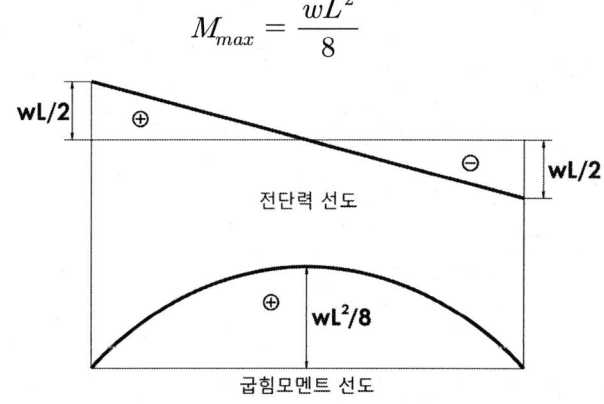

[그림3-5] 단순보의 균일 분포 하중에 의한 선도

③ 최대 굽힘응력 σ_b

$$\sigma_b = \frac{M}{I}y = \frac{M}{Z}$$

y : 중립축에서 끝단까지의 거리
I : 단면 2차 모멘트 (도심의 수평축에서 계산)
Z : 단면계수 (도심의 수평축에서 계산)

④ 최대 처짐 위치 x_1과 최대 처짐 δ_{max}

$$x_1 = \frac{L}{2}$$

$$\delta_{max} = \frac{5wL^4}{384EI}$$

■ **외팔보 : 균일분포하중 w를 받는 경우**

① **지점반력 R_A, M_A** : 전체하중은 균일분포하중과 전체길이의 곱과 같고, 고정단에서 수직방향으로 반력 R_A가 발생한다. 또한 고정단에서는 회전이 구속되어 있으므로 반모멘트 M_A가 발생한다.

$$R_A = wL$$

$$M_A = wL \times \frac{L}{2} = \frac{wL^2}{2}$$

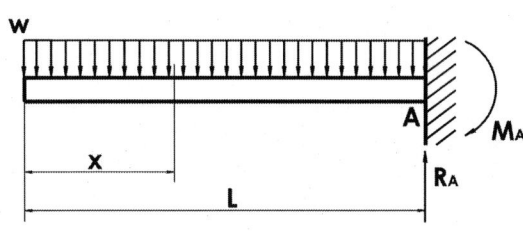

[그림3-6] 균일분포하중 외팔보

② **전단력 F와 굽힘모멘트 M**

$F = wx$ (아래 방향)

$$M = wx \times \frac{x}{2} = \frac{wx^2}{2}$$

(보의 양끝이 아래로 향하는 굽힘)

- 최대 전단력 F_{max}는 양끝에서 발생하고 그 크기는 다음과 같다.

$F_{max} = wL$ (아래 방향)

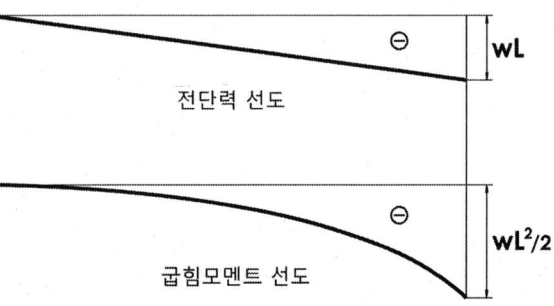

[그림3-7] 균일분포하중을 받는 외팔보 선도

- 최대 굽힘모멘트 M_{max} 는 고정지점에서 발생하고 크기는 다음과 같다.

$$M_{max} = wL \times \frac{L}{2} = \frac{wL^2}{2}$$ (보의 양끝이 아래로 향하는 굽힘)

③ 최대 굽힘응력 σ_b

$$\sigma_b = \frac{M}{I}y = \frac{M}{Z}$$

y : 중립축에서 끝단까지의 거리
I : 단면 2차 모멘트 (도심의 수평축에서 계산)
Z : 단면계수 (도심의 수평축에서 계산)

④ 최대 처짐 δ_{max}

$$\delta_{max} = \frac{wL^4}{8EI}$$

※ 보의 처짐량을 구하는 방법 : 중첩법, 면적 모멘트 법, 적분법, 특이함수법, 에너지법, 처짐곡선에 대한 미분방정식을 이용한다.

(2) 부정정보

① **고정보** : 양끝을 모두 고정한 보이며, 가장 튼튼하다.
② **고정 받침보** : 한쪽 끝은 고정이 되고, 다른 쪽 끝은 받쳐져 있는 보이다.
③ **연속보** : 3개 이상의 지점, 즉 2개 이상의 스팬을 가진 보이다.

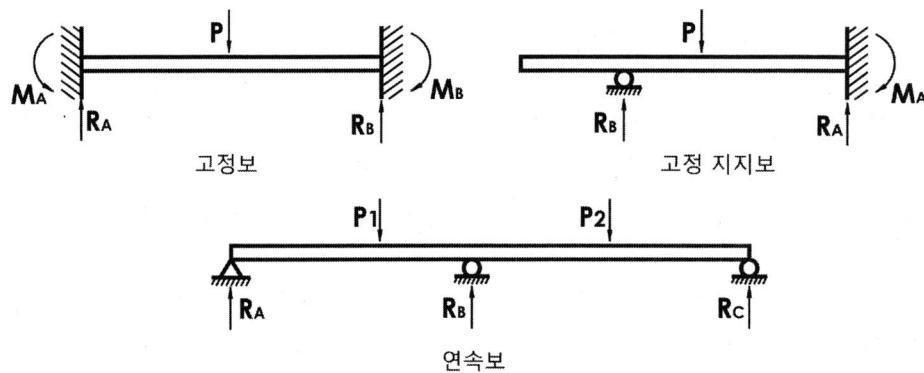

[그림3-8] 부정정보의 종류

2 비틀림

(1) 원형 단면축의 비틀림

$$\gamma = \tan\phi \fallingdotseq \phi = \frac{BB'}{AB} = \frac{r\theta}{l}$$

전단 변형률에 의해 생기는 전단 응력 τ 는 가로 탄성계수를 G로 하면

$$\tau = G\phi = G\frac{r\theta}{l}, \text{ 또는 } \tau = G\frac{\theta}{l}r$$

> 축을 어떤 각도에서 비틀림 시켰을 때 $\frac{G\cdot\theta}{l}$ 는 일정한 값이 되며 비틀림 응력 τ 는 반지름 r 에 비례한다. 비틀림 응력은 축 중심에서는 0, 표면에서는 최대가 되며 직선적으로 증가한다.

(2) 극 단면계수

직각 단면의 중심 O에서 3축 XX, YY, ZZ가 서로 직각으로 교차한다. 중심 O로부터 임의의 거리 ρ에 미소 면적 dA를 취하고, ZZ축에 대한 극 단면 2차 모멘트 I_P는

$$I_P = \int_A \rho^2 dA = \int_A (x^2+y^2)dA = \int_A x^2 dA + \int_A y^2 dA = I_X + I_Y$$

이므로 단면을 원형으로 하면 $I_X = I_Y = \frac{\pi d^4}{64}$ 가 되어

$$I_P = 2I = 2 \times \frac{\pi d^4}{64} = \frac{\pi d^4}{32}$$

단면을 중공(中空)으로 하고, 바깥지름을 d_2, 안지름을 d_1으로 하면

$$I_P = \frac{\pi}{32}\left(d_2^4 - d_1^4\right)$$

그리고 극 단면계수 $Z_P = \frac{I_P}{r}$ 이므로 원형 단면은

$$Z_P = \frac{\frac{\pi d^4}{32}}{\frac{d}{2}} = \frac{\pi d^3}{16}$$

중공 원 단면은 $Z_P = \dfrac{\frac{\pi}{32}(d_2^4 - d_1^4)}{\frac{d}{2}} = \dfrac{\pi}{16}\left(\dfrac{d_2^4 - d_1^4}{d_2}\right)$ 이다.

(3) 축의 강도와 지름

원형축의 비틀림 모멘트 및 비틀림 응력은 다음과 같다.

$$T = \tau \cdot Z_P = \tau \frac{\pi d^3}{16} \text{에서} \quad \tau = \frac{16T}{\pi d^3}$$

$$\therefore d = \sqrt[3]{\frac{16T}{\pi \tau}}$$

그리고 중공축의 경우에는

$$T = \tau \cdot Z_p = \tau \frac{\pi}{16}\left(\frac{d_2^4 - d_1^4}{d_2}\right) \text{에서} \quad \tau = \frac{16Td_2}{\pi(d_2^4 - d_1^4)}$$

$$d_2 = \frac{\tau \pi (d_2^4 - d_1^4)}{16T} \text{이다.}$$

Part 1 재료역학

기출문제[1]

01 일반적으로 연강재를 사용할 경우 안전율을 가장 크게 주어야 하는 하중은?

① 전단하중　　② 충격하중
③ 교번하중　　④ 반복하중

해설 안전율을 크게 정해야 하는 하중의 일반적인 순서
충격하중 > 교번하중(교하중) > 반복하중 > 정하중

02 지름 10mm의 원형단면 축에 길이방향으로 785kgf의 인장하중이 걸릴 때 하중방향에 수직인 단면에 생기는 응력은 약 몇 kgf/mm² 인가?

① 7.85　　② 10
③ 78.5　　④ 100

해설 $\sigma = \dfrac{W}{A}$
　σ : 응력(kgf/mm²), W : 하중(kgf),
　A : 단면적(mm²)
　$\therefore \dfrac{785}{0.785 \times 10^2} = 10\,\mathrm{kg_f/mm^2}$

03 엘리베이터(elevator)의 로프와 같이 하중의 크기와 방향이 일정하게 되풀이하여 작용하는 하중은?

① 집중하중　　② 분포하중
③ 반복하중　　④ 충격하중

해설 하중(힘)의 분류
- 작용형태에 따른 분류 : 인장하중, 압축하중, 전단하중, 굽힘 하중, 비틀림 하중
- 분포상태에 따른 분류 : 집중하중, 분포하중
- 작용시간(작용속도)에 따른 분류 : 정하중, 동하중(변동하중, 반복하중, 교번하중, 충격하중, 이동하중)

04 그림과 같은 타원형단면을 갖는 봉이 인장하중(P)을 받을 때, 작용하는 인장응력은 얼마인가?

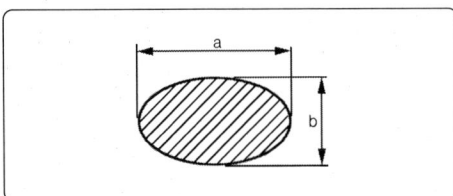

① $\dfrac{\pi ab^2}{4 \times P}$　　② $\dfrac{4 \times P}{\pi ab^2}$

③ $\dfrac{\pi ab}{4 \times P}$　　④ $\dfrac{4 \times P}{\pi ab}$

05 그림과 같은 타원 단면을 갖는 봉이 하중 200kgf의 인장하중을 받는다. 이 봉에 작용한 인장응력은 몇 kgf/cm² 인가?

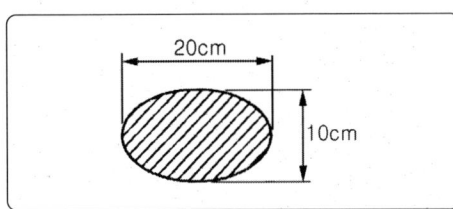

① 1.27　　② 12.7
③ 127　　④ 1270

해설 $\sigma = \dfrac{W}{A}$ 에서
$\dfrac{200}{0.785 \times 20 \times 10} = 1.273\,\mathrm{kg_f/cm^2}$

06 기계설계와 관련된 안전율에 대한 설명으로 틀린 것은?

① 항상 1보다 커야 한다.
② 안전율이 너무 작으면 구조물의 재료가 낭비된다.
③ 기준강도(극한응력 등)를 허용응력으로 나눈 값이다.
④ 안전율을 결정할 때에는 공학적으로 합리적인 판단을 요한다.

해설 안전율이란 기준강도(극한응력 등)를 허용응력으로 나눈 값이며, 항상 1보다 커야 한다. 그리고 안전율을 결정할 때에는 공학적으로 합리적인 판단을 요한다.

07 단면적 600mm²인 봉에 600N의 추를 달았더니 허용인장응력에 도달하였다. 이 봉의 인장강도가 500N/cm²이라고 하면 인장강도에 대한 안전계수는 얼마인가?

① 5
② 6
③ 50
④ 60

해설 허용응력 $\sigma_a = \dfrac{P}{A} = \dfrac{600}{600}$
$= 1\text{N/mm}^2 = 100\text{N/cm}^2$
안전계수 $S = \dfrac{\sigma_s}{\sigma_a} = \dfrac{500}{100} = 5$

08 탄소강의 인장강도, 항복점, 피로한도, 크리프한도, 탄성한도, 허용응력에서 안전율을 구하는 식으로 다음 중 가장 적합한 것은?

① $\dfrac{허용응력}{탄성한도}$ ② $\dfrac{피로한도}{인장강도}$

③ $\dfrac{탄성한도}{크리프한도}$ ④ $\dfrac{인장강도}{허용응력}$

해설 안전율 $= \dfrac{인장강도}{허용응력}$

09 그림과 같이 로프로 고정하여 A점에 1000N의 무게를 매달 때 로프 AC에 생기는 응력은 약 몇 N/cm²인가?
(단, 로프 지름은 3cm이다.)

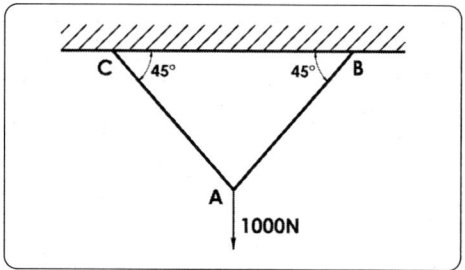

① 100
② 210
③ 431
④ 640

해설 $\angle CAB = 90°$, 로프 AC와 마주보고 있는 각도는 135°이므로,

$\dfrac{P_1}{\sin\theta_1} = \dfrac{P_2}{\sin\theta_2}$ 에서

$\dfrac{1000}{\sin 90°} = \dfrac{P_{AC}}{\sin 135°}$,
$P_{AC} = 707.12\,N$

$\sigma = \dfrac{P}{A} = \dfrac{707.12}{\dfrac{\pi \times 3^2}{4}} = 100.04\,\text{N/cm}^2$

10 재료가 반복하중을 받는 경우 안전율에 관한 식으로 가장 적합한 것은?

① $\dfrac{항복점}{허용응력}$ ② $\dfrac{크리프한도}{허용응력}$

③ $\dfrac{피로한도}{허용응력}$ ④ $\dfrac{사용응력}{허용응력}$

정답 ··· 06.② 07.① 08.④ 09.① 10.③

11 재료가 고온 환경에서 장시간 정하중을 받는 경우 안전율에 관한 공식으로 다음 중 가장 적합한 것은?

① $\dfrac{크리프한도}{허용응력}$ ② $\dfrac{항복점}{허용응력}$

③ $\dfrac{극한강도}{허용응력}$ ④ $\dfrac{사용응력}{허용응력}$

해설 안전율은 기준강도(기초강도, σ_s)와 허용응력과의 비율이다.
$$S = \dfrac{\sigma_s}{\sigma_a}$$
자주 사용하는 기준강도는 다음과 같다.

하중의 종류와 사용환경	기준강도
정하중	항복응력, 극한강도 (인장강도)
반복하중	피로한도
충격하중	충격치
고온에서 장시간 사용	크리프 한도

12 사용재료의 최대응력과 항복응력 및 허용응력을 적용하여 일반적인 안전율을 나타내는 식으로 가장 적합한 것은?

① 안전율 = $\dfrac{허용응력}{항복응력}$

② 안전율 = $\dfrac{최대응력}{항복응력}$

③ 안전율 = $\dfrac{항복응력}{허용응력}$

④ 안전율 = $\dfrac{항복응력}{최대응력}$

13 일반적인 탄소강 재료를 사용하는 경우의 사용응력, 허용응력, 탄성한도의 관계로 다음 중 가장 적합한 것은?

① 허용응력 ≧ 사용응력 〉 탄성한도
② 허용응력 〉 탄성한도 〉 사용응력
③ 탄성한도 〉 사용응력 〉 허용응력
④ 탄성한도 〉 허용응력 ≧ 사용응력

14 기계재료에서 사용응력, 항복점, 허용응력 값의 일반적인 관계로 가장 적합한 것은?

① 항복점 〉 사용응력 ≧ 허용응력
② 사용응력 ≧ 허용응력 〉 항복점
③ 허용응력 〉 항복점 〉 사용응력
④ 항복점 〉 허용응력 ≧ 사용응력

15 다음 그림은 연강의 응력 변형률 선도이다. 그림에서 C점은 무엇을 나타내는가?

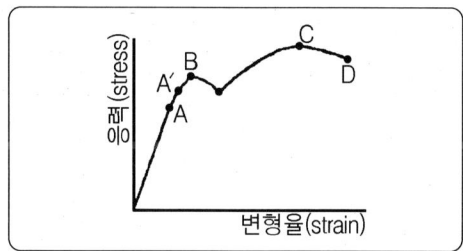

① 비례한도
② 하 항복점
③ 상 항복점
④ 극한강도

해설 응력-변형률 선도 = A : 비례한계,
A' : 탄성한계, B : 상항복점,
C : 극한강도(인장강도), D : 파괴점

16 금속 재료의 시험에서 인장시험에 의해 산출하는 것이 아닌 것은?

① 항복강도
② 연신율
③ 단면 수축율
④ 피로강도

해설 인장에 대한 피로강도를 시험하는 경우도 있으나, 일반적으로 '인장시험'은 피로강도를 위한 시험이 아니다.

정답 11.① 12.③ 13.④ 14.④ 15.④ 16.④

17 탄소강의 응력 변형 곡선에서 항복점을 나타내는 점은?

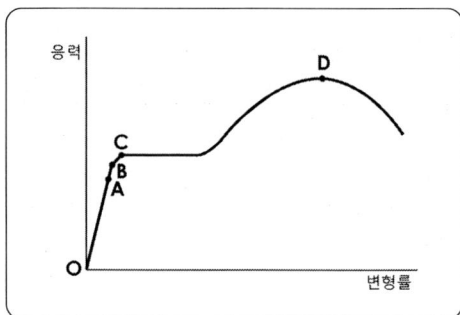

① A ② B
③ C ④ D

해설 A : 비례한도, B : 탄성한도,
      C : 항복점, E : 극한강도(인장강도)

18 강 구조물 재료에서 인장강도(σ_u), 허용응력(σ_a), 사용응력(σ_w)과의 관계로 다음 중 적합한 것은?

① $\sigma_u > \sigma_a \geq \sigma_w$
② $\sigma_u > \sigma_w \geq \sigma_a$
③ $\sigma_w > \sigma_u \geq \sigma_a$
④ $\sigma_w > \sigma_a \geq \sigma_u$

해설 기계나 구조물을 사용할 때 발생하는 사용응력 σ_w는 일반적으로 허용응력 이하가 되도록 설계한다. 응력은 일반적으로 다음과 같은 크기 순서를 가진다.
$\sigma_u > \sigma_y > \sigma_a \geq \sigma_w$

19 연강의 인장시험 결과 얻어진 응력-변형률 선도에서 시험편에 가해진 힘을 시험편의 초기 단면적으로 나누어 계산하는 응력은?

① 진 응력
② 공칭 응력
③ 변형 응력
④ 탄성 응력

해설 진 응력(참응력)이란 인장시험에서 인장하중과 함께 시험편의 단면적이 감소함으로 그 단면에 작용하는 실제의 응력도 변화한다. 이때 변화하는 응력(하중/단면적)을 말한다. 그리고 공칭응력이란 인장시험 결과 얻어진 응력-변형률 선도에서 시험편에 가해진 힘을 시험편의 초기 단면적으로 나누어 계산하는 응력을 말한다.

20 노치, 구멍, 필렛, 키홈 등과 같이 단면의 형상이 급변하는 부분에 하중이 작용할 때 국부적으로 대단히 큰 응력이 발생하는 현상은?

① 잔류변형 ② 공칭응력
③ 응력집중 ④ 국부응력

해설 응력집중 : 형상이 갑자기 변화하는 부위에 큰 응력이 발생하는 현상.

21 재료의 인장강도가 48kg$_f$/mm^{2}인 강재가 안전율이 8이라면 허용 인장응력은 몇 kg$_f$/cm^{2}인가?

① 560 ② 600
③ 640 ④ 680

해설 $\sigma = \dfrac{\sigma_u}{S}$

σ : 허용응력, σ_u : 인장강도 kg$_f$/cm^2,
S : 안전율
$\therefore \dfrac{48 \times 100}{8} = 600 \text{kg}_f/\text{cm}^2$

22 지름이 구간에 따라 일정하지 않은 봉의 최대 지름이 50mm이고 최소지름이 25mm이다. 5000kg$_f$의 인장하중이 작용할 때 봉에 작용하는 최대 인장응력은 약 몇 kg$_f$/mm^{2}인가?

① 2.55 ② 10.2
③ 20.4 ④ 40.8

해설 $\sigma = \dfrac{P}{A} = \dfrac{5000}{\dfrac{\pi \times 25^2}{4}} = 10.19 \text{kg}_f/\text{mm}^2$

정답 17.③ 18.① 19.② 20.③ 21.② 22.②

23 그림과 같은 봉에 인장력 P가 작용하였을 때 B부 지름이 A부 지름의 2배이면 인장응력의 비(σ_A/σ_B)는?

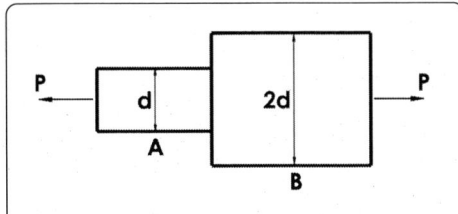

① 1/4 ② 1/2
③ 2   ④ 4

해설 지름이 2배이면, 단면적은 4배가 된다. $\sigma = \dfrac{P}{A}$ 에서 계산하면 B부 응력의 크기는 1/4배가 되어 $\dfrac{\sigma_A}{\sigma_B} = 4$가 된다.

24 인장강도가 48N/mm²인 기계 구조용 강을 안전율 8로 하면 허용 인장응력은 몇 N/mm²인가?

① 6N/mm²   ② 56N/mm²
③ 288N/mm² ④ 384N/mm²

해설 허용응력 = $\dfrac{48}{8} = 6 N/mm^2$

25 지름이 4cm, 길이가 4m인 환봉에 6000kgf의 인장력을 받아서 길이가 0.20cm 늘어나고 지름이 0.0008cm 줄어들었을 때 재료의 내부에 생기는 인장응력은 약 몇 kgf/cm²인가?

① 42.4
② 47.7
③ 424.4
④ 477.5

해설 $\sigma = \dfrac{P}{A} = \dfrac{6000}{\dfrac{\pi \times 4^2}{4}} = 477.46 \, kg_f/cm^2$

26 가로 a, 세로 b인 직사각형의 단면을 갖는 봉이 하중 P를 받아 인장되었다. 이 봉에 작용한 인장응력을 구하는 식은?

① $(ab^2)/P$
② $P/(ab^2)$
③ $(ab)/P$
④ $P/(ab)$

해설 $\sigma = \dfrac{P}{A} = \dfrac{P}{ab}$

27 인장강도가 200 N/m² 인 연강봉을 안전하게 사용하기 위한 최대허용응력은 몇 Pa 인가? (단, 안전율은 4로 한다)

① 20   ② 30
③ 40   ④ 50

해설 $S = \dfrac{\sigma_u}{\sigma_a}$

S : 안전율, σ_u : 인장강도(N/m²),
σ_a : 허용응력(Pa)]
※ 1 N/m² = 1 Pa 이다.
∴ $\sigma_a = \dfrac{\sigma_u}{S} = \dfrac{200}{4} = 50 \, Pa$

28 지름이 20mm인 시험편을 인장시험 한 결과 최대하중이 4082kgf이였다. 이 시험편의 인장강도는 약 몇 kgf/mm²인가?

① 10.42
② 104.20
③ 12.99
④ 129.93

해설 $\sigma_u = \dfrac{W}{A}$

σ_u : 인장강도(kgf/mm²), W : 하중(kgf),
A : 단면적(mm²)
∴ $\dfrac{4082}{0.785 \times 20^2} = 13 kg_f/mm^2$

정답 23.④ 24.① 25.④ 26.④ 27.④ 28.③

29 단면적 60cm²인 기둥이 5000kgf의 하중을 받고 있다면 기둥재료의 극한강도를 550kgf/cm²라 할 때 안전율은?

① 3.9
② 6.6
③ 8.3
④ 9

해설 ① $\sigma = \dfrac{W}{A}$

σ_a : 허용응력(kgf/mm²), W : 하중(kgf), A : 단면적(cm²)

∴ $\dfrac{5000\text{kg}_f}{60\text{cm}^2} = 83.3\text{kg}_f/\text{cm}^2$

② $S = \dfrac{\sigma_u}{\sigma_a}$

S : 안전율, σ_u : 극한(인장)강도 kgf/cm²

∴ $\dfrac{550\text{kg}_f/\text{cm}^2}{83.3\text{kg}_f/\text{cm}^2} = 6.6$

30 단면적 600mm²인 봉에 600kgf의 추를 달았더니 허용 인장응력에 도달하였다. 이 봉의 인장강도가 500kgf/cm²이라고 하면 인장강도에 대한 안전계수는 얼마인가?

① 5
② 6
③ 50
④ 60

해설 ① $\sigma_a = \dfrac{W}{A}$ 에서

$\dfrac{600\text{kg}_f}{600\text{mm}^2} = 1\text{kg}_f/\text{mm}^2 = 100\text{kg}_f/\text{cm}^2$

② $S = \dfrac{\sigma_u}{\sigma_a}$ 에서 $\dfrac{500\text{kg}_f/\text{cm}^2}{100\text{kg}_f/\text{cm}^2} = 5$

31 인장강도가 430N/mm²인 주철의 안전율이 10이면 허용응력은 몇 N/mm²인가?

① 4300
② 21.5
③ 2150
④ 43.0

해설 $S = \dfrac{\sigma_s}{\sigma_a}$ 에서

$10 = \dfrac{430}{\sigma_a}$

$\sigma_a = 43\text{N}/\text{mm}^2$

32 단면적이 400mm²인 봉의 최대 사용하중이 800N이다. 이 봉의 허용 인장응력이 600N/cm²이면 이 봉의 안전계수는 얼마인가?

① 3
② 6
③ 9
④ 12

해설 ① $\sigma_a = \dfrac{W}{A}$ 에서

$\dfrac{800\text{N}}{400\text{mm}^2} = 2\text{N}/\text{mm}^2 = 200\text{N}/\text{cm}^2$

② $S = \dfrac{\sigma_u}{\sigma_a}$ 에서 $\dfrac{600\text{N}/\text{cm}^2}{200\text{N}/\text{cm}^2} = 3$

33 단면 6cm×8cm의 목재가 3000kgf의 압축하중을 받고 있다. 안전율을 7로 하면 사용응력은 허용응력의 몇 %가 되는가? (단, 목재의 인장강도는 550kgf/cm² 이다.)

① 79.6%
② 78.6%
③ 62.5%
④ 60.5%

해설 ① $\sigma = \dfrac{\sigma_u}{S}$ 에서 $\dfrac{550}{7} = 78.57\text{kg}_f/\text{cm}^2$

② $\sigma_a = \dfrac{W}{A}$ 에서 $\dfrac{3000}{6 \times 8} = 62.5\text{kg}_f/\text{cm}^2$

③ 비율 $= \dfrac{\text{사용응력}}{\text{허용응력}}$

∴ $\dfrac{62.5}{78.57} \times 100 = 79.6\%$

정답 29.② 30.① 31.④ 32.① 33.①

34 바깥지름이 5cm인 단면에 3500N의 인장하중이 작용할 때 발생하는 인장응력은 약 몇 N/cm²인가?

① 126
② 137
③ 167
④ 178

해설 $\sigma = \dfrac{P}{A} = \dfrac{3500}{\dfrac{\pi \times 5^2}{4}} = 178.25 \, \text{N/cm}^2$

35 250kgf의 인장하중을 받은 연강봉 직경은 최소 몇 mm가 적합한가?
(단, 재료의 극한강도는 36kgf/mm², 안전율은 3이다.)

① 5.2　　② 6.1
③ 6.7　　④ 7.7

해설 ① $\sigma = \dfrac{\sigma_u}{S}$ 에서 $\dfrac{36}{3} = 12 \, \text{kgf/mm}^2$

② $A = \dfrac{\sigma_u}{\sigma}$
A : 단면적, σ_u : 인장하중, σ : 인장응력
∴ $\dfrac{250 \, \text{kgf}}{12 \, \text{kgf/mm}^2} = 20.83 \, \text{mm}^2$

③ $d = \sqrt{\dfrac{4A}{\pi}}$ ∴ $\sqrt{\dfrac{4 \times 20.83}{3.14}} = 5.2 \, mm$

36 응력과 변형률에 관련된 설명 중 올바른 것은?
① 탄성한계 내에서 변형률과 응력은 반비례한다.
② 포와송 비는 세로변형률과 가로변형률의 곱으로 나타낸다.
③ 응력은 단위 부피당 내력의 크기를 말한다.
④ 변형률은 응력이 작용하여 발생한 변형량과 변형 전 상태량과의 비를 말한다.

해설 탄성한계 내에서 변형률과 응력은 비례한다. 프와송 비는 가로변형률과 세로변형률의 비율로 나타낸다. 응력은 단위 면적당 내력의 크기를 말한다.

37 시험 전의 시험편 지름이 $\phi 40$ 이었고, 시험 후의 시험편 지름이 $\phi 30$ 이었다. 이 경우의 단면수축률(%)은?

① 25.0
② 43.75
③ 65.0
④ 75.25

해설 $A_o = \dfrac{\pi \times 40^2}{4} = 1256.64 \, \text{mm}^2$

$A_f = \dfrac{\pi \times 30^2}{4} = 706.86 \, \text{mm}^2$

단면수축률 $= \dfrac{A_o - A_f}{A_o} \times 100$

$= \dfrac{1256.64 - 706.86}{1256.64} \times 100 = 43.8\%$

38 축에 있어서 직경을 d, 축 재료의 전단응력을 τ 라 하면, 비틀림 모멘트 T의 관계식으로 올바른 것은?

① $T = \dfrac{\pi d^2}{16} \times \tau$　　② $T = \dfrac{\pi d^3}{16} \times \tau$

③ $T = \dfrac{\pi d^2}{32} \times \tau$　　④ $T = \dfrac{\pi d^3}{32} \times \tau$

39 축의 지름 d, 축 재료에 걸리는 전단 응력이 τ 일 때 비틀림모멘트 T는?

① $\dfrac{\pi}{32} d^4 \tau$　　② $\dfrac{\pi}{32} d^3 \tau$

③ $\dfrac{\pi}{16} d^4 \tau$　　④ $\dfrac{\pi}{16} d^3 \tau$

해설 $\tau = \dfrac{T}{Z_p}$, $Z_p = \dfrac{\pi d^3}{16}$ 에서

$T = \dfrac{\pi}{16} d^3 \tau$

정답 34.④　35.①　36.④　37.②　38.②　39.④

40 비틀림만 받는 지름이 32mm 차축에 고정된 타이어 지름이 830mm 일 때, 최대 1.6ton의 하중이 차축에 가해진다. 이 축에 차륜이 노면에 미끄러지도록 토크를 가할 경우에 생기는 응력은 몇 kg_f/mm^2인가?(단, 타이어와 노면의 마찰계수 $\mu = 0.5$로 한다.)

① 23.7
② 24.5
③ 25.8
④ 26.3

해설 ① 비틀림 모멘트(T) = $Wr\mu$
  W : 하중,
  r : 타이어 반지름,
  μ : 마찰계수
  $\therefore 1600 \times 415 \times 0.5 = 332000 kg_f \cdot mm$
② $\tau_a = \dfrac{16T}{\pi d^3}$
  τ_a : 비틀림 응력(kg_f/mm^2),
  T : 비틀림 모멘트($kg_f \cdot mm$),
  d : 축의 지름(mm)
  $\therefore \dfrac{16 \times 332000}{3.14 \times 32^3 \times 2} = 25.8 kg_f/mm^2$

41 지름 80mm인 축에 20000kg_f-cm의 굽힘모멘트가 걸린다면 이 축에 생기는 굽힘 응력은 약 몇 kg_f/cm^2인가?

① 398
② 452
③ 562
④ 626

해설 $\sigma_b = \dfrac{32M}{\pi d^3}$
  σ_b : 축의 허용 굽힘 응력(kg_f/cm^2)
  M : 축의 굽힘 모멘트(kg_f-cm),
  d : 축의 지름(cm)
  $\therefore \dfrac{32 \times 20000}{3.14 \times 8^3} = 398 kg_f/cm^2$

42 100N·m의 굽힘모멘트를 받는 단순보가 있다. 이 단순보의 단면이 직사각형이며, 폭 20mm, 높이 40mm일 때 최대 굽힘응력은 약 몇 N/mm^2인가?

① 12.4
② 15.6
③ 18.8
④ 20.2

해설 $Z = \dfrac{bh^2}{6} = \dfrac{20 \times 40^2}{6} = 5333.33 mm^3$
$\sigma_b = \dfrac{M}{Z} = \dfrac{100 \times 1000}{5333.33}$
$= 18.75 N/mm^2$

43 지름이 40mm인 연강제 실축에 200rpm으로 10PS를 전달할 때 생기는 전단응력은 약 몇 kg_f/cm^2인가?

① 90
② 142
③ 180
④ 285

해설 $T = \dfrac{71620 \times H_{PS}}{N} = \dfrac{\pi \times d^3 \times \tau_a}{16}$ 에서
$\tau_a = \dfrac{16 \times 71620 \times H_{PS}}{\pi \times d^3 \times N}$
  T : 축 토크, H_{PS} : 마력,
  N : 회전속도, d : 축 지름,
  τ_a : 전단응력
  $\therefore \dfrac{16 \times 71620 \times 10}{3.14 \times 4^3 \times 200} = 285 kg_f/cm^2$

44 두께 2mm의 탄소강에 지름 20mm의 구멍을 펀칭할 때 펀칭력은 약 몇 kg_f 이상이 필요한가? (단, 판의 전단응력은 30kg_f/mm^2이다.)

① 1800
② 3770
③ 5655
④ 18850

해설 전단되는 면적은 지름 20mm, 높이 2mm인 원기둥의 옆면과 같으므로,
$\tau = \dfrac{P}{A}$ 에서 $30 = \dfrac{P}{\pi \times 20 \times 2}$
$P = 3770 kg_f$

정답 40.③ 41.① 42.③ 43.④ 44.②

45 지름이 40mm인 연강제 실축에 200rpm으로 7.5kW를 전달할 때 생기는 전단응력은 약 몇 kg$_f$/cm²인가?

① 90
② 145
③ 180
④ 291

해설 $\tau_a = \dfrac{16 \times 97400 \times H_{kW}}{\pi \times d^3 \times N}$

$\therefore \dfrac{16 \times 97400 \times 7.5}{3.14 \times 4^3 \times 200} = 291 \mathrm{kg_f/cm^2}$

46 속이 찬 원형 축에 지름이 40mm의 연강재는 200rpm으로 7.5kW의 동력을 전달할 때 생기는 전단응력은 약 몇 N/cm²인가?

① 900
② 1450
③ 1800
④ 2850

해설 $\tau_a = \dfrac{16 \times 97400 \times H_{kW}}{\pi \times d^3 \times N}$

$\therefore \dfrac{16 \times 97400 \times 7.5 \times 9.8}{3.14 \times 4^3 \times 200} = 2850$

47 비틀림 모멘트를 받는 원형 단면 축에 발생되는 최대 전단응력에 대한 설명으로 옳은 것은?

① 축 제동이 증가하면 감소한다.
② 가해지는 토크가 증가하면 감소한다.
③ 단면의 극관성 모멘트가 증가하면 증가한다.
④ 극단면계수가 감소하면 감소한다.

해설 비틀림 모멘트를 받는 원형 단면 축에 발생되는 최대 전단응력은 축 제동이 증가하면 감소한다.

48 길이 1000mm, 지름 6mm인 둥근 축에 2000N·mm의 비틀림 모멘트가 작용할 때 축에 생기는 최대 전단응력은 몇 N/mm² 인가?

① 23.6
② 47.2
③ 141.6
④ 283.2

해설 $Z_p = \dfrac{\pi d^3}{16} = \dfrac{\pi \times 6^3}{16} = 42.41 \mathrm{mm^3}$

$\tau_{max} = \dfrac{T}{Z_p} = \dfrac{2000}{42.41} = 47.16 \mathrm{N/mm^2}$

49 같은 전단력이 작용하는 보에서 원형 단면의 지름을 2배로 하면 전단응력 τ는 얼마로 바뀌는가?

① $\dfrac{\tau}{2}$ ② $\dfrac{\tau}{4}$
③ $\dfrac{\tau}{8}$ ④ $\dfrac{\tau}{16}$

해설 $\tau = \dfrac{P}{A}$, $A = \dfrac{\pi d^2}{4}$에서 지름 d가 2배이면 면적 A는 4배가 되고, 전단응력 τ는 1/4배로 바뀐다.

50 두 개의 강판이 볼트로 체결되어 500N의 전단력을 받고 있다면 이 볼트 중간 단면에 작용하는 전단응력은 약 몇 MPa인가? (단, 볼트의 골지름은 10mm고 한다.)

① 5.25
② 6.37
③ 7.43
④ 8.76

해설 $\tau = \dfrac{P}{A} = \dfrac{500}{\dfrac{\pi \times 10^2}{4}} = 6.37 \mathrm{N/mm^2}$

$= 6.37 \mathrm{MPa}$

정답 45.④ 46.④ 47.① 48.② 49.② 50.②

51 직사각형 단면에서 최대 전단응력(τ_{max})과 평균 전단응력(τ_{mean})의 관계는?

① $\tau_{max}=\tau_{mean}$
② $\tau_{max}=1.2\tau_{mean}$
③ $\tau_{max}=1.5\tau_{mean}$
④ $\tau_{max}=2\tau_{mean}$

52 원통형 보일러용 리벳이음에서 축 방향의 응력은 원주방향 응력의 몇 배가 되는가?

① $\frac{1}{2}$배
② $\frac{1}{4}$배
③ 같다.
④ 2배

해설 보일러용 리벳이음의 응력 : 축방향 응력은 $\sigma = \frac{PD}{4t}$, 원주방향 응력은 $\sigma = \frac{PD}{2t}$이므로 축방향의 응력은 원주방향 응력의 1/2이다.

53 보일러와 같이 내경에 비하여 강관의 두께가 얇은 원통이 내압을 받고 있는 경우 원주방향 응력은 축방향의 응력의 몇 배인가?

① $\frac{1}{2}$
② $\frac{1}{4}$
③ 2
④ 4

해설 축방향 응력은 $\sigma = \frac{PD}{4t}$, 원주방향 응력은 $\sigma = \frac{PD}{2t}$이므로 원주방향의 응력은 축방향 응력의 2배이다.

54 내압을 받는 얇은 원통형 관에서 축방향 응력이 σ_1, 원주방향 응력이 σ_2라고 하면 맞는 것은?

① $\sigma_1 = 1/2 \times \sigma_2$
② $\sigma_1 = 1/4 \times \sigma_2$
③ $\sigma_1 = \sigma_2$
④ $\sigma_1 = 2\sigma_2$

55 후크의 법칙이 적용될 때 변형량 공식으로 옳은 것은?(단, A = 단면적, E = 세로탄성 계수, ℓ = 길이, P = 하중이다.)

① $\frac{P\ell}{AE}$
② $\frac{AE}{P\ell}$
③ $\frac{AP\ell}{E}$
④ $\frac{E}{AP\ell}$

해설 후크의 법칙이 적용될 때 변형량 공식 $\delta = \frac{P\ell}{AE}$

56 연강에서 지름이 5cm이고, 길이가 2m, 인장 하중이 100N이 작용하고 있을 때 이 재료의 신장량은 약 몇 mm인가?
(단, 세로탄성계수(E)=$2.1\times10^6 N/cm^2$이다.)

① 0.00485
② 0.485
③ 0.0606
④ 0.606

해설 $\delta = \frac{P\ell}{AE}$
δ : 신장량, P : 하중, ℓ : 길이
A : 단면적, E : 세로탄성 계수
$\therefore \frac{100 \times 200 \times 10}{0.785 \times 5^2 \times 2.1 \times 10^6} \times 10 = 0.00485 mm$

57 길이가 300mm인 봉이 인장력을 받아 1.5mm 늘어났을 때 길이 방향 변형률은?

① 5.0×10^{-3}
② 5.0×10^{-2}
③ 1.33×10^{-3}
④ 1.33×10^{-2}

해설 $\epsilon = \frac{\lambda}{L_o} = \frac{1.5}{300} = 0.005 = 5.0\times10^{-3}$

정답 ··· 51.③ 52.① 53.③ 54.① 55.① 56.① 57.①

58 단면이 2cm×3cm, 길이 2m의 연강봉에 49000N의 인장하중이 작용하면 약 몇 mm 늘어나는가? (단, 세로탄성계수는 E = 2.058 ×10⁷N/cm²이다.)

① 8　　　② 4
③ 2　　　④ 0.8

해설 $\delta = \dfrac{P\ell}{AE}$

δ : 신장량, P : 하중, ℓ : 길이
A : 단면적, E : 세로탄성 계수

$\therefore \dfrac{49000 \times 200 \times 10}{2 \times 3 \times 2.058 \times 10^7} = 0.79 mm$

59 알루미늄 원형 단면 봉이 축 하중 P = 70kN를 받고 있고, 봉의 길이 ℓ = 2m, 직경 d = 20mm, 탄성계수 E = 70GPa이다. 포아송 비 ν = 1/3일 때 신장량(δ)은?

① 5.23mm　　② 6.38mm
③ 7.12mm　　④ 8.26mm

해설 $\delta = \dfrac{P\ell}{AE}$ 에서

$\dfrac{70 \times 2000}{0.785 \times 20^2 \times 70} = 6.37 mm$

60 길이 2m, 지름 10mm인 원형 봉이 2000 kgf의 축 방향 인장하중을 받고 2mm늘어났다면 재료의 종탄성계수의 값은 약 몇 kgf/cm² 인가?

① 8.10×10^4
② 2.55×10^6
③ 1.61×10^5
④ 3.15×10^6

해설 $E = \dfrac{P\ell}{A\delta}$

$= \dfrac{2000 \times 200}{0.785 \times 1^2 \times 0.2} = 2.55 \times 10^6 kg_f/cm^2$

61 인장시험 전의 지름이 15mm이고, 시험 후 파단부의 지름이 13mm일 때 단면 수축률은 약 몇 %인가?

① 13.33
② 24.89
③ 36.66
④ 49.78

해설 단면수축률 $= \dfrac{A_o - A_f}{A_o} \times 100 (\%)$

$= \dfrac{15^2 - 13^2}{15^2} \times 100 = 24.89 \%$

62 단면적 450mm², 길이 50mm의 연강 봉에 39.5kN의 인장하중이 작용했을 때, 늘어난 길이가 0.20mm이었다면 발생한 변형률은?

① 0.0008
② 0.008
③ 0.0004
④ 0.004

해설 $\epsilon = \dfrac{l_1}{l} \quad \therefore \dfrac{0.2}{50} = 0.004$

63 시편 지름 14mm, 평행부 길이 60mm, 표점 거리 50mm, 인장하중 9930N일 때, 인장응력(N/mm²)과 연신율(%)은 각각 얼마인가? (단, 절단 후의 표점거리는 64.3mm이다.)

① 64.5, 28.6
② 64.5, 38.6
③ 54.5, 38.6
④ 54.5, 28.6

해설 $\sigma = \dfrac{P}{A} = \dfrac{9930}{\dfrac{\pi \times 14^2}{4}} = 64.51 N/mm^2$

신장률 $= \dfrac{l_f - l_o}{l_o} \times 100$

$= \dfrac{64.3 - 50}{50} = 0.286 = 28.6\%$

정답 58.④ 59.② 60.② 61.② 62.④ 63.①

64 길이 50cm인 연강재의 환봉에 인장력이 작용하여 길이가 60cm로 늘어났을 때 이 재료의 연신율은 얼마인가?

① 10% ② 20%
③ 23% ④ 40%

해설 $\epsilon = \dfrac{l_1 - l}{l}$

ϵ : 연신율, l_1 : 변형후의 길이, l : 처음 길이

$\therefore \dfrac{60-50}{50} \times 100 = 20\%$

65 재료의 성질을 나타내는 세로탄성계수(영률 E)의 단위가 맞는 것은?

① N ② N/cm²
③ N·m ④ N/cm

해설 $\sigma = E\epsilon$ 에서 변형률 ϵ 은 단위를 사용하지 않으며, 세로탄성계수 E는 응력과 같은 단위를 사용한다.

66 열응력에 대한 다음 설명 중 틀린 것은?

① 세로탄성계수와 관계가 있다.
② 재료의 단면치수에 관계가 있다.
③ 온도차에 관계가 있다.
④ 재료의 선팽창계수에 관계가 있다.

해설 열응력 : 온도의 변화에 의해 재료에 발생하는 응력.
$\sigma_h = E\alpha(t-t_o)$
E : 재료의 탄성계수(탄성률)
α : 재료의 열팽창계수(선팽창계수)
t : 나중 온도
t_o : 처음 온도

67 열응력에 영향을 미치는 주요 인자가 아닌 것은?

① 소재의 지름 ② 선팽창계수
③ 세로 탄성계수 ④ 온도 차이

해설 열응력은 온도변형력이라고도 한다. 물질은 온도변화에 의해 팽창하거나 수축하는데, 어떤 원인으로 팽창·수축이 방해 받았을 때 방해 받은 변형량 만큼 끌어당겨지거나 압축되므로 물체 내부에는 그에 따른 변형력이 발생한다. 대부분의 물체는 온도가 증가함에 따라 그 크기가 커진다. 이것은 온도가 올라감에 따라 물체를 구성하는 원자나 분자의 운동이 활발해지고 진동의 진폭이 커져서, 그들 사이의 평균 거리가 증가하기 때문이다.

68 재료의 성질에서 열응력과 가장 관계 깊은 인자는?

① 경도
② 전단강도
③ 피로한도
④ 선팽창계수

해설 열응력 $\sigma_h = E\alpha(t-t_o)$ 에서 α는 선팽창계수로서 단위 길이, 단위 온도에 대한 길이의 변화량을 의미한다.

69 15℃에서 양끝을 고정한 봉이 35℃가 되었다면, 이 봉의 내부에 생기는 열응력은 어떤 응력이고 몇 kg_f/cm²인가? (단, 봉의 세로탄성계수 $E = 2.0 \times 10^6$ kg_f/cm²이고 선팽창계수 $\alpha = 12 \times 10^{-6}$/℃이다.)

① 인장응력 : 480
② 인장응력 : 240
③ 압축응력 : 480
④ 압축응력 : 240

해설 $\sigma_h = E\alpha(t-t_o)$
$= 2.0 \times 10^6 \times 12 \times 10^{-6} \times (35-15)$
$= 480 \, \text{kg}_f/\text{cm}^2$

양끝을 고정한 상태에서 온도가 상승하므로 막대의 내부에는 압축응력이 작용한다.

정답 64.② 65.② 66.② 67.① 68.④ 69.③

70 열응력에 관한 설명으로 가장 적합한 것은?

① 열을 가해 온도가 올라갈 때 늘어나면서 생기는 내부응력
② 온도가 내려가면 재료가 수축하여 생기는 외부응력
③ 높은 온도에서 급냉할 때만 발생하는 잔류응력
④ 온도변화에 의한 신축이 방해되었기 때문에 생기는 응력

해설 열응력은 온도의 변화에 의해 재료에 발생하는 응력으로, 재료의 변형이 구속(제한)되면 발생한다.

71 한 변의 길이가 8cm인 정 4각 단면의 봉에 온도를 20℃ 상승시켜도 길이가 늘어나지 않도록 하는데 28000N이 필요하다면 이 봉의 선팽창계수는? (단, 단성계수는 E = 2.1 × 10^6 N/cm²이다)

① 1.14×10^{-5}
② 1.04×10^{-5}
③ 1.14×10^{-6}
④ 1.04×10^{-4}

해설 $\sigma = \sigma_h = E\alpha(t - t_o) = \dfrac{P}{A}$ 에서
$2.1 \times 10^6 \times \alpha \times 20 = \dfrac{28000}{8 \times 8}$.
$\alpha = 1.04 \times 10^{-5}$ /℃

72 봉이 인장하중을 받을 때 탄성한도 영역 내에서 종 변형률에 대한 횡 변형률의 비를 무엇이라 하는가?

① 횡 탄성계수   ② 탄성한도
③ 체적 탄성계수   ④ 포와송 비

해설 포와송 비란 봉이 인장하중을 받을 때 탄성한도 영역 내에서 종 변형률에 대한 횡 변형률의 비를 말한다.

73 포와송 비(poisson's ratio)에 대하여 옳게 설명한 것은?

① 종 변형률과 횡 변형률의 곱이다.
② 수직응력과 종탄성계수를 곱한 값이다.
③ 횡 변형률을 종 변형률로 나눈 값이다.
④ 전단응력과 횡 탄성계수의 곱이다.

해설 포와송 비(poisson's ratio)란 횡(가로) 변형률을 종(세로) 변형률로 나눈 값이다.
즉 포와송 비 = $\dfrac{\text{가로변형율}}{\text{세로변형율}}$ 이다.

74 재료의 성질 중에서 프와송 비(Poisson's ratio)를 바르게 표시한 것은?

① $\dfrac{\text{세로변형률}}{\text{가로변형률}}$

② $\dfrac{\text{가로변형률}}{\text{세로변형률}}$

③ $\dfrac{\text{세로변형률}}{\text{전단변형률}}$

④ $\dfrac{\text{전단변형률}}{\text{세로변형률}}$

해설 프와송 비 ν : 가로변형률과 세로변형률의 비이며, 프와송 수 m과 역수의 관계를 가진다.

75 가로(횡) 탄성계수를 올바르게 나타낸 것은?

① $\dfrac{\text{수직응력}}{\text{전단변형율}}$

② $\dfrac{\text{굽힘응력}}{\text{전단변형율}}$

③ $\dfrac{\text{수직응력}}{\text{전단응력}}$

④ $\dfrac{\text{전단응력}}{\text{전단변형율}}$

정답   70.②   71.②   72.④   73.③   74.②   75.④

76 지름 2cm, 길이 4m인 봉이 축인장력 400kgf을 받아 지름이 0.001mm 줄어들고 길이는 1.05mm 늘어났다. 이 재료의 포와송 수는 얼마인가?

① 3.25   ② 4.25
③ 5.25   ④ 6.25

해설 $\nu = -\dfrac{\epsilon'}{\epsilon} = -\dfrac{\dfrac{\delta}{d_o}}{\dfrac{\lambda}{L_o}} = \dfrac{1}{m}$ 에서

$-\dfrac{\dfrac{-0.001}{20}}{\dfrac{1.05}{4000}} = \dfrac{1}{m}$, $m = 5.25$

77 곡률반경에 대한 설명 중 맞는 것은 어느 것인가?
① 휘어진 보의 각 부는 곡률반경이 모두 같다.
② 탄성계수에 반비례한다.
③ 굽힘 모멘트가 클수록 곡률반경이 작게 된다.
④ 하중에 비례한다.

해설 굽힘 모멘트가 클수록 곡률반경이 작아진다.

78 폭 5cm, 높이 10cm의 단면을 갖는 보에 굽힘모멘트 10000kgf/cm가 작용할 때 보에 생기는 최대 굽힘응력은 약 몇 kgf/cm²인가?

① 120
② 240
③ 340
④ 480

해설 $Z = \dfrac{bh^2}{6} = \dfrac{5 \times 10^2}{6} = 83.33\,cm^3$

$\sigma_b = \dfrac{M}{Z} = \dfrac{10000}{83.33} = 120\,kgf/cm^2$

79 그림과 같이 한 변이 20cm인 정사각형에 직경 8cm의 구멍이 뚫린 단면의 도심 축에 대한 단면 2차 모멘트는 몇 cm⁴인가?

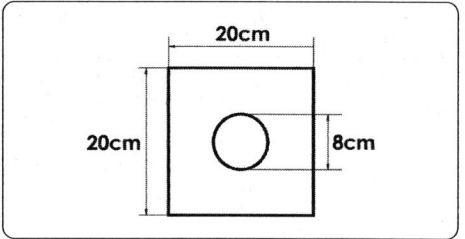

① 13132   ② 14132
③ 151321   ④ 161321

해설 직경 d인 원형단면
$I_1 = \dfrac{\pi d^4}{64} = \dfrac{\pi \times 8^4}{64} = 201.06\,cm^4$
가로길이 b, 높이 h인 사각형 단면
$I_2 = \dfrac{bh^3}{12} = \dfrac{20 \times 20^3}{12} = 13333.33\,cm^4$
$I = I_2 - I_1 = 13132\,cm^4$

80 그림과 같이 한 변이 10cm인 정사각형에 지름 4cm의 구멍이 중앙에 뚫린 단면의 도심축 (X-X)에 대한 단면 2차 모멘트는 약 얼마인가?

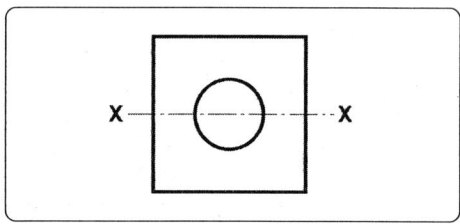

① 821cm⁴   ② 921cm⁴
③ 1021cm⁴   ④ 1121cm⁴

해설 사각형의 단면 2차 모멘트에서 원의 단면 2차 모멘트를 뺄셈한다.
$I = \dfrac{bh^3}{12} - \dfrac{\pi d^4}{64}$
$= \dfrac{10 \times 10^3}{12} - \dfrac{\pi \times 4^4}{64} = 820.77\,cm^4$

정답 76.③ 77.③ 78.① 79.① 80.①

81 길이가 동일하고 지름이 각각 d, 2d인 동일 재료의 축 A, B를 같은 각도만큼 비틀림 변형시키는데 필요한 비틀림 모멘트 비 $\dfrac{T_A}{T_B}$의 값은?

① 1/2 ② 1/4
③ 1/8 ④ 1/16

해설 $\theta = \dfrac{32Tl}{G\pi d^4}$에서 $T = \dfrac{G\pi d^4}{32l\theta}$이므로

$T_A = \dfrac{G\pi d^4}{32l\theta}$, $T_A = \dfrac{G\pi 2d^4}{32l\theta}$

$\therefore \dfrac{T_A}{T_B} = \dfrac{32l\theta \, G\pi d^4}{32l\theta \, G\pi 2d^4} = \dfrac{1}{16}$

81 가로탄성계수 G, 극관성모멘트 I_p일 때, 비틀림강성을 나타내는 것을 고르시오.

① $G + I_p$ ② $G - I_p$
③ $\dfrac{G}{I_p}$ ④ $G \times I_p$

해설 비틀림각 $\phi = \dfrac{TL}{GI_p}$. 단위길이당 비틀림각 $\dfrac{\phi}{L} = \dfrac{T}{GI_p}$ 이므로, GI_p는 단위길이당 $1\,rad$의 비틀림에 필요한 토크를 나타내는 비틀림강성이 된다.

82 지름이 d인 원형단면의 허용 비틀림응력을 τ라 할 때 이 봉이 받는 허용 비틀림모멘트는 다음 중 어느 것인가?

① $\dfrac{\pi d^3}{16}\tau$ ② $\dfrac{\pi d^4}{16}\tau$
③ $\dfrac{\pi d^3}{32}\tau$ ④ $\dfrac{\pi d^4}{32}\tau$

해설 비틀림모멘트에 의해 단면에 발생하는 최대 전단응력

$\tau_{max} = \dfrac{T}{I_n}r = \dfrac{T}{Z_n}$, $Z_p = \dfrac{\pi d^3}{16}$ 이므로

$T = \dfrac{\pi d^3}{16}\tau$

83 단면계수가 10m³인 원형 봉의 최대 굽힘모멘트가 2000 N·m일 때 최대 굽힘응력은 몇 N/m²인가?

① 20000
② 2000
③ 200
④ 20

해설 $\sigma_b = \dfrac{M}{Z} = \dfrac{2000}{10} = 200\,N/m^2$

84 50000 N·cm의 굽힘 모멘트를 받는 단순보의 단면계수가 100cm³이면 이 보에 발생되는 굽힘응력은 몇 N/m²인가?

① 250
② 500
③ 750
④ 1000

해설 $\sigma_b = \dfrac{M}{Z} = \dfrac{50000}{100} = 500\,N/cm^2$

85 지름이 d인 원형 단면의 중심점의 극점을 통과하는 극관성 모멘트는?

① $\dfrac{\pi d^4}{32}$ ② $\dfrac{\pi d^4}{64}$
③ $\dfrac{\pi d^3}{32}$ ④ $\dfrac{\pi d^3}{64}$

해설 지름이 d인 원형 단면의 중심점의 극점을 통과하는 극관성 모멘트는 $\dfrac{\pi d^4}{32}$이다.

정답 81.④ 81.④ 82.③ 83.③ 84.② 85.①

86 중공단면축의 바깥지름이 5mm, 안지름이 3mm, 허용 전단응력이 300N/mm²일 때 허용 비틀림모멘트는 약 몇 N·mm인가?

① 4291
② 5291
③ 6409
④ 100

> **해설** 중공축의 극관성모멘트
> $$I_p = \frac{\pi(d_1^4 - d_2^4)}{32}$$
> $$= \frac{\pi(5^4 - 3^4)}{32} = 53.41\,mm^4$$
> $\tau_{max} = \dfrac{T}{I_p}r$ 에서
> $300 = \dfrac{T}{53.41} \times \dfrac{5}{2}$
> $T = 6409.2\,N\cdot mm$

87 비틀림 모멘트를 받는 원형단면 축에 발생되는 최대 전단응력에 대한 설명으로 옳은 것은?

① 축 지름이 증가하면 최대 전단응력은 감소한다.
② 단면 계수가 감소하면 최대전단응력은 감소한다.
③ 축의 단면적이 증가하면 최대전단응력은 증가한다.
④ 가해지는 토크가 증가하면 최대전단응력은 감소한다.

> **해설** $\tau_{max} = \dfrac{T}{I_p}r = \dfrac{T}{Z_p}$ 에서 축 지름이 증가하면 극단면계수 Z_p 의 값이 증가하고, 최대 전단응력은 감소한다.

88 다음 중 양끝을 받치고 있는 보로, 양단 지지보라고도 하는 보는?

① 단순보   ② 외팔보
③ 고정보   ④ 연속보

> **해설** ① 단순보 : 양끝을 받치고 있는 보로, 양단 지지보라고도 한다.
> ② 외팔보 : 보의 한쪽 끝만을 고정한 것
> ③ 고정보 : 양끝을 모두 고정한 보이며, 가장 튼튼하다.
> ④ 연속보 : 3개 이상의 지점 즉 2개 이상의 스팬을 가진 보.

89 비틀림 모멘트 T와 극관성모멘트 I_p가 일정할 때, 길이 L을 갖는 축의 단위 길이당 비틀림각 (ϕ/L)은? (단, ϕ는 길이 L의 축에 발생하는 전체 비틀림 각이고, G는 축의 전단 탄성계수이다.)

① $\dfrac{T^2}{GI_p}$ ② $\dfrac{GI_p}{T}$

③ $\dfrac{T}{GI_p}$ ④ $\dfrac{GI_p}{T^2}$

> **해설** $\phi = \dfrac{TL}{GI_p}$ 에서 $\dfrac{\phi}{L} = \dfrac{T}{GI_p}$

90 재료역학에서의 보에 대한 설명이다. 틀린 것은?

① 정정보는 보의 지점반력을 정역학적 평형조건을 이용하여 구할 수 있는 보이다.
② 외팔보는 보의 한쪽 끝만을 고정한 것이며, 단순보라고도 한다.
③ 돌출보는 보가 지점 밖으로 돌출한 보이다.
④ 양단고정보는 양끝이 고정된 보를 말한다.

> **해설** 단순보는 정정보의 일종이며, 양끝이 각각 핀지점(회전받침점)과 롤러지점(이동받침점)으로 지지된 보이다.

정답 86.③ 87.① 88.① 89.③ 90.②

91 그림과 같은 단순보의 R_A, R_B의 값으로 적당한 것은?

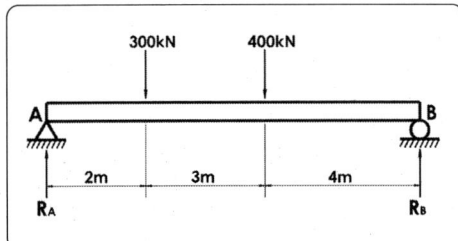

① R_A =467.4 kN, R_B=232.6 kN
② R_A =432.3 kN, R_B=267.7 kN
③ R_A =411.1 kN, R_B=288.9 kN
④ R_A =396.8 kN, R_B=303.2 kN

해설 수직방향 힘의 평형에서
$R_A + R_B = 300 + 400 = 700\,kN$
지점 A에 대한 모멘트의 평형에서
$R_B \times 9 = 300 \times 2 + 400 \times 5 = 2600\,kN$
$R_B = 288.89\,kN$
$R_A = 700 - 288.89 = 411.11\,kN$

92 받침점의 반력을 힘의 평형과 모멘트의 평형으로 구할 수 있는 보는?
① 고정보   ② 내다지보
③ 연속보   ④ 고정지지보

해설
• 정정보 : 평형조건식을 이용하여 반력을 알 수 있는 보로서, 단순보, 외팔보, 돌출보(내다지보) 등이 있다.
• 부정정보 : 평형조건식만으로 반력을 알 수 없으므로, 별도의 조건식이 필요한 보로서, 고정보, 고정 지지보, 연속보 등이 있다.

93 부정정보는 어느 것인가?
① 연속보   ② 단순보
③ 돌출보   ④ 외팔보

해설 부정정보는 평형조건식만으로 반력을 알 수 없고, 별도의 조건식이 필요한 보로서, 고정보, 고정 지지보, 연속보 등이 있다.

94 그림과 같은 보의 명칭으로 가장 적합한 것은?

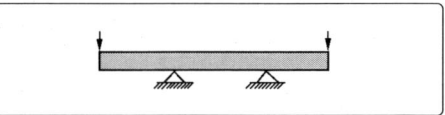

① 단순보   ② 외팔보
③ 돌출보   ④ 고정보

95 중앙에 집중하중 P를 받는 길이 l의 단순보에 대한 설명 중 틀린 것은? (단, 보의 자중은 무시하고 굽힘강성은 EI로 한다.)
① 보의 최대 처짐은 중앙에서 일어난다.
② 보의 양 끝단에서의 굽힘 모멘트는 0(zero)이다.
③ 보의 최대 처짐을 나타내는 값은 $\dfrac{Pl^3}{3EI}$ 이다.
④ 보의 한 지점에서의 반력은 $P/2$이다.

해설 집중하중 P가 중앙에 작용하는 단순보의 최대처짐
$\delta_{max} = \dfrac{PL^3}{48EI}$

96 보를 지지하는 지점의 종류 중 지점이 핀으로 지지되어 있어 보의 회전은 자유로우나 수평반력, 수직반력 등 2개의 반력이 발생하는 것은?
① 부동회전지점
② 가동회전지점
③ 고정지점
④ 정정지점

해설 부동회전지점은 보를 지지하는 지점의 종류 중간 지점이 핀으로 지지되어 있어 보의 회전은 자유로우나 수평반력, 수직반력 등 2개의 반력이 발생하는 것이다.

정답 91.② 92.② 93.① 94.③ 95.③ 96.①

97 보에서 파괴가 가장 먼저 일어날 수 있는 위험 단면에 대한 설명으로 적합한 것은?
① 전단력선도와 모멘트선도의 변곡점
② 전단력선도와 모멘트선도의 부호가 (+)인 지점
③ 처짐이 최소인 지점
④ 지지되는 양끝 점

98 단순보의 전체 길이 L에 걸쳐 균일분포하중이 작용할 때 최대 굽힘모멘트는 보의 어느 지점에서 일어나는가?
① 중앙($\frac{L}{2}$)지점
② 양끝에서 $\frac{L}{3}$ 되는 지점
③ 양끝 지점
④ 양끝에서 $\frac{L}{4}$ 되는 지점

[해설] 균일분포하중 w 가 작용하는 단순보의 최대 처짐 위치 x_1 과 최대 처짐 δ_{max}
$x_1 = \frac{L}{2}$, $\delta_{max} = \frac{5wL^4}{384EI}$

99 그림과 같이 길이 L인 단순보의 중앙에 집중하중 P를 받을 때, 최대 굽힘모멘트는 얼마인가?

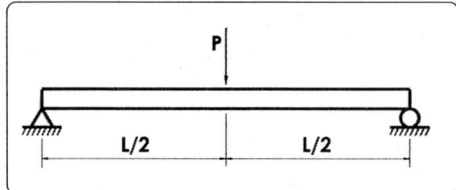

① $\frac{PL}{4}$ ② $\frac{PL}{2}$
③ $\frac{PL^2}{4}$ ④ $\frac{PL^2}{2}$

[해설] 집중하중 P가 중앙에 작용하면, 최대 굽힘모멘트 M_{max} 또한 중앙지점에서 발생하고 크기는 다음과 같다.
$M_{max} = \frac{PL}{4}$

100 그림과 같은 보에서 지점 B가 5 N까지의 반력을 지지할 수 있다. 하중 12 N은 A점에서 몇 m까지 이동할 수 있는가?

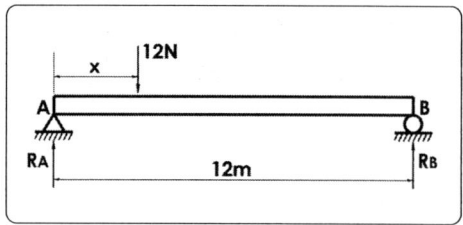

① 2
② 3
③ 4
④ 5

[해설] 지점 A에 대한 모멘트의 평형을 계산하면,
$12 \times x = R_B \times 12$, $12 \times x = 5 \times 12$,
$x = 5 m$

101 그림과 같이 주어진 단순보에서 최대 처짐에 대한 서술 중 틀린 것은?

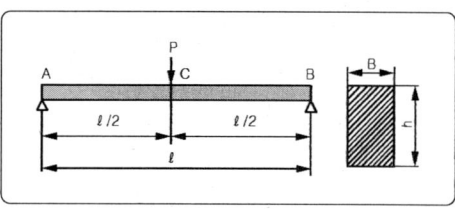

① 탄성계수(E)에 반비례한다.
② 하중(P)에 비례한다.
③ 길이(l)의 3제곱에 비례한다.
④ 보의 단면 높이(h)의 제곱에 비례한다.

[해설] 보의 최대 처짐은 하중에 비례하고, 탄성계수에 반비례하며, 길이의 3제곱에 비례한다.

정답 ··· 97.① 98.① 99.① 100.④ 101.④

102 그림과 같이 보의 세 점에 집중하중이 가해지는 경우 B점에서의 반력은?

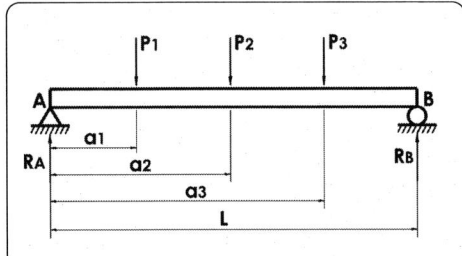

① $\dfrac{P_1 a_1 + P_2 a_2 + P_3 a_3}{L}$

② $\dfrac{P_1 a_1 + P_2 a_2 + P_3 a_3}{2L}$

③ $\dfrac{P_1 a_1 + 2P_2 a_2 + P_3 a_3}{2L}$

④ $\dfrac{P_1 a_1 + 2P_2 a_2 + P_3 a_3}{3L}$

해설 지점 A에서 모멘트의 평형 관계에서
$R_B L = P_1 a_1 + P_2 a_2 + P_3 a_3$
$R_B = \dfrac{P_1 a_1 + P_2 a_2 + P_3 a_3}{L}$

103 그림과 같은 단순 지지보의 c 점에 500 kN의 하중이 걸릴 때 a 점에 작용하는 반력은 약 몇 kN인가?

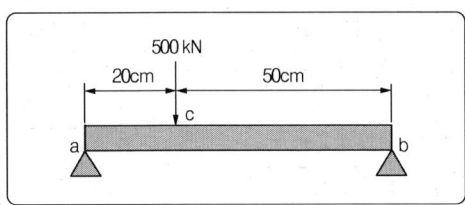

① 257   ② 357
③ 457   ④ 567

해설 $Ra = \dfrac{500 \times 50}{20 + 50} = 357$

104 다음 그림과 같은 보에서 최대 굽힘 모멘트는?

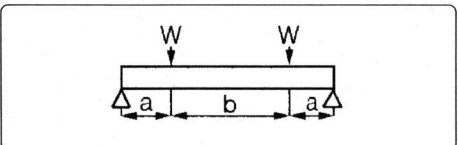

① $Wa/2$ ② Wa
③ $Wb/2$ ④ Wb

105 그림과 같이 균일분포 하중을 받는 단순보에서 최대 굽힘 응력은?

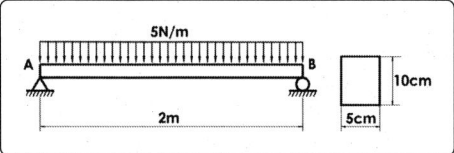

① 30kPa   ② 40kPa
③ 60kPa   ④ 80kPa

해설 최대 굽힘모멘트
$M_{max} = \dfrac{wL^2}{8} = \dfrac{5 \times 2^2}{8} = 2.5\,N\cdot m$

단면 2차 모멘트
$I = \dfrac{bh^3}{12} = \dfrac{0.05 \times 0.1^3}{12}$
$= 4.166 \times 10^{-6}\,m^4$

최대 굽힘응력 $\sigma_b = \dfrac{M}{I} y$
$= \dfrac{2.5}{4.166 \times 10^{-6}} \times 0.05$
$= 30\,kPa$

106 일반적으로 보를 설계할 때 주로 고려하는 응력은?

① 인장응력   ② 굽힘응력
③ 전단응력   ④ 압축응력

해설 보는 일반적으로 굽힘과 처짐에 대한 설계가 중요한 구조물이며, 발생하는 굽힘응력을 중점적으로 조사한다.

정답   102.①   103.②   104.②   105.①   106.②

107 길이 4m인 외팔보의 자유단에 10kN의 집중하중이 작용하고 있다. 보의 허용 굽힘응력이 2MPa일 때, 보의 폭(b)이 25cm인 직사각형 단면의 높이(h)는 약 몇 cm 이상이어야 하는가?

① 30 ② 55
③ 70 ④ 100

해설 $2\text{MPa} = 0.2\text{kN/cm}^2$
굽힘모멘트
$M = 10 \times 400 = 4000\,kN\cdot cm$
$Z = \dfrac{bh^2}{6}$, $\sigma_b = \dfrac{M}{Z} = \dfrac{6M}{bh^2}$
$0.2 = \dfrac{6 \times 4000}{25 \times h^2}$, $h = 69.28\,cm$

108 그림과 같은 길이 L인 외팔보 AB가 자유단 B에 집중하중 P를 받고 있다. 하중 끝단 B에서 최대 처짐량 δ는? (단, E는 세로탄성계수이고 I는 관성모멘트이다.)

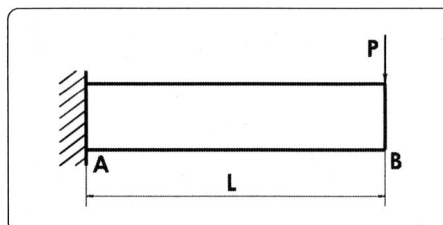

① $\delta = \dfrac{PL^2}{6EI}$

② $\delta = \dfrac{PL^3}{6EI}$

③ $\delta = \dfrac{PL^2}{3EI}$

④ $\delta = \dfrac{PL^3}{3EI}$

해설 끝단에 집중하중이 작용하는 외팔보의 최대처짐
$\delta_{max} = \dfrac{PL^3}{3EI}$

109 도면과 같이 자유단에 집중하중을 받고 있는 외팔보의 굽힘모멘트 선도로 가장 적합한 것은?

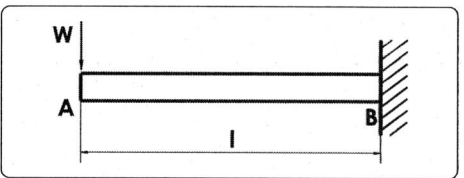

①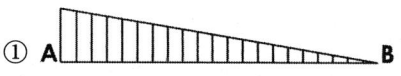

②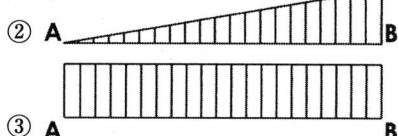

③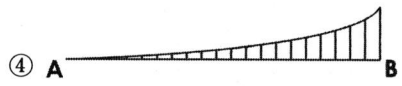

④

해설 자유단에 집중하중을 받는 외팔보의 굽힘모멘트
$M = Wx$.
자유단에서 0으로 시작하여 선형(직선)으로 크기가 커진다.

110 그림과 같은 외팔보에서 단면의 폭×높이 =b×h일 때, 최대굽힘응력(σ_{max})을 구하는 식은?

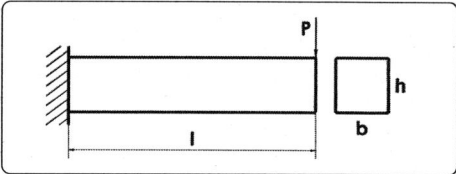

① $\dfrac{6Pl}{bh^2}$ ② $\dfrac{12Pl}{bh^2}$

③ $\dfrac{6Pl}{b^2 h}$ ④ $\dfrac{12Pl}{b^2 h}$

해설 $\sigma_b = \dfrac{M}{I}y = \dfrac{M}{Z}$.
$Z = \dfrac{I}{y} = \dfrac{bh^2}{6}$, $M = Pl$, $\sigma_b = \dfrac{6Pl}{bh^2}$

정답 107.③ 108.④ 109.② 110.①

111 그림과 같은 단면을 가진 외팔보에 등분포 하중이 작용할 때 보에 발생하는 최대 굽힘응력은 약 몇 N/cm²인가?

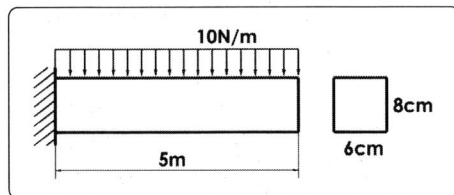

① 95
② 145
③ 195
④ 245

해설 최대 굽힘모멘트
$$M_{max} = \frac{wL^2}{2} = \frac{0.1 \times 500^2}{2} = 12500\,\text{N·cm}$$

단면계수 $Z = \frac{bh^2}{6} = \frac{6 \times 8^2}{6} = 64\,cm^3$

최대 굽힘응력
$$\sigma_b = \frac{M}{Z} = \frac{12500}{64} = 195.31\,N/cm^2$$

112 그림과 같이 한 변이 0.1m인 정사각형 단면의 외팔보 끝에 5ton의 힘이 작용할 경우 A점의 최대 굽힘 응력은 몇 kgf/cm²인가?

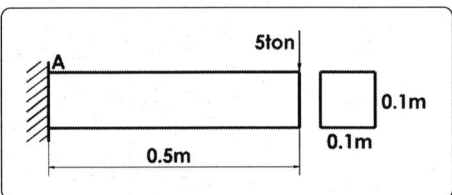

① 1000　② 1200
③ 1500　④ 1800

해설 굽힘모멘트
$M = 5000 \times 50 = 2.5 \times 10^5\,kg_f\cdot cm$

단면 2차 모멘트
$I = \frac{bh^3}{12} = \frac{10 \times 10^3}{12} = 833.33\,cm^4$

굽힘응력
$$\sigma_b = \frac{M}{I}y = \frac{2.5 \times 10^5}{833.33} \times 5 = 1500\,kg_f/cm^2$$

113 그림과 같은 균일분포 하중 w(kgf/m)를 받는 외팔보의 자유단에 하중 P(kgf)를 작용시켜 처짐이 0이 되도록 하려면 이 때의 하중은?

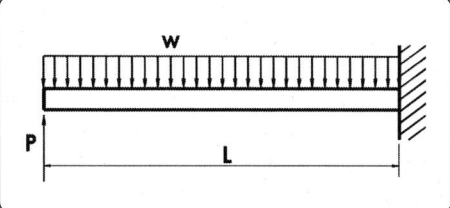

① $P = \dfrac{8wL}{3}$

② $P = \dfrac{3wL}{8}$

③ $P = \dfrac{3wL}{48}$

④ $P = \dfrac{48wL}{3}$

해설 분포하중 w만 주어진 경우, 끝단의 처짐
$$\delta_{max\,1} = \frac{wL^4}{8EI}$$

외팔보에 집중하중 P를 가하여 윗 방향으로 같은 변위를 주면 끝단의 처짐이 0이 된다. 집중하중 P만 주어진 경우, 끝단의 처짐
$$\delta_{max\,2} = \frac{PL^3}{3EI}$$

$\delta_{max\,1} = \delta_{max\,2}$에서 $\dfrac{wL^4}{8EI} = \dfrac{PL^3}{3EI}$

$P = \dfrac{3wL}{8}$

정답 111.③　112.③　113.②

114 그림과 같이 직사각형 단면($b \times h$)을 갖는 외팔보의 끝단부 처짐량에 대한 설명 중 맞는 것은?

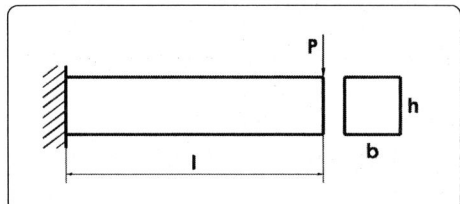

① 처짐량은 보의 길이의 제곱(l^2)에 비례한다.
② 처짐량은 보 높이의 세제곱(h^3)에 반비례한다.
③ 처짐량은 하중(P)에 반비례한다.
④ 처짐량은 보의 너비(b)에 비례한다.

해설 최대 처짐 $\delta_{max} = \dfrac{Pl^3}{3EI}$

단면 2차 모멘트 $I = \dfrac{bh^3}{12}$

115 그림과 같이 양단이 고정된 보 AB가 전 길이 ℓ에 걸쳐서 등분포하중 W를 받을 경우 모멘트 M_A 값은?

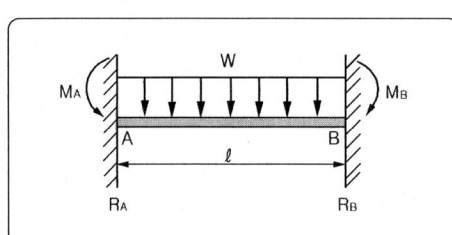

① $\dfrac{W\ell^2}{12}$ ② $\dfrac{W\ell^2}{24}$

③ $\dfrac{W\ell^2}{16}$ ④ $\dfrac{W\ell^2}{18}$

116 보 속의 굽힘 응력에 대한 설명으로 옳은 것은?

① 중립면으로부터의 거리에 비례한다.
② 중립면에서 굽힘 응력이 최대로 된다.
③ 세로탄성계수에 반비례한다.
④ 굽힘 곡률반지름에 비례한다.

해설 굽힘응력 $\sigma_b = \dfrac{M}{I}y = \dfrac{M}{Z}$ 로 계산되며, 중립면에서 멀어질수록 값이 커진다.

117 보기와 같은 길이 ℓ인 외팔보 AB가 자유단 B에 집중하중 P를 받고 있다. 하중 끝단 B에서의 최대 처짐량 δ는?(단, E는 세로 탄성계수이고 I는 관성모멘트이다.)

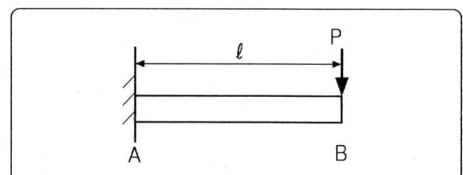

① $\delta = \dfrac{P\ell^2}{6EI}$

② $\delta = \dfrac{P\ell^3}{6EI}$

③ $\delta = \dfrac{P\ell^2}{3EI}$

④ $\delta = \dfrac{P\ell^3}{3EI}$

해설 외팔보의 하중 끝단 B에서의 최대 처짐량은 $\delta = \dfrac{P\ell^3}{3EI}$ 이다.

118 그림과 같은 길이 L인 단순지지 보의 중앙에 집중하중 P를 받은 경우 굽힘 모멘트는?

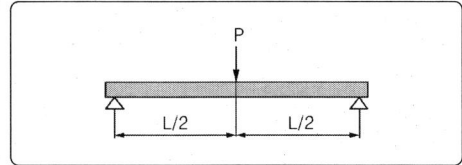

① PL ② $\dfrac{PL}{2}$
③ $\dfrac{PL}{4}$ ④ $\dfrac{PL}{8}$

119 그림과 같은 내측이 비어 있는 단면의 보에서 $X-X'$축에 대한 단면 2차 모멘트는 약 몇 cm⁴인가? (단, 직사각형 외측높이는 25cm, 폭은 20cm 이고, 내측의 높이는 15cm, 폭은 10cm 임)

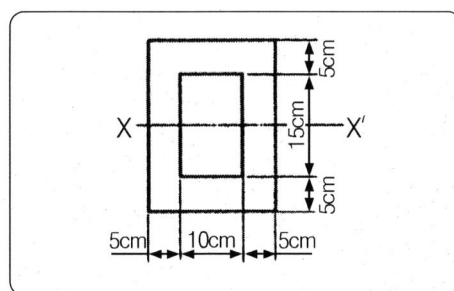

① 16715   ② 18645
③ 19375   ④ 23229

[해설] $I = \dfrac{1}{12} \times (B \times H^3 - b \times h^3)$

I : 2차 모멘트, B : 외측의 폭(cm),
H : 외측의 높이(cm), b : 내측의 폭(cm),
h : 내측의 높이(cm)

∴ $\dfrac{1}{12} \times (20 \times 25^3 - 10 \times 15^3) = 23229 cm^4$

120 그림과 같은 삼각형 단면의 밑변인 B-C축에 대한 단면 2차 모멘트는?

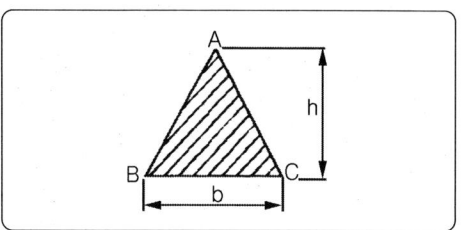

① $\dfrac{bh^3}{36}$

② $\dfrac{bh^3}{24}$

③ $\dfrac{bh^3}{12}$

④ $\dfrac{bh^3}{4}$

[해설] ① $\dfrac{bh^3}{36}$: 관성모멘트(도심축)

② $\dfrac{bh^3}{24}$: 단면 1차 모멘트

③ $\dfrac{bh^3}{12}$: 단면 2차 모멘트(B-C축)

121 단순보의 굽힘 응력을 σ, 굽힘 모멘트를 M, 단면계수를 Z 라고 할 때 굽힘 모멘트 M 을 구하는 식은?

① $M = \dfrac{\sigma Z}{2}$

② $M = \dfrac{\sigma}{Z}$

③ $M = \dfrac{Z}{\sigma}$

④ $M = \sigma \cdot Z$

정답 118.③ 119.④ 120.③ 121.④

122 동일 재료로 단면의 크기(치수)가 일정한 보에 대한 설명으로 틀린 것은?

① 단면의 크기가 일정하여도 탄성계수는 변화한다.
② 단면의 크기가 일정하면 단면 2차 모멘트(I)는 변화하지 아니 한다.
③ 굽힘 모멘트가 클수록 곡률 반지름(ρ)은 작아진다.
④ 보의 굽힘 응력은 보에 작용하는 굽힘 모멘트에 비례한다.

> 해설 동일 재료로 단면의 크기(치수)가 일정한 보
> ① 단면의 크기가 일정하면 단면 2차 모멘트(I)는 변화하지 아니 한다.
> ② 굽힘 모멘트가 클수록 곡률 반지름(ρ)은 작아진다.
> ③ 보의 굽힘 응력은 보에 작용하는 굽힘 모멘트에 비례한다.

123 단면이 직사각형($b \times h$)인 단순보의 중앙에 집중하중(P)이 작용할 때 최대 처짐량에 대한 설명 중 틀린 것은? (단, 단순보 지지점 사이의 거리를 L이라 한다.)

① 단면의 폭(b)에 반비례한다.
② 집중하중(P)의 크기에 비례한다.
③ 단면의 높이(h)에 제곱에 반비례한다.
④ 지지점 사이의 거리(L)의 3승에 비례한다.

124 단면의 형상과 길이가 같은 기둥 형상의 구조물에서 처짐량이 가장 많은 것은?

① 일단고정 타단 자유
② 양단회전
③ 일단고정 타단 회전
④ 양단고정

> 해설 단면의 형상과 길이가 같은 기둥 형상의 구조물에서 처짐량이 가장 많은 것은 일단 고정 타단 자유이다.

125 그림과 같은 외팔보에서 폭×높이 = $b \times h$ 일 때, 최대 굽힘 응력(σ_{max})을 구하는 공식은?

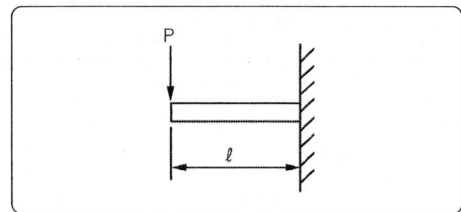

① $\sigma_{max} = \dfrac{6Pl}{bh^2}$
② $\sigma_{max} = \dfrac{12Pl}{bh^2}$
③ $\sigma_{max} = \dfrac{6Pl}{b^2h}$
④ $\sigma_{max} = \dfrac{12Pl}{b^2h}$

126 그림과 같이 10kN의 집중하중을 받는 단순보에서 Rb에서의 반력이 8kN 일 때 x의 값은?

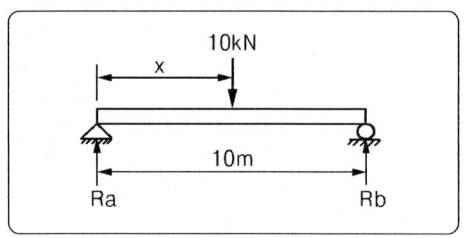

① 2m
② 4m
③ 6m
④ 8m

> 해설 $x = \dfrac{Rb \times l}{W}$ ∴ $\dfrac{8kN \times 10m}{10kN} = 8m$

127 단순보의 굽힘 응력을 σ, 굽힘 모멘트를 M, 단면계수를 Z 라고 할 때 굽힘 모멘트 M을 구하는 식은?

① $M = \dfrac{\sigma Z}{Z}$
② $M = \dfrac{\sigma}{Z}$
③ $M = \dfrac{Z}{\sigma}$
④ $M = \sigma \cdot Z$

정답 ··· 122.① 123.③ 124.① 125.① 126.④ 127.④

128 그림과 같은 단면의 단순 지지보 중앙에 집중하중을 받고 있는 경우 최대 굽힘 응력은 몇 kgf/cm² 인가?

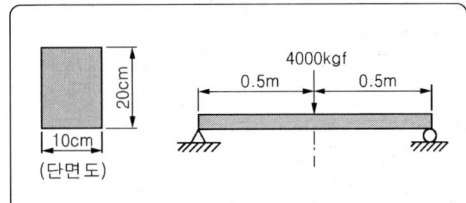

① 100 ② 150
③ 200 ④ 300

해설 ① $M = \dfrac{P \times l_1 \times l_2}{l}$

M : 굽힘 모멘트, P : 하중,
l, l_1, l_2 : 보의 각 길이

∴ $\dfrac{4000 \times 50 \times 50}{100} = 100,000 \text{kgf} \cdot \text{cm}$

② $\tau_a = \dfrac{6M}{bh^2}$

τ_a : 굽힘 응력, b : 보의 폭, h : 보의 높이

∴ $\dfrac{6 \times 100,000}{10 \times 20^2} = 150 \text{kgf}/\text{cm}^2$

129 폭×높이(30cm×40cm)의 단면을 가진 다음 단순보의 최대 굽힘 응력은 몇 kgf/cm² 인가? (단, 보의 자중은 무시한다.)

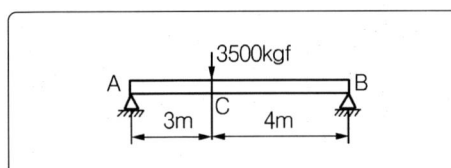

① 50 ② 65
③ 75 ④ 80

해설 $M = \sigma \cdot Z = \dfrac{\sigma b h^2}{6} = \dfrac{P l_1 l_2}{l}$ 에서

$\sigma = \dfrac{6 P l_1 l_2}{b h^2 l}$

∴ $\dfrac{6 \times 3500 \times 300 \times 400}{30 \times 40^2 \times 700} = 75 \text{kgf}/\text{cm}^2$

130 길이 ℓ 인 단순보의 중앙에 집중하중 W 가 작용할 때 최대 굽힘 모멘트는?

① $\dfrac{W \times \ell}{2}$ ② $\dfrac{W \times \ell}{4}$

③ $\dfrac{W \times \ell}{8}$ ④ $\dfrac{W \times \ell^2}{8}$

131 길이가 2m인 원형인 단순 지지보의 지름이 25mm 일 때 보 중앙에 집중하중 400kgf이 작용하면 최대 굽힘 응력은 몇 kgf/mm²인가?

① 65.22
② 100.38
③ 117.22
④ 130.38

해설 $\tau_a = \dfrac{32Pl}{4\pi d^3}$

τ_a : 굽힘 응력, P : 하중, l : 보의 길이,
d : 보의 지름

∴ $\dfrac{32 \times 400 \times 2000}{4 \times 3.14 \times 25^3} = 130.38 \text{kgf}/\text{cm}^2$

132 길이가 2m이고, 지름이 25cm인 단순 지지보의 중앙에 집중하중 400N이 작용하면 최대 굽힘 응력은 약 몇 kPa인가?

① 65.22kPa
② 100.38kPa
③ 117.22kPa
④ 130.38kPa

해설 $\tau_a = \dfrac{32Pl}{4\pi d^3}$

τ_a : 굽힘 응력, P : 하중, l : 보의 길이,
d : 보의 지름

정답 128.② 129.② 130.② 131.④ 132.④

133 폭이 b이고 높이가 h인 직사각형 단면의 중립축 $x-x'$에 대한 단면계수는?

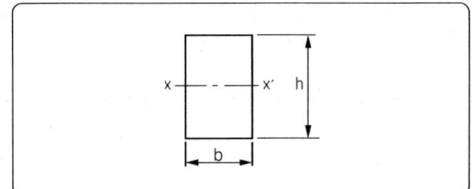

① $Z = \dfrac{h^2}{12}$ ② $Z = \dfrac{bh^3}{6}$

③ $Z = \dfrac{bh^3}{12}$ ④ $Z = \dfrac{bh^2}{6}$

134 비틀림 응력은 단면의 어느 곳에서 가장 크게 생기는가?

① 중심
② 중립축
③ 원주 가장자리
④ 중심과 원주 가장자리와의 중간점

해설 비틀림 응력은 단면의 원주 가장자리에서 가장 크게 생긴다.

135 원형단면 축을 비틀 때 다음 중에서 가장 비틀기 어려운 것은?(단, G는 재료의 가로 탄성계수를 나타낸다.)

① 지름이 크고, G의 값이 작을수록 어렵다.
② 지름이 크고, G의 값이 클수록 어렵다.
③ 지름이 작고, G의 값이 클수록 어렵다.
④ 지름이 작고, G의 값이 작을수록 어렵다.

해설 지름이 크고, G의 값이 클수록 비틀기 어렵다.

정답 133.④ 134.③ 135.②

PART 02

기계열역학

1. 열역학의 기본 사항
2. 순수물질(증기)
3. 일과 열
4. 열역학의 법칙
5. 각종 사이클
6. 열역학의 응용

열역학의 기본 사항

PART1. 기계열역학

01 기본 개념

1 열역학 시스템과 검사체적

(1) 열역학 시스템

열과 일을 에너지의 일종으로 간주하고 에너지 보존법칙에 입각하여 물질의 열적(熱的)인 성질을 이해할 수 있다. 이런 종류의 이론을 **열역학**이라 한다. 열역학은 일과 열 및 이들과의 관계를 갖는 물질의 성질을 다루는 분야이다. 열역학은 다루는 방법에 따라 **미시적**(microscopic, 현미경)이나 **거시적**(macroscopic point of view, 육안)으로 구분한다.

(2) 검사 체적

① **물질**(substance, matter) : 물질은 검사질량 또는 검사체적 내에 존재하며, 검사 면에 의해 둘러싸여 있다.

② **검사질량**(control mass) : 검사질량이란 검사 면이 밀폐된 밀폐계 내의 질량을 말하며, 항상 동일한 물질로 이루어진다.

③ **검사체적**(control volume) : 검사체적이란 질량의 유동에 대해 검사 면이 개방된 개방계에서의 체적을 가리키며, 체적 내 질량은 변할 수 있다. 즉 검사체적은 시간에 따라 변하지 않는 공간을 말한다. 검사체적에서는 부피만이 고정되며, 질량, 운동량, 에너지 등은 유동적이다. 단 검사체적 면이 닫힌 경우에는 유용한 값을 가질 수 있다. 또 검사체적을 이용한 경우 오일러 방정식을 따른다.

④ **검사면**(control surface) : 검사질량 및 검사체적을 주위와 구별시키는 경계면을 말한다.

2 물질의 상태와 상태량

물은 가열하면 증기로, 냉각되면 얼음으로 변화하는 성질이 있다. 물은 각 상태에서 압력, 온도, 밀도, 탄성계수와 같은 여러 가지 열역학적 상태로 표시할 수 있다. 이와 같은 상태(state)는 온도, 압력, 밀도와 같은 거시적 성질인 일정한 측정값으로 표현된다. 즉 압력, 온도, 밀도, 탄성계수 등은 성질(property, 상태량)의 예이며, 성질 중에는 내부에너지와 엔트로피와 같이 직접 관측할 수는 없으나 열역학 법칙에 의해서만 정의 되는 경우도 있다.

한 상태에서 물질의 각 성질은 특정한 값을 지니며, 그 상태에 도달하기 이전의 경로(path)와는 관계가 없다. 즉 성질은 경로와는 관계없이 계의 상태에만 관계되는 양이다. 따라서 성질을 **상태함수**(state function) 또는 **점함수**(point function)라 한다. 열역학의 상태량에는 강도성 상태량(intensive property)과 종량적 상태량(extensive property)으로 분류한다.

① **강도성 상태량** : 강도성 상태량이란 온도, 압력과 같이 계의 질량에 관계없는 것을 말한다.
② **종량적 상태량** : 종량적 상태량이란 질량에 정비례하는 성질을 말한다.(예 체적, 내부에너지, 질량), 다만, 비체적과 같이 단위질량 당의 종량성질은 강도성질로 취급한다.

3 과정과 사이클

(1) 과정 (process)

계(system)내의 물질이 한 상태에서 다른 상태로 변화할 때 연속된 상태변화의 경로를 과정이라 한다.

① **가역과정**(reversible process) : 가역과정은 경로의 모든 점에서 역학적, 열적, 화학적 등의 모든 평형이 유지되며, 어떤 마찰도 수반되지 않는 상태변화이다. 따라서 계가 경계를 통하여 이동할 때 주위에 어떤 변화도 남기지 않는 과정이다.
② **비가역과정**(irreversible process) : 실제로는 가역과정은 존재할 수 없고 계가 경계를 통하여 이동할 때 변화를 남기는 과정, 즉 평형이 유지되지 않는 과정이다.
③ **준정적 과정**(quasi-static process) : 상태변화가 매우 적어 즉 평형상태에서 벗어나는 정도가 매우 적어 그 과정사이의 상태를 평형상태로 생각할 수 있는 과정
④ **정적(등적)과정**(constant volume process) : 과정 사이에 체적 또는 비체적이 일정한 과정
⑤ **정압(등압)과정**(constant pressure process) : 과정 사이의 압력이 일정한 과정
⑥ **정온(등온)과정**(constant temperature process) : 과정 사이의 온도가 일정한 과정
⑦ **단열과정**(adiabatic process) : 과정 사이에 열의 출입이 없는 과정
⑧ **정상 유동과정**(steady flow process) : 과정 사이의 각 점에서 시간에 따라 성질이 변화하지 않는 과정

(2) 사이클 (cycle)

사이클이란 계가 과정이 시작되기 전의 상태로 복귀하는 과정이며, 사이클 사이의 계의 상태는 변화하지만, 사이클이 완료되면 계가 본래의 상태로 복귀하기 때문에 모든 상태량의 값은 최초상태의 값과 같아진다. 사이클에는 1사이클이 가역과정만으로 이루어진 가역사이클(reversible cycle)과 1사이클이 비가역 과정만으로 이루어진 비가역 사이클(irreversible cycle)이 있다.

01 용어와 단위계(질량, 길이, 시간 및 힘의 단위계)

1 단위

기관에서 사용하는 단위에는 국제단위인 SI단위(프랑스어의 System International d'Unites에서 유래)를 사용하며, 그 기본단위는 아래 표와 같다. 이들 기본단위로부터 여러 가지 유도단위가 사용되고 있다.

① 기본단위

차 원	단 위
길 이	미터(m)
질 량	킬로그램(kg)
시 간	초(sec)

② **SI 단위** : SI 단위에서 힘의 단위는 뉴턴(N)을 사용하고, 질량은 kg, 압력은 파스칼(Pa), 온도는 절대온도(K), 일이나 열량은 줄(J)을 사용한다.

SI 주요단위는 다음과 같다.

- $1N = 1kg \cdot m/s^2$
- $1Pa = 1N/m^2$, $1kPa = 1000Pa$
- $1bar = 100000Pa = 100kPa = 0.1MPa$
- 절대온도 $T\,K = [℃ + 273]K$
- $1J = 1N \cdot m$, $1kJ = 1000J$
- $1W = 1J/s$, $1kW = 1000W$

2 온도(temperature)

온도에는 섭씨온도(℃)와 화씨온도(℉)가 있으며, 섭씨온도계의 눈금은 대기압력(수은주의 높이 760mmHg) 아래에서 순수한 물의 어는점(freezing point)을 0℃, 끓는점(boiling point)을 100℃로 하여 그 사이를 100등분 한 것이다. 화씨온도는 어는점과 증기점을 각각 32℉와 212℉로 하고 그 사이를 180등분 한 것이다. 그리고 섭씨온도를 t_C℃, 화씨온도를 t_F℉라고 하면 이들 사이에는 다음의 관계가 있다.

- $t_C = \dfrac{5}{9}(t_F - 32)$ ℃
- $t_F = \dfrac{9}{5}t_C + 32$ ℉

이상기체(완전가스)는 기체의 체적을 일정하게 유지하면서 온도를 1℃ 낮추면 그 압력은 0℃일 때 압력의 $\frac{1}{273}$만큼 감소한다. 따라서 -273℃가 되면 기체의 압력은 0이 된다. 그러므로 -273℃가 기체의 분자운동이 정지되는 최저온도이며, 이것을 0으로 하는 것을 절대온도(absolute temperature)라 하고 기호 K로 표시한다. 절대온도 T K와 섭씨온도 t_C℃ 사이에는 다음의 관계가 성립한다.

- $T = 273 + t_C$

3 압력 (pressure)

압력이란 단위면적에 수직으로 작용하는 힘의 크기를 말하며, 그 단위로는 N/m², Pa 또는 bar를 사용한다. 수은주 760mm의 높이에 상당하는 압력을 **1표준기압**이라 한다. 압력의 단위는 일반적으로 Pa를 사용하나, 관용적으로 다음의 단위를 사용하기도 한다.

- 1 표준기압(atm) = 760mmHg = 101.3kPa
- 1 공학기압(at) = 1.0kgf/cm² = 735.5mmHg = 10mAq ≒ 98kPa

그리고 압력을 측정할 때 대기압 P_{atm}을 기준으로 하여 측정하는 압력을 게이지 압력(gauge pressure) 또는 계기압력 P_g라 하고, 절대진공을 0으로 하여 측정하는 압력을 절대압력 P_{ata}라 하면 이들 사이에는 다음의 관계가 성립한다.

$$P_{ata} = P_{atm} + P_g$$

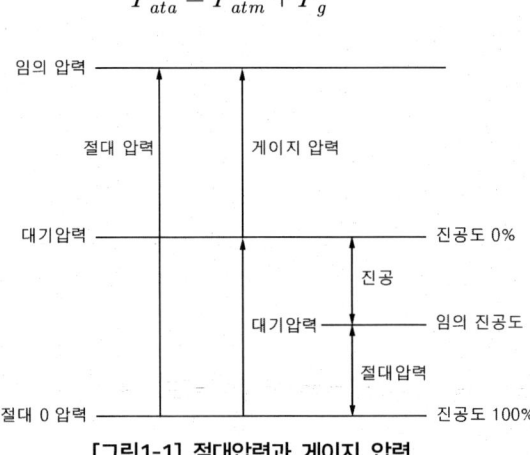

[그림1-1] 절대압력과 게이지 압력

4 비체적과 밀도

기체 또는 액체 1kg이 차지하는 체적을 **비체적**(specific volume)이라 하고, 단위로는 m³/kg으로 표시한다. 그리고 이와는 반대로 체적 1m³당의 질량을 **밀도**(density)라 하며, 그 단위는 kg/m³이다.

5 열량과 비열

온도가 서로 다른 두 물체를 접촉시키면 높은 온도의 물체온도는 내려가고 낮은 온도의 물체온도는 올라가서, 마침내 두 물체의 온도는 같은 온도로 된다. 이것은 높은 온도의 물체로부터 낮은 온도의 물체로 열이 이동하기 때문인데 이와 같이 이동된 열의 양을 **열량**이라 하며, 열량의 단위는 J 또는 kJ을 사용한다. 일반적으로 물체에 열을 가하면 물체는 열을 받아서 온도가 높아지며, 그 높아지는 정도는 물체의 종류, 상태에 따라서 달라진다.

단위 질량 물질의 온도를 1K 높이는데 필요로 하는 열량을 그 물질의 **비열**(specific heat)이라 하며, 그 단위로는 kJ/kg.K를 사용한다. 따라서 지금 어떤 물질 m(kg)의 온도를 t_1°C로부터 t_2°C까지 높이는데 필요한 열량을 Q(kJ), 비열을 c라 하면 $Q = m \cdot c(t_2 - t_1)$ 가 된다.

> [참고] **정적비열과 정압비열 / 비열비**
>
> ① 정적비열(C_v)과 정압비열(C_p) : 기체의 경우 체적이 일정할 때의 비열을 정적비열, 압력이 일정할 때의 비열을 정압비열이라 하며, 이들 사이에는 $C_p > C_v$의 관계가 있다.
> ② 비열비(k) : 정압비열과 정적비열의 비율을 비열비라 하고 k로 표시한다.
> - $k = \dfrac{C_p}{C_v}$

chapter 02 순수물질(증기)

PART1. 기계열역학

01 물질의 성질과 상태

1 순수물질(pure substance)

순수물질이란 균일하고 일정불변인 화학적 구성을 지닌 물질. 즉 화학적으로 균일하고, 화학적 성분이 고정된 물질이다. 예를 들면 액체상태의 물, 액체상태의 물과 수증기의 혼합물, 또는 얼음과 액체상태의 물의 혼합물은 모두 순수물질에 속한다. 그 이유는 어느 상태에서나 모두 같은 화학적 구성을 지니기 때문이다. 이와 반대로 액체공기와 기체상태의 공기의 혼합물은 액체상태의 조성이 기체상태의 조성과 다르기 때문에 순수물질에 속하지 않는다.

2 순수물질의 상평형

(1) 액체의 가열

기체는 가스와 증기로 나눌 수 있으며, 일반적으로 증발이나 응축이 일어나기 쉬운 기체를 **증기**(vapor)라 하고, 그 밖의 기체를 **가스**(gas)라 한다. 일정한 압력 아래에서 물을 가열하면 아래 그림(증기의 발생)과 같이 처음에는 온도가 올라감에 따라 비체적이 약간 증가하다가 어느 온도 이상이 되면 물은 증발하기 시작하면서 온도는 더 이상 올라가지 않는다. 이때의 온도를 **포화온도**(saturation temperature)라 하고, 이때의 압력을 **포화압력**(saturation pressure)이라 한다. 이와 같이 포화온도에 있는 물을 **포화수**(saturation water)라 하고, 포화수를 가열하면 비체적이 증가하면서 그 일부가 포화온도의 증기로 된다. 이러한 과정이 **증발**(vaporization)이고, 가열이 급격할 때에는 끓는(boiling)현상이 일어난다. 이때 발생하는 증기를 **포화증기**(saturation vapor)라 한다.

아래 그림(증기의 발생)에서, b~c까지의 과정이 증발과정이고, 압력의 변화가 없으며, 또 온도도 일정하다. 이때 가해진 열량은 모두 증발에 소비되며, 과정 b~c 사이에 발생한 증기는 포화수의 미세한 입자가 포화증기 속에 균일하게 혼합되어 있는 상태로 존재한다. 이와 같이 포화증기와 포화수의 혼합물을 **습증기**(wet vapor)라 한다. 아래 그림(증기의 발생)에서 증발이 시작되는 점 b는 $x=0$이고, 증발이 완료되는 점 c는 $x=1$이 된다.

이와 같이 $x=0$일 때의 액체를 **포화수** 또는 **포화액**이라 하고, $x=1$일 때의 증기를 **건포화 증기**라 한다.

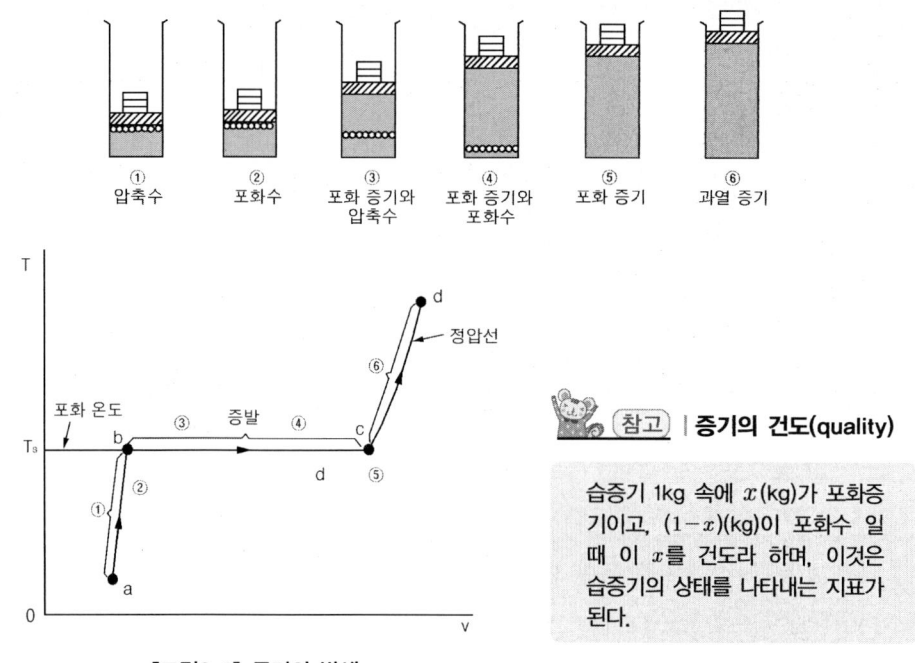

[그림2-1] 증기의 발생

참고 | 증기의 건도(quality)

습증기 1kg 속에 x(kg)가 포화증기이고, $(1-x)$(kg)이 포화수 일 때 이 x를 건도라 하며, 이것은 습증기의 상태를 나타내는 지표가 된다.

(2) 증기의 가열

그림(증기의 발생)의 점 c의 건포화 증기를 일정한 압력 아래에서 더욱더 가열하면 증기의 온도가 상승하여 비체적이 증가하면서 c~d로 상태 변화를 한다. 이와 같이 포화온도 이상으로 가열된 증기를 **과열증기**(superheated vapor)라 한다. 과열증기의 온도와 그 압력에서의 포화온도와의 차이를 **과열도**라 하고, 과열증기는 과열도가 높을수록 그 성질은 이상기체에 가까워진다.

(3) 증기의 임계점

그림(온도-비체적선도)과 같이 물의 압력을 P_1, P_2 …… P_6과 같이 일정하게 유지하고 가열하면 압력이 달라도 상태변화 곡선의 모양은 비슷한 형태를 가진다. 압력이 높아질수록 포화온도도 높아져서 증발과정 b~c 사이가 짧아진다.

압력이 $P_5 = P_c$가 되는 점은 b와 c가 일정하여 점 C로 되고, 곡선은 $a_5 C d_5$가 된다. 이 점 C에서는 물은 증발현상을 거치지 않고 액체 상태에서 증기로 변화한다. 이때의 압력 P_c를 **임계압력**(critical pressure)이라 하고, 온도 T_c를 **임계온도**(critical temperature)라 한다. 그림(온도-비체적 선도)에서 포화액의 상태를 나타내는 점 b_1, b_2, b_3 ………C를 이은 선을 **포화액선** 또는 **포화수선**이라 하고, 포화증기를 나타내는 점 c_1, c_2, c_3 …………C를 이은 선을 **포화 증기선**이라 한다. 이들 두 한계선은 임계점에서 만나게 된다. 물의 임계압력은 22.09MPa이고, 임계온도는 374.15°C이며, 그 때의 임계 비체적은

0.003155m³/kg이다.

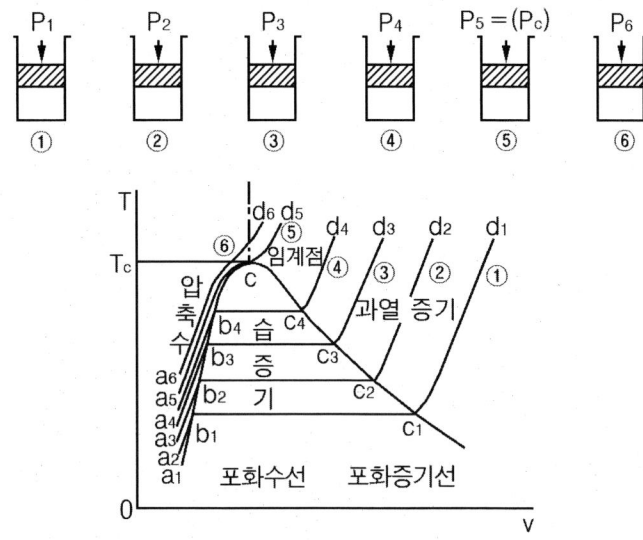

[그림2-2] 온도-비체적 선도

(4) 증기의 열역학적 성질

증기의 열역학적 성질은 이상기체와 같이 간단한 상태 방정식으로 구할 수 없다. 따라서 증기의 열역학적 성질은 온도 또는 압력에 대하여 수표(數表)나 선도로 만든 증기표와 증기 선도를 이용하여 구한다. 증기표(steam table)에는 포화 증기표, 과열 증기표와 액축액표가 있다. 포화 증기표는 온도를 기준으로 한 것과 압력을 기준으로 한 것이 있어, 구하고자 하는 상태의 온도 또는 압력을 이용하여 증기의 열역학적 성질을 구할 수 있도록 되어 있다. 일반적으로 증기표에는 포화액과 포화증기의 성질이 주어져 있고, 습증기의 성질은 주어져 있지 않다. 따라서 습증기의 성질은 증기의 건도를 이용하여 다음 공식으로 구한다. 습증기의 비체적, 비엔탈피, 비엔트로피를 각각 v, h, s 라 하면

1) 습증기의 열역학적 성질의 상태 값

- $v = vf + x(vg - vf) \text{m}^3/\text{kg}$
- $h = hf + x(hg - hf) \text{kJ/kg}$
- $s = sf + x(sg - sf) \text{kJ/kgK}$

여기서, vf, hf, sf : 포화액의 비체적, 비엔탈피, 비엔트로피
vg, hg, sg : 포화증기의 비체적, 비엔탈피, 비엔트로피

증기 또는 기체의 단위질량 당의 엔탈피, 엔트로피 등을 각각 **비엔탈피, 비엔트로피**라 한다.

2) 물의 증발열

물의 증발열을 $\gamma(\text{kJ/kg})$, 그 때의 온도를 $T(\text{K})$라고 하면, 습증기의 비엔트로피 $s(\text{kJ/kgK})$는 다음 공식으로 표시된다.

- $s = sf + \dfrac{x\gamma}{T}$

과열 증기표에는 각 압력에 대한 온도를 기준으로 한 과열증기의 성질이 주어져 있다. 증기표에 주어져 있지 않은 압력이나 온도에 대한 열역학적 성질은 구하고자 하는 상태에 가까운 압력이나 온도에 해당하는 증기표의 값을 구한다. 증기선도는 증기의 상태를 나타내는 상태량 중에서 2개를 좌표축으로 잡고 여러 가지 성질을 이 선도로 나타낸 것이다. 수증기의 경우에는 엔탈피(h), 엔트로피(s)선도를 많이 이용한다. 이 선도를 $h-s$(비엔탈피–비엔트로피)선도 또는 몰리에르 선도(Mollier chart)라 한다. 그림(비엔탈피-비엔트로피 선도)은 증기의 $h-s$선도의 기본 구성을 나타낸 것이다.

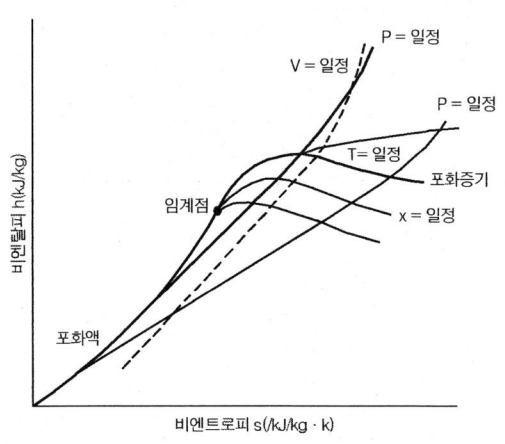

[그림2-3] 비엔탈피-비엔트로피 선도

3 순수물질의 독립상태량

순수물질의 상태는 전기, 자기 또는 표면장력의 효과가 없는 1~2개의 독립상태량(한 상태량이 일정할 때 다른 상태량이 어떤 범위 내에서 변화할 수 있는 상태량)의 값에 의해 완전히 결정된다. 예를 들면 공기의 압력과 온도가 결정되면 밀도, 내부에너지, 엔탈피, 점성계수 등의 공기의 다른 모든 상태량의 값을 구할 수 있다.

그러나 일반적인 경우에는 온도, 압력, 체적, 열 등을 실험적으로 측정함으로서 내부에너지, 엔탈피, 엔트로피 등을 구할 수 있다. 즉 어떤 물질이든지 온도, 압력, 체적의 함수[$f(P,v,T)=0$]이므로, 압력(P), 체적(v), 온도(T)의 관계에 따라 그려지는 이상기체의 $P-v-T$ 선도에서 아래 그림과 같이 얼 때 수축하는 물질(이산화탄소)과 얼 때 팽창하는 물질(물)의 상태에 대해 고려해 보자.

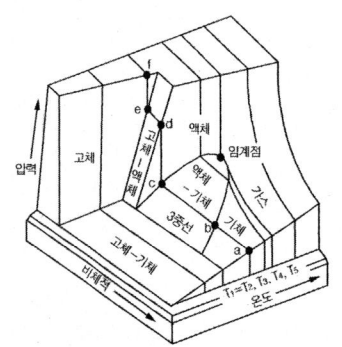
[그림2-4] 얼 때 수축하는 물질의 P-v-T선도

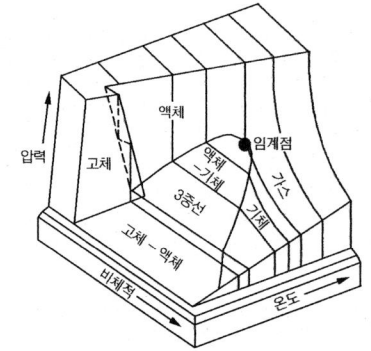
[그림2-5] 얼 때 팽창하는 물질의 P-v-T선도

그림은 몇 개의 구역으로 분류된다. 즉 물질이 단일상태로만 존재하는 구역(고체, 액체, 기체 또는 증기), 2개의 상태로 존재하는 구역(고체 – 액체, 액체 – 기체, 고체 – 액체)과 고체 – 액체, 액체 – 기체, 고체 – 기체가 동시에 존재하는 구역이 있다. 특히 2개의 상태가 평형상태로 동시에 존재할 수 있고,

3개의 2개 상태가 공존하는 선의 3중선이라 부른다. 또 $P-T$선도에서 액체, 기체, 고체가 동시에 존재하는 점을 **3중점**(triple point)이라 하며, 3중점 이하의 온도와 압력에서는 고체와 기체가 공존하면서 평형을 이루며, 액체는 존재하지 못한다. 그리고 임계점이란 어느 압력 하에서 증발을 시작하는 점과 끝나는 점이 일치하는 곳. 즉, 그 이상의 압력에서는 액체와 증기가 서로 평행으로 존재할 수 없는 상태(포화액 선과 건포화 증기선이 만나는 점)이다.

02 이상기체

1 이상기체와 실제기체

미시적으로 보면 기체는 많은 분자로 구성되는데 이들 분자사이에 분자력이 작용하지 않으며, 분자의 크기(체적)도 무시할 수 있다는 가정 아래에서 성립하는 상태방정식에 따르는 가스를 **이상기체**(ideal gas) 또는 **완전가스**(perfect gas)라 한다.

실제적으로 이상기체는 존재하지 않으나 가스는 액체에 비해 분자사이의 거리가 멀고, 분자력도 작으며, 또 분자의 체적도 전체에 비해 무시할 적도로 적으므로 공업적으로 이용되는 공기나 연소가스 등은 이상기체로 취급한다. 이에 비해 수증기, 암모니아, 프레온 가스 등은 액체와 기체의 두 상태에서 사용되며, 또 액체는 기체보다 분자사이의 거리가 가깝기 때문에 분자력이나 분자의 크기(체적)를 무시할 수 없다. 실제 기체는 분자량이 작을수록, 압력이 낮을수록, 온도가 높을수록, 비체적이 클수록 이상기체의 상태방정식을 근사적으로 만족한다.

2 이상기체의 상태방정식

중량 G의 이상기체의 온도 T, 압력 P, 비체적 v사이에는 다음과 같은 상태방정식이 성립된다.

$$PV = GRT = pv = RT$$

  R : 기체상수
  국제(SI)단위에서는 $pV = mRT, \ pv = RT$

(1) 일반가스 상수

아보가드로(Avogadro)의 법칙에 의하면 "*모든 이상기체는 정온·정압 아래에서 같은 체적 내에 같은 수의 분자를 갖는다.*" 즉, 온도와 압력이 일정할 경우에 모든 가스의 분자는 같은 체적을 갖는다. 아보가드로 법칙을 수식적으로 생각해보면 다음과 같다.

1) 정온(등온)·정압(등압)

이상기체의 상태방정식에서 $P_1 V_1 = R_1 T_1, \ P_2 V_2 = R_2 T_2$

위 공식을 정리하면

$$\frac{V_2}{V_1} = \frac{R_2}{R_1} \ (단, \ T_1 = T_2, \ P_1 = P_2) \ \cdots\cdots\cdots\cdots\cdots ①$$

2) 같은 체적 내에 같은 수의 분자를 갖는다. 에서

$$m_1 V_1 = m_2 V_2 = C$$

$$\frac{V_2}{V_1} = \frac{m_1}{m_2} \quad \cdots\cdots\cdots\cdots\cdots\cdots\cdots\cdots\cdots\cdots ②$$

① = ②

$$\frac{V_2}{V_1} = \frac{R_2}{R_1} = \frac{m_1}{m_2} \quad \therefore m_1 R_1 = m_2 R_2 = mR = R$$

일반 기체상수(R)의 값은 모든 가스에 대하여 같다. 예를 들면 표준상태(0℃, 1atm)에서 산소의 분자량은 32, 그 비체적(v)은 $\frac{1}{1.4292} \mathrm{m}^3/\mathrm{kg_f}$, $mv = \frac{32}{1.4292} = 22.41 \mathrm{m}^3/\mathrm{kmol}$이다. (kmol은 가스중량을 분자량으로 나눈 값이다.)

일반 기체상수 $mR = \dfrac{Pmv}{T} = \dfrac{1.0336 \times 10^6 \times 22.41}{273} = 848$

$\therefore mR = R = 848$

참고 | 기체의 기체상수 및 비열

① 국제단위에서 일반 기체상수는 mR=8.3143J/mol°K=8.3143kJ/kmol°K=8314.3J/kmol°K
② 기체의 기체상수 및 비열

기체	분자식	기체상수 ((J/kg·K))	0℃ 및 저압에서의 비열 (kJ/kg·K)		$k = \dfrac{Cp}{Cv}$
			정압비열(Cp)	정적비열(Cv)	
헬륨	He	2,077.23	5.24	3.16	1.66
공기		287.03	1.005	0.718	1.402
수소	H₂	4,124.6	14.25	10.12	1.409
질소	N₂	296.798	1.039	0.743	1.400
산소	O₂	259.833	0.914	0.654	1.399
일산화탄소	CO	296.830	1.041	0.743	1.400

(2) 이상기체의 정적비열(Cv)과 정압비열(Cp)

열역학 제1법칙의 공식과 미분한 엔탈피의 정의 공식 관계에서

$$\delta q = du + APdv = CvdT + APdv$$
$$\delta q = dh - AvdP = CpdT - AvdP$$

난, $Cv = \left(\dfrac{\partial u}{\partial T}\right)_v = \dfrac{du}{dT}$, $Cp = \left(\dfrac{\partial h}{\partial T}\right)_P = \dfrac{dh}{dT}$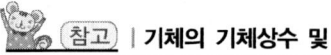

위의 두 공식으로부터

$CvdT + APdv = CpdT - AvdP$

$(Cp - Cv)dT = A(Pdv + vd0) = Ad(Pv) = Ad(RT) = ARdT$

다음에 정압비열에 대한 정적비열의 비율 즉, 비열비를 k $\left(k = \dfrac{Cp}{Cv}\right)$ 라하고, 위 공식의 양변을 Cv 또는 Cp로 나누면 $k - 1 = \dfrac{AR}{Cv}$, $1 - \dfrac{Cv}{Cp} = \dfrac{AR}{Cp}$ 즉, $Cv = \dfrac{AR}{k-1}$,

$Cp = \dfrac{k}{k-1} AR = kCv$ (단, 국제단위에서는 A만 빼만 된다.)

3 이상기체의 성질 및 상태변화

이상기체의 상태변화는 온도, 압력, 체적 등의 조건에 따라 여러 가지 경우가 있다. 이러한 상태변화는 그 조건에 따른 상태 방정식과 상태 선도에 대하여 알아보도록 한다.

(1) 정적변화

정적변화는 그림에 나타낸 바와 같이 체적이 일정한 조건 아래에서 이루어지는 상태 변화이며, V=일정이므로, 이상기체의 상태방정식은 다음과 같이 표시된다.

$$\dfrac{P}{T} = 일정$$

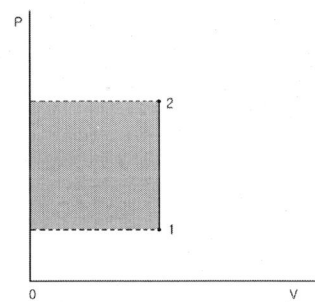

[그림2-6] 정적변화

이 변화는 체적이 변화하지 않으므로 외부에 대하여 한 일은 $W = 0$이다.

따라서 가해진 열량 Q(kJ)는 $Q = (U_2 - U_1) + W$의 공식으로부터 $Q = U_2 - U_1 = m \cdot Cv$ 가 된다.

(2) 정압(등압)변화

정압변화는 기체의 압력이 일정한 상태변화이며, 압력(P)과 체적(V)선도는 위 그림과 같고 P=일정이므로,

$$\dfrac{V}{T} = 일정$$

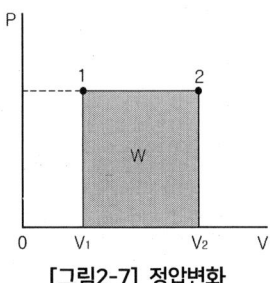

[그림2-7] 정압변화

으로 표시된다.

팽창에 의하여 외부에 한 일 W(kJ)는 $W = P(V_2 - V_1)$ 이 된다.

여기서, V_1, V_2는 각각 처음과 마지막 상태의 체적이다.

한편, 정압변화일 때의 공급열량 Q(kJ)는

$Q = (U_2 - U_1) + P(V_2 - V_1) = H_2 - H_1 = m \cdot Cp(T_2 - T_1)$ 으로 표시된다.

(3) 정온(등온)변화

정온변화는 온도가 일정한 상태 아래의 변화이며, 압력과 체적 선도는 그림과 같다. 정온변화에서는 온도 T = 일정이므로 $PV = mRT$ 공식은

$$PV = 일정$$

공식 $Q = U_2 - U_1 = m \cdot Cv$ 과
공식 $Q = (U_2 - U_1) + P(V_2 - V_1) = H_2 - H_1 = m \cdot Cp(T_2 - T_1)$
로부터 알 수 있는 바와 같이, 온도가 일정하면 $U_1 = U_2$, $H_1 = H_2$가 된다.
따라서 공식 $Q = (U_2 - U_1) + W$로부터 가해진 열량은 모두 일이 되므로 다음 공식으로 표시된다.

$$Q = W$$

여기서, 일 W(kJ)는 다음 공식으로 구할 수 있다.

$$W = 2.303 mRT \log \frac{P_1}{P_2}$$

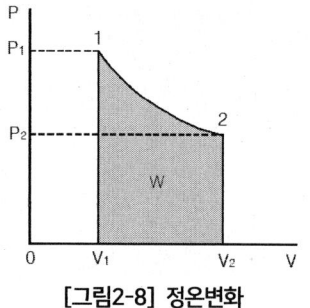

[그림2-8] 정온변화

(4) 단열(斷熱)변화

주위와 계(system)사이에 열의 출입이 수반되지 않는 변화이며, 상태변화는 그림과 같이 표시된다. 이 변화에서 압력과 체적사이에는 다음의 관계가 성립한다.

$$PV^k = 일정$$

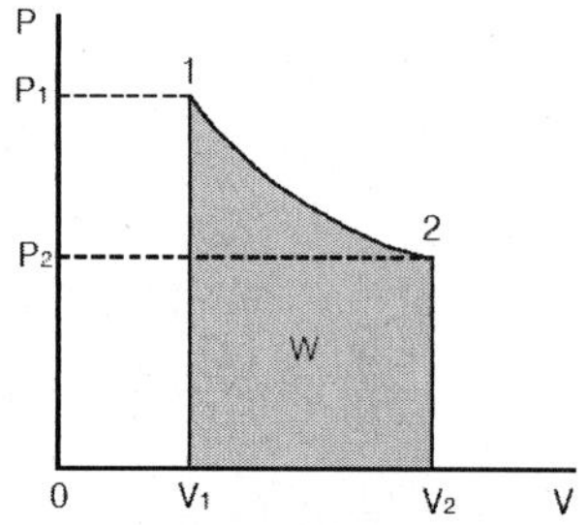

여기서, k는 단열지수이며, 이상기체에서는 비열비와 같다.
따라서 온도와 체적 사이에는 다음 관계가 성립한다.

$$TV^{k-1} = 일정$$

$$\frac{P^{\frac{k-1}{k}}}{T}$$

[그림2-9] 단열변화

단열변화에는 계와 주위 사이에 열의 출입이 없으므로 $Q = 0$이 되어 공식

$Q = (U_2 - U_1) + W$은
$W = U_1 - U_2 = m \cdot Cv(T_1 - T_2)$

가 된다.

(5) 폴리트로픽(polytropic) 변화

실제로 이루어지는 기체의 상태변화는 이상적인 등온변화나 단열변화가 아니고, 일반적으로 다음의 관계공식으로 나타낼 수 있다.

$$PV^n = 일정$$

이 공식으로 표시되는 변화를 폴리트로픽 변화라 하며, 여기서 n을 **폴리트로픽 지수**라 한다. 여기서 n의 값은 실험적으로 정해지는 값($n>0$)으로서 위 그림에 표시된 것과 같이 상태변화의 종류에 따라서 그 값은 달라진다.

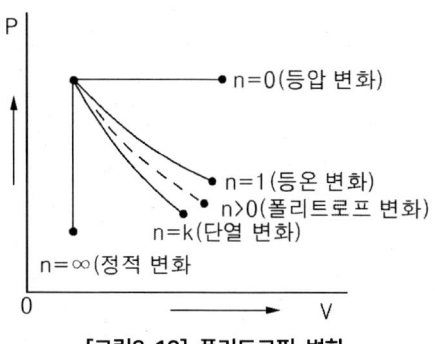

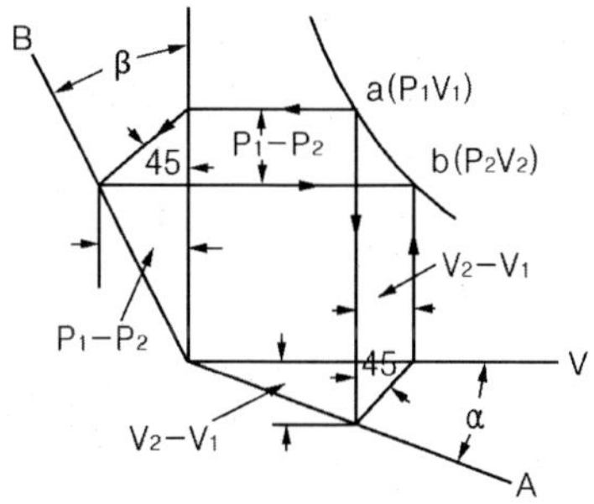

[그림2-10] 폴리트로픽 변화

폴리트로픽 변화와 여러 가지 상태변화는 다음과 같다.

- $n=1$일 때, PV=일정 : 정온(등온)변화
- $n=k$일 때, PV^k=일정 : 단열변화
- $n=0$일 때, P=일정 : 정압(등압)변화
- $n=\infty$일 때, V=일정 : 정적변화

1) 폴리트로픽 변화에 대한 $P-V$공식

이 변화에 대해서는 PV^k=일정의 k대신에 n을 사용하여 구한다.

즉 $P_1V_1^n = P_2V_2^n = K$ 여기서, K는 정수

$$P_1 = P_2\left(\frac{V_2}{V_1}\right)^k \quad 또는 \quad P_2 = P_1\left(\frac{V_1}{V_2}\right)^n$$

$\varepsilon = \dfrac{V_2}{V_1}$ 이라 하면

$\log P_1 = \log P_2 + n\log \varepsilon$ ·········· (압축에 대해)

$\log P_2 = \log P_1 - n\log \varepsilon$ ·········· (팽창에 대해)

[그림2-11] 폴리트로픽 선도

이 공식을 정온변화 및 단열변화의 공식과 비교하여, 정온변화에서는 지수 $n=1$, 또 단열변화에서의 k가 $n=\dfrac{Cp}{Cv}$로 된 폴리트로픽 변화에서는 팽창의 경우 다른 곳으로부터 공급된 열이, 압축에서는 방산된 열이 많을수록 작아진다. 즉, 이들 사이의 열과 일의 양의 비율을 Φ라 하면

$\Phi = \dfrac{(k-n)}{(k-1)}$ 로 표시된다.

폴리트로픽 지수 n은 디젤기관의 경우 압축행정에서는 1.3~1.35, 폭발행정에서는 1.3으로 한다.

그러나 이것은 기관의 회전속도, 공기의 온도, 압축비 및 실린더 치수, 또 압축행정에서는 연료의 후(後) 연소상태 등에 따라 변화한다.

2) 폴리트로픽 변화에 대한 일

① 일$(W) = \int_{V_1}^{V_2} P dV$

그런데 $P_1 V_1^n = P_2 V_2^n = PV^n = K_1$ 이므로

$\therefore W = \int_{V_1}^{V_2} \frac{K_1}{V^n} dV = \frac{P_1 V_1^n}{1-n}(V_2^{1-n} - V_1^{1-n})$

$= \frac{P_1 V_1 V_1^{n-1}}{n-1}(V_1^{1-n} - V_2^{1-n}) = \frac{P_1 V_1}{n-1}\left(1 - \frac{1}{\left(\frac{V_2}{V_1}\right)^{n-1}}\right)$

따라서 $W = \frac{P_1 V_1}{n-1}\left(1 - \frac{1}{\varepsilon^{n-1}}\right)$

② 다음에 $W = \frac{P_1 V_1}{n-1}\left(1 - \frac{1}{\varepsilon^{n-1}}\right)$ 을 변형하면

$= \frac{P_1 V_1}{n-1} - \frac{P_1 V_1}{n-1} \cdot \frac{V_1^{n-1}}{V_2^{n-1}} = \frac{P_1 V_1}{n-1} - \frac{P_1 V_1^n}{(n-1)V_2^{n-1}}$

그런데 $P_1 = P_2\left(\frac{V_2}{V_1}\right)^n$ 이므로 이것을 위 공식에 대입하면

$W = \frac{1}{n-1}(P_1 V_1 - P_2 V_2)$

③ 또 온도의 변화에 대해서는 이상기체의 법칙으로부터

$P_2 V_2 = RT_2, \quad P_1 V_1 = RT_1$

$W = \frac{1}{n-1}(RT_1 - RT_2) = \frac{1}{n-1}R(T_1 - T_2)$

3) 폴리트로픽 변화에 대한 온도변화

$P_2 V_2 = RT_2, \quad P_1 V_1 = RT_1$

$\therefore T_1 = T_2 \frac{P_1 V_1}{P_2 V_2}$

위 공식에 $P_1 = P_2 \cdot \varepsilon^n$ 을 대입하면 $T_1 = T_2\left(\frac{V_2}{V_1}\right)^n\left(\frac{V_1}{V_2}\right) = T_2\left(\frac{V_2}{V_1}\right)^{n-1}$

$T_2 \cdot \varepsilon^{n-1}$

chapter 03 일과 열

PART1. 기계열역학

01 일과 동력

1 일과 열의 정의 및 단위

(1) 일 (work)

물체에 힘(F)N이 작용하여 그 힘의 방향으로 거리 L(m)만큼 움직였을 때 한 일 W (N·m)는 다음 공식으로 표시된다.

$$W = FL$$

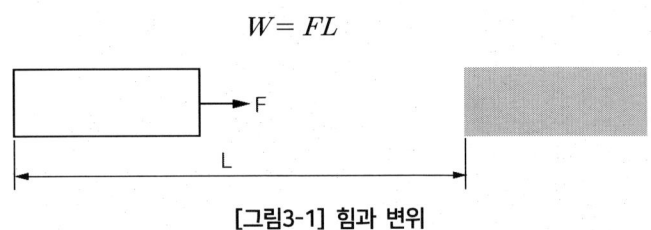

[그림3-1] 힘과 변위

일반적으로 일을 할 수 있는 능력을 **에너지**(energy)라 한다. 에너지 중에서 어느 높이에 있는 물체가 지닌 에너지를 **위치에너지**(potential energy)라 하고, 운동하는 물체가 지닌 에너지를 **운동에너지** (kinetic energy)라 한다. 위치에너지와 운동에너지를 합하여 기계적 에너지 또는 **역학적 에너지**라 한다. 지금, 물체의 질량을 m(kg), 중력 가속도를 g(m/s^2), 물체의 들어 올려진 높이를 h(m)라 하면 위치 에너지 E_p(J)는 다음 공식으로 표시된다.

$$E_p = mgh$$

또 질량이 m(kg)인 물체가 속도 v(m/s)로 운동을 하고 있을 때 운동 에너지 E_k(J)는

$$E_k = \frac{m}{2}v^2 \text{로 표시된다.}$$

(2) 동력 (power)

동력은 단위시간에 하는 일로 나타내며, 그 단위로 1(J/s)를 와트(W)로 나타낸다. 지금 t초 사이에 하는 일을 $W(J)$, 물체의 속도를 v(m/s)라고 하면 N(W)은 다음 공식으로 표시된다. 여기서 일은 $W = FL$이므로

$$N = \frac{W(J)}{t(s)} = \frac{FL}{t} = Fv \text{ 가 된다.}$$

기관의 동력은 kW로 나타낸다.

$1\text{kW} = 1000\text{W} = 1000\text{J/s}$

02 열전달

열의 전달과정은 전도, 대류, 및 복사의 3가지이나 공업 상 실제로 일어나는 열의 전달과정은 이들 3가지가 모두 복합적으로 일어난다.

1 전도 (conduction)

전도는 열이 분자의 열운동에 의하여 물체 내부로 전달되는 현상이며, 전도에 의하여 물체 내부에 전달되는 열량은 온도차이, 전열면적 및 시간에 비례하고, 열의 이동거리에 반비례한다. 고체 벽에서 두께가 δ(m)이고, 양쪽 표면의 온도를 t_1, t_2(℃), 전열면적을 A(cm²), 열전도 계수를 k(W/m².K)라고 하면, 전도 열량 Q(w)는 다음 공식으로 구한다.

$$Q = kA\frac{t_1 - t_2}{\delta}$$

여기서, $t_1 - t_2$를 온도 기울기라 한다.

2 대류 (convective)

열에너지를 지닌 유체가 흐르면 이것에 따른 열의 이동이 일어나는데 이것을 대류 열전달(convective heat transfer)라 한다. 대류에 의한 열전달은 일반적으로 열전도, 열복사도 동시에 일어난다.

고체 벽의 온도를 t_w(℃), 벽면으로부터 떨어진 유체의 온도를 t_f(℃)라 하면, 전달되는 열량 Q(W)은 다음 공식으로 표시된다.

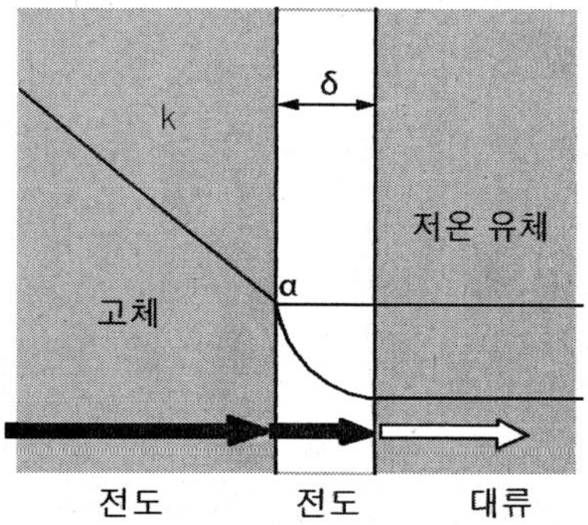

$$Q = \alpha A(t_w - t_f)$$

[그림3-2] 열전달 현상

여기서, α는 열전도 계수(heat transfer coefficient) (W/m².K)이다.

그리고 고체 벽의 양쪽에 온도가 다른 두 유체가 접하고 있는 경우, 높은 온도의 유체로부터 낮은 온도의 유체로 벽을 통하여 열이 전달되는 현상을 열관류(overall heat transfer)라 한다. 지금 면적 $A(m^2)$인 벽면 양쪽에 있는 유체의 온도를 각각 t_1, t_2(℃)라 하면 전열량 Q(W)는

$$Q = a_1 A(t_1 - t_{w1}) = \frac{k}{\delta} A(t_{w1} - t_{w2}) = a_2 A(T_{w2} - t_2)$$

$$Q = KA(t_1 - t_2)$$

로 표시된다.

여기서, K(W/m². K)는 열관류 계수이며, 다음 공식으로 구한다.

$$K = \frac{1}{\frac{1}{a_1} + \frac{\delta}{k} + \frac{1}{a_2}}$$

3 복사 (radiation)

복사는 높은 온도의 물체로부터 전자파의 형태로 에너지를 방출하거나 흡수하는 현상을 말한다. 물체에 복사 에너지가 도달하면 그 일부는 흡수, 반사되고 나머지는 투과되는데 이때 흡수·반사 및 투과되는 비율을 각각 **흡수비율, 반사비율, 투과비율**이라 한다. 또 흡수비율이 1인 경우, 즉 복사를 모두 흡수하는 이상적인 면을 **완전 흑체면** 또는 **흑체면**(black body surface)이라 한다. 물체가 단위 면적으로부터 단위시간에 방출하는 복사 열량을 **복사도**라 하며, 그 크기는 물체의 온도와 표면의 상태에 따라 결정된다. 온도 T(K)가 일정할 때 흑체면의 복사도가 가장 크고, 그 에너지 E_b(W/m²)는 스테판·볼츠만의 법칙(Stefan·Boltzmann's law)에 의하여 다음 공식으로 표시된다.

$$E_b = 5.67 \times \left(\frac{T}{100}\right)^4$$

같은 온도인 물체의 복사도 E와 흑체면의 복사도 E_b와의 비율(E/E_b)를 **복사비율**(emissivity)이라 한다. 온도 T_1(K), 복사비율 ε, 면적 A_1(m²)인 물체가 온도 T_2(K)인 흑체 면에 완전히 둘러싸여 있을 때, 두 물체사이의 열복사에 의하여 교환되는 열량 Q(W)는 다음 공식으로 표시된다.

$$Q = 5.67 A_1 \varepsilon \left[\left(\frac{T_1}{100}\right)^4 - \left(\frac{T_2}{100}\right)^4\right]$$

chapter 04 열역학의 법칙

PART1. 기계열역학

01 열역학의 제1법칙

1 열역학 0법칙

온도가 서로 다른 물체를 서로 접촉시키면 높은 온도를 지닌 물체의 온도는 하강하고(열량을 방출), 낮은 온도의 물체는 온도가 상승하여(열량을 흡입), 두 물체의 온도 차이는 없어진다. 이와 같이 열평형이 된 상태를 말한다.

2 밀폐계와 개방계

① **계** (system) : 계란 연구대상이 되는 일정한 양의 물질이나 공간의 어떤 구역, 즉 어떤 폐곡선으로 둘러싸인 내부물질의 일정한 양을 말하며, 계의 경계(boundary) 밖에 있는 모든 것을 **주위** (surrounding)라 하고, **계**는 계의 경계에 의하여 주위와 구분된다.
② **밀폐계** (비유동계, closed system or non flow system) : 밀폐계란 계의 경계를 통하여 물질의 이동이 없는 계이며, 계의 질량 변화가 없다.
③ **개방계** (유동계, open system or flow system) : 개방계는 계의 경계를 통하여 질량의 이동이 있는 계를 말하며, 개방계에서 경계에 의하여 구분되는 체적을 **제어체적**(control volume)이라 한다. 이때 계의 경계를 **제어표면**(control surface)라 한다.

3 열역학 제1법칙

열역학 제1법칙(the first low of thermodynamics)은 "*열과 일은 모두 에너지의 한 형태로서, 일을 열로 변환하는 것과 그 반대로 열을 일로 변환하는 것이 가능하다*"는 법칙이다. 열량 $Q(J)$와 일 $W(J)$가 서로 변환될 경우, 그 양적인 비율은 일정하며, 이들 사이의 관계는 다음 공식으로 표시할 수 있다.

$$Q = W \text{ (J)}$$

4 엔탈피 (enthalpy)

그림(기체가 하는 일)과 같이 어느 일정량의 기체가 외부압력 P (Pa)가 걸리는 피스톤을 밀어서 체적이 0으로부터 $V(m^3)$로 되었다고 하면, 이 기체가 외부에 대하여 한 일은 PV가 된다. 일반적으로, 일정한 압력 P와 체적 V를 지니는 기체의 열에너지는 그 내부 에너지 U (J) 이외에 그 압력 아래에서 그 체적을 유지하기 위하여 필요

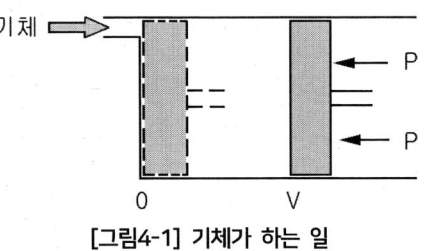

[그림4-1] 기체가 하는 일

한 기계적 에너지 PV (J)를 지니게 된다. 이와 같이 기체가 지니고 있는 열에너지 중에서 내부에너지 U와 기계적인 에너지 PV를 합한 것을 엔탈피 H (J)라 한다.

$$\bullet\ H = U + PV$$

열과 일의 관계를 다룰 때, 여러 가지 상태량을 기체 1kg에 대해 나타내는 경우가 많으며, 이러한 경우에는 소문자로 표시한다. 공식 $H = U + PV$에 나타낸 엔탈피를 단위질량에 대하여 나타내면 다음과 같다.

$$h = u + Pv$$
$$H = mh$$

h : 비엔탈피(기체의 1kg당 엔탈피) (J/kg)
u : 비내부 에너지(기체 1kg당 내부 에너지) (J/kg)
v : 비체적(기체 1kg당 체적) (m³/kg)
m : 기체의 질량(kg)

5 내부에너지

내부에너지란 물체가 지니고 있는 총 에너지로부터 역학적 에너지(운동 에너지와 외력에 의한 위치에너지)와 전기적 에너지를 뺀 것을 말한다. 가해진 열량을 Q(J), 가열 전의 내부에너지를 U_1(J), 가열 후의 내부에너지를 U_2(J), 외부에 한 일을 W (J)이라 하면 이들 사이에는 다음 관계가 성립된다.

$$Q = (U_2 - U_1) + W$$

여기서 $(U_2 - U_1)$은 내부에너지의 증가량이다. 공식 $Q = (U_2 - U_1) + W$은 정지된 물체에 대한 에너지의 관계를 나타내는 중요한 공식이며, 열역학 제1법칙의 공식이라 한다. 일반적으로, 기체의 팽창은 외부에 대하여 일을 하게 된다. 아래 그림(기체의 팽창일)과 같은 피스톤-실린더 장치에서 실린더 내

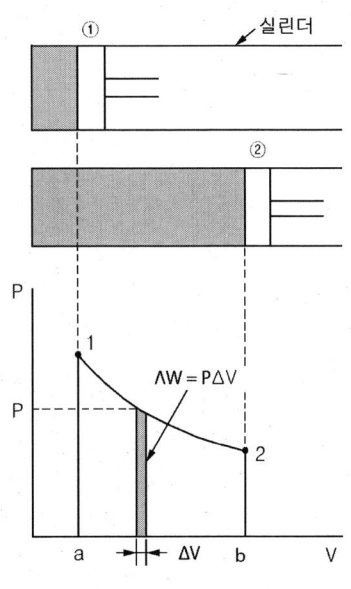

[그림4-2] 기체의 팽창일

의 기체가 팽창하여 피스톤이 상태 1로부터 2까지 이동하는 경우에 대해 생각하여 보기로 한다.

실린더 내에서 피스톤의 팽창도중 압력 P (kPa)의 기체가 면적 $S(\text{m}^2)$인 피스톤에 작용하여 피스톤이 x(m)만큼 이동하는 경우의 하는 일 W (J)는 다음 공식으로 표시된다.

$$\Delta W = PS\Delta x = P\Delta V$$

이것을 그림으로 나타내면 그림(기체의 팽창일)의 압력(P) – 체적(V) 선도의 빗금 친 면적에 해당한다. 따라서 상태 1에서 상태 2까지 피스톤이 팽창하는 경우, 하는 일 W는 매우 작은 면적에 해당하는 일을 합한 것과 같으므로 다음과 같다.

$$W = \sum \Delta W = \sum P\Delta V$$

02 열역학의 제2법칙

1 열역학의 제2법칙

열을 이용하여 일을 하기 위해서는 높은 온도의 열원과 낮은 온도의 열원 그리고 두 열원 사이에서 일을 하는 열기관이 필요하다. 열이 높은 온도의 열원으로부터 낮은 온도의 열원으로 이동하는 것은 자연현상으로서, 열역학 제2법칙(the second law of thermodynamics)은 이들의 관계를 명확히 한 것으로 다음과 같은 표현이 있다. 열의 이동에 대해서

클라우지우스(Clausius)는 "**열은 그 자신만으로는 낮은 온도의 물체로부터 높은 온도의 물체로 이동될 수 없다.**"라고 하였고, 켈빈(Kelvin)은 "**열기관에서 일을 하기 위해서는 항상 열원보다 낮은 물체를 필요로 한다.**"라고 하였다. 이러한 두 표현은 열역학 제2법칙을 나타내는 중요한 표현이다.

열기관에서 높은 온도의 열원으로부터 열량 Q_1(kJ)을 받아 W(kJ)의 일을 하고 외부의 낮은 온도의 열원에 열량 Q_2(kJ)를 방열하는 경우에 대해 알아보자. 이 경우, 열기관이 외부에 대하여 하는 일은 아래와 같다.

$$W = Q_1 - Q_2$$

2 비가역과정

사이클 중의 상태변화가 모두 가역변화이면 그 사이클은 최초상태로 복귀할 때 주위에 별 영향(또는 변화)을 남기지 않는 사이클을 가역사이클이라 하며, 이와 반대로 사이클 도중에 변화를 남기는 사이클을 비가역 사이클이라 한다. 높은 온도의 열원으로부터 열기관이 받은 열량 Q_1을 얼마만큼 유효한 일 W로 변환하였는가의 비율을 열효율(thermal efficiency)이라 한다. 이때 낮은 온도의 열원

으로 방열하는 열량은 Q_2이다. 열효율 η는 다음의 공식으로 표시된다.

$$열효율 = \frac{외부에\ 대하여\ 한\ 일}{공급\ 열량}$$

$$\eta = \frac{W}{Q_1} = \frac{Q_1 - Q_2}{Q_1} = 1 - \frac{Q_2}{Q_1}$$

그리고 사이클 과정을 반복하는 기체의 상태 변화의 과정을 압력·부피 선도로 나타내면 그림(사이클과 일)과 같다. 그림에서 곡선 1A2 아래의 면적 12ba는 과정 중에 Q_1을 받아 팽창에 의해 이루어진 외부의 일이 되고 곡선 2B1 아래의 면적 21ab는 기체를 압축하여 처음 상태 1로 되는 과정의 압축일이 된다. 따라서 이 사이클이 하는 유효일은 1A2B1의 면적과 같다.

따라서
W_1=과정 1A2에 따른 팽창일(면적 1A2ba1)
W_2=과정 2B1에 따른 압축일(면적 2B1ab2)

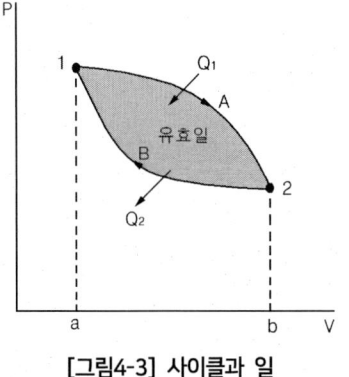

[그림4-3] 사이클과 일

3 엔트로피(entropy)

온도 $T(\mathrm{K})$인 물체 1kg이 외부로부터 $Q(\mathrm{kJ})$의 열량을 받을 경우, 물질의 온도 변화가 없다고 하면, 엔트로피 S는 다음 공식으로 표시된다.

$$S = \frac{Q}{T}$$

엔트로피는 상태량의 하나이며, 열에너지를 온도와 엔트로피의 곱으로 나타낼 수 있어 편리하다. 그림(사이클과 일)과 같이 온도-엔트로피($T-S$)선도의 면적은 상태 변화하는 사이에 출입한 열량이 된다. 그림에서 곡선 12 아래의 면적 12ba는 상태 변화 1 → 2 사이에 출입한 열량이 된다. 따라서 과정 1 → 2 사이에 주어진 열량 Q는 다음 공식으로 표시된다.

$$Q = \sum T \Delta S$$

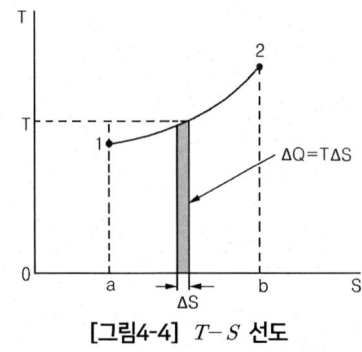

[그림4-4] $T-S$ 선도

열이 가해질 경우에는 $\Delta S > 0$, 즉 엔트로피는 증가한다. 그러나 열이 나가는 경우에는 $\Delta S < 0$이 되어 엔트로피는 감소한다. 또 열을 주고받지 않을 때에는 $\Delta S = 0$ 즉 엔트로피는 일정하게 된다. 하나의 보기로 뜨거운 커피 속에서 설탕을 넣을 경우에 커피의 온도를 T_1, 설탕의 온도를 T_2라 하고, 높은 온도의 열원에 해당하는 커피의 온도 T_1으로부터 낮은 온도의 열원이 설탕의 온도 T_2로 열량 Q가 이동하는 경우 대하여 생각해 보기로 하자. 이때 높은 온도의 물체인 커피의 엔트로피 S_1은

감소하고 낮은 온도의 물체인 설탕의 엔트로피 S_2는 증가한다. 따라서 엔트로피 변화는 커피로부터 설탕으로 전달되는 열량을 Q라 하면, 엔트로피 변화 ΔS는 다음 공식으로 구할 수 있다.

$$\Delta S = S_2 - S_1 = \frac{Q}{T_2} - \frac{Q}{T_1} = Q\left(\frac{1}{T_2} - \frac{1}{T_1}\right) > 0$$

여기서, $T_1 > T_2$이므로 전체의 엔트로피는 증가한다. 이와 같이 열이 높은 온도의 열원으로부터 낮은 온도의 열원으로 이동하는 것은 열역학 제2법칙에 따른 자연 현상의 하나이며, 일반적으로 엔트로피는 항상 증가하는 방향으로 변화가 진행된다.

chapter 05 각종 사이클

PART1. 기계열역학

01 동력 사이클

1 동력시스템의 개요

내연기관의 작동유체는 연소 전에는 공기와 연료의 혼합물 및 잔류가스의 혼합기체이며, 연소 후에는 연소생성 가스이다. 이들은 복잡한 화학적 변화를 일으키지만 여기서는 열역학적인 기본특성을 파악하는 것이 목적이므로 작동유체를 이상기체로 취급하는 공기라 생각하며, 이 사이클을 이상 사이클로 해석한다. 이렇게 해석하는 것을 **공기표준 사이클**이라 하며, 공기표준 사이클로 간주하기 위한 가정은 다음과 같다.

① 비열은 온도에 따라 변화하지 않는 것으로 보며, 작동유체는 이상기체이다.
② 각 과정은 가역사이클이며, 압축행정과 팽창행정의 단열지수는 같다.
③ 급열은 실린더 내부에서 연소에 의해 행해지는 것이 아니라 외부의 고온 열원으로부터 열전달에 의해 이루어진다.
④ 사이클 과정을 하는 작동유체의 양은 일정하다.
⑤ 연소 중 열해리 현상은 일어나지 않는다.
⑥ 압축 및 팽창과정은 등 엔트로피(단열)과정이다.
⑦ 저열원에서 열을 받아 고열원으로 방출한다.

2 랭킨 사이클 (Rankine cycle)

작동유체가 액체 상태와 기체 상태에 걸쳐서 형성하는 사이클을 증기 사이클이라 하며, 대표적인 것이 랭킨 사이클이다. 이 사이클은 아래 그림과 같이 보일러, 증기터빈, 응축기(복수기) 및 급수펌프로 구성된다.

보일러에서 발생한 높은 온도와 압력의 증기를 터빈에서 팽창시켜 동력을 얻고, 터빈을 나온 증기를 응축기에서 냉각하여 복수시킨다. 이렇게 하여 포화수로 된 물은 급수펌프에 의하여 보일러에 급수되어 1개의 사이클을 형성한다.

각 과정의 상태 변화를 요약하면 다음과 같다.

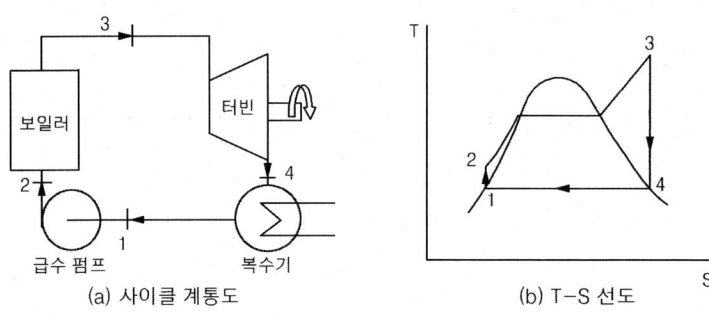

과정 1 → 2 : 단열가압 과정 (급수펌프)
과정 2 → 3 : 정압가열 과정 (보일러)
과정 3 → 4 : 단열팽창 과정 (증기터빈)
과정 4 → 1 : 정압냉각 과정 (응축기)

(a) 사이클 계통도　　(b) T-S 선도

[그림5-1] 랭킨 사이클

물은 보일러와 과열기에서 정압 가열되어 과열증기로 되는데, 이때 가해진 열량을 Q_1, 응축기의 방열량을 Q_2, 터빈의 일을 W_t, 급수펌프에 주어진 일을 W_p라 하면, 랭킨 사이클의 열효율 η_R은 다음 공식으로 표시된다.

$$\eta_R = \frac{W_t - W_p}{Q_1} = \frac{(h_3 - h_4) - (h_2 - h_1)}{h_3 - h_2}$$

펌프 일 W_p는 터빈 일 W_t에 비해 적기 때문에 이를 생략하면 열효율은 다음과 같다. 표시된다.

$$\eta_R \fallingdotseq \frac{h_3 - h_4}{h_3 - h_2}$$

3 공기표준 동력 사이클

가스터빈의 기본 사이클은 작동유체를 공기로 생각하고, 사이클 과정에서 압축과 팽창은 각각 단열변화하고, 가열과 방열은 각각 정압 변화를 하는 이상적인 사이클인 브레이턴 사이클이다. 이 사이클의 $P-V$를 나타내면 오른쪽 그림과 같다.

그림에서 과정 1 → 2는 단열압축(압축기), 과정 2 → 3은 정압가열(열량 Q_1 공급), 과정 3 → 4는 단열 팽창(터빈), 과정 4 → 1은 정압방열(열량 Q_2방출)과정이다. 그림에서 공급열량을 Q_1, 방열열량을 Q_2라 하면

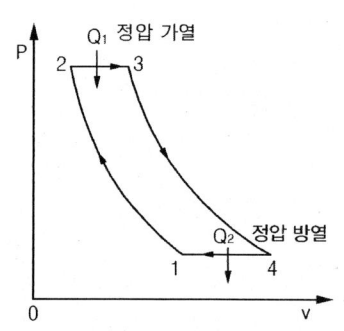

[그림5-2] 브레이턴 사이클의 $P-V$선도

$$Q_1 = mCp(T_3 - T_2)$$
$$Q_2 = mCp(T_4 - T_1)$$

여기서, m은 공기 공급량이고, T_1, T_2, T_3, T_4는 각 상태점의 온도이다. 따라서 열효율 η_b는 다음 공식으로 표시한다.

$$\eta_b = \frac{Q_1 - Q_2}{Q_1} = 1 - \left(\frac{1}{\gamma_p}\right)^{\frac{k-1}{k}} \qquad \gamma_p = \frac{P_2}{P_1} \text{는 압력비율}$$
$$k : \text{비열비}(Cp/Cv)$$

4 오토, 디젤, 사바테 사이클

내연기관의 작동유체는 흡입, 압축과정에서 혼합가스 또는 공기이고, 그 밖의 행정에서는 연소가스이며, 그 성분 또한 일정하지가 않다. 이와 같이 실제의 기관에서는 사이클 과정에 따라 동작유체가 공기, 혼합가스, 연소가스 등으로 되어 동작물질의 성질이 변화한다. 그러므로 성능해석에서 이것을 간단하게 취급하기 위하여 공기로 생각하고 사이클 과정을 해석한다. 이와 같이 공기를 작업물질로 생각하는 사이클을 공기표준 사이클(air standard cycle)이라 한다. 열기관 중에서 왕복형 내연기관 사이클은 오토(정적) 사이클, 디젤(정압) 사이클, 사바테(복합) 사이클로 나눌 수 있다.

(1) 오토 사이클(Otto Cycle) 또는 정적 사이클(constant volume cycle)

오토 사이클은 단열변화와 등온변화를 조합한 것이며, 오늘날 실용화된 가스 기관이나 가솔린 기관의 이론 표준 사이클이며, 정적 사이클이라고도 한다.

오른쪽 그림은 오토 사이클의 $P-V$선도(지압선도)를 나타낸 것이며, 1 → 2는 공기의 단열압축 과정이고, 2 → 3은 정적가열 과정, 3 → 4는 단열팽창 과정, 4 → 1은 정적 방열 과정이다.

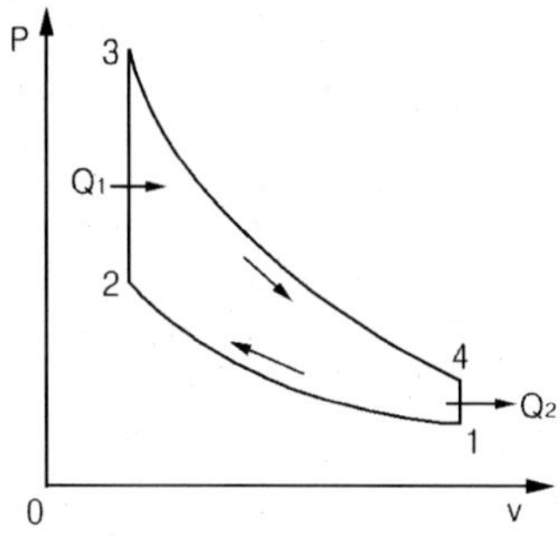

- $\eta_o = 1 - \dfrac{Q_2}{Q_1}$

[그림5-3] 오토사이클의 $P-V$선도

Q_1 : 과정 2 → 3 사이의 가열량
Q_2 : 과정 4 → 1 사이의 방열량
Q_1 : $mCv(T_3 - T_2)$
Q_2 : $mCv(T_4 - T_1)$

압축비를 $\varepsilon = \dfrac{V_1}{V_2}$ 이라 하면 열효율은 다음 공식으로 표시된다.

$$\eta_o = 1 - \left(\frac{1}{\epsilon}\right)^{k-1}$$
$$k : \text{비열비}(Cp/Cv)$$

위 공식에 의하면 오토 사이클의 열효율은 다음의 사실에 관계되는 것을 알 수 있다.
① 오토 사이클의 열효율은 가스의 압축 후의 가스 온도에 관계된다.
② 오토 사이클의 열효율은 압축 전후의 체적의 비율(압축비)에 관계된다.

(2) 디젤 사이클(Diesel cycle) 또는 정압 사이클(constant pressure cycle)

디젤 사이클은 저속·중속 디젤기관의 기본 사이클이며, 정압 사이클이라고도 한다. 오른쪽 그림은 이 사이클의 $P-V$ 선도를 나타낸 것이다.

디젤 사이클은 1 → 2 과정에서 공기를 단열 압축하고, 2 → 3 과정에서 정압 아래 열량 Q_1을 공급 받으며, 3 → 4 과정에서 단열 팽창한 다음, 4 → 1 과정에서 정적 아래 열량 Q_2를 방열하는 사이클이다. 이 사이클의 열효율은 다음 공식으로 표시된다.

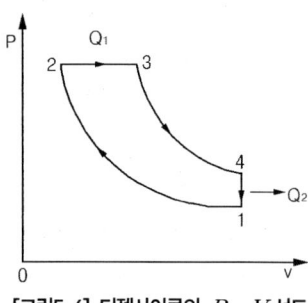

[그림5-4] 디젤사이클의 $P-V$선도

$$\eta_d = 1 - \frac{Q_2}{Q_1}$$

$$\eta_d = 1 - \left[\left(\frac{1}{\varepsilon}\right)^{k-1} \times \frac{\sigma^k - 1}{k(\sigma - 1)}\right]$$

여기서, k : 비열비(Cp/Cv)

σ : $\dfrac{V_3}{V_2}$ =분사 단절비율(연료분사 초기의 체적과 분사말기의 체적비율)

(3) 사바테 사이클(Sabathe cycle) 또는 복합 사이클(combined cycle)

현재 널리 사용되고 있는 고속 디젤기관은 디젤 사이클과는 약간 다른 사이클에 따라 작동된다. 사바테 사이클은 정적과 정압 아래에서 열량을 받고, 정적 아래 열량을 방열하며, 복합 사이클이라고도 한다. 오른쪽 그림은 이 사이클의 $P-V$ 선도를 나타낸 것이다.

이 선도에서 열량은 정적과정 2 → 3에서 Q_v가 공급되고, 정압과정 3 → 3′에서 Q_p가 공급된다. 한편, 방열은 4 → 1 과정에서 이루어지며, 과정 1 → 2에서 단열 압축되고, 과정 3 → 4까지 단열 팽창된다. 따라서 사바테 사이클의 열효율은 다음 공식으로 표시된다.

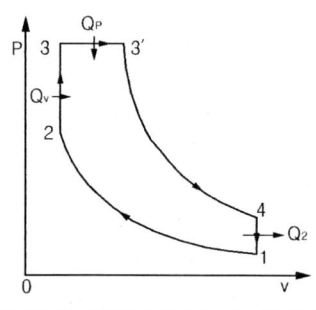

[그림5-5] 사바테 사이클의 $P-V$ 선도

$$\therefore \eta_s = 1 - \left[\left(\frac{1}{\varepsilon}\right)^{k-1} \times \frac{\rho\sigma^k - 1}{(\rho - 1) + k\rho(\sigma - 1)}\right]$$

ρ : $\dfrac{P_3}{P_2}$ =폭발비율 σ : $\dfrac{V_3}{V_2}$ =분사 단절비율(체절비율)

> **참고**
>
> ① $\sigma = \dfrac{V_3}{V_2}$ = 분사 단절비율(체절비율) 또는 정압 팽창비율은 연료분사가 끝났을 때의 체적 V_3를 압축 끝의 체적 V_2로 나눈 것, 즉 연료를 분사한 기간의 비율을 표시하며, 디젤 사이클이나 사바테 사이클에서는 $\sigma > 1$이며, 오늘날 실용화된 기관의 $\sigma = 1.5 \sim 3.0$이다.
>
> ② $\rho = \dfrac{P_2}{P_1}$ = 폭발비율(압력비율 또는 정적압력 상승비율), 즉 피스톤이 상사점에 있을 때의 폭발압력 P_2를 압축압력 P_1으로 나눈 값이다. 이 값은 디젤 사이클에서는 $\rho = 1$, 오토 사이클 및 사바테 사이클에서는 $\rho > 1$이며, 오늘날 실용화된 기관은 $\rho = 1 \sim 2$ 이다.
>
> ③ 내연기관에서 사용하고 있는 오토·디젤 및 사바테의 3기준 사이클은 각각 특징을 지니고 있고, 또 용도에 따라 각각의 장점을 발휘시킬 수 있다. 지금 수열량(受熱量) Q_1, 압축비 ε을 일정한 값으로 하고 열효율을 비교하면 오토 사이클〉사바테 사이클〉디젤 사이클이 되어 오토 사이클(정적 사이클)이 가장 좋고 디젤 사이클(정압 사이클)이 가장 낮은 것을 알 수 있다. 그러나 오토 사이클을 형성하는 가솔린 기관은 그 압축비가 7~9 : 1인데 비해 사바테 사이클을 형성하는 고속 디젤기관에서는 15~22 : 1이다. 따라서 양자(兩者)의 열효율 비교에 있어 디젤기관 쪽이 훨씬 크다는 것을 알 수 있다.
> 또 디젤 사이클이나 사바테 사이클에서는 분사 체절비율 σ가 작을수록, 즉 1에 가까워질수록 열효율이 커진다. 실험에 의하면, 디젤기관의 경우 전체 출력보다도 3/4 출력에서의 열효율이 높다. 디젤기관과 같이 압축압력이 높은 것에서는 모두의 연소가 정해진 체적 아래에서 실행되면 그 열효율은 더욱 좋아진다. 그러나 압축압력이 가솔린 기관의 폭발압력과 비슷하거나 그 이상이 되기 때문에 폭발압력은 기계적으로 허용할 수 없을 정도로 높아진다. 따라서 최고 압력이 어느 한계를 넘지 않도록 압축비를 15~22 : 1로 하고 있다.

5 카르노 사이클

카르노 사이클은 내연기관의 이상적인 사이클이며, 그 역사이클은 냉동기의 이상적 사이클이 된다. 이 사이클은 1824년 프랑스 사람 카르노에 의해 제창되었으며, 2개의 정온 팽창과 2개의 단열 팽창으로 이루어져 있다. 이 사이클에서 작동유체로서 이상적인 기체를 사용하였을 경우의 $P-V$선도는 그림과 같이 된다.

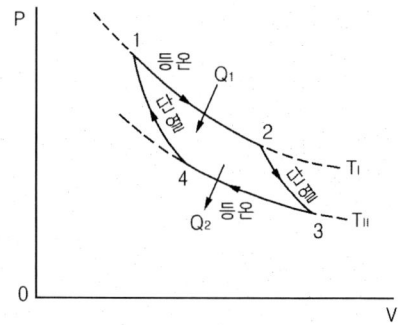

[그림5-6] 카르노 사이클의 $P-V$선도

카르노 사이클은 오른쪽 그림에 나타낸 바와 같이 2개의 등온과정과 2개의 단열과정으로 구성되는 사이클이다. 그림에서 처음 상태 $1(P_1, V_1, T_1)$에 있는 가스가 온도 $T_1 = T_I$로부터 열량 Q_1을 받아 등온 팽창하여 상태 2 (P_2, V_2, T_2)로 된다. 상태 2의 동작유체는 온도 $T_3 = T_{II}$까지 단열 팽창하여 상태 $3(P_3, V_3, T_3)$으로 된다. 다음에는 온도 T_{II} 아래 상태 4까지 등온 압축한다. 이때 외부 일에 상당하는 열량 Q_2를 낮은 온도의 열원에 방열하면서 상태 $4(P_4, V_4, T_4)$로 된다. 계속하여 단열 압축되면서 온도 T_1이 될 때까지 압축하여 상태 1로 되어 사이클을 완료한다. 카르노 사이클에서 출입하는 열량 Q_1, Q_2와 높은 온도의 열원과 낮은 온도의 열원 T_1, T_2 사이에는 다음 관계가 있다.

$$\frac{Q_2}{Q_1} = \frac{T_{II}}{T_I}$$

카르노 사이클 열효율 $\eta_c = \dfrac{W}{Q_1} = 1 - \dfrac{Q_2}{Q_1}$

따라서 카르노 사이클의 열효율은 $\eta_c = 1 - \dfrac{Q_2}{Q_1} = 1 - \dfrac{T_{II}}{T_I}$

가 된다. 즉 카르노 사이클의 열효율은 동작유체의 종류에는 관계없이 높은 온도의 열원과 낮은 온도의 열원의 온도만으로 결정된다.

02 냉동 사이클

1 냉동사이클의 개요

동작유체(냉매)를 순환시켜 열을 저온 쪽에서 고온 쪽으로 이동시키는 냉동장치는 냉동작용을 계속 시킬 수 있는 열역학적 사이클이 된다. 이와 같은 사이클을 냉동 사이클이라 한다. 열역학 제2법칙에서 알 수 있는 바와 같이 열은 그 자신이 저온물체로부터 고온물체로 이동할 수 없기 때문에 이 사이클에서는 기계적 일, 또는 그 밖의 에너지가 필요하다.

① **냉동효과** : 저온물체에서 흡수하는 열량
② **냉매** : 열 이동의 매개체
③ **성능(성적) 또는 동작계수** : 냉동효과를 표시하는 기준이며, 다음 공식으로 나타낸다.

$$\text{냉동기} \quad \epsilon = \frac{\text{저온 물체에서 흡수한 열량}}{\text{공급된 일}} = \frac{q_2}{q_1 - q_2} = \frac{q_2}{Aw}$$

(1) 냉매

냉매란 증기냉동 사이클의 동작유체이며, 암모니아, 이산화탄소, 아류산가스, 할로겐화탄화수소, R-12, R-11, R-22 등이 있으나 현재 차량에서는 R-134a를 사용한다.

냉매의 구비 조건은 다음과 같다.

1) 냉매의 일반적인 구비조건
① 응축압력이 너무 높지 않을 것
② 증발 압력이 너무 낮지 않을 것
③ 임계온도는 상온보다 가능한 높을 것
④ 응고점이 낮을 것
⑤ 증발열이 클 것
⑥ 증기의 비열이 크고, 액체의 비열은 적을 것
⑦ 증기의 비체적이 적을 것
⑧ 단위 냉동량 당 소요 동력이 적을 것

2) 냉매의 화학적 성질

① 안정성과 내식성이 있을 것
② 독성이 없을 것
③ 인화 및 폭발의 위험성이 없을 것
④ 윤활유에는 가능한 녹지 않을 것
⑤ 증기 및 액체의 점성 작을 것
⑥ 전열계수가 클 것
⑦ 전기저항이 클 것

(2) 냉동 사이클의 구성

① **압축기**(compressor) : 냉매증기를 압축하여 배출한다.
② **증발기**(evaporator) : 물체로부터 열을 빼앗아 저온으로 만든다.
③ **응축기**(condenser) : 압축된 냉매의 증기를 물 또는 공기로 냉각하여 액체로 만든다.
④ **팽창밸브**(expansion valve) : 교축밸브에 의해 고압 냉매 액은 저온으로 되어 빙점이 떨어지므로 증발기에서는 증발이 쉬워지며, 냉매유량도 조절된다.

(3) 몰리에르(Mollier) 선도

냉동사이클에서 $T-s$ 선도는 이론 열역학적으로 명백히 따지는 데는 편리하지만 수치적으로 계산하는 데는 부적당하다. 따라서 실제 냉매선도는 $P-h$ 선도를 사용한다. 증기 공학이나 냉동 공학에서는 몰리에르 선도라 하며 $P-h$를 가리킨다.

오른쪽 그림에서 세로축은 압력으로 일반적으로 대수(ln) 눈금으로 표시하며, 가로축은 엔탈피로 표시한다. 임계점 K의 왼쪽 선은 포화액선, 오른쪽 선은 건포화 증기선이며, OKA는 포화한계선이다. 포화한계선 내는 습증기 구역이며, 왼쪽은 과다냉각액이고, 오른쪽은 과열증기 구간이다.

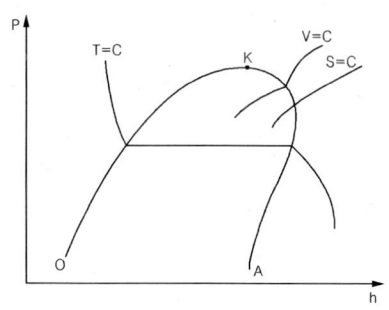

[그림5-7] 몰리에르 선도

2 증기압축 냉동 사이클

액체와 기체의 2상으로 변화하는 물질을 냉매로 하는 냉동 사이클을 증기압축 냉동사이클이라 하며 실제의 냉동기의 사이클에서 가장 널리 사용된다.

이 사이클은 역 카르노사이클 중에서 실현이 어려운 단열과정 즉 등엔트로피 팽창과정을 교축팽창으로 이용하여 실용화 한 것으로 역 랭킨사이클이라고도 할 수 있다.

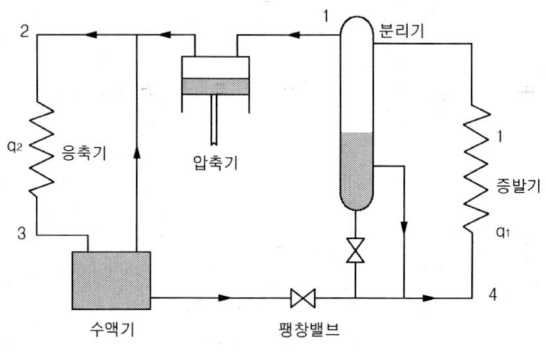

[그림5-8] 증기압축 냉동사이클의 구성도

(1) 변화과정

① 과정 1 → 2 : 압축기에 의해 단열 압축하는 과정이다.
② 과정 2 → 3 : 응축기에 의해 정압 압축(고열원으로부터 열 방출)하는 과정이다.
③ 과정 3 → 4 : 팽창밸브에 의해 교축 팽창하는 과정이다.
④ 과정 4 → 1 : 증발기에 의해 정압 팽창(저열원으로부터 열을 흡수)하는 과정이다.

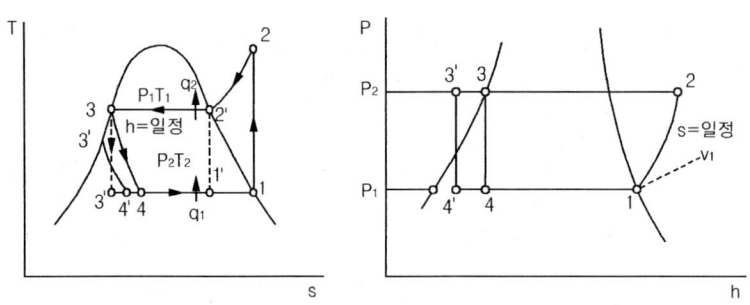

[그림5-9] 증기압축 냉동사이클의 선도

(2) 흡입·방출열량, 일량, 성적계수

① 증발기 흡입열량(냉동효과) $Q_2 = m(h_1 - h_4) = m(h_1 - h_3)$
② 응축기 방출열량 $Q_1 = m(h_2 - h_3)$
③ 압축기의 일량 $A_c = m(h_2 - h_1)$
④ 성적계수 $COP = \dfrac{Q_2}{W} = \dfrac{h_1 - h_3}{h_2 - h_1}$

3 암모니아 흡수방식 냉동사이클

흡수냉동 기구는 증기압축 냉동기구의 냉매의 기계적 압축을 열(熱)로 한다. 작동유체는 단일냉매가 아니라 서로 친화력을 지닌 두 물체의 조합. 즉 냉매와 그 흡수제가 필요하며, 현재 주로 사용하고 있는 것은 암모니아(ammonia)와 물 및 물과 취화 리튬(lithium)이 있다.

흡수방식은 압축방식의 실린더와 피스톤 대신 상온의 물이 담긴 용기로 바꾸어 놓고 냉매는 암모니아를 사용한다. 암모니아는 상온에서는 물에 잘 용해되므로 증발기로부터 오는 암모니아 증기는 물에 흡수되어 점차 진한 암모니아수가 되며, 이것을 가열하여 고온이 되면 암모니아는 고온에서는 물에 잘 용해되

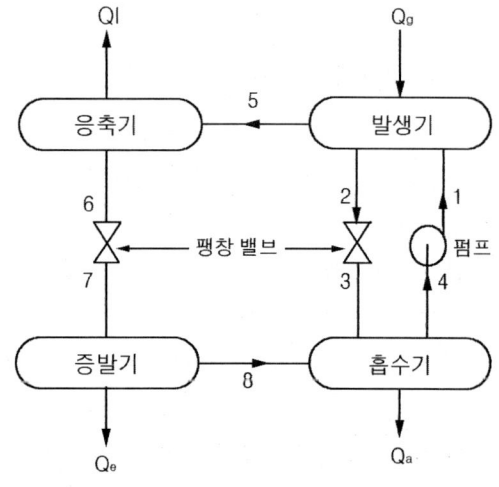

[그림5-10] 암모니아 흡수방식 냉동기의 순환과정

지 않으므로 암모니아가 고압증기로 되어 응축기 쪽으로 송출한다. 즉 냉매를 압축함에 있어 압축방식의 기계적 에너지 대신 흡수방식에서는 열에너지를 사용한다. 기본구성은 흡수기, 발생기, 열교환기, 펌프(이상이 압축기에 해당함), 응축기, 증발기, 팽창밸브로 되어 있다.

4 공기표준 냉동사이클

공기냉동 사이클은 공기를 냉매로 사용하며, 사이클 중에 액화 또는 증발이 발생하지 않으므로 가스 사이클에 속한다. 이 원리는 이상 냉동사이클의 역 카르노사이클로 실현하기 어렵기 때문에 정온과정의 열 공급 및 방열을 정압과정으로 수행하는 역 브레이톤 사이클로 실현시킨다. 이 사이클은 기본적으로 압축기, 냉각기, 팽창기, 가열기로 구성되며, 2개의 단열과정과 2개의 정온과정을 이룬다.

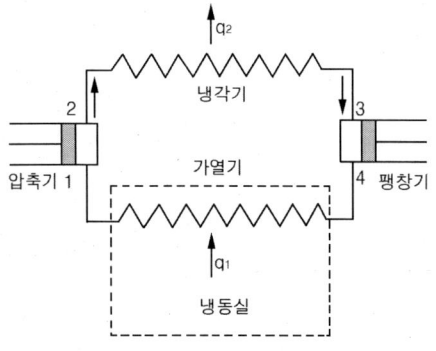

[그림5-11] 공기표준 냉동사이클의 구성도

(1) 변화과정

① **과정 1 → 2** : 압축기에 의해 단열압축 하는 과정이다.
② **과정 2 → 3** : 응축기에 의해 정압압축(고열원으로부터 열 방출)하는 과정이다.
③ **과정 3 → 4** : 팽창밸브에 의해 단열팽창 하는 과정이다.
④ **과정 4 → 1** : 증발기에 의해 정압팽창(저열원으로부터 열을 흡수)하는 과정이다.

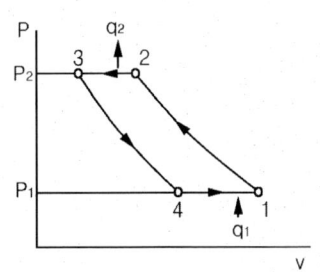 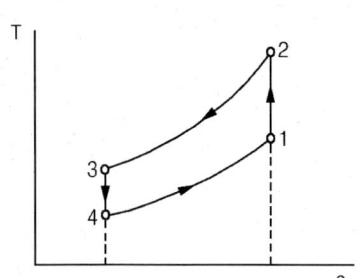

[그림5-12] 공기표준 냉동사이클의 선도

5 열펌프 및 기타 냉동사이클

저온의 열원(물, 공기 등)으로부터 열을 흡수하여 고온의 열원(난방 등의 열원)에 열을 주는 장치를 말한다. 열펌프는 냉방, 난방 이외에 건조, 용액(溶液)의 증발, 농축 등에도 응용된다. 즉 냉동기와 같이 기계적인 일을 가할 수 있으면 저온물체에서 열을 빼내어 고온물체에 방출할 수 있다. 이것은 일반적인 액체용 펌프가 낮은 곳에서 높은 곳으로 물 등을 끌어올리는 원리와 같다. 이와 같이 열기관 사이클을 반대로 작용시켜 열을 이동시키는 것을 **열펌프**라 한다.

열펌프는 냉각·가열 어느 것이나 작동시킬 수 있다. 그 대표적인 예가 냉동기로 열펌프의 원리에 의한 냉난방 장치는 냉매계통의 변환에 의해 여름에는 물을 배열물(排熱物)로 하여 냉방에, 겨울에는 같은 물을 흡열원(吸熱源)으로 하여 난방에 사용할 수 있다.

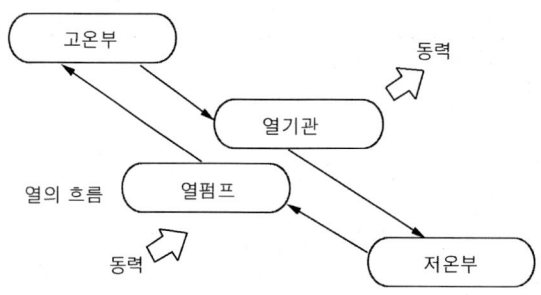

[그림5-13] 열펌프의 구성

chapter 06 열역학의 응용

PART1. 기계열역학

01 증기 터빈

1 증기터빈의 구성

증기터빈의 작동원리는 보일러(boiler)에서 발생한 높은 온도와 압력의 증기를 노즐 또는 고정 날개로부터 분출·팽창시켜 빠른 속도의 증기 흐름을 터빈 날개에 부딪히도록 하여 그 충동(impulse)작용 또는 반동(reaction)작용에 의해 축을 회전시켜 동력을 얻는다. 따라서 증기터빈은 증기가 지니는 열에너지를 속도에너지로 바꾸기 위한 노즐과 속도 에너지를 기계적 에너지로 변환시키기 위한 터빈 날개로 되어있다.

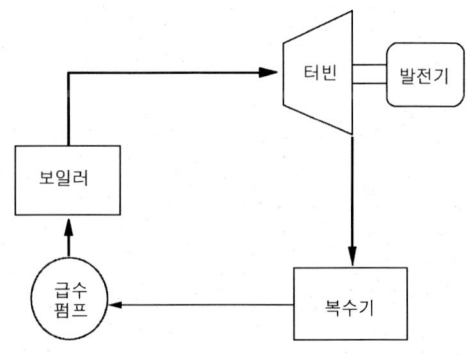

[그림6-1] 증기터빈 사이클

보일러에서 발생한 높은 온도와 압력의 증기는 터빈으로 공급되어 팽창 일을 하여 동력을 얻고 응축기(condenser)로 유입된다. 응축기는 터빈으로부터 나온 낮은 압력의 증기를 냉각시켜 모두 액체 상태인 물로 만드는 작용을 한다. 이 물은 급수펌프(feed water pump)로 유입되어 처음 상태로 돌아오는 증기 원동기 사이클을 이루게 된다. 증기터빈은 보일러, 터빈, 응축기, 급수펌프로 구성된다.

2 증기터빈의 성능

[1] 증기터빈 내에서의 증기의 작용

그림(정상류의 에너지 관계)과 같은 관로에서 정상유동을 하는 경우 증기 1kg이 단면 ①에서 ②까지 외부로부터 q (kJ/kg)의 열을 받아 외부에 대하여 w_t (kJ/kg)의 일을 할 때, 단위시간 당의 에너지 공식을 구해보기로 한다.

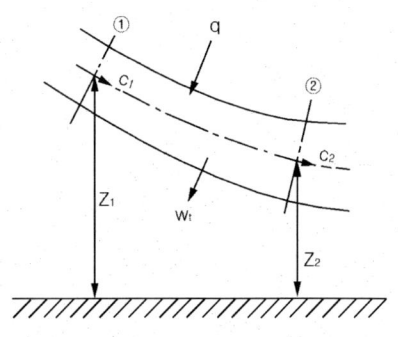

[그림6-2] 정상류의 에너지 관계

이 관로에서 기체가 지니는 에너지는 엔탈피 h와 흐름 속도 c에 의한 운동에너지 $\dfrac{c^2}{2}$, 높이에 의한 위치에너지 gZ이므로 유로 단면 ①, ②에 대하여 에너지 보존의 법칙(열역학 제1법칙)을 적용하면 다음 공식으로 표시된다.

$$q + h_1 + \frac{c_1^2}{2} + gZ_1 = h_2 + \frac{c_2^2}{2} + gZ_2 + w_t$$

h : 엔탈피(kJ/kg) c : 기체의 흐름속도(m/s)
Z : 기준면으로부터의 높이(m) 첨자 1,2 : 단면 ①, ②

위 공식에서 위치에너지를 무시하면

$$q = (h_2 - h_1) + \frac{(c_2^2 - c_1^2)}{2} + w_t$$

가 된다. 이 공식은 정상류 과정에 대한 기체의 각 에너지의 일반적 관계 나타내는 중요한 공식이다. 실제 터빈에서 터빈 입구 및 출구에서의 속도는 큰 차이가 없으므로 $c_1 ≒ c_2$이고, 단열 조건을 적용하면 $q = 0$이므로, 동작유체 1kg이 하는 일을 w_t로 나타내면 다음 공식으로 표시된다.

$$w_t = h_1 - h_2$$

단열노즐 내에서 외부에 대하여 하는 일이 없는 이상적인 증기 흐름을 생각하면, $q = 0$, $w_t = 0$이므로

$$h_1 - h_2 = \frac{(c_2^2 - c_1^2)}{2}$$

이 된다. 즉, 노즐 내의 엔탈피 감소 분량만큼 운동에너지가 증가한다. 터빈노즐 입구의 압력, 온도를 P_1, T_1, 엔탈피를 h_1, 속도를 c_1이라 하고, 터빈출구의 압력, 온도, 엔탈피를 각각 P_2, T_2, c_2라 하면 노즐출구의 속도 c_2는 다음 공식으로 표시된다.

$$c_2 = \sqrt{2(h_1 - h_2) + c_1^2}$$

노즐입구 속도 c_1을 무시하면

$$c_2 = \sqrt{2(h_1 - h_2)}$$

이 된다. 여기서 엔탈피 차이 $h_1 - h_2 = h_{ad}$를 **단열 열 낙차**(adiabatic heat drop)라 한다.

Part 2 기계열역학

기출문제 [열역학의 기본사항]

01 다음은 물질의 열역학 성질에 관한 설명이다. 이 중에서 미시적 관점의 설명은 어느 것인가?
① 밀폐공간의 기체를 가열하면 압력이 증가한다.
② 같은 온도에서 액체보다 증기가 더 많은 에너지를 갖고 있다.
③ 압력이 증가하면 액체의 끓는 온도가 증가한다.
④ 고체를 가열하면 격자의 진동이 활발해진다.

해설 미시적(현미경) 관점이란 수시로 변화하는 식들을 다루기가 매우 어려워 통계적인 방법과 확률이론을 사용하여 모든 입자에 대한 평균값을 취하는 방법이다. 미시적 관점에서 물질의 열적 성질을 알아볼 때에는 분자운동론·통계역학 등을 이용해야만 한다. 미시적 시점에서는 물질이 가진 열에너지는 그 물질을 구성하는 원자·분자·전자 등의 역학적 에너지와 같다고 본다.

02 열역학적 상태량은 일반적으로 강도성(強度性)상태량과 종량성(從良性)상태량으로 분류할 수 있다. 다음 중 강도성 상태량에 속하지 않는 것은?
① 압력 ② 온도
③ 밀도 ④ 질량

해설 ① 종량성 상태량이란 질량에 정비례하는 것으로 체적, 질량, 내부에너지 등이 있다.
② 강도성 상태량이란 계의 질량에 관계없는 성질이며, 온도, 밀도, 압력 등이 있다.

03 다음 중 강도성 상태량(intensive property)이 아닌 것은?
① 온도 ② 압력
③ 체적 ④ 밀도

04 다음의 열역학 상태량 중 종량적 상태량은?
① 압력 ② 체적
③ 온도 ④ 밀도

05 다음 중 경로함수(path function)는?
① 엔탈피
② 엔트로피
③ 내부 에너지
④ 일

해설 경로함수(또는 도정함수)란 한 상태에서 다른 상태로 변화할 때 그 변화량이 과정의 경로에 따라 달라지는 변수를 말한다.

06 다음 중 차원이 다른 하나는 무엇인가?
① 일 ② 내부에너지
③ 엔탈피 ④ 엔트로피

07 열역학계로 한 사이클 동안 전달되는 모든 에너지의 합은?
① 0이다.
② 내부에너지 변화량과 같다.
③ 내부에너지 및 일량의 합과 같다.
④ 내부에너지 및 전달열량의 합과 같다.

08 비가역 사이클의 내부에너지 변화량 ΔU는?
① $\Delta U = 0$ ② $\Delta U > 0$
③ $\Delta U < 0$ ④ $\Delta U > 1$

해설 ① 가역사이클 : $\Delta U = 0$
② 비가역 사이클 : $\Delta U = 0$

정답 01.④ 02.④ 03.③ 04.② 05.④ 06.④ 07.① 08.②

09 열역학 과정을 비가역으로 만드는 인자가 아닌 것은?

① 마찰
② 열의 일당량
③ 유한한 온도차에 의한 열전달
④ 두 개의 서로 다른 물질의 혼합

> **해설** 비가역적 과정의 주요요인으로는 마찰, 유한한 온도 차이에 의한 열전달, 서로 다른 물질의 혼합, 화학반응, 자연현상 등이 있다.

10 다음 설명 중 틀린 것은?

① 마찰은 대표적인 비가역 현상이다.
② 자동차 엔진이 가역적으로 작동 될 때 출력이 가장 크다.
③ 엔진이 가역적으로 작동되면 열효율이 100%가 된다.
④ 80℃의 구리가 20℃의 물속에서 온도가 내려가는 현상은 비가역 현상이다.

> **해설**
> ① 대표적 비가역 현상에는 마찰, 자유팽창, 두 가스의 혼합, 유한한 온도 차이에 의한 열전달 등이 있다.
> ② 가역과정은 가장 많은 일을 하고 가장 적은 일을 소비하므로 엔진의 출력이 증가된다.
> ③ 가역 열기관 효율 $\eta = \dfrac{T_L}{T_H}$ 으로 T_H와 T_L에 따라 결정된다. 즉 열역학 제2법칙에서 어떠한 열기관도 100% 열효율을 낼 수 없다.
> ④ 유한한 온도 차이에 의한 열전달은 비가역 현상이다.

11 다음 온도에 대한 설명 중 잘못된 것은?

① 온도는 뜨겁거나 차가운 정도를 나타낸다.
② 열역학 0법칙은 온도측정의 기초이다.
③ 섭씨온도는 대기압 하에서 물이 어는점과 끓는점으로 각각 0과 100을 부여한 온도 척도이다.
④ 화씨온도 F와 절대온도 K 사이에는 K= F+273.15의 관계가 성립한다.

12 이상기체가 단열 된 관내를 흐를 때 운동에너지와 위치에너지의 변화를 무시할 수 있을 경우의 온도의 변화는?

① 증가한다.
② 변화가 없다.
③ 감소한다.
④ 기체의 종류에 따라서 다르다.

13 Joule-Thomson 계수 $\mu_f = (\partial T/\partial P)_h$로 정의된다. 양(+)의 Joule-Thomson 계수는 교축(throttle) 중에 온도가 어떻게 된다는 것을 뜻하는가?

① 온도가 올라간다는 것을 뜻한다.
② 온도가 떨어진다는 것을 뜻한다.
③ 온도가 일정하다는 것을 뜻한다.
④ 온도는 올라가고 압력은 내려간다.

14 온도가 127℃, 압력이 0.5MPa, 비체적 0.4m³/kg인 이상기체가 같은 압력 하에서 비체적이 0.3m³/kg으로 되었다면 온도는 몇 도로 되겠는가?

① 95.25℃   ② 27℃
③ 100℃   ④ 25.2℃

> **해설** $\dfrac{T_2}{T_1} = \dfrac{V_2}{V_1}$ 에서 $T_2 = T_1 \dfrac{V_2}{V_1}$
> ∴ $400 \times \dfrac{0.3}{0.4} = 300K = 27℃$

15 시스템의 온도가 가열과정에서 10℃에서 30℃로 상승하였다. 이 과정에서 절대온도는 얼마나 상승하였는가?

① 11 K   ② 20 K
③ 293 K   ④ 303 K

> **해설** $\Delta T = (273+30)-(273+10) = 20(K)$

정답 … 09.① 10.③ 11.④ 12.② 13.② 14.② 15.②

16 다음 그림과 같이 관으로 300K, 1Mpa의 고압 헬륨이 흐르고 있고, 단열용기는 비어 있다. 밸브를 열어서 헬륨이 유입되는데, 용기의 압력이 1MPa에 이르면 밸브를 닫는다. 용기에 들어있는 헬륨의 최종온도는 얼마인가? (단, 헬륨의 정압비열과 정적비열은 각각 5.19kJ/kg-K, 3.11kJ/kg-K이다.)

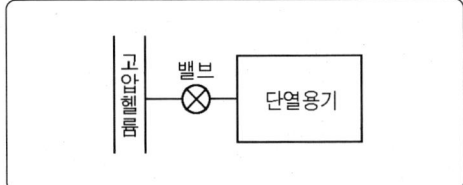

① 300K ② 420K
③ 500K ④ 600K

해설 단열용기에 들어오는 헬륨의 엔탈피가 단열용기 내의 최종 내부에너지와 같으며, 이상 기체이므로

$C_p T_i = C_v T_2$에서 $T_2 = \dfrac{C_p}{C_v} T_i$

∴ $\dfrac{5.19}{3.11} \times 300 = 500K$

17 50℃, 25℃, 10℃의 온도인 3가지 종류의 액체 A, B, C가 있다. A와 B를 동일 중량으로 혼합하면 40℃로 되고, A와 C를 동일 중량으로 혼합하면 30℃로 된다. B와 C를 동일 중량으로 혼합할 때는 몇℃로 되겠는가?

① 16℃   ② 18.4℃
③ 20℃   ④ 22.5℃

해설 ① $tm = \dfrac{m_1 C_1 t_1 + m_2 C_2 t_2}{m_1 C_1 + m_2 C_2} = \dfrac{C_1 t_1 + C_2 t_2}{C_1 + C_2}$

② $\dfrac{50C_1 + 25C_2}{C_1 + C_2} = 40$ — (1),

$\dfrac{50C_1 + 10C_3}{C_1 + C_3} = 30$ — (2)

③ 위의 조건에서 $\dfrac{25C_2 + 10C_3}{C_2 + C_3} = 16℃$

∴ (1) 공식에서 $C_2 = \dfrac{10}{15} C_1$.

(2) 공식에서 $C_3 = C_1$

18 15℃의 물 24kg과 80℃의 물 85kg을 혼합하면 물의 온도는 약 얼마인가?

① 65.7℃   ② 75.7℃
③ 80.8℃   ④ 88.8℃

해설 $G_1 c(t_2 - t_1) = G_2 C(t_2 - tx)$에서

∴ $tx = \dfrac{(25 \times 15) + (85 \times 80)}{24 + 85} = 65.7℃$

19 공기와 헬륨의 비열비는 1.4, 1.667이다. 상온의 두 기체를 동일한 압력비로 가역단열 압축하였다. 두 기체의 압축 후 온도에 대한 설명으로 옳은 것은?

① 공기의 온도가 더 높다.
② 헬륨의 온도가 더 높다.
③ 공기와 헬륨의 온도가 같다.
④ 압축기의 종류에 따라 다르다.

해설 ① 단열과정의 T, P관계공식 : $TP^{\frac{1-k}{k}} = C$

또는 $\dfrac{T_2}{T_1} = \left(\dfrac{P_2}{P_1}\right)^{\frac{k-1}{k}}$

② $T_2 = T_1 \left(\dfrac{P_2}{P_1}\right)^{\frac{k-1}{k}}$

$T_1 = $ 상온, $\dfrac{P_2}{P_1} = $ 동일하므로

③ $T_2 \propto \left(\dfrac{P_2}{P_1}\right)^{\frac{k-1}{k}}$ 에서

$\dfrac{P_2}{P_1} > 1$ 경우 헬륨의 온도가 공기의 온도보다 높아진다.

20 비열에 관한 설명으로 옳지 않은 것은?

① 공기의 비열비는 온도가 높을수록 증가한다.
② 단원자 기체의 비열비는 1.67로 일정하다.
③ 공기의 정압비열은 온도에 따라서 다르다.
④ 액체의 비열비는 1에 가깝다.

해설 공기의 비열비는 온도가 높을수록 감소한다.

정답 16.③ 17.① 18.① 19.② 20.①

21 천제연 폭포수의 높이가 55m일 때 폭포수가 낙하 한 후 수면에 도달할 때까지 주위와 열교환을 무시한다면 온도상승은 몇 ℃인가? (단, 폭포수의 정압비열은 4.2kJ/kg℃ 이다.)

① 0.87
② 0.31
③ 0.13
④ 0.78

해설 $T = \dfrac{gh}{Cp}$

T : 온도, g : 중력 가속도(9.8%), h : 폭포수의 높이, Cp : 정압비열

∴ $\dfrac{9.8 \times 55}{4.2 \times 10^3} = 0.13℃$

22 온도 200℃, 압력 500kPa, 비체적 0.6 m³/kg 의 산소가 정압하에서 비체적이 0.4 m³/kg 으로 되었다면 변화 후의 온도는?

① 42℃
② 55℃
③ 315℃
④ 437℃

해설 $T_2 = T_1 \left(\dfrac{V_2}{V_1}\right)$

∴ $(200+273) \times \left(\dfrac{0.4}{0.6}\right) = 315.3K = 42.3℃$

23 8℃의 완전가스로 가역단열 압축하여 그 체적을 1/5로 하였을 때 가스의 온도는 몇 ℃로 되겠는가? (단, k=1.4이다.)

① -125℃
② 294℃
③ 222℃
④ 262℃

해설 $T_2 = T_1 \times V^{k-1}$

∴ $(273+8) \times 5^{0.4} = 535K = 262℃$

24 초기온도와 압력이 50℃, 600kPa인 단위 중량의 질소가 100kPa까지 가역 단열팽창 하였다. 이 때 온도는 몇 K 인가? (단, 비열비 k=1.4이다.)

① 194
② 294
③ 467
④ 539

해설 단열과정의 상태량에서

$T_2 = T_1 \left(\dfrac{P_2}{P_1}\right)^{\frac{k-1}{k}}$

∴ $(273+50) \times \left(\dfrac{100}{600}\right)^{\frac{0.4}{1.4}} = 193.6K$

25 견고한 밀폐용기 안에 공기가 압력 100kPa, 체적 1m³, 온도 20℃ 상태로 있다. 이 용기를 가열하여 압력이 150kPa이 되었다. 공기는 이상기체로 취급하며, 정적비열은 0.717 kJ/kgK, 기체상수는 0.287kJ/kgK이다. 최종온도와 가열량은 약 얼마인가?

① 303K, 98kJ
② 303K, 117kJ
③ 440K, 105kJ
④ 440K, 125kJ

해설 ① 정적과정이므로 $\delta V = 0$

∴ $V_1 = V_2$

② $T_2 = T_1 \left(\dfrac{P_2}{P_1}\right)$

∴ $(273+20) \times \left(\dfrac{150}{100}\right) = 439.5K$

③ $Q = u_2 - u_1 = mCv(T_2 - T_1)$,

$PV = mRT$에서 $m = \dfrac{PV}{RT}$

$Q = \dfrac{P_1 V_1}{RT_1} Cv(T_2 - T_1)$

∴ $\dfrac{100 \times 1}{0.287 \times 293} \times 0.717 \times (439.5 - 293)$

$= 125kJ$

정답 21.③ 22.① 23.④ 24.① 25.④

26 정상과정으로 100kPa, 22℃의 공기를 1Mpa로 압축하는 압축기가 있다. 압축공기 질량 1kg에 대해 냉각수는 16kJ의 열을 제거하고 180kJ의 일이 요구될 때, 압축기 출구온도는 약 몇 ℃인가? (단, 공기의 정압비열은 1.04kJ/kg·K이다.)

① 210 ② 195
③ 180 ④ 170

해설 $T_2 = T_1 - \left(\dfrac{Q-W}{mCp}\right)$

∴ $22 - \left(\dfrac{16-180}{1 \times 1.04}\right) = 179.69℃$

27 1 kW의 전기히터를 이용하여 101 kPa, 15℃의 공기로 차 있는 100 m³의 공간을 난방하려고 한다. 이 공간은 견고하고 밀폐되어 있으며, 단열되었다고 가정한다. 히터를 10분 동안 작동시킨 후 이 공간의 온도는 약 몇 도인가? (단, 공기의 정적 비열은 0.718 kJ/kg·K이고 기체 상수는 0.287 kJ/kg·K이다.)

① 20℃ ② 22℃
③ 24℃ ④ 26℃

해설 $Q = mCv(T_2 - T_1)$ 에서

$T_2 = \dfrac{Q}{mC_V} + T_1$

∴ $\dfrac{1 \times 60 \times 10}{122.19 \times 0.718} + 15 = 21.84℃$

28 표준 대기압은 대략 몇 kPa인가?

① 1.01kPa
② 10.1kPa
③ 101kPa
④ 1013kPa

해설 표준 대기압력=0℃, 1기압
$1atm = 1.0332 kgf/cm^2$
$= 101325 Pa ≒ 101.3 kPa$

29 다음의 압력 중에서 표준 대기압과 차이가 가장 큰 압력은?

① 1MPa
② 1bar
③ 0kPa gauge(계기압력)
④ 760mmHg

해설 $1atm = 760mmHg = 10.332mH_2O$
$= 101.325kPa = 1.01325^-$
∴ $1atm = 101.325kPa ≒ 0.1MPa$

30 대기압이 0.099MPa일 때 용기 내 기체의 게이지 압력이 1MPa이였다. 용기 내 기체의 절대압력은 몇 MPa인가?

① 약 0.901
② 약 1.135
③ 약 1.099
④ 약 1.275

해설 $Pa = Po + Pg$
Pa : 절대압력, Po : 대기압력,
Pg : 게이지 압력
∴ $0.099 + 1 = 1.099 Mpa$

31 해수면 아래 20m에 있는 수중 다이버에게 작용하는 절대압력은? (단, 대기압은 101kPa이고, 해수의 비중은 1.03이다.)

① 202.9kPa
② 302.9kPa
③ 101.3kPa
④ 503.4kPa

해설 $Pa = Po + Pg$
∴ $101 + \dfrac{1.03 \times 1000 \times 9.8 \times 20}{1000} = 302.9kPa$

정답 26.③ 27.② 28.③ 29.① 30.③ 31.②

32 대기압이 750mmHg이고, 보일러의 압력계가 12kgf/cm²로 지시하고 있을 경우, 이 압력을 절대압력으로 환산하면 몇 kgf/cm²인가?

① 10.02　② 13.02
③ 20.04　④ 25.06

해설 $Pa = Po + Pg$
∴ $\dfrac{750}{760} \times 1.0332 + 12 = 13.03 \text{kg}_f/\text{cm}^2$

33 대기압이 752mmHg 일 때, 계기압력이 5.23MPa인 증기의 절대압력은 몇 MPa인가?

① 3.02
② 4.12
③ 5.33
④ 6.43

해설 ① 760mmHg=101kPa=0.101MPa이므로
② $Po = 752 \times \left(\dfrac{0.101 MPa}{760}\right) = 0.099 \text{MPa}$
③ $Pg = 0.099 \text{MPa} + 5.23 \text{MPa} ≒ 5.33 \text{MPa}$

34 750mmHg의 대기압 하에서 용기 속 기체의 진공도가 15kPa이었다. 이 용기 속 기체의 절대압력은 약 얼마인가?

① 85kPa　② 90kPa
③ 95kPa　④ 116kPa

해설 ① $Pa = Po - Pv$
여기서, Pv : 진공압력
② 760mmHg=101kPa이므로
$Po = 750 \times \left(\dfrac{101}{760}\right) = 99.6 kPa$
③ $Pa = 99.67 - 15 = 84.6 kPa$

35 대기압이 95kPa인 장소에 있는 용기의 게이지 압력이 500cmH₂O)를 나타내고 있다. 용기의 절대압력은?

① 101kPa　② 49101kPa
③ 144kPa　④ 99kPa

해설 ① $Pa = Po + Pg$에서 $95 Kpa + Pg$,
따라서 비례식 $10 \text{cmH}_2\text{O} = 98 \text{kPa}$이므로
$10 : 98 = 5 : x$, ∴ $x = 49 kpa$
② $Po = 95 Kpa + 49 KPa = 144 kPa$

36 그림과 같은 피스톤-실린더로 구성된 용기가 있다. 피스톤 아래의 공간에는 공기가 들어있으며, 피스톤 위에는 물이 채워져 있고 실린더와 마찰이 없이 움직일 수 있는 피스톤이 정지 상태에 있다. 용기 안에 들어있는 공기의 압력은 약 얼마인가? (단, 대기압은 100kPa, 물의 높이는 0.5m, 물의 밀도는 1000kg/m³, 중력 가속도는 9.807m/s², 피스톤 질량은 2kg, 피스톤 단면적은 0.01m²이다.

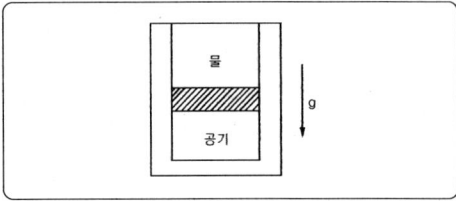

① 101kPa　② 107kPa
③ 6765kPa　④ 6965kPa

해설 $P = Po + (\rho \times g \times h) + \dfrac{mg}{A}$

P : 공기의 압력, Po : 대기압,
ρ : 물의 밀도, g : 중력가속도,
h : 물의 높이, m : 피스톤의 질량

∴ $100 + 1000 \times 9.8 \times 0.5 \times 10^{-3} + \dfrac{2 \times 9.8 \times 10^{-3}}{0.01}$
$= 106.86 kPa$

37 다음의 단위 중 열량단위가 아닌 것은?

① kcal　② Btu
③ J　④ PS

해설 에너지(일, 열량)의 단위에는 kgf·m, N·m, J, kcal, Btu, kWh 등이 있다.

정답 32.② 33.③ 34.① 35.③ 36.② 37.④

38 수은 마노미터를 사용하여 한 장치 내의 공기 유동이 측정된다. 마노미터의 높이 차이는 30mm이다. 오리피스 전후에서의 압력강하는?(단, 수은의 밀도는 13600kg/m³이고, 중력가속도 g=9.75m/s²이다.)

① 3978Pa
② 3.978×10^9 Pa
③ 3.978×10^6 Pa
④ 3.978×10^4 Pa

해설 $Pd = \rho g h$
∴ $13600 kg/m^3 \times 9.75 m/s^2 \times 0.03 m = 3978 Pa$

39 중력에 의한 표준 가속도가 9.80665m/s²이다. 50kg의 질량에 작용하는 표준중력에 의한 힘은 약 얼마인가?

① 300.45N
② 390.33N
③ 400.45N
④ 490.33N

해설 $F = mg$
∴ $50 kg \times 9.80665 m/s^2 = 490.33 kg \cdot m/s^2$
 $= 490.33 N$

40 어느 완전가스가 등온 하에서 외부에 대하여 상태 1에서 상태 2까지 627.7kJ의 일을 하였다. 이 일을 열량으로 환산하면?

① 200kcal
② 300kcal
③ 150kcal
④ 2500kcal

해설 1cal = 4.1868J이므로,
$Qrm = \dfrac{627.7 \times 10^3}{4.1868} = 150 \times 10^3 cal = 150 kcal$

41 압력 200kPa, 체적 0.4m³인 공기가 정압 하에서 체적이 0.5m³로 팽창하였다. 이 과정 동안 내부에너지가 22kJ 증가하였다면 필요한 열량(kJ)은?

① 58
② 62
③ 66
④ 70

해설 $Q = P \ln \dfrac{V_2}{V-1} + Ie$
∴ $200 \times \ln \dfrac{0.5}{0.4} + 22 = 66 kJ$

42 200m 의 높이로부터 250kg 의 물체가 땅으로 떨어질 경우 일률 열량으로 환산하면 약 몇 kJ 인가?

① 117
② 79
③ 203
④ 490

해설 $Q = mgz$
∴ $250 \times 9.8 \times 200 \times 10^{-3} = 490 kJ$

43 비열이 0.475kJ/KgK인 철 10kg을 20℃에서 80℃로 올리는데 필요한 열량은 몇 kJ인가?

① 222
② 232
③ 285
④ 315

해설 $\delta U = mkT$
 $0.475 \times 10 \times (80-20) = 285 kJ$

44 압력이 일정할 때 공기 5kg_f, 0℃에서 100℃까지 가열하는데 필요한 열량(kJ)은? [단, 공기 비열 Cp(kJ/kg_f℃)=1.01+0.000079t(℃)이다.]

① 102
② 476
③ 500
④ 507

해설 $Q = m \int_{t_1}^{t_2} Cp \times dt$
∴ $5 \int_0^{100} (1.01 + 1/2 \times 0.000079 t) dt = 506.975 kJ$

정답 38.① 39.④ 40.③ 41.③ 42.④ 43.③ 44.④

45 -4℃의 얼음 1kg을 18℃의 물로 만드는데 필요한 열량은 몇 kJ인가?(단, 물의 비열은 4kJ/(kg℃), 얼음의 비열은 2kJ/(kg℃), 얼음의 융해열은 340kJ/kg이다.)

① 340　② 380
③ 420　④ 460

해설 $Q = Q_1 + Q_2 + Q_3$
[(-4℃ 얼음을 0℃ 얼음으로 만드는데 흡수해야 할 열량) + (0℃얼음 → 0℃물) + (0℃물 → 18℃물)]
∴ $(2 \times 4) + 340 + (4 \times 18) = 420 KJ/kg$

46 온도 150℃, 압력 0.5MPa의 공기 0.287kg이 압력이 일정한 과정에서 원래 체적의 2배로 늘어난다. 이 과정에서의 열전달량은 약 얼마인가? (단, 공기의 기체상수는 0.287kJ/kgK. 정압비열과 정적비열은 1.004kJ/kgK, 0.717kJ/kgK이다.)

① 98.8kJ　② 111.8kJ
③ 121.9kJ　④ 134.9kJ

해설 $Q = mCp(T_2 - T_1)$
∴ $0.287 \times 1.004 \times (273 + 150) = 121.9 kJ$

47 공기 1 kg을 정적과정으로 40℃에서 120℃까지 가열하고 다음에 정압과정으로 120℃에서 220℃까지 가열하였다면 전체 가열에 필요한 열량은 약 얼마인가?(단, Cp=1.00 kJ/kg ℃, Cv=0.71 kJ/kg ℃ 이다.)

① 156.8kJ/kg
② 151.5kJ/kg
③ 127.8kJ/kg
④ 180.5kJ/kg

해설 $Q = Cv(T_2 - T_1) + Cp(T_3 - T_2)$
∴ $0.71 \times (120 - 40) + 1.00 \times (220 - 120)$
　$= 156.8 kJ/kg$

48 체적이 0.1m³의 피스톤-실린더 장치 안에 질량 0.5kg의 공기가 430.5 kPa 하에 있다. 정압과정으로 가열하여 온도가 400K가 되었다. 이 과정 동안의 일과 열전달량은?(단, 공기는 이상기체이며, 기체상수는 0.287kJ/kg·K, 정압비열은 1.004kJ/kg·K 이다.)

① 14.35 kJ, 35.85 kJ
② 14.20 kJ, 50.20 kJ
③ 43.05 kJ, 78.90 kJ
④ 43.05 kJ, 64.55 kJ

해설 ① $T_1 = \dfrac{P_1 V_1}{mR}$ 에서 $\dfrac{430.5 \times 0.1}{0.5 \times 0.287} = 300 K$
② $V_2 = V_1 \times \dfrac{T_2}{T_1}$ 에서 $0.1 \times \dfrac{400}{300} = 0.133 m^3$
③ $W = P(V_2 - V_1)$ 에서
　$430.5 \times (0.133 - 0.1) = 14.2 kJ$
④ $Q = mCp(T_2 - T_1)$ 에서
　$0.5 \times 1.004 \times (400 - 300) = 50.2 kJ$

49 가역 열기관이 1000℃의 열원과 300K의 대기 사이에 작동한다. 이 열기관이 사이클 당 100kJ의 일을 할 경우 사이클 당 1000℃의 열원으로부터 받은 열량은?

① 70.0kJ
② 76.4kJ
③ 130.8kJ
④ 142.9kJ

해설 $\eta c = \dfrac{W}{Q_1} = 1 - \dfrac{Q_2}{Q_1} = 1 - \dfrac{T_2}{T_1}$ 에서
$Q_1 = \dfrac{W}{\eta c} = \dfrac{W}{1 - \dfrac{T_2}{T_1}}$

∴ $\dfrac{100}{1 - \dfrac{300}{1000 + 273}} = 130.8 kJ$

정답 45.③　46.③　47.①　48.②　49.③

50 계 내에 임의의 이상기체 1kg이 채워져 있다. 이상기체의 정압비열은 1.0kJ/kg·K이고, 기체상수는 0.3kJ/kg·K이다. 압력 100kPa, 온도 50℃의 초기상태에서 체적이 두 배로 증가할 때까지 기체를 정압과정으로 팽창시킬 경우, 필요한 열량은 약 몇 kJ인가? (단, 비열비 =1.43 이다.)

① 226.1kJ ② 323kJ
③ 96.9kJ   ④ 419.9kJ

해설 $Q = mC_p T$
∴ $1 \times 1 \times (273+50) = 323 KJ$

51 20℃의 공기 5kg이 정압 과정을 거쳐 체적이 2배가되었다. 공급한 열량은 몇 kJ인가? (단, 정압비열은 1kJ/kg.K 이다.)

① 1465 ② 2465
③ 3465 ④ 4465

해설 정압과정의 열량 변화량은 엔탈피 변화량과 같다.
① $T_1 = 273 + 20℃ = 293K$
② $T_2 = T_1 \frac{V_2}{V_1} = 2T_1$ 에서 $2 \times 293K = 586K$
③ $Q = mC_p(T_2 - T_1)$
∴ $5 \times 1 \times (586 - 293) = 1465 kJ$

52 시속 30km로 주행하고 있는 질량 306kg의 자동차가 브레이크를 밟았더니 8.8m에서 정지했다. 베어링 마찰을 무시하고 브레이크에 의해서 제동된 것으로 보았을 때 브레이크로부터 발생한 열량은?(단, 차륜과 도로 면의 마찰계수는 0.4로 한다.)

① 약 25.6kJ
② 약 20.6kJ
③ 약 15.6kJ
④ 약 10.6kJ

해설 $Q = \mu m g S$ [Q: 브레이크로부터 발생한 열량, μ: 차륜과 도로 면의 마찰계수, m: 질량, g: 중력가속도(9.8m/s²) S: 정지거리]
∴ $0.4 \times 306 \times 9.8 \times 8.8 = 10555 J ≒ 10.6 kJ$

53 움직이고 있던 중량 5톤(ton)의 차에 브레이크를 걸었더니 42.7m 미끄러진 후에 완전히 정지하였다. 노면과 바퀴 사이의 마찰계수를 0.2 라 하면 제동 중에 발생된 열량(kJ)은 얼마인가?

① 49   ② 419
③ 837   ④ 17800

해설 $Q = \mu m g S$
∴ $0.2 \times 5000 \times 9.8 \times 42.7 = 418,460 J = 419 kJ$

54 밀폐시스템에서 초기상태가 300 K, 0.5 m³ 인 공기를 등온과정으로 150 kPa 에서 600 kPa 까지 천천히 압축하였다. 이 과정에서 공기를 압축하는데 필요한 약 몇 kJ 인가?

① 104 ② 208
③ 304 ④ 612

해설 $W = mC \ln \frac{v_2}{v_1} = mC \ln \frac{P_1}{P_2} = P_1 V_2 \ln \frac{P_1}{P_2}$
∴ $150 \times 0.5 \times \ln \frac{150}{600} = -103.97 kJ$

55 어른이 하루에 2200kcal의 음식을 섭취한다고 한다. 이 사람이 발생하는 평균열량[W]은 얼마인가?(단, 1kcal은 4180J이다.)

① 63 ② 88
③ 98 ④ 106

해설 ① 1PS = 632.3kcal/h = 736W,
∴ $1 kcal/h = \frac{736}{632.3} = 1.164 W$
② 1시간당 발생열량 $\frac{2200 kcal}{24 h} = 91.67 kcal/h$
③ 평균열량 $91.67 \times 1.164 = 106.8 W$

정답 50.② 51.① 52.④ 53.② 54.① 55.④

56 공기 1kg을 정적과정으로 40℃에서 120℃까지 가열하고 다음에 정압과정으로 120℃에서 220℃까지 가열한다면 전체 가열에 필요한 열량은 다음 중 어느 것에 가장 가까운가? (단, Cp=1.00kJ/kg℃, Cv=0.71kJ/kg℃ 이다.)

① 156.8kJ/kg
② 151.0kJ/kg
③ 127.8kJ/kg
④ 180.0kJ/kg

해설 ① $Qv = mCvT$ 에서
$1 \times 0.71 \times (120-40) = 56.8kJ$
② $Qp = mCpT$ 에서
$1 \times 1.00 \times (220-120) = 100kJ$
∴ $Q = Qv + Qp$에서 $56.8 + 100 = 156.8kJ$

57 200m의 높이로부터 물 250kg이 땅으로 떨어질 경우, 일을 열량으로 환산하면 약 몇 KJ인가?

① 117
② 79
③ 203
④ 490

해설 $Q = mgh$
∴ $250kg \times 9.8 \times 200m = 490000J$
$= 490KJ$

58 100kg의 물체가 해발 60m에 떠 있다. 이 물체의 위치에너지는 해수면 기준으로 약 몇 kJ인가? (단, 중력가속도는 9.8m/s²이다.)

① 58.8
② 73.4
③ 98.0
④ 122.1

해설 $Q = mgh$
∴ $100kg \times 60m \times 9.8 = 58800kJ$
$= 58.8kJ$

59 피스톤-실린더 시스템에 100kPa의 압력을 같은 1kg의 공기가 들어 있다. 초기 체적은 0.5m³이고 이 시스템에 온도가 일정한 상태에서 열을 가하여 부피가 1.0m³가 되었다. 이 과정 중 전달된 열량(kJ)은 얼마인가?

① 32.7
② 34.7
③ 44.8
④ 50.0

해설 $Q = m \times P_1 \times V_1 \ln \dfrac{V_2}{V_1}$
∴ $1 \times 100 \times 0.5 \times \ln \dfrac{1.0}{0.5} = 34.66 kJ$

60 냄비를 이용하여 요리할 때 다음 중 요리에 필요한 가열시간에 대한 설명으로 옳은 것은?

① 뚜껑이 없는 냄비가 가열시간이 가장 짧다.
② 가벼운 뚜껑이 있는 냄비가 가열시간이 가장 짧다.
③ 무거운 뚜껑이 있는 냄비가 가열시간이 가장 짧다.
④ 가열시간은 뚜껑에 관계없이 항상 일정하다.

해설 냄비의 내부압력이 높을수록 끓는 점이 높아지며, 가열시간은 짧아진다.

61 27kPa의 압력은 수은 주로 어느 정도 높이가 되겠는가?

① 약 157.7mm
② 약 202.6mm
③ 약 264.4mm
④ 약 557.4mm

해설 $p = \rho gh$에서
$h = \dfrac{p}{\rho g}$
∴ $\dfrac{27}{13.6 \times 9.8} ≒ 0.2026m = 202.6mm$

정답 56.① 57.④ 58.① 59.② 60.③ 61.②

62 어떤 유체의 밀도가 741kg/m³이다. 이 유체의 비체적은 몇 m³/kg인가?

① 0.78×10^{-3} ② 1.35×10^{-3}
③ 2.35×10^{-3} ④ 2.98×10^{-3}

해설 $\nu = \dfrac{1}{\rho}$

$\therefore \dfrac{1}{741} = 0.00135 = 1.35 \times 10^{-3} \text{m}^3/\text{kg}$

63 수은의 비중량과 밀도는 각각 대략 얼마인가?

① 13600kg/m³, 133000N/m³
② 133000N/m³, 13600kg/m³
③ 1360 N/m³, 133000kg/m³
④ 133000kg/m³, 13600N/m³

해설 ① 비중량 $= 13.6 \times 9800 = 133280 \text{N/m}^3$
② 밀도 $= 13.6 \times 1000 = 13600 \text{kg/m}^3$

64 질량이 m_1 kgf이고 온도가 t_1℃인 금속을 질량이 m_2 kgf이고 온도가 t_2℃인 물속에 넣었더니 전체가 균일한 온도 t'℃로 되었다면, 이 금속의 비열은 얼마인가?(단, 외부와의 열전달은 없고 $t_1 > t_2$이다.)

① $C = \dfrac{m_2(t_2 - t')}{m_1(t_1 - t')} \times 4.2 \text{kJ/kgf℃}$

② $C = \dfrac{m_2(t' - t_2)}{m_1(t_1 - t')} \times 4.2 \text{kJ/kgf℃}$

③ $C = \dfrac{m_1(t_1 - t')}{m_2(t_2 - t')} \times 4.2 \text{kJ/kgf℃}$

④ $C = \dfrac{m_1(t_1 - t')}{m_2(t' - t_2)} \times 4.2 \text{kJ/kgf℃}$

해설 $m_1 C_1(t' - t_1) + m_2 C_2(t' - t_2)$에서

$C = C_1 = \dfrac{m_2 C_2 (t' - t_2)}{m_1(t_1 - t')}$

$= \dfrac{m_2(t' - t_2)}{m_1(t_1 - t')} \times 4.2 \text{kJ/kgf℃}$

65 물 2L를 1kW의 전열기로 20℃로부터 100℃까지 가열하는데 소요되는 시간은?(단, 전열기 열량의 50%가 물을 가열하는데 유효하게 사용되고 물은 증발하지 않는 것으로 가정한다. 물의 비열은 4.18kJ/kgK이다.)

① 22.31분
② 27.6분
③ 35.4분
④ 44.6분

해설 $860 \times 4.18 \times 0.5 \times x$
$= 2 \times 4.18 \times (100 - 20)$에서
$x = \dfrac{2 \times 4.18 \times (100 - 20)}{860 \times 4.18 \times 0.5}$
$= 0.372H = 22.32$분

정답 62.② 63.② 64.② 65.①

Part 2 기계열역학

기출문제 [순수물질(증기)]

01 다음 중 순수물질이 아닌 것은?
① 포화상태의 물
② 물과 수증기의 혼합물
③ 얼음과 물의 혼합물
④ 액체공기와 기체공기의 혼합물

해설 공기는 질소와 산소 및 그 밖의 혼합물이다.

02 순수물질에 대한 설명 중 틀린 것은?
① 화학조성이 균일하고 일정한 물질이다.
② 두 개의 상으로 존재할 수 없다.
③ 물과 수증기의 혼합물은 순수물질이다.
④ 액체공기와 기체공기의 혼합물은 순수물질이 아니다.

해설 순수물질은 2개 또는 그 이상의 상으로 공존할 수 있다.

03 물질이 액체에서 기체로 변해 가는 과정 중 포화에 관련된 다음 설명 중 잘못된 것은?
① 물질의 포화 온도는 주어진 압력 하에서 그 물질의 증발이 일어나는 온도이다.
② 물질의 포화 온도가 올라가면 포화 압력도 올라간다.
③ 액체의 온도가 현재 압력에 대한 포화 온도보다 낮을 때 그 액체를 압축 액체 또는 과냉 액체라 한다.
④ 어떤 물질이 포화온도 하에서 일부는 액체로 그리고 일부는 증기로 존재할 때, 전체 질량에 대한 액체 질량의 비를 건도로 정의한다.

해설 건도 또는 질(quality)이란 어떤 물질이 포화온도 하에서 일부는 액체로 그리고 일부는 증기로 존재할 때 전체 질량에 대한 기체(증기) 질량의 비율이다.

04 밀폐계 내에 있는 순수물질의 포화액체를 압력을 일정하게 유지하면서 열을 가하여 포화증기로 만들 경우 다음 사항 중 틀린 것은?
① 온도가 증가한다.
② 건도가 1이 된다.
③ 비체적이 증가한다.
④ 내부 에너지가 증가한다.

05 임계점 및 삼중점에 대한 설명 중 맞는 것은?
① 헬륨이 상온에서 기체로 존재하는 이유는 임계 온도가 상온보다 훨씬 높기 때문이다.
② 초임계 압력에서는 두 개의 상이 존재한다.
③ 물의 삼중점 온도는 임계 온도보다 높다.
④ 임계점에서는 포화액체와 포화증기의 상태가 동일하다.

해설 ① 삼중점은 고체, 액체, 기체 3상이 모두 존재하면서 온도와 이에 대응하는 압력에 의해 결정되는 상태점이며, 임계점은 포화액 상태와 포화증기 상태가 일치하는 점이다. 그리고 초임계 압력이란 임계압력을 초과한 상태의 압력이다.
② 헬륨의 임계온도($T_{cr} = -267.85℃$, $P_{cr} = 0.23 MPa$)가 상온보다 훨씬 낮기 때문에 상온에서 기체로 존재한다.
③ 초임계 압력에서는 상 변화과정이 없으며, 한 개의 상(기체) 만이 존재한다.
④ 물의 삼중점 온도($T = 0.01℃$, $P = 0.6113 kPa$)는 임계온도($T_{cr} = 374.4℃$, $P_{cr} = 22.09 kPa$)

정답 01.④ 02.② 03.④ 04.① 05.④

06 포화액체와 포화증기의 구분이 없어지는 상태가 물의 경우 고온고압에서 나타난다. 이 상태를 표시하는 점을 무엇이라고 하는가?

① 삼중점 ② 포화점
③ 임계점 ④ 비점

해설 임계점이란 어느 압력 아래에서 증발을 시작하는 점과 끝나는 점이 일치하는 곳. 즉, 그 이상의 압력에서는 액체와 증기가 서로 평행으로 존재할 수 없는 상태(포화액 선과 건포화 증기선이 만나는 점)이다.

07 다음 중 순수물질의 임계점(critical point)에 관한 설명이 아닌 것은?

① 기체, 액체, 고체가 공존한다.
② 임계점은 물질마다 다르다.
③ 증발잠열(latent heat)이 0이다.
④ 액체와 증기의 밀도가 같다.

해설 액체, 기체, 고체가 동시에 존재하는 점을 3중점(triple point)이라 하며, 3중점 이하의 온도와 압력에서는 고체와 기체가 공존하면서 평형을 이루며, 액체는 존재하지 못한다.

08 폐쇄계 내에 있는 포화액을 그 압력을 일정하게 유지하면서 열을 가하여 포화증기로 만들 경우 다음 사항 중 틀린 것은?

① 온도가 증가한다.
② 건도가 1이 된다.
③ 비체적이 증가한다.
④ 내부에너지가 증가한다.

해설 폐쇄계 내에 있는 포화액을 그 압력을 일정하게 유지하면서 열을 가하여 포화증기로 만들 경우 건도가 1이 되며, 비체적과 내부에너지가 증가하며, 정압 아래에서 열을 가하면 비체적, 내부에너지 등은 증가하지만 온도는 일정하다.

09 포화증기를 정적하에서 압력을 높이면 어떻게 되며, 압력 일정하에서 온도를 높이면 어떻게 되겠는가?

① 모두 포화증기 그대로이다.
② 모두 과열증기로 변화한다.
③ 정적하에서 압력을 가하면 포화증기가 되나 압력 일정하에 온도를 높이면 과열증기가 된다.
④ 정적하에서 압력을 가하면 과열증기가 되나 압력 일정하에 온도를 높이면 포화증기가 된다.

해설 포화증기를 정적 아래에서 압력을 높이거나, 압력 일정 아래에서 온도를 높이면 모두 과열증기가 된다.

10 일정한 체적하에서 포화증기의 압력을 높이면 무엇이 되는가?

① 포화 액이 된다.
② 압축 액이 된다.
③ 수증기가 된다.
④ 과열증기가 된다.

11 다음 그림은 물의 압력-온도선도이다. 맞게 표현한 것은?

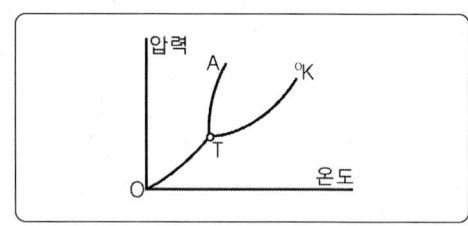

① K는 임계점이고, TA는 융해곡선이다.
② T는 임계점이고, OT는 증발곡선이다.
③ K는 임계점이고, TK는 승화곡선이다.
④ T는 임계점이고, OT는 승화곡선이다.

해설 K ; 임계점(critical point), T ; 삼중점(triple point), OT ; 승화곡선, TA ; 융해곡선, TK ; 증발곡선

정답 06.③ 07.① 08.① 09.② 10.④ 11.①

12 다음 그림은 수증기에 대한 물리에 선도이다. 14atm, 205℃에서 등엔탈피 팽창을 한다. 최종압력이 4atm일 때 수증기의 온도는 어떻게 되는가?

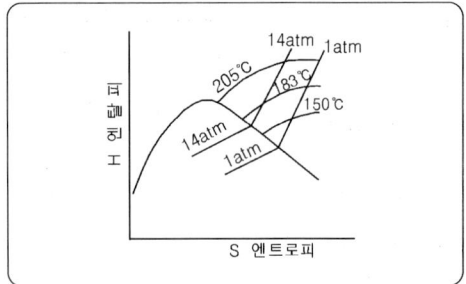

① 떨어진다.
② 올라간다.
③ 불변이다.
④ 엔트로피를 알아야 알 수 있다.

해설 등엔탈피 팽창을 하면 수증기의 온도는 떨어진다.

13 1kg의 습포화 증기 속에 증기 상이 x kg, 액상이 (1-x)kg 포함되어 있을 때 습기도는 다음의 어느 것으로 표시되겠는가?

① x
② x-
③ 1-x
④ $\dfrac{x}{1-x}$

14 노점 온도가 25℃인 습공기 온도가 40℃이다. 수증기의 포화 압력이 각각 3.17KPa, 7.38KPa이라면 상대습도는?

① 0.76
② 0.66
③ 0.56
④ 0.43

해설 상대습도 $= \dfrac{3.17}{7.38} = 0.43$

15 체적이 1m³인 용기에 물이 5kg 들어 있으며, 그 압력을 측정해보니 500kPa이었다. 이 용기의 물 중 수증기는 몇 kg인가? (단, 500kPa에서 포화수와 포화증기의 비체적은 각각 0.001093m³/kg, 0.37489m³/kg이다.)

① 0.005kg
② 0.94kg
③ 1.87kg
④ 2.66kg

해설 ① 수증기의 비체적 $v = \dfrac{V}{m} = \dfrac{1}{5} = 0.2 \text{m}^3/\text{kg}$
② 수증기의 건도
$x = \dfrac{v-vf}{vg-vf} = \dfrac{0.2-0.001093}{0.37489-0.001093} = 0.53214$
③ 5kg의 중의 수증기량 $= 5 \times 0.53214 = 2.66\text{kg}$

16 압력용기 속에 온도 95℃, 건도 29.2%인 습공기가 들어있다. 압력이 500kPa일 때 비체적(V)과 내부에너지(U)는 약 얼마인가?(단, V, U의 단위는 m³/kg, kJ/kg이고, 95℃에서 포화 액체 V'=0.00104, 건포화 증기 V"=1.98, 포화액체 U'=398, 건포화 증기 U"=2501이다.)

① 0.257m³/kg, 1879 KJ/kg
② 0.357m³/kg, 2225 KJ/kg
③ 0.579m³/kg, 1011 KJ/kg
④ 0.678m³/kg, 3756 KJ/kg

해설 ① 비체적 $= v' + x(v''-v')$
$= 0.00104 + 0.292 \times (1.98-0.00104)$
$= 0.579 \text{m}^3/kg$
② 내부 에너지 $= u' + x(u''-u')$
$= 398 + 0.292 \times (2501-398) = 1011 \text{kJ/kg}$

17 이상기체의 등온과정에 관한 설명 중 옳은 것은?

① 엔트로피 변화가 없다.
② 엔탈피 변화가 없다.
③ 열 이동이 없다.
④ 일이 없다.

해설 이상기체의 등온과정은 엔탈피 변화가 없다.

18 실제기체가 이상기체에 가까운 때는?
① 온도가 높고, 압력이 낮을 때
② 온도가 낮고, 압력이 낮을 때
③ 온도가 높고, 압력이 높을 때
④ 온도가 낮고, 압력이 높을 때

해설 실제기체가 이상기체에 가까운 때는 온도가 높고, 압력이 낮은 경우이다.

19 이상기체의 내부에너지 및 엔탈피는?
① 압력만의 함수이다.
② 체적만의 함수이다.
③ 온도만의 함수이다.
④ 온도 및 압력의 함수이다.

해설 이상기체의 내부에너지와 엔탈피는 온도만의 함수이다.

20 Joule의 실험에 의하면 이상기체의 내부에너지는 온도만의 함수이다. 이의 결과에 합당하지 않은 것은?
① 이상기체 정압비열은 온도만의 함수이다.
② 이상기체 정적비열은 온도와 관계없이 일정하다.
③ 이상기체 정압비열과 이상기체 정적비열의 차이는 온도와 관계없이 일정하다.
④ 이상기체 엔탈피는 온도만의 함수이다.

21 다음 중 바르게 설명한 것은?
① 이상기체의 내부에너지는 온도와 압력의 함수이다.
② 이상기체의 내부에너지는 온도만의 함수이다.
③ 이상기체의 내부에너지는 항상 일정하다.
④ 이상기체의 내부에너지는 온도와 무관하다.

22 실제기체가 이상기체의 상태방정식을 근사적으로 만족하는 경우는?
① 압력이 높고 온도가 낮을 때
② 압력이 낮고 온도가 높을 때
③ 온도·압력이 모두 높을 때
④ 온도·압력이 모두 낮을 때

해설 실제기체가 이상기체의 상태방정식을 근사적으로 만족하는 경우는 압력이 낮고 온도가 높을 때이다.

23 다음 중 이상기체의 교축과정에 대한 사항으로 틀린 것은?
① 엔탈피 변화가 없다.
② 온도의 변화가 없다.
③ 엔트로피의 변화가 없다.
④ 비가역 단열과정이다.

해설 교축과정(throttling process)
① 온도 및 압력이 강하한다.
② 엔탈피는 일정하다.
③ 엔트로피가 증가(비가역 과정)한다.

24 다음의 기체 중 기체상수가 가장 큰 것은?
① 수소   ② 산소
③ 공기   ④ 질소

해설 ① 수소 : 10,183kJ/kg·k,
② 산소 : 0.658kJ/kg·k,
③ 수증기 : 14,108kJ/kg·k

25 분자량이 4 정도인 헬륨의 기체상수는 몇 kJ/kg·K에 해당하는가?
① 28   ② 2.08
③ 0.287   ④ 212

해설 $R = \dfrac{8.312}{4} = 2.078 \text{kJ/kgK}$

정답 ··· 18.① 19.③ 20.② 21.② 22.② 23.③ 24.① 25.②

26 분자량이 30인 C_2H_6(에탄)의 기체상수는 몇 kJ/kg·K인가?

① 0.277　　② 2.013
③ 19.33　　④ 265.43

해설 $R = \dfrac{8.312}{30} = 0.277 \text{kJ/kg·K}$

27 어느 가스 2kg이 압력 200kPa, 온도 30℃의 상태에서 체적 0.8m³를 점유한다. 이 가스의 가스 상수는 약 몇 kJ/kg·K 인가?

① 0.264　　② 0.528
③ 2.67　　④ 2.64

해설 $R = \dfrac{PV}{mT}$
∴ $\dfrac{200 \times 0.8}{2 \times (273 + 30)} = 0.264 kJ/kg·K$

28 체혼합물의 체적분석결과가 아래와 같을 때 이 데이터로부터 혼합물의 질량기준 기체상수($kJ/kg_f·K$)를 구하면? (단, 일반기체상수 R=8.314kJ/kmol·K이고, 원자량은 C=12, O=16, N=14이다.)

물질	CO_2	O_2	N_2	CO	계
체적분율	12%	4%	82%	2%	100%

① 0.2764　　② 0.3325
③ 0.4628　　④ 0.5716

해설 ① 기체 혼합물의 분자량을 구하면
$M = \dfrac{M_1 V_1}{V} + \dfrac{M_2 V_2}{V} + \dfrac{M_3 V_3}{V} + \cdots$
∴ $44 \times 0.12 + 32 \times 0.04 + 28 \times 0.82 + 28 \times 0.02 = 30.08$
② $R = \dfrac{8.314}{30.08} = 0.2764$

29 $2kg_f$의 어느 기체가 절대압력 $1kg_f/cm^2$, 온도 25℃에서 체적이 0.5m³이였다면 이 기체의 기체상수 R은 약 얼마인가?

① $82J/kg_f·K$
② $8.4J/kg_f·K$
③ $820J/kg_f·K$
④ $84J/kg_f·K$

해설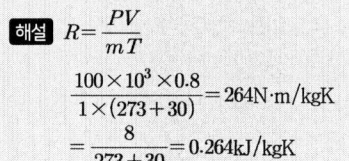
$R = \dfrac{PV}{mT}$
∴ $\dfrac{9.8 \times 10^4 \times 0.5}{2 \times (273 + 25)} = 82.215 J/kg_f·K$

30 어떤 기체 1kg이 압력 100kPa, 온도 30℃의 상태에서 체적 0.8m³을 점유한다면 기체상수는 몇 kJ/kg·K인가?

① 0.251　　② 0.264
③ 0.275　　④ 0.293

해설 $R = \dfrac{PV}{mT}$
$\dfrac{100 \times 10^3 \times 0.8}{1 \times (273 + 30)} = 264 N·m/kgK$
$= \dfrac{8}{273 + 30} = 0.264 kJ/kgK$

31 절대압력이 50N/cm²이고 온도가 135℃인 암모니아 가스의 비체적이 0.4m³/kg이라면 암모니아의 기체상수 R은?

① 약 270J/kg·K
② 약 340J/kg·K
③ 약 430J/kg·K
④ 약 490J/kg·K

해설 $R = \dfrac{PV}{T}$
∴ $\dfrac{50 \times 10^4 \times 0.4}{(273 + 135)} = 409 J/kgK$

32 대기 1kg의 성분을 산소(R=0.2598kJ/kgK), 0.232kg, 질소(R=0.2969 kJ/kgk) 0.768kg이라 가정할 때 이 대기의 기체상수(kJ/kg·K)는?

① 0.274　　② 0.288
③ 1.536　　④ 1.723

해설 $R = \dfrac{RO_2 \times mO_2}{mO_2 + mN_2} + \dfrac{RN_2 \times mN_2}{mO_2 + mN_2}$

$\therefore \dfrac{0.2598 \times 0.232}{0.232 + 0.768} + \dfrac{0.2969 \times 0.768}{0.232 + 0.768}$

$= 0.288 \text{kJ/kg·K}$

33 압력이 100kPa이며 온도가 25℃인 방의 크기가 240m³이다. 이 방안에 들어있는 공기의 질량은 약 얼마인가? (단, 공기는 이상기체로 가정하며, 공기의 기체상수는 0.287 kJ/kg.K 이다.)

① 3.57kg
② 0.280kg
③ 0.0035kg
④ 280kg

해설 $m = \dfrac{PV}{RT}$

$\therefore \dfrac{100 \times 240}{0.287 \times (273 + 25)} = 280 kg$

34 크기가 1m×1m×1m인 상자 안에 들어있는 공기의 질량은 약 얼마인가? (단, 압력은 0.10MPa이고, 온도는 20℃이다. 공기는 이상기체로 가정하며, 기체상수 R=0.287 kJ/kgK 이다.)

① 0.00119kg　　② 0.174kg
③ 1.19kg　　④ 17.4kg

해설 $m = \dfrac{PV}{RT}$

$\therefore \dfrac{100 \times 1^3}{0.287 \times (273 + 20)} = 1.189 kg$

35 압력 101kPa이고, 온도 27℃일 때, 크기가 5m×5m×5m인 방에 있는 공기의 질량을 계산하면? (단, 공기의 기체상수는 287J/kgK이다.)

① 약 117kg
② 약 137kg
③ 약 127kg
④ 약 147kg

해설 $m = \dfrac{PV}{RT}$

$\therefore \dfrac{101 \times 5^3 \times 1000}{287 \times (273 + 27)} = 147 kg$

36 압력이 100kPa이며, 온도가 25℃인 방의 크기가 240m³이다. 이 방에 들어있는 공기의 질량은 약 몇 kg인가? (단, 공기는 이상기체로 가정하며, 공기의 기체상수는 0.287kJ/kg·K이다.)

① 3.57　　② 0.28
③ 0.00357　　④ 280

해설 $m = \dfrac{PV}{RT}$

$\therefore \dfrac{100 \times 10^3 \times 240}{0.287 \times 10^3 \times (273 + 25)} = 280.6 kg$

37 압력이 287kPa 일 때 1m³의 공기 질량이 2 kg이었다. 이 때 공기의 온도(℃)는? (단, 공기의 기체상수 R=287J/kg·K이다.)

① 500
② 400
③ 770
④ 227

해설 $T = \dfrac{PV}{mR}$

$\therefore \dfrac{287 \times 1 \times 10^3}{2 \times 287} = 500 K = 227 ℃$

정답　32.②　33.④　34.③　35.④　36.④　37.④

38 공기 1kg의 체적 0.85m³로부터 압력 500 kpa, 온도 300℃로 변화하였다. 체적의 변화는 약 얼마인가? (단, 공기의 기체상수는 0.287kJ/kg.K 이다.)

① 0.35m³ 증가
② 0.331m³ 감소
③ 0.521m³ 감소
④ 0.561m³ 증가

해설 ① $V_2 = \dfrac{mRT}{P_2}$

$\therefore \dfrac{1 \times 0.287 \times (273+300)}{500} = 0.3289 m^3$

② $V_3 = V_2 - V_1$

$\therefore 0.3289 - 0.85 = -0.521 m^3$

39 정압비열이 0.9309KJ/kgK이고 정적비열이 0.6661KJ/kgK인 이상기체를 압력 400 kPa, 온도 20℃로서 0.25kg을 담은 용기의 체적은 몇 m³인가?

① 0.0213
② 0.1039
③ 0.0119
④ 0.0485

해설 ① $R = Cp - Cv$

$\therefore 0.9309 - 0.6661 = 0.2648 KJ/kgK$

② $V = \dfrac{mRT}{P}$

$\therefore \dfrac{0.25 \times 0.2648 \times (273+20)}{400} = 0.0485 m^3$

40 분자량 28.5인 어떤 완전가스가 압력 200 kPa, 온도 100℃에 있어서 갖는 비체적은? (단, 일반 기체상수=8.314 kJ/kcal·K이다.)

① 약 0.545m³/kg
② 약 3.334m³/kg
③ 약 5.587m³/kg
④ 약 6.666m³/kg

해설 $V = \dfrac{mRT}{P}$

$\therefore \dfrac{8.314 \times (273+100)}{28.5 \times 200} = 0.544 m^3$

41 체적이 150m³인 방안에 질량이 200kg이고, 온도가 20℃인 공기(이상기체 = 0.287 kJ/kg·K)가 들어 있을 때 이 공기의 압력은 약 몇 kPa인가?

① 112
② 124
③ 162
④ 184

해설 $P = \dfrac{mRT}{V}$

$\therefore \dfrac{200 \times 0.287 \times (273+20)}{150} = 112 kPa$

42 체적 0.2m³의 용기 내에 압력 1.5MPa, 온도 20℃의 공기가 들어있다. 온도를 15℃로 유지하면서 1.5kg의 공기를 빼내면 용기 내의 압력은?(단, 공기의 기체상수 R=0.287KJ/kg K 이다.)

① 약 0.43MPa
② 약 0.85MPa
③ 약 0.60MPa
④ 약 0.98MPa

해설 ① 처음 용기 내에 있어 있는 공기량

$m_1 = \dfrac{P_1 V_1}{RT_1}$

$\therefore \dfrac{1.5 \times 10^6 \times 0.2 \times 10^{-3}}{0.287 \times (273+20)} = 3.57 kg$

② 처음 용기 내에서 빼낸 공기량이 1.5kg이므로 남아 있는 공기량(m_2)은

$3.57 kg - 1.5 kg = 2.07 kg$

③ 남아 있는 공기압력 $P_2 = \dfrac{m_2 RT_2}{V}$

$\therefore \dfrac{2.07 \times 0.287 \times (273+15)}{0.2}$

$= 855.5 kPa$
$= 0.855 Mpa$

정답 ··· 38.③ 39.④ 40.① 41.① 42.②

43 이상기체의 비열에 대한 설명 중 맞는 것은?
① 정적비열과 정압비열의 절대 값 차이가 엔탈피이다.
② 비열비는 기체의 종류에 관계없이 일정하다.
③ 정압비열은 정적비열보다 크다.
④ 일반적으로 비열은 온도보다 압력의 변화에 민감하다.

44 다음 중 이상기체의 정적비열(Cv)과 정압비열(Cp)에 관한 관계식 중 옳은 것은? (단, R은 일반 기체상수)
① $Cv - Cp = 0$
② $Cv + Cp = R$
③ $Cp - Cv = R$
④ $Cv - Cp = R$

45 수증기를 이상기체로 볼 때 정압비열(kJ/kg·K) 값은?(단, 수증기의 기체상수=0.462kJ/kg·K, 비열비=1.33이다.)
① 1.86   ② 0.44
④ 1.54   ④ 0.64

해설 $Cp = \dfrac{k}{k-1}R$
∴ $\dfrac{1.33}{1.33-1} \times 0.462 = 1.862 \text{kJ/kgK}$

46 산소 2kg과 질소 6kg으로 혼합기체의 정압비열은? (단, 산소의 정압비열은 0.9216 kJ/kgK, 질소의 정압비열은 1.0416kJ/kgK 이다.)
① 약 0.952kJ/kgK
② 약 0.240kJ/kgK
③ 약 0.607kJ/kgK
④ 약 1.012kJ/kgK

해설 $\dfrac{OCp + NCp}{OG + NG}$
∴ $\dfrac{(2 \times 0.9216) + (6 \times 1.0416)}{2+6} = 1.012 kJ/kgK$

47 어느 이상기체 1kg을 일정 체적 하에 20℃로부터 100℃로 가열하는데 836kJ의 열량이 소요되었다. 이 가스의 분자량이 2라고 한다면 정압비열은 얼마인가?
① 약 2.09kJ/kg$_f$℃
② 약 6.27kJ/kg$_f$℃
③ 약 10.5kJ/kg$_f$℃
④ 약 14.6kJ/kg$_f$℃

해설 ① $Cv = \dfrac{Q}{m(T_2 - T_1)}$
∴ $\dfrac{836}{1 \times (100-20)} = 10.45 \text{kJ/kg·℃}$
② $Cp = R + Cv = \dfrac{Ru}{M} + Cp$
∴ $\dfrac{8.312}{2} + 10.45 = 14.6 \text{kJ/kg}_f\text{℃}$

48 정압비열 Cp=1.041kJ/kg·K, 가스정수 R=296.8 J/kg·K인 일산화탄소의 정적비열(Cv)은?
① 약 1.7246kJ/kg·K
② 약 0.7442kJ/kg·K
③ 약 1.3378kJ/kg·K
④ 약 0.1327kJ/kg·K

해설 $Cv = Cp - R$
∴ $1.041 \times 1000 - 296.8 = 744.2 J/kgK$
$= 0.7442 kJ/kgK$

49 정압비열이 0.84181kJ/kgK, 기체상수가 0.18892kJ/kgK인 이상기체의 정적비열은 약 얼마인가?
① 4.456kJ/kgK
② 1.220kJ/kgK
③ 1.031kJ/kgK
④ 0.653kJ/kgK

해설 $Cv = Cp - R$
∴ $0.84181 kJ/kgK - 0.18892 kJ/kgK$
$= 0.653 kJ/kgK$

정답 ··· 43.③ 44.③ 45.① 46.④ 47.④ 48.② 49.④

50 산소 3kg과 질소 2kg이 혼합되어서 체적 $2m^3$의 용기 내에 온도가 80℃의 상태로 있을 때, 용기 내의 압력은 다음 중 어느 것에 가장 가까운가?(단, 산소와 질소는 완전기체로 취급하고 산소와 질소의 기체상수는 각각 0.2598 kJ/kg.K, 0.2969 kJ/kg.K이다.)

① 54.9kPa
② 109.8kPa
③ 121.5kPa
④ 242.3kPa

해설 $P = \dfrac{m_1 R_1 T_1}{V_1} + \dfrac{m_2 R_2 T_2}{V_2} = \dfrac{T}{V}(m_1 R_1 + m_2 R_2)$

∴ $\dfrac{273+80}{2} \times (3 \times 0.2598 + 2 \times 0.2969)$
$= 242.4 kPa$

51 단순 압축성 물질의 압력-체적-온도사이의 관계식을 나타내는 상태방정식($PV = RT$)에 대한 다음 설명 중 잘못된 것은?

① 이상 기체에 적용할 때 정확한 결과를 얻는다.
② 압력이 충분히 높은 기체에 적용할 때 정확한 결과를 얻는다.
③ 밀도가 충분히 낮은 기체에 적용할 때 정확한 결과를 얻는다.
④ 분자사이에 작용하는 힘이 없다고 가정할 수 있는 기체에 적용할 때 정확한 결과를 얻는다.

52 공기 15kg과 수증기 5kg이 혼합되어 $10m^3$의 용기 속에 들어있다. 혼합기체의 온도가 80℃라면 압력(KPa)은 약 얼마인가? (단, 공기와 수증기를 이상기체라 가정하고 각각의 기체상수는 각각 287과 462J/kgK이다.)

① 234 ② 426
③ 575 ④ 647

해설 $P = \dfrac{T}{V}(m_1 R_1 + m_2 R_2)$

∴ $\dfrac{(273+80)}{10} \times (15 \times 287 + 5 \times 462)$
$= 233509.5 Pa \fallingdotseq 234 kPa$

53 압력이 $10^6 N/m^2$, 체적이 $1m^3$인 공기가 압력이 일정한 상태에서 $4 \times 10^5 J$의 일을 하였다. 변화 후의 체적은 약 얼마인가?

① $1.4m^3$ ② $1.0m^3$
③ $0.6m^3$ ④ $0.4m^3$

해설 $W = P(V_2 - V_1)$에서 $V_2 = \dfrac{W}{P} + V_1$

∴ $\dfrac{4 \times 10^5}{10^6} + 1 = 1.4 m^3$

54 환산온도(Tr)와 환산압력(Pr)을 이용하여 나타낸 다음과 같은 상태 방정식이 있다.
$Z = \dfrac{PV}{RT} = 1 - 0.8 \dfrac{Pr}{Tr}$ 어떤 물질의 기체상수가 0.189KJ/kg·K, 임계온도가 305K, 임계압력이 7380KPa이다. 이 물질의 비체적을 위의 방정식을 이용하여 20℃, 1000KPa 상태에서 구하면?

① $0.0111 m^3/kg$
② $0.0443 m^3/kg$
③ $0.0492 m^3/kg$
④ $0.0554 m^3/kg$

해설 $V = \dfrac{RT}{P}\left(1 - 0.8 \dfrac{Pr}{Tr}\right)$

$= \dfrac{RT}{P}\left(1 - 0.8 \dfrac{\frac{P}{Pc}}{\frac{T}{Tc}}\right)$

$= \dfrac{0.189 \times (273+20)}{1000}\left(1 - 0.8 \times \dfrac{\frac{1000}{7380}}{\frac{293}{305}}\right)$

$= 0.04913$

정답 ··· 50.④ 51.② 52.① 53.① 54.③

55 이상기체의 압력(P), 체적(V)의 관계식 "PV^n=일정"에서 가역단열과정을 표시하는 n의 값은? (단, Cp는 정압비열, Cv는 정적비열이다.)

① 0
② 1
③ 정압비열과 정적비열의 비(Cp/Cv)
④ 무한대

해설 n=0 : 등압(정압)과정, n=1 : 등온과정,
n=k : 단열과정, n=∞ : 등적과정

56 이상기체의 열역학 과정을 일반적으로 $PV^n = C$ (C는 상수)로 표현할 때 n에 따른 과정을 설명한 것으로 맞는 것은?

① n=0이면 등온과정
② n=1이면 정압과정
③ n=1.5이면 등온과정
④ n=∞이면 정적과정

57 폴리트로픽 변화의 관계식 $PV^n = C$ 에서 n = 0이면 다음 중 무슨 변화가 되는가?

① 정적변화   ② 정압변화
③ 등온변화   ④ 단열변화

58 이상기체의 폴리트로픽 과정에서는 PV^n이 일정하다. 이 과정에서 폴리트로픽 지수 n이 1인 과정은 어떤 과정인가?

① 정압과정   ② 정적과정
③ 등온과정   ④ 등엔트로피 과정

59 폴리트로픽 변화의 관계식 "PV^n=일정"에 있어서 n이 무한대로 되면 다음 중 어느 과정이 되는가?

① 정압과정   ② 등온과정
③ 정적과정   ④ 단열과정

60 열기관이나 냉동기에서 작동유체(또는 냉매)의 고온쪽 온도를 Ta, 저온쪽 온도를 Tb, 외부의 고온 열원 및 저온 열원의 온도를 각각 Ta', Tb라 하고, 여기서 사이클이 가역이라면 다음의 온도 관계가 우선 성립해야 한다. 옳은 것은?

① $Ta = Ta', Tb = Tb'$
② $Ta > Ta' > Tb' > Tb$
③ $Ta > Ta', Tb > Tb'$
④ $Ta' > Ta > Tb > Tb'$

61 계기압력이 0.6MPa인 보일러에서 온도 15℃의 물을 급수하여 건포화 증기 20kg을 발생하기 위해 필요한 열량을 다음 표를 이용하여 산출하면 그 값은? (단, 대기압은 0.1 MPa, 물의 평균비열은 4.18kJ/kg℃이다.)

압력(MPa)	수증기의 증발 잠열 (h_{fg})	포화 온도(℃)
0.6	2086.3 kJ/kg	162.0
0.7	2066.3 kJ/kg	165.0

① 약 2.7MJ   ② 약 13.2MJ
③ 약 53.9MJ   ④ 약 85.1MJ

해설 $20 \times [4.18 \times (165-15) + 2066.3]$
$= 53.9 MJ$

정답 55.③ 56.④ 57.② 58.③ 59.③ 60.① 61.③

Part 2 기계열역학
기출문제 [일과 열]

01 열(heat)과 일(work)에 대한 설명으로 틀린 것은?
① 계의 상태변화 과정에서 나타날 수 있다.
② 계의 경계에서 관찰된다.
③ 경로함수(path function)이다.
④ 전달된 일과 열의 합은 항상 일정하다.

해설 열(heat)과 일(work)
① 일과 열은 경로함수(path function)이다.
② 일과 열은 계의 상태변화 과정에서 나타날 수 있으며, 계의 경계에서 관찰된다.
③ 일과 열은 과도현상이다. 계는 일이나 열을 가지고 있지 않으며, 계의 상태변화가 일어날 때 계의 경계를 통과한다.

02 다음 사항은 기계 열역학에서 일과 열(熱)에 대한 설명이다. 이 중 틀린 것은?
① 일과 열은 전달되는 에너지이지 열역학적 성질은 아니다.
② 일의 기본단위는 J(Joule)이다.
③ 일(work)의 크기는 무게(힘)와 힘이 작용하는 거리를 곱한 값이다.
④ 일과 열은 점함수이다.

해설 일과 열에 대한 설명은 ①, ②, ③항 이외에 경로함수(도정함수)이며, 점함수에는 압력, 온도, 밀도, 체적, 질량, 에너지, 열량, 비체적 등이 있다.

03 일과 열에 대한 표현 중 옳지 않은 것은?
① 일과 열은 경로함수이다.
② 일은 힘의 크기와 힘의 방향으로 이동한 거리의 곱이다.
③ 열은 검사 체적의 경계 면에서 관찰할 수 있다.
④ 일과 열은 에너지이다.

04 열과 일에 대한 설명 중 맞는 것은?
① 열과 일은 경계현상이 아니다.
② 열과 일의 차이는 내부에너지만의 차이로 나타난다.
③ 열과 일은 항상 양의 수로 나타낸다.
④ 열과 일은 경로에 따라 변한다.

해설 열과 일은 경로에 따라 변하는 경로함수(도정함수)이다.

05 순수한 물질로 되어 있는 밀폐계가 단열과정 중에 수행한 일의 절대 값에 관련된 설명으로 옳은 것은? (단, 운동에너지와 위치에너지의 변화는 무시한다.)
① 엔탈피의 변화량과 같다.
② 내부에너지의 변화량과 같다.
③ 일의 수행은 있을 수 없다.
④ 정압과정에서 이루어진 일의 양과 같다.

해설 순수한 물질로 된 밀폐계가 가역 단열과정 동안 수행한 일의 양은 내부에너지의 변화량과 같다.

06 다음 중 1kg의 질량이 있는 어떤 계가 가역적으로 상태 1에서 2로 바뀔 때 열을 나타내는 것은?
① $T-s$ 선도에서의 아래 면적
② $h-s$ 선도에서의 아래 면적
③ $p-v$ 선도에서의 아래 면적
④ $p-h$ 선도에서의 아래 면적

정답 ··· 01.④ 02.④ 03.③ 04.④ 05.② 06.①

07 어느 열기관이 33kW의 일을 발생할 때 1시간 동안의 일을 열량으로 환산하면 약 얼마인가?

① 83600kJ
② 104500kJ
③ 118800kJ
④ 98878kJ

해설 $W = Pt$
∴ $33\text{kW} \times 3600\text{sec} = 118800 kJ$

08 초기에 300K, 150kPa인 공기 0.5m³을 등온과정으로 600kPa까지 천천히 압축하였다. 이 과정동안 일을 계산하면?

① -105kJ
② -208kJ
③ -52kJ
④ -312kJ

해설 $W = P_1 V_1 \ln\left(\dfrac{P_1}{P_2}\right)$
∴ $150 \times 0.5 \ln\left(\dfrac{150}{600}\right) = -103.9 kJ$

09 처음의 압력이 500kPa이고, 체적이 2m³인 기체가 "PV=일정"인 과정으로 압력이 100kPa까지 팽창할 때 밀폐계가 하는 일(kJ)을 나타내는 식은?

① $1000\ln\dfrac{2}{5}$
② $1000\ln\dfrac{5}{2}$
③ $1000\ln 5$
④ $1000\ln\dfrac{1}{5}$

해설 $W = P_1 V_1 \ln\dfrac{V_2}{V_1} = P_1 V_1 \ln\dfrac{P_1}{P_2}$
∴ $500 \times 2 \times \ln\dfrac{500}{100} = 1000\ln 5$

10 물 1kg이 압력 300KPa에서 증발할 때 증가한 체적이 0.8m³이였다면 이때의 외부 일은? (단, 온도는 일정하다고 가정한다.)

① 240KJ
② 320KJ
③ 180KJ
④ 280KJ

해설 등온 과정이므로 $W = mPV$
∴ $1 \times 300 \times 0.8 = 240 KJ$

11 실린더 지름이 7.5cm이고, 피스톤행정이 10cm인 압축기의 지압선도로부터 평균 유효 압력이 200kPa일 때 한 사이클 당 압축일(J)은 약 얼마인가?

① 12.4
② 22.4
③ 88.4
④ 128.4

해설 $W = PV = P \times 0.785 \times D^2 \times L$
∴ $200 \times 10^3 \times 0.785 \times 0.075^2 \times 0.1 = 88.36 J$

12 압력 5kPa, 체적이 0.3m³인 기체가 일정한 압력 하에서 압축되어 0.2m³로 되었을 때 이 기체가 한 일은? (단, +는 외부로 기체가 일을 한 경우이고, -는 기체가 외부로부터 일을 받은 경우)

① 500J
② -500J
③ 1000J
④ -1kJ

해설 $W = P(V_2 - V_1)$
∴ $5 \times (0.2 - 0.3) = -0.5 kJ = -500 J$

정답 07.③ 08.① 09.③ 10.① 11.③ 12.②

13 마찰이 없는 피스톤이 끼워진 실린더가 있다. 이 실린더 내 공기의 초기압력은 300kPa이며 초기체적은 0.02m³이다. 실린더 아래에 분젠 버너를 설치하여 가열하였더니 공기의 체적이 0.1m³로 증가되었다. 이 과정에서 공기가 행한 일은 얼마인가?

① 6.0kJ
② 24.0kJ
③ 30.0kJ
④ 36.0kJ

해설 $W = P(V_2 - V_1)$
∴ $300 \times (0.1 - 0.02) = 24 kJ$

14 30℃에서 비체적(specific volume)이 0.001 m³/kg인 물을 100 kPa의 압력 하에서 800 kPa의 압력으로 압축한다. 비체적이 일정하다고 할 때 이 펌프가 하는 일을 구하면?

① 167 J/kg
② 602 J/kg
③ 700 J/kg
④ 1400 J/kg

해설 $W = v(P_2 - P_1)$
∴ $0.001 \times (800 - 100) \times 10^3 = 700 J/kg$

15 실린더 내의 이상기체 1kg이 27℃를 일정하게 유지하면서 200kPa에서 100kPa까지 팽창하였다. 기체가 수행한 일은?(단, 이 기체의 기체상수는 1kJ/kgK이다.)

① 27kJ
② 208kJ
③ 300kJ
④ 433kJ

해설 $W = GTm \ln \dfrac{P_2}{P_1}$
∴ $1 \times (273+27) \ln \dfrac{200}{100} = 207.9 kJ$

16 마찰이 없는 피스톤에 12℃ 150kPa의 공기 1.2kg이 들어있다. 이 공기가 600kPa로 압축되는 동안 외부로 열이 전달되어 온도는 일정하게 유지되었다. 이 과정에서 행해진 일은 약 얼마인가? (단, 공기의 기체상수는 0.287 kJ/kgK이다.)

① -136kJ   ② -100kJ
③ -13.6kJ   ④ -10kJ

해설 $W = GTm \ln \dfrac{P_2}{P_1}$
∴ $1.2 \times (273+12) \times 0.287 \ln \dfrac{150}{600} = -136 kJ$

17 P-V선도에서 그림과 같은 변화를 갖는 이상기체가 행한 일은?

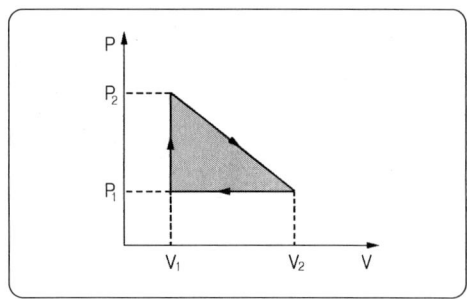

① $P_2(V_2 - V_1)$
② $\dfrac{(P_2 + P_1)(V_2 - V_1)}{2}$
③ $P_1(V_2 - V_1)$
④ $\dfrac{(P_2 - P_1)(V_2 - V_1)}{2}$

정답 ··· 13.② 14.③ 15.② 16.① 17.④

18 그림과 같이 실린더 내의 공기가 상태 1에서 상태 2로 변화할 때 공기가 한 일은?

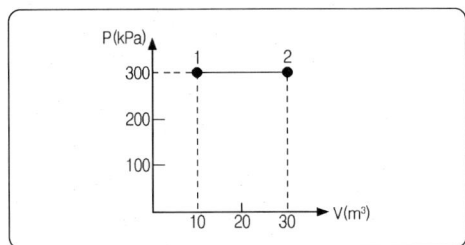

① 30kJ
② 200kJ
③ 3000kJ
④ 6000kJ

해설 $W = P(V_2 - V_1)$
∴ $300 \times (30 - 10) = 6000 kJ$

19 다음 그림과 같이 다수의 추를 올려놓은 피스톤이 끼워져 있는 실린더에 들어 있는 가스를 계로 생각한다. 초기압력이 300KPa이고, 초기체적은 0.05 m³이다. 열을 가하여 압력을 일정하게 유지시키고 가스의 체적을 0.2m³으로 증가시킬 때 계가 한 일은?

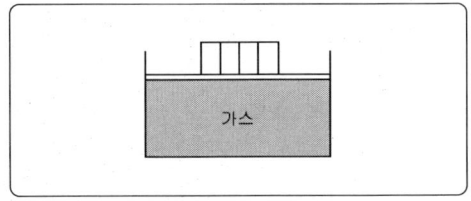

① 30kJ
② 35kJ
③ 40kJ
④ 45kJ

해설 $W = P(V_2 - V_1)$
∴ $300 \times (0.2 - 0.05) = 45 kJ$

20 실린더에 밀폐된 8kg의 공기가 그림과 같이 P_1=800kPa, 체적 V_1=0.27m³에서 P_2=350kPa, 체적 V_2=0.8m³으로 직선적으로 변화하였다. 이 과정에서 공기가 한 일은?

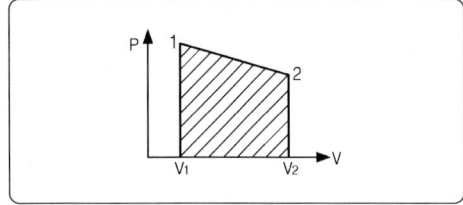

① 354.02kJ ② 304.75kJ
③ 382.11kJ ④ 380.94kJ

해설 $W = \int_1^2 PdV$ = 빗금 친 부분의 면적에서

$P_1 \times (V_2 - V_1) - \frac{1}{2}[(P_1 - P_2) \times (V_2 - V_1)]$

$800 \times (0.8 - 0.27) - \frac{1}{2}[(800 - 350) \times (0.8 - 0.27)]$

$= 304.75 kJ$

21 그림과 같이 다수의 추를 올려놓은 피스톤이 끼워져 있는 실린더에 들어 있는 가스를 계로 생각한다. 최초압력이 300kPa이고, 초기체적은 0.05m³이다. 열을 가하여 피스톤의 상승과 동시에 계의 가스온도를 일정하게 유지하도록 피스톤의 무게를 감소시킬 수 있다고 하여 이 상기체 모델로 타당하다면 이 과정 중에 계가 한 일은?(단, 상승 후의 체적은 0.2m³ 이다.)

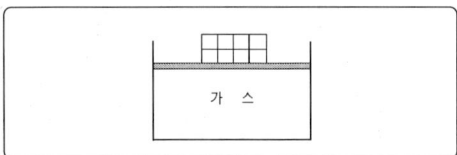

① 10.79kJ ② 15.79kJ
③ 20.79kJ ④ 25.79kJ

해설 등온과정이므로 $W = \int_1^2 PdV = P_1 V_1 \ln \frac{V_2}{V_1}$

∴ $300 \times 0.05 \times \ln \frac{0.2}{0.05} = 20.79 kJ$

정답 18.④ 19.④ 20.② 21.③

22 다음 그림과 같이 다수의 추를 올려놓은 피스톤이 끼워져 있는 실린더에 들어 있는 가스를 계로 생각한다. 최초압력이 300KPa이고, 초기체적은 0.05m³이다. 피스톤을 고정하여 체적을 일정하게 유지하고 압력이 200KPa 로 떨어질 때까지 계에서 열을 제거할 때 이때의 일은?

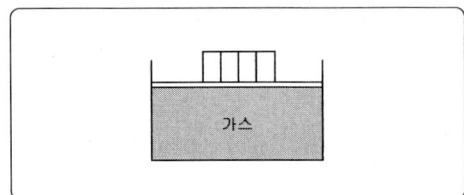

① 0kJ ② 5kJ
③ 10kJ ④ 15kJ

해설 등적과정에서의 팽창 일은 $\delta w = pdv$에서 $w = 0$이다.

23 온도 150℃, 압력 0.5MPa 의 공기 0.2kg 이 압력이 일정한 과정에서 원래 체적의 2배로 늘어난다. 이 과정에서의 일은? (단, 공기의 기체상수는 0.287kJ/kgK이다.)

① 12.3kJ ② 18.5kJ
③ 20.5kJ ④ 24.3kJ

해설 $W = mRT$
∴ $0.2 \times 0.287 \times (150+273) = 24.3 kJ$

24 밀폐시스템의 압력이 $P=(5-15V)$의 관계에 따라 변한다. 체적(V)이 0.1m³에서 0.3m³로 변하는 동안 이 시스템이 하는 일은? (단, P와 V의 단위는 각각 kPa와 m³이다.)

① 200J ② 400J
③ 800J ④ 1004J

해설 $W = \int_1^2 pdV = \int_{0.1}^{0.5}(5-15V)dV$
∴ $(5V-7.5V^2)_{0.1}^{0.3} = 0.4kJ = 400J$

25 실린더 내부에 기체가 채워져 있고 실린더에는 피스톤이 끼워져 있다. 초기압력 50kPa, 초기체적 0.05m³인 기체를 버너로 $PV^{1.4}=$ constant가 되도록 가열하여 기체 체적이 0.2m³이 되었다면 이 과정동안 시스템이 한 일은?

① 1.33kJ
② 2.66kJ
③ 3.99kJ
④ 5.32kJ

해설 ① $n=1.4$인 폴리트로픽 과정의 일이므로
$$W = \int_1^2 pdV = \frac{1}{n-1}(P_1V_1 - P_2V_2)$$
② 폴리트로픽 과정의 $P-V$ 관계공식으로부터
$$P_2 = P_2\left(\frac{V_1}{V_2}\right)^{1.4}$$
∴ $50 \times 0.05 - 50 \times \left(\frac{0.05}{0.2}\right)^{1.4} \times 0.2 = 1.064$
③ $W = \frac{1}{1.4-1} = 2.5$
∴ 시스템이 한 일 $= 1.064 \times 2.5 = 2.66 kJ$

26 공기가 등온과정을 통해 압력이 200kPa, 비체적이 0.02m³/kg인 상태에서 압력이 100kPa인 상태로 팽창하였다. 공기를 이상기체로 가정할 때 시스템이 이 과정에서 한 단위 질량당 일은?

① 1.4kJ/kg
② 2.0kJ/kg
③ 2.8kJ/kg
④ 8.0kJ/kg

해설 $W = \int_1^1 pdV = RT\ln\frac{P_1}{P_2} = P_1V_1\ln\frac{P_1}{P_2}$
∴ $200 \times 0.02 \ln\left(\frac{200}{100}\right) ≒ 2.8 kJ$

정답 22.① 23.④ 24.② 25.② 26.③

27 밀폐 시스템이 압력 P_1=200kPa, 체적 V_1= 0.1m³인 상태에서 P_2=100kPa, V_2= 0.3m³인 상태까지 가역팽창 되었다. 이 과정이 $P-V$선도에서 직선으로 표시된다면 이 과정동안 시스템이 안 일은 약 몇 kJ인가?

① 10kJ ② 20kJ
③ 30kJ ④ 45kJ

해설 $W = P_1 V_2 + \dfrac{P_1 V_1}{2}$

∴ $200 \times 0.1 + \dfrac{200 \times 0.1}{2} = 30 kJ$

28 밀폐 시스템이 압력 P_1=2bar, 체적 V_1=0.1m³ 인 상태에서 P_2=1bar, V_2=0.3m³인 상태까지 가역 팽창되었다. 이 과정이 $P-V$선도에 직선으로 표시된다면 이 과정동안 시스템이 한 일은?

① 10kJ ② 20kJ
③ 30kJ ④ 45kJ

해설 $W = P_1 V_2 + \dfrac{P_1 V_1}{2}$

∴ $\left(0.2 \times 1 + \dfrac{0.2 \times 1}{2}\right) 10^5 = 30000 J = 30 kJ$

29 밀폐 시스템이 압력 P_1 = 200kPa, 체적 = V_1 0.1m³인 상태에서 P_2 = 100kPa, V_2 = 0.3m³인 상태까지 가역팽창 되었다. 이 과정이 $P-V$선도에서 직선으로 표시된다면 이 과정동안 시스템이 안 일은 약 몇 kJ인가?

① 10kJ ② 20kJ
③ 30kJ ④ 45kJ

해설 $W = P_1 V_2 + \dfrac{P_1 V_1}{2}$

∴ $200 \times 0.1 + \dfrac{200 \times 0.1}{2} = 30 kJ$

30 피스톤-실린더 장치 내에 있는 공기가 0.3 m³에서 0.1m³으로 압축되었다. 압축되는 동안 압력과 체적사이에 $P = aV^{-2}$ 관계이며, 계수 a=6kPa이다. 이 과정동안 공기가 한 일은 얼마인가?

① -53.3kJ ② -1.1kJ
③ 253kJ ④ -40 kJ

해설 $W = \int_1^2 p dV = \int_{V_1}^{V_2} V^{-2} dV = -a\left(\dfrac{1}{V_2} - \dfrac{1}{V_1}\right)$

∴ $-6 \times \left(\dfrac{1}{0.1} - \dfrac{1}{0.3}\right) = -40 kJ$

31 피스톤 실린더 장치 내의 공기가 0.2m³에서 0.5m³으로 팽창되었다. 이 과정동안 압력 P와 체적 V가 $P = 650 V^{2.5}$ 관계를 유지한다면 공기가 한 일은 약 몇 J인가? (단, 압력과 체적의 단위는 각각 Pa와 m³이다.)

① 2.61 ② 6.23
③ 12.5 ④ 15.8

해설 $W = \int_1^2 P dV = \int_{0.2}^{0.5} 650 V^{2.5} dV$

∴ $650 \times \left(\dfrac{V^{6.5}}{3.5}\right)_{0.2}^{0.5} = 15.75 J$

32 실린더 내부에 기체가 채워져 있고 실린더에는 피스톤이 끼워져 있으며 피스톤 위에는 추가 놓여 있다. 초기압력 100kPa, 초기체적 0.1m³인 기체를 버너로 압력을 일정하게 유지하며 가열하여 기체 체적이 0.5m³이 되었다면 이 과정동안 시스템이 한 일은?

① 10kJ ② 20kJ
③ 30kJ ④ 40kJ

해설 ① 등압변화이므로 $P_1 = P_2$ $P_1 = P_2$
② $W = \int_1^2 P dV = P(V_2 - V_1)$

∴ $100 \times (0.5 - 0.1) = 40 kJ$

정답 27.③ 28.③ 29.③ 30.④ 31.④ 32.④

33 압력 1N/cm², 체적 0.5m³인 기체 1kg을 가역적으로 압축하여 압력이 2N/cm², 체적이 0.3m³로 변화되었다. 이 과정이 압력-체적($P-V$)선도에서 직선적으로 나타났다면 필요한 일의 양은?

① 2000N·m ② 3000N·m
③ 4000N·m ④ 5000N·m

해설 $W = 2 \times 10^4 \times (0.5 - 0.3) - \frac{1}{2} \times (2-1)$
$\times 10^4 \times (0.5 - 0.3) = 3000 N \cdot m$

34 압력이 10⁵N/m²인 물을 10⁶N/m²까지 가압하는데 필요한 물의 단위 질량 당 요구되는 펌프 일은?(단, 물의 밀도는 1000kg/m³으로 일정하고 가열 단열과정으로 한다.)

① 900J/kg ② 9000J/kg
③ 9×10⁵ J/kg ④ 1000J/kg

해설 $W = v(P_2 - P_1) = \frac{1}{\rho}(P_2 - P_1)$
$\therefore \frac{1}{1000} \times (10^6 - 10^5) = 900 J/kg$

35 피스톤이 끼워진 실린더 내에 들어있는 기체를 계로 생각하자. 이 계에 열이 전달되는 동안 "$PV^{1.3}$ = 일정" 하게 압력과 체적의 관계가 유지될 경우 기체의 최초압력 및 체적이 200kPa 및 0.04m³ 이었다면 체적이 0.1m³로 되었을 때 계가 한 일(kJ)은?

① 약 6.41 ② 약 10.58
③ 약 4.354 ④ 약 12.37

해설 $W = \int_1^2 PdV = \frac{1}{n-1}(P_1V_1 - P_2V_2)$
$P_2 = P_1 \left(\frac{V_1}{V_2}\right)^{1.3}$
$\frac{1}{1.3-1} \times \left[200 \times 0.04 - 200 \times \left(\frac{0.04}{0.1}\right)^{1.3} \times 0.1\right]$
$= 6.41 kJ$

36 밀폐계(密閉系)안에서 기체의 압력이 500 kPa로 일정하게 유지되면서 체적이 0.2m³에서 0.7m³로 팽창하였다. 이 과정 동안에 내부에너지의 증가가 60kJ이였다면 계(系)가 한 일은 얼마인가?

① 450kJ ② 350kJ
③ 250kJ ④ 150kJ

해설 $W = P(V_2 - V_1)$
$\therefore 500 kPa \times (0.7 m^3 - 0.2 m^3) = 250 kJ$

37 계가 온도 300K인 주위로부터 단열되어 있고 주위에 대하여 1200kJ의 일을 할 때 옳지 않은 것은?

① 계의 내부에너지는 1200kJ 감소한다.
② 계의 엔트로피는 감소하지 않는다.
③ 주위의 엔트로피는 4kJ/K 증가한다.
④ 계와 주위를 합한 총 엔트로피는 감소하지 않는다.

해설 ① $Q = \delta U + W$
② $\delta Q = 0 (\because 단열)$ $\delta U = -W = -1200 kJ$
③ $dS = \frac{\delta Q}{T}$ $dS = 0$
단열시스템의 실제과정은 항상 엔트로피가 증가되는 방향으로 진행된다. 시스템(계)과 주위를 모두 포함하고 큰 시스템으로 간주하고 고립시스템으로 할 경우 엔트로피는 증가한다.

38 공기가 20m/s의 속도로 풍차 속으로 유입되고, 6m/s의 속도로 유출된다. 공기 1kgf 당 풍차가 한 일은?

① 182J/kgf ② 224J/kgf
③ 241J/kgf ④ 340J/kgf

해설 공기의 운동에너지 감소량=풍차가 한 일
$W = \frac{1}{2}m(V_2^2 - V_1^2)$
$\therefore \frac{1}{2} \times 1 \times (-20^2 + 6^2) = -182 J/kg$

정답 ··· 33.② 34.① 35.① 36.③ 37.③ 38.①

39 어떤 액체 1몰을 P_1 atm으로부터 P_2 atm으로 $T°C$에서 등온가역 압축한다. 이 범위에서 등온 압축률(isothermal compressibility) K 와 비체적(specific volume) v 가 일정하다고 할 때, 이 액체가 한 일(W)을 구하는 식은?(단, 등온 압축률 $K = -\frac{1}{v}\left(\frac{dV}{dP}\right)_T$ 이다.)

① $W = vK(P_2 - P_1)$
② $W = -TK^2(P_2^2 - P_1^2)$
③ $W = \frac{vK}{2}(P_2 - P_1)$
④ $W = -\frac{vK}{2}(P_1^2 - P_1^2)$

해설 $K = -\frac{1}{v}\left(\frac{dV}{dP}\right)_T$ 에서 $dV = -vKdP$ 에서
$W = \int_1^2 PdV = \int_{P_1}^{P_2}(-vKP\,dP)$
$= -vK\int_{P_1}^{P_2} P\,dP$
$\therefore W = -\frac{vK}{2}(P_1^2 - P_1^2)$

40 실린더 내에 공기가 3kg있다. 공기가 200kPa, 10℃인 상태에서 600kPa이 될 때까지 $PV^{1.3}$=일정인 과정으로 압축된다. 이 과정에서 공기가 한 일은 약 몇 kJ인가? (단, 공기의 기체상수는 0.287kJ/kg-K이다.)

① -285kJ   ② -235kJ
③ 13kJ   ④ 125kJ

해설 폴리트로프 과정의 일은
$W = \frac{mRT_1}{n-1} \times \left[1 - \left(\frac{P_2}{P_1}\right)^{\frac{n-1}{n}}\right]$
$\therefore \frac{3 \times 0.287 \times (273+10)}{1.3-1} \times \left[1 - \left(\frac{600}{200}\right)^{\frac{0.3}{1.3}}\right]$
$= -235 kJ$

41 일정한 토크 100N·m가 걸린 상태에서 회전하는 축이 있다. 이 축을 50회전시키는데 필요한 일은 얼마인가?

① 5.0kW
② 5.0kJ
③ 31.4kW
④ 31.4kJ

해설 $W = 2\pi NT$
$\therefore 2 \times 3.14 \times 50 \times 100 = 31400 N \cdot m = 31.4 kJ$

42 잘 단열 된 축전지를 전압 12V, 전류 3A로 1시간 충전한다. 축전지를 시스템으로 삼아 1시간 동안 행한 일과 열을 구하면?

① 일=36.0kJ, 열=0kJ
② 일=0.0kJ, 열=36.0kJ
③ 일=129.6kJ, 열=0kJ
④ 일=0.0kJ, 열=129.6kJ

해설 ① $P = EI$
여기서, P : 전력(W), E : 전압(V), I : 전류(A)
$\therefore 12V \times 3A = 36W$
② $W = P \times t$
$\therefore 36 \times 3600 = 129600J = 129.6kJ$

43 완전단열 된 축전지를 전압 5V, 전류 2A로 1시간 동안 충전한다. 축전지를 검사 체적으로 하고 입력동력과 행한 일을 구하면?

① 10W, 36J
② 10W, 36kJ
③ 10kW, 36J
④ 10kW, 36kJ

해설 ① $P = EI$ 에서 $5V \times 2A = 10W$
② $W = P \times t$ 에서
$10 \times 3600 = 36000J = 36kJ$

정답 39.④ 40.② 41.④ 42.③ 43.②

44 피스톤-실린더로 구성된 용기 안에 들어있는 100kPa, 20℃상태의 질소기체를 가역 단열 압축하여 압력이 500kPa이 되었다. 질소의 정적비열은 0.745kJ/kgK이고, 비열비는 1.4이다. 질소 1kg 당 필요한 압축 일은 약 얼마인가?

① 102.7kJ/kg
② 127.5kJ/kg
③ 171.8kJ/kg
④ 240.5kJ/kg

[해설] ① 가역 단열과정이므로 T, P의 관계공식

$$\frac{T_2}{T_1} = \left(\frac{P_2}{P_1}\right)^{\frac{k-1}{k}} \text{ 로부터 } T_2 = T_1\left(\frac{P_2}{P_1}\right)^{\frac{k-1}{k}}$$

$$\therefore (273+20) \times \left(\frac{500}{100}\right)^{\frac{0.4}{1.4}} = 464.3K$$

② $R = Cp - Cv$와 $k = \frac{Cp}{Cv}$의 관계공식으로부터

$R = (k-1)Cv$
$\therefore (1.4-1) \times 0.745 = 0.298 kJ/kgK$

③ $W = \frac{1}{k-1} \times R \times (T_1 - T_2)$

$\therefore \frac{1}{1.4-1} \times 0.298 \times (293 - 464.3) = -127 kJ/kg$

45 덕트 내의 유체흐름을 포함하는 공학적인 적용에서 유체와 고체 벽 표면사이에서 열의 이동을 결정하는 주요한 요소는 무엇인가?

① 열전도 형상계수   ② 대류 열전달계수
③ 열전도계수   ④ 마찰계수

46 고체에 에너지를 전달하여 온도를 높이는 여러가지 방법들 중에서 전달되는 에너지가 일이 아닌 것은?

① 프레스로 소성변형 시킨다.
② 전원을 연결하여 전류를 통과시킨다.
③ 자기장을 가하여 자화시킨다.
④ 강렬한 빛을 쪼인다.

47 두께 10mm, 열전도율 45kJ/m·h℃인 강판의 두 면의 온도가 각각 300℃, 50℃일 때 전열면 1m² 당 1시간에 전달되는 열량은?

① 1125000kJ
② 1425000kJ
③ 925000kJ
④ 1625000kJ

[해설] $Q = kA\frac{T_1 - T_2}{t}$

kA : 열전도율, T_1, T_2 : 온도, t : 두께

$\therefore 45 \times \frac{300-50}{10 \times 10^{-3}} = 1125000 kJ$

48 두께 10mm, 열전도율 15W/m·℃인 금속판의 두 면의 온도가 각각 70℃와 50℃일 때 전열 면 1m²당 1분 동안에 전달되는 열량은 몇 KJ인가?

① 1800KJ   ② 14000KJ
③ 92000KJ   ④ 16200KJ

[해설] $Q = kA\frac{T_1 - T_2}{t}$

$\therefore 15 \times \frac{70-50}{10} \times 60 \sec = 1800 kJ$

49 직경 20cm, 길이 5m인 원통 외부에 5cm 두께의 석면이 씌워져 있다. 석면 내면, 외면 온도가 각각 100℃, 20℃이면 손실되는 열량은 몇 kcal/h인가? (단, 석면의 열전도율은 0.1kcal/mh℃로 가정한다.)

① 628   ② 728
③ 828   ④ 928

[해설] $Q = kA\frac{dT}{dx} = kA\frac{T_2 - T_1}{dx}$

$\therefore 0.1 \times \pi \times 0.25 \times 5 \times \frac{100-20}{0.05} = 628 kcal/h$

정답 … 44.② 45.② 46.④ 47.① 48.① 49.①

50 직경 20cm, 길이 5m인 원통 외부에 5cm 두께의 석면이 씌워져 있다. 석면 내면과 외면 온도가 각각 100℃, 20℃이면 손실되는 열량은 몇 kJ/h인가?(단, 석면의 열전도율은 0.418kJ/mh℃로 가정한다.)

① 2591
② 3011
③ 3431
④ 3851

해설
$$Q_H = \frac{2\pi \times L \times k \times (t_1 - t_2)}{\ln\left(\frac{r_2}{r_1}\right)}$$

$$= \frac{2\pi \times L \times (t_1 - t_2)}{\frac{1}{k} \times \ln\left(\frac{r_2}{r_1}\right)}$$

Q_H : 손실되는 열량, L : 길이,
k : 석면의 열전도율, t_1, t_2 : 온도,
r_1 : 반지름, r_2 : 반지름+두께

$$\therefore \frac{2 \times 3.14 \times 5 \times (100 - 20)}{\frac{1}{0.418} \times \ln\left(\frac{15}{10}\right)} = 2591 kJ/h$$

51 두께 1cm, 면적 0.5m²의 석고판의 뒤에 가열 판이 부착되어 100W의 열을 전달한다. 가열판의 뒤는 완전히 단열 되어있고, 석고판 앞면의 온도는 100℃이다. 석고의 열전도률이 k=0.79W/mK 일 때 가열 판에 접하는 석고면의 온도는?

① 110.2℃
② 125.3℃
③ 150.8℃
④ 212.7℃

해설 ① 평면 벽을 통한 열전도이므로
$$H = -kA\frac{T_1 - T_2}{t}$$
② $100W = -0.79W/mK \times 0.5m^2 \times \frac{100 - T_2}{0.01m}$
에서 $T_2 = 125.3℃$

52 두께가 10cm이고, 내·외측 표면온도가 20℃, -5℃인 벽이 있다. 정상상태일 때 벽의 중심온도는 몇 ℃인가?

① 4.5
② 5.5
③ 7.5
④ 12.5

해설
$$T = \frac{T_1 + T_2}{2}$$
$$\therefore \frac{20 - 5}{2} = 7.5℃$$

53 체적이 0.1m³인 용기 안에 압력 1MPa, 온도 250℃의 공기가 들어있다. 정적과정을 거쳐 0.35MPa로 될 때 열 전달량은? (단, 공기의 기체상수는 0.287kJ/kgK. 정압비열과 정적비열은 1.0035kJ/kgK, 0.7185kJ/kgK이다.)

① 약 162kJ이 용기에서 나간다.
② 약 162kJ이 용기로 들어간다.
③ 약 227kJ이 용기에서 나간다.
④ 약 227kJ이 용기로 들어간다.

해설 ① 등적과정은 절대 일은 없고 계에 출입한 열량 모두 내부에너지 변화에 사용된다.
② $Q = U_2 - U_1 = mC_v(T_2 - T_1)$
③ $PV = mRT,\ m = \frac{PV}{RT}$
$$\therefore \frac{10^3 kPa \times 0.1m^3}{0.287kJ/kg \times (273 + 250)} = 0.666kg$$
④ $\frac{P_1}{T_1} = \frac{P_2}{T_2}$
⑤ $0.666kg \times 0.7185kJ/kgK(-90 - 250)$
$= -162.7kJ$

54 다음 중 스테판-볼트만의 법칙과 관련이 있는 열전달은?

① 대류
② 복사
③ 전도
④ 응축

정답 50.① 51.② 52.③ 53.① 54.②

55 한여름 낮 주차된 차량의 내부 온도는 외부보다 높은 경우가 많다. 어떤 이유인가?

① 태양으로부터의 복사열로 인해서
② 대류 열전달이 활발히 일어나기 때문에
③ 복사에너지가 존재하지 않으므로
④ 차량 내부에 자연대류가 생성되어서

해설 한여름 낮 주차된 차량의 내부 온도는 외부보다 높은 경우가 많은 이유는 태양으로부터의 복사열 때문이다.

56 이상기체의 가역과정에서 등온과정의 전열량 (Q)은?

① 0이다.
② 무한대이다.
③ 비유동과정의 일과 같다.
④ 엔트로피 변화와 같다.

해설 이상기체의 가역과정에서 등온과정의 전열량(Q)은 비유동과정의 일과 같다.

57 순평형 정적과정을 거치는 시스템에 대한 열 전달량은? (단, 운동에너지와 위치에너지의 변화는 무시한다.)

① 0 이다.
② 내부에너지 변화량과 같다.
③ 이루어진 일량과 같다.
④ 엔탈피 변화량과 같다.

해설 순평형 정적과정을 거치는 시스템에 대한 열 전달량은 내부에너지 변화량과 같다.

58 정압과정에서의 전달 열량은?

① 내부에너지 변화량과 같다.
② 이루어진 일량과 같다.
③ 체적의 변화량과 같다.
④ 엔탈피 변화량과 같다.

해설 정압 과정에서의 전달 열량은 엔탈피 변화량과 같다.

59 온도가 20℃인 흑체가 80℃가 되었다면 방사하는 복사 에너지는 몇 배가되는가?

① 약 4배 ② 약 5배
③ 약 1.2배 ④ 약 2.1배

해설 $H \propto T^4$
① $H\ 20℃ \propto (273+20)^4$
② $H\ 80℃ \propto (273+80)^4$
∴ $H\ 80℃ / H\ 20℃ = 2.106$

정답 ··· 55.① 56.③ 57.② 58.④ 59.④

기출문제 [열역학의 법칙]

Part 2 기계열역학

01 열역학 제 0 법칙은?
① 질량 보존의 법칙이다.
② 에너지 보존의 법칙이다.
③ 엔트로피 증가에 관한 법칙이다.
④ 열평형에 관한 법칙이다.

> **해설** ① 열역학 제0법칙 : 열평형에 관한 법칙으로 온도측정의 기초가 된다.
> ② 열역학 제1법칙 : 에너지 보존의 법칙이다
> ③ 열역학 제2법칙 : 엔트로피 증가에 관한 법칙이다.

02 두 물체가 제3의 물체와 온도가 같을 때 두 물체도 역시 서로 온도가 같다는 것을 말하는 법칙으로 온도 측정의 기초가 되는 것은?
① 열역학 제0법칙
② 열역학 제1법칙
③ 열역학 제2법칙
④ 열역학 제3법칙

03 계의 경계를 통하여 물질이나 에너지 전달이 없는 계는 다음 어느 것인가?
① 밀폐계(closed system)
② 고립계(isolated system)
③ 단열계(adiabatic system)
④ 개방계(open system)

> **해설** ① 밀폐계 : 계의 경계를 통하여 물질의 이동이 없는 계
> ② 개방계 : 계의 경계를 통하여 질량의 이동이 있는 계
> ③ 고립계 : 계의 경계를 통하여 물질이나 에너지 전달이 없다.

04 밀폐계가 가역정압 변화를 할 때 계가 받는 열량은?
① 계의 엔탈피 증가량과 같다.
② 계의 내부에너지 증가량과 같다.
③ 계의 내부에너지 감소량과 같다.
④ 계가 주위에 대해 한 일과 같다.

> **해설** $\delta q = dh - vdp = dh$가 되어 엔탈피의 변화량과 같게 된다.

05 밀폐시스템의 가역 정압변화에 관한 다음 사항 중 올바른 것은? (단, u : 내부에너지, Q : 전달 열, h : 엔탈피, v : 비체적, w : 일이다.)
① $du = dQ$
② $dh = dQ$
③ $dv = dQ$
④ $dw = dQ$

06 밀폐계에서 기체의 압력이 100kPa으로 일정하게 유지되면서 체적이 1m³에서 2m³으로 증가되었을 때 옳은 설명은?
① 밀폐계의 에너지 변화는 없다.
② 외부로 행한 일은 100kJ이다.
③ 기체가 이상기체라면 온도가 일정하다.
④ 기체가 받은 열은 100kJ이다.

> **해설** $W = \int_1^2 pdV = p(v_2 - v_1)$
> $\therefore 100kPa \times (2-1)m^3 = 100kJ$

정답 01.④ 02.① 03.② 04.① 05.② 06.②

07 다음 중 열역학 제 1법칙과 관계가 가장 먼 것은?

① 밀폐계가 임의의 사이클을 이룰 때 열전달의 합은 이루어진 일의 총합과 같다.
② 열은 본질적으로 일과 동일한 에너지의 일종으로서 열을 일로 변환할 수 있고 또한 그 역도 가능하다.
③ 어떤 계가 임의의 사이클을 겪는 동안 그 사이클에 따라 열을 적분한 것이 그 사이클에 따라서 일을 적분한 것에 비례한다.
④ 두 물체가 제3의 물체와 온도의 동등성을 가질 때는 두 물체도 역시 서로 온도의 동등성을 갖는다.

해설 열역학 0법칙은 두 물체가 제3의 물체와 온도의 동등성을 가질 때는 두 물체도 역시 서로 온도의 동등성을 갖는다.

08 열역학 제1법칙은 다음의 어떤 과정에서 성립하는가?

① 가역과정에서만 성립한다.
② 비가역 과정에서만 성립한다.
③ 가역 등온과정에서만 성립한다.
④ 가역이나 비가역 과정을 막론하고 성립한다.

09 순수물질에 있어 압력을 일정하게 유지하면서 엔트로피를 증가시킬 때 엔탈피는 어떻게 되는가?

① 증가한다.
② 감소한다.
③ 변함없다.
④ 경우에 따라 다르다.

해설 $dS = \dfrac{\delta q}{T} = \dfrac{dh - vdP}{T} = \dfrac{dh}{T}$(등압이므로)에서 $dh = Tds$이므로 $dS > 0$이면 $dh > 0$
즉, 순수물질에 있어 압력을 일정하게 유지하면서 엔트로피를 증가시킬 때 엔탈피는 증가한다.

10 시스템의 열역학적 상태를 기술하는데 열역학적 상태량(또는 성질)이 사용된다. 다음 중 열역학적 상태량으로 올바르게 짝지어진 것은?

① 열, 일   ② 엔탈피, 엔트로피
③ 열, 엔탈피   ④ 일, 엔트로피

11 이상기체의 등온과정에서 압력이 증가하면 엔탈피는?

① 증가 또는 감소   ② 증가
③ 불변   ④ 감소

해설 이상기체의 상태 방정식 $PV = RT$를 만족하는 이상기체의 내부에너지 U는 온도만의 함수 즉 엔탈피는 온도만의 함수이다. 따라서 등온과정의 경우에는 엔탈피는 변화가 없다.

12 정상상태 정상유동 과정의 팽창밸브가 있다. 입구에 액체가 유입되며, 이 과정을 스로틀로 간주할 수 있다. 입구상태를 1, 출구상태를 2로 각각 나타낼 때, 다음 중 어느 관계식이 가장 정확한가?

① $u_1 = u_2$ (내부에너지)
② $h_1 = h_2$ (엔탈피)
③ $s_1 = s_2$ (엔트로피)
④ $v_1 = v_2$ (비체적)

해설 정상유동 에너지 방정식
$$H_1 + \dfrac{mV_1^2}{2} + mgz_1 + Q = H_2 + \dfrac{mV_2^2}{2} + mgz_2 + Wt$$
$Q = 0$, $Wt = 0$, $Eg = 0$, $Ep = 0$으로 간주한다 (교축밸브).
$\therefore h = h_2 - h_1 = 0$이므로 엔탈피 변화가 없다.

13 다음 관계식 중 옳은 것은? (단, 여기서 u는 내부에너지, h는 엔탈피, P는 압력, v는 비체적, T는 온도이다.)

① $h = u + Pv$ ② $h = u - Tv$
③ $h = u - Pv$ ④ $h = u + Tv$

정답 07.④ 08.④ 09.① 10.② 11.③ 12.② 13.①

14 대기압 하에서 물질의 질량이 같을 때 엔탈피의 변화가 가장 큰 경우는?
① 100℃ 물이 100℃ 수증기로 변화
② 100℃ 공기가 200℃ 공기로 변화
③ 90℃의 물이 91℃ 물로 변화
④ 100℃의 구리가 115℃ 구리로 변화

15 10kg의 증기가 온도 50℃, 압력 38kPa, 체적 7.5m³일 때 총 내부에너지는 6700kJ이다. 이와 같은 상태의 증기가 가지고 있는 엔탈피(enthalpy)는 몇 kJ인가?
① 1606   ② 1794
③ 2305   ④ 6985

해설 $H = U + PV$
∴ $6700 + 38 \times 7.5 = 6985 kJ$

16 내부에너지가 100kJ, 압력 600Pa, 체적 3m³인 공기의 엔탈피는 몇 kJ인가?
① 98.2kJ
② 101.8kJ
③ 125.6kJ
④ 1900kJ

해설 $H = U + PV$
∴ $100 + (0.6 \times 3) = 101.8 kJ$

17 어떤 기체 1kg이 압력 0.5bar, 체적 2.0m³의 상태에서 압력 10bar, 체적 0.2m³로 변화하였다. 이 경우 내부에너지의 변화가 없다고 한다면 엔탈피의 변화는 얼마나 되겠는가?
① 57kJ   ② 79kJ
③ 91kJ   ④ 100kJ

해설 ① 1bar≒100kPa
② $h_2 - h_1 = P_1 V_1 - P_2 V_2$
∴ $1000 kPa \times 0.2 m^3 - 50 kPa \times 2 m^3 = 100 kJ$

18 공기 1kg이 50kPa, 3m³인 상태로부터 900kPa, 0.5m³인 상태로 변화할 때 내부에너지 증가가 160kJ이었다. 이 경우 엔탈피 증가는 몇 kJ인가?
① 30kJ   ② 185kJ
③ 235kJ   ④ 460kJ

해설 $h_2 - h_1 = [(P_1 V_1) - (P_2 - V_2)] + U$
∴ $[(900 \times 0.5) - (50 \times 3)] + 160 = 460 kJ$

19 상온의 감자를 가열하여 뜨거운 감자로 요리하였다. 감자의 에너지 변동 중 맞는 것은?
① 위치에너지가 증가
② 엔탈피 감소
③ 운동에너지 감소
④ 내부에너지가 증가

해설 가열하였으므로 내부에너지 및 엔탈피가 증가한다.

20 다음 중 물질의 내부에너지가 아닌 것은?
① 분자 운동에너지
② 위치에너지
③ 화학에너지
④ 핵에너지

해설 내부(內部)에너지란 물체가 지니고 있는 총 에너지로부터 역학적 에너지(운동 에너지와 외력에 의한 위치에너지)와 전기적 에너지를 뺀 것을 말한다.

21 어떤 기체가 5kJ의 열을 받고 0.18kN·m의 일을 하였다 이때의 내부에너지의 변화량은?
① 3.24kJ
② 4.82kJ
③ 5.18kJ
④ 6.14kJ

해설 $1J = 1N \cdot m$, $\Delta U = Q - W$
∴ $5kJ - 0.18kJ = 4.82kJ$

정답 14.① 15.④ 16.② 17.④ 18.④ 19.④ 20.② 21.②

22 기체가 열량 80kJ를 흡수하여 외부에 대하여 20kJ의 일을 하였다면 내부에너지 변화는 몇 kJ인가?

① 20   ② 60
③ 80   ④ 100

해설 $\Delta U = Q - W$
∴ $80 - 20 = 60 kJ$

23 실린더 내의 유체가 68kJ/kg$_f$의 일을 받고 주위에 36kJ/kg$_f$의 열을 방출하였다. 내부에너지의 변화는?

① 32kJ/kg$_f$ 증가
② 32kJ/kg$_f$ 감소
③ 104kJ/kg$_f$ 증가
④ 104kJ/kg$_f$ 감소

해설 $Q = \Delta U + W$에서 $\Delta U = Q - W$
∴ $-36 kJ/kg_f - (-68 kJ/kg_f) = 32 kJ/kg_f$
따라서 실린더 내의 유체의 내부에너지는 32KJ/kg$_f$ 증가한다.

24 0.5kg의 어느 기체를 압축하는데 15kJ의 일을 필요로 하였다. 이 때 12kJ의 열이 계 밖으로 손실 전달되었다. 내부에너지의 변화는 몇 kJ인가?

① -27   ② 27
③ 3   ④ -3

해설 $\Delta U = Q - W$
∴ $-12 - (-15) = 3 kJ$

25 어떤 용기 내(체적 일정)의 유체는 기계적으로 교란되면서 19kJ의 일을 받아들이면서 167kJ의 열을 흡수한다. 내부에너지의 변화는 약 몇 kJ인가?

① 148   ② 186
③ -148 ④ -186

해설 $\Delta U = Q - W$
∴ $167 kJ - (-19 kJ) = 186 kJ$

26 밀폐된 실린더 내의 기체를 피스톤으로 압축하여 300kJ의 열이 발생하였다. 압축 일량이 400kJ 이라면 내부에너지 증가는?

① 100kJ   ② 300kJ
③ 400kJ   ④ 700kJ

해설 $\Delta U = Q - W$
∴ $-300 kJ - (-400 kJ) = 100 kJ$
여기서, 열이 발생하였다는 의미는 열 방출 또는 냉각이므로 (-)부호를 사용한다.

27 10℃에서 160℃까지의 공기의 평균 정적비열은 0.7315kJ/kg$_f$℃이다. 이 온도변화 에서 공기 1kg$_f$의 내부에너지 변화는?

① 109.7kJ   ② 120.6kJ
③ 107.1kJ   ④ 121.7kJ

해설 $\Delta U = m C_v (T_2 - T_1)$
∴ $1 \times 0.7315 \times (160 - 10) = 109.7 kJ$

28 300K에서 400K까지의 온도 구간에서 공기의 평균 정적비열은 0.721kJ/kgK이다. 이온도 범위에서 공기의 내부에너지 변화량은?

① 0.721kJ/kg   ② 7.21kJ/kg
③ 72.1kJ/kg   ④ 721kJ/kg

해설 $\Delta U = u_2 - u_1 = C_v (T_2 - T_1)$
∴ $0.721 kJ/kgK \times (400K - 300K) = 72.1 kJ/kg$

29 밀폐용기에 비 내부에너지가 200kJ/kh인 기체 0.5kg이 있다. 이 기체를 용량이 500W인 전기가열기로 2분 동안 가열한다면 최종상태에서 기체의 내부에너지는? (단, 열량은 기체로만 전달된다고 한다.)

① 20kJ   ② 100kJ
③ 120kJ   ④ 160kJ

해설 $\Delta U = u_2 - u_1 = \Delta Q - \Delta W$에서
$u_2 = u_1 + \Delta Q - \Delta W$
∴ $0.5 \times 200 + 500 \times 2 \times 60 \times 10^{-3} = 160 kJ$

정답 ··· 22.② 23.① 24.③ 25.② 26.① 27.① 28.③ 29.④

30 기체가 0.3MPa 일정압력 하에 8m³에서 4m³까지 마찰 없이 압축되면서 동시에 500kJ의 열을 외부에 방출하였다면 내부에너지(kJ)의 변화는 얼마나 되겠는가?

① 약 700 ② 약 1700
③ 약 1200 ④ 약 1300

해설 $\Delta U = Q - W = Q - P(V_2 - V_1)$
∴ $-500 - 0.3 \times 10^3 \times (4-8) = 700 kJ$

31 전류 25A, 전압 13V를 가하여 축전지를 충전하고 있다. 충전하는 동안 축전지로부터 15W의 열 손실이 있다. 축전지의 내부에너지는 어떤 비율로 변하는가?

① +310J/s ② -310J/s
③ +340J/s ④ -340J/s

해설 ① $P = -EI = -13 \times 25 = -325W$
② 축전지가 충전되는 상태이므로
$-15 - (-325) = +310 J/s$

32 질량 1kg의 공기가 밀폐계에서 압력과 체적이 100kPa, 1m³이었는데 폴리트로픽 과정을 거쳐 체적이 0.5m³이 되었다. 최종온도와 내부에너지의 변화량은 각각 얼마인가? (단, 공기의 R=287J/kg K, Cv=718J/kg K, Cp=100J/kgK, k=1.4, n=1.3이다.)

① T_2=459.7K, ΔU=111.3kJ
② T_2=459.7K, ΔU=79.9kJ
③ T_2=428.9K, ΔU=80.5kJ
④ T_2=428.9K, ΔU=57.8kJ

해설 ① $T_1 = \dfrac{P_1 V_1}{mR}$ ∴ $\dfrac{100 \times 1 \times 10^3}{1 \times 287} = 348.4 K$

② $\dfrac{T_2}{T_1} = \left(\dfrac{P_2}{P_1}\right)^{\frac{n-1}{n}} = \left(\dfrac{V_1}{V_2}\right)^{n-1}$ 에서

$T_2 = T_1 \times \left(\dfrac{V_1}{V_2}\right)^{n-1}$

∴ $348.4 \times \left(\dfrac{1}{0.5}\right)^{1.3-1} = 428.9 K$

③ $\Delta U = u_2 - u_1 = Cv(T_2 - T_1)$
∴ $718 \times (428.9 - 348.4) = 57799 J = 57.8 kJ$

33 열역학 제2법칙에 대한 설명 중 맞는 것은?
① 과정(process)의 방향성을 제시한다.
② 에너지의 량을 결정한다.
③ 에너지의 종류를 판단할 수 있다.
④ 공학적 장치의 크기를 알 수 있다.

해설 열역학 제2법칙은 과정(process)의 방향성을 제시한다.

34 열역학 제2법칙은 여러 가지로 서술될 수 있다. 열역학 제2법칙에 대한 다음 서술 중 잘못된 것은?
① 열을 일로 변환하는 것은 불가능하다.
② 열효율이 100%인 열기관을 만들 수 없다.
③ 열은 저온 물로부터 고온 물체로 자연적으로 전달되지 않는다.
④ 입력되는 일 없이 작동하는 냉동기를 만들 수 없다.

해설 열역학 제2법칙에 대한 설명은 ②, ③, ④ 항 이외에 열을 일로 변환하는 과정에는 어떤 제한이 있다.

35 열역학 제2법칙을 설명한 다음 사항 중 틀린 것은?
① 효율이 100%인 열기관은 얻을 수 없다.
② 제2종의 영구기관은 작동물질의 종류에 따라 가능하다.
③ 열은 스스로 저온의 물질에서 고온의 물질로 이동하지 않는다.
④ 열기관에서 작동물질이 일을 하게 하려면 그보다 더 저온인 물질이 필요하다.

해설 열역학 제2법칙에 대한 설명은 ①, ③, ④ 항 이외에 제2종 영구기관(열효율이 100%인 기관)은 만들 수 없다.

정답 30.① 31.① 32.④ 33.① 34.① 35.②

36 제1종 영구기관을 설명하는 것이 아닌 것은?

① 에너지 소비 없이 계속 일을 하는 원동기
② 주위로 일을 계속할 수 있는 원동기
③ 열에너지를 모두 계속 일 에너지로만 변환하는 기관
④ 외부에서 에너지를 가하지 않은 채 영구히 에너지를 내는 기관

해설 제1종 영구기관 및 제2종 영구기관

제1종 영구기관	제2종 영구기관
① 외부로부터 에너지 공급 없이 영구히 일을 할 수 있는 기관	① 어떤 열원에서 열에너지를 받아 전부를 계속적으로 일로 바꾸고, 외부에 아무런 흔적도 남기지 않는 기관
② 에너지 소비 없이 계속 일을 할 수 있는 기관	② 열효율이 100%인 기관
③ 에너지 보존법칙(열역학 제1법칙)에 위배되는 기관	

37 어느 발명가가 바닷물로부터 매시간 1800 kJ의 열량을 공급받아 0.5kW의 출력의 열기관을 만들었다고 주장한다면 이 사실은 열역학 제 몇 법칙에 위반되겠는가?

① 제0법칙　　② 제1법칙
③ 제2법칙　　④ 제3법칙

해설 열역학 제2법칙의 "제2종 영구기관(열효율이 100%인 기관)은 만들 수 없다"에 위반된다.

38 가정용 냉장고를 이용하여 겨울에 난방을 할 수 있다고 주장하였다면 이 주장은 이론적으로 열역학 법칙과 어떠한 관계를 갖겠는가?

① 열역학 1법칙에 위배된다.
② 열역학 2법칙에 위배된다.
③ 열역학 1, 2법칙에 위배된다.
④ 열역학 1, 2법칙에 위배되지 않는다.

해설 냉장고를 작동시키면 응축기에 의해 실내로 전달되는 열이 증발기에 의해 실내에서 흡수하는 열보다 커 실내온도가 상승하므로 열역학 1, 2법칙에 위배되지 않고 실현이 가능하다.

39 고열원 500℃와 저열원 35℃사이에 열기관을 설치하였을 때 사이클 당 10MJ의 공급열량에 대해서 7MJ의 일을 하였다고 주장한다면 이 주장은?

① 타당함
② 가역기관이라면 타당함
③ 마찰이 없다면 타당함
④ 타당하지 않음

해설 ① 이론 열효율 $\eta_c = 1 - \dfrac{T_2}{T_1}$

$\therefore 1 - \dfrac{(273+35)}{(273+500)} = 0.6 = 60\%$

② 실제 열효율 $\eta = \dfrac{W}{Q} \therefore \dfrac{7}{10} = 0.7 = 70\%$

③ 실제 열효율이 이론 열효율보다 크게 되어 열역학 제2법칙에 위배되기 때문에 타당하지 않음

40 다음 설명 중 맞는 것은?

① 열과 일은 열역학 제 1법칙에만 사용된다.
② 순수물질이란 균질하고 깨끗한 물질로 정의한다.
③ 대기압 하의 공기는 순수물질이다.
④ 압축성 계수는 실제 기체의 몰 비체적에 대한 이상 기체의 몰 비체적의 비율로 정의한다.

해설 ① 열과 일은 열역학의 모든 법칙에 사용된다.
② 순수물질이란 균일하고 일정불변한 화학적 구성을 갖는 물질 즉, 화학적으로 균일하고 화학적 성분이 고정된 물질을 말한다.
③ 압축성계수란 실제기체의 이상기체에 대한 편차의 척도로서 일반적으로 1보다 작다.

41 교축과정(스로틀 과정)을 전후하여 일정한 값을 유지하는 상태량은?

① 엔트로피　　② 압력
③ 내부 에너지　　④ 엔탈피

정답 36.③ 37.③ 38.④ 39.④ 40.③ 41.④

42 시스템의 경계 안에 비가역성이 존재하지 않는 내적 가역과정에서 온도-엔트로피 선도 상의 면적은 무엇을 나타내는가?

① 일량
② 내부에너지 변화량
③ 열량
④ 엔탈피 변화량

해설 시스템의 경계 안에 비가역성이 존재하지 않는 내적 가역과정에서 온도-엔트로피 선도 상의 면적은 열량을 나타낸다.

43 작동유체가 상태 1로부터 상태 2까지 가역변화 할 때의 엔트로피 변화에 관하여 다음 어느 것이 가장 알맞은가?

① $S_2 - S_1 \geq -\int_1^2 \frac{\delta Q}{T}$
② $S_2 - S_1 > -\int_1^2 \frac{\delta Q}{T}$
③ $S_2 - S_1 = -\int_1^2 \frac{\delta Q}{T}$
④ $S_2 - S_1 < -\int_1^2 \frac{\delta Q}{T}$

해설 ① 가역과정 : $S_2 - S_1 = -\int_1^2 \frac{\delta Q}{T}$
② 비가역 과정 : $S_2 - S_1 > -\int_1^2 \frac{\delta Q}{T}$

44 가역사이클에 대한 클라우지우스(Clausius)의 적분은 어느 것이 옳은가? (단, Q : 열량, T : 절대온도이다.)

① $\oint \frac{dQ}{T} > 0$
② $\oint \frac{dQ}{T} < 0$
③ $\oint \frac{dQ}{T} \leq 0$
④ $\oint \frac{dQ}{T} = 0$

해설 ① 가역사이클 : $\oint \frac{dQ}{T} = 0$
② 비가역 사이클 : $\oint \frac{dQ}{T} < 0$

45 클라우지우스(clausius)의 부등식을 바르게 표현한 것은? (단, T는 절대온도, Q는 열량을 표시한다.)

① $\oint \frac{dQ}{T} \geq 0$
② $\oint \frac{dQ}{T} \leq 0$
③ $\oint \frac{dQ}{T} \geq 0$
④ $\oint \frac{dQ}{T} \leq 0$

46 엔트로피에 관한 다음 설명 중 맞는 것은?

① Clausius 방정식에 들어가는 온도 값은 절대온도(K)와 섭씨온도(℃) 모두를 사용할 수 있다.
② 엔트로피는 경로에 따라 값이 다르다.
③ 가역 과정의 열량은 hs 선도 상에서 과정 밑 부분의 면적과 같다.
④ 엔트로피 생성 항은 항상 양수이다.

해설 ① $dS = \frac{\delta Q}{T}$에서 온도는 절대온도이다.
② 엔트로피는 경로에 무관한 점함수(열역학적 성질)이다.
③ 역 과정에서의 열량은 T-s 선도 상에서의 사이클 내부 면적이다.
④ 계와 주위 전체의 엔트로피 변화량은 $\Delta S \geq 0$ 이다.

47 가역 단열과정에서 엔트로피는 어떻게 되는가?

① 증가한다.
② 변하지 않는다.
③ 감소한다.
④ 경우에 따라 증가 또는 감소한다.

정답 42.③ 43.③ 44.④ 45.② 46.④ 47.②

48 이상기체의 엔트로피가 변하지 않는 과정은?

① 가역 단열과정
② 스로틀 과정
③ 가역 등온과정
④ 가역 정압과정

해설 이상기체의 엔트로피가 변하지 않는 과정은 가역 단열 과정이다. 즉, $dS = \dfrac{\delta Q}{T}$ 에서 $\delta Q = 0$ 즉, 단열과정이면 $dS = 0$이 된다.

49 비가역 과정에서 계의 엔트로피는?

① 항상 증가한다.
② 항상 감소한다.
③ 변하지 않는다.
④ 최초상태와 최종상태에만 관계된다.

해설 ① 비가역 과정이므로 $dS > \dfrac{\delta Q}{T}$ 또는
$$\delta S = S_2 - S_1 < \int_1^2 \dfrac{\delta Q}{T}$$
② 계의 엔트로피는 상태 1의 엔트로피 S_1과 상태 2의 엔트로피 S_2의 값으로 결정된다.
③ 계의 최초상태와 최종상태에만 관계된다.

50 비가역 단열변화에 있어서 엔트로피 변화량은 어떻게 되는가?

① 증가한다.
② 감소한다.
③ 변화량은 없다.
④ 증가할 수도 감소할 수도 있다.

51 어떤 계가 단열과정으로 팽창한다. 계의 엔트로피 변화는?

① 증가한다.
② 감소한다.
③ 변화 없거나 증가한다.
④ 변화 없거나 감소한다.

52 다음 중 물질의 엔트로피가 증가한 경우는?

① 컵에 있는 물이 증발하였다.
② 목욕탕의 수증기가 차가운 타일 벽에 물로 응결되었다.
③ 실린더 안의 공기가 가역 단열적으로 팽창되었다.
④ 뜨거운 커피가 식어서 주위 온도와 같게 되었다.

해설 $dS = \dfrac{\delta Q}{T}$ 에서 엔트로피가 증가하려면 $\delta Q > 0$ 이어야 한다.

53 어떤 이상기체가 진공 중으로 단열 상태에서 자유 팽창을 하여 최종 부피는 처음 부피의 2배로 되었다. 다음 중 틀린 것은?

① 한 일은 없다.
② 온도의 변화가 없다.
③ 엔트로피의 변화가 없다.
④ 내부 에너지의 변화가 없다.

해설 비가역 과정이므로 엔트로피는 증가한다.

54 단열 된 용기 안에 이상기체로 온도와 압력이 같은 산소 1kmol과 질소 2kmol이 얇은 막으로 나뉘어져 있다. 막이 터져 두 기체가 혼합될 경우 엔트로피의 변화는?

① 변화가 없다.
② 증가한다.
③ 감소한다.
④ 증가한 후 감소한다.

해설 기체의 혼합과정은 비가역 과정의 대표적인 현상이며, 비가역 과정의 엔트로피 변화량은 증가한다.

정답 ··· 48.① 49.④ 50.① 51.③ 52.① 53.③ 54.②

55 50℃의 액체와 100℃의 액체가 혼합되어 열평형을 이룰 때 다음 사항 중 맞지 않는 것은?

① 50℃에서 액체의 엔트로피는 100℃의 것보다 작다.
② 엔트로피는 변화된 온도 구간에 대하여 적분한 것이다.
③ 비가역 과정이므로 전 계에서 엔트로피는 증가한다.
④ 엔트로피의 변화가 없다.

해설 온도가 다른 두 액체의 혼합 후 열평형에 이른 경우
① 온도기준 포화 증기표에서 s50=0.7038kJ/kg·K, s100 =1.3069kJ/kg·K 이다.
② 엔트로피는 변화된 온도구간에 대하여 적분한 것($dS = \dfrac{\delta Q}{T}$)이다.
③ 저온물체는 중간의 온도로 온도가 상승되었으므로 ($\delta Q > 0$)엔트로피가 증가한다.
④ 고온물체는 중간의 온도로 온도가 하강되었으므로($\delta Q < 0$)엔트로피가 감소한다.
⑤ 전계에서의 엔트로피는 증가
$\delta S = \dfrac{\delta Q}{T_1} + \dfrac{\delta Q}{T_2} = \delta Q\left(\dfrac{1}{T_1} - \dfrac{1}{T_2}\right) > 0$
(단, T_1 : 저온, T_2 : 고온)
⑥ 고온물체에서 잃은 에너지는 저온물체로 전달되었으므로 전 에너지의 변화는 없다.

56 비열이 일정한 이상기체가 비가역 과정으로 온도와 부피가 같이 2배로 증가했다. 비 엔트로피의 변화는? (단, Cp, Cv는 각각 정압비열 및 정적비열을 표시한다.)

① $Cp \ln 2$ ② $Cv \ln 2\, Cv \ln 2$
③ $Cp - Cv$ ④ 알 수 없음

해설 비가역과정 및 온도와 부피 변화로 비 엔트로피는 증가하며, 정압 과정으로 간주할 경우
① $\delta Q = dh = Cpdt,\ dS = \dfrac{\delta Q}{T} = \dfrac{dh}{T} = Cp\dfrac{dT}{T}$
② $\delta S = \int_1^2 ds = s_2 - s_1$
$= Cp\ln\left(\dfrac{T_2}{T_1}\right) = Cp\ln\left(\dfrac{V_2}{V_1}\right)$
$= Cp\ln 2$

57 T_1, T_2인 두 물체 사이에 열량 Q가 전달될 때 이 두 물체가 이루는 계의 엔트로피 변화는?(단, $T_1 > T_2$이다.)

① $\dfrac{T_1 - T_2}{QT_1}$ ② $\dfrac{T_1 - T_2}{QT_2}$
③ $\dfrac{Q}{T_1} - \dfrac{Q}{T_2}$ ④ $\dfrac{Q}{T_2} - \dfrac{Q}{T_1}$

해설 $\delta S = -\dfrac{Q}{T_1} + \dfrac{Q}{T_2} = \dfrac{Q}{T_2} - \dfrac{Q}{T_1}$

58 절대온도 T_1 및 T_2의 두 물체가 있다. T_1에서 T_2로 열량 Q가 이동할 때 이 두 물체가 이루는 계의 엔트로피 변화를 나타내는 식은(단, $T_1 > T_2$이다.)

① $\dfrac{T_1 - T_2}{Q(T_1 \times T_2)}$ ② $\dfrac{Q(T_1 + T_2)}{T_1 \times T_2}$
③ $\dfrac{Q(T_1 - T_2)}{T_1 \times T_2}$ ④ $\dfrac{T_1 + T_2}{Q(T_1 \times T_2)}$

59 온도 T_1의 고온열원으로부터 온도 T_2의 저온열원으로 열량 Q가 전달될 때 두 열원의 총 엔트로피 변화량을 바르게 표현한 것은?

① $\dfrac{Q}{T_1} + \dfrac{Q}{T_2}$ ② $\dfrac{Q}{T_1} - \dfrac{Q}{T_2}$
③ $\dfrac{Q(T_1 + T_2)}{T_1 \cdot T_2}$ ④ $\dfrac{T_1 - T_2}{Q \cdot T_1 \cdot T_2}$

60 이상적인 가역과정에서 열량 ΔQ가 전달될 때 온도 T가 일정하면 엔트로피의 변화 ΔS는?

① $\Delta S = \dfrac{\Delta T}{\Delta Q}$ ② $\Delta S = \dfrac{Q}{\Delta T}$
③ $\Delta S = \dfrac{\Delta Q}{T}$ ④ $\Delta S = \dfrac{T}{\Delta Q}$

정답 ··· 55.④ 56.① 57.④ 58.③ 59.① 60.③

61 일정한 정적비열 Cv와 정압비열 Cp를 가진 이상기체 1kg의 절대온도와 체적이 각각 2배로 되었을 때 엔트로피의 변화량을 바르게 표시한 것은?

① $Cv \ln 2$
② $Cp \ln 2$
③ $(Cp - Cv) \ln 2$
④ $(Cp + Cv) \ln 2$

해설
$$dS = \frac{\delta Q}{T} = \frac{dU + PdV}{T}$$
$$= Cv\frac{dT}{T} + P\frac{dV}{T}$$
$$= Cv\frac{dT}{T} + R\frac{Dv}{V}$$
$$\therefore s_2 - s_1 = \int \frac{\delta Q}{T} = Cv\ln\frac{T_2}{T_1} + R\ln\frac{V_2}{V_1}$$
$$= Cv\ln 2 + R\ln 2 = (Cv + R)\ln 2 = Cp\ln 2$$

62 100℃의 수증기 10kg이 100℃의 물로 응축되었다. 수증기의 엔트로피 변화량은 몇 kJ/K 인가? (단, 물의 잠열은 2257kJ/kg이다.)

① 14.5
② 5390
③ -22570
④ -60.5

해설 $dS = -\frac{m\gamma}{T}$
$$\therefore -\frac{10 \times 2257}{(273+100)} = -60.5 kJ/K$$

63 물 1kg이 포화온도 120℃에서 증발할 때 증발 잠열은 2203 kJ이다. 증발하는 동안 물의 엔트로피 증가량은?

① 4.3kJ/kg·K
② 5.6kJ/kg·K
③ 6.5kJ/kg·K
④ 7.4kJ/kg·K

해설 $dS = \frac{\delta Q}{T}$
$$\therefore \frac{2203}{(273+120)} = 5.6 kJ/kg \cdot K$$

64 227℃의 증기가 500kJ/kg의 열을 받으면서 가역등온 팽창한다. 이때의 엔트로피의 변화는 약 얼마인가?

① 1.0 kJ/kgK
② 1.5 kJ/kgK
③ 2.5 kJ/kgK
④ 2.8 kJ/kgK

해설 $dS = \frac{\delta Q}{T}$
$$\therefore \frac{500}{273+227} = 1.0 kJ/kgK$$

65 물 10kg을 1기압 하에서 20℃로부터 60℃까지 가열할 때 엔트로피의 증가량은?
(단, 물의 정압비열은 4.18kJ/kgK 이다.)

① 9.78kJ/K
② 5.36kJ/K
③ 8.32kJ/K
④ 41.8kJ/K

해설 $dS = mC\ln\frac{T_2}{T_1}$
$$\therefore 10 \times 4.18 \times \ln\left(\frac{273+60}{273+20}\right) = 5.35 kJ/K$$

66 온도가 보기와 같은 4개의 열원(Heat Source)에서 100kJ의 열을 방출하였을 때 이 열원의 엔트로피가 가장 적게 감소하는 것은?

50℃, 100℃, 500℃, 1000℃

① 50℃
② 100℃
③ 500℃
④ 1000℃

해설 $dS = \frac{\delta Q}{T}$ 에서 열량이 일정할 때 온도(T)가 높을수록 엔트로피의 변화가 가장 적다.

정답 61.② 62.④ 63.② 64.① 65.② 66.④

67 어떤 시스템이 변화를 겪는 동안 주위의 엔트로피가 5kJ/K 감소하였다. 시스템의 엔트로피 변화로 가능한 것은?

① 2kJ/K 감소
② 5kJ/K 감소
③ 3kJ/K 증가
④ 6kJ/K 증가

해설 계와 주위 전체 엔트로피 변화량은 $dS \geq 0$ 이어야 하기 때문에 주위의 엔트로피가 5kJ/K 감소하였으므로 5kJ/K 이상 증가하여야 한다.

68 어떤 시스템이 100kJ의 열을 받고 150kJ의 일을 하였다면 이 시스템의 엔트로피는?

① 증가한다.
② 감소한다.
③ 변하지 않는다.
④ 시스템의 온도에 따라 증가할 수도 있고 감소할 수도 있다.

해설 계가 열을 받으므로 $\Delta Q > 0$ 가 되며,
$\Delta S = \dfrac{\Delta Q}{T} > 0$

69 산소 2몰과 질소 3몰을 100kPa, 25℃에서 단열 정적 과정으로 혼합한다. 이때 엔트로피 증가량은 얼마인가?(단, 일반 기체상수 R= 8.31434kJ/kmol·K 이다.)

① 25J/K
② 20.5J/K
③ 28J/K
④ 30.5J/K

해설 1 mol당 혼합 엔트로피는
$\Delta s = -R \sum xi \ln xi$ (xi : 몰 분율)에서
∴ $-8.31434 \times (0.4\ln 0.4 + 0.6\ln 0.6)$
$= 5.59565 J/mol \cdot K$
$\Delta S = M \times \Delta s$
∴ $(2+3) \times 5.59565 = 27.97 J/K$

70 공기 10kg$_f$이 정적과정으로 20℃에서 250℃까지 온도가 변하였다. 이 경우 엔트로피의 변화는 얼마인가?
(단, 공기의 C= 0.717kJ/kg$_f$·K이다.)

① 약 2.39kJ/K
② 약 3.07kJ/K
③ 약 4.15kJ/K
④ 약 5.81kJ/K

해설 $dU = mCvdT$, $dS = \dfrac{dQ}{T}$ 에서
$dS = \dfrac{mCvdT}{T} = mCv \ln \dfrac{T_2}{T_1}$
∴ $10 \times 0.717 \times \ln \dfrac{273+250}{273+20} ≒ 4.15 kJ/K$

71 50℃에 있는 물 1kg과 20℃에 있는 물 2kg을 일정 압력 하에서 단열 혼합시켜 물의 온도가 30℃가 되었다. 물의 정압비열은 Cp = 4.2kJ/kg.K로서 항상 일정하다고 할 때 이 혼합 과정의 전 엔트로피 변화는 몇 kJ/K인가?

① 0.0282   ② 0.0134
③ -268.4   ④ 281.8

해설 $dS = m_1 Cp \ln \dfrac{T}{T_1} + m_2 Cp \ln \dfrac{T}{T_2}$
∴ $1 \times 4.2 \times \ln \dfrac{273+30}{273+50} + 2 \times 4.2 \times \ln \dfrac{273+30}{273+20}$
$= 0.0134 kJ/K$

72 액체상태 물 2kg을 30℃에서 80℃로 가열하였다. 이 과정 동안 물의 엔트로피 변화량을 구하면? (단, 액체상태 물의 비열 C=4.184 kJ/kg.K로 일정하다.)

① 0.6391kJ/K   ② 1.278kJ/K
③ 4.100kJ/K   ④ 8.208 kJ/K

해설 $dS = mC \dfrac{dT}{T}$에서 $dS = mC \ln \left(\dfrac{T_2}{T_1} \right)$
∴ $2 \times 4.184 \times \ln \dfrac{273+80}{273+30} = 1.278 kJ/K$

정답 ··· 67.④ 68.① 69.③ 70.③ 71.② 72.②

73 600kPa, 300K 상태의 아르곤(argon) 기체 1kmol이 엔탈피가 일정한 과정을 거쳐 압력이 원래의 1/3배가 되었다. 일반 기체상수 R= 8.31451kJ/kmol·K이다. 이 과정 동안 아르곤(이상기체)의 엔트로피 변화량은?

① 0.782kJ/K
② 8.31kJ/K
③ 9.13kJ/K
④ 60.0kJ/K

해설 엔탈피가 일정하므로 등온과정이다.
따라서 $\delta S = mR \ln \dfrac{P_1}{P_2}$
∴ $1 kmol \times 8.31451 kJ/kmol \cdot K \ln(3) = 9.13 kJ/K$

74 단열된 용기 안에 두 개의 구리 블록이 있다. 블록 A는 10kgf, 온도 300K이고 블록 B는 10kgf, 900K이다. 구리의 비열은 0.4kJ/kgf℃이다. 두 블록을 접촉시켜 열 교환이 가능하게 하고 장시간 놓아두어 최종 상태에서 두 구리 블록의 온도가 같아졌다. 이 과정 동안 시스템의 엔트로피 증가량은?

① 1.15kJ/K
② 2.04kJ/K
③ 2.77kJ/K
④ 4.82kJ/K

해설 최종상태(평형상태)의 온도를 구하면
① $m_1 C_1 (T - T_1) + m_2 C_2 (T - T_2) = 0$에서
$T = \dfrac{m_1 C_1 T_1 + m_2 C_2 T_2}{m_1 C_1 + m_2 C_2}$
∴ $\dfrac{(10 \times 0.4 \times 300) + (10 \times 0.4 \times 900)}{(10 \times 0.4) + (10 \times 0.4)} = 600K$
② $S = m_1 C_1 \ln \dfrac{T}{T_1} + m_2 C_2 \ln \dfrac{T}{T_2}$
∴ $10 \times 0.4 \times \ln \dfrac{600}{300} + 10 \times 0.4 \times \ln \dfrac{600}{900}$
$= 1.15 kJ$

75 1kgf의 헬륨이 1atm하에서 정압가열 되어 온도가 300K에서 350K로 변하였을 때, 엔트로피(entropy)의 변화량은 몇 kJ/kgf·K인가? (단, h=5.238T의 관계를 갖는다. h의 단위는 kJ/kgf, T의 단위는 K이다.)

① 0.694 ② 0.756
③ 0.807 ④ 0.968

해설 $ds = \dfrac{\delta q}{T} = \dfrac{dh}{T} = \dfrac{5.238 dT}{T}$에서
$ds = 5.238 \ln \dfrac{T_2}{T_1}$
∴ $5.238 \ln \dfrac{350}{300} = 0.807 kJ/kgf \cdot K$

76 실린더 내의 공기가 100kPa, 20℃상태에서 300kPa이 될 때까지 가역단열 과정으로 압축된다. 이 과정 중 공기의 엔트로피의 변화는? (단, 공기의 비열비 k=1.4이다.)

① -1.35kJ/kgK
② 0kJ/kgK
③ 1.35kJ/kgK
④ 13.5kJ/kgK

해설 ① 가역단열 변화 $\delta Q = 0$
② $\delta S = \int_1^2 \dfrac{\delta Q}{T} = 0$
③ 가역단열 변화=등 엔트로피 변화

77 이상기체 1kgf을 300K, 100kPa에서 500K까지 "PV^n = 일정"의 과정(n=1.2)을 따라 변화시켰다. 기체의 비열비는 1.3, 기체상수는 0.287kJ/kgf·K라 가정한다. 이 기체의 엔트로피 변화량은?

① -0.244kJ/K ② -0.287kJ/K
③ -0.344kJ/K ④ -0.373kJ/K

해설 폴리트로프 과정의 엔트로피 변화량
$\delta S = \dfrac{n-k}{n-1} \times \dfrac{R}{k-1} \ln \dfrac{T_2}{T_1}$
∴ $\dfrac{1.2-1.3}{1.2-1} \times \dfrac{0.287}{1.3-1} \times \ln \dfrac{500}{300} = -0.244 kJ/K$

정답 73.③ 74.① 75.③ 76.② 77.①

78 공기 2kg이 300K, 600kPa 상태에서 500K, 400kPa 상태로 가열된다. 이 과정 동안의 엔트로피 변화량은 약 얼마인가?(단, 공기의 정적비열과 정압비열은 각각 0.717kJ/kgK과 1.004kJ/kgK로 일정하다.)

① 0.73kJ/kgK
② 1.83kJ/kgK
③ 1.02kJ/kgK
④ 1.26kJ/kgK

해설 $S_2 - S_1 = mCp\ln\dfrac{T_2}{T_1} - mR\ln\dfrac{P_2}{P_1}$

$\therefore 2 \times 1.004 \times \ln\dfrac{500}{300} - 2 \times (1.004 - 0.717) \times \ln\dfrac{400}{600}$
$= 1.26 kJ/kgK$

79 그림과 같이 2개의 탱크가 연결되어 있다. 초기에 탱크 A에 20kg$_f$의 공기가 들어 있으며 탱크 B는 진공이다. 탱크 A의 공기의 엔트로피는 초기에는 0.821kJ/kg$_f$·K이며, 최종 적어도 1.356kJ/kg$_f$·K로 변하였다. 이 과정 중 외부에서 2500kJ의 열량을 받았다면, 이 과정에서 비가역성의 값은? (단, 외계의 온도는 20℃이다.)

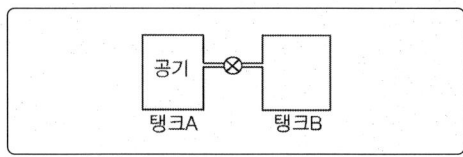

① 약 448.6(kJ)
② 약 635.1(kJ)
③ 약 1824.6(kJ)
④ 약 8136.7(kJ)

해설 ① $\delta S = m(s_2 - s_1)$
$\therefore 20 \times (1.356 - 0.821) = 10.7 kJ/K$
② $Q = \delta S \times T$ $\therefore 10.7 \times (273 + 20) = 3135 kJ$
$\therefore$ 비가역성의 값 $= 3135 - 2500 = 635 kJ$

80 체적이 0.1 m³로 일정한 단열 용기가 격막으로 나뉘어 있다. 용기의 왼쪽 절반은 압력이 200kPa, 온도가 20℃, 이상기체상수가 8.314kJ/kmole·K인 공기(이상기체로 가정함)로 채워져 있으며, 오른쪽 절반은 진공을 유지하고 있다. 격막의 갑작스런 파손으로 인해 공기가 전체적으로 퍼져 나갔다. 이 과정의 엔트로피 변화량은?

① 12.3 J/K
② 23.7 J/K
③ 35.2 J/K
④ 47.5 J/K

해설 $\delta S = nR\ln\dfrac{V_2}{V_1}$

$\therefore 4.1 \times 10^{-3} \times 8.314 \times \ln 2$
$= 23.63 \times 10^{-3} kJ/K$

정답 ··· 78.④ 79.② 80.②

Part 2 기계열역학 — 기출문제 [각종 사이클]

01 다음 동력 사이클에서 두 개의 정압과정이 포함된 사이클은?
① Rankine   ② Otto
③ Diesel   ④ Carnot

해설 ① Rankine cycle : 정압과정 2개와 단열과정 2개로 이루어진다.
② Otto Cycle : 정적과정 2개와 단열과정 2개로 이루어진다.
③ Diesel Cycle : 정적과정 1개, 정압과정 1개, 그리고 단열과정 2개로 이루어진다.
④ Carnot Cycle : 등온과정 2개와 단열과정 2개로 이루어진다.

02 랭킨 사이클에 대한 설명 중 맞는 것은?
① 펌프를 통해 엔트로피는 증가하거나 감소한다.
② 터빈을 통해 엔트로피는 증가하거나 감소한다.
③ 보일러와 응축기를 통한 실제 과정에서 압력강하 때문에 증발온도 및 응축온도가 감소한다.
④ 터빈 출구의 건도는 낮을수록 좋다.

해설 Rankine 사이클
① 증기 원동소의 이상 사이클이며, 단열(정적)압축(급수 펌프) → 정압가열(보일러 및 과열기) → 단열팽창(터빈) → 정압방열(응축기)로 구성된다.
③ 펌프와 터빈의 압축 및 팽창과정은 단열과정(등엔트로피 과정)이나, 마찰 등에 의해 엔트로피가 증가된다.
④ 보일러와 응축기의 실제 과정에서 마찰 등에 의한 압력강하가 발생되므로 증발온도 및 응축온도는 감소한다.
⑤ 터빈출구의 건도가 낮으면 터빈의 날개를 부식시키므로 건도는 높을수록 좋다.

03 다음 사항 중 틀린 것은?
① 랭킨 사이클의 열효율은 터빈입구의 과열증기 상태와 복수기의 진공도에 의해서 거의 결정된다.
② 랭킨 사이클의 열효율을 열역학적으로 개선한 것이 재생 랭킨 사이클이다.
③ 증기 터빈에서 복수기의 배압은 냉각수의 온도에 의해서 정해지므로 자유로이 바꿀 수는 없다.
④ 랭킨 사이클의 열효율은 터빈의 입구 압력, 입구 온도의 영향만을 받는다.

해설 랭킨 사이클에 대한 사항은 ①, ②, ③ 항 이외에 열효율을 높이려면 터빈 입구의 온도와 압력을 높이든가 복수기의 압력(배압)을 낮추면 된다.

04 다음 중 Rankine 사이클에 대한 설명으로 틀린 것은?
① Carnot 사이클을 현실화한 사이클이다.
② 증기의 최고온도는 터빈 재료의 내열특성에 의하여 제한된다.
③ 팽창일에 비하여 압축일이 적은 편이다.
④ 터빈 출구에서 건도가 낮을수록 유지관리에 유리하다.

해설 랭킨 사이클에 대한 설명은 ①, ②, ③ 항 이외에 효율을 높이기 위해서는 초압과 초온을 크게 하고, 배압을 낮추어야 한다. 즉 배압을 낮추면 낮출수록 터빈효율은 증가하고 건도는 감소한다.

정답 01.① 02.③ 03.④ 04.④

05 랭킨 사이클의 열효율을 높이는 방법이 아닌 것은?

① 과열기를 설치하여 과열한다.
② 열 공급온도를 상승시킨다.
③ 열 방출온도를 상승시킨다.
④ 재열(reheat)한다.

해설 랭킨 사이클의 열효율을 높이는 방법은 ①, ②, ④항 이외에 열 방출온도를 낮춘다.

06 증기동력 시스템에서 이상적인 사이클로 카르노(Carnot) 사이클을 택하지 않고 랭킨(Rankine) 사이클을 택한 주된 이유로 가장 적합한 것은?

① 이론적 카르노 사이클을 구성하는 것이 불가능하다.
② 랭킨 사이클의 효율이 동일한 작동온도를 갖는 카르노 사이클의 효율보다 높다.
③ 수증기와 액체가 혼합된 습증기를 효율적으로 압축하는 펌프를 제작하는 것이 어렵다.
④ 보일러에서 과열과정을 정압과정으로 가정하는 것이 타당하지 않다.

해설 증기동력 시스템에서 Rankine 사이클을 선택하는 이유는 수증기와 액체가 혼합된 습증기를 효율적으로 압축하는 펌프를 제작하는 것이 어렵기 때문이다.

07 재열 및 재생 사이클에 대한 설명 중 맞는 것은?

① 재생 사이클은 터빈 출구 건도를 증가시킨다.
② 재열 사이클은 터빈 출구의 건도를 감소시킨다.
③ 추기 재생 사이클의 단수가 너무 많으면 효율의 증가에 따른 에너지 절약의 효과보다 추가적인 장비의 가격이 높아져서 경제성이 떨어진다.
④ 개방형 급수 가열기를 이용한 재생 사이클에서는 급수 가열기와 동일한 숫자의 급수 펌프가 필요하다.

해설 ① 재생 사이클 : 터빈 내에서 팽창 도중 증기의 일부를 추출하여 복수기로부터 보일러에 공급되는 저온의 급수의 예열에 이용함으로써 복수기에서 방출되는 열량의 감소량만큼 열효율을 개선시키는 사이클이다.
② 재열사이클 : 팽창 도중의 증기를 터빈으로부터 뽑아내어 다시 가열하여 과열도를 높인 다음 다시 터빈에 도입하여 팽창시키는 사이클이다. 열효율이 증가하며, 터빈 출구의 건도를 증가시켜 터빈 날개의 부식을 방지한다.
③ 추기 재생 사이클의 단수가 너무 많으면 효율의 증가에 따른 에너지 절약의 효과보다 추가적인 장비의 가격이 높아져서 경제성이 떨어진다.
④ 개방형 급수가열기(또는 혼합형 급수가열기)는 밀폐형 급수가열기(또는 표면 급수가열기)에 비하여 열전달 특성이 좋고, 비싸지 않으나, 각 급수가열기마다 급수 펌프가 필요하다. 따라서 재생을 하지 않는 랭킨 사이클의 급수펌프가 필요함으로 급수펌프는 급수가열기보다 1개 더 많다.

08 이상 재열사이클과 단순 랭킨사이클을 비교한 설명으로 틀린 것은?

① 이상 재열사이클의 열효율이 더 높다.
② 이상 재열사이클의 경우 터빈 출구 건도가 증가한다.
③ 이상 재열사이클의 기기 비용이 더 많이 요구된다.
④ 이상 재열사이클의 경우 터빈 입구온도를 더 높일 수 있다.

해설 재열 사이클은 터빈 입구의 온도를 단순 랭킨 사이클의 터빈 입구 온도보다 높이지 않는다.

09 랭킨 사이클에서 응축기 압력이 5kPa이고 토출 압력이 10MPa인 펌프의 일은 약 몇 kJ/kg인가? (단, 물의 비체적은 0.001m³/kg으로 일정하다.)

① 3
② 5
③ 10
④ 15

해설) $Wt = \int VdP = -VdP$
∴ $0.001 \times (10 \times 10^3 - 5) = 10 kJ/kg$
여기서, (−)의 의미는 시스템에 공급한 일량이다.

10 다음과 같은 이상적인 랭킨 사이클의 열효율은?(단, 온도-엔트로피(T-S)선도의 각 상태의 엔탈피 h는 다음과 같다. (h_1=40kcal /kg$_f$, h_2=42kcal/kg$_f$, h_3=334kcal/kg$_f$, h_4=825kcal/kg$_f$, h_5=500kcal/kg$_f$이다.)

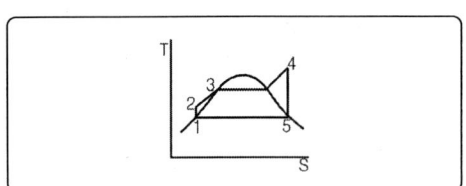

① 약 34%   ② 약 47%
③ 약 39%   ④ 약 41%

해설) $\eta_R = \dfrac{(h_4 - h_5) - (h_2 - h_1)}{(h_4 - h_2)}$
∴ $\dfrac{(825 - 500) - (42 - 40)}{(825 - 42)} = 0.41 = 41\%$

11 랭킨(Rankin)사이클의 각 과정에서 엔탈피가 〈보기〉와 같을 때 사이클의 이론열효율은 약 몇 %인가?

- 보일러 입구 : 58.6kJ/kg
- 보일러 출구 : 810.3kJ/kg
- 응축기 입구 : 614.2kJ/kg
- 응축기 출구 : 57.4kJ/kg

① 32   ② 30
③ 28   ④ 26

해설) $\eta_R = \dfrac{(h_2 - h_3) - (h_1 - h_4)}{(h_2 - h_1)}$
∴ $\dfrac{(810.3 - 614.2) - (58.6 - 57.4)}{(810.3 - 58.6)} = 0.26 = 26\%$

12 다음 그림과 같은 랭킨사이클에서 각 점의 엔탈피(kJ/kg)가 각각 i_1=800, i_2=350, i_3=50, i_4=200이다. 이 사이클의 효율은 얼마인가?

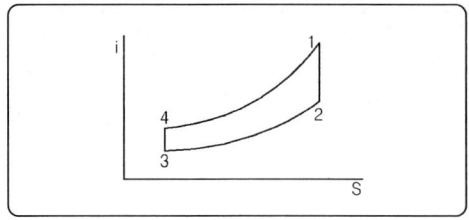

① 20%
② 30%
③ 40%
④ 50%

해설) $\eta_R = \dfrac{(i_1 - i_2) - (i_4 - i_3)}{(i_1 - i_4)}$
∴ $\dfrac{(800 - 350) - (200 - 50)}{800 - 200} = 0.5 (50\%)$

13 랭킨(Rankine)사이클의 각 점(그림 참조)에서 엔탈피가 다음과 같다. h_1=100kJ/kg, h_2=110kJ/kg, h_3=2000kJ/kg, h_4=1500 kJ/kg 이 사이클의 열효율은?

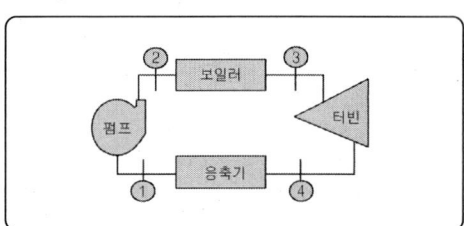

① 28%   ② 26%
③ 24%   ④ 30%

해설) $\eta_R = 1 - \dfrac{h_4 - h_1}{h_3 - h_2}$
∴ $1 - \dfrac{1500 - 100}{2000 - 110} = 0.26 = 26\%$

정답) 10.④ 11.④ 12.④ 13.②

14 Rankine Cycle로 작동하는 증기 원동소의 각 점에서의 엔탈피가 다음가 같을 때 열효율은? (단, 보일러입구 : 303kJ/kg, 보일러출구 : 3553kJ/kg, 터빈출구 : 2682kJ/kg, 복수기(응축기) 출구 : 300kJ/kg이다.)

① 26.7%
② 30.8%
③ 32.5%
④ 33.6%

해설 ① $\eta_R = \dfrac{(h_2 - h_3) - (h_1 - h_4)}{(h_2 - h_1)}$

② h_1=303kJ/kg : 보일러 입구 엔탈피,
h_2=3553kJ/kg : 보일러 출구 엔탈피
h_3=2682kJ/kg : 터빈 출구 엔탈피,
h_4=300kJ/kg : 복수기(응축기) 출구

∴ $\dfrac{(3553-2682)-(303-300)}{(3553-303)} = 0.267 = 26.7\%$

15 복수기(응축기)에서 10kPa, 건도 x=0.96인 수증기를 매시간 1000kg 응축시키는 데 필요한 냉각수의 유량은? (단, 냉각수는 15℃에서 들어오고 25℃에서 나간다. 그리고 10kPa의 포화 액과 포화 증기의 엔탈피는 각각 hf=191.83kJ/kg, hg=2584.7kJ/kg이며, 물의 비열은 4.2kJ/kg.K이다.)

① 약 27400kg/h
② 약 34800kg/h
③ 약 54700kg/h
④ 약 75500kg/h

해설 건도 96%인 수증기를 응축시키는데 필요한 열량은 $Q = m\Delta h = 1000 \times (h_\mathrm{x} - h')$
∴ $h_\mathrm{x} = h' + \mathrm{x}(h'' - h')$
= 191.83 + 0.96×(2584.7 - 191.83) = 2488.98
∴ $Q = 1000 \times (2488.98 - 191.83)$
= 2297×10^3 kJ/hr
이 열량을 물로 냉각시켜야 되므로
$Q = m\Delta h$
∴ $m = \dfrac{Q}{C\Delta T} = \dfrac{2297 \times 10^3}{4.2 \times 10} ≒ 54700 kg/h$

16 랭킨 사이클(Rankine cycle)에서 5MPa, 500℃의 증기가 터빈 안에서 5kPa까지 단열 팽창할 때 이 사이클의 펌프 일은 약 몇 kJ/kg인가?(단, 물의 비체적은 0.001m³/kg이다.)

① 50kJ/kg
② 5kJ/kg
③ 10kJ/kg
④ 20kJ/kg

해설 $W = V(P_1 - P_2)$
∴ $0.001 \times (5 \times 10^3 - 5) = 5 kJ/kg$

17 어떤 재생 사이클의 혼합형 급수 가열기에서는 터빈에서 추기된 습증기(h_1=2690kJ/kg)와 저압펌프에서 공급되는 물(h_2=190kJ/kg)이 혼합되어 고압펌프에 엔탈피(h_3=600kJ/kg)인 상태로 공급된다. 터빈에 공급된 증기 1kg당 터빈에서 추기되는 수증기의 양은?

① 0.142kg ② 0.164kg
③ 0.223kg ④ 0.317kg

해설 터빈에서 추기되는 수증기 양
= $\dfrac{600 - 190}{2690 - 190} = 0.164$

18 공기표준 Brayton 사이클에 대한 다음 설명 중 잘못된 것은?

① 단순 가스터빈에 대한 이상 사이클이다.
② 열 교환기에서의 과정은 등온과정으로 가정한다.
③ 터빈에서의 과정은 가역단열 팽창과정으로 가정한다.
④ 압축기에서는 터빈에서 생산되는 일의 40% 내지 80%를 소모한다.

해설 공기표준 Brayton 사이클은 단순 가스 터빈의 이상 사이클이며, 단열압축(압축기) → 정압가열 → 단열팽창(터빈) → 정압방열로 구성된다. 이론 열효율은 약 40 % 정도이다.

정답 14.① 15.③ 16.② 17.② 18.②

19 가스터빈 엔진의 열효율에 대한 다음 설명 중 잘못된 것은?
① 압축기 전후의 압력비가 증가할수록 열효율이 증가한다.
② 터빈입구의 온도가 높을수록 열효율이 증가하나 고온에 견딜 수 있는 터빈 블레이드 개발이 요구된다.
③ 역열비는 터빈 일에 대한 압축 일의 비로 정의되며, 이것이 높을수록 열효율이 높아진다.
④ 가스터빈 엔진은 증기터빈 원동소와 결합된 복합 시스템을 구성하여 열효율을 높인다.

20 실제 가스터빈 사이클에서 최고온도가 630℃ 이고, 터빈효율이 80%이다. 손실 없이 단열팽창 한다고 가정했을 때의 온도가 290℃라면 실제 터빈출구에서의 온도는?(단, 가스의 비열은 일정하다고 가정한다.)
① 348℃ ② 358℃
③ 368℃ ④ 378℃

해설 $\eta_T = \dfrac{h_3 - h_4'}{h_3 - h_4} = \dfrac{T_3 - T_4'}{T_3 - T_4}$ 에서
$T_3 = 630℃ = 903K$, $T_4 = 290℃ = 563K$,
$\therefore T_4' = T_3 - (T_3 - T_4)\eta_T$ 에서
$903 - (903 - 563) \times 0.8 = 631K = 358℃$

21 공기 표준 Brayton 사이클로 작동하는 이상적인 가스터빈이 있다. 이 터빈의 압축기로 0.1MPa, 300K의 공기가 들어가서 0.5MPa로 압축된다. 이 과정에서 175kJ/kg_f의 일이 소요된다. 열 교환기를 통해 627kJ/kg_f의 열이 들어가 공기를 1100K로 가열한다. 이 공기가 터빈을 통과하면서 406kJ/kg_f의 일을 얻는다. 이 시스템의 열효율은?
① 0.28 ② 0.37
③ 0.50 ④ 0.65

해설 $\eta_B = 1 - \left(\dfrac{P_1}{P_2}\right)^{\frac{k-1}{k}}$
$\therefore 1 - \left(\dfrac{0.1}{0.5}\right)^{\frac{0.4}{1.4}} = 0.368 = 37\%$

22 두 개의 등 엔트로피 과정과 두 개의 정적과정으로 이루어진 사이클은?
① Stirling 사이클
② Otto 사이클
③ Ericsson 사이클
④ Carnot 사이클

해설 ① Stirling cycle ; 등온압축(방열) → 정적가열 → 등온팽창(흡열) → 정압방열
② Otto cycle ; 단열압축 → 정적가열 → 단열팽창 → 정적방열
③ Ericsson cycle ; 등온압축 → 정압가열 → 등온팽창 → 정압방열(배기)
④ Carnot cycle ; 등온압축 → 단열압축 → 등온팽창 → 단열팽창

23 다음 설명 중 틀린 것은?
① 오토사이클의 효율은 압축비(compression ratio)의 함수이다.
② 오토사이클은 전기점화 내연기관의 기본이 되는 이상적인 사이클이다.
③ 디젤 사이클은 압축점화 내연기관의 기본이 되는 이상적인 사이클이다.
④ 동일한 압축비에 대해서 디젤 사이클의 효율이 오토 사이클의 효율보다 크다.

해설 동일한 압축비에 대하여 오토 사이클의 효율이 디젤 사이클의 효율보다 크다.

24 오토(Otto) 사이클에 관한 설명 중 틀린 것은?
① 가솔린 기관의 공기표준 사이클이다.
② 연소과정은 등적 가열과정으로 간주한다.
③ 압축비가 클수록 효율이 높다.
④ 열효율은 작업 기체의 종류와 무관하다.

정답 19.③ 20.② 21.② 22.② 23.④ 24.④

해설 오토 사이클(Otto cycle)
① 전기(불꽃)점화 기관(가솔린 기관)의 이상 사이클이다.
② 연소과정은 등적가열과정으로 가정하며, 흡열과정이 정적이므로 정적 사이클(constant volume cycle)이라고도 한다.
③ 단열압축 → 정적가열 → 단열팽창 → 정적방열로 구성된다.
④ 열효율은 압축비만의 함수이며, 압축비가 클수록 열효율은 증가한다.

25 다음 그림은 오토사이클의 P-V선도이다. 그림에서 3-4가 나타내는 과정은?

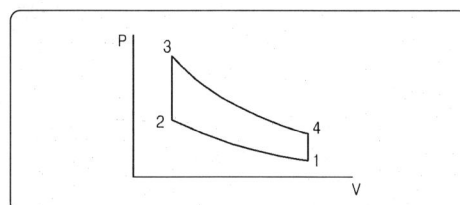

① 단열 압축과정
② 단열 팽창과정
③ 정적 가열과정
④ 정적 방열과정

해설 ① 과정 1 → 2 : 단열압축 과정
② 과정 2 → 3 : 정적 가열과정
③ 과정 3 → 4 : 단열팽창 과정
④ 과정 4 → 1 : 정적 방열과정

26 오토사이클에서 101.3KPa, 21℃의 공기가 압축비 7로 압축될 때 오토 사이클의 효율은? (단, 공기의 비열비 k=1.4로 한다.)

① 98%
② 54%
③ 46%
④ 86%

해설 $\eta o = 1 - \left(\dfrac{1}{\epsilon}\right)^{k-1}$

$\therefore 1 - \left(\dfrac{1}{7}\right)^{0.4} = 54\%$

27 다음 중 이상적인 오토 사이클의 효율을 증가시키는 방안으로 모두 맞는 것은?

① 최고 온도증가, 압축비 증가, 비열비 증가
② 최고 온도증가, 압축비 감소, 비열비 증가
③ 최고 온도증가, 압축비 증가, 비열비 감소
④ 최고 온도감소, 압축비 증가, 비열비 감소

28 오토사이클로 작동되는 기관에서 실린더의 간극체적이 행정체적의 15%라고 하면 이론 열효율은 약 얼마인가?(단, k=1.4이다.)

① 45.2%
② 50.6%
③ 55.8%
④ 61.4%

해설 ① $\epsilon = 1 + \dfrac{100}{15} = 7.67$

② $\eta o = 1 - \left(\dfrac{1}{\epsilon}\right)^{k-1}$

$\therefore 1 - \left(\dfrac{1}{7.67}\right)^{0.4} = 55.8\%$

29 이상 오토사이클의 열효율이 56.5% 이라면 압축비는 약 얼마인가?(단, 작동유체의 비열비는 1.4로 일정하다.)

① 7.5
② 8.0
③ 9.0
④ .5

해설 $\eta o = 1 - \left(\dfrac{1}{\epsilon}\right)^{k-1}$ 에서 $\epsilon = \left(\dfrac{1}{1-\eta o}\right)^{\frac{1}{k-1}}$

$\therefore \left(\dfrac{1}{1-0.565}\right)^{\frac{1}{1.4-1}} = 8$

정답 25.② 26.② 27.① 28.③ 29.②

30 이론 정적 사이클에서 단열압축을 할 때 압축이 시작 될 때의 게이지(gage) 압력이 91kPa이고, 압축이 끝났을 때의 게이지(gage)압력이 1317kPa라 하면 이 사이클의 압축비는? (단, k=1.4라 한다.)

① 약 4.16　　② 약 5.24
③ 약 5.75　　④ 약 6.74

해설 ① $\epsilon = \left(\dfrac{P_2}{P_1}\right)^{\frac{1}{k}}$

∴ $\left(\dfrac{1317}{91}\right)^{\frac{1}{1.4}} = 6.74$

31 다음은 오토(otto) 사이클의 온도-엔트로피(T-S)선도이다. 이 사이클의 열효율을 온도를 이용하여 나타낼 때 옳은 것은?(단, 공기의 비열은 일정한 것으로 본다.)

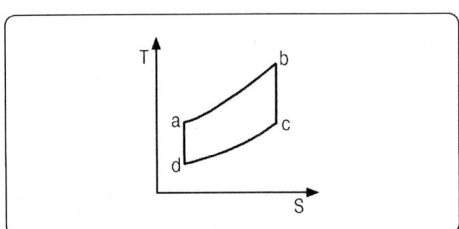

① $1 - \dfrac{Ta - Td}{Tb - Tc}$

② $1 - \dfrac{Tb - Ta}{Tc - Td}$

③ $1 - \dfrac{Ta - Td}{Tb \cdot Tc}$

④ $1 - \dfrac{Tb \cdot Tc}{Ta - Tb}$

해설 $Q_1 = m\int_b^c du = m\int_b^c CvdT = mCv(Tc - Tb)$

$Q_2 = -m\int_d^a du = m(Td - Ta) = mCv(Td - Ta)$

$\eta c = 1 - \dfrac{Q_2}{Q_1} = 1 - \dfrac{Ta - Td}{Tb - Tc}$

32 그림과 같은 오토사이클의 열효율은? (단, T_1=300K, T_2=689K, T_3=2364K, T_4=1029K이다.)

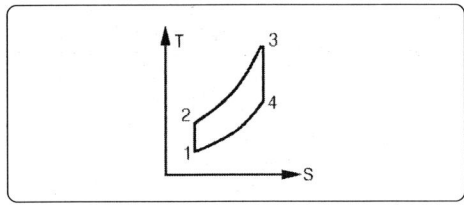

① 37.5%
② 56.5%
③ 43.5%
④ 62.5 %

해설 $\eta_o = 1 - \dfrac{Q_L}{Q_H} = 1 - \dfrac{T_4 - T_1}{T_3 - T_2}$

∴ $1 - \dfrac{1029 - 300}{2364 - 689} \times 100 = 56.5\%$

33 오토사이클에서 압축 시작점의 상태가 0.1 MPa, 40℃이고, 압축 끝점의 온도와 최고 온도는 각각 447℃와 3232K이다. 이 사이클의 효율은?

① 43.5%
② 56.5%
③ 77.7%
④ 91.1 %

해설 ① $T_4 = T_1 \times \dfrac{T_3}{T_2}$

∴ $(273+40) \times \dfrac{3232}{(273+447)} = 1405K$

② $\eta_o = 1 - \dfrac{T_4 - T_1}{T_3 - T_2}$

∴ $1 - \dfrac{1405 - (273+40)}{3232 - (273+447)} \times 100 = 56.5\%$

정답　30.④　31.①　32.②　33.②

34 이상 오토사이클의 압축초기 공기는 100kPa, 17℃이다. 등적과정에서 700kJ/kg의 열을 받았다면 사이클의 최고 압력과 온도는 얼마인가? (단, 공기의 비열비 k=1.4 이고, 정압비열 Cp=1003J/kg이다. 이상 오토 사이클의 압축비는 8이다.)

① 4.21MPa, 1752K
② 1.84MPa, 666.6K
③ 4.53MPa, 666.6K
④ 4.53MPa, 1643K

해설 ① $T_2 = T_1 \times \epsilon^{k-1}$
∴ $(273+17) \times 8^{0.4} = 666.2K$
② $T_3 = T_2 + \dfrac{Q}{mCv}$ ($\because Cv = \dfrac{Cp}{k}$)
∴ $666.2 + \dfrac{700}{\frac{1.033}{1.4}} = 1643K$
③ $P_2 = P_1 \times \epsilon^k$ ∴ $100 \times 8^{1.4} = 1838K$
④ $P_3 = P_2 \times \dfrac{T_3}{T_2}$ ∴ $1838 \times \dfrac{1643}{666.2} = 4.53MPa$

35 이상 디젤 사이클에 대한 설명으로 옳지 않은 것은?

① 두 개의 등 엔트로피 과정이 포함되어 있다.
② 압축착화기관의 이상 사이클이다.
③ 한 개의 등압과정과 한 개의 등온과정이 포함되어 있다.
④ 압축비가 동일할 때 이상 오토 사이클보다 열효율이 낮다.

해설 디젤 사이클에 대한 설명은 ①,②,④ 항 이외에 한 개의 등압과정과 한 개의 등적과정이 포함되어 있다.

36 공기표준 동력 사이클에서 오토사이클이 디젤 사이클과 다른 과정은?

① 가열과정   ② 팽창과정
③ 방열과정   ④ 압축과정

37 오토사이클과 디젤 사이클에 있어서 최고압력과 최고온도가 동일하면 두 사이클의 압축비는?

① 디젤 사이클의 압축비가 크다.
② 오토사이클의 압축비가 크다.
③ 두 사이클의 압축비는 같다.
④ 이 조건만으로는 비교할 수 없다.

해설 오토 사이클과 디젤 사이클에서 최고압력과 최고온도가 동일하면 디젤 사이클의 압축비가 크다.

38 그림에서 t_1=38℃, t_2=150℃, t_3=260℃이다. 이 사이클의 열효율은? (단, Cv=0.172 kcal/kg_f kcal, Cp=0.241kcal/kg_f kcal이다.)

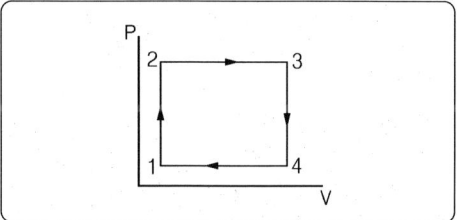

① 4.0%
② 4.2%
③ 4.4%
④ 4.8%

해설 $T_4 = T_3 \times \dfrac{T_1}{T_2}$
∴ $(273+260) \times \dfrac{(273+38)}{(273+150)}$
$= 391.87K = 118.87℃$
$\eta = 1 - \dfrac{Cv(T_4-T_3)+Cp(T_1-T_4)}{Cv(T_2-T_1)+Cp(T_3-T_2)}$
$= 1 - \dfrac{0.172 \times (118.87-260) + 0.241 \times (38-118.87)}{0.172 \times (150-38) + 0.241 \times (260-150)}$
$= 0.044 = 4.4\%$

정답 34.④ 35.③ 36.① 37.① 38.③

39 15kW의 디젤기관에서 마찰손실이 그 출력의 15%일 때 손실에 의해서 시간당 발생되는 열량은?

① 4590kJ　　② 810kJ
③ 45900kJ　　④ 8100kJ

해설 ① 손실동력(L_{kW}) = $15kW \times 0.15 = 2.25kW$
② 손실열량(Q)
  = $3600 KJ/kW \cdot h \times 2.25 kW = 8100 KJ$

40 다음 설명 중 옳은 것은?

① 압력(P)과 체적(V)의 곱의 단위는 에너지의 단위와 같다.
② 카르노 열기관의 효율은 비가역 열기관의 효율보다 항상 높다.
③ 열기관의 효율은 온도만의 함수이다.
④ 스로틀(throttling) 과정 전·후로 이상기체의 온도는 하강한다.

해설 ① 고온 및 저온의 양 열원 사이에서 작동할 경우에는 카르노 기관의 열효율이 비가역 기관의 열효율 보다 항상 높다.
② 열기관의 열효율은 여러 가지 성질을 함수이다.
③ 스로틀 과정 전후 이상기체의 엔탈피는 일정하므로 온도도 일정하다.

41 카르노 사이클에 관한 일반적인 설명으로서 가장 옳지 않는 것은?

① 2개의 가역 단열과정과 2개의 가역 등온과정으로 구성된다.
② 사이클에서 총 엔트로피의 변화는 없다.
③ 열전달은 등온과정에서만 발생한다.
④ 일의 전달은 단열과정에서만 발생한다.

해설 ① 일의 전달과정(-) : 가역 등온 압축과정, 가역 단열 압축과정
② 일의 전달과정(+) : 가역 등온 팽창과정, 가역 단열 팽창과정
③ 단열과정과 등온과정 모두 일이 전달된다.

42 카르노 사이클(Carnot cycle)은 다음 가역과정으로 이루어져 있다. 어느 것인가?

① 두개의 등온과정과 두개의 단열과정
② 두개의 정압과정과 두개의 정적과정
③ 두개의 정적과정과 두개의 단열과정
④ 두개의 등온과정과 두개의 정적과정

해설 카르노사이클은 2개의 등온과정과 2개의 단열과정으로 이루어진다. 즉, 등온팽창 → 단열팽창 → 등온압축 → 단열압축으로 구성되어 있다.

43 열기관 중 카르노(Carnot)사이클은 어떠한 가역 변화로 구성되며, 그 변화의 순서는?

① 등온팽창 → 단열팽창 → 등온압축 → 단열압축
② 등온팽창 → 단열압축 → 단열팽창 → 등온압축
③ 등온팽창 → 등온압축 → 단열압축 → 단열팽창
④ 등온팽창 → 단열팽창 → 단열압축 → 등온압축

44 이상기체를 동작물질로 하는 카르노사이클의 $p-v$ 선도는 다음 그림과 같다. 이 그림에서 열을 공급받는 과정은?

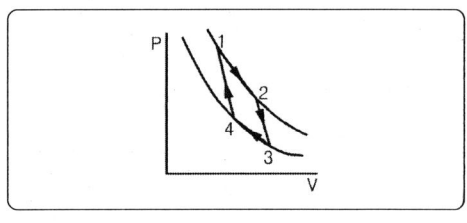

① 1 → 2　　② 2 → 3
③ 3 → 4　　④ 4 → 1

해설 사이클의 과정
① 1 → 2 ; 등온팽창(가열),
② 2 → 3 ; 단열팽창,
③ 3 → 4 ; 등온압축 (방열),
④ 4 → 1 ; 단열압축

정답 … 39.④　40.①　41.④　42.①　43.①　44.①

45 두 열원의 온도는 $T_1A > T_1B$이고, 저온 열 저장소의 온도는 $T_2 = T_2A = T_2B$이며, 공급 열 $Q_1 = Q_1A = Q_1B$인 두 가역 열기관의 열효율 ηA 및 ηB는?

① $\eta A > \eta B$ ② $\eta A < \eta B$
③ $\eta A = \eta B$ ④ $\eta A \leq \eta B$

해설 $\eta = 1 - \dfrac{T_L}{T_H} = 1 - \dfrac{T_2}{T_1}$

$\therefore\ T_2 = T_2A = T_2B \quad T_1A > T_1B$

$\therefore\ \eta A > \eta B$

46 카르노 열기관의 열효율(η)은 공급열량 Q_1, 방열량 Q_2라 하면 다음과 같이 표시된다. 옳은 것은?

① $\eta = 1 - \dfrac{Q_2}{Q_1}$ ② $\eta = 1 + \dfrac{Q_2}{Q_1}$
③ $\eta = 1 - \dfrac{Q_1}{Q_2}$ ④ $\eta = 1 + \dfrac{Q_1}{Q_2}$

해설 $\eta = \dfrac{W}{Q_H} = \dfrac{Q_H - Q_L}{Q_H} = 1 - \dfrac{Q_L}{Q_H} = 1 - \dfrac{Q_2}{Q_1}$

47 그림과 같은 카르노사이클의 1, 2, 3, 4 점에서의 온도를 T_1, T_2, T_3, T_4 라 할 때 이 사이클의 효율은 어떻게 표시되겠는가?

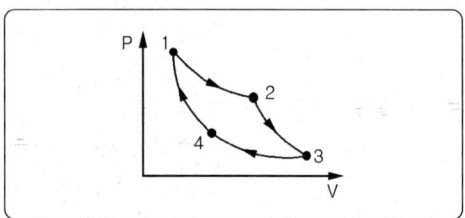

① $1 - \dfrac{T_2}{T_1}$ ② $1 - \dfrac{T_4}{T_1}$
③ $1 - \dfrac{T_4}{T_3}$ ④ $1 - \dfrac{T_3}{T_4}$

48 고온 400℃, 저온 50℃의 온도 범위에서 작동하는 Carnot 사이클의 열효율을 구하면 몇 %인가?

① 22
② 32
③ 42
④ 52

해설 $\eta_c = 1 - \dfrac{T_L}{T_H}$

$\therefore\ 1 - \dfrac{273 + 50}{273 + 400} = 0.52 = 52\%$

49 500℃와 20℃의 두 열원사이에 설치되는 열기관이 가질 수 있는 최대의 이론 열효율(%)은 약 얼마인가?

① 4%
② 38%
③ 62%
④ 96%

해설 $\eta_c = 1 - \dfrac{T_L}{T_H}$

$\therefore\ 1 - \dfrac{273 + 20}{273 + 500} = 62\%$

50 523℃의 고열원으로부터 1MW의 열을 받아서 300K의 대기 중으로 600kW의 열을 방출하는 열기관이 있다. 이 열기관의 효율은?

① 0.4
② 0.43
③ 0.6
④ 0.625

해설 $\eta_c = 1 - \dfrac{T_L}{T_H}$

$\therefore\ 1 - \dfrac{600kW}{1MW} = 1 - \dfrac{600}{1000} = 0.4$

정답 45.① 46.① 47.② 48.④ 49.③ 50.①

51 카르노 열기관 사이클 A는 0℃와 100℃에서 작동되며, 카르노 열기관 사이클 B는 100℃와 200℃사이에서 작동된다. 사이클 B의 효율은 사이클 A의 효율보다 어떠한가?

① 높다.
② 낮다.
③ 같다.
④ 비교할 수 없다

해설 $\eta c = 1 - \dfrac{T_L}{T_H}$

① 카르노 열기관 사이클 A
: $1 - \dfrac{273}{273+100} = 0.268 = 26.8\%$
② 카르노 열기관 사이클 B
: $1 - \dfrac{273+100}{273+200} = 0.211 = 21.1\%$

52 다음과 같은 온도범위에서 작동하는 카르노(Carnot) 사이클 열기관이 있다. 이 중에서 효율이 가장 좋은 것은?

① 0℃와 100℃
② 100℃와 20℃
③ 200℃와 300℃
④ 300℃와 400℃

해설 $\eta_c = 1 - \dfrac{T_L}{T_H}$

① $\eta_c = 1 - \dfrac{273}{373} = 0.268$
② $\eta_c = 1 - \dfrac{373}{473} = 0.211$
③ $\eta_c = 1 - \dfrac{473}{573} = 0.175$
④ $\eta_c = 1 - \dfrac{573}{673} = 0.149$

∴ T_L=0℃, T_H=100℃인 경우 카르노 사이클의 열효율이 가장 크다.

53 카르노사이클로 작동되는 열기관이 200kJ의 열을 200℃에서 공급받아 20℃에서 방출한다면 이 기관의 일은 약 얼마인가?

① 20kJ ② 76kJ
④ 124kJ ④ 180kJ

해설 $W = Q_1 \times \left(1 - \dfrac{T_L}{T_H}\right)$

∴ $200 \times \left(1 - \dfrac{273+20}{273+200}\right) = 76.2 kJ$

54 카르노 사이클로 작동되는 열기관이 600K에서 800kJ의 열을 받아 300K에서 방출한다면 일은 몇 kJ인가?

① 200 ② 400
③ 500 ④ 900

해설 $W = Q_1 \times \left(1 - \dfrac{T_L}{T_H}\right)$

∴ $800 \times \left(1 - \dfrac{300}{600}\right) = 400 kJ$

55 가역 열기관이 1000℃의 열원과 300 K의 대기 사이에 작동한다. 이 열기관이 사이클 당 100 kJ의 일을 할 경우 사이클 당 1000℃의 열원으로부터 받은 열량은?

① 70.0 kJ
② 76.4 kJ
③ 130.8 kJ
④ 142.9 kJ

해설 $\eta = \dfrac{w}{q_1} = 1 - \dfrac{T_2}{T_1}$ 에서

$q_1 = \dfrac{w}{\eta}$

∴ $\dfrac{w}{1-\dfrac{T_2}{T_1}} = \dfrac{100}{1-\dfrac{300}{273+1000}} = 130.8 kJ$

정답 51.② 52.① 53.② 54.② 55.③

56 어떤 보일러에서 발생한 수증기를 열원으로 온도 $T_1=350℃$에서 매 시간 $Q_1=60000kJ$의 열을 낼 수 있다. 이 수증기를 고열원으로 하고 또 $T_2=50℃$의 냉각수를 저열원으로 하는 가역 열기관 카르노사이클(Carnot cycle)의 출력은 약 몇 kW 인가?

① 5.82
② 6.69
③ 8.03
④ 14.3

[해설] $W = Q_1 \times \left(1 - \dfrac{T_L}{T_H}\right)$

$\therefore \dfrac{60000}{3600} \times \left(1 - \dfrac{273+50}{273+350}\right) = 8.03 kW$

57 카르노사이클로 작동되는 기관이 고온체에서 100kJ의 열을 받아들인다. 이 기관의 열효율이 30%라면 방출되는 열량(kJ)은?

① 30   ② 50
③ 60   ④ 70

[해설] $Q_L = Q_H(1-\eta)$
$\therefore 100 \times (1-0.3) = 70 kJ$

58 공기 1kg이 카르노 기관의 실린더 내에서 온도 100℃하에 100KJ의 열량을 받고 등온 팽창하였다. 주위온도를 0℃라 할 때, 비가용 에너지(unavailable energy)는?

① 약 43.9KJ
② 약 64.4KJ
③ 약 73.2KJ
④ 약 100KJ

[해설] $Q_2 = Q_1(1-\eta c) = Q_1 \times \dfrac{T_2}{T_1}$
$\therefore 100 \times \dfrac{273}{373} = 73.2 kJ$

59 고열원과 저열원 사이에서 작동하는 카르노사이클 열기관이 있다. 이 열기관에서 60KJ의 일을 얻기 위하여 100KJ의 열을 공급하고 있다. 저열원의 온도가 15℃라 하면 고 열원의 온도는?

① 128℃   ② 720℃
③ 288℃   ④ 447℃

[해설] $T_1 = T_2 \times \dfrac{Q_1}{Q_1 - W}$

$\therefore (273+15) \times \dfrac{100}{100-60} = 720K = 447℃$

60 카르노 사이클 열기관에서 사이클 당 585.5J의 일을 얻기 위하여 필요로 하는 열량이 1kJ, 저열원의 온도가 15℃라 하면 고열원의 온도는 몇 도가 되는가?

① 421.8℃   ② 594.8℃
③ 694.8℃   ④ 721.8℃

[해설] $\eta c = \dfrac{W}{Q_1} = 1 - \dfrac{Q_2}{Q_1} = 1 - \dfrac{T_2}{T_1}$ 에서

$\dfrac{W}{Q_1} = 1 - \dfrac{T_2}{T_1}$, $T_1 = \dfrac{T_2}{1 - \dfrac{W}{Q_1}}$

$\therefore \dfrac{273+15}{1 - \dfrac{585.5}{1000}} = 694.8K = 421.8℃$

61 이상적인 냉동사이클의 기본 사이클은?

① 브레이톤 사이클
② 사바테 사이클
③ 카르노사이클
④ 역 카르노사이클

[해설] ① 브레이톤 사이클 : 가스터빈의 이상 사이클
② 사바테 사이클 : 고속 디젤기관의 이상 사이클
③ 카르노 사이클 : 완전가스의 이상 사이클
④ 역 카르노 사이클 : 냉동사이클의 이상 사이클

정답 ··· 56.③ 57.④ 58.③ 59.④ 60.① 61.④

62 저열원의 온도가 20℃이다. 100℃ 및 1000℃인 고온체에서 등온과정으로 2100 kJ의 열을 받을 때 각각의 무용에너지(unavailable energy)는?

① 2650kJ, 16493kJ
② 1987kJ, 995kJ
③ 4830kJ, 16493kJ
④ 1650kJ, 483kJ

해설 유효에너지와 무효에너지 관계식으로부터

① 100℃일 경우 : $Q_0 = Q_1 \dfrac{T_0}{T_1}$

∴ $2100 \times \dfrac{273+20}{273+100} = 1649.8 kJ$

② 1000℃일 경우 : $Q_0 = Q_1 \dfrac{T_0}{T_1}$

∴ $2100 \times \dfrac{273+20}{273+1000} = 483.5 kJ$

63 그림과 같이 카르노 사이클 2개가 직렬로 연결되어 있다. 카르노기관의 성능은 열공급원과 열방출원의 온도에 의해 결정된다고 알려져 있다. 만약 두 열기관의 효율이 똑같다고 한다면 중간 온도 T는 몇 도인가?

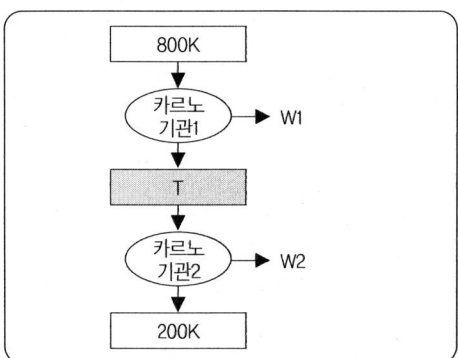

① 500K ② 565K
③ 550K ④ 400K

해설 ① 카르노사이클의 열효율 $\eta_C = 1 - \dfrac{T_L}{T_H}$

② 두 기관의 열효율이 같으므로 $\eta_{C_1} = \eta_{C_2}$

$\eta_{C_1} = 1 - \dfrac{T}{800K}$, $\eta_{C_2} = 1 - \dfrac{200K}{T}$

∴ $1 - \dfrac{T}{800K} = 1 - \dfrac{200K}{T}$

따라서, $T^2 = 160000 = T = 400K$

64 다음 중 이상 Rankine 사이클과 Carnot 사이클의 유사성이 가장 큰 두 과정은?

① 등온가열, 등압방열
② 단열팽창, 등온방열
③ 단열압축, 등온가열
④ 단열팽창, 등적가열

해설 ① 랭킨사이클 : 단열압축 → 정압가열 → 단열팽창 → 정압방열(등온방열)
② 카르노 사이클 : 등온압축(등온방열) → 단열압축 → 등온팽창(등온가열) → 단열팽창
③ 단열팽창과 등온방열에서 유사성이 가장 크다.

65 다음 중 증기압축기 냉동사이클의 구성품이 아닌 것은?

① 응축기 ② 증발기
③ 팽창밸브 ④ 터빈

66 증기압축 냉동기에는 다양한 냉매가 사용된다. 이러한 냉매의 특징에 대한 다음 설명 중 잘못된 것은?

① 냉매는 냉동기의 성능에 영향을 미친다.
② 냉매는 무독성, 안정성, 저가격 등의 조건을 갖추어야 한다.
③ 우수한 냉매로 알려져 널리 사용되는 할로겐화 탄화수소(CFC)냉매는 오존층을 파괴한다는 사실이 밝혀진 이후 사용이 금지되고 있다.
④ 현재 CFC 냉매 대신에 Freon-12(CCl_2F_2)가 냉매로 사용되고 있다.

해설 현재 CFC 냉매 대신에 R-134a가 냉매로 사용되고 있다.

정답 62.④ 63.④ 64.② 65.④ 66.④

67 냉매로 갖추어야 될 조건으로 적합하지 않는 것은?
① 불활성이고 안정하며 비가연성이어야 한다.
② 비체적이 커야 한다.
③ 증발온도에서 높은 잠열을 가져야 한다.
④ 열전도율이 커야 한다.
해설 비체적이 적어야 한다.

68 다음 그림은 증기압축 냉동사이클의 온도 – 엔트로피 선도이다. 이 그림에서 냉동기의 응축기에 해당하는 과정은?

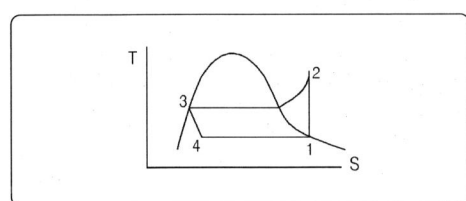

① 과정 1-2   ② 과정 2-3
③ 과정 3-4   ④ 과정 4-1
해설 ① 과정 1-2 : 압축기 ② 과정 2-3 : 응축기
③ 과정 3-4 : 팽창밸브 ④ 과정 4-1 : 증발기

69 아래 그림과 같은 냉동사이클의 $T-S$ 선도에 대한 설명으로 옳지 않은 것은?

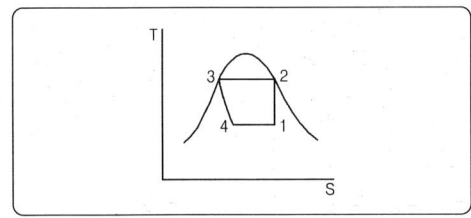

① 1-2과정 : 단열압축
② 2-3과정 : 등온 흡열
③ 3-4과정 : 교축과정
④ 4-1과정 : 증발기에서 과정
해설 2-3과정 : 등온·등압 방열과정

70 증기압축 냉동사이클을 구성하고 있는 다음의 기기들 중에서 냉매의 엔탈피가 거의 일정하게 유지되는 것은?
① 압축기   ② 응축기
③ 증발기   ④ 팽창밸브

71 흡수식 냉동사이클에 대한 설명 중 맞는 것은?
① 흡수식 냉동 사이클의 흡수가 내부는 진공 상태이다.
② 흡수식 냉동 사이클의 성능계수는 압축식 냉동장치의 성능계수와 비슷하다.
③ 흡수식 냉동사이클은 열을 입력해서 일을 추출한다.
④ 흡수식 사이클에서 물이 항상 냉매이다.
해설 흡수식 냉동사이클(absorption refrigeration cycle) : 암모니아와 같은 냉매를 압축한 후에 증기를 분리하여 응축기에서 응축한 다음 팽창밸브를 통과시켜 증발기로 보내어 냉동효과를 얻는 방식이다.

72 여름철 냉방으로 인한 전력 부하상승은 발전시스템에 큰 부담이 되고 있다. 이러한 관점에서 천연가스를 열원으로 사용하는 흡수식 냉동기에 관심이 집중되고 있다. 흡수식 냉동기에 대한 다음 설명 중 잘못된 것은?
① 일반적으로 암모니아를 냉매로 사용한다.
② 액체를 가압하므로 소요되는 일이 매우 적다.
③ 증기압축 냉동기에 비해 더 많은 장비가 필요하므로 장치가 복잡하다.
④ 흡수기에서 열을 발생시키기 위하여 열원이 필요하다.
해설 흡수식 냉동기
① 일반적으로 암모니아를 냉매로 사용한다.
② 액체를 가압하므로 소요되는 일이 매우 적다.
③ 증기압축 냉동기에 비해 더 많은 장비가 필요하므로 장치가 복잡하다.

73 단열 밀폐된 실내에서 [A]의 경우는 냉장고 문을 닫고, [B]의 경우는 냉장고 문을 연 채 냉장고를 작동시켰을 때 실내온도의 변화는?

① [A]는 실내온도 상승, [B]는 실내온도 변화 없음
② [A]는 실내온도 변화 없음, [B]는 실내온도 하강
③ [A],[B] 모두 실내온도가 상승
④ [A]는 실내온도 상승, [B]는 실내온도 하강

해설 응축기를 통하여 외부로 열을 방출하고, 실내가 단열 밀폐된 공간이므로 [A]의 경우 실내온도가 상승하게 되며 [B]의 경우 100% 효율의 냉동기는 없으므로 실내온도가 상승하지만 [A]보다는 느리게 상승한다.

74 압축기에 의한 공기의 압축과정을 PV^n=일정 인 과정으로 볼 때 소요 동력이 가장 작은 것은?

① n=1   ② n=1.2
③ n=1.4   ④ n=1.6

해설 n값이 가장 적은 경우가 압축 일량이 가장 작다.

75 냉동기의 효율은 성능계수로 나타낸다. 냉동기의 성능계수에 대한 다음 설명 중 잘못된 것은?

① 성능계수는 증발기에서 흡수된 열량과 압축기에 공급된 열량의 비로 정의된다.
② 성능계수는 1보다 클 수 없다.
③ 냉동기의 작동온도에 따라 성능계수는 변한다.
④ 동일한 작동온도에서 운전되는 냉동기라도 사용되는 냉매에 따라 성능계수는 달라질 수 있다.

해설 성능계수는 증발기에서 흡수된 열량과 압축기에 공급된 열량의 비로 정의되며, 냉동기의 작동온도에 따라 성능계수는 변한다. 또 동일한 작동온도에서 운전되는 냉동기라도 사용되는 냉매에 따라 성능계수는 달라질 수 있다.

76 자동차에서 에어컨을 가동할 때 차량 밑으로 물이 떨어졌다. 이 물은 주로 어디서 발생했는가?

① 응축기   ② 증발기
③ 팽창밸브   ④ 압축기

해설 증발기 내부의 온도가 자동차 실내의 온도보다 낮아 서로 열 교환을 하며, 이때 증발기 표면에 물방울이 맺혀 자동차 밑으로 배출되게 된다.

77 냉동기의 성능계수를 높이는 것이 아닌 것은?

① 증발기의 온도를 높인다.
② 증발기의 온도를 낮춘다.
③ 압축기의 효율을 높인다.
④ 증발기와 응축기에서 마찰압력손실을 줄인다.

해설 냉동기의 성능계수를 높이는 방법
① 증발기의 온도를 높인다.
② 압축기의 효율을 높인다.
③ 증발기와 응축기에서 마찰압력 손실을 줄인다.
④ 증발기의 온도가 높아질수록, 응축온도가 낮아질수록 성능계수는 증가한다.

78 과열, 과냉이 없는 이상적인 증기압축 냉동사이클에서 증발온도가 일정하고 응축온도가 내려 갈수록 성능계수는?

① 증가한다.
② 감소한다.
③ 일정하다.
④ 증가하기도 하고, 감소하기도 한다.

해설 과열, 과냉이 없는 이상적인 증기압축 냉동사이클에서 증발온도가 일정하고 응축 온도가 내려 갈수록 성능계수는 증가한다.

정답 73.③ 74.① 75.② 76.② 77.② 78.①

79 저온 열원의 온도가 T_L, 고온 열원의 온도가 T_H인 두 열원 사이에서 작동하는 이상적인 냉동사이클의 성능계수를 향상시키려면?

① T_L을 올린다. 그리고 T_H를 올린다.
② T_L을 올린다. 그리고 T_H를 내린다.
③ T_L을 내린다. 그리고 T_H를 올린다.
④ T_L을 내린다. 그리고 T_H를 내린다.

[해설] 저온 열원의 온도가 T_L, 고온 열원의 온도가 T_H인 두 열원 사이에서 작동하는 이상적인 냉동 사이클의 성능 계수를 향상시키려면 T_L을 올리고 T_H를 내린다.

80 100℃와 50℃사이에서 작동하는 냉동기로서 가능한 최대 성능계수는 약 얼마인가?

① 7.46 ② 2.54
③ 4.25 ④ 6.46

[해설] $Cop = \dfrac{Q}{W} = \dfrac{T_L}{T_H - T_L}$

$\therefore \dfrac{273+50}{(273+100)-(273+50)} = 6.46$

81 250K에서 열을 흡수하여 320K에서 방출하는 이상적인 냉동기의 성능계수는?

① 0.28 ② 1.28
③ 3.57 ④ 4.57

[해설] $Cop = \dfrac{Q}{W} = \dfrac{T_L}{T_H - T_L}$

$\therefore \dfrac{250}{320-250} = 3.57$

82 −3℃에서 열을 흡수하여 27℃에 방열하는 냉동기의 최대 성능계수는?

① 9.0 ② 10.0
③ 11.25 ④ 15.25

[해설] $Cop = \dfrac{Q}{W} = \dfrac{T_L}{T_H - T_L}$

$\therefore \dfrac{273+(-3)}{27-(-3)} = 9$

83 어떤 냉동기에서 0℃의 물로 0℃의 얼음 2ton을 만드는데 180Mj의 일이 소요되었다면 이 냉동기의 성능계수는? (단, 물의 용해열은 334kJ/kg이다.)

① 2.05 ② 2.32
③ 2.65 ④ 3.71

[해설] $Cop = \dfrac{Q}{W}$

$\therefore \dfrac{2 \times 10^3 \times 334}{180 \times 10^3} = 3.7$

84 저온실로부터 45.6 kW의 열을 흡수할 때 10 kW의 동력을 필요로 하는 냉동기가 있다면 이 냉동기의 성능계수는?

① 4.56 ② 5.65
③ 56.5 ④ 46.4

[해설] $COP = \dfrac{Q}{W}$

$\therefore \dfrac{45.6}{10} = 4.56$

85 다음 그림과 같은 증기압축 냉동사이클에서 성능계수를 표시하는 식은? (단, h는 엔탈피, T는 절대온도, S는 엔트로피이다.)

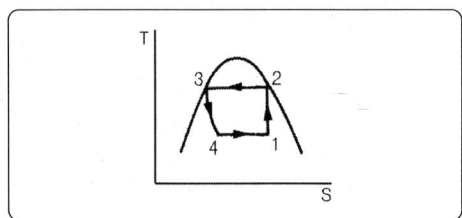

① $\dfrac{h_4 - h_1}{h_2 - h_3}$ ② $\dfrac{h_2 - h_1}{h_3 - h_2}$

③ $\dfrac{h_2 - h_1}{h_1 - h_4}$ ④ $\dfrac{h_1 - h_4}{h_2 - h_1}$

[해설] T−S선도에서 1 → 2과정이 압축 과정이고 4 → 1과정이 증발기 과정이다. 따라서 냉동 성능계수

$Cop = \dfrac{증발기\ 열량}{압축기\ 열량} = \dfrac{h_1 - h_4}{h_2 - h_1}$

정답 ··· 79.② 80.④ 81.③ 82.① 83.④ 84.① 85.④

86 증기 압축식 냉동기에서 냉매의 증발 온도가 -10℃, 응축 온도가 25℃이다. 표준 사이클의 성능계수는?(단, 아래 그림을 참조하여 가장 가까운 답을 고르시오.)

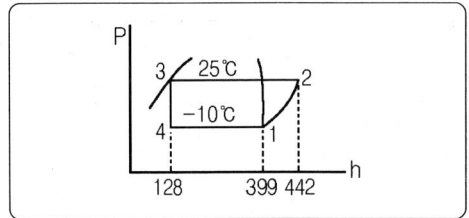

① 5.50   ② 5.80
③ 6.30   ④ 6.90

해설 $Cop = \dfrac{h_1 - h_4}{h_2 - h_1}$

∴ $\dfrac{399 - 128}{442 - 399} = 6.30$

87 어떤 냉매를 사용하는 냉동기의 $P-h$ 선도가 다음과 같을 때 성능계수는 약 얼마인가? (단, 이 냉매의 $P-V$ 선도에서 h_1=1638kJ/kg, h_2=1983kJ/kg, $h_3 = h_4$=559kJ/kg)

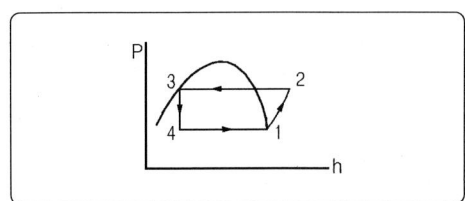

① 1.5   ② 3.1
③ 5.2   ④ 7.9

해설 $Cop = \dfrac{h_1 - h_4}{h_2 - h_1}$

∴ $\dfrac{1638 - 559}{1983 - 1638} = 3.1$

88 냉동기에서 압축기 입구, 응축기 입구, 증발기 입구의 엔탈피가 각각 387.2kJ/kg$_f$, 435.1kJ/kg$_f$, 241.8kJ/kg$_f$ 일 경우 성능계수는?

① 3.0   ② 4.0
③ 5.0   ④ 6.0

해설 $Cop = \dfrac{h_1 - h_4}{h_2 - h_1}$

∴ $\dfrac{387.2 - 241.8}{435.1 - 387.2} = 3.0$

89 표준증기 압축식 냉동사이클에서 압축기 입구와 출구의 엔탈피가 105kJ/kg 및 125kJ/kg이다. 응축기 출구의 엔탈피가 43kJ/kg이라면 이 냉동사이클의 성적계수(COP)는?

① 2.6   ② 2.1
③ 3.1   ④ 4.1

해설 $Cop = \dfrac{h_1 - h_4}{h_2 - h_1}$

∴ $\dfrac{105 - 43}{125 - 105} = 3.1$

90 이상 냉동 사이클의 자료가 다음과 같을 때 이 사이클의 성능계수(COP)는?

- 압축기 입구 엔탈피 = 180kJ/kg$_f$
- 압축기 출구 엔탈피 = 220kJ/kg$_f$
- 응축기 출구 엔탈피 = 80kJ/kg$_f$

① 2.20   ② 2.50
③ 2.75   ④ 3.50

해설 $Cop = \dfrac{h_1 - h_4}{h_2 - h_1}$

∴ $\dfrac{180 - 80}{220 - 180} = 2.5$

정답 86.③ 87.② 88.① 89.③ 90.②

91 질량유량 0.05kg/s의 냉매 134a가 0.14 MPa, -10℃의 과열증기(비엔탈피 243.40 kJ/kg)로 압축기에 들어가서 0.8MPa, 50℃ (비엔탈피 284.39kJ/kg)가 되어 나간다. 응축기에서 26℃, 0.72MPa(비엔탈피 85.75 kJ/kg)로 냉각되고 0.15MPa로 교축 된다. 부품사이 배관에서 압력강하나 열전달은 무시할 때 이 냉동기의 성능계수는?

① 0.21 ② 0.26
③ 3.84 ④ 4.84

해설 $Cop = \dfrac{h_1 - h_4}{h_2 - h_1}$

∴ $\dfrac{243.40 - 85.75}{284.39 - 243.40} = 3.84$

92 어떤 냉동기에서 0℃의 얼음 2ton을 만드는데 180MJ의 열이 소모된다면 이 냉동기의 성능계수는? (단, 물의 융해열은 334kJ/kg이다.)

① 2.05 ② 2.32
③ 2.65 ④ 3.72

해설 ① $Q = 2000 kgf \times 334 kJ/kg = 668000 kJ$
② $W = 180 MJ = 180000 KJ$
③ $Cop = \dfrac{Q}{W}$ ∴ $\dfrac{668000}{180000} = 3.7$

93 어떤 냉동기에서 0℃의 물로 0℃의 얼음 2ton을 만드는데 50kWh의 일이 소요된다면 이 냉동기의 성능계수는?(단, 얼음의 융해잠열은 334.94kJ/kg 이다.)

① 1.05 ② 2.32
③ 2.67 ④ 3.72

해설 ① $Q = 2000 kgf \times 334 kJ/kg = 668000 kJ$
② $W = 50 kWh = 50 kJ/s \times 3600 s = 180000 kJ$
③ $Cop = \dfrac{Q}{W}$ ∴ $\dfrac{668000}{180000} = 3.7$

94 R-12를 작동유체로 사용하는 이상적인 증기압축 냉동사이클이 있다. 이 사이클은 증발기에서 104.08kJ/kg의 열을 흡수하고, 응축기에서 136.85kJ/kg의 열을 방출한다고 한다. 이 사이클의 냉방 성적계수는?

① 0.31 ② 1.31
③ 3.18 ④ 4.17

해설 $Cop = \dfrac{Q_2}{Q_1 - Q_2}$

∴ $\dfrac{104.08}{136.85 - 104.08} = 3.18$

95 압력 P_1 및 P_2 사이에서 $(P_1 > P_2)$ 작동하는 이상 공기냉동기의 성능계수는 얼마 정도인가? (단, $P_2/P_1=0.5$, k=1.4이다.)

① 2.32 ② 3.32
③ 4.57 ④ 5.57

해설 $Cop = \dfrac{1}{\dfrac{T_1}{T_2} - 1} = \dfrac{1}{\gamma^{\frac{k-1}{k}} - 1}$

∴ $\dfrac{1}{2^{\frac{0.4}{1.4}} - 1} = 4.57$

96 6냉동톤 냉동기의 성적계수가 3이다. 이때 필요한 동력은 몇 kW인가? (단, 1냉동톤은 3.85kW이다.)

① 4.4 ② 5.7
③ 6.7 ④ 7.7

해설 $W = \dfrac{Q}{Cop}$

∴ $\dfrac{6 \times 3.85 kW}{3} = 7.7 kW$

정답 91.③ 92.④ 93.④ 94.③ 95.③ 96.④

97 냉동용량이 10냉동톤인 어느 냉동기의 성능계수가 4.8이라면 이 냉동기를 작동하는 데 필요한 동력은? (단, 1냉동톤은 3.51kW이다.)

① 약 9.2kW
② 약 8.3kW
③ 약 7.3kW
④ 약 6.05kW

해설 $W = \dfrac{Q}{Cop}$

$\therefore \dfrac{10 \times 3.51kW}{4.8} = 7.3kW$

98 성능계수(Cop)가 0.8인 냉동기로서 7,200 kJ/h로 냉동하려면, 이에 필요한 동력은?

① 약 0.9kW
② 약 1.6kW
③ 약 2.5kW
④ 약 2.0kW

해설 $H_{kW} = \dfrac{mW}{3600} = \dfrac{Q}{3600 \times Cop}$

$\therefore \dfrac{7200}{3600 \times 0.8} = 2.5kW$

99 여름철 외기의 온도가 30℃일 때 김치 냉장고의 내부를 5℃로 유지하기 위해 3kW의 열을 제거해야 한다. 필요한 최소동력은 얼마인가?

① 0.27kW   ② 0.37kW
③ 0.54kW   ④ 2.7kW

해설 ① $Cop = \dfrac{Q}{W} = \dfrac{T_L}{T_H - T_L}$

$\therefore \dfrac{273+5}{30-5} = 11.12$

② $H_{kW} = \dfrac{Q}{Cop}$

$\therefore \dfrac{3000W}{11.12} = 269.78W = 0.27kW$

100 10냉동톤의 능력을 갖는 카르노 냉동기의 응축온도가 25℃, 증발온도가 -20℃ 이다. 이 냉동기를 운전하기 위하여 필요한 이론동력은 몇 kW인가? (단, 1냉동톤은 3.85kW이다.)

① 6.85   ② 4.65
③ 2.63   ④ 1.37

해설 ① $Cop = \dfrac{Q}{W} = \dfrac{T_L}{T_H - T_L}$

$\therefore \dfrac{273-20}{25-(-20)} = 5.62$

② $W = \dfrac{Q}{Cop}$

$\therefore \dfrac{10 \times 3.85kW}{5.62} = 6.86kW$

101 그림과 같은 증기압축 냉동사이클이 있다. 1, 2, 3상태의 엔탈피가 다음과 같을 때 냉매의 단위 질량당 소요 동력과 냉각량은 얼마인가? (단, h_1=178.16, h_2=210.38, h_3=74.53, 단위 : kJ/kg)

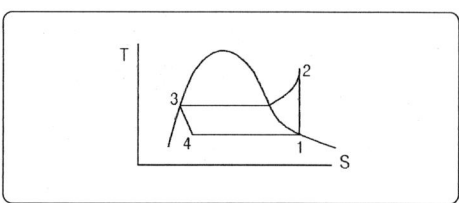

① 33.22kJ/kg, 103.63kJ/kg
② 33.22kJ/kg, 136.85kJ/kg
③ 103.63kJ/kg, 33.22kJ/kg
④ 136.85kJ/kg, 33.22kJ/kg

해설 ① 냉매의 단위 질량당 소요동력 압축기의 단위 질량당 소요 일량
$\therefore W_C = h_2 - h_1$ 에서
$210.38 - 178.16 = 32.22kJ/kg$

② 냉매의 단위 질량당 냉각량=증발기의 단위 질량당 흡입열량
$\therefore Q_L = h_1 - h_3$ 에서
$178.16 - 74.53 = 103.63kJ/kg$

정답 97.③   98.③   99.①   100.①   101.①

102 냉동능력이 5 냉동톤인 냉동기의 성능계수가 2, 냉동기를 구동하는 가솔린 기관의 열효율이 20%, 가솔린의 발열량이 43000kJ/kg일 경우 냉동기 구동에 소요되는 가솔린의 소비율은 약 얼마인가?(단, 1 냉동톤은 약 3.52kW 이다.)

① 1.28kg/h ② 2.12kg/h
③ 3.68kg/h ④ 4.85kg/h

해설 $B = \dfrac{W}{\eta \times Hl}$

$\therefore \dfrac{\dfrac{5 \times 3.52 \times 3600}{2}}{0.2 \times 43000} = 3.68 kg/h$

103 냉동시스템 증발기(열교환기)에 냉매 R-134a는 온도 5℃, 엔탈피 380kJ/kg, 질량유량 0.1kg/s로 유입되어 포화증기로 유출된다. 공기는 25℃로 유입되어 10℃로 나온다. 공기의 비열은 1.004kJ/kgk이다. 증발기를 통과하는 공기의 질량 유량은?

R-134a의 상태량표			
압력 (kPa)	온도 (℃)	엔탈피(kJ/kg)	
		포화액체	포화증기
350.9	5	206.75	401.32

① 0.142kg/s ② 0.270kg/s
③ 0.851kg/s ④ 1.15kg/s

해설 ① 냉매의 단위시간 당 흡입열량(Q_1)
$Q_1 = m(h_1 - h_4)$
$\therefore 0.1 \times (401.32 - 380) = 2.132 kJ/s$
② 증발기를 통과하는 단위시간 당 방출열량(Q_2)
$Q_2 = m_{air} C(T_2 - T_1)$에서
$m_{air} = \dfrac{Q_2}{C(T_2 - T_1)} = \dfrac{Q_1}{C(T_2 - T_1)}$
$\therefore \dfrac{2.132}{1.004 \times (25 - 10)} = 0.142 kg/s$

104 공기냉동기에서 압축기 입구의 온도가 -5℃, 출구에서는 105℃, 또 팽창기 입구에서 10℃, 출구에서는 -70℃이면 공기 1kg 당의 냉동효과는 몇 kJ/kg인가? (단, 공기의 정압비열은 1.0035kJ/kg·K로서 일정하다.)

① 15.1 ② 65.2
③ 80.3 ④ 110.4

해설 $Q_L = Cp(T_3 - T_2)$
$\therefore 1.0035 kJ/kg \cdot K \times [(-70) - (-5)]K$
$= -65.2 kJ/kg$

105 어떤 냉장고에서 질량유량 80kgf/hr의 냉매 R-134a가 17kJ/kgf의 엔탈피로 증발기에 들어가 엔탈피 36kJ/kgf가 되어 나온다. 이 냉장고의 용량은?

① 1220kJ/hr
② 1800kJ/hr
③ 1520kJ/hr
④ 2000kJ/hr

해설 냉장고의 용량(Q) $= m \times (h_2 - h_1)$
$\therefore 80 \times (36 - 17) = 1520 kJ/hr$

106 표준증기 압축식 냉동사이클에서 압축기 입구와 출구의 엔탈피가 각각 249kJ/kg 및 346kJ/kg이다. 냉매 순환량이 0.14kg/s이고, 성능계수가 2.8이라고 하면 증발기에서 흡수하는 열량은 약 몇 kW인가?

① 38.0 ② 8.9
③ 7.4 ④ 6.4

해설 ① $Q = Cop \times W$
$\therefore 2.8 \times (346 - 249) = 271.6 kJ/kg$
② $Q_2 = m \times Q$
$\therefore 0.14 \times 271.6 = 38.0 kW$

정답 102.③ 103.① 104.② 105.③ 106.①

107 열펌프를 난방에 이용하려 한다. 실내 온도는 18℃이고, 실외온도는 -15℃이며, 벽을 통한 열 손실은 12kW이다. 열펌프를 구동하기 위해 필요한 최소 일률(동력)은?

① 0.65kW ② 0.74kW
③ 1.36kW ④ 1.53kW

해설 ① $Cop = \dfrac{Q}{W} = \dfrac{T_L}{T_H - T_L}$

$\therefore \dfrac{(273+15)}{18-(-15)} = 7.818$

② $H_{kw} = \dfrac{Q_L}{Cop}$

$\therefore \dfrac{12kW}{7.818} = 1.53kW$

108 난방용 열펌프가 저온체에서 1500kJ/h의 율로 열을 흡수하여 고온체에 2100kJ/h의 율로 방출한다. 이 열펌프의 성능계수는?

① 2.0 ② 2.5
③ 3.0 ④ 3.5

해설 $Cop = \dfrac{Q}{W} = \dfrac{Q_1}{Q_1 - Q_2}$

$\therefore \dfrac{2100}{2100-1500} = 3.5$

109 가역 단열펌프에 100kPa, 50℃의 물이 2kg/s로 들어가 4MPa로 압축된다. 이 펌프의 소요 동력은? [단, 50℃에서 포화액(saturated liquid)의 비체적은 0.001m³/kg 이다.]

① 3.9kW ② 4.0kW
③ 7.8kW ④ 8.0kW

해설 $W = \int VdP = -mV\delta P$

$W = \int VdP = -mV\delta P$

$\therefore 2 \times 0.001 \times (4 \times 10^6 - 100 \times 10^3)$
$= 7800W = 7.8kW$

110 아래 그림과 같은 이상 열펌프의 각 상태에서 엔탈피는 다음과 같다. 열펌프의 성능계수는?(단, h_1=155kJ/kg, h_3=593kJ/kg, h_4=827kJ/kg이다.)

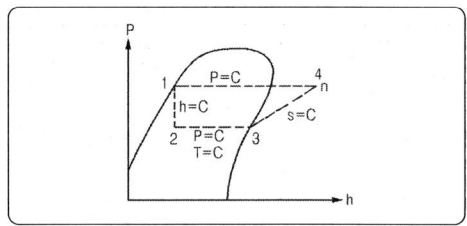

① 2.9 ② 3.5
③ 1.9 ④ 4.0

해설 $W = \int VdP = -mV\delta P \quad Cop = \dfrac{h_3 - h_1}{h_4 - h_3}$

$\therefore \dfrac{593-155}{827-593} = 1.87$

111 25℃, 0.01MPa 압력의 물 1kg을 5MPa 압력의 보일러로 공급할 때 펌프가 가역단열과정으로 작용한다면 펌프에 필요한 일의 양에 가장 가까운 값은?(단, 물의 비체적은 0.001 m³/kg이다.)

① 2.5kJ ② 4.99kJ
③ 20.0kJ ④ 40.0kJ

해설 $W = v(P_1 - P_2)$

$0.001\text{m}^3/\text{kg} \times (10\text{kPa} - 5000\text{kPa})$
$= -4.99\text{kJ}$

Part 2 기계열역학
기출문제 [열역학의 응용]

01 열효율이 25%이고 수증기 1kg_f 당의 출력이 800kJ/kg_f인 증기기관의 증기 소비율은 몇 kg_f/kWh인가?

① 1.125
② 4.5
③ 800
④ 18

해설 $SR = \dfrac{1kWh}{W}$

$\therefore \dfrac{3600}{800} = 4.5$

02 열효율이 30%인, 증기사이클에서 1kWh의 출력을 얻기 위하여 공급되어야 할 열량은 몇 kWh인가?

① 9.25
② 2.51
③ 3.33
④ 4.90

해설 $Q = \dfrac{kWh}{\eta}$

$\therefore \dfrac{1kWh}{0.3} = 3.33kWh$

03 보일러 입구의 압력이 9800kN/m²이고, 복수기의 압력이 4900N/m²일 때 펌프 일은? (단, 물의 비체적은 0.001m³/kg_f 이다.)

① -9.795kJ/kg_f
② -15.173kJ/kg_f
③ -87.25kJ/kg_f
④ -180.52 kJ/kg_f

해설 $W = h_2 - h_1 = v(P_1 - P_2)$

$0.001 \times \left(9800 - \dfrac{4900}{1000}\right) = -9.795 kJ/kg_f$

04 증기터빈에서의 상태변화 중 가장 이상적인 과정은?

① 가역정압 과정
② 가역단열 과정
③ 가역정적 과정
④ 가역등온 과정

05 터빈을 통과하는 증기가 한 일이 360kJ/kg이고, 증기의 유량이 200kg/h 일 때 터빈의 출력은?

① 20kW
② 2000kW
③ 3600kW
④ 72000kW

해설 $H_{kW} = mW$

$\therefore \dfrac{200 \times 360}{3600} = 20kW$

06 증기터빈 발전소가 이론적으로 최대 45%의 효율을 얻고자 할 때, 25℃의 강물을 응축기에서 사용할 때, 보일러의 온도는 몇 도 이상이어야 하는가?

① 227.6℃
② 250.6℃
③ 258.4℃
④ 268.7℃

해설 $\eta = 1 - \dfrac{T_L}{T_H}$, $1 - \dfrac{273+25}{T_H} = 0.45$에서

$T_H = \dfrac{273+25}{1-0.45} = 541.8K = 268.8℃$

정답 01.② 02.③ 03.① 04.② 05.① 06.④

07 증기터빈으로 질량유량 1kg/s, 엔탈피 h_1= 3500kJ/kg의 수증기가 들어온다. 중간 단에서 h_2 = 3100kJ/kg의 수증기가 추출되며 나머지는 계속 팽창하여 h_3=2500kJ/kg 상태로 출구에서 나온다. 이때 열손실은 없으며, 위치 에너지 및 운동 에너지의 변화가 없다. 총 터빈 출력은 900kW이다. 중간 단에서 추출되는 수증기의 질량 유량은?

① 0.167kg/s ② 0.323kg/s
③ 0.714kg/s ④ 0.886kg/s

해설 $m = \dfrac{(h_1-h_2)-W}{h_2-h_3}$
$\therefore \dfrac{(3500-2500)-900}{3100-2500}=0.167\text{kg/s}$

08 효율이 85%인 터빈에 들어갈 때의 증기의 엔탈피가 3390kJ/kg_f 이고, 가역 단열과정에 의해 팽창할 경우에 출구에서의 엔탈피가 2135kJ/kg_f이 된다고 한다. 운동에너지의 변화를 무시할 경우 이 터빈의 실제 일은 몇 kJ/kg_f인가?

① 1476 ② 1255
③ 1067 ④ 906

해설 $W_T = \eta(h_2-h_1)$
$\therefore 0.85 \times (3390-2135) = 1067$

09 증기터빈 발전소에서 터빈 입출구의 엔탈피 차이는 130kJ/kg_f이고 터빈에서의 열손실은 10kJ/kg_f이었다. 이 터빈에서 얻을 수 있는 최대 일은 얼마인가?

① 10kJ/kg_f
② 120kJ/kg_f
③ 130kJ/kg_f
④ 140kJ/kg_f

해설 실제 일=이론일-손실 일
$\therefore 130\text{kJ/kg}_f - 10\text{kJ/kg}_f = 120\text{kJ/kg}_f$

10 터빈을 통과하는 유체로서 물이 흐를 경우, 마찰열에 의해 물의 온도가 18℃에서 20℃로 상승하였다. 터빈에서 열전달이 없었다면, 터빈 통과 중 물 1kg당 엔트로피 변화량은 얼마인가?(단, 비열 C=4.184kJ/kg·K이다)

① 8.37kJ/kg·K
② 4.21kJ/kg·K
③ 0.0287kJ/kg·K
④ 0.0069kJ/kg·K

해설 $\delta S = C \ln \dfrac{T_2}{T_1}$
$\therefore 4.184 \times \ln \dfrac{273+20}{273+18} = 0.0287\text{kJ/kg·K}$

11 물의 증발잠열은 101.325kPa에서 2257 kJ/kg이고, 비체적은 0.00104m³/kg에서 1.67m³/kg으로 변화한다. 이 증발 과정에 있어서 내부에너지의 변화량(kJ/kg)은?

① 237.5
② 2375
③ 208.8
④ 2088

해설 $\delta U = Q - W (\because Q = mr)$
문제의 조건에서 단위 질량당의 내부 에너지 값은
$\delta u = q - w = r - p\delta u$에서
$\therefore 2257 - 101.325 \times (1.67-0.00104)$
$= 2088\text{kJ/kg}$

12 발전소 계통에 대해 맞는 말은?

① 펌프 일은 터빈 일에 비해 약간 작다.
② 원자력 발전소에서 증기 동력 사이클은 1차 계통으로 부른다.
③ 발전소는 바다와 강가에 위치한다고 경제성이 좋다고 볼 수 없다.
④ 터빈 출구 건도가 1보다 작으면 터빈을 손상시킬 수 있다.

정답 07.① 08.③ 09.② 10.③ 11.④ 12.④

13 열병합 발전시스템에 대한 설명으로 올바른 것은?

① 증기 동력시스템에서 전기와 함께 공정용 또는 난방용 스팀을 생산하는 시스템이다.
② 증기 동력 사이클 상부에 고온에서 작동하는 수온 동력 사이클을 결합한 시스템이다.
③ 가스터빈에서 방출되는 폐열을 증기 동력 사이클의 열원으로 사용하는 시스템이다.
④ 한 단의 재열 사이클과 여러 단의 재생 사이클을 복합한 시스템이다.

해설 화력발전소에서 증기 터빈으로 발전기를 구동하고 터빈의 배기를 이용해서 지역난방을 하는 것이다. 화력발전소에서 화석에너지(석탄, 석유)를 태워서 물을 끓인다. 끓은 물을 이용해 증기 터빈을 돌려 전기를 생산하고, 이 물로 냉각수를 이용해 난방을 하는 것을 열병합발전이라 한다.

14 화력발전의 열효율은 39%이고, 발열량(kWh)을 기준으로 한 원가는 12원/kWh이다. 복합발전의 열효율은 48%이고, 발열량(kWh)을 기준으로 한 원가는 41원/jWh이다. 전력수요에 대응하면서 발전원가를 최소로 하기 위한 선택으로 옳은 것은?

① 화력발전만을 사용한다.
② 복합발전만을 사용한다.
③ 화력발전과 복합발전을 함께 1 : 1로 사용한다.
④ 화력발전과 복합발전 중 어느 것을 사용해도 관계없다.

P.A.R.T 03

Engineer Agricultural Appliances

기계유체역학

1. 유체의 성질 및 정의
2. 유체 정역학
3. 유체의 운동학
4. 운동량 방정식과 응용
5. 유체기계

유체의 성질 및 정의

PART1. 기계유체역학

01 유체의 정의

전단력을 받았을 때 극히 작다 할지라도 전단력을 받으면 연속적으로 변형하는 물질을 유체라고 한다.

(1) 유체의 분류
① **비압축성 유체** : 압력변화에 대하여 밀도변화가 없는 유체
  - 비점성 유체
  - 점성 유체
② **압축성 유체** : 압력변화에 대하여 밀도변화가 있는 유체
  - 비점성 유체
  - 점성 유체

02 뉴턴의 제2법칙

물체에 힘 F가 작용하면 그 힘의 방향으로 힘의 크기에 비례하는 가속도 α가 생긴다.

$$F = ma$$

이런 식을 뉴턴의 운동방정식이라고 한다.

$$F = ma = m\frac{dv}{dt} = \frac{d}{dt}(mv)$$

위 식은 운동량의 시간 변화량은 힘과 같다는 것으로 나타낸 것이다.

03 단위

1 단위계

① **절대단위계** : 길이(L),, 질량(M), 시간(T)을 기본단위로 한다.
   - C.G.S 단위계 : 길이는 cm, 질량은 g, 시간은 s로 표현
   - M.K.S 단위계 : 길이는 m, 질량은 kg, 시간은 s로 표현

② **중력단위계** : 길이(L), 힘(F), 시간(T)을 기본 단위로 한다.
   여기서 길이는 m, 힘은 kg_f, 시간은 s를 사용한다.
   $1kg_f$란 질량 1kg이 중력가속도 $g=9.8m/s^2$을 받을 때의 힘을 말한다.
   즉, $F=ma$, $1kg_f = 1kg \times 9.8m/s^2 = 9.8 kgm/s^2$이 된다.

2 SI단위계

SI단위계는 절대 단위계를 연장 확대한 것이다. 기본 단위로는 길이 m, 질량 kg, 시간 s, 온동 K(Kelvin)를 사용한다. 또 이들 기본단위에서 유도된 단위를 유도단위라고 한다.

(1) 유도단위의 예

힘에서 N(Newton), 압력에서는 Pa(pascal), 에너지 및 열량에서는 J(Joule), 동력에서는 W(Watt), 진동수에서는 Hz(Hertz) 등이 있다.

[표1-1] 기본단위(基本單位)

양(quality)	단위(SI units)
길이(length)	m(meter)
질량(mass)	kg(kilogram)
힘(force)	N(Newton)
시간(time)	S(second)

[표1-2] 단위계

단위계	힘	질량	길이	시간	온도
미터절대단위계 (CGS단위계)	dyne (dyne)	gram (g)	centimeter (cm)	second (s)	Kelvin (K)
미터공학단위계	kilogram force (kg_f)	kilogram mass (kg)	meter (m)	second (s)	Kelvin (K)
국제단위계 (SI단위계)	Newton (N)	kilogram (kg)	meter (m)	second (s)	Kelvin (K)

[표1-3] SI단위의 접두어

지수	명칭	약자	지수	명칭	약자
10^{-18}	atto	a	10^{-3}	milli	m
10^{-15}	femto	f	10^{3}	kilo	k
10^{-12}	pico	p	10^{6}	mega	M
10^{-9}	nano	n	10^{9}	giga	G
10^{-6}	micro	μ	10^{12}	tera	T

[참고]
① Pa: Pascal·압력의 단위
② 103Pa=kPa, 106Pa=MPa, 109Pa=GPa

3 물리량의 단위

① **힘** : 힘은 질량과 가속도의 곱으로 나타낸다.
   SI단위에서는 1kg의 질량이 $1m/s^2$으로 가속하는 힘을 1N(뉴튼)이라고 한다.
   $F = ma$, $1N = 1kg_f \times 1m/s^2 = 1kg_f \cdot m/s^2$으로 중력단위에서는 1kg의 질량에 중력가속도 $g = 9.8m/s^2$가 작용할 때의 힘을 $1kg_f$ (kg중)이라고 한다.
   $F = ma$, $1kg_f = 1kg \times 9.8m/s^2 = 9.8kg \cdot m/s^2$ $1kg_f = 9.8N$이 된다.

② **압력** : 단위면적당 작용하는 힘을 압력이라고 한다.
   SI단위에서는 $1Pa(Pascal) = 1N/m^2 = 1kg/m \cdot s^2$ 중력단위에서는 $1kg_f/m^2 = 9.8kg/m \cdot s^2$ 또는 $1kg_f/m^2 = 9.8Pa$로 표현할 수 있다.

③ **일, 에너지 및 열량** : 일은 힘과 그에 의해서 발생된 변위와의 곱이다. SI단위에서는 $1J(Joule) = 1N \cdot m = 1kg \cdot m^2/s^2$이고, 중력단위에서는 $1kg_f \cdot m = 9.8kg \cdot m^2/s^2 = 9.8J$로 표현할 수 있다.

④ **동력** : 단위 시간당의 일을 말한다.
   SI단위에서는 $1W(Watt) = 1J/s = 1N \cdot m/s = 1kg \cdot m^2/s^3$, 중력 단위에서는 $1kg_f \cdot m/s = 9.8kg \cdot m^2/s^2$, 중력단위에서는 $1kg_f \cdot m/s = 9.8ka \cdot m^2/s^3 = 9.8W$이며, $1PS = 75kg_f \cdot m/s = 7.35W$로 계산할 수 있다.

4 밀도, 비중량, 비체적, 비중

① **밀도** : ρ
   단위 체적당 질량을 밀도라고 한다.
   $$\rho = \frac{m}{V}$$
   밀도의 차원은 ML^{-3}이다.
   여기서, m=질량, V=체적

물의 밀도는 $\rho_w = 1000\text{kg/m}^3 = 1000\text{N·s}^2/\text{m}^4$ (SI단위)

$= 102\text{kg}_f\text{·s}^2/\text{m}^4$ (중력단위)

② **비중량** : γ

단위 체적당 중량을 비중량이라고 한다.

$$\gamma = \frac{W}{V}$$

여기서, W=중량 V=체적이다.

비중량의 차원은 $FL^{-3} = ML^{-2}T^{-2}$이다.

물의 비중량은 $\gamma_w = 9800\text{N/m}^3$ (SI단위)

$= 1000\text{kg}_f/\text{m}^3$ (중력단위)

비중량과 밀도 사이의 관계는 $W = mg$ 이므로 $\gamma = \frac{W}{V} = \frac{m}{V}g = \rho g$ 이다.

③ **비체적** : v_s

밀도의 역수로 정의한다.

$v_s = \frac{1}{\rho}$, 비 체적의 차원은 $M^{-1}L^3$이다.

④ **비중** : s

대기압하에서 어떤 물질의 밀도는 4℃에서 물의 밀도와의 비로 나타낸다.

$s = \frac{\rho}{\rho_w} = \frac{\gamma}{\gamma_w}$, 비중은 무차원수이며, 물의 비중 $s = 1$이다.

5 차원(dimension)

물리현상을 표현하고자 사용하는 모든 물리량들은 길이(length), 질량(mass), 시간(time) 또는 힘 등의 기본 물리량으로 하여 표현이 가능하다. 그 기본 물리량을 차원(dimension)이라 하며 기본 물리량의 조합으로 표현된 물리량을 유도차원(dependent dimension)이라 한다. 유도차원은 기본 물리량의 기본차원(primary dimension)으로 질량은 M, 길이는 L, 시간은 T로 힘은 F로 표현하여 MLT계 차원과 FLT계 차원으로 분류한다.

[표 1-4] 각종 물리량들의 단위와 차원

양	SI단위	공학단위	FLT계	MLT계
길이	m	m	[L]	[L]
질량	kg	kg$_f$·s²/m	[FL⁻¹T²]	[M]
시간	s	s	[T]	[T]
면적	m²	m²	[L²]	[L²]
부피(체적)	m³	m³	[L³]	[L³]
속도	m/s	m/s	[LT⁻¹]	[LT⁻¹]
가속도	m/s²	m/s²	[LT⁻²]	LT⁻²
각속도	rad/s	rad/s	[T⁻¹]	[T⁻¹]
비중량	kg/m²·s²	kg$_f$/m³	[FL⁻³]	[ML⁻²T⁻²]
밀도	kg/m³	kg$_f$·s²/m⁴	[FL⁻⁴ T²]	[ML⁻³]
운동량	kg.m/s	kg$_f$·s	[FT]	[MLT⁻¹]
힘, 무게	N, kg·m/s²	kg$_f$	[F]	[MLT⁻²]
토크	kg·m²/s²	kg$_f$·m	[FL]	[ML²T⁻²]
압력(응력)	N/m²(Pa), bar	kg$_f$/cm²	[FL⁻²]	[ML⁻¹T⁻²]
에너지, 일	J, N·m, kg·m²/s²	kg$_f$·m	[FL]	[ML²T⁻²]
동력	W, kg·m²/s²	kg$_f$·m/s	[FLT⁻¹]	[ML²T⁻³]
점성 계수	N·s/m²	kg$_f$·s/m²	[FL⁻²T]	[ML⁻¹T⁻¹]
동점성 계수	m²/s	m²/s	[L²T⁻¹]	[L²T⁻¹]
온도	[℃], K	[℃], K	[T]	[T]
공학기체상수	kJ/kg·K	m/K	[LT⁻¹]	[LT⁻¹]

① **MLT계 차원**

　기본 물리량의 기본차원인 질량을 [M], 길이를 [L], 시간을 [T]로 하여 물리량들을 표현하는 방법이다.

② **FLT계 차원**

　기본 물리량의 기본차원인 힘을 [F], 길이를 [L], 시간을 [T]로 하여 물리량들을 표현하는 방법이다.

③ **힘의 차원**

　힘을 FLT와 MLT계 차원으로 표현하면 아래와 같다.

$$F = ma$$
$$[F] = [MLT^{-2}]$$

04 뉴턴(Newton)의 점성법칙(粘性法則)

1 점성계수(coefficient of viscosity)

$$\tau = \mu \frac{du}{dy} = \frac{F}{A} \,[\text{N/m}^2, \text{Pa}]$$

F가 전단력이고 A는 전단면적으로 유체와 접하고 있는 평판의 면적이다.

$\frac{du}{dy}$는 속도구배(velocity gradient) 또는 각 변형속도, 각 변형률이라 한다.

여기서, 비례상수 μ는 이것을 점성계수(coefficient of viscosity)라 하며 온도와 압력의 변화에 따라 변화하는 값이다. 그리고, 위 식을 뉴턴(Newton)의 점성법칙(law of viscosity)이라 하며, 이 식을 만족하는 유체를 뉴턴유체(Newtonian fluid), 만족하지 못하는 유체를 비뉴턴유체(non-Newtonian fluid)라 한다.

(1) 점성계수의 단위와 차원

① SI단위 : $[\text{N}\cdot\text{sec/m}^2] = [\text{Pa}\cdot\text{sec}]$

② C·G·S단위 : $1[\text{dyne}\cdot\text{sec}/cm^2] = 1[poise]$

$\qquad\qquad 1[\text{dyne}] = 1[\text{g}] \times 1[\text{cm/sec}^2]$

$\qquad\qquad 1[\text{poise}] = 10^{-1}[\text{N}\cdot\text{sec/m}^2] = \frac{1}{98}[\text{kg}_f\cdot\text{sec/m}^2]$

$\qquad\qquad 1[\text{cp}] = 1[\text{centi poise}] = 10^{-2}[\text{poise}]$

③ 차원 : $[FL^{-2}T] = [ML^{-1}T^{-1}]$

2 뉴턴의 점성법칙(Newton's viscosity law)

그림과 같이 평행한 두 평판 사이에 유체가 있을 때 이동 평판을 일정한 속도로 운동시키는데 필요한 힘 F는 평판의 면적 A와 이동 속도가 클수록, 두 평판의 간격(틈새) y가 작을수록 크다는 것을 실험으로 확인할 수 있다.

$$\text{즉, } F \propto A\frac{u}{y} \text{ 또는 } \frac{F}{A} \propto \frac{u}{y} \,(\text{미분형 } \frac{du}{dy})$$

여기서, $\frac{F}{A}$는 그림처럼 이동 평판에 밀착된 유체 분자층이 바로 아래의 유체층으로부터 응집력을 이기고, 미끄러지는 데 필요한 단위 면적당의 전단력(전단응력) τ이다.

$$\therefore \tau\left(=\frac{F}{A}\right)= \mu\frac{du}{dy}[Pa]$$

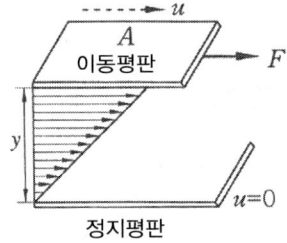
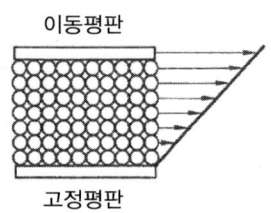

[그림1-1] 두 평판 사이의 유체 흐름   [그림1-2] 유체층 사이의 미끄럼 운동 모형

비례상수 μ는 유체의 점성계수 또는 점도라 하며, 각 유체마다 온도에 따라 독특한 값을 갖는다. 점성계수는 압력에는 커다란 변화가 없고 온도에 크게 좌우되며, 액체의 점성 계수는 일반적으로 온도가 증가하면 감소되지만, 기체의 점성계수는 온도가 증가함에 따라 증가되는 경향이 있다.

뉴턴의 점성법칙을 만족시키는 유체를 뉴턴 유체(Newtonian fluid), 만족시키지 않는 유체를 비뉴턴 유체(non-Newtonian fluid), 점성이 없고 비압축성인 유체를 이상 유체(ideal fluid)라고 한다.

3 점성계수(coefficient of viscosity)

(1) 절대 점성계수(absolute viscosity) μ

$$\mu = \frac{T}{\dfrac{du}{dy}} = \frac{\tau dy}{du} = \frac{\text{N/m}^2 \times \text{m}}{\text{m/s}} = \text{N·s/m}^2 = \text{Pa·s}$$

① 절대 단위계[$ML^{-1}T^{-1}$]: kg/m·s, g/cm·s
② 중력 단위계[$FL^{-2}T$]: $kg_f · s/m^2$, $g_f · s/cm^2$
③ SI 단위 : $N · S/m^2$(Pa·s)
④ 점성계수의 유도단위(CGS계)

$$1\text{poise} = 1\text{dyne·s/cm}^2 = 1\text{g/cm·s} \qquad 1\text{cP (centi poise)} = \frac{1}{100}\text{poise}$$

$$1\text{poise} = \frac{1}{10}\text{Pa·s}(\text{N·s/m}^2) = \frac{1}{479}\text{lbs/ft}^2$$

(2) 동점성계수 (kinematic viscosity) ν

$$\nu = \frac{\mu}{\rho}[\text{m}^2/\text{s}]$$

① 차원 : L^2T^{-1}

② 동점성계수의 유도단위(CGS계)

$$1\text{stokes} = 1\text{cm}^2/\text{s} = 10^{-4}\text{m}^2/\text{s}$$

$$1\text{cSt}(\text{센티스토크스}) = \frac{1}{100}\text{stokes}$$

05 완전기체(perfect gas)

기체의 많은 구성 분자 사이에 분자력이 작용하지 않으며, 분자의 크기도 무시할 수 있다는 가정하에서 성립하는 상태 방정식을 만족하는 기체를 이상기체(ideal gas) 또는 완전기체(perfect gas)라 한다.

1 기체의 상태방정식

보일 - 샤를의 법칙에 의하여 다음 식이 성립한다.

$$\frac{pv}{T} = C = R \text{ (기체상수)}$$

$$\therefore pv = RT \text{(가스 1kg 질량에 대한 기체 상태방정식)}$$

$$pV = mRT \text{ (전체 기체 m[kg]에 대한 기체 상태방정식)}$$

이것을 이상기체의 상태방정식이라 한다.

또, $\gamma = \frac{1}{v}$ 이므로 다음과 같다.

$$p\frac{1}{\gamma} = RT \text{ 이므로 } p = \gamma RT \, [Pa]$$

$$\therefore \gamma = \frac{p}{RT} \, [\text{N/m}^3]$$

SI 단위에서는 다음과 같다.

$$pv = RT, \quad pV = mRT$$

$$\therefore \rho = \frac{p}{RT} \, [\text{kg/m}^3, \text{N·S/m}^4]$$

여기서, m: 질량(kg)

2 기체 상수

"모든 완전기체는 등온 등압 하에서 같은 체적 내에 같은 수의 분자를 갖는다."는 아보가드로(Avogadro)의 법칙에 의하여 다음 식이 성립한다.

일반 기체 상수(universal gas constant) $\overline{R}$ 또는 Ru

$$\overline{R} = mR = 8.314\text{kJ/kmol·K} \, (8134\text{J/kmol·K})$$

여기서, m: 분자량, R: 기체상수(kJ/kg · K)

06 유체의 탄성과 압축성

1 체적탄성계수(bulk modulus of elasticity)

그림과 같이 유체를 용기 속에 넣고 피스톤으로 밀어 압축할 때 유체의 체적이 V_1에서 V로 감소되고, 압력이 dP만큼 상승하였다면 용기에 가해진 압력 dP와 체적의 감소율 $\dfrac{dV}{V_1}$와의 관계는 그림 (b)와 같은 곡선이 되며, 이 곡선상의 임의의 점에서 기울기를 그 유체의 체적탄성계수(E)라고 정의한다.

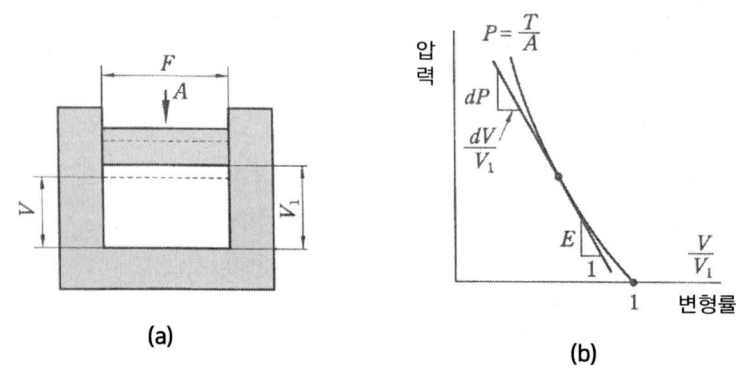

[그림1-3] 유체의 변형률과 압력

$$-\frac{dv}{v} = \frac{d\rho}{\rho} = \frac{d\gamma}{\gamma}$$

$$\therefore E = \frac{dp}{-\dfrac{dV}{V_1}} = \frac{dp}{\dfrac{d\rho}{\rho}} = \frac{dp}{\dfrac{d\gamma}{\gamma}} \; [\text{Pa}]$$

체적탄성계수 E의 값이 클수록 그 유체는 압축하기가 더 어렵다는 것을 나타낸다. 대기압, 20℃의 물의 체적탄성계수(E) $= 2 \times 10^4 \text{bar} = 2 \times 10^9 \text{N/m}^2 (\text{Pa})$이다.

2 압축률(compressibility)

압축률은 단위 압력 변화에 대한 체적의 변형도를 뜻하며, 체적탄성계수 E의 역수이다.

$$\beta = \frac{1}{E} = -\frac{\dfrac{dV}{V_1}}{dp} \; [\text{m}^2/\text{N} = \text{Pa}^{-1}]$$

3 완전기체의 체적탄성계수

① 등온변화

$$E = \frac{dp}{-\dfrac{dV}{V_1}} = \frac{dp}{\dfrac{d\gamma}{\gamma}} = p\,[\text{Pa}]$$

② 단열변화

$$E = \frac{dp}{-\dfrac{dV}{V_1}} = \frac{dp}{\dfrac{d\gamma}{\gamma}} = kp\,[\text{Pa}]$$

07 이상 유체와 실제 유체

유체의 운동에서 점성을 무시할 수 있는 유체를 완전 유체(perfect fluid) 또는 이상 유체(ideal fluid)라 하고, 점성을 무시할 수 없는 유체를 실제 유체(real fluid)라 한다.

06 표면장력과 모세관현상

1 표면장력

액체의 표면장력은 같은 종류의 분자끼리 끌어당기는 응집력과 다른 종류의 분자끼리 끌어당기는 부착력의 차이로 발생한다.

예를들어 액체와 공기의 경계면에서 액체분자의 응집력이 공기분자와 액체분자 사이에 작용하는 부착력보다 크게 되어 액체 표면적을 최소로 하려는 힘이 발생한다. 이때 단위길이당 발생하는 힘을 표면장력이라고 한다. 구형 방울에서 표면 장력 σ에 의한 인장력과 구형방울면의 안과 밖의 압력차 △p에 의해 이루어지는 힘은 서로 평형을 이루고 있다.

$\sigma \pi d = \Delta p \dfrac{\pi d^2}{4}$ 또는 $\sigma = \dfrac{\Delta p \cdot d}{4}$ 로 나타낼 수 있다.

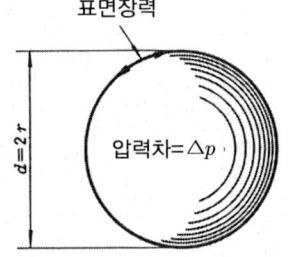
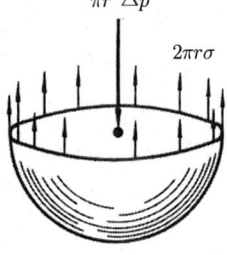

[그림1-4] 표면 장력

2 모세관 현상

가는 관을 액체중에 세우면 액체가 올라가거나 내려간다. 이러한 현상을 모세관 현상이라고 한다.

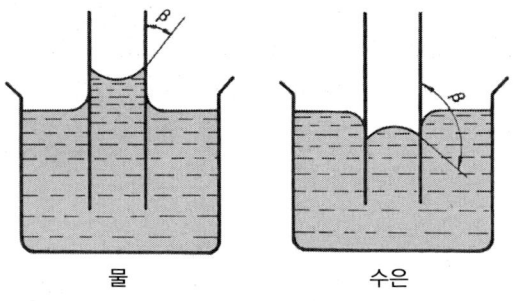

[그림1-5] 모세관 현상

모세관을 물 속에 꽂으면 물의 응집력에 비하여 부착력이 크기 때문에 물기둥은 상승한다. 이때 표면장력에 의한 수직분력과 상승된 물기둥의 무게는 평형을 이룬다.

$\sigma \pi d \cos\beta = \gamma h \dfrac{\pi d^2}{4}$ 에 따라 상승높이 h 는 $h = \dfrac{4\sigma \cos\beta}{\gamma d}$ 이며 여기서, β 는 접촉각이다.

유체 정역학

PART1. 기계유체역학

01 압력

유체가 벽 또는 가상면의 단위면적에 수직으로 작용하는 힘을 유체의 압력이라고 하고, 면 전체에 작용하는 힘을 전압력이라고 한다.

$$p = \frac{F}{A}$$

여기서, p : 압력 F : 면에 수직으로 작용하는 힘 A : 단면적

02 정지유체의 압력

정지유체 내에서는 유체 입자간에 상대운동이 없기 때문에 점성에 의한 전단력은 나타나지 않는다. 그러한 정지 유체에서의 압력은 아래와 같은 성질을 갖는다.
 ① 유체의 압력은 임의면에 수직으로 작용한다.
 ② 유체 내부의 임의 한점에 있어서 압력은 모든 방향에서 같다.
 ③ 밀폐된 용기의 유체에 가한 압력은 같은 세기로 모든 방향으로 전달된다.
    이것은 Pascal의 원리에 적용된다.

03 정지유체 내의 압력변화

중력만이 작용하는 정지유체 내에서 미소 유체원주를 생각하며 아래면에 작용하는 압력을 p라 하고, 상면의 압력은 $p + \dfrac{dp}{dz}dz$로 표시할 수 있다.

원주의 양면에 작용하는 힘과 미소 유체원주의 중량 사이에 다음과 같은 힘의 평형이 성립한다.

$$pA - \left(p + \frac{dp}{dz}dz\right)A - \gamma A dz = 0$$

간단히 정리하면, $\frac{dp}{dz} = -\gamma$ 이 된다.

이때 비중량 γ는 일정한 액체중의 수평단면 ①에서 ② 까지 위의 식을 적분하면,

$$\int_1^2 dp = -\gamma \int_1^2 dz$$

$$\therefore p_2 - p_1 = -\gamma(z_2 - z_1)$$

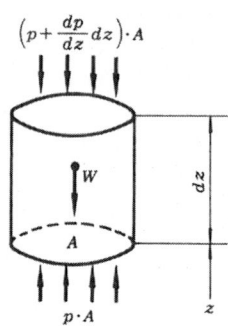

[그림2-1] 미소유체원주에 작용하는 힘

그림 2-2에서와 같이 $p_2 = p_0$, $z_2 - z_1 = h$ 이므로, $p_1 = p_0 + \gamma h$ 가 된다.

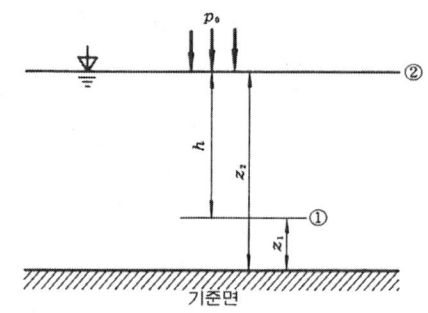

[그림2-2] 액체에 작용하는 압력

04 대기압, 계기압, 절대압력

(1) 대기압

지구를 둘러싼 공기를 대기라하고, 대기에 누르는 압력을 대기압이라고 한다.

대기압은 지방의 고도와 날씨에 따라 변하는 국소대기압과 해수면에서의 국소대기압의 평균값인 표준대기압이 있다.

$$\begin{aligned}
1\text{atm} &= 760\text{mmHg}(수은주 기준) \\
&= 1000 \times 13.6 \times 0.76 \text{kg}_f/\text{m}^2 \\
&= 10336 \text{kg}_f/\text{m}^2 \\
&= 1.0336 \text{kg}_f/\text{cm}^2 (중력단위) \\
&= 10.336 \text{mAq}(물의 높이) \\
&= 101292.8 \text{N}/\text{m}^2 (SI단위) \\
&= 1.013
\end{aligned}$$

(2) 계기압

국소대기압을 기준으로 측정한 압력이다.

(3) 절대압력

완전진공을 기준으로 측정한 압력이다.

절대압력 = 국소대기압 + 계기압력 또는 절대압력 = 국소대기압 = 진공압력으로 표시한다.

(4) 탄성 압력계

탄성체에 압력을 가하면 변형되는 성질을 이용하여 압력을 측정하는 방법으로 공업용으로 널리 사용되고 있다.

① 부르동(bourdon)관 압력계 : 고압(2.5~1000 kg/cm²) 측정용으로 가장 많이 사용한다.
② 벨로스(bellows) 압력계 : 2kg/cm² 이하의 저압 측정용으로 사용한다.
③ 다이어프램(diaphragm) 압력계 : 대기압과의 차이가 미소인 압력 측정용으로 사용한다.

05 액주계

액주의 높이에 의해 압력이나 압력차를 측정하는데 사용하는 계기를 액주계라고 한다.

1 액주식 압력계

(1) 수은 기압계(mercury barometer) **또는 토리첼리 압력계** : 대기압 측정용으로 사용한다.

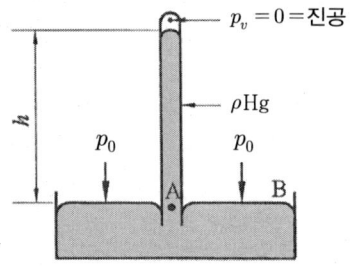

[그림2-3] 액주식 압력계

① A점에서의 압력 : $P_A = P_v + \rho g h$

② B점에서의 압력 : $P_B = P_0$ (대기압)

∴ $P_0 = \rho g h$

$$p_0 = p_v + \gamma h$$

여기서, P_0 = 대기압 h = 수은 높이
γ = 수은의 비중량
p_v = 수은의 증기압(압력이 매우 작음)

(2) 피에조미터(piezometer) : 탱크나 관 속의 작은 유체 압 측정용으로 사용한다.
  ① A점에서의 절대 압력 : $P_A = P_O + \gamma h = P_O + \gamma(h' - y)$
  ② B점에서의 절대 압력 : $P_B = P_O + \gamma h'$

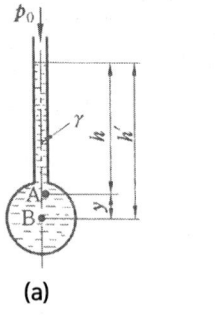 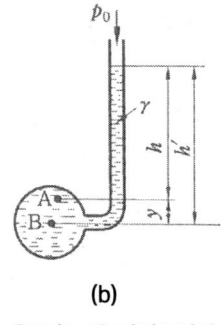 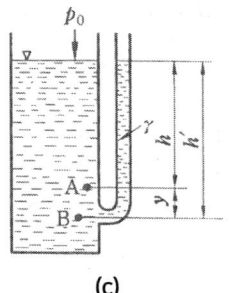

      (a)   (b)   (c)

[그림2-4] 피에조미터

2 U자관 액주계(U-type manometer)

① (a)의 경우 : $P_B = P_C$, $P_A + \gamma_1 h_1 = \gamma_2 h_2$
  $\therefore P_A = \gamma_2 h_2 - \gamma_1 h_1$

② (b)의 경우 : $P_B = P_C$, $P_A + \gamma_h = 0$
  $\therefore P_A = -\gamma h$ (진공)

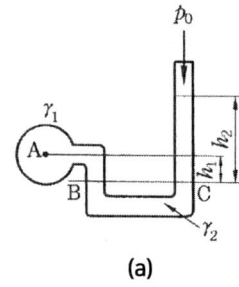 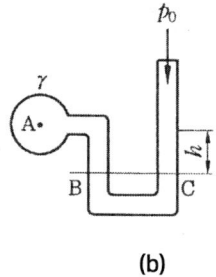

      (a)   (b)

[그림2-5] U자관 액주계

3 시차액주계(differential manometer)

① (a) U자관의 경우 : $P_C = P_D$, $P_A + \gamma_1 h_1 = P_B + \gamma_3 h_3 + \gamma_2 h_2$
  $\therefore P_A - P_B = \gamma_3 h_3 + \gamma_2 h_2 - \gamma_1 h_1$

② (b) 역U자관의 경우 : $P_C = P_D$, $P_A - \gamma_1 h_1 = P_B - \gamma_3 h_3 - \gamma_2 h_2$
  $\therefore P_A - P_B = \gamma_1 h_1 + \gamma_3 h_3 - \gamma_2 h_2$

③ (c) 축소관의 경우 : $P_C = P_D$, $P_A + \gamma(k+h) = P_B - \gamma_s h - \gamma k$

$$\therefore P_A - P_B = (\gamma_s - \gamma)h$$

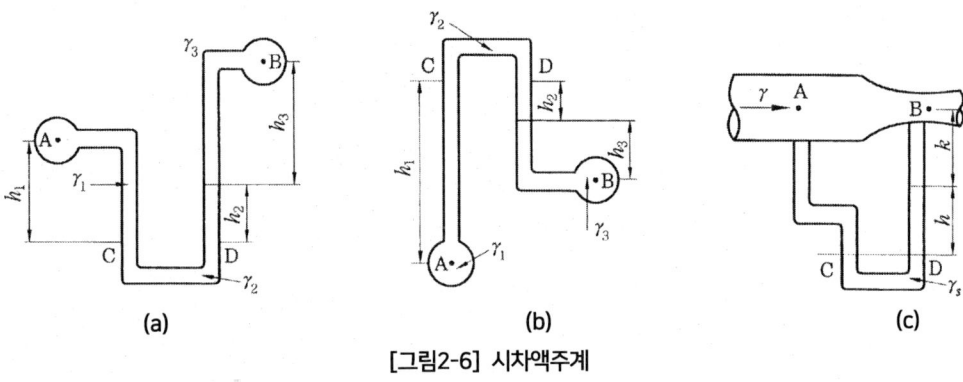

[그림2-6] 시차액주계

4 경사미압계(inclined micro manometer)

$$P_A = P_B + \gamma \left(y\sin\alpha + \frac{a}{A}y \right)$$

$$\therefore P_A - P_B = \gamma y \left(\sin\alpha + \frac{a}{A} \right)$$

만일 A ≫ Q이면 $\frac{a}{A}$ 항은 미소하므로 무시한다.

$$\therefore P_A - P_B = \gamma y \sin\alpha$$

05 정지 유체에서의 압력

정지 유체 속에서는 유체 입자 사이에 상대 운동이 없기 때문에 점성에 의한 전단력은 나타나지 않는다.
① 정지 유체 속에서의 압력은 모든 면에 수직으로 작용한다.
② 정지 유체 속에서의 임의의 한 점에 작용하는 압력은 모든 방향에서 그 크기가 같다.
③ 밀폐된 용기 속에 있는 유체에 가한 압력은 모든 방향에 같은 크기로 전달된다(파스칼의 원리).
④ 정지된 유체 속의 동일 수평면에 있는 두 점의 압력은 크기가 같다.

06 정지 유체 속에서 압력의 변화

1 수평방향의 압력의 변화

정지 유체 속에서 같은 수평면 위에 있는 두 점은 같은 압력을 가지기 때문에 수평면에 대한 압력의 변화가 없다.

그림 2-7과 같이 수평방향의 평형 조건으로부터

$\sum F_x = 0$에서 $p_1 dA - p_2 dA = 0$ 즉 $p_1 = p_2$이다.

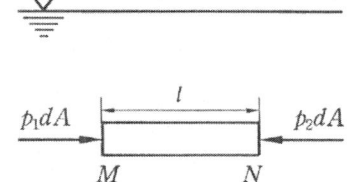

[그림2-7] 수평방향의 압력 변화

2 수직방향의 압력의 변화

그림과 같이 임의의 기준면에서 수직방향으로 z축을 잡고 체적요소에 대한 힘의 평형을 생각하면 다음과 같다.

$\sum F_x = 0$에서

$p_A - \left(p + \dfrac{dp}{dz}\triangle z\right)A - \gamma A \triangle z = 0$

$\dfrac{dp}{dz} = -\gamma$

$\therefore dp = -\gamma dz \, [\text{kPa}]$

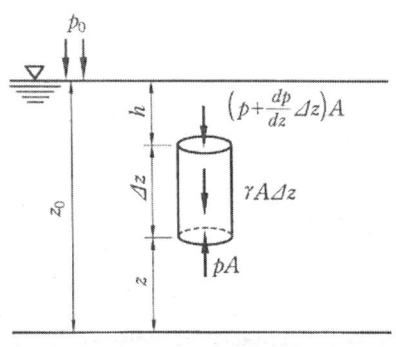

[그림2-8] 수직방향의 압력 변화

(1) 비압축성 유체 속에서의 압력의 변화

앞의 식에서 $\gamma = const$(일정)하다면 적분한다.

$$p = -\gamma z + C$$

여기서, C : 적분 상수

유체 표면의 압력을 p_o라 하고, 표면에서 수직 하방으로 거리를 $h(=-z)$라 하면 다음과 같다.

$$p = \gamma h + p_o$$

유체 표면이 자유 표면이라면 p_o는 대기압이 되므로 다음과 같다.

$$p = \gamma h \, [\text{kpa}]$$

(2) 압축성 유체 속에서의 압력의 변화

압축성 유체이면 γ는 압력 p의 함수이므로 다음과 같다.

$$dz = -\dfrac{dp}{\gamma}$$

기준면에서의 압력을 p_o, 비중량을 γ_o, 높이 z에서의 압력을 p, 비중량을 γ라 할 때 완전가스로

취급하면
$$dz = -\frac{1}{\gamma}dp = -\frac{p_o}{\gamma_o} \cdot \frac{dp}{p}$$

적분하면 $z = -\frac{p_0}{\gamma_0}\int \frac{1}{p}dp = -\frac{p_0}{\gamma_0}\ln\frac{p}{p_0} = y - y_0$

$$\therefore p = p_o e^{-\frac{y-y_0}{\frac{p_0}{\gamma_0}}} \text{ (kPa)}$$

07 유체 속에 잠겨 있는 면에 작용하는 힘

1 수평면에 작용하는 힘

그림과 같이 수평하게 잠겨 있는 면에 작용하는 압력은 모든 점에서 같다.

$$F = \int_A pdA = \int_A \gamma h dA = \gamma h A \text{[kN]}$$

① 힘의 크기: $F = \gamma h A$
② 힘의 방향: 면에 수직한 방향
③ 힘의 작용점: 면의 중심

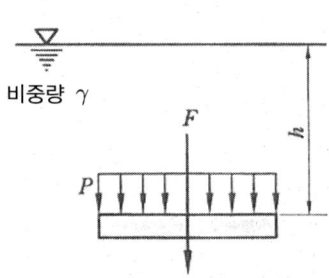

[그림2-9] 수평면에 작용하는 힘

2 수직면에 작용하는 힘

$$F = \int pdA = \frac{p_1 + p_2}{2}A$$
$$= \gamma\frac{h_1 + h_2}{2}A = \gamma h_c A \text{[kN]}$$

① 힘의 크기: $F = \gamma h_c A$
② 힘의 방향: 면에 수직한 방향
③ 힘의 작용점: Varignon의 정리에 의한다.

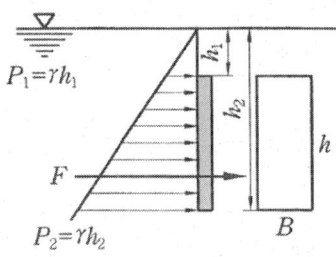

[그림2-10] 수직면에 작용하는 힘

3 경사면에 작용하는 힘

그림2-11과 같이 자유 표면과 $\alpha°$의 경사를 이루고 있는 경사면에서 미소 면적 dA에 작용하는 힘은 다음과 같다.

$$dF = pdA = \gamma hdA = \gamma y \sin\alpha dA$$

따라서 전체 면적에 작용하는 전체 힘은 다음과 같다.

$$F = \int_A dF = \int_A \gamma y \sin\alpha dA = \gamma \sin\alpha \int_A y dA$$

$$\therefore F = \gamma A y_c \sin\alpha$$

여기서, $\int_A ydA = Ay_c$ 이다.

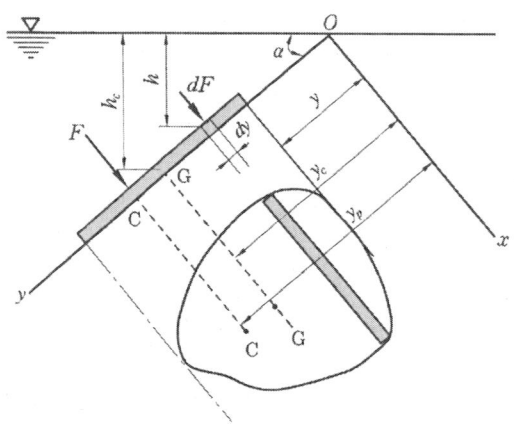

[그림2-11] 경사면에 작용하는 힘

4 곡면에 작용하는 힘

그림 2-12와 같은 AB 곡면에 작용하는 전체 힘 F는, AB의 수평 및 수직방향으로 투영한 평면을 각각 AC 및 BC라고 하면, AC면에 작용하는 힘 F_y, BC면에 작용하는 힘 F_x를 구할 수 있다. AB 곡면에 작용하는 힘 F는 곡면 AB가 유체의 전체 힘 F에 저항하는 항력 R과 크기가 같고, 방향이 반대이다. 이때 R의 x, y의 분력을 각각 R_x, R_y라 하면, 곡선 AB에 작용하는 힘의 크기는 다음과 같다.

$$R_x = F_x$$
$$R_y = F_y + W_{AEDBA}$$

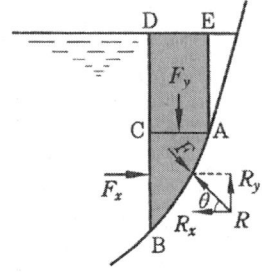

[그림2-12] 곡면의 전압력

여기서, W_{AEDBA} : $AEDBA$ 내의 유체의 무게(γV)

$$R = \sqrt{R_x^2 + R_y^2}, \theta = \tan^{-1}\left(\frac{R_y}{R_x}\right)$$

08 부력 및 부양체의 안정

1 부력(buoyant force)

물체가 정지 유체 속에 일부 또는 완전히 잠겨 있을 때는 유체에 접촉하고 있는 모든 부분은 유체의 압력을 받고 있다. 이 압력은 깊이 잠겨 있는 일부일수록 크고, 유체 압력에 의한 힘은 항상 수직 상방으로 작용하는데 이 힘을 부력(buoyant force)이라고 한다.

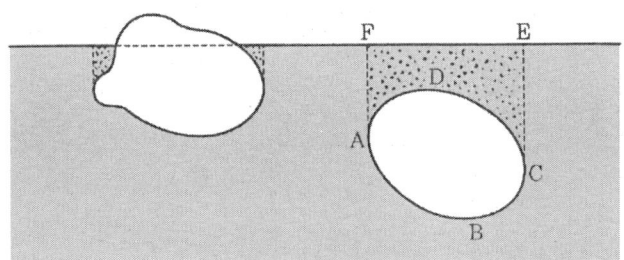

[그림2-13] 부력

잠긴 물체의 부력은 그 물체의 하부와 상부에 작용하는 힘의 수직 성분들의 차이다. 그림2-13에서 아랫면 ABC의 수직력은 표면 ABCEFA 내의 액체의 무게와 같고, 윗면 ADC에 작용하는 수직력은 액체 ADCEFA의 액체 무게와 같다. 이 두 힘의 차가 곧 물체에 의하여 배제된 유체, 즉 ABCDA의 무게에 의한 부력이다.

$$F_B = \gamma V$$

그림에서 물체의 요소에 가해진 수직력은 다음과 같다.

$$dF_B = (p_2 - p_1)dA = \gamma h dA = \gamma dV$$

이때 γ가 일정할 경우, 전 물체에 대하여 적분하면 다음과 같다.

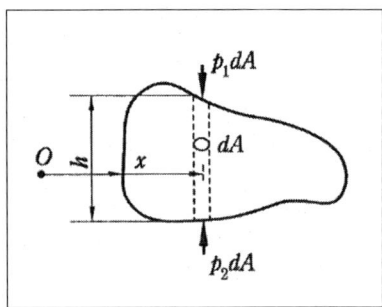

$$F_B = \gamma \int_V dV = \gamma V$$

또 부심(center of buoyance)은 다음과 같다.

$$\gamma \int_V x dV = \gamma V x_c$$

$$\therefore x_c = \int_V x \frac{dV}{V}$$

2 부양체의 안정

물 위에 뜨는 배는 그 중량과 부력의 크기가 같고 또 같은 연직선 위에서 평형을 이루는데, 이 연직선을 부양축이라 한다.

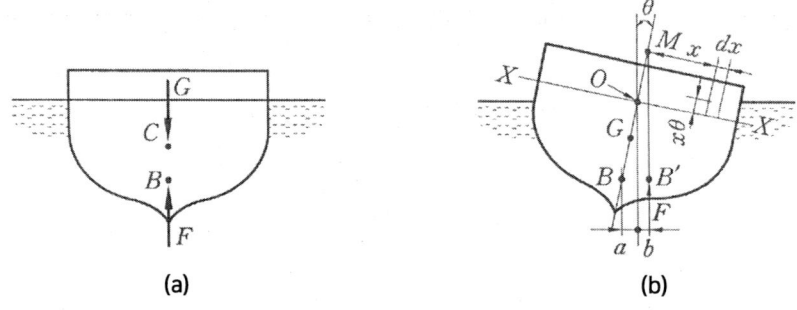

[그림2-14] 부양체의 안정

그림2-14(a)에서 부양체의 중량을 G, 그 중심을 C, 부력을 F, 부력의 중심을 B라 하면 그림 2-14(a)는 평형 상태를 나타낸다. 그림2-14(b)에서 배가 수평과 θ만큼 경사지고 있을 때 B'를 지나는 F의 작용선과 부양축과의 교점 M을 경심(metacenter)이라 한다.

① 표면에 떠 있는 배, 또는 유체 속에 잠겨 있는 기구나 잠수함에 있어서 그의 부력과 중력은 상호 작용하여 불안정한 상태를 안정된 위치로 되돌려 보내려는 복원 모멘트(righting moment)가 작용하여 항상 안정된 위치를 유지하게 된다(경심이 부양체의 중심보다 위에 있으면 복원 모멘트가 작용하여 안정성이 이루어지고, 두 점이 일치하면 중립 평형이 된다).

② 배가 너무 기울게 되어 부심의 위치가 중력선 밖으로 빠져나가게 되면 오히려 전복 모멘트(overturning moment)가 작용되어 배는 뒤집히게 된다(경심이 부양체의 중심보다 아래에 올 때는 전복 모멘트가 작용하여 뒤집히게 된다).

09 등가속도 운동을 받는 유체

1 등선가속도 운동을 받는 유체

(1) 수평 등가속도 운동을 받는 유체

① 수직방향의 압력 변화

$$\sum F_y = ma_y$$
$$pA - \gamma hA = 0$$
$$\therefore p = \gamma h$$

② 수평방향의 압력 변화

$$\sum F_x = ma_x = \left(\gamma A \frac{l}{g}\right)a_x$$

$$p_1 A - p_2 A = \left(\gamma A \frac{l}{g}\right)a_x$$

$$\frac{p_1 - p_2}{\gamma l} = \frac{a_x}{g} = \frac{h_1 - h_2}{l}$$

$$\tan\theta = \frac{a_x}{g} = \frac{h_1 - h_2}{l}$$

(2) 수직 등가속도 운동을 받는 유체

$$\sum F_y = ma_y$$

$$p_2 A - p_1 A - W = ma_y$$

$$p_2 A - p_1 A - \gamma h A = \left(\gamma A \frac{h}{g}\right)a_y$$

$$\therefore p_2 - p_1 = \gamma h \left(1 + \frac{a_y}{g}\right)$$

2 등속 회전운동을 받는 유체

$$\sum F_r = ma_r$$

$$pdA - \left(p + \frac{\partial p}{\partial r}dr\right)dA = \frac{\gamma dA dr}{g}(-rw^2)$$

$$\therefore \frac{dp}{dr} = \frac{\gamma}{g}rw^2$$

$$\therefore p = \frac{\gamma}{g}w^2\frac{r^2}{2} + C$$

$r=0$일 때 $p=p_0$라 하면 $C=p_0$이므로

$$p = \frac{\gamma}{2g}r^2w^2 + p_0$$

$$p - p_0 = \frac{\gamma}{2g}r^2w^2$$

$$\frac{p-p_0}{\gamma} = y - y_0 = h \text{라 하면}$$

$$\therefore h = y - y_0 = \frac{p-p_0}{\gamma} = \frac{r^2w^2}{2g} \text{(m)}$$

chapter 03 유체의 운동학

PART1. 기계유체역학

01 유체유동의 유형

1 정상류와 비정상류

(1) 정상류(steady flow)

유동장 내의 임의 점에서 흐름의 특성이 시간에 따라 변화하지 않는 흐름을 말한다. 그러므로 정상유동에서는 어떤 점의 속도 V, 밀도 ρ, 압력 p, 온도 T라면

$$\frac{\partial \rho}{\partial t}=0,\ \frac{\partial p}{\partial t}=0,\ \frac{\partial T}{\partial t}=0,\ \frac{\partial V}{\partial t}=0$$

정상류의 유동특성은 시간에 대해서 무관하고 일정하지만 유동장의 모든 점에서 모두 같다는 의미는 아니다. 유동특성은 시간에 무관하고 일정하지만 위치에 따라서 변화한다는 뜻이다.

즉 정상류는 시간에 무관하고 공간좌표만의 함수이다.

(2) 비정상류(unsteady flow)

유체가 흐르고 있는 과정에서 임의의 한 점에서 유체의 여러 가지 특성 중 단 하나의 성질 이상이 시간경과에 따라 변화하는 흐름의 상태

$$\frac{\partial \rho}{\partial t}\neq 0,\ \frac{\partial p}{\partial t}\neq 0,\ \frac{\partial T}{\partial t}\neq 0,\ \frac{\partial V}{\partial t}\neq 0$$

2 등류와 비등류

(1) 등류(uniform flow)

한 유동장의 주어진 영역 내에서 모든 점의 속도가 공간좌표에 관계없이 동일할 때, 이 유동을 등류 또는 균속도 유동이라 한다. 속도를 v, 임의의 방향의 좌표를 s, 시간을 t라 할 때 균속도 유동의

표현식은 다음과 같다.
① 비정상 균속도 유동
$$\frac{\partial v}{\partial s}=0, \ \frac{\partial v}{\partial t}\neq 0$$

② 정상 균속도 유동
$$\frac{\partial v}{\partial s}=0, \ \frac{\partial v}{\partial t}=0$$

(2) 비등류(非等流: nonuniform flow)

한 유동장의 주어진 영역 내에서 모든 점의 속도가 위치에 따라 변화할 때, 이 유동을 비등류 또는 비균속도 유동이라 한다. 속도를 v, 임의의 방향의 좌표를 s. 시간을 t라 할 때 비균속도 유동의 표현식은 다음과 같다.

① 비정상 비균속도 유동
$$\frac{\partial v}{\partial s}\neq 0, \ \frac{\partial v}{\partial t}\neq 0$$

② 정상 비균속도 유동
$$\frac{\partial v}{\partial s}\neq 0, \ \frac{\partial v}{\partial t}=0$$

02 유선, 유적선, 유맥선, 유관

1 유선(streamline)

(1) 유선의 정의

유선(流線: streamline)이란 유동장에서 유체 흐름의 어느 순간에 각 점에서 속도 벡터의 방향과 접선방향이 일치하도록 그려진 연속적인 가상곡선이다. 하나의 유선은 다른 유선과 교차하지 않는다.

(2) 유선의 방정식

임의의 순간에 한 유체 입자는 유선을 따라 움직이므로 그림3-1과 같이 유선상의 임의 한 점에서 속도(v)에 의한 미소벡터를 $dr = dxi + dyj + dzk$라고 하고, 속도벡터를 $v = ui + vdj + wk$라 하면 유선에서 그은 접선과 속도의 방향은 항상 일치하므로 유선방정식은 다음과 같다.

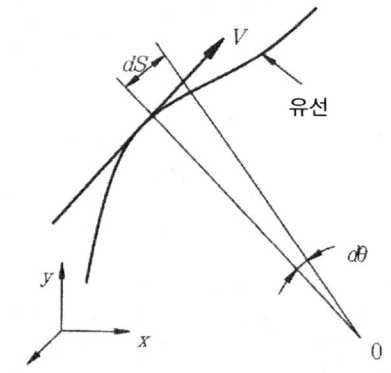

[그림3-1] 유선의 방정식

$$V \times dr = 0 \text{ 또는 } \frac{dx}{u} = \frac{dy}{v} = \frac{dz}{w}$$

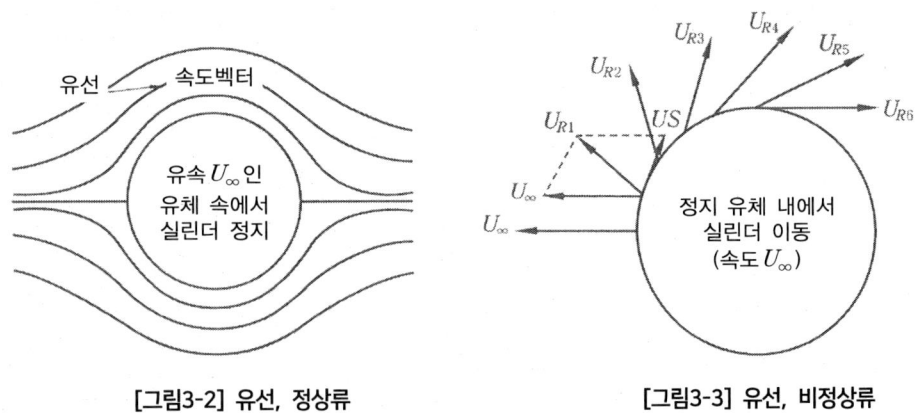

[그림3-2] 유선, 정상류   [그림3-3] 유선, 비정상류

비정상유동에서는 유체의 흐름이 시간에 따라 변화하므로 유선도 시간에 따라 변하지만, 정상유동에서의 유선은 시간에 따라 변하지 않는다.

2 유적선(pathline)

한 유체 입자가 일정한 기간 내에 흘러간 경로(자취, 흔적)를 유적선(pathline)이라 한다. 비정상유동시 임의 점에서 속도 벡터의 방향은 시간에 따라 변화하게 되고 따라서 유선도 시시각각 위치와 방향을 바꾸게 된다. 즉 비정상 유동에서 한 유체 입자는 어느 순간 한 유선을 따라 움직이다 다음 순간에는 다른 유선을 따라 운동하게 된다. 그러나 정상류에서는 임의 점에서 속도 벡터의 방향이 변화하지 않으므로 유선은 시간이 경과하더라도 변하지 않고 따라서 유선은 유적선과 일치한다.

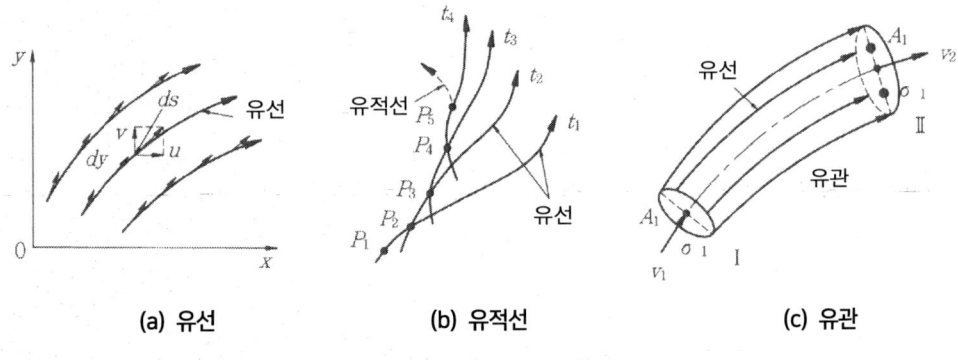

(a) 유선   (b) 유적선   (c) 유관

[그림3-4] 유선, 유적선, 유관

3 유맥선(streakline)

공간내의 한 점을 통과한 모든 유체 입자들의 순간궤적을 유맥선(streakline)이라 한다.

예를 들어 물감이나 연기를 유동 중에 흘러보냈을 때 흘러간 흔적이 유맥선이다. 정상류 흐름에서 유선과 유적선 그리고 유맥선은 일치한다.

4 유관(streamtube)

그림3-2와 같이 유동장 속에서 폐곡선을 통과하는 유선들에 의해 형성되는 공간, 즉 유선으로 둘러싸인 유선의 다발을 유관(streamtube)이라 한다. 미소 단면적의 유관은 하나의 유선으로 취급할 수 있고 반대로 유선은 작은 유관으로 생각할 수 있다.

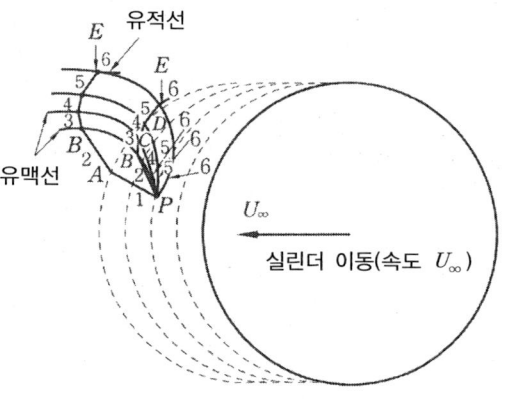

[그림3-5] 유맥선, 비정상류

03 유체 유동의 지배 방정식

1 연속방정식(continuity equation)

질량보존의 법칙을 유체의 흐름에 적용하여 얻어진 방정식을 연속방정식이라고 한다.

(1) 1차원 연속방정식

질량보존의 법칙을 그림3-6과 같은 정상류로 흐르고 있는 유동장에 적용시키면 질량의 변화는 일정하다. 즉 유동장으로 흘러들어온 단위시간당 질량은 유동장의 출구로 빠져나간 단위시간당 질량과 동일하다.

이것을 식으로 표현하면 다음과 같다.

$$\rho_1 A_1 V_1 = \rho_2 A_2 V_2$$

$$\rho A V = const$$

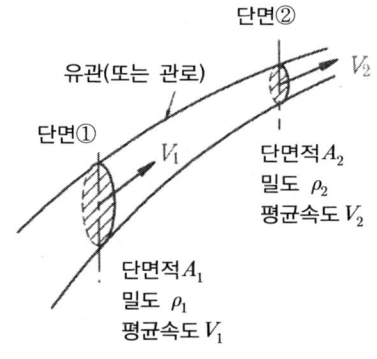

[그림3-6] 검사체적

위 식을 1차원 정상류 연속방정식이라 하고 이것을 미분하여 표현하면 다음과 같다.

$$d\rho A V = \rho dA V = \rho A dV = 0$$

$$\frac{d\rho}{\rho} + \frac{dA}{A} + \frac{dV}{V} = 0$$

① 질량유량(mass flow rate)

$$\overset{\circ}{m} = \rho A V \, [\text{kg}_m/\text{sec}]$$

② 중량유량(weight flow rate)

$$\overset{\circ}{W} = \gamma A V \, [\text{kg}_f/\text{sec}, \text{N}/\text{sec}]$$

③ 체적유량(volumetric flow rate, discharge)

$$Q = A V \, [\text{m}^3/\text{sec}]$$

(2) 3차원 연속방정식

① 3차원 비정상류 압축성 유체의 연속방정식

$$\nabla \cdot (\rho \vec{V}) = -\frac{\partial \rho}{\partial t}$$

여기서, ∇는 구배연산자(gradient operator)이고 식을 풀어 표현하면 다음과 같다.

$$\frac{\partial(\rho\mu)}{\partial x} + \frac{\partial(\rho v)}{\partial y} + \frac{\partial(\rho\omega)}{\partial z} = -\frac{\partial \rho}{\partial t}$$

② 3차원 정상류 압축성 유체의 연속방정식

$$\nabla \cdot (\rho \vec{V}) = \frac{\partial(\rho\mu)}{\partial x} + \frac{\partial(\rho v)}{\partial y} + \frac{\partial(\rho\omega)}{\partial z} = 0$$

③ 3차원 정상류 비압축성 유체의 연속방정식

$$\nabla \cdot \vec{V} = \frac{\partial \mu}{\partial x} + \frac{\partial v}{\partial y} + \frac{\partial \omega}{\partial z} = 0$$

$$div\, \vec{V} = 0$$

$\nabla \cdot \vec{V}$를 속도 $\vec{V}$의 다이버전스(divergence)라 한다.

④ 2차원 정상류 비압축성 유체의 연속방정식

$$\frac{\partial \mu}{\partial x} + \frac{\partial v}{\partial y} = 0$$

2 오일러의 운동방정식(Euler equation of motion)

그림3-7과 같이 질량 $\rho dAds$인 유체입자가 유선에 따라 움직인다. 이 유체의 유동방향의 한쪽 면에 작용하는 압력을 p라 하면, 다른쪽 면에 작용하는 압력은 $p + \frac{\partial p}{\partial s}ds$로 표시할 수 있다.

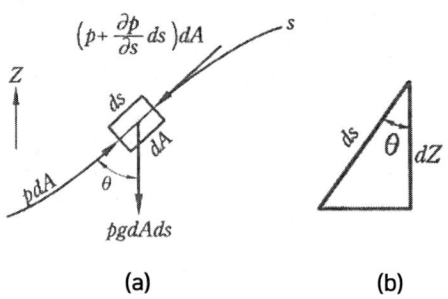

[그림3-7] 유선 위 유체입자에 작용하는 힘

유체입자의 무게는 $\rho g dA ds$이다. 유체 입자에 뉴턴의 운동 방정식은 $\sum F_s = ma_s$를 적용하면, $pdA - \left(p + \frac{\partial p}{\partial s}d_s\right)dA - \rho g dA ds \cos\theta = \rho dA ds \frac{dV}{dt}$ 이고, 여기서 V는 유선에 따라 유동하는 유체 입자의 속도이다.

위의 식은 양변에 $\rho dA ds$로 나누어 정리한다면 $\frac{\partial V}{p \partial s} + g\cos\theta + \frac{dV}{dt} = 0$ 이다.

속도 V는 s와 t의 함수로 $V = f(s, t)$이므로

$$\frac{dV}{dt} = \frac{\partial V}{\partial s} \cdot \frac{ds}{dt} + \frac{\partial V}{\partial t} = V\frac{\partial V}{\partial s} + \frac{\partial V}{\partial t}$$ 이 된다.

그림3-7(b)는 $\frac{dV}{dt}$와 $\cos\theta = \frac{dZ}{ds}$를 식에 대입하면 오일러의 운동방정식을 얻을 수 있다.

$$\frac{\partial p}{\rho \partial s} + V\frac{\partial V}{\partial s} + g\frac{dZ}{ds} = 0 \quad \text{또는} \quad \frac{dp}{p} + VdV + gdZ = 0$$

위 식이 유도될 때 가정은 다음과 같다.
① 유체입자는 유선에 따라 움직인다.
② 유체는 마찰이 없다.(점성력이 0이다.)
③ 정상유동이다.

3 베르누이 방정식(Bernoulli's equation)

(1) 베르누이 방정식

유선에 따른 오일러 방정식 $\left(\frac{dp}{\rho} + VdV + gdZ = 0\right)$을 비압축성 유체로 가정하고, 적분하면 베르누이 방정식을 얻을 수 있다.

베르누이 방정식은 $\int_1^2 \frac{dp}{\rho} + VdV + gdZ = 0$

$$\frac{p}{\rho} + \frac{V^2}{2} + gz = c$$

유로계는 그림3-8에서의 1단면과 2단면을 적용하면,

$$\frac{p_1}{\rho} + \frac{V_1^2}{2} + gZ_1 = \frac{p_2}{\rho} + \frac{V_2^2}{2} + gZ_2$$

$$\frac{p}{\gamma} + \frac{v^2}{2g} + Z = c = H(전수두)$$

$$\frac{p_1}{\gamma} + \frac{V_1^2}{2g} + Z_1 = \frac{p_2}{\gamma} + \frac{V_2^2}{2g} + Z_2 = H$$

여기서, $\frac{p}{\gamma}$: 압력수두 $\frac{V^2}{2g}$: 속도수두 Z: 위치수두 H: 전수두이다.

$\frac{p}{\gamma} + \frac{V^2}{2g} + Z$ 는 전수두선 또는 에너지선이라고 한다. 유면의 $\frac{p}{\gamma} + Z$를 연결한 선을 수력구배선이라고 한다. 수력구배선은 항상 에너지선보다 속도수두 $\frac{V^2}{2g}$ 만큼 아래에 위치한다.

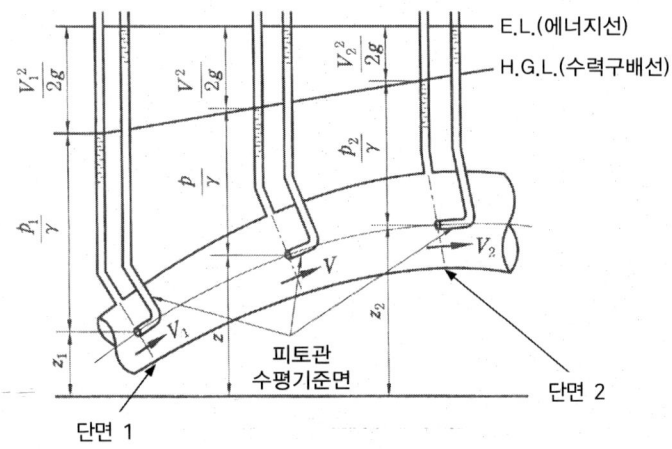

[그림3-8] 베르누이 방정식에서의 수두

실제 관로 문제에서는 유체의 마찰이 고려해야 한다. 단면1과 단면2 사이에서 손실수도를 h_L이라면 수정 베르누이 방정식은 다음과 같다.

$$\frac{p_1}{\gamma} + \frac{V_1^2}{2g} + Z_1 = \frac{p_2}{\gamma} + \frac{V_2^2}{2g} + Z_2 + h_L$$

(2) 수정 베르누이 방정식(점성이 있는 유체의 흐르는 상태의 베르누이 방정식)

하나의 유관에 상류측의 단면을 ①, 하류측의 단면을 ②로 한다면, 흐름의 전수두 사이에는 다음과 같은 식이 성립한다.

$$\left(\frac{p_1}{\gamma}+\frac{v_1^2}{2g}+Z_1\right)-\left(\frac{p_2}{\gamma}+\frac{V_2^2}{2g}+Z_2\right)=h_L$$

$$\left(\frac{p_1}{\gamma}+\frac{v_1^2}{2g}+Z_1\right)=\left(\frac{p_2}{\gamma}+\frac{V_2^2}{2g}+Z_2\right)+h_L$$

여기서, h_L : 손실수두 이다.

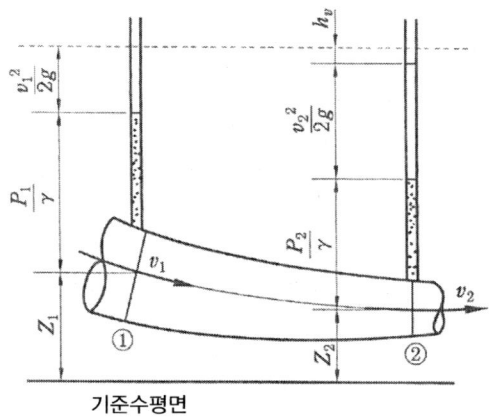

[그림3-9] 유관에서의 점성 유체의 에너지

손실에는 유체의 점성에 의한 관로벽에서의 마찰력에 저항하여 유체가 이동으로 발생하는 손실과 유로의 변화에 따른 유체 내부에서의 마찰력에 의한 손실이 포함한다. 단면 ①과 단면 ② 사이에 펌프와 터빈을 설치할 경우에는 아래식과 같다.

$$\frac{p_1}{\gamma}+\frac{v_1^2}{2g}+z_1+E_p=\frac{p_2}{\gamma}+\frac{v_2^2}{2g}+z_2+h_L+E_T$$

여기서, E_P : 펌프에너지 E_T : 터빈에너지이다.

(3) 비압축성 유체의 베르누이 방정식

비압축성 유체에서는 ρ =일정이므로 비압축성 유체의 베르누이 방정식은 아래와 같다.

$$\frac{P}{\rho}+\frac{V^2}{2}+gZ=H \quad \text{또는} \quad \frac{P}{\rho}+\frac{V^2}{2}+Z=H$$

베르누이 방정식은 정상류 비압축성 유체의 단위중량당 에너지 보존 방정식이라 표현할 수도 있다. 그래서 ①항은 단위중량당 압력에너지, ②항은 단위중량당 운동에너지, ③항은 단위중량당 위치 에너지라 한다. 그리고 그 합을 단위중량당 총 기계적 에너지라 하고 어떤 한 유선을 따라 총 단위중량당 총 기계적 에너지는 일정하다.

이론적으로 유선이 다르면 단위중량당 총 기계적 에너지도 일정하지 않을 수도 있다. 그러나 유체유동을 해석하는데 있어서는 모든 유선에 대한 단위중량당 총 기계적 에너지는 일정한 것으로 가정한다. 베르누이 방정식의 각 항의 차원은 [L]이고 단위는 [N·m/N], [kg$_f$·m/kg$_f$], [m]이다. 단위중량당 에너지를 수두(head)라 표현하여 베르누이 방정식의 각 항을 정리하면 다음과 같다.

① $\dfrac{P}{\gamma}$: 압력수두(壓力水頭 ; pressure head)

② $\dfrac{V^2}{2g}$: 속도수두(速度水頭 ; velocity head)

③ z : 위치수두(位置水頭 ; potential head)

④ H : 전수두(全頭 ; total head)

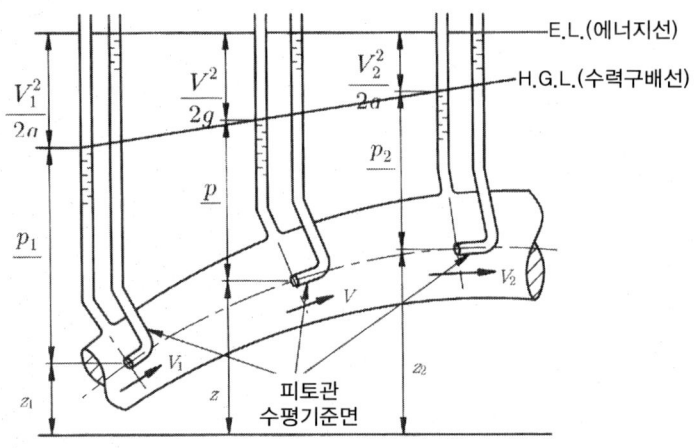

[그림3-10] 수력구배선과 에너지선

전수두란 압력수두, 속도수두, 위치수두의 합으로 그림3-10의 ①단면과 ②단면에 적용시키면

$$\dfrac{P_1}{\gamma}+\dfrac{V_1^2}{2g}+Z_1=\dfrac{P_2}{\gamma}+\dfrac{V_2^2}{2g}+Z_2=H \text{ 이다.}$$

위 식은 한 유선상의 모든 점에서 전수두는 항상 일정함을 나타낸다.

(4) 베르누이 방정식 유도시 기본 가정

베르누이 방정식을 유도 시 기본 가설은 다음과 같다.
① 유체입자는 유선을 따라 흐른다.
② 유체의 흐름은 정상류이다.
③ 비점성(유체 마찰 무시) 유체의 흐름이다.
④ 비압축성 유체이다.

(5) 수력구배선과 에너지선

① **에너지선**(energy line)
그림3-10과 같이 전수두(total head)를 나타내는 선을 에너지선(energy line)이라 하며 E.L로 나타낸다.

② **수력구배선**(水力勾配線 ; hydraulic grade line)
한 유선상의 모든 점에서 압력수두와 위치수두의 합을 연결한 선을 수력구배선(水力勾配線 ; hydraulic grade line)이라 하고 H. G. L로 나타낸다. 그림3-10과 같이 액주계의 높이를 연결한 선이 수력구배선이고 항상 속도수두 만큼 아래에 위치한다.

4 수정 베르누이 방정식(modified Bernoulli's equation)

(1) 손실수두를 고려한 베르누이 방정식

실제유체(점성유체) 유동의 문제에서는 점성(유체마찰) 때문에 마찰손실이 발생하므로 그림3-11과 같이 단면①과 단면② 사이에 베르누이 방정식을 적용시키면

$$\frac{P_1}{\gamma}+\frac{V_1^2}{2g}+Z_1=\frac{P_2}{\gamma}+\frac{V_2^2}{2g}+Z_2=h_L$$ 이다.

여기서, h_L은 손실수두(損失水頭 ; loss head)이다.

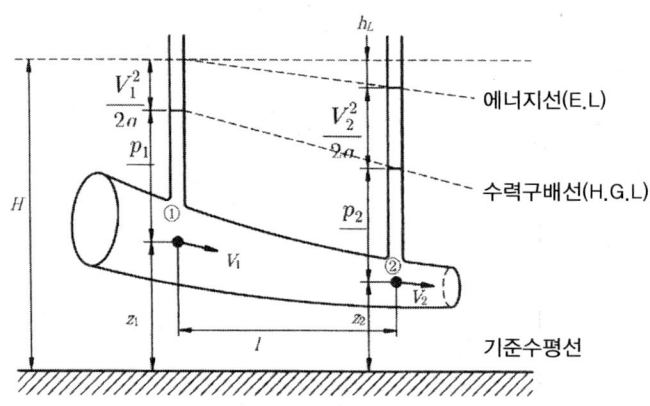

[그림3-11] 실제 유체의 유동 관로

(2) 펌프 수두를 고려한 베르누이 방정식

펌프(pump)는 액체를 수송하는 장치이고, 기체를 수송하는 장치는 송풍기(送風機 ; blower)이다. 실제유체의 유동관로에 펌프를 설치하여 유체를 이송할 때 베르누이 방정식은 다음과 같이 적용시킨다.

$$\frac{P_1}{\gamma} + \frac{V_1^2}{2g} + Z_1 + h_P = \frac{P_2}{\gamma} + \frac{V_2^2}{2g} + Z_2 + h_L$$

여기서, h_P는 펌프수두(pump head)이다.

(3) 터빈 수두를 고려한 베르누이 방정식

터빈(turbine)은 물이 가지고 있는 에너지를 받아 기계적 에너지로 변환시켜 주는 기계로 수차(水車; turbine)를 의미한다. 실제 유동 관로에 수차(turbine)가 설치되어 있을 때 베르누이 방정식은 다음과 같이 적용시킨다.

$$\frac{P_1}{\gamma} + \frac{V_1^2}{2g} + Z_1 = \frac{P_2}{\gamma} + \frac{V_2^2}{2g} + Z_2 + h_T + h_L$$

여기서, h_T는 터빈 수두(turbine head)이다.

04 공률(power)

펌프나 터빈을 이용한 유동에서 유체에 전달동력을 구하는 방법은 다음과 같다.

$$L = \gamma Q H \, [\text{kg}_f \cdot \text{m/sec}, \text{PS}, \text{kW}]$$

여기서, γ는 유체의 비중량[kg_f/m^3, N/m^3], Q는 체적유량 [m^3/sec], H는 전수두[m]이다.

만약 유동하는 유체가 물이라면 전달된 동력은 수동력 이 된다. 비중량의 단위에 따라 전달동력을 구하는 식은 다음과 같이 적용된다.

$$L = \frac{\gamma Q H}{75} [\text{PS}] = \frac{\gamma Q H}{102} [\text{kW}]$$

여기서, 비중량 γ의 단위는 [kg/m^3]이고, [N/m^3] S.I 단위라면 전달동력은

$$L = \frac{\gamma Q H}{1000} [\text{kW}] \ \text{이다.}$$

펌프 수두 h_P는 단위중량의 유체에 공급한 에너지를 나타내므로 펌프동력을 구할 때는 전수두 대신에 펌프 수두를 대입하면

$$L_P = \gamma Q h_P \, [\text{kg}_f \cdot \text{m/sec}, \text{PS}, \text{kW}]$$

이고 터빈 동력은 다음과 같이 터빈 수두를 이용하여 구하면 된다.

$$L_T = \gamma Q h_T \, [\text{kg}_f \cdot \text{m/sec}, \text{PS}, \text{kW}]$$

05 연속방정식과 베르누이 방정식의 응용

1 오리피스(orifice)

오리피스(orifice)란 유량을 측정할 수 있는 예리한 끝을 가진 원형단면의 구멍으로 유로의 단면을 바꾸는 기구인 스로틀(throttle ; 교축)의 한 종류이다.

그림3-12와 같이 오리피스가 설치된 용기의 자유표면을 1점, 오리피스 구멍 출구를 2점으로 하여 베르누이 방정식을 적용시키면 다음과 같다.

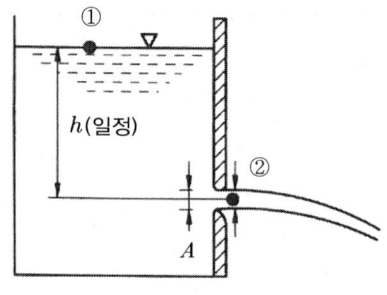

[그림3-12] 오리피스

$$Z_1 = \frac{V_2^2}{2g} + Z_2$$

$$V_2 = \sqrt{2gh}$$

(1) 토리첼리(Torricelli)의 정리

$$V = \sqrt{2gh}$$

(2) 유량(discharge)

① 이론유량

$$Q = A \cdot V = \frac{\pi d^2}{4} \cdot \sqrt{2gh}$$

② 실제속도

$$V_a = C_v \sqrt{2gh}$$

여기서, 실제속도이고 C_v는 유속계수(coefficient of velocity)이다.

③ 실제유량

$$Q_a = CAV = CA\sqrt{2gh}$$

여기서, Q_a는 실제유량이고 C는 유량계수(coefficient of discharge)이다.

2 피토관(pitot tube)

피토관(pitot tube)은 동압을 측정하는 속도 계측기이다. 다음과 같은 2가지 경우에 대하여 정리하기로 한다.

(1) 직수평관 내에 교란되지 않는 유속을 측정하기 위한 피토관

그림3-13과 같이 ①점과 ②점 사이에 베르누이 방정식을 적용시키면 다음과 같다.

$$\frac{V_1^2}{2g} = \frac{P_1}{\gamma} = \frac{P_2}{\gamma}$$

여기서, P_1은 정압(static pressure)이고 피토관 입구는 정체점(stagnation point)이며 P_2는 정체압(stagnation pressure) 또는 전압(total pressure)이라 한다.

$$P_2 = P_1 + \frac{\rho V_1^2}{2}$$

여기서, $\frac{\rho V_1^2}{2}$은 동압(dynamic pressure)이라 한다. 그림3-14의 피토관에서 정체압과 정압의 차를 계산하면

$$P_2 - P_1 = h(\gamma_s - \gamma)$$

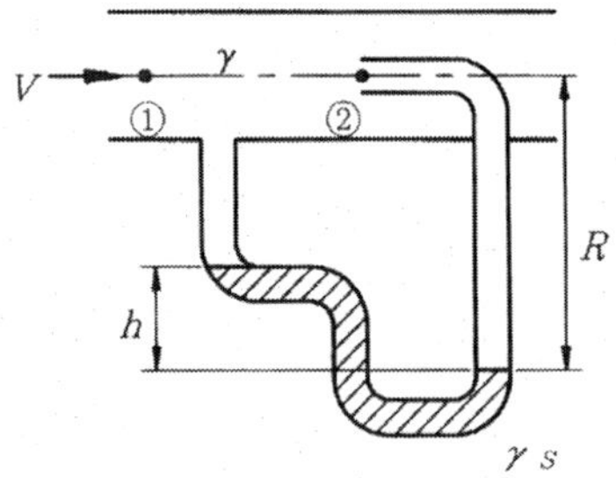

[그림3-13] 관내 유속을 측정하기 위한 피토관

이고 관의 속도를 구하면 다음과 같다.

$$V_1 = \sqrt{2gh\left(\frac{\gamma_s}{\gamma} - 1\right)}$$

여기서, $\frac{\gamma_s}{\gamma} = \frac{\rho_s}{\rho} = \frac{S_s}{S}$ 이고 유량(discharge)을 구하면

$$Q = A_1 V_1 = A_1 \sqrt{2gh\left(\frac{\gamma_s}{\gamma} - 1\right)}$$ 이다.

(2) 유동 중 강물의 유속을 측정하기 위한 피토관

수평으로 흐르는 강물에 피토관을 놓아두면 그림3-14와 같이 피토관 내로 물이 H만큼 상승한다. 이 때 강물의 흐름속도를 구하려면 ①점과 ②점 사이에 베르누이 방정식을 적용시키면 된다.

$$\frac{V_1^2}{2g} + \frac{P_1}{\gamma} = \frac{P_2}{\gamma}$$

$$\frac{\rho V_1^2}{2} = P_2 - P_1 = \gamma H$$

$$V_1 = \sqrt{2gH}$$

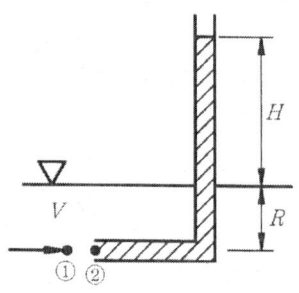

[그림3-14] 강물의 유속을 측정하기 위한 피토관

3 벤튜리미터(venturi meter)

(1) 속도(velocity)

그림3-15와 같이 축소·확대관 사이에 마노미터(manometer)를 설치하여 정압을 측정함으로써 유량을 구할 수 있는 유량계 측기이다.

그림3-15에서 단면 ①과 단면 ②사이에 연속방정식과 베르누이 방정식을 적용시켜 단면 ②의 통과 속도를 구하면 아래와 같다.

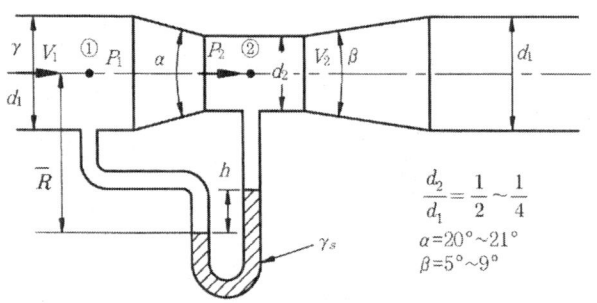

[그림3-15] 벤튜리미터

$$Q = A_1 V_1 = A_2 V_2$$

$$\frac{P_1}{\gamma} + \frac{V_1^2}{2g} = \frac{P_2}{\gamma} + \frac{V_2^2}{2g}$$

$$\frac{P_1 - P_2}{\gamma} = \left[1 - \left(\frac{A_2}{A_1}\right)^2\right] \frac{V_2^2}{2g} = \frac{h(\gamma_s - \gamma)}{\gamma}$$

$$V_2 = \sqrt{\frac{2gh\left(\frac{\gamma s}{\gamma} - 1\right)}{1 - \left(\frac{d_2}{d_1}\right)^4}}$$

(2) 이론유량

이론 유량은 앞 수식을 이용하여 연속방정식으로부터 구한다.

$$Q = A_2 V_2 = \frac{\pi d_2^2}{4} \cdot \sqrt{\frac{2gh\left(\frac{\gamma s}{\gamma} - 1\right)}{1 - \left(\frac{d_2}{d_1}\right)^4}}$$

(3) 실제유량

실제유량은 이론유량에 유량계수를 도입하여 다음과 같이 표현할 수 있다.

$$Q_a = CA_2 V_2 = C\frac{\pi d_2^2}{4} \cdot \sqrt{\frac{2gh\left(\frac{\gamma s}{\gamma} - 1\right)}{1 - \left(\frac{d_2}{d_1}\right)^4}}$$

여기서, C를 유량계수(coefficient of discharge) 또는 벤튜리 미터(venturi meter)계수라 한다.

4 사이펀(siphon)

그림3-16과 같이 한쪽의 액체를 다른 낮은 쪽으로 옮기기 위하여 사용하는 U자형 또는 V자형의 흡수관을 사이펀(siphon)이라 한다.

사이펀의 출구 속도를 구하기 위하여 ① 점과 ② 점에 베르누이 방정식을 적용하면

$$Z_1 = \frac{V_2^2}{2g} + z_2$$

$$V_2 = \sqrt{2g(Z_1 - Z_2)} \text{ 이다.}$$

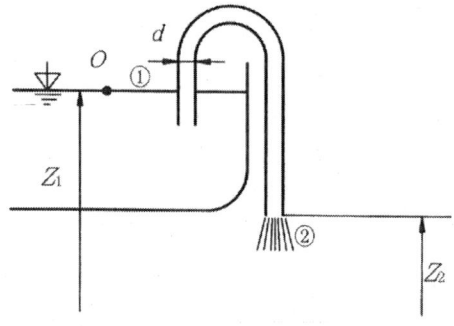

[그림3-16] 사이펀

따라서 이론유량은 다음과 같다.

$$Q = \frac{\pi d^2}{4} \cdot \sqrt{2g(Z_1 - Z_2)}$$

06 유체계측(流體計測)

1 정압측정(靜壓測定)

(1) 피에조미터(piezometer)

그림3-17과 같이 수평 피에조미터 구멍 작은 구멍을 뚫어 액주계를 설치하고 주의 높이차를 측정하여 정압(靜壓; static pressure)을 구한다. 이 때 관의 표면은 매끄러울수록 구멍은 작을수록 좋다.

(2) 정압관 (static tube)

그림3-18과 같이 유체의 유동방향과 일치하도록 정압관을 설치하고 액주계의 높이 $\triangle h$를 측정하여 정압을 구한다.

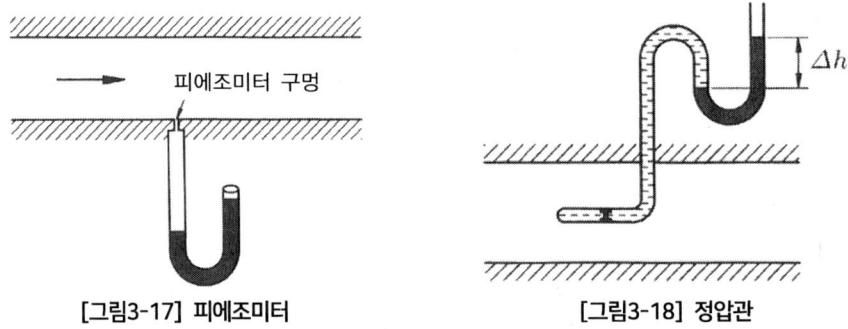

[그림3-17] 피에조미터   [그림3-18] 정압관

2 유속측정(流速測定)

(1) 피토관 (pitot tube)

그림3-19와 같이 직각의 유리관을 유체 속에 넣었을 때 관 안으로 흘러 들어온 유체의 높이 $\triangle h$를 측정하고 유속을 계산한다.

(2) 시차액주계(difference manometer)

그림3-20과 같이 피에조미터와 피토관을 조합하여 만든 시차액주계에서 R값을 측정하면 유속을 계산할 수 있다.

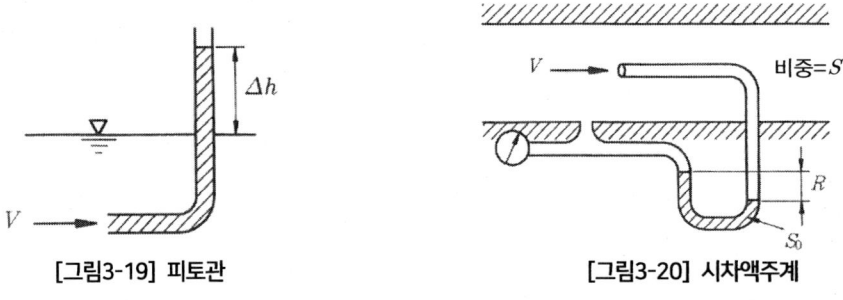

[그림3-19] 피토관   [그림3-20] 시차액주계

(3) 피토 정압관(pitot-static tube)

그림3-21과 같이 피토관과 정압관을 조합하여 만든 피토 정압관에서 R값을 측정할 수 있으나 유체의 교란으로 인한 유속의 보정이 필요하게 된다.

이와 같은 점을 고려하여 유속을 구하면 다음과 같다.

$$V = C_v \sqrt{2gR\left(\frac{\gamma_0}{\gamma} - 1\right)}$$

여기서, C는 실험에 의해 결정되는 유속계수이다.

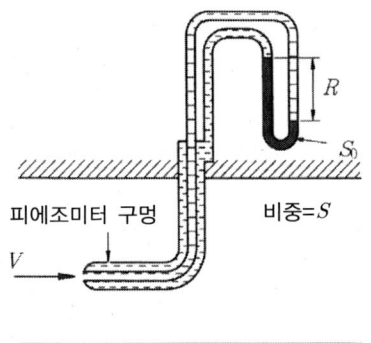

[그림3-21] 피토-정압관

(4) 열선속도계 (hot-wire anemometer)

두 개의 작은 지지대 사이에 연결된 백금 또는 텅스텐으로 만든 열선을 유동장에 넣고 전기적으로 가열하면 열선의 온도가 상승하면서 발생된 열은 대류 현상에 의해 열선으로부터 발산하게 된다.

열선속도계는 이와 같은 현상을 이용하여 난류와 같은 매우 빠른 유체 유동의 속도를 측정하기에 적당한 계측기이다.

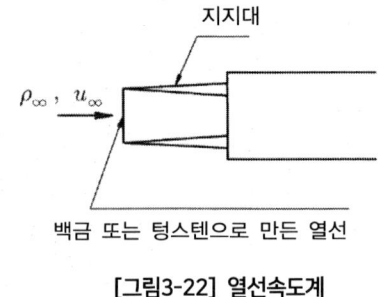

[그림3-22] 열선속도계

3 유량측정(流量測定)

(1) 오리피스 (orifice)

그림3-23과 같이 관의 이음매 사이에 오리피스를 끼워넣고 R값을 측정하면 유량을 알 수 있는 계측기이다.

오리피스의 전·후로 베르누이 방정식과 연속방정식을 적용시켜 유량을 구하면,

$$Q = CA_0 \sqrt{2gR\left(\frac{\gamma_0}{\gamma} - 1\right)}$$

이다. 여기서, C는 유량계수, A_0는 오리피스의 단면적이다. 오리피스의 종류에는 설치위치에 따라 입구 오리피스, 도중 오리피스와 출구 오리피스 등이 있다.
그림3-23은 도중 오리피스에 해당한다.

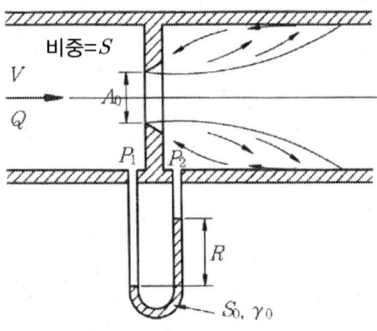

[그림3-23] 오리피스를 이용한 유량 측정

(2) 노즐(nozzle)

그림3-24와 같은 유동 노즐에서 유량을 계산하면

$$Q = CA\sqrt{2gR\left(\frac{\gamma_0}{\gamma}-1\right)}$$ 이다.

여기서, A는 노즐의 단면적이고 C는 유량계수로 유속계수 Cv를 이용하여 계산하면 다음과 같다.

$$C = \frac{C_v}{\sqrt{1-\left(\frac{d_2}{d_1}\right)^4}}$$

(3) 벤튜리미터(venturi meter)

그림3-24와 같이 단면이 점차 축소하는 관으로 두 단면에 액주계를 설치하여 R 값을 측정함으로써 유량을 계산할 수 있다.

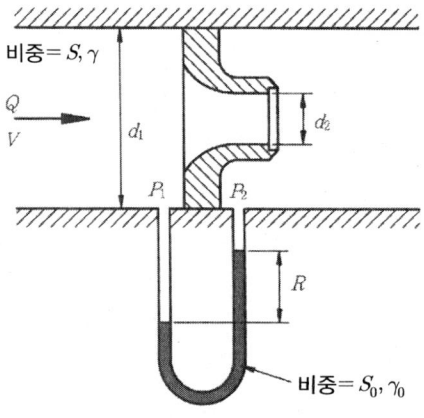

[그림3-24] 유동 노즐

운동량 방정식과 응용

PART1. 기계유체역학

01 역적과 운동량(모멘텀)

물체의 질량 m과 속도 v의 곱을 운동량이라고 한다. 뉴턴의 제2운동법칙에 의하면 다음과 같다.

$$F = ma = m\frac{dV}{dt} = \frac{d}{dt}(\mathrm{m}V)$$

$$Fdt = mdV = d(\mathrm{m}V)$$

여기서, Fdt : 역적 또는 충격력, mdV : 운동량의 변화

$$\int_1^2 Fdt = \int_1^2 mdV$$

$$F(t_2 - t_1) = m(V_2 - V_1)(\mathrm{N \cdot s})$$

1 운동량 보정계수(β)

유동 단면에 대한 속도 분포가 균일하지 않을 때 그 단면에서의 운동량은 운동계수를 도입함으로써 평균 속도 V의 운동량으로 나타낼 수 있다.

즉, $F = \int_A \rho v dA = \beta \rho A V^2$

$$\therefore \beta = \frac{1}{A}\int \left(\frac{v}{V}\right)^2 dA \text{ (운동량 보정계수)}$$

2 곡관에 작용하는 힘

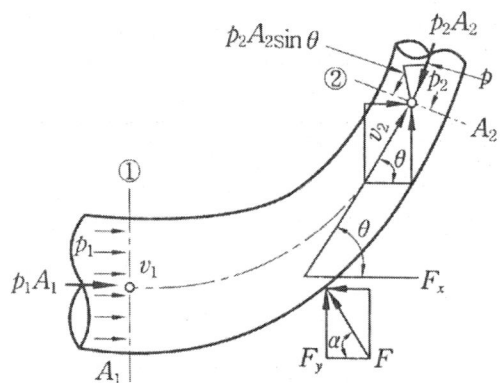

[그림4-1] 만곡 관로에 미치는 힘

만곡 관로에 미치는 힘을 ⇒ 곡관 관로에 미치는 힘

그림4-1과 같이 관로의 단면적과 방향이 함께 변하는 곡관 속을 유동할 때 단면 ①과 ②사이의 유체에 운동량 방정식을 적용하면 다음과 같다.

$$\sum F_x = \rho Q(V_{x2} - V_{x1})(\text{N})$$

$$p_1 A_1 - p_2 A_2 \cos\theta - F_x = \rho Q(v_2 \cos\theta - v_1)$$

$$\therefore F_x = p_1 A_1 - p_2 A_2 \cos\theta + \rho Q(v_1 - v_2 \cos\theta)(\text{N})$$

$$\sum F_y = \rho Q(V_{y2} - V_{y1})(\text{N})$$

$$F_y - p_2 A_2 \sin\theta = \rho Q(v_2 \sin\theta)$$

$$F_y = p_2 A_2 \sin\theta + \rho Q v_2 \sin\theta (\text{N})$$

따라서 합력의 크기는 다음과 같다.

$$F = \sqrt{F_x^2 + F_y^2},\ \theta = \tan^{-1}\frac{F_y}{F_x}(\text{N})$$

3 분류가 평판에 작용하는 힘

(1) 고정 평판에 수직으로 작용하는 힘

$$F = \rho Q V = \rho A V^2 (\text{N})$$

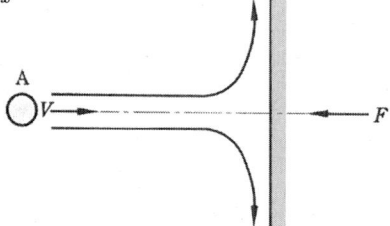

[그림4-2] 고정 평판에 충돌하는 분류

(2) 경사진 고정 평판에 작용하는 힘

$$F = \rho Q V \sin\theta \, (\text{N})$$

$$F_x = F\sin\theta = \rho Q V \sin^2\theta \, (\text{N})$$

$$F_y = F\cos\theta = \rho Q V \sin\theta \cos\theta \, (\text{N})$$

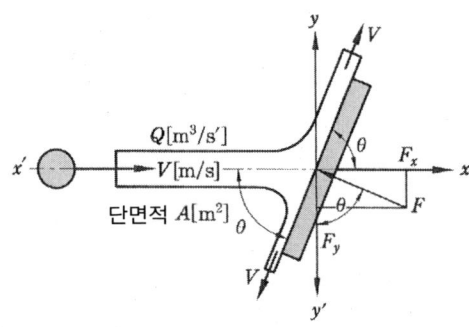

[그림4-3] 고정 평판에 경사각으로 충돌하는 분류

평판과 평행한 힘은 작용하지 않고, 평판과 평행한 방향의 운동량의 변화도 없다. 따라서 평행한 분류의 최초 운동량은 충돌 후의 합과 같으므로

$$\rho Q V \cos\theta = \rho Q_1 V - \rho Q_2 V$$

$$\therefore Q\cos\theta = Q_1 - Q_2$$

또한 연속 방정식에서 $Q = Q_1 + Q_2$이므로 다음과 같은 식이 성립한다.

$$Q_1 = \frac{Q}{2}(1+\cos\theta)\,(\text{m}^3/\text{s})$$

$$Q_2 = \frac{Q}{2}(1+\cos\theta)\,(\text{m}^3/\text{s})$$

(3) 움직이고 있는 평판에 수직으로 작용하는 힘

그림과 같이 평판이 분류의 방향으로 u의 속도를 가지고 움직일 때 분류가 평판에 충돌하는 속도는 분류의 속도 v에서 평판의 속도 u를 뺀 값, 즉 평판에 대한 분류의 상대 속도이다.

$$F = \rho Q(V-u) = \rho A(V-u)^2 \, (\text{N})$$

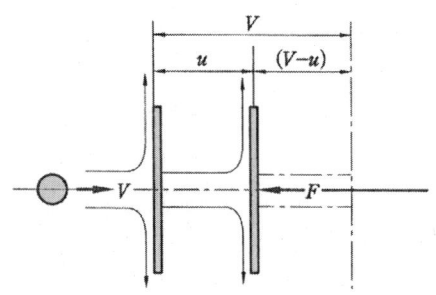

[그림4-4] 고정 평판에 충돌하는 분류

4 분류가 곡면판에 작용하는 힘

(1) 고정 곡면판(고정 날개)에 작용하는 힘

$$F_x = \rho QV(1-\cos\theta)\,(\text{N})$$

$$F_y = \rho QV\sin\theta\,(\text{N})$$

$$\therefore F\sqrt{F_x^2 + F_y^2} = \rho QV\sqrt{(1-\cos\theta)^2 + \sin^2\theta} = 2Qv\sin\left(\frac{\theta}{2}\right)(\text{N})$$

$$\theta = \tan^{-1}\frac{F_y}{F_x} = \sin\frac{\theta}{(1-\cos\theta)} = \cot\frac{\theta}{2} = \tan\frac{\pi-\theta}{2}$$

위의 식에 의하면 그 방향은 분류가 곡면판에 부딪치는 전후 속도의 방향을 이등분하는 선의 방향과 일치한다. 또 곡면판이 받는 힘 F는 $\theta = 180°$, 즉 U자형으로 만들 때가 최대로 되고 분류가 평판과 수직인 경우의 2배가 된다.

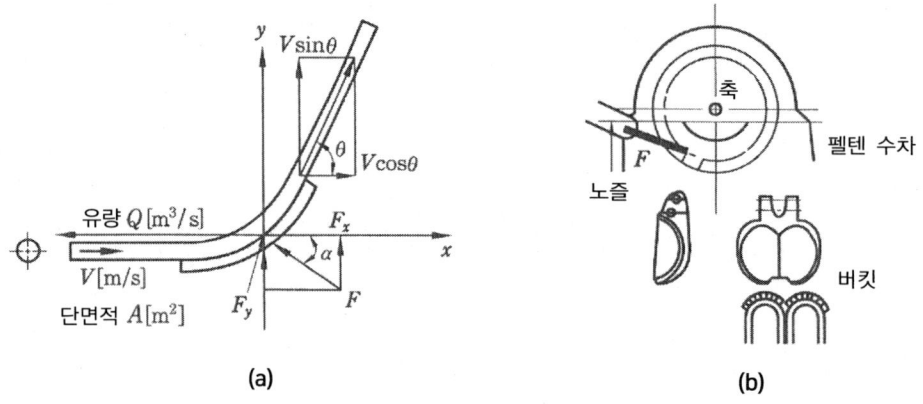

[그림4-5] 고정 곡면판에 미치는 분류의 힘

(2) 움직이는 곡면판(가동 날개)에 작용하는 힘

그림4-6에서 유체 분류가 가동날개의 접선 방향으로 유입한다면 유체가 날개에 작용하는 분력 F_x, F_y는 운동량 방정식에 의하여 결정된다. 날개 위를 지나는 상대 속도는 분류의 절대속도 V와 날개의 절대속도 u의 차로서 크기는 변함이 없다.

$$F_x = \rho Q(V_{x1} - V_{x2})\text{에서}$$

$$V_{x1} = V - u,\ V_{x2} = (V-u)\cos\theta$$

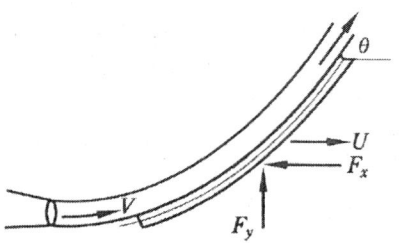

[그림4-6] 움직이는 곡면판에 작용하는 힘

또한 유량 $Q=A(V-u)$이므로 다음과 같다.

$$\therefore F_x = \rho Q(V-u)(1-\cos\theta)$$
$$= \rho A(V-u)^2(1-\cos\theta)$$

$$F_y = \rho Q(V_{y1} - V_{y2})$$에서

$$V_{y1} = 0$$

$$V_{y2} = (V-u)\sin\theta$$이므로

$$\therefore F_y = \rho Q(V-u)\sin\theta = \rho A(V-u)^2\sin\theta$$

또한 날개 출구에서의 절대속도 x방향의 성분 V_x와 y방향의 성분 V_y을 구하면 다음과 같다.

$$V_x = (V-u)\cos\theta + u\,(\text{m/s})$$

$$V_y = (V-u)\sin\theta\,(\text{m/s})$$

단일 가동 날개에서의 유량은 분류의 단면적에 상대속도를 곱한 값으며, 펠톤 수차와 같은 연속 날개에서는 분류의 단면적에 절대속도를 곱한 값이 된다.

02 프로펠러와 풍차

1 프로펠러

프로펠러의 상류 ①에서의 압력은 p_1, 속도 V_1인 균일한 흐름이고 프로펠러 가까이 접근하면 속도가 증가하며, 압력이 감소한다.

프로펠러를 지나면 다시 압력은 증가하고 흐름의 속도도 증가하며, 흐름의 단면적이 작아져서 단면 ④에 이른다. 프로펠러가 움직이는 상태이고 프로펠러 우측의 유속은 V_4이다. 따라서 프로펠러의 단면 ②와 ③에서의 속도는 같다고 볼 수 있으므로 $V_2 \fallingdotseq V_3$이다.

운동량 방정식을 적용하며 프로펠러에 의해 유체에 가한 힘

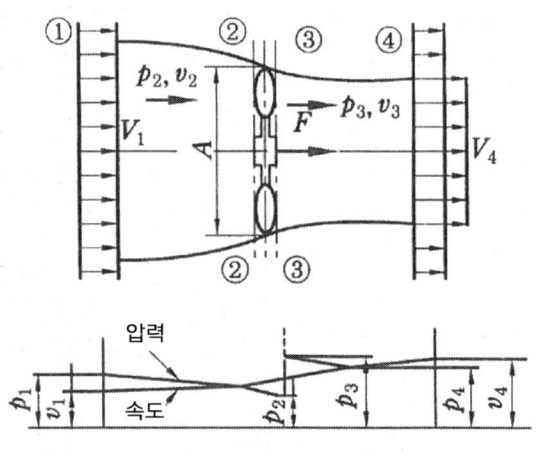

[그림4-7] 프로펠러의 운동량

$$F = (p_3 - p_2)A = \rho Q(V_4 - V_1) = (p_3 - p_2)A = \rho A V(V_4 - V_1)\,(\text{N})$$

단면 ①과 ②에 베르누이 방정식을 적용하면,

$$p_1 + \frac{1}{2}\rho V_1^2 = p_2 + \frac{1}{2}\rho V^2 \text{이고},$$

단면 ③과 ④에 베르누이 방정식을 적용하면,

$$p_3 + \frac{1}{2}\rho V^2 = p_4 + \frac{1}{2}\rho V_4^2 \text{ 이 된다}.$$

위식에서 $p_1 = p_4$을 고려하면, $p_3 - p_2 = \frac{1}{2}\rho(V_4^2 - V_1^2)$

$p_3 - p_2$를 소거하여 정리하면, $V = \dfrac{V_1 + V_4}{2}$ 이 된다.

이때 프로펠러로부터 전달된 동력은 $P_0 = FV_1 = \rho Q(V_4 - V_1)V_1$이다.

프로펠러의 입력한 동력은 $P_t = \dfrac{\rho Q}{2}(V_4^2 - V_1^2) = \rho Q(V_4 - V_1)V$이며, 이는 단면 ①과 ④ 사이에서의 운동에너지 차이를 나타낸다.

그러므로 프로펠러의 이론효율은 $\eta_{th} = \dfrac{P_0}{P_t} = \dfrac{V_1}{V}$ 가 된다.

※ 항공기의 프로펠러의 실제 효율은 최적 조건하에서 이론효율과 같은 85%정도의 효율을 갖는다. 배에서의 프로펠러는 프로펠러의 지름의 제한 때문에 60%정도에 밖에 미치지 못한다.

03 각운동량

곡선상에서 운동하는 질량 m인 물체가 있을 때 한 점을 중심으로 작용하는 모멘트 T는 각운동량 법칙에 따라 다음과 같다.

$$T = \frac{d}{dt}(mVr)\text{이며},$$

여기서, mVr (=운동량×반지름)은 각운동량이다.

예를 들어 그림4-8과 같은 원심펌프에서 임펠러의 입구와 출구에서 유속을 v_1, v_2 반경을 r_1, r_2 유량을 Q라 하면 각 운동량 법칙에 따라

$$T = \rho Q(r_2 v_2 \cos\alpha_2 - r_1 v_1 \cos\alpha_1) = \rho Q(r_2 v_{2u} - r_1 v_{1u})$$

여기서, $v_{1\mu} = v_1 \cos\alpha_1$, $v_{2\mu} = \cos\alpha_2$이다.

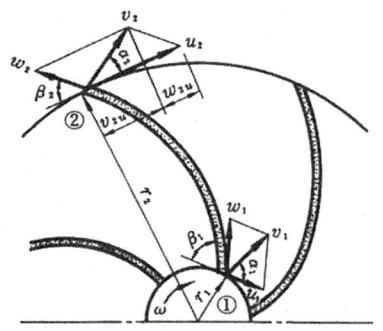

[그림4-8] 임펠러

04 분류에 의한 추진

(1) 탱크에 붙어 있는 노즐에 의한 추진

그림4-9와 같이 수면으로부터 h 깊이에 있는 노즐의 유속은 다음과 같이 나타낸다.

$$V = \sqrt{2gh}$$

이 탱크에 운동량 방정식을 적용하면
추진력 $F = \rho Q V$ 여기서, $Q = AV$ 이므로
$F = \rho A V^2 = \rho A (2gh) = 2\gamma A h$ 이다.

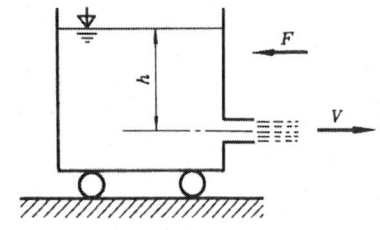

[그림4-9] 탱크차의 추진

(2) 제트기의 추진

터보제트기는 그림4-10과 같이 나타낸다. 그림의 좌측 입구에서 V_1의 속력으로 흡입된 공기를 압축기로 압축하여, 연소실에서 이것에 연료를 혼합연소시킨다.

고온, 고압으로 된 가스를 노즐에서 V_2의 속력으로 분출시켜 그 반작용으로 하여 제트기를 좌측으로 진행시킨다. 이때 제트기의 추진력 $F = \rho_2 Q_2 V_2 - \rho_1 Q_1 V_1$ 으로 표현된다.

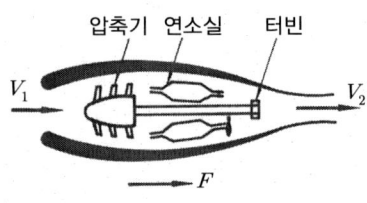

[그림4-10] 제트기의 추진

(3) 로켓의 추진

그림4-11과 같은 로켓의 추진력 F는 운동량방정식에서

$$F = \rho Q V$$

여기서 ρQ는 분사되는 질량, V는 분사속도이다.

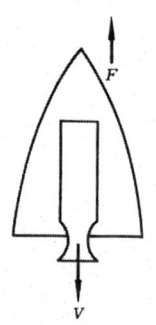

[그림4-11] 로켓의 추진

05 점성 유동

1 층류

(1) 유체의 흐름

레이놀즈는 그림4-12에서와 같이 탱크와 연결된 유리관을 통하여 탱크의 물을 밸브 A로 유속을 조절하여 분출시키면서, 동시에 물감용기 C로부터 아주 가는 관 B를 통하여 물과 비중이 같은 물감을 유리관 입구에 주입하여 유동을 관찰한 것이다.

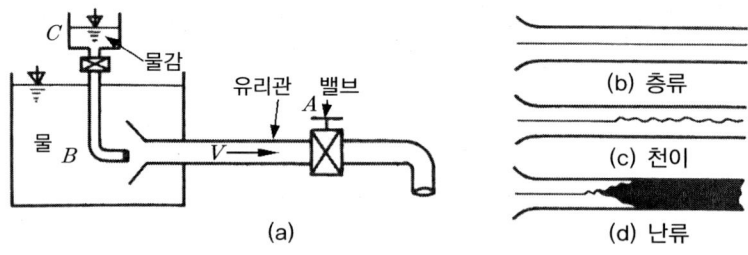

[그림4-12] 레이놀즈의 실험

밸브 A를 조절하여 유속 V가 느릴 때는 물감은 1개의 가는 선으로 되어 그림4-12(b)와 같이 흐르지만, 유속 V가 증가함에 따라 물감선은 그림4-12(c)와 같이 불안정한 상태로 되고, 유속 V를 더욱 증가시키면 결국 물과 물감이 혼합되어 그림4-12(d)와 같이 된다.

① **층류** : 유체입자가 질서정연하게 층과 층이 미끄러지듯 흐르는 흐름을 말한다. 층류의 전단력은 아래와 같다.

$$\tau = \mu \frac{du}{dy} (Pa)$$

② **난류** : 유체입자들이 불규칙하게 운동하면서 흐르는 흐름을 말한다. 난류의 전단력은 아래와 같다.

$$\tau = \eta \frac{du}{dy} (Pa)$$

여기서 η를 와점성계수 또는 난류 점성계수라 하며, 난류의 정도와 유체의 밀도에 의하여 결정되는 계수이다 그러나 실제 유체의 유동은 일반적으로 층류와 난류의 혼합된 흐름이므로 다음과 같이 나타낼 수 있다.

$$\tau = (\mu + \eta) \frac{du}{dy} (Pa)$$

위 식에 완전 층류일 때는 η의 값이 0이 되고, 완전 난류일 때는 μ는 η에 비하여 극히 작은 값이 되므로 $\mu = 0$로 쓸 수 있다.

(2) 레이놀드 수

레이놀드는 층류와 난류가 바뀌는 조건의 기준점을 무차원수로 나타낸 것이다.

관 끝의 밸브를 조금 열어 느리게 한 후 착색 용액을 주입한 결과 선모양의 착색액은 확산됨이 없이 축과 평행으로 전반에 걸쳐 그림4-14(a)와 같이 층류를 이루고, 다시 밸브를 조금 더 열어 유속을 빠르게 하면 책색액은 그림4-14(c)와 같이 관의 전단면에 걸쳐 확산되어 난류를 이루게 된다. 그림 4-14(b)와 같이 층류와 난류의 경계를 이루는 구역을 천이 구역이라고 한다.

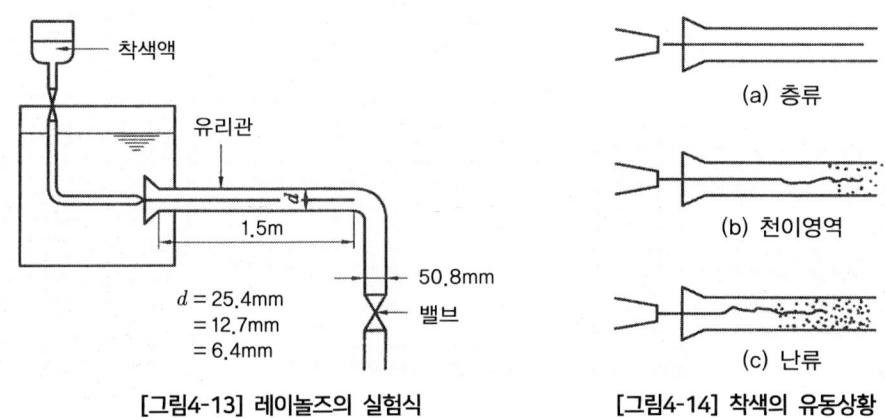

[그림4-13] 레이놀즈의 실험식   [그림4-14] 착색의 유동상황

$$Re = \frac{\rho V d}{\mu} = \frac{Vd}{\nu} = \frac{4Q}{\pi d \nu}$$

여기서, Re를 레이놀드수라고 하며, 단위가 없는 무차원수로서 실체 유체의 유동에서 관성력과 점성력의 비를 나타낸다.

- 층류 : $Re < 2100$
- 천이구역 : $2100 < Re < 4000$
- 난류 : $Re > 4000$

(1) 상임계레이놀드수 : 층류에서 난류로 바뀌는 레이놀드 수
(2) 하임계레이놀드수 : 난류에서 층류로 바뀌는 레이놀드 수
(3) 입구영역과 완전히 발달된 영역

그림4-15에서와 같이 점성의 영향으로 입구관벽에서 시작된 경계층이 관벽을 따라 발달되어 관 중심에서 만나게 된다. 이처럼 관입구에서 경계층이 관 중심에 도달하는 점까지의 거리를 입구 길이라고 한다.

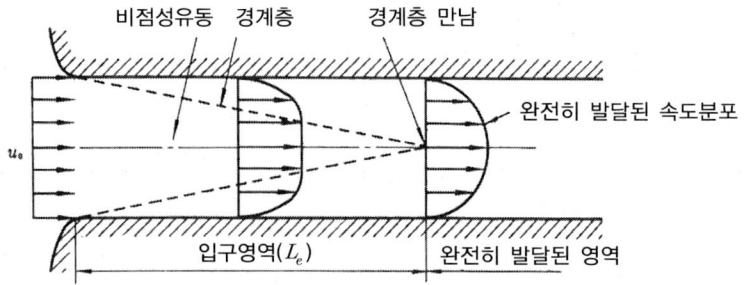

[그림4-15] 관의 입구영역에서의 유동

입구 길이 이후의 영역을 완전히 발단될 영역이라고 한다.
입구길이 L_e는 레이놀드수의 함수로 다음과 같다.

$$\text{층류} : \frac{L_e}{d} \cong 0.06 Re$$

$$\text{난류} : \frac{L_e}{d} \cong 4.4 Re^{1/6}$$

(4) 수평원관 속에서 층류의 유동

지름 $d(=2r_0)$인 수평원관 속에 점성유체가 층류상태로 정상유동을 하고 있을 때 수평원관 속에서 자유물체로 운동량 방정식을 적용하면 자유물체로의 입구와 출구에서 유속은 $V_1 = V_2$이므로 운동량 변화 $[\rho Q(V_2 - V_1)]$은 0이다.

그러므로 $p\pi r^2 - (p+dp)\pi r^2 - 2\pi r dl \tau = 0$이다.

여기서 전단력은 $\tau = -\dfrac{dp}{dl} \cdot \dfrac{r}{2}$이다.

뉴턴의 점성법칙 $\tau = \mu \dfrac{du}{dy} = -\mu \dfrac{du}{dr}$을 위 식에 대입하여 적분하면

$u = \dfrac{1}{2\mu} \cdot \dfrac{dp}{dl} \cdot \dfrac{r^2}{2} + C$ 이다. 벽면($r = r_0$)에서 유속은 $u = 0$이므로 $C = -\dfrac{1}{4\mu} \cdot \dfrac{dp}{dl} \cdot r_0^2$ 가 얻어

진다. 따라서, 속도 u는 $u = -\dfrac{1}{4\mu} \cdot \dfrac{dp}{dl}(r_0^2 - r^2)$이 된다.

관의 중심($r = 0$)에서 속도가 최대이므로 최대속도 $u_{\max}$는 $u_{\max} = -\dfrac{r_0^2}{4\mu} \cdot \dfrac{dp}{dl}$이다.

그러므로 속도분포는 $\dfrac{u}{u_{\max}} = 1 - \dfrac{r^2}{r_0^2}$이다.

전단응력은 관 중심에서 0이고 반지름에 비례하면서 관벽까지 직선적으로 증가한다. 그리고 속도분포는 관벽에서 0이고 중심까지 포물선 형태로 증가한다.

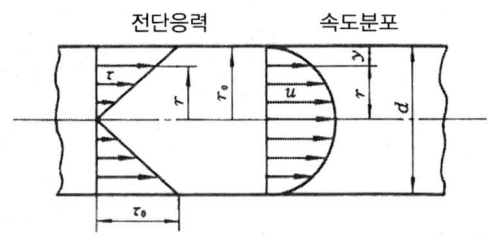

[그림4-16] 전단응력과 속도분포

유량 Q는 $Q = \displaystyle\int_0^{r_0} u(2\pi r dr) = 2\pi u_{\max} \int_0^{r_0} 1 - \left(\dfrac{r}{r_0}\right)^2 r dr$

$= \dfrac{\pi r_0^2}{2} u_{\max} = -\dfrac{\pi r_0^4}{8\mu} \cdot \dfrac{dp}{dl}$ 이다.

여기서, $-\dfrac{dp}{dl}$ 대신 $\dfrac{\Delta p}{L}$로 쓰면 유량 Q는 $Q = \dfrac{\Delta p \pi r_0^4}{8\mu L} = \dfrac{\Delta p \pi d^4}{128 \mu L}$이다.

이런 식을 하겐-포아젤 방정식이라고 한다.

그리고 평균속도 $V = \dfrac{Q}{A} = \dfrac{\Delta p \pi r_0^4 / 8\mu L}{\pi r_0^2} = \dfrac{\Delta p r_0^2}{8\mu L}$ 이다.

압력강하 $\Delta p = \dfrac{128 \mu L Q}{\pi d^4}$ 이다.

그러므로 손실수도 h_L은 $h_L = \dfrac{\Delta p}{r} = \dfrac{128 \mu L Q}{\gamma \pi d^4}$ 이다.

평균속도 V와 최대속도 $u_{\max}$의 관계는 $\dfrac{V}{u_{\max}} = \dfrac{1}{2}$이 된다.

2 난류

(1) 난류 전단응력

정상난류 유동장 내의 한 점에서의 순간속도를 정밀한 속도측정장치를 이용하면, 그림4-17과 같이 평균속도에 대해 난동이 일어나는 것을 알 수 있다.

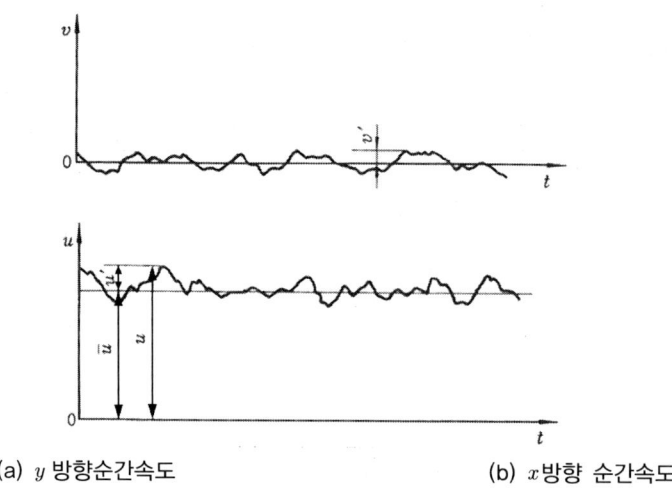

(a) y 방향순간속도　　　(b) x방향 순간속도

[그림4-17] 시간에 따른 난류속도

순간속도는 $u = \bar{u} + u'$, $v = \bar{v} + v'$ 이며,

평균속도 $\bar{u}, \bar{v}$ 는 $\bar{u} = \dfrac{1}{T}\displaystyle\int_0^T udt$, $\bar{v} = \dfrac{1}{T}\displaystyle\int_0^T vdt$ 이고,

이때 난동속도 u', v' 의 시간 평균은

$$\bar{u}' = \frac{1}{T}\int_0^T u'dt = \frac{1}{T}\int_0^T (u-u')dt = \frac{1}{T}\int_0^T udt - \frac{\bar{u}}{T}\int_0^T dt = \bar{u} - \bar{u} = 0$$

$$\bar{v}' = \frac{1}{T}\int_0^T v'dt = \frac{1}{T}\int_0^T (v-v')dt = \frac{1}{T}\int_0^T vdt - \frac{\bar{v}}{T}\int_0^T dt = \bar{v} - v = 0 \text{이다.}$$

여기서 T는 평균속도 $\bar{u}, \bar{v}$ 가 시간의 영향을 받지 않게끔 난동의 특성시간보다 충분히 길게 잡아야 한다. 특히 난류강도의 척도로 사용되는 난동속도의 자승평균은 $\overline{u'^2} = \dfrac{1}{T}\displaystyle\int_0^T u'^2 dt \neq 0$ 이 된다.

그림4-18에서 단위시간에 x방향에 평행한 면적요소 δA 를 지나는 질량은 $\rho v' \delta A$ 이다. 이 미소질량이 운반하는 x방향의 운동량 변화는 $\rho v' \delta A \times (\bar{u} + u')$ 이다.

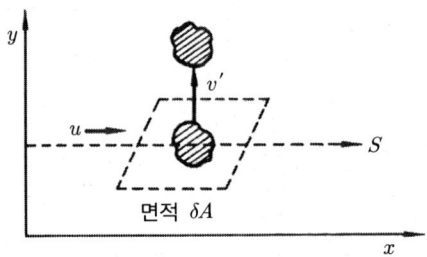

[그림4-18] 난동유동에 의한 전단응력

이것의 시간평균은

$$\frac{1}{T}\int_0^T \rho v'\delta A(\overline{u}+u')dt = \rho\overline{v}\delta A\frac{1}{T}\int_0^T v'dt + \rho\delta A\frac{1}{T}\int_0^T u'v'dt$$ 이고,

$$= \rho\delta A\frac{1}{T}\int_0^T u'v'dt = \rho\delta \overline{u'\cdot v'}$$

운동량법칙에 의하면 $\tau\delta A$의 합은 0이므로

$\tau = -\rho\overline{u'\cdot v'}$ 또는 $\tau = \eta\dfrac{d\overline{u}}{dy}$ 으로 나타낼 수 있다.

이것을 레이놀드응력 또는 난류전단응력이라고, η는 와점성계수라고 한다.

chapter 05 유체기계

PART1. 기계유체역학

01 유체기계 기초이론

1 유체기계의 분류

(1) 펌프(pump)의 종류

① **터보형 펌프의 종류**
- 원심펌프 : 벌류트 펌프, 터빈펌프
- 사류펌프(diagonal flow pump)
- 축류펌프(axial flow pump)

② **용적형 펌프의 종류**
- 왕복형 : 피스톤 펌프, 플런저 펌프
- 회전형 : 기어펌프, 베인 펌프

③ **특수 펌프의 종류**: 마찰펌프, 분사펌프(제트펌프), 기포펌프, 수격펌프

(2) 원심펌프(centrifugal pump)의 특성

1개 또는 여러 개의 회전하는 임펠러(회전차)에 의해 액체의 펌프 작용, 즉 액체의 이송작용을 하거나 압력을 발생하는 펌프이다.

1) **유량(流量)**

일정한 유량으로 유체가 흐를 때 파이프의 지름을 2배로 하면 유속은 1/4배가 된다.

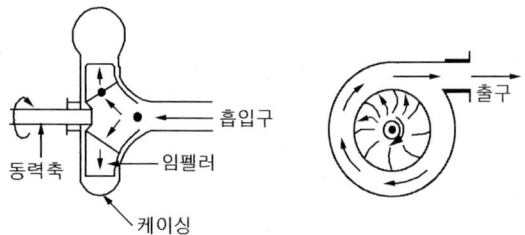

[그림5-1] 원심펌프의 구조

$$Q = AV, \quad A = \frac{Q}{V}$$

여기서, Q : 유량(m³/sec), v : 유속(m/sec), A : 단면적(m²)

2) 양정(lift)

양정이란 펌프입구와 출구에서 액체의 단위무게가 가지는 에너지의 차이를 말한다.

① **실양정**(actual head)

$$Ha = Hs + Hd$$

여기서, Ha : 실양정, Hs : 흡입 실양정, Hd : 유출 실양정

② **전양정**(total head) : 전양정이란 실제양정과 손실수두를 합친 양정을 말한다.

즉, 전양정 = 흡입양정 + 송출양정이다.

3) 마찰 손실수두

$$hf = \lambda \frac{\ell}{d} \frac{V^2}{2g}$$

여기서, hf : 마찰손실 수두, λ : 관의 마찰계수, ℓ : 파이프길이, d : 파이프 안지름, V : 흐름속도, g : 중력 가속도(9.8m/s²)

4) 펌프의 축 동력

① 마력(PS)인 경우

$$H_{PS} = \frac{\gamma QH}{75 \times 60 \times \eta}$$

② 전력(kW)인 경우

$$H_{kW} = \frac{\gamma QH}{102 \times 60 \times \eta}$$

여기서, H_{PS} : 축동력(PS), γ : 물의 비중량(kg$_f$/m³), Q : 송출유량(m³/min), H : 전양정(총양정), η : 펌프의 효율

5) 펌프에서 발생하는 이상 현상

① **캐비테이션(공동현상)** : 캐비테이션은 물이 파이프 속을 흐르고 있을 때 흐르는 물속의 어느 부분의 정압(static pressure)이 물의 온도에 해당하는 증기압력(vapor pressure)이하로 되면 부분적으로 증기가 발생하는 현상이며, 방지대책은 다음과 같다.

- 펌프의 설치높이와 회전속도를 낮게 한다.
- 단, 흡입 펌프이면 양 흡입 펌프를 사용한다.
- 흡입 비속도와 흡입양정을 낮게 한다.
- 2대 이상의 펌프를 사용한다.
- 임펠러(회전차)가 물속에 완전히 잠기도록 한다.

② **서징(surging)현상** : 서징현상은 한숨을 쉬는 것과 같은 현상으로 소음과 진동을 내는 펌프의 운전 중에 발생하는 현상이다. 즉, 펌프를 운전할 때 출구와 입구의 압력변동이 생기고 유량이 변하는 현상이다. 서지(surge) 압력의 크기 변화에 직접적인 영향을 주는 것으로는 관로의 길이, 관의 탄성계수, 기름의 압축성 등이다.

(3) 왕복펌프(reciprocating pump)

왕복펌프는 피스톤 또는 플런저의 왕복운동에 의하여 액체를 흡입하여 소요의 압력으로 송출하므로 주기적인 맥동이 발생한다. 송출유량은 적으나 높은 압력을 요구할 때 사용한다.

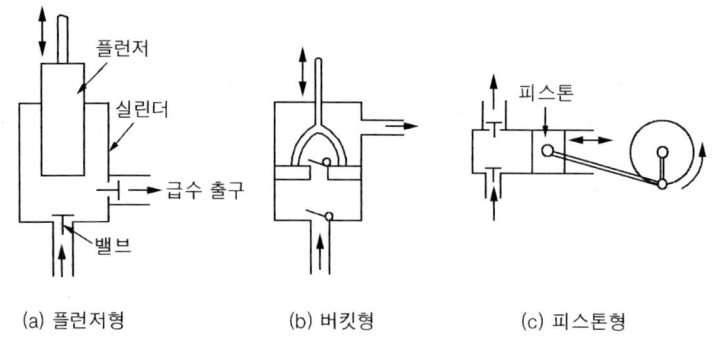

(a) 플런저형   (b) 버킷형   (c) 피스톤형

[그림5-2] 왕복펌프의 종류

1) 왕복펌프의 공기실
피스톤 또는 플런저에서 송출되는 유량변동을 일정하게 하기 위해 실린더 바로 뒤쪽에 공기실을 설치한다.

2) 왕복펌프의 밸브 구비요건
① 밸브의 개폐가 정확할 것
② 누설을 정확하게 방지할 것
③ 물이 밸브를 통과할 때 저항을 가능한 한 최소한으로 할 것
④ 밸브의 무게가 가벼울 것
⑤ 내구성이 있을 것
⑥ 밸브의 닫힘과 열림이 원활할 것

(4) 수차 (hydraulic turbine)

① **중력수차** (gravity hydraulic turbine) : 중력수차는 물이 낙하할 때 중력에 의해 움직이는 것이다.
② **충격수차** (impulse hydraulic turbine) : 충격수차는 물이 가지는 에너지 중에 속도에너지에 의해 발생하는 물의 충격으로 수차를 회전시키는 것이다. 펠톤 수차가 여기에 속한다.
③ **반동수차** (reaction hydraulic turbine) : 반동수차는 물이 임펠러를 통과하는 사이에 물이 가지는 압력과 속도 에너지를 수차에 주어 수차를 회전시키는 것이다. 프란시스 수차, 프로펠러 수차, 카플란수차 등이 여기에 속한다.

2 유압기초 및 일반사항

(1) 파스칼의 원리

밀폐된 용기 내에 액체를 가득 채우고, 그 용기에 힘을 가하면 그 내부의 압력은 용기의 각 면에 작용하여 용기 내의 어느 곳이든지 동일한 압력이 작용한다는 원리이다.

(2) 유압의 특징

1) 유압장치의 장점
- 윤활성능, 내마모성, 내식성(방청성)이 좋다.
- 속도제어(speed control)가 용이하다.
- 힘의 연속적 제어가 용이하다.
- 파스칼의 원리에 따라 작은 동력원으로 큰 힘을 낼 수 있다. 즉 소형장치로 큰 출력을 발생한다.
- 과부하에 대한 안전장치가 간단하고 정확하다.
- 충격을 완화하기 때문에 장기간 사용할 수 있다.
- 전기 . 전자의 조합으로 자동제어가 용이하다.
- 에너지 축적이 가능하다.
- 힘의 전달 및 증폭이 용이하다.
- 유량의 조절로 무단변속이 가능하고, 정확한 위치 제어를 할 수 있다.
- 미세조작 및 원격조작이 용이하다.
- 입력에 대한 출력의 응답이 빠르다.
- 회전 및 직선운동이 자유롭다.
- 각종 제어밸브에 의한 압력·유량 및 방향제어가 간단하다.
- 진동이 작고, 작동이 원활하다.

2) 유압장치의 단점
- 고압 사용으로 인한 위험성 및 이물질(공기·먼지 및 수분)에 민감하다.
- 폐유에 의한 주변 환경이 오염될 수 있다.
- 고장 원인의 발견이 어렵고, 구조가 복잡하다.
- 유압유의 온도영향으로 정밀한 속도와 제어가 어렵다.
  (유압유의 온도에 따라 속도가 변화 한다).
- 유압유가 높은 압력이 될 때에는 파이프를 연결하는 부분에서 누유가 쉽다.

3 유압장치의 구성 및 유압유

유압장치의 구성은 구동장치(기관이나 전동기 등), 유압 발생장치(유압펌프), 유압 제어장치 등으로 되어 있다.

(1) 유압유

유압장치에서 사용되는 유압유의 구비조건은 다음과 같다.
① 동력을 확실히 전달하기 위하여 비압축성일 것
② 유압유 중의 물·먼지 등의 불순물과 분리가 잘 될 것
③ 장시간 사용하여도 화학적 변화가 적을 것
  (물리적으로나 화학적으로 안정되어 장기간 사용에 견딜 것)
④ 녹이나 부식 발생이 방지될 것 즉 부식방지 성능(산화 안정성)이 있을 것
⑤ 체적탄성 계수가 크고, 밀도가 작을 것
⑥ 내열성이 크고, 거품이 적을 것
⑦ 화학적 안정성 및 윤활 성능이 클 것
⑧ 점도지수가 높을 것(넓은 온도범위에서 점도변화가 적을 것)
  즉, 온도에 의한 점도변화가 적을 것
⑨ 적당한 유동성과 점성을 갖고 있을 것
⑩ 유압장치에 사용되는 재료에 대해 불활성(화학반응을 잘 일으키지 않는 성질)일 것

02 유압기기

1 유압펌프 및 모터

(1) 유압펌프

유압펌프는 기관의 기계적 에너지를 받아서 유압 에너지로 변환시키는 것이며, 유압펌프에는 토출되는 유량의 변환 여부에 따라 정용량(고정형)형식과 가변용량 형식이 있다. 정용량 형식은 펌프가 1사이클을 작동할 때 토출되는 유량이 일정하며, 유량을 변화시키려면 펌프의 회전속도를 바꾸어야 한다. 이에 대하여 가변용량 형식은 작동 중 펌프를 조절하여 회전속도를 바꾸지 않아도 유량을 변환시킬 수 있다. 유압펌프의 종류에는 기어펌프, 트로코이드(로터리) 펌프, 나사펌프, 베인 펌프, 플런저(피스톤) 펌프 등이 있다.

(2) 유압모터

유압모터는 유압 에너지를 이용하여 연속적으로 회전운동을 시키는 기구이며, 그 기구는 유압펌프와 비슷하지만 구조는 다른 점이 많다. 그 종류에는 기어 모터, 플런저 모터, 베인 모터 등 3가지로 구분한다.

2 유압밸브

(1) 압력제어밸브

① **릴리프 밸브**(relief valve) : 릴리프 밸브는 유압회로에서 유압이 규정 값에 도달하면 밸브가 열려 유압유의 일부 또는 전체 양을 복귀하는 쪽으로 탈출시켜 회로 압력을 일정하게 하거나 최고 압력을 규제하여 유압기기를 보호하는 역할을 한다. 즉 유압장치의 과부하 방지를 위한 것이며, 릴리프 밸브는 유압펌프와 제어밸브 사이에 설치되어 있다.

② **감압밸브(리듀싱 밸브;** reducing valve) : 감압밸브는 유압회로에서 입구압력을 감압하여 출구를 설정유압으로 유지한다. 즉, 분기회로에서 사용된다.

③ **시퀀스 밸브(순차밸브;** sequence valve) : 시퀀스 밸브는 2개 이상의 분기회로가 있을 때 순차적인 작동을 하기 위한 압력 제어밸브이다.

④ **무부하 밸브(언로드 밸브;** unload valve) : 무부하 밸브는 유압회로의 압력이 설정압력에 도달하였을 때 유압펌프로부터 전체유량을 오일탱크로 복귀시키는 밸브이다.

⑤ **카운터 밸런스 밸브**(counter balance valve) : 카운터 밸런스 밸브는 유압실린더 등이 중력에 의한 자유낙하를 방지하기 위해 배압을 유지하는 압력제어 밸브이다.

(2) 방향제어밸브

① **스풀(spool)밸브** : 스풀밸브는 1개의 회로에 여러 개의 밸브 면을 두고 직선운동이나 회전운동으로 유압유의 흐름 방향을 변환시킨다.

② **체크밸브**(check valve) : 체크밸브는 한쪽 방향으로의 흐름은 자유로우나 역 방향의 흐름을 허용하지 않는 밸브이다.

③ **디셀러레이션 밸브**(deceleration valve) : 디셀러레이션 밸브는 유압 실린더를 행정 최종단에서 실린더의 속도를 감속하여 서서히 정지시키고자할 때 사용되는 밸브이다.

④ **셔틀밸브**(shuttle valve) : 셔틀밸브는 1개의 출구와 2개 이상의 입구를 지니고 있으며, 출구가 최고 압력 쪽 입구를 선택하는 기능을 가진 밸브이다.

(3) 유량제어밸브

① **교축밸브**(throttle valve) : 교축밸브는 점도가 달라져도 유량이 그다지 변화하지 않도록 하기 위해 설치한 밸브이다.

② **분류밸브**(flow dividing valve) : 분류밸브는 유압원으로부터 2개 이상의 유압관로를 분류할 때 각각의 유압 회로의 압력에 관계없이 일정한 비율로 유량을 나누어서 흐르도록 하는 밸브이다.

③ **니들밸브**(needle valve) : 니들밸브는 안지름이 작은 파이프에서 미세한 유량을 조정하는데 사용되는 밸브이다.

④ **오리피스 밸브**(orifice valve) : 오리피스 밸브는 면적을 감소시킨 통로에서 그 길이가 단면적 치수에 비하여 비교적 짧은 경우의 흐름을 교축하는 밸브를 말한다.

3 유압실린더와 부속기기

(1) 유압실린더

유압실린더는 유압에너지를 이용하여 직선운동의 기계적인 일을 하는 장치를 말한다. 유압 실린더의 종류에는 단동형과 복동형이 있다. 단동형은 한쪽 방향에 대해서만 유효한 일을 하고, 복귀는 중력이나 복귀스프링에 의해 작동하는 형식이다. 복동형은 실린더의 양쪽 방향에서 유효한 일을 한다. 따라서 유압이 작동되는 반대쪽의 유압유는 오일탱크로 되돌아간다. 또, 복동형은 피스톤 양쪽에서 유압이 작용하기 때문에 피스톤과 로드에 실(seal)이 끼워져 누출을 방지한다.

(2) 부속기기

① **스트레이너와 오일필터** : 스트레이너(strainer)는 오일탱크 내의 유압펌프 입구 쪽에 설치하는 것으로 케이스를 사용하지 않고 엘리먼트를 직접 탱크 내에 부착하는 구조로 되어 있다. 그리고 필터의 여과 입도가 너무 조밀하면(여과 입도수(mesh)가 너무 높으면) 캐비테이션(공동현상)이 발생하기 쉽다.

② **축압기(어큐뮬레이터)** : 축압기는 유압펌프에서 발생한 유압을 저장하고 맥동을 소멸시키는 장치이며, 그 기능은 압력보상, 체적변화 보상, 에너지 축적, 유압회로 보호, 맥동 감쇠, 충격압력 흡수, 일정압력 유지 등이다.

③ **유압 파이프와 호스** : 유압 파이프는 강철 파이프를 사용하며, 호스는 플렉시블 호스(철심 고압호스)를 사용하며, 연결 부분에는 유니언 조인트(피팅)가 마련되어 있다.

03 유압 회로

1 기본 유압회로

(1) 개방회로(open circuit)

개방회로는 유압유가 탱크에서 유압펌프로 흡입·배출되어 유압 제어밸브를 거쳐 액추에이터에서 일한 후 다시 유압 제어밸브를 거쳐 유압유 탱크로 복귀되는 회로이며, 가장 많이 이용되고 있다.

(2) 밀폐회로(closed circuit)

밀폐회로는 유압펌프에서 배출된 유압유가 유압 제어밸브를 거쳐 액추에이터에서 일을 한 후 유압 제어밸브를 거쳐 유압펌프로 복귀하며 유압유 탱크로는 되돌아가지 않는 회로이다. 이 회로는 유압펌프나 모터에서 손실로 인하여 유압유가 부족하게 되므로 이를 보충하기 위하여 공급회로를 별도로 필요로 하므로 공급펌프를 설치하기도 한다.

(3) 속도제어 회로

유압회로의 속도 제어회로에는 미터인 회로, 미터 아웃 회로, 브리드 오프 회로가 있다.

① **미터 – 인 회로**(meter-in circuit) : 미터-인 회로는 유압 액추에이터의 입력 측에 유량 제어밸브를 직렬로 연결하여 액추에이터로 유입되는 유량을 제어함으로써 속도를 제어하는 회로이다.

② **미터 – 아웃 회로**(meter-out circuit) : 미터 - 아웃 회로는 유압 액추에이터의 출력 측에 유량 제어 밸브를 직렬로 연결하여 액추에이터로 유입되는 유량을 제어함으로써 속도를 제어하는 회로이다.

③ **브리드 오프 회로** : 브리드 오프 회로는 유압 액추에이터로 유입되는 유량의 일부를 유압유 탱크로 바이패스 시키고, 이 관로에 부착된 유량 제어밸브에 의해 유량을 제어하여 액추에이터의 속도를 제어하는 회로이다.

기출문제[1]

Part 3 기계 유체역학

01 다음 중 차원이 잘못 연결된 것을 고르시오?
① P(압력)$= ML^{-1}T^{-2}$
② F(힘)$= MLT^{-2}$
③ μ(점성계수)$= ML^{-1}T^{-1}$
④ γ(비중량)$= ML^{2}T^{-2}$

해설 점성계수(μ) : $FL^{-2}T = ML^{-1}T^{-1}$
비중량(γ) : $FL^{-3} = ML^{-2}T^{-2}$
압력(P) : $FL^{-2} = ML^{-1}T^{-2}$
힘(F) : $F = MLT^{-2}$

02 점성계수 μ의 단위가 아닌 것은?
① poise
② g/s·cm
③ N·s²/m
④ dyne·s/cm²

해설 절대단위의 C.G.S단위
1[poise] = 1[dyne·sec/cm²] = 1[g/cm]·sec]

03 다음 중 표면장력의 차원으로 옳은 것은?
① FL^{-3} ② FL^{-1}
③ FL^{-2} ④ F

해설 $FL^{-1} = MT^{-2}$

04 다음 중 압력의 차원으로 옳은 것은?
① $ML^{-1}T^{-2}$
② $ML^{-2}T^{-1}$
③ $ML^{-2}T^{-2}$
④ MLT^{-2}

해설 $[FL^{-2}] = [ML^{-1}T^{-2}]$

05 다음 중 SI 단위계에서 기본 단위에 해당하지 않는 것을 고르시오?
① m   ② N
③ s   ④ kg

해설 SI 단위계에서 기본 단위(7개) : 질량(kg), 길이(m), 시간(s), 물질의 양(mole), 절대온도(kelvin), 전류(A), 광도(cd)

06 다음 중 동력의 차원으로 올바르게 표시한 것은 어느 것인가?
① $[ML^{-2}T^{-3}]$
② $[ML^{-1}T^{-2}]$
③ $[MLT^{-2}]$
④ $[ML^{2}T^{-3}]$

해설 동력(power) $= \dfrac{work}{시간}$
$= N \cdot m/s = FLT^{-1} = (MLT^{-2})LT^{-1}$
$= ML^{2}T^{-3}$

07 다음 중 중력 단위계에서 질량의 차원으로 바르게 표현한 것은 어느 것인가?
① $[FL^{-1}T^{-1}]$
② $[FL^{-1}T^{2}]$
③ $[FL^{2}T^{2}]$
④ $[FLT^{2}]$

해설 $F = ma$에서
$m = \dfrac{F}{a} = \dfrac{F}{LT^{-2}} = FL^{-1}T^{2}$

정답 01.④ 02.③ 03.② 04.① 05.② 06.④ 07.②

08 다음 중 동점성계수 ν의 차원은 어느 것인가?

① $[L^{-2}T]$
② $[LT^{-2}]$
③ $[L^2T^{-1}]$
④ $[L^{-2}T^{-1}]$

해설 $\nu = \dfrac{\mu}{\rho} = \dfrac{\text{kg/m·s}}{\text{kg/m}^3} = \text{m}^2/\text{s} = L^2T^{-1}$

09 다음 중 점성계수의 단위가 아닌 것은 어느 것인가?

① $\text{kg}_f · \text{m/s}^2$
② $\text{dyne} · \text{s/cm}^2$
③ $\text{N} · \text{s/m}^2$
④ $\text{kg/m} · \text{s}$

해설 점성계수(μ)의 단위
Pa·s(N·s/m²), kg/m·s,
dyne·s/cm², g/cm·s

10 다음 중 무차원은 어느 것인가?

① 비중
② 동점성계수
③ 체적탄성계수
④ 비중량

해설 비중(상대밀도)은 단위가 없다(무차원수).

11 다음 중 표준 대기압의 값이 아닌 것은 어느 것인가?

① $11.0[\text{kg}_f/\text{cm}^2]$
② $29.92[\text{inchHg}]$
③ $760[\text{mmHg}]$
④ $14.7[\text{psi}]$

해설 1[atm]=760[mmHg]=1033[mAq]
　　　=1.0332[kg_f/m²]
　　　=101325[Pa](N/m²)

12 다음 중 운동량의 차원은?
(단, M : 질량, L : 길이, T : 시간, F : 힘)

① $[MLT^{-1}]$
② $[ML^{-1}T^{-1}]$
③ $[FLT^{-1}]$
④ $[FL^{-1}T^{-1}]$

해설 운동량 = $m · V$ 이므로
$[M] · [LT^{-1}] = [MLT^{-1}]$
$= [FL^{-1}T^2][LT^{-1}] = [FT]$

13 밀도 ρ, 중력가속도 g, 유속 V, 점성력 F로 얻을 수 있는 무차원수는?

① $\dfrac{Fg}{\rho V}$ ② $\dfrac{g^2F}{\rho V^6}$
③ $\dfrac{F^2V^3}{\rho^2 g}$ ④ $\dfrac{F^2\rho}{gV}$

해설 무차원 = $\rho^\alpha g^\beta V^\gamma F$
$= [ML^{-3}]^\alpha [LT^{-2}]^\beta [LT^{-1}]^\gamma [MLT^{-2}]$
무차원 = $M^{\alpha+1} L^{-3\alpha+\beta+\gamma+1} T^{-2\beta-\gamma-2}$
$= M^0 L^0 T^0$
$\alpha+1=0, -3\alpha+\beta+\gamma+1=0,$
$-2\beta-\gamma-2=0$
$\alpha=-1, \beta=2, \gamma=-6$
무차원 = $\dfrac{g^2F}{\rho V^6}$

14 이상 유체로 맞는 것은?

① 순수한 유체
② 밀도가 장소에 따라 변화하는 유체
③ 점성이 없고 비압축성인 유체
④ 온도에 따라 체적이 변하지 않는 유체

해설 이상 유체란 점성이 없고, 비압축성인 유체를 말한다.

정답　08.③　09.①　10.①　11.①　12.①　13.②　14.③

15 다음은 유체(fluid)를 정의한 것이다. 가장 알맞은 것은?

① 주어진 체적을 채울 때까지 팽창하는 물질
② 아주 작은 전단력이라도 물질 내부에 작용하면 정지상태로 있을 수 없는 물질
③ 유동 물질 중에 전단응력이 생기지 않는 물질
④ 흐르는 물질을 모두 유체이다.

해설 유체란 아주 작은 전단력이라도 물질 내부에 작용하는 한 계속해서 변형하는 물질(정지 상태로 있을 수 없는 물질).

16 비압축성 유체라고 볼 수 없는 것은 어느 것인가?

① 흐르는 냇물
② 달리는 기차 주위의 기류
③ 관 속에서 흐르는 충격파
④ 건물 둘레를 흐르는 공기

해설 관 속을 흐르는 충격파(show wave)는 압축성 유체이다.

17 다음 중 유체를 연속체로 취급할 수 있는 경우는 어느 것인가? (단, l은 물체의 특성길이, λ는 분자의 평균 자유행로이다.)

① $l=0, \ \lambda=0$
② $l=\lambda$
③ $l \gg \lambda$
④ $l \ll \lambda$

해설 유체를 연속체로 취급하기 위해서는 물체의 특성길이가 분자의 크기나 분자의 평균 자유행로보다 매우 커야 하며 분자의 충돌과 충돌 사이에 걸리는 시간이 아주 짧아야 한다.

18 다음 중 유체의 정의로 가장 올바른 것은?

① 흐르는 물질은 모두 유체로 간주해도 된다.
② 전단력과는 관계없이 흐르는 물질이면 모두 유체이다.
③ 그릇 내부가 충만될 때까지 항상 팽창하는 물질이다.
④ 물질 내부에 미소 전단력이 생기면 정지상태를 유지 할 수 없는 물질이 유체이다.

해설 미소 전단력에도 연속적으로 유동하는 물질로 액체와 기체를 유체라 한다.

19 다음 중 이상유체의 설명으로 옳은 것은?

① 유동 시 유체간의 점성의 영향이 없는 유체
② 유동 시 압축되더라도 밀도의 변화가 없는 유체
③ 유동 시 관벽과 유체의 마찰을 무시할 수 없는 유체
④ 유동 시 유체간의 전단응력을 고려한 유체

해설 점성을 무시할 수 있는 비점성 유체를 이상유체라 한다.

20 비점성 유체의 설명으로 다음 중 가장 옳은 설명은?

① 유체 유동 시 마찰저항을 무시할 수 없는 유체이다.
② 전단응력이 존재하는 유체이다.
③ 실제 유체를 말한다.
④ 유체 유동 시 유체마찰을 무시할 수 있는 유체이다.

정답 15.② 16.③ 17.③ 18.④ 19.① 20.④

21 점성유체의 설명으로 옳은 것은?
① 유체 유동 시 관마찰 손실이 발생하지 않는다.
② 뉴턴의 점성법칙을 만족하지 않는다.
③ 유체가 유동할 때 유체마찰에 의한 전단응력이 발생한다.
④ 유체의 유동 시 속도구배가 발생하지 않는다.

22 다음 중 실제 유체의 설명으로 옳은 것은?
① 이상유체를 뜻한다.
② 유체마찰에 의한 전단응력이 발생하지 않는 유체이다.
③ 압축성을 고려한 유체이다.
④ 유동 시 유체마찰을 고려한 유체이다.

23 다음 중 뉴턴 유체(뉴턴의 점성법칙)에 대한 올바른 표현은 어느 것인가?
① 유체유동 시 전단응력과 속도구배의 변화가 비례하지만, 직선적인 관계를 갖지 않는 유체이다.
② 유체유동 시 전단응력과 속도구배의 변화가 비례하여 원점을 통과하는 직선적인 관계를 갖는 유체이다.
③ 유체유동 시 전단응력과 속도구배의 변화가 비례하지 않아 직선적인 관계를 갖는 유체이다.
④ 유체유동 시 속도구배와 전단응력과는 어떤 관계도 갖고, 있지 않는 유체이다.

> **해설** $\tau = \mu \dfrac{du}{dy}$
> 여기서, 전단응력 τ와 속도구배 $\dfrac{du}{dy}$는 비례 관계에 있다.

24 액체의 온도가 상승할 때 점성계수를 가장 올바르게 표현한 것은?
① 분자운동량의 증가로 증가한다.
② 분자운동량의 감소로 감소한다.
③ 분자응집력의 증가로 증가한다.
④ 분자응집력의 감소로 감소한다.

25 다음 중 온도의 증가에 따른 점성의 변화를 바르게 설명한 것은?
① 온도 증가에 따라 모든 유체의 점성은 감소한다.
② 온도 증가에 따라 액체의 점성은 감소하고, 기체의 점성은 증가한다.
③ 온도 증가에 따라 액체의 점성은 증가하고 기체의 점성은 감소한다.
④ 온도 증가에 따라 모든 유체의 점성은 증가한다.

> **해설** • 액체의 점성 : 온도가 증가하면 유체 입자들의 응집성이 줄어 점성은 감소한다.
> • 기체의 점성 : 온도가 증가하면 입자들의 운동에너지 증가로 점성은 증가한다.

26 질량이 20kg인 물체의 무게를 저울로 측정한 결과 186.2N이었다. 이곳의 중력 가속도는 얼마인가?
① 9.31m/s^2
② 9.8m/s^2
③ 7.72m/s^2
④ 3.62m/s^2

> **해설** $W = mg$에서
> $g = \dfrac{W}{m} = \dfrac{186.2}{20} = 9.31\text{m/s}^2$

정답 21.③ 22.④ 23.② 24.④ 25.② 26.①

27 다음 중 점성 계수의 단위가 아닌 것은?
① centipoise ② stokes
③ $kg_f/m \cdot s$ ④ $N \cdot s/m^2$

해설 stokes는 동점성 계수이다.

28 점성계수의 단위 poise(푸아즈)와 관계없는 것은?
① $\frac{1}{98} kg_f \cdot s/m^2$
② $dyne \cdot s/cm^2$
③ $gf \cdot s/cm$
④ $g/cm \cdot s$

해설 $1 poise = 1 dyne \cdot s/cm^2 = 1 g/cm \cdot s$
$= \frac{1}{98} kgf \cdot s/m^2$
$= \frac{1}{10} Pa \cdot s (N \cdot s/m^2)$

29 어떤 기계유의 점성계수가 15 Pa·s, 비중량은 8500N/m³이면 동점성계수는 몇 St인가?
① 0.176
② 86.47
③ 173
④ 0.457

해설 $\nu = \frac{\mu}{\rho} = \frac{\mu}{\frac{\gamma}{g}} = \frac{\mu g}{\gamma} = \frac{15 \times 9.8}{8500}$
$= 0.0173 m^2/s \fallingdotseq 173 cm^2/s (stokes)$

30 Newton의 점성법칙과 관계가 있는 요소는 어느 것인가?
① 전단응력, 점성계수, 거리
② 압력, 속도, 점성계수
③ 전단응력, 점성계수, 각변형률
④ 압력, 점성계수, 각변형률

해설 뉴턴의 점성법칙은 전단응력, 점성계수, 속도구배, 각 변형률과 관계가 있다.

31 분자량이 44인 기체의 압력이 $2 kg_f/cm^2$, 온도가 20℃이다. 이 기체의 밀도는 몇 $kg_f \cdot S^2/m^4$인가?
① 0.171
② 1.71
③ 17.1
④ 171

해설 $R = \frac{848}{M} = 19.27 kg_f \cdot m/kg \cdot k$
상태방정식 $pv_s = RT$에서
$\rho = \frac{1}{v_s} = \frac{p}{RT}$
$= \frac{2 \times 10^4 kg_f/m^2}{19.27 kg_f \cdot m/kg \cdot K \times (273+20)K}$
$= 1.68 kg/m^3 = 1.68 N \cdot s^2/m^4$
$= 0.171 kg_f \cdot s^2/m^4$

32 어떤 액체에 $1000 kg_f/cm^2$의 압력을 가하였더니 체적이 2% 감소되었다. 이 액체의 압축률 β는 얼마인가?
① $2 \times 10^{-3} cm^2/kg_f$
② $2 \times 10^{-4} cm^2/kg_f$
③ $2 \times 10^{-5} cm^2/kg_f$
④ $2 \times 10^{-6} cm^2/kg_f$

해설 체적탄성계수 K와 압축률 β와의 관계는
$\beta = \frac{1}{K}$ 이므로,
$\beta = -\frac{\Delta V/V}{\Delta p} = -\frac{(-0.02)}{1000}$
$= 2 \times 10^{-5} cm^2/kg_f$

정답 … 27.② 28.③ 29.③ 30.③ 31.① 32.③

33 모세관 현상으로 올라가는 액주의 높이는?

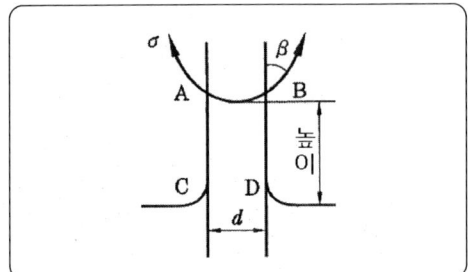

① $\dfrac{4d\cos\beta}{\gamma\sigma}$

② $\dfrac{4\sigma\cos\beta}{\gamma d}$

③ $\dfrac{2\sigma\cos\beta}{\gamma d}$

④ $\dfrac{4d\cos\beta}{\gamma\sigma}$

해설 자중$(W) = \gamma A h = \gamma \dfrac{\pi d^2}{4} h$

표면장력의 수직력$(F_v) = \sigma\pi d\cos\beta$

$(\sum F_y = 0, F_v - W = 0)$

$\gamma \dfrac{\pi d^2}{4} h = \sigma\pi d\cos\beta$

$\therefore h = \dfrac{4\sigma\cos\beta}{\gamma d}$ [mm]

34 모세관의 지름비가 1 : 2 : 3인 3개의 모세관 속을 올라가는 물의 높이의 비는?

① 3 : 2 : 1
② 1 : 2 : 3
③ 6 : 3 : 2
④ 2 : 3 : 6

해설 모세관 현상으로 인한 상승높이는
$h = \dfrac{4\sigma\cos\theta}{\gamma D} mm$, $h \propto \dfrac{1}{D}$
(상승높이는 모세관지름에 반비례한다.)

35 지름이 5cm인 비누풍선 속의 내부 초과압력은 $2.08 \times 10^{-5} \mathrm{kg_f/cm^2}$이다. 이 비누막의 표면장력$(\mathrm{kg_f/cm})$은 얼마인가?

① 2.4
② 2.6
③ 2.8
④ 3

해설 $\sigma = \dfrac{pd}{4} = \dfrac{2.08 \times 10^{-5} \times 5}{4}$
$= 2.6 \times 10^{-5} \mathrm{kg_f/cm}$

36 절대압력과 계기압력과의 관계에 대한 다음 설명 중 제일 적합한 것은?

① 절대압력은 계기압력보다 항상 작다.
② 절대압력은 계기압력보다 항상 크다.
③ 절대압력은 계기압력보다 클 수도 있고 작을 수도 있다.
④ 절대압력과 계기압력은 항상 같다.

37 어떤 뉴턴 유체에서 40 dyne/cm²인 전단응력이 작용하여 1 rad/s의 각 변형률을 얻었다. 이때 유체의 점성계수는 얼마(centi poise)인가?

① 4000
② 400
③ 4
④ 40

해설 $\tau = \mu \dfrac{du}{dy}$에서

$\mu = \dfrac{\tau}{\dfrac{du}{dy}} = \dfrac{40}{1}$

$= 40 \mathrm{dyne \cdot s/cm^2}$ (poise)
$= 4000$ centi poise

정답 33.② 34.③ 35.② 36.② 37.①

38 체적탄성계수와 관계있는 것은?

① $\dfrac{1}{\rho}$ 의 차원을 갖고 있다.
② 압력이 증가하면 증가한다.
③ 압력과 점성에 영향을 받지 않는다.
④ 온도에 무관하다.

해설 체적탄성계수 $(E) = -\dfrac{dp}{\dfrac{dv}{v}}[Pa]$ 는 압력과 동일한 차원을 가지며 비례한다 $(E \propto p)$. 따라서 압력이 증가하면 체적탄성계수는 증가한다.

39 다음 중 압력의 단위가 아닌 것은?

① mmHg
② bar
③ psi
④ N

해설 N(Newton)은 힘의 단위이다.
$(1N = \dfrac{1}{9.8}\text{kg}_f)$

40 다음 중 표준 대기압이 아닌 것은?

① 1.01325 bar
② 101325 N/m²
③ 14.2 kg/cm²
④ 760 mmHg

해설 해면에서의 국소대기압의 평균값을 표준대기압이라고 한다.
표준대기압 1atm = 14.7psi(lb/in²)
= 101.325kPa
= 1.01325bar(kg_f/cm²)
= 101325Pa(N/m², SI단위)
= 760mmHg(수은주)
= 10.33mAq

41 국소대기압이 760mmHg이고, 절대압력이 1kg_f/cm²일 때 계기압력은 얼마인가?

① 3.361
② 0.3361
③ 0.03361
④ 0.003361

해설 국소대기압
$760\text{mmHg} = 1.0336 \times \dfrac{760}{760}$
$= 1.0336\text{kg}_f/\text{cm}^2$ 이므로
절대대기압은 1=1.03361kg_f/cm²−계기압
계기압은 0.03361kg_f/cm²

42 그림과 같은 역 U자관 차압계에서 $p_A - p_B$는 몇 kPa인가?

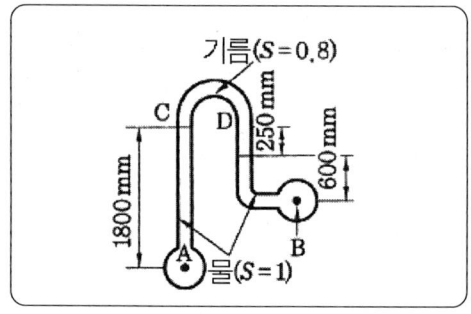

① 12.5kPa
② 7.5kPa
③ 5.1kPa
④ 9.8kPa

해설 $p_C = p_D$ 이므로
$p_A - 9800 \times 1.8$
$= p_B - 9800 \times 0.6 - 9800 \times 0.8 \times 0.25$
$\therefore p_A - p_B = 9800\text{N/m}^2(\text{Pa}) = 9.8\text{kPa}$

43 다음 중 부력에 대한 설명으로 가장 적당한 것은?

① 유체 속에 잠겨 있는 물체를 평형시키기 위해 반드시 요구되는 힘이다.
② 물체에 의하여 배제된 유체의 부피이다.
③ 물체를 둘러싸고 있는 유체에 의하여 물체 표면에 작용하는 연직 상방향의 힘이다.
④ 유체에 의하여 부양체 표면에만 작용하는 힘이다.

해설 정지유체에 잠겨 있거나 떠 있는 물체는 유체에 의하여 수직상방으로 힘을 받는데 이런 힘을 부력이라고 한다.

45 부양체는 다음 어느 경우에 안정하다고 할 수 있는가?

① 경심의 높이가 0일 때
② $CB - \dfrac{I}{V}$ 가 0이고 C가 B위에 있을 때
③ $\dfrac{I}{V}$ 가 0일 때
④ 경심이 중심보다 위에 있을 때

해설 부양체는 $\overline{MC} > 0$일 때 안정하므로 경심이 중심보다 위에 있을 때 안정하다.

44 밑면이 2m × 2m인 탱크에 비중이 0.8인 기름과 물이 다음 그림과 같이 들어 있다. AB면에 작용하는 압력은 몇 kPa 인가?

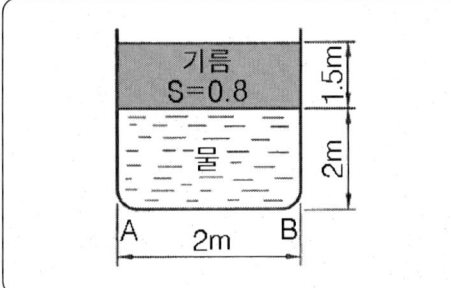

① 31.36
② 34.3
③ 343
④ 313.6

해설 압력은 비중량에 비례하고 깊이에도 비례 하므로 $p = \gamma h$이 성립한다.
$$p_{AB} = \gamma_1 h_1 + \gamma_2 h_2$$
$$= 9800 s_1 h_1 + 9800 h_2$$
$$= 9800 \times 0.8 \times 1.5 + 9800 \times 2$$
$$= 31360 \, \text{N/m}^2 = 31.36 \, \text{kPa}$$

46 다음 그림과 같은 시차 액주계에서 $p_x - p_y$는 몇 kPa인가?
(단, $S_1 = 1$, $S_2 = 0.8$, $S_3 = 13.6$이다.)

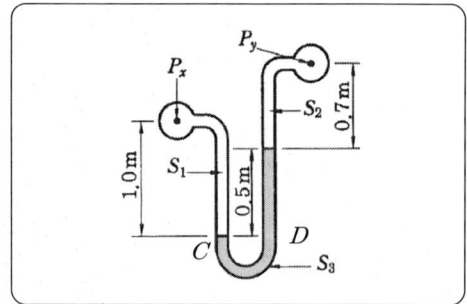

① 58.70
② 62.88
③ 70.07
④ 67.32

해설 $p_C = p_D$ 이므로
$$p_x + \gamma_1 S_1 = p_y + \gamma_2 S_2 + \gamma_3 S_3 \text{이다.}$$
여기서,
$$p_x - p_y$$
$$= 9.8 \times 0.8 \times 0.7 + 9.8 \times 13.6 \times 1 - 9.8 \times 1$$
$$= 62.88 \, \text{kN/m}^2 \, (\text{kpa})$$

47 그림과 같이 수문 AB가 받는 전압력은 얼마인가? (단, 폭은 3m이다.)

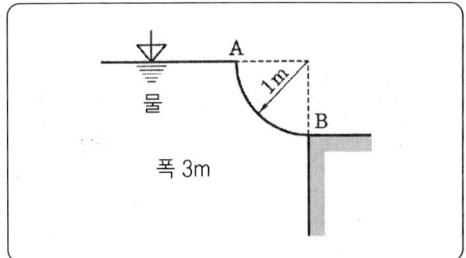

① 25.31kN
② 14.75kN
③ 38.53kN
④ 27.36kN

해설 곡면 AB에 작용하는 수평분력 F_H는 곡면 AB의 수평투영면적에 작용하는 힘과 같다.
$$F_H(\text{수평분력}) = \gamma \bar{h} A$$
$$= 9800 \times \frac{1}{2} \times (1 \times 3)$$
$$= 14700N$$
$$F_V(\text{수직분력}) = \gamma V$$
$$= \gamma Al = 9800 \times \frac{\pi}{4} \times 1^2 \times 3$$
$$= 23079N$$
$$F = \sqrt{F_H^2 + F_V^2} = 27363N (= 27.36kN)$$

48 폭×높이=$a \times b$인 직사각형 수문의 도심이 수면에서 h의 깊이에 있을 때 압력 중심의 위치는 수면 아래 어디에 있는가?

① $\frac{2}{3}h$ ② $\frac{1}{3}h$

③ $h + \frac{b^2}{12h}$ ④ $h + \frac{bh^2}{12}$

해설 $\bar{y} = h$이므로 압력중심 y_p를 구하는 문제이다.
$$y_p = \frac{I_c}{\bar{y}A} + \bar{y} = \frac{\frac{ab^3}{12}}{h(ab)} + h$$
$$= \frac{b^2}{12h} + h$$

49 지름이 2m인 원형 수문의 상단이 수면 밑 5m의 위치에 놓여 있다. 이 수문에 작용하는 전압력과 작용점은 수문 중심보다 몇 m 밑에 작용하겠는가?

① 184.73kN 수문 중심 밑 0.05m
② 195.75kN 수문 중심점
③ 184.73kN 수문 중심 밑 0.0417m
④ 200.53kN 수문 중심 밑 0.0632m

해설 $F = \gamma H_C A = 9.8 \times 6 \times \frac{\pi}{4}(2)^2$
$$\approx 184.73 kN$$
$$y_p - y_c = \frac{I_c}{y_c A} = \frac{\frac{\pi(2)^4}{64}}{6 \cdot \frac{\pi(2)^2}{4}}$$
$$= \frac{(2)^2}{96} = 0.0417m$$

50 그림에서 4m×8m인 직사각형 평판이 수평면과 30°로 기울어지게 물 속에 놓여 있다. 이때의 평판 윗면에 작용하는 전압력은 몇 (kN)인가?

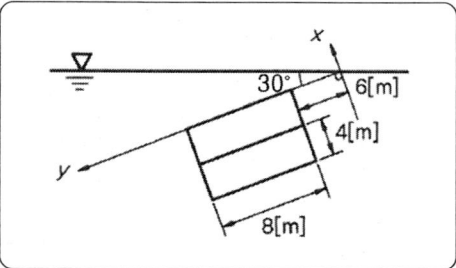

① 1,368
② 1,468
③ 1,568
④ 1,678

해설 $F = \gamma \bar{y} \sin\theta A$
$$= 9.8 \times 10 \times \sin30° \times 4 \times 8$$
$$= 1,568 kN$$

정답 47.④ 48.③ 49.③ 50.③

51 비중이 0.25인 물체를 물에 띄웠을 때 물 밖으로 나오는 부피는 전체 물체부피의 얼마에 해당하는가?

① 4/3
② 3/5
③ 3/4
④ 5/3

해설 물체의 체적을 V, 물체의 잠긴 체적을 V_1이라 하면, 물체의 무게 = 부력이 된다.
그러므로 $1000 \times 0.25 \times V = 1000 V_1$이며
물에 잠긴 $\dfrac{V_1}{V} = 0.25 = \dfrac{1}{4}$이고,
물 밖으로 나오는 부피는 $1 - \dfrac{1}{4} = \dfrac{3}{4}$가 된다.

52 다음 그림과 같은 사각용기에 물이 1.2m만큼 담겨져 있다. 사각용기가 4.9m/s²의 일정한 가속도를 받고 있을 때 높이가 1.8m인 경우에 물이 넘쳐흐르게 되는 사각용기의 길이는 얼마인가?

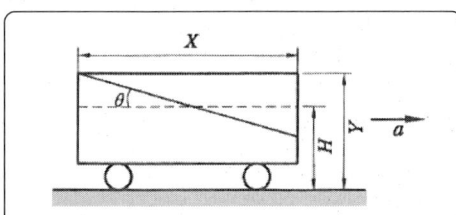

① 1.2m
② 2.4m
③ 2.8m
④ 4.8m

해설 수평면과 경사면이 만두는 각을 구하기 위해서는
$\tan\theta = \dfrac{a_x}{g} = \dfrac{4.9}{9.8} = 0.5$이 된다.
이때 높이의 변화에 의한 각도를 계산하면
$\tan\theta = \dfrac{(Y-H)}{\dfrac{X}{2}} = \dfrac{1.8-1.2}{\dfrac{X}{2}} = 0.5$이
성립해야 하므로,
$X = \dfrac{2(Y-H)}{0.5} = \dfrac{2 \times (1.8-1.2)}{0.5} = 2.4m$

53 정지상태의 유체압력의 성질 중에서 맞지 않는 것은?

① 유체가 액체일 경우, 압력은 액면으로부터 깊이에 관계없이 일정하다.
② 항상 용기 면에 직각으로 작용한다.
③ 유체 중의 한 점에 작용하는 압력은 모든 방향에서 크기가 같다.
④ 밀폐된 그릇 속의 유체에 가한 압력은 모든 방향으로 균일한 세기로 전달된다.

54 압력이 p(Pa)일 때 비중이 S인 액체의 수두(head)는 몇 mm인가?

① $\dfrac{p}{9.8S}$
② Sp
③ $1000Sp$
④ $\dfrac{p}{1000S}$

해설 압력은 비중(S)와 액체의 수두와도 비례관계이다. 그러므로
$p = \gamma_w Sh = 9800Sh(Pa)$이다.
이때 액체의 손실수두를 mm로 표현하면
$h = \dfrac{p}{9800S} mAq = \dfrac{p}{9.8S} mmAq$이 된다.

55 어떤 액체 25cm 높이가 수은 4cm의 높이와 서로 평형을 이루었다면 이 액체의 비중은? (단, 수은의 비중은 13.6이다.)

① 2.176
② 2.067
③ 7.352
④ 7.047

해설 액체의 높이가 서로 평형을 이루게 되면 압력이 같다는 의미이다. 즉, $P = (\gamma h)_a = (\gamma h)_s$이고, $S \times 9800 \times 0.25 = 13.6 \times 9800 \times 0.04$이므로 비중(S)는 2.176이 된다.

56 10m 입방체의 개방된 유조에 비중 0.85의 기름이 가득 차 있을 때 유조 밑면이 받는 압력은 계기압력으로 몇 kPa인가?

① 8.5
② 83.3
③ 0.085
④ 85

해설 압력은 비중과 높이의 곱이므로
$$P = \gamma h = 0.85 \times 9800 \times 10 \times 10^{-3} = 83.3 kPa$$
이다.

57 액체가 강체와 같이 일정 각속도로 연직축 주위를 회전운동할 때 유체 내에서의 압력은?

① 반지름의 제곱에 반비례해서 감소한다.
② 반지름에 정비례해서 증가한다.
③ 연직거리의 제곱에 반비례해서 변한다.
④ 반지름의 제곱에 비례해서 변한다.

해설 등회전운동에서의 압력(p)는
$$p = p_0 + \frac{\gamma \omega^2}{2g} r^2 - \gamma y$$의 식이 성립되며, 압력은 반지름 제곱에 비례하는 것을 알 수 있다.

58 반지름이 50cm인 원통에 물을 담아 중심축에서 180rpm으로 회전시킬 때 중심과 벽면의 차는 몇 m인가?

① 163
② 16.3
③ 1.63
④ 2.98

해설 중심과 벽면의 차는 h로
$$h = \frac{r^2 \omega^2}{2g} = \frac{0.3^2 \times \left(\frac{2\pi \times 180}{60}\right)^2}{2 \times 9.8} = 1.63 m$$

59 액체가 고체같이 연직축을 중심으로 일정한 각속도로 회전운동을 하고 있다. 회전축상의 한점 A에서 압력과 반지름이 1m, 높이가 이 점보다 1m 높은 위치에 있는 점 B의 압력이 같을 때 회전속도는 몇 rad/s인가?

① $2g$ ② $\sqrt{g}$
③ $\sqrt{2g}$ ④ g

해설 $p = p_0 + \frac{\gamma \omega^2}{2g} r^2 - \gamma y$에서 A점을 원점으로 잡으면 $p_A = p_0$이다. 조건에서 $p_A = p_B$이므로
$\frac{\gamma \omega^2}{2g} r^2 - \gamma y = 0$이다. 이때 $r = 1, y = 1$을 대입하여 정리하면 $\omega = \sqrt{2g}$로 나타낼 수 있다.

60 정상류와 비정상류를 구분하는 데 있어서 기준이 되는 것은?

① 유동특성의 시간에 대한 변화율
② 질량보존의 법칙
③ 뉴턴의 점성법칙
④ 압축성과 비압축성

해설
정상류 : 유동특성이 시간에 따라 변화하지 않는 흐름
$$\left(\frac{\partial \rho}{\partial t} = 0, \frac{\partial V}{\partial t} = 0, \frac{\partial p}{\partial t} = 0, \frac{\partial T}{\partial t} = 0\right)$$
비정상류 : 유동특성이 시간에 따라 변화하는 흐름
$$\left(\frac{\partial \rho}{\partial t} \neq 0, \frac{\partial V}{\partial t} \neq 0, \frac{\partial p}{\partial t} \neq 0, \frac{\partial T}{\partial t} \neq 0\right)$$

61 지름이 20cm인 관에 평균속도 40m/s의 물이 흐르고 있다. 유량은 얼마인가?

① $2.83 m^3/s$
② $0.241 m^3/s$
③ $1.256 m^3/s$
④ $3.968 m^3/s$

해설 유량은 면적과 유속에 정비례한다.
$$Q = AV = \frac{\pi}{4} \times 0.2^2 \times 40 = 1.256 m^3/s$$

정답 … 56.② 57.④ 58.③ 59.③ 60.① 61.③

62 비행기의 날개 주위의 유동장에 있어서 날개 단면의 먼 쪽에 있는 유선의 간격은 20mm, 그 점의 유속은 50m/s이다. 날개 단면과 가까운 부분의 유선 간격이 15mm라면 이 곳에서의 유속은 몇 m/s인가?

① 37.6
② 25
③ 47.3
④ 66.6

해설 단위폭 당 유량(q)은 유체가 비압축성일 때를 기준으로 계산한다.
$$q = \frac{Q}{b} = V_1 y_1 = V_2 y_2$$
$$= 50 \times 20 = V_2 \times 15$$
이며, $V_2 = 66.6 m/s$ 이다.

63 비중량인 비압축성 유체가 원관 속을 흐르고 있을 때 수력구배선의 높이는 다음 중 어느 것인가? (단, P, V, Z는 압력, 유속, 위치수두를 나타낸다.)

① $\dfrac{V^2}{2g}$
② $Z + \dfrac{P}{\gamma}$
③ $Z + \dfrac{V^2}{2g}$
④ $\dfrac{P}{\gamma} + \dfrac{V^2}{2g}$

해설 전수두선(에너지선)$= \dfrac{p}{r} + \dfrac{V^2}{2g} + Z$
수력구배선$= \dfrac{p}{r} + Z$
※ 수력구배선은 항상 에너지선보다 속도수두 $\dfrac{V^2}{2g}$ 만큼 아래에 위치한다.

64 베르누이 방정식이 적용되는 것 중 부적합한 것은?

① 정상 상태의 흐름에 적용될 수 있다.
② 유체의 모든 임의의 두 점 사이에서 적용될 수 있다.
③ 비압축성 유체에 적용될 수 있다.
④ 마찰이 없는 이상기체의 유동에 적용될 수 있다.

해설 베르누이 방정식은 오일러방정식을 적분하면 얻을 수 있다.
• 베르누이 방정식의 기본 가설
 - 유체의 흐름은 정상류이다.
 - 유체 입자는 유선을 따라 흐른다.
 - 비압축성유체이다.
 - 유체 마찰은 무시한다.

65 회전계(tachometer)의 원리를 나타내는 식은? (단, ω : 유체의 회전각속도, R : 회전 원통의 반지름, H : 액면의 원통 중심선과 원통면의 접촉점과의 거리, g : 중력가속도이다.)

① $\omega = \dfrac{1}{R}\sqrt{2gH}$
② $\omega = R\sqrt{2gH}$
③ $\omega = 2\sqrt{gHR}$
④ $\omega = \dfrac{1}{2}\sqrt{gHR}$

해설 회전차의 원주속도는 회전차의 반경과 각속도의 곱으로 구한다.
$V = R \cdot \omega = \sqrt{2gH}$

정답 62.④ 63.② 64.② 65.①

66 다음 중 질량유량(mass flowrate)과 관계가 없는 것은? (단, ρ는 유체의 밀도, A는 관의 단면적, V는 유체속도이다.)

① $\rho AV =$ 일정
② $d(\rho AV) = 0$
③ $\rho AV = 0$
④ $\dfrac{d\rho}{\rho} + \dfrac{dA}{A} + \dfrac{dV}{V} = 0$

해설 질량보존의 법칙에 의하여
$\overset{\circ}{m} = \rho_1 A_1 V_1 = \rho_2 A_2 V_2$이므로
$\rho AV =$ 일정이 성립한다.
질량유량의 연속방정식의 미분형은
$d(\rho AV) = 0$ 또는 $\dfrac{d\rho}{\rho} + \dfrac{dA}{A} + \dfrac{dV}{V} = 0$
으로 나타낼 수 있다.

67 다음 중에서 유선의 방정식은?

① $\dfrac{d\rho}{\rho} + \dfrac{dA}{A} + \dfrac{du}{u} = 0$
② $d(\rho AV) = 0$
③ $\dfrac{\partial V}{\partial t} = 0,\ \dfrac{\partial u}{\partial s} = 0$
④ $\dfrac{dx}{u} = \dfrac{dy}{v} = \dfrac{dz}{w}$

해설 유선은 유체입자의 속도방향과 일치하도록 그려진 연속적인 선을 말한다. 유선 위의 미소벡터를 $dr = dxi + dyj + dzk$이라 하고 속도벡터를 $V = ui + vj + wz$라 하면 유선에서 그은 접선과 속도의 방향은 항상 일정하므로 다음과 같은 유선 방정식을 얻을 수 있다.
$\dfrac{dx}{u} = \dfrac{dy}{v} = \dfrac{dz}{w}$ 또는 $V \times dr = 0$

68 일차원 유동에서 연속방정식을 바르게 나타낸 것은 다음 중 어느 것인가? (단, ρ : 밀도, A : 단면적, γ : 비중량, V : 속도, p : 압력, Q : 유량)

① $Q = A\rho V$
② $\gamma_1 A_1 V_1 = \gamma_2 A_2 V_2$
③ $\rho_1 A_1 = \rho_2 A_2$
④ $p_1 A_1 V_1 = p_2 A_2 V_2$

해설 유동을 나타낼때에는 일정한 유량을 일정한 속도로 이동하는 형태의 식으로 나타내야한다. 그러므로 $\gamma_1 A_1 V_1 = \gamma_2 A_2 V_2$가 된다. 이것의 풀이하면 단위는 kg·m/s가 된다.

69 다음 중 연속방정식이란?

① 유체를 연속체라 가정하고 탄성역학의 훅(Hook's)의 법칙을 적용한 방정식이다.
② 유체의 모든 입자에 뉴턴의 관성법칙을 적용시킨 방정식이다.
③ 에너지와 일 사이의 관계를 나타낸 방정식이다.
④ 질량보존의 법칙을 유체유동에 적용한 방정식이다.

해설 질량보존의 법칙을 유체에 적용하여 얻어진 방정식을 연속방정식이라고 한다.

70 다음 식 중에서 연속방정식이 아닌 것은 어느 것인가?

① $\rho_1 A_1 V_1 = \rho_2 A_2 V_2$
② $\dfrac{dx}{u} = \dfrac{dy}{v} = \dfrac{dz}{w}$
③ $\dfrac{dA}{A} + \dfrac{d\rho}{\rho} + \dfrac{dV}{V} = 0$
④ $d(\rho AV) = 0$

해설 $\dfrac{dx}{u} = \dfrac{dy}{v} = \dfrac{dz}{w}$는 유선의 방정식이다.

71 베르누이 방정식이 아닌 것은?

① $\dfrac{dA}{A} + \dfrac{d\rho}{\rho} + \dfrac{dV}{V} = 0$

② $\dfrac{p_1}{\gamma} + \dfrac{V_1^2}{2g} + Z_1 = \dfrac{p_2}{\gamma} + \dfrac{V_2^2}{2g} + Z_2$

③ $\dfrac{p}{\gamma} + \dfrac{V^2}{2g} + Z = C$

④ $\dfrac{dp}{\gamma} + d\left(\dfrac{V^2}{2g}\right) + dz = 0$

해설 비압축성 유체(ρ =일정)일 때
$\dfrac{p_1}{\gamma} + \dfrac{V_1^2}{2g} + Z_1 = \dfrac{p_2}{\gamma} + \dfrac{V_2^2}{2g} + Z_2$이 된다.
전수두선 또는 에너지선을 $\dfrac{p}{\gamma} + \dfrac{V^2}{2g} + Z = C$로 나타낸다. 비정상상태의 베르누이방정식은 $\dfrac{dp}{\gamma} + d\left(\dfrac{V^2}{2g}\right) + dz = 0$이다.

72 그림과 같이 직각으로 된 유리관을 흐르는 물에 대해 놓았을 때 올라온 수면의 높이 AB가 10[cm]이다. 이 흐르는 물의 속도는 몇 m/sec인가?

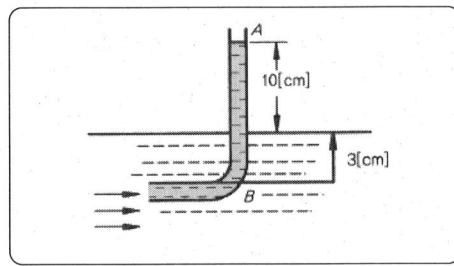

① 1.59   ② 0.7
③ 1.4   ④ 2.52

해설 $\dfrac{p_0}{\gamma} = h_0$, $\dfrac{p_s}{\gamma} = h_0 + \Delta h$이므로
$h_0 + \dfrac{V_0^2}{2g} = h_0 + \Delta h$으로 나타낼 수 있다.
$V = \sqrt{2g\Delta h} = \sqrt{2 \times 9.8 \times 0.1}$
$= 1.4 m/s$

73 다음 중 베르누이 방정식이란?
① 같은 유체상이 아니더라도 언제나 임의의 점에 대하여 적용된다.
② 압력수두, 속도수두, 위치수두의 합이 일정하다.
③ 주로 비정상상태의 흐름에 대하여 적용된다.
④ 유체의 마찰 효과와 전혀 관계가 없다.

해설 베르누이 방정식 : $\dfrac{p}{\gamma} + \dfrac{V^2}{2g} + z = H$

74 Euler의 방정식은 유체운동에 대하여 어떠한 관계를 표시하는가?
① 유선에 따라 유체의 질량이 어떻게 변화하는가를 표시한다.
② 유체가 가지는 에너지와 이것이 일치하는 일과의 관계를 표시한다.
③ 유체 입자의 운동경로와 힘의 관계를 나타낸다.
④ 유선상의 한 점에 있어서 어떤 순간에 여기를 통과하는 유체 입자의 속도와 그것에 미치는 힘의 관계를 표시한다.

75 관(pipe) 속에 물이 흐르고 있다. 피토(pitot)관을 수은이 든 U자관에 연결하여 전압과 정압을 측정한 결과, 85[mm]의 액면차가 생겼다. 피토관 위치에 있어서 유속은 몇 m/sec인가? (단, 수은의 비중은 13.6이다.)

① 3.14 m/sec   ② 2.34 m/sec
③ 4.58 m/sec   ④ 4.31 m/sec

해설
$V = \sqrt{2gh\left(\dfrac{\gamma_s}{\gamma_w} - 1\right)}$
$= \sqrt{2 \times 9.8 \times 0.085 \times (13.6 - 1)}$
$= 4.582 m/s$

76 다음 정상류에 관한 설명 중 맞는 것은?
① 한 점에서의 흐름의 특성은 시간에 따라 변하지 않는다.
② 에너지 손실이 없는 이상기체의 흐름이다.
③ 흐름의 특성이 일정한 비율로 시간에 따라 변한다.
④ 위치 변화에 따라 흐름의 특성이 변하지 않는다.

해설 유동장 내의 임의 점에서 흐름의 특성이 시간에 따라 변화하지 않는 흐름을 정상류라고 한다.

77 안지름이 2m인 직관 내를 물이 3m/sec의 속도로 흐르고 있다. 여기에 재질이 같은 작은 직관을 흐름과 같은 방향으로 직접 연결하여 관내의 유속을 12m/sec로 하려면 작은 관의 안지름을 다음 중 어느 것으로 하면 제일 좋은가?
① 0.5m
② 6m
③ 8m
④ 1m

해설 $Q = A_1V_1 = A_2V_2$

$d_1^2 V_1 = d_2^2 V_2$

$2^2 \times 3 = d_2^2 \times 12, d_2 = 1m$

78 오리피스의 수두는 5m이고, 실제 물의 유속이 9m/s이면 손실수두는?
① 약 1m
② 약 2m
③ 약 3m
④ 약 4m

해설 $\dfrac{p}{\gamma} + \dfrac{V^2}{2g} + z + H_L = H$

$H_L = 5 - \dfrac{9^2}{2g} = 5 - 4.1 ≒ 0.9m$

79 그림과 같은 관내를 비압축성 유체가 흐르고 있다. 관 A의 지름은 d이고, 관 B의 지름은 $\dfrac{1}{2}d$이다. 관 A에서의 유체의 흐름의 속도를 V라면 관 B에서의 유체의 유속은?

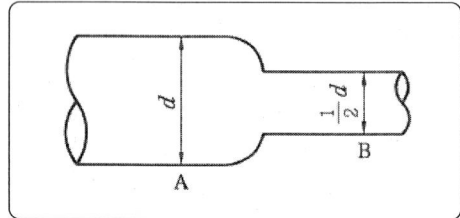

① $\dfrac{1}{2}V$
② $4V$
③ $\dfrac{1}{\sqrt{2}}V$
④ $2V$

해설 연속방정식
$A_1V_1 = A_2V_2$ 에서
$d^2 V_A = \left(\dfrac{d}{2}\right)^2 V_B$ 이므로 $V_B = 4V_A$ 이다.

80 송출구의 지름 200mm인 펌프의 양수량이 3.6m³/min일 때 유속은 몇 m/s인가?
① 3.78
② 2.11
③ 1.91
④ 1.35

해설 유량
$Q = 3.6 m^3/min = \dfrac{3.6}{60} m^3/s = 0.06 m^3/s$

$\therefore V = \dfrac{Q}{A} = \dfrac{0.06}{\dfrac{\pi}{4}(0.2)^2} = 1.91 m/s$

81 수면의 높이가 지면에서 h인 물통 벽에 구멍을 뚫고 물을 지면에 분출시킬 때 구멍을 어디에 뚫어야 가장 멀리 떨어지는가?

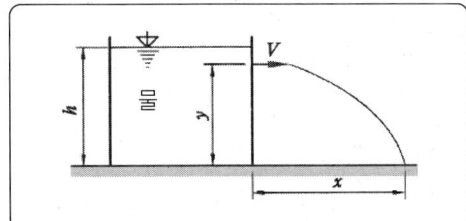

① h ② $\dfrac{h}{3}$

③ $\dfrac{h}{4}$ ④ $\dfrac{h}{2}$

해설 토리첼리 공식에서
유속$(V) = \sqrt{2g(h-y)}$ m/s
여기서 자유낙하 높이 $y = \dfrac{1}{2}gt^2$, $x = Vt$
이므로
$\dfrac{x}{t} = \sqrt{2g(h-y)}$ 에서
$x = \sqrt{\dfrac{2y}{g}}\sqrt{2g(h-y)} = 2\sqrt{y(h-y)}$
위 식을 y에 관해서 미분하면
$\dfrac{dx}{dy} = \dfrac{h-2y}{\sqrt{y(h-y)}}$
x가 최대가 되기 위해서는 $\dfrac{dx}{dy} = 0$이어야 하므로 $h = 2y$
$y = \dfrac{h}{2}(m)$이다.

82 지름이 20cm인 관에 평균속도 40m/s의 물이 흐르고 있다. 유량은 얼마인가?

③ 0.241 m³/s
② 1.256 m³/s
① 2.83 m³/s
④ 3.968 m³/s

해설 $Q = AV = \dfrac{\pi}{4} \times 0.2^2 \times 40 = 1.256 \text{m}^3/\text{s}$

83 정상류와 비정상류를 구분하는 데 있어서 기준이 되는 것은?
① 질량보존의 법칙
② 유동특성의 시간에 대한 변화율
③ 뉴턴의 점성법칙
④ 압축성과 비압축성

해설 정상류는 유동특성이 시간에 따라 변화하지 않는 흐름이고
$\left(\dfrac{\partial \rho}{\partial t}=0,\ \dfrac{\partial V}{\partial t}=0,\ \dfrac{\partial p}{\partial t}=0,\ \dfrac{\partial T}{\partial t}=0\right)$
비정상류는 유동특성이 시간에 따라 변화하는 흐름이다.
$\left(\dfrac{\partial \rho}{\partial t}\neq 0,\ \dfrac{\partial V}{\partial t}\neq 0,\ \dfrac{\partial p}{\partial t}\neq 0,\ \dfrac{\partial T}{\partial t}\neq 0\right)$

84 안지름이 80mm인 파이프에 비중 0.9인 기름이 평균속도 4m/s로 흐를 때 질량유량은 몇 kg/s인가?
① 69.26
② 72.69
③ 80.38
④ 93.64

해설 질량유량 $\left(\overset{\circ}{m}\right) = \rho AV = (\rho_w S)AV$
$= 1000 \times 0.9 \times \dfrac{\pi}{4} \times 0.08^2 \times 4$
$= 80.38 \text{kg/s}$

85 다음 사항 중 유맥선이란?
① 속도벡터의 방향과 일치하도록 그려진 선이다.
② 유체 입자가 일정한 기간 내에 움직인 경로이다.
③ 모든 유체 입자에 순간 궤적이다.
④ 뉴턴의 점성법칙에 따라 그려진 선이다.

해설 공간 내의 한 점을 지나는 모든 유체입자들의 순간 궤적을 유맥선이라고 한다.

정답 81.④ 82.② 83.② 84.③ 85.③

86 비행기의 날개 주위의 유동장에 있어서 날개 단면의 먼 쪽에 있는 유선의 간격은 20mm, 그 점의 유속은 50m/s이다. 날개 단면과 가까운 부분의 유선 간격이 15mm라면 이곳에서의 유속은 몇 m/s인가?

① 25
② 37.6
③ 47.3
④ 66.6

해설 단위폭당 유량
$$q = \frac{Q}{b} = V_1 y_1 = V_2 y_2$$
$$= 50 \times 20 = V_2 \times 15$$
$$V_2 = 66.6 \text{m/s} \text{이다.}$$

87 베르누이 방정식 $\frac{p}{\gamma} + \frac{V^2}{2g} + Z = H$ 의 단위로서 맞는 것은?

① kg · s/s
② kg · m
③ J/N
④ N · m

해설 주어진 베르누이 방정식은 비압축성 유체의 단위 중량에 대한 에너지 방정식이다. 따라서 베르누이 방정식의 단위는 J/N = N · m/N =m중 하나를 선택한다.

88 물의 분류가 연직하방으로 낙하하고 있다. 표고 10m인 곳에서 분류의 지름은 5m, 속도는 20m/sec였다. 표고 5m인 곳에서의 분류의 속도는 얼마 정도인가?

① 10.30m/sec
② 22.32m/sec
③ 26.34m/sec
④ 17.38m/sec

해설 수정베르누이방정식 $\frac{V_1^2}{2g} + Z_1 = \frac{V_2^2}{2g} + Z_2$을 이용한다.
$$\frac{20^2}{2 \times 9.8} + (10-5) = \frac{V_2^2}{2 \times 9.8}$$
$$V_2 = 22.32 m/s$$

89 다음 중 베르누이 방정식 $\frac{p}{\gamma} + \frac{V^2}{2g} + z = const$ (일정)를 유도하는 데 필요한 가정이 아닌 것은?

① 비점성 유체
② 정상류
③ 동일유선상의 유체
④ 압축성 유체

해설 베르누이 방정식은 오일러의 운동방정식을 적분한 방정식이므로 오일러의 운동방정식이 사용되기 위한 가정은 세가지이다.
1) 유체입자는 유선에 따라 움직인다.
2) 유체는 마찰이 없다.(점성력이 0이다.)
3) 정상유체이다.
압축성 유체는 밀도 ρ 가 압력 p의 함수이므로
$$\int \frac{dp}{\rho} \neq \frac{p}{\rho} \text{이다.}$$
따라서, 압축성 유체의 경우는
$$\int \frac{dp}{\gamma} + \frac{V^2}{2g} + Z = const \text{가 된다.}$$

90 오리피스의 수두는 5m이고, 실제 물의 유속이 9m/s이면 손실수두는?

① 약 1m
② 약 2m
③ 약 3m
④ 약 4m

해설 $\frac{p}{\gamma} + \frac{V^2}{2g} + z + H_L = H$
$$H_L = 5 - \frac{9^2}{2g} = 5 - 4.1 = 0.9m$$

정답 86.④ 87.③ 88.② 89.④ 90.①

91 다음 그림에서 H=6m, h=5.75m이다. 이 때 손실수두는 약 몇 m인가?

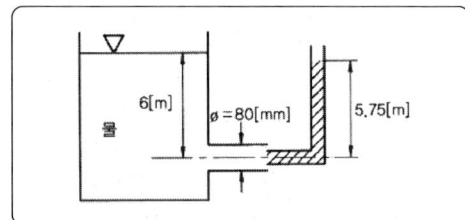

① 0.25m
② 0.5m
③ 0.75m
④ 1m

해설 손실 수두는 $Z_1 = Z_2 + h_L$
$h_L = Z_1 - Z_2 = 6 - 5.75 = 0.25m$

92 그림과 같이 평판이 속도 u=5m/sec로 움직일 때 노즐 직경이 20mm이고, 분류(비중=1) 속도가 15m/s이면 어떤 평판이 분류 방향으로 미치는 힘은?

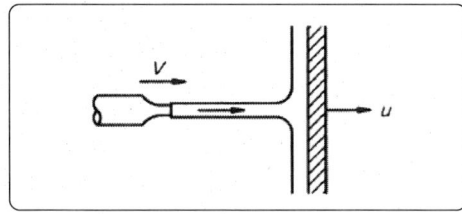

① 2.3kg
② 3.2kg
③ 31.4kg
④ 32kg

해설 $F = \rho A(V-u)^2$
$= 102 \times \dfrac{\pi \times 0.02^2}{4} \times (15-5)^2 = 3.2 kg_f$
$F = \rho A(V-u)^2$
$= 1000 \times \dfrac{\pi \times 0.02^2}{4} \times (15-5)^2$
$= 31.42 N$

93 다음 중 운동량 방정식
$\sum F = \rho Q(V_2 - V_1)$을 적용할 수 있는 조건은?

① 압축성 유체
② 비압축성 유체
③ 비정상 유동
④ 모든 점에서의 속도가 일정할 때

해설 운동량 법칙을 이용하여 $\sum F = \rho Q(V_2 - V_1)$을 유도하는데 다음과 같은 가정이 필요하다.
(1) 비압축성 유체
(2) 정상류
(3) 유관의 양 끝 단면에서 속도가 균일하다.

94 다음 중 차원이 잘못된 것은?

① 동력 = $[ML^{-2}T^{-1}]$
② 일 = $[ML^2T^{-2}]$
③ 운동량 = $[MLT^{-1}]$
④ 역적 = $[MLT^{-1}]$

해설 1) 역적 = 힘×시간
$= [MLT^{-2}] \times [T] = [MLT^{-1}]$
2) 일 = 힘×거리
$= [MLT^{-2}] \times [L] = [ML^2T^{-2}]$
3) 운동량 = 질량×속도
$= [M] \times [LT^{-1}] = [MLT^{-1}]$
4) 동력 = 일÷시간
$= [ML^2T^{-2}]/[T] = [ML^2T^{-3}]$

정답 91.① 92.② 93.② 94.①

95 1000km/h로 비행하는 분사추진 비행기의 공기흡입량은 40kg/s이고, 분사속력이 비행기에 대하여 500m/s이었다. 연료의 무게를 무시할 때 추력은 몇 N인가?

① 2,739
② 10,378
③ 8,889
④ 11,088

[해설] 비행기 속도 $V_1 = \dfrac{1000}{3.6} = 277.78 \text{m/s}$
$m = \rho AV = \rho Q = 40 \text{kg/s}$
$F_{th} = \rho Q(V_2 - V_1)$
$= 40 \times (500 - 277.78)$
$= 8,889 \text{N}$

96 스프링 상수(spring constant) 1[kg/m]인 4개의 스프링으로 평판 A를 벽 B에 그림과 같이 붙였다. 유량 0.01m³/sec, 속도 10m/sec인 좁은 수류가 평판 A의 중앙에 직각으로 충돌할 때 A, B 사이의 단축되는 거리는?

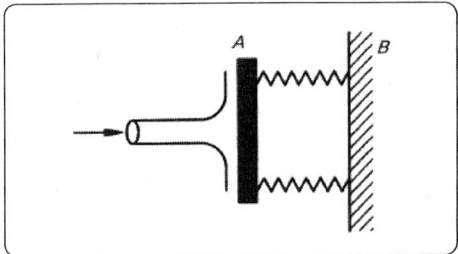

① 1.23m
② 2.55m
③ 5.30m
④ 6.02m

[해설] $F = \rho QV = 4kx$
$102 \times 0.01 \times 10 = 4 \times 1 \times x,$
$x = 2.55 m$
스프링상수 $k = 9.8 \text{N/m}$ 라면,
$1000 \times 0.01 \times 10 = 4 \times 9.8 \times x$
$x ≒ 2.55 m$

97 다음 그림과 같이 고정된 터빈 날개에 V(m/s)의 분류가 날개를 따라 유입할 때 중심선 방향으로 날개에 미치는 힘은?

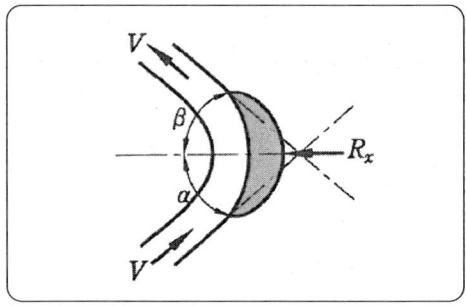

① $\rho QV(\cos\alpha + \sin\beta)$
② $\rho QV(\sin\alpha - \cos\beta)$
③ $\rho QV(\cos\alpha + \cos\beta)$
④ $\rho QV(\cos\alpha - \cos\beta)$

[해설] x방향 운동량방정식에서
$\sum F_x = \rho Q(V_{x2} - V_{x1})$
$-R_x = \rho Q(V_{x2} - V_{x1})$
$R_x = \rho Q(V_{x1} - V_{x2})$
여기서, $V_{x_2} = -v\cos\beta$, $V_{x_1} = v\cos\alpha$ 이므로
$\therefore R_x = \rho Qv(\cos\alpha + \cos\beta)$ 가 된다.

98 수평으로 5m/s 움직인 평판에 지름이 20mm인 노즐에서 물이 30m/s의 속도로 평판에 수직으로 충돌할 때 평판에 미치는 힘은 얼마인가?

① 196.2 N
② 280.2 N
③ 1125 N
④ 2080 N

[해설] 유체의 운동량 방정식에 의해
$\sum F = \rho Q(V_2 - V_1) = \rho A(V_2 - V_1)^2$
$= 1000 \times \dfrac{\pi}{4}(0.02)^2(30-5)^2$
$= 196.2 \text{N}$ 이 된다.

정답 95.③ 96.① 97.③ 98.①

99 프로펠러나의 전후방에서의 속도를 각각 V_1, V_4라고 할 때, 프로펠러를 지나는 평균속도 V는?

① $V = \dfrac{(V_1+V_4)}{2}$

② $V = \dfrac{(V_1-V_4)}{2}$

③ $V = (V_1 - V_4)$

④ $V = (V_1 + V_4)$

해설 프로펠러에 대한 운동량의 원리를 적용하면
$(p_3-p_2)A = F = Q\rho(V_4-V_1)$
$= A\rho V(V_4-V_1)$
여기서, V는 프로펠러를 지나는 유체의 평균 속도이다.
따라서 정리하면, $p_3 - p_2 = \rho V(V_4-V_1)$
베르누이 방정식은 프로펠러 유체 유입구 단면과 프로펠러 날개입구쪽의 압력과 속도는
$p_1 + \dfrac{1}{2}\rho V_1^2 = p_2 + \dfrac{1}{2}\rho V_2^2$ 이고,
프로펠러 날개 후방과 유체 배출구의 단면에 대한 베르누이 방정식은
$p_3 + \dfrac{1}{2}\rho V_3^2 = p_4 + \dfrac{1}{2}\rho V_4^2$
위의 두 식에서 $p_1 = p_4$가 되므로
$p_3 - p_2 = \dfrac{1}{2}\rho(V_4^2 - V_1^2)$ 식으로 전환한다.
이 식을 정리하면 $V = \dfrac{(V_1+V_4)}{2}$ 이 된다.

100 레이놀드 수는 어떻게 표현할 수 있는가?

① 점성력 대 중력
② 관성력 대 점성력
③ 중력 대 관성력
④ 점성력 대 중력

해설 레이놀드수는 점성과 반비례하므로 유속과 지름이 일정할 때 레이놀드수가 크면 영향이 적다는 것이다. 또한 관성과는 비례한다.

101 로켓에서 산소의 소비 중량이 합하여 $W(kg/s)$이며, 배기가스의 속도가 $V(m/sec)$일 때 로켓의 추력 $F(kg)$는 얼마인가?

① $F = W \cdot V^2$　　② $F = E \cdot V^2$

③ $F = \dfrac{W}{g}V$　　④ $F = \dfrac{W}{g}V^2$

해설 로켓의 추진력 $F = \rho QV$이고 여기서 ρQ는 분사되는 질량(m)이고, V는 분사속도이다.
그러므로 $F = \dfrac{W}{g} \cdot V$이 된다.

102 그림과 같이 60°로 구부러진 날개가 5m/sec로 움직이고 있다. 이때 노즐로부터 10m/sec인 물의 분류가 분출되어 날개에 부딪친다. 분류가 날개를 떠나는 순간에 절대속도를 노즐에서 분출되는 분류 방향 성분은 각각 몇 m/sec인가?

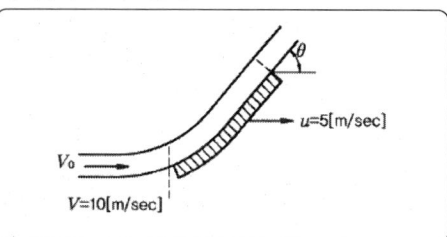

① $V_x = 7.5$,　$V_y = 4.33$

② $V_x = 5$,　$V_y = 8.66$

③ $V_x = 7.5$,　$V_x = 2.38$

④ $V_x = 9.6$,　$V_y = 4.33$

해설 출구의 속도는
$V_{출구} = V - u = 10 - 5 = 5 m/s$이다.
x방향의 속도는
$V_x = V_{출구}\cos\theta + u = 5 \times \cos 60° + 5$
$= 7.5 m/s$
y방향의 속도는
$V_y = V_{출구}\sin\theta = 5 \times \sin 60°$
$= 4.33 m/s$이다.

103 레이놀드 수에 대한 설명 중 옳은 것은?
① 레이드즈 수가 큰 것은 점성 영향이 크다는 것이다.
② 아임계와 초임계를 구분해 주는 척도이다.
③ 층류와 난류 구분의 척도이다.
④ 균속도 유동과 비균속도 유동을 구분해 주는 척도이다.

104 다음 중 상임계 레이놀드 수는?
① 난류에서 층류로 변하는 레이놀드 수
② 층류에서 난류로 변하는 레이놀드 수
③ 등류에서 비등류로 변하는 레이놀드 수
④ 비등류에서 등류로 변하는 레이놀드 수

해설 층류에서 난류로 바뀌는 레이놀드 수를 상임계 레이놀즈 수라 하고, 난류에서 층류로 바뀌는 레이놀드 수를 하임계 레이놀즈 수라고 한다. 원관 속의 흐름에서 상임계 레이놀드 수는 4000, 하임계 레이놀드 수는 2100이다.

105 다음 중 레이놀즈 수와 가장 관계가 작은 것은? (단, V는 속도, d는 지름, ρ는 밀도, v는 동점성계수, μ는 점성계수이다.)
① $\dfrac{Vd}{v}$ ② $\dfrac{\rho Vd}{\mu}$
③ $\dfrac{부력}{점성력}$ ④ $\dfrac{관성력}{점성력}$

106 유체 운동에 있어서 와동의 발생 소멸의 원인이 되는 것은 다음 중 어느 것인가?
① 중력작용과 압력작용
② 압력작용과 점성작용
③ 중력작용과 열작용
④ 점성작용과 열작용

107 $\mu = 1.1 \times 10^{-4} \mathrm{kg_f \cdot sec/m^2}$인 물이 직경 1cm인 수평원관 속에서 층류로 흐르고 있다. 이 때 1000m 길이에서 압력강하 $\Delta P = 0.2 \mathrm{kg/cm^2}$이면 유량 Q는 몇 $\mathrm{cm^3/s}$인가?
① 16.76
② 4.46
③ 967.2
④ 123.41

해설 층류로 흐르는 상태이므로 하겐-포아젤 방정식에서 구한다.
$$Q = \dfrac{\Delta P \pi d^4}{128\mu L}$$
$$= \dfrac{0.2 \times 10^4 \times \pi \times 0.01^4}{128 \times 1.1 \times 10^{-4} \times 1000} \times 10^6$$
$$= 4.46 \, \mathrm{cm^3/s}$$

108 점성 유체가 단면적이 일정한 수평원 관속을 정상류, 층류로 흐를 때 유량은?
① 길이에 비례하고 지름의 제곱에 반비례한다.
② 압력강하에 반비례하고 관 길이의 제곱에 비례한다.
③ 압력강하와 관의 지름에 비례한다.
④ 점성계수에 반비례하고 관의 지름의 4제곱에 비례한다.

해설 유량은 $Q = \dfrac{\pi D^4 \Delta p}{128\mu L}$는 점성계수 μ에 반비례하고, 관의 지름 D의 4제곱에 비례한다.

정답 103.③ 104.② 105.③ 106.② 107.② 108.④

109 0.002m³/s의 유량으로 지름 4cm, 길이 10m인 관 속을 기름(s=0.85, μ=0.56N/m²)이 흐르고 있다. 이 기름을 수송하는데 필요한 펌프의 압력은?

① 17.8 kPa
② 10.2 kPa
③ 20.6 kPa
④ 18.1 kPa

> **해설** 평균속도 $V = \dfrac{Q}{A} = \dfrac{0.002}{\dfrac{\pi}{4}(0.04)^2} = 1.6 \text{m/s}$
>
> 1poise $= \dfrac{1}{10}\text{Pa} \cdot \text{s}(\text{N} \cdot \text{s/m}^2)$
>
> $\mu = 0.56 \times \dfrac{1}{10} = 0.056 \text{N} \cdot \text{s/m}^2$
>
> $\rho = \rho_w s = 1000 \times 0.85 = 850 \text{kg/m}^4$
>
> 레이놀드 Re는
> $Re = \dfrac{\rho V d}{\mu} = \dfrac{850 \times 1.6 \times 0.04}{0.056} = 971.42$
> 이므로 층류이다.
> 이때 하겐-포아젤방정식
> $\Delta p = \dfrac{128 Q \mu L}{\pi d^4}$
> $= \dfrac{128 \times 0.002 \times 0.056 \times 10}{\pi \times 0.04^4}$
> $= 17{,}825 Pa = 17.825 kPa$

110 평균속도가 V인 유체속에서의 익형의 항력계수는? (단, D는 항력, ρ는 밀도, L는 익형면적이다.)

① $D/\rho VL$
② $2D/\rho VL$
③ $D/\rho V^2 L$
④ $2D/\rho V^2 L$

> **해설** 항력 $D = C_D A \dfrac{\rho V^2}{2}$ 이므로,
> 항력계수 $C_D = \dfrac{2D}{A\rho V^2}$ 이고,
> 익현의 면적 A는 L과 같으므로
> A대신 L로 변환하면 된다.

111 지름 5cm, 관의 길이 10m인 수평원관 속을 비중 0.9, 점성계수 0.6P인 기름이 0.003m³/s로 흐르고 있다. 이 기름을 수송하는데 필요한 압력은 몇 kPa인가?

① 13.46
② 11.74
③ 15.21
④ 17.81

> **해설** 이관에서 기름의 흐름이 층류인지 난류인지를 확인한다.
> $Re = \dfrac{\rho V D}{\mu} = \dfrac{4 \rho Q}{\pi \mu D}$
> $= \dfrac{4 \times 1000 \times 0.9 \times 0.003}{\pi \times 0.6 \times 10^{-1} \times 0.05}$
> $= 1146 < 2100$
> 이므로 층류이다.
> 그러므로 하겐-포아젤방정식에서
> $\Delta p = \dfrac{128 \mu L Q}{\pi D^4}$
> $\Delta p = \dfrac{128 \mu L Q}{\pi D^4}$
> $= \dfrac{128 \times 0.6 \times 10^{-1} \times 10 \times 0.003}{\pi \times (0.05)^4}$
> $= 11740 \text{N/m}^2$
> $= 11{,}740 \text{N/m}^2(\text{Pa}) = 11.74 \text{kPa}$

112 원관 속을 점성 유체가 층류로 흐를 때 평균속도 V와 최대 속도 u_{max}는 어떤 관계가 있는가?

① $V = \dfrac{1}{2} u_{max}$
② $V = \dfrac{1}{3} u_{max}$
③ $V = \dfrac{2}{3} u_{max}$
④ $V = \dfrac{3}{4} u_{max}$

113 관속 흐름에 대한 문제에 있어서 레이놀즈 수를 Q, d 및 v의 함수로 표시하면 어느 것인가?

① $Re = \dfrac{\pi v}{Qd}$

② $Re = \dfrac{4Q}{\pi dv}$

③ $Re = \dfrac{Q\rho}{4\pi dv}$

④ $Re = \dfrac{\pi d}{vQ}$

해설 연속방정식에서 $V = \dfrac{Q}{A} = \dfrac{4Q}{\pi d^2}$ 이며,

레이놀즈수 $Re = \dfrac{Vd}{v} = \dfrac{d}{v} \times \dfrac{4Q}{\pi d^2}$ 이므로

$Re = \dfrac{4Q}{\pi dv}$ 와 같다.

114 수평으로 놓인 두 평행평판 사이를 층류로 흐를 때 속도분포는?

① 포물선
② 직선
③ 쌍곡선
④ 직선과 포물선의 조합

해설 속도분포는 $u = -\dfrac{1}{4\mu} \cdot \dfrac{dp}{dl}(h^2 - y^2)$ 식에 따라 포물선이며, 두 평판 사이의 중앙부에서는 최대 속도이고, 평면벽에서의 속도는 0이다.

115 항공기와 선박의 프로펠러 효율을 비교해 보면?

① 항공기 > 선박
② 항공기 < 선박
③ 프로펠러 효율은 없다
④ 모두 같다.

해설 항공기의 프로펠러는 선박의 프로펠러보다 속도가 빠르기 때문에 효율은 항공기가 크다.

116 비중량이 γ이고, 점성계수 μ인 유체속에서 자유 낙하하는 구의 최종 속도 V는? (단, 구의 반지름을 a, 구의 비중량은 γ_s이다.)

① $\dfrac{1}{3} \cdot \dfrac{a}{\mu}(\gamma_s - \gamma)$

② $\dfrac{2}{9} \cdot \dfrac{a^3}{\mu}(\gamma_s - \gamma)$

③ $\dfrac{1}{3} \cdot \dfrac{a}{\mu}(\gamma_s - \gamma)^2$

④ $\dfrac{2}{9} \cdot \dfrac{a^2}{\mu}(\gamma_s - \gamma)$

해설 구에 작용하는 항력과 유체에 의한 부력의 합은 구의 무게와 같아야 한다. 즉, $D + F_B = W$ 이므로 $6\pi a \mu V + \dfrac{4}{3}\pi a^3 \gamma = \dfrac{4}{3}\pi a^3 \gamma_s$ 이 되며, 이때 속도 $V = \dfrac{2}{9} \cdot \dfrac{a^2}{\mu}(\gamma_s - \gamma)$ 이 된다.

117 비중 0.85, 점성계수 3.2×10^{-3} kg·s/m^{2}인 기름이 지름 100mm인 원관 속을 흐를 때 층류로 흐를 수 있는 최대 유속은 몇 m/s인가? (단, 하임계 레이놀즈 수는 2100이다.)

① 0.775
② 1.463
③ 2.191
④ 3.482

해설 하임계 레이놀즈수가 2100이므로

$Re = \dfrac{\rho VD}{\mu} = 2100$ 이다.

$V = \dfrac{Re \cdot \mu}{\rho D} = \dfrac{2100 \times 3.2 \times 10^{-3}}{102 \times 0.85 \times 0.1}$

$\fallingdotseq 0.775 \, m/s$

가 된다.

정답 113.② 114.① 115.① 116.④ 117.①

118 380L/min의 유량으로 기름($s=0.9$, $\mu=0.0575\,\text{N}\cdot\text{s/m}^2$)이 지름 75mm인 관 속을 흐르고 있다. 관의 길이가 300m라 하면 손실수두 h_L은 몇 m인가?

① 3.76
② 8.56
③ 12.36
④ 15.94

[해설] 유량

$$Q = 380\text{L/m} = \frac{0.38}{60}\text{m}^3/\text{s}$$
$$= 6.33 \times 10^{-3} m^3/s$$

이때, 유속

$$V = \frac{Q}{A} = \frac{6.33 \times 10^{-3}}{\frac{\pi}{4}(0.075)^2} = 1.43\text{m}/s$$

레이놀드수

$$Re = \frac{\rho V d}{\mu}$$
$$= \frac{(1000 \times 0.9) \times 1.43 \times 0.075}{0.0575}$$
$$= 1683$$

이므로 층류이다.
층류이므로 하겐-포아젤방정식을
적용하여 유량 $Q = \frac{\Delta p \pi d^4}{128 \mu L}$을 적용한다.
여기서 $\Delta p = \gamma h_L$이므로
$h_L = \frac{128 Q \mu L}{\pi \gamma d^4}$을 적용하여 계산하면

$$h_L = \frac{128 \times (6.33 \times 10^{-3}) \times 0.0575 \times 300}{\pi \times (9800 \times 0.9) \times (0.075)^4}$$
$$= 15.94 m$$

119 원관 속에 유체가 흐르고 있다. 다음 중 층류인 것은?

① 마하수가 0.5이다.
② 마하수가 1.5이다.
③ 레이놀즈수가 200이다.
④ 레이놀즈수가 20000이다.

[해설] 층류와 난류의 구분은 레이놀즈 수로 하며 Re < 2100일 때 층류이다.

기출문제[2]

Part 3 기계 유체역학

01 다음 펌프 중 용적형 펌프는?
① 원심펌프   ② 축류펌프
③ 왕복펌프   ④ 제트펌프

해설 ① 터보형 펌프 : 원심펌프, 사류펌프, 축류펌프
② 용적형 펌프 : 왕복펌프, 회전펌프

02 용적식 펌프의 종류가 아닌 것은?
① 피스톤 펌프   ② 기어펌프
③ 터빈펌프   ④ 베인 펌프

해설 용적식 펌프의 종류에는 왕복형인 피스톤 펌프와 플런저 펌프가 있고, 회전형인 기어펌프와 베인 펌프가 있다.

03 펌프를 터보형과 용적형으로 구분했을 때 용적형의 회전식 펌프에 속하는 것은?
① 기어펌프   ② 사류펌프
③ 플런저 펌프   ④ 피스톤 펌프

해설 용적형 펌프의 분류
① 왕복형 : 피스톤 펌프, 플런저 펌프
② 회전형 : 기어펌프, 베인 펌프
③ 특수형 : 마찰펌프, 분사펌프, 기포펌프, 수격펌프

04 다음 펌프 중 가장 높은 고압에 사용할 수 있는 펌프는?
① 원심펌프   ② 축류펌프
③ 사류펌프   ④ 왕복펌프

해설 왕복펌프(reciprocating pump)는 실린더 내를 직선 왕복하는 실린더 또는 플런저로 유체를 양수하는 펌프로 원심식에 비해 토출되는 양은 작지만 고압을 얻기가 쉬우나 주기적으로 맥동이 발생된다.

05 다음 펌프 중에서 주기적으로 양수하므로 맥동이 생기는 대표적인 것은?
① 원심펌프   ② 축류펌프
③ 왕복펌프   ④ 기어펌프

06 디퓨저(diffuser)펌프, 벌류트(Volute)펌프 등이 해당되는 펌프는?
① 원심펌프   ② 왕복펌프
③ 축류펌프   ④ 회전펌프

07 원심펌프에서 양수장치의 구성품에 속하지 않는 것은?
① 흡입관   ② 풋 밸브
③ 니들밸브   ④ 게이트 밸브

해설 원심펌프는 펌프로 유체를 유입시키기 위한 흡입관, 원심 펌프 하단에 설치되어 물의 역류를 방지하는 풋 밸브, 펌프를 일시 정지시킬 때 물을 차단하는 게이트 밸브로 구성되어 있다.

08 원심펌프의 안내날개 설치에 관한 설명으로 틀린 것은?
① 유량을 증대시키기 위해
② 높은 양정을 얻기 위해
③ 액체의 속도에너지를 압력에너지로 변환시키기 위해
④ 압력과 속도에너지를 가급적 유효에너지로 변환시키기 위해

해설 안내날개는 터빈의 날개차에 유입하는 유체나 펌프의 날개차에서 유출하는 유체에 적당한 방향과 속도를 주거나 속도를 압력으로 전환하기 위하여 사용하는 유선형 날개를 말한다.

정답 01.③ 02.③ 03.① 04.④ 05.③ 06.① 07.③ 08.①

09 성능이 같은 2대의 펌프를 병렬 운전할 때 설명으로 가장 적합한 것은?

① 유량, 양정이 모두 2배정도 늘어난다.
② 양정은 변함이 없고 유량이 2배정도 늘어난다.
③ 유량은 변함이 없고 양정은 1/2로 떨어진다.
④ 유량은 변함이 없고 양정이 2배정도 늘어난다.

10 지름이 20cm의 관속에 평균속도 20m/s의 물이 흐르고 있을 때 유량은 약 몇 m³/s인가?

① 628
② 62.8
③ 6.28
④ 0.628

해설 $Q = Av$
Q : 유량, A : 관의 단면적, v : 흐름속도
$\therefore 0.785 \times 0.2^2 \times 20 = 0.628 m^3/s$

11 직경이 20cm와 30cm의 파이프가 수직으로 직결되어 있다. 직경 30cm 파이프 내의 유속이 3.6m/sec이면 직경 20cm 파이프 내의 유속은 약 몇 m/sec인가?

① 7.2
② 8.1
③ 9.6
④ 12.0

해설 ① $Q = Av$에서
$0.785 \times 0.3^2 \times 3.6 = 0.2543 m^3/s$
② $v = \dfrac{Q}{A}$에서 $\dfrac{0.2543}{0.785 \times 0.2^2} = 8.1 m/s$

12 유량이 0.5m³/s일 때 유속을 약 2m/s로 흐르도록 하려면 단면의 지름은 몇 mm로 하여야 하는가?

① 56.4
② 78.9
③ 564
④ 789

해설 $Q = Av$
Q : 유량, A : 관의 단면적, v : 흐름속도
$0.5 m^3/s = 0.785 d^2 \times 2 m/s$
$\therefore d = \sqrt{\dfrac{0.5 \times 10^6}{0.785 \times 2}} = 564 mm$

13 흡입양정이 10m이고, 송출양정이 30m인 펌프의 전양정은 몇 m인가?

① 3m ② 20m
③ 30m ④ 40m

해설 전 양정이란 실제양정과 손실수두를 합친 양정을 말한다. 즉, 전양정=흡입양정+송출양정이다.

14 원심펌프로 양수하고 있는 어떤 송출량에서 송출측 압력계의 압력이 2.5kgf/cm², 흡입측 진공계는 320mmHg이었다. 흡입관과 송출관의 내경은 같고 압력계와 진공계의 수직거리가 340mm일 때의 양정은 몇 m인가?

① 79.0
② 59.2
③ 39.5
④ 20.9

해설 ① $P_d = 2.5 kgf/cm^2 = 2.5 \times 10^4 kg_f/cm^2$
② $P_s = \dfrac{320}{760} \times 1.0332 = 0.435 kg_f/cm^2$
$= 0.435 \times 10^4 kg_f/m^2$
③ 압력계와 진공계의 수직거리(y)=0.34m
④ $H = \dfrac{P_d + P_s}{\gamma} + y$
$\therefore \dfrac{(2.5 - 0.435) \times 10^4}{1000} + 0.34 = 20.9 m$

정답 ··· 09.② 10.④ 11.② 12.③ 13.④ 14.④

15 옥상 물탱크의 자유표면에서 수면 아래의 깊이가 20m인 지점에 있는 작업장 급수밸브의 수압 몇 kgf/cm^2인가?(단, 물의 비중량 γ =1000kgf/m^3이다.)

① 0.02　　② 0.2
③ 2.0　　　④ 20

[해설] $P = m\gamma h$
　P : 수압(kgf/cm^2), γ : 물의 비중량(kgf/cm^3),
　h : 깊이(cm)
　$\therefore \dfrac{1,000 \times 2,000}{1,000,000} = 2 kgf/cm^2$

16 유체속도가 20m/s로 흐를 때 속도수두는 약 몇 m인가?

① 20.4m
② 40.8m
③ 51.0m
④ 102.0m

[해설] $Hv = \dfrac{v^2}{2g}$
　Hv : 속도수두, v : 유체속도,
　g : 중력가속도(9.8m/s²)
　$\therefore \dfrac{20^2}{2 \times 9.8} = 20.4m$

17 높이(위치수두) 8m인 지점에서의 압력이 15kgf/cm^2, 속도가 15m/sec라면 이 물의 총 수두는 몇 m인가? (단, 물의 비중량은 1000kgf/m^3으로 한다.)

① 169.5　　② 178.2
③ 20.9　　　④ 158.8

[해설] $H = \dfrac{v^2}{2g} + \dfrac{P}{\gamma} + h$
　H : 총 수두, v : 속도, g : 중력가속도(9.8m/s²),
　P : 압력, γ : 물의 비중량, h : 높이(위치수두)
　$\therefore \dfrac{15^2}{2 \times 9.8} + \dfrac{15 \times 10^4}{1000} + 8 = 169.5m$

18 직경 500mm인 파이프 속을 평균속도가 1.8m/sec로 흐를 때 관의 길이가 60m이면 손실수두는 약 몇 m인가? (단, 관 마찰계수는 $\lambda = 0.02$이다.)

① 0.785
② 0.397
③ 0.223
④ 0.120

[해설] $H_f = \lambda \dfrac{l}{d} \times \dfrac{v^2}{2g}$
　H_f : 마찰 손실수두, λ : 마찰계수, l : 길이,
　d : 내경, v : 유속, g : 중력가속도(9.8m/s²)
　$\therefore 0.02 \times \dfrac{60}{0.5} \times \dfrac{1.8^2}{2 \times 9.8} = 0.397m$

19 길이 200m, 내경 80mm인 주철관에 유속이 4m/s로서 물이 흐르고 있다. 마찰계수가 0.03일 때 마찰 손실수두는 약 몇 m인가?

① 6.12
② 6.42
③ 61.2
④ 64.2

[해설] $H_f = \lambda \dfrac{l}{d} \times \dfrac{v^2}{2g}$에서
　$0.03 \times \dfrac{200}{0.08} \times \dfrac{4^2}{2 \times 9.8} = 61.2m$

20 지름이 500mm인 배관 속을 평균속도 1.8m/s로 물이 흐를 때 관의 길이가 60m 이면 배관의 손실수두는 약 몇 m 인가?(단, 관의 마찰계수(f)는 0.02 이다.)

① 0.099
② 0.198
③ 0.397
④ 0.793

[해설] $h_f = 0.02 \times \dfrac{60}{0.5} \times \dfrac{1.8^2}{2 \times 9.8} = 0.397m$

정답 … 15.③　16.①　17.①　18.②　19.③　20.③

21 길이가 600m, 관 안지름이 50cm 인 수평 배관에 물이 흐를 경우 마찰 손실수두가 15m 이면 유속은 몇 m/s 인가?(단, 중력가속도는 9.81m/s², 관 마찰계수는 0.02 이다.)

① 2.5 ② 3.0
③ 3.5 ④ 8.5

해설 $H_f = \lambda \dfrac{l}{d} \times \dfrac{v^2}{2g}$ 에서

$15 = 0.02 \times \dfrac{600}{0.5} \times \dfrac{v^2}{2 \times 9.81}$

$\therefore v = \sqrt{\dfrac{15 \times 9.8}{12}} = 3.5 m/s$

22 왕복 단동펌프에서 피스톤 행정이 L(m), 실린더의 지름을 D(m), 회전수가 N(rpm) 이라할 때 이론 토출유량 Q_{th}(m³/s)를 구하는 식은?

① $Q_{th} = \dfrac{\pi D^2 \times L \times N}{60}$

② $Q_{th} = \dfrac{\pi D^2 \times L \times N}{4 \times 60}$

③ $Q_{th} = \dfrac{\pi D \times L \times N}{60}$

④ $Q_{th} = \dfrac{D \times L \times N}{60}$

23 전 양정이 25m, 유량이 25ℓ/sec인 유압펌프에 공급되는 축동력은 약 몇 kW인가?(단, 유체의 비중량 900kgf/m³이고, 이 펌프의 효율은 85%이다.)

① 4.69 ② 6.49
③ 46.87 ④ 64.88

해설 $H_{kW} = \dfrac{\gamma Q H}{102 \eta}$

H_{kW} : 축동력(kW), γ : 유체의 비중량(kgf/m³),
Q : 송출량(m³/min), H : 전양정(m),
η : 전달효율

$\therefore \dfrac{900 \times 25 \times 25}{102 \times 0.85 \times 1000} = 6.49 kW$

24 원심펌프에서 전양정 1.6m, 송출량 0.1m³/sec, 펌프효율이 90%일 때 축 동력은 약 몇 kW인가? (단, 송출유체의 비중량은 900 kgf/m³ 이다.)

① 1.4 ② 1.57
③ 1.74 ④ 3.04

해설 $H_{kW} = \dfrac{\gamma Q H}{102 \eta}$ 에서

$\dfrac{900 \times 0.1 \times 1.6}{102 \times 0.9} = 1.57 kW$

25 단동 왕복펌프 피스톤 지름이 20cm, 행정 30cm, 피스톤의 매분 왕복횟수가 80, 체적효율 92% 일 때 펌프의 양수량은 약 몇 m³/min 인가?

① 0.35
② 0.7
③ 0.82
④ 1.4

해설 $Q = 0.785 \times D^2 \times L \times N \times \eta$

Q : 펌프의 양수량, D : 피스톤 지름, L : 행정,
N : 피스톤 분당 왕복횟수, η : 체적효율

$\therefore 0.785 \times 0.2^2 \times 0.3 \times 80 \times 0.92$
$= 0.693 m^3/min$

26 이론 토출량(Q_{th})이 22×10³cm³/min 인 펌프의 토출압력이 6MPa 일 때, 토출량이 20×10³cm³/min, 펌프 축 동력이 3.4kW인 펌프의 용적효율은 몇 %인가?

① 30 ② 37
③ 57 ④ 91

해설 $\eta_v = \dfrac{Q}{Q + \Delta Q}$

Q : 펌프의 토출량,
ΔQ : 회전차 속을 지나는 유량

$\therefore \dfrac{20 \times 10^3}{22 \times 10^3} \times 100 = 91\%$

정답 ··· 21.③ 22.② 23.② 24.② 25.② 26.④

27 유동하고 있는 액체의 압력이 국부적으로 저하되어 포화증기압 또는 공기 분리 압력에 달하여 증기를 발생시키거나 용해공기 등이 분리되어 기포를 일으키는 현상은?

① 서징 현상
② 채터링 현상
③ 역류 현상
④ 캐비테이션 현상

> 해설 캐비테이션 현상이란 유동하고 있는 액체의 압력이 국부적으로 저하되어 포화증기압 또는 공기분리 압력에 달하여 증기를 발생시키거나 용해공기 등이 분리되어 기포를 일으키는 것을 말한다.

28 펌프를 운전시 펌프 내에서 액체의 압력이 그 액체의 포화 증기압 이하로 내려갈 때 발생하는 현상과 가장 관계가 있는 것은?

① 서징 현상
② 캐비테이션 현상
③ 역류 현상
④ 수격 작용

> 해설 캐비테이션(cavitation, 공동현상)이란 펌프를 운전할 때 펌프 내에서 액체의 압력이 그 액체의 포화 증기압 이하로 내려갈 때 발생하는 현상이다.

29 펌프의 캐비테이션(공동현상)방지책으로 틀린 것은?

① 펌프의 설치위치를 낮게 하여 흡입 양정을 짧게 한다.
② 펌프의 회전수를 작게 한다.
③ 양 흡입펌프를 단 흡입펌프로 바꾼다.
④ 2대 이상의 펌프를 사용한다.

> 해설 공동(cavitation)현상의 방지책
> ① 펌프의 설치높이를 가능한 낮춘다.
> ② 흡입양정을 짧게 하고, 수직펌프를 사용한다.
> ③ 펌프의 회전수를 낮추고, 흡입 비속도를 작게 한다.
> ④ 회전차가 물속에 완전히 잠기도록 한다.
> ⑤ 양 흡입펌프를 사용하거나 2대 이상의 펌프를 사용한다.

30 유체기계에서 발생되는 캐비테이션의 발생을 예방하는 방법으로 적당하지 않은 것은?

① 펌프의 설치 높이를 가능한 낮추어 흡입양정을 짧게 한다.
② 펌프의 회전수를 높이고 마찰손실이 적은 신관을 사용한다.
③ 양흡입 펌프를 사용한다.
④ 손실수두를 줄인다.

31 송풍기에서 송출압력과 송출유량의 주기적인 변동이 일어나 마치 숨을 쉬는 것과 같은 상태로 나타나는 현상을 무엇이라고 하는가?

① 서징현상
② 캐비테이션
③ 배풍현상
④ 조건반사 현상

> 해설 서징현상이란 펌프, 송풍기 등에서 운전 중에 한 숨을 쉬는 것과 같은 상태가 되어, 펌프인 경우 입구와 출구의 진공계, 압력계의 지침이 흔들리고 동시에 송출유량이 변화하는 현상 즉 송출압력과 송출유량사이에 주기적인 변동이 일어나는 현상을 말한다.

32 다음 중 수격작용에 대한 설명으로 가장 적합한 것은?

① 주로 좁은 유로에서 넓은 곳으로 저속으로 유입할 때 발생한다.
② 포화 증기압 이하로 낮아져서 기포가 발생하여 기포가 고압의 영역에서 파괴되어 발생한다.
③ 관경이 크고 직선배관이며 기구류 가까이에 공기실이 있을 때 많이 발생한다.
④ 플러시 밸브나 수전류를 급격히 개폐 시 일어나며, 유속이 빠를수록 발생하기 쉽다.

> 해설 수격작용은 플러시 밸브나 수전류를 급격히 개폐 시 일어나며, 유속이 빠를수록 발생하기 쉽다.

정답 ··· 27.④ 28.② 29.③ 30.② 31.① 32.④

33 관속을 흐르는 액체의 유속을 갑자기 변화시켰을 때 액체에 심한 압력변화를 일으키는 현상은?

① 공동현상　② 맥동현상
③ 수격현상　④ 충격현상

34 왕복펌프를 다른 종류의 펌프와 비교한 특징으로 올바른 것은?

① 비교 회전도가 크다.
② 낮은 양정이 얻어진다.
③ 소음이 크게 발생한다.
④ 실린더 내의 압력 변화가 없다.

35 송출량이 많고, 저양정인 경우 적합하며, 일명 프로펠러 펌프라고도 하는 것은?

① 터빈펌프　② 기어펌프
③ 축류펌프　④ 왕복펌프

해설 축류펌프(axial flow pump)는 회전축에 평행한 케이싱 속에 설치한 프로펠러형의 날개차(impeller)와 고정날개(안내날개)에 의해, 액체를 가속하거나 가압하는 펌프이며, 프로펠러펌프라고도 한다. 액체는 케이싱에 평행한 회전축에 따라 흐르고, 날개차에 의해 압력과 운동 에너지가 주어진다. 후자는 고정날개에 의하여 그 일부가 압력으로 바뀐다. 송출량이 많고, 저양정인 경우 적합하다.

36 마찰펌프, 와류펌프, 웨스코 펌프라고도 하며 송출량이 적고 양정이 높은 곳에 사용되는 것은?

① 제트펌프　② 재생펌프
③ 기포펌프　④ 왕복펌프

해설 재생펌프(regenerative pump)는 마찰펌프, 와류펌프, 웨스코 펌프라고도 하며, 주위에 수많은 짧은 홈을 설치한 원판을 날개바퀴로 하고, 그 주위를 둘러싼 케이싱과의 사이에 있는 액체에 운동을 주어 양수하는 펌프를 말한다. 원심펌프에 비해 송출량은 적지만, 높은 양정을 얻을 수 있다.

37 터보형과 용적형 중에서 소형 경량으로 할 수 있고 양정의 변화가 심한 경우에도 유량의 변화가 적은 펌프는?

① 사류펌프　② 원심펌프
③ 왕복펌프　④ 축류펌프

해설 사류펌프(diagonal flow pump)는 유체가 회전축에 대하여 비스듬히 흘러, 원심력을 받음과 동시에 축방향으로도 가속되는 펌프이다. 원심펌프보다 고속으로 운전할 수 있기 때문에 소형·경량이 되며, 또 축류펌프에 비하여 높은 양정으로 사용해도 공동현상의 염려가 없다.

38 급수펌프에 연결된 흡입관을 저수탱크에 넣을 때 수면으로부터 흡입이 시작되는 관 끝까지의 최소 깊이는?

① 10cm　② 흡입 관 지름의 1배
③ 20cm　④ 흡입 관 지름의 2배

해설 급수펌프에 연결된 흡입관을 저수탱크에 넣을 때 수면으로부터 흡입이 시작되는 관 끝까지의 최소 깊이는 흡입 관 지름의 2배이어야 한다.

39 급수펌프에 스트레이너를 설치하는 주목적은?

① 수격작용을 방지하기 위하여
② 공동현상을 방지하기 위하여
③ 서징현상을 막기 위하여
④ 모래나 흙 등의 유입을 방지하기 위하여

40 유압기기의 압력은 밀폐된 공간이어서 유체의 일부에 압력을 가하면, 그 압력은 유체 내의 모든 곳에 같은 크기로 전달된다는 것은 어떤 원리(법칙)인가?

① 보일의 법칙
② 아르키메데스의 원리
③ 파스칼의 원리
④ 베르누이의 법칙

정답 33.③　34.③　35.③　36.②　37.①　38.④　39.④　40.③

41 유압장치의 특징 설명으로 틀린 것은?
① 소형장치로 큰 힘(출력)을 발생시킬 수 없다.
② 폐유에 의한 주변 환경이 오염될 우려가 있다.
③ 고압 사용으로 인한 위험성 및 이물질에 민감하다.
④ 과부하에 대한 안전장치가 간단하다.

해설 유압장치의 특징은 ②,③,④ 항 이외에 소형장치로 큰 힘(출력)을 발생시킬 수 있다.

42 유압기기에 대한 특징을 설명한 것으로 틀린 것은?
① 저속에서는 큰 토크구동이 안 된다.
② 무단 변속과 원격제어가 가능하다.
③ 출력 및 토크제어를 자동화할 수 있다.
④ 과부하 방지, 인터 록 또는 시퀀스 제어가 가능하다.

해설 유압기기의 특징은 ②,③,④ 항 이외에 저속에서도 큰 토크 구동이 가능하다.

43 유압 작동유의 구비조건으로 올바른 것은?
① 압축성이어야 한다.
② 열을 방출하지 아니하여야 한다.
③ 장시간 사용하여도 화학적으로 안정해야 한다.
④ 외부로부터 침입한 불순물을 침전 분리시키지 않아야 한다.

해설 작동유의 구비조건
① 비압축성이어야 한다.
② 열을 방출하는 냉각작용이 있어야 한다.
③ 장시간 사용하여도 화학적으로 안정되어야 한다.
④ 외부로부터 침입한 불순물을 침전 분리시킬 수 있어야 한다.
⑤ 체적탄성계수가 크고, 밀도가 작아야 한다.
⑥ 점도지수가 높아 한다.
⑦ 물리적 및 화학적 안정성이 커야 한다.

44 유압 작동유의 구비조건 설명으로 틀린 것은?
① 비압축성이어야 한다.
② 열을 방출시키지 않아야 한다.
③ 녹이나 부식 발생 등이 방지되어야 한다.
④ 장시간 사용하여도 화학적으로 안정하여야 한다.

45 유압펌프의 종류 중 비용적형 펌프의 종류에 속하는 것은?
① 기어펌프
② 베인 펌프
③ 터빈펌프
④ 왕복동 펌프

46 다음 중 일반적인 유압펌프의 종류가 아닌 것은?
① 베인 펌프
② 플런저펌프
③ 기어펌프
④ 커플링펌프

47 다음은 기어펌프에 대한 설명이다. 틀린 것은?
① 먼지의 영향을 비교적 받지 않는다.
② 부품이 마모되어도 효율이 거의 저하되지 않는다.
③ 부품수가 적고 간단한 구조로 되어있다.
④ 일반적으로 운전 소음이 크다.

해설 기어펌프의 특징
① 구조가 간단하다.
② 맥동이 적으며, 정용량형이다.
③ 다른 유압펌프에 비하여 먼지에 강하다.
④ 먼지의 영향을 비교적 받지 않는다.
⑤ 일반적으로 운전 소음이 크다.

정답 41.① 42.① 43.③ 44.② 45.③ 46.④ 47.②

48 유압기기에서 기어펌프를 사용시 특징 설명으로 틀린 것은?
① 구조가 간단하다.
② 토출량을 가변적으로 사용하기 편리하다.
③ 내부 누설이 다른 펌프와 비교하여 크다.
④ 다른 유압펌프에 비해 먼지에 가장 둔하다.

49 기어펌프의 모듈이 3, 잇수가 16, 치폭 18mm인 펌프가 1200rpm으로 회전하면 이론 송출량은 약 몇 L/min인가?
① 65.1   ② 19.5
③ 1.5   ④ 0.3

해설 $Q = 2\pi \times M^2 \times Z \times b \times N(\ell/min)$
Q : 이론 송출량(L/min), M : 모듈, Z : 치수,
b : 이의 폭(mm), N : 회전수(rpm)
$\therefore \dfrac{2 \times 3.14 \times 3^2 \times 16 \times 18 \times 1200}{1,000,000}$
$= 19.53 \ell/min$

50 베인 펌프의 구성요소가 아닌 것은?
① 베인(날개)   ② 회전자
③ 피스톤   ④ 캠링

해설 베인 펌프는 회전자(rotor) 부분이 들어 있는 케이싱 속에 여러 장의 날개(베인)를 설치하여 회전시켜 유체를 흡입하고 송출하는 펌프이다. 회전자는 반지름 방향이거나 그보다 더 경사진 방향으로 4~12개의 홈이 같은 간격으로 파여 있으며 이 홈에 날개가 들어 있다. 이것은 회전자가 회전할 때 홈 안에서 왕복운동을 한다.

51 유체기계에서 유압 제어밸브의 종류가 아닌 것은?
① 압력제어밸브   ② 유량제어밸브
③ 방향제어밸브   ④ 유속제어밸브

해설 제어밸브의 종류
① 압력제어 밸브 : 일의 크기를 결정한다.
② 유량조절 밸브 : 일의 속도를 결정한다.
③ 방향제어 밸브 : 일의 방향을 결정한다.

52 유압제어 밸브에서 압력제어 밸브에 속하지 않는 것은?
① 릴리프 밸브
② 리듀싱 밸브
③ 체크밸브
④ 카운터밸런스 밸브

해설 압력제어 밸브의 종류에는 릴리프밸브, 시퀀스밸브, 언로더 밸브, 리듀싱 밸브, 카운터 밸런스 밸브 등이 있다.

53 기능에 따른 유압제어 밸브를 압력, 방향, 유량 제어밸브로 분류할 때 압력제어 밸브에 속하는 것은?
① 체크밸브
② 매뉴얼 밸브
③ 언로딩 밸브
④ 디셀러레이션 밸브

54 유압 및 공기압 용어 중 '감압밸브, 체크밸브, 릴리프 밸브 등에서 밸브 시트를 두드려 비교적 높은 음을 내는 일종의 자려진동현상'을 의미하는 용어는?
① 피드백   ② 언더랩
③ 채터링   ④ 오버랩

55 2개 이상의 유압기기 회로에서 각 회로의 액추에이터 동작을 차례로 제어하려면 어떤 밸브로 제어를 해야 가장 적합한가?
① 체크밸브
② 무부하 밸브
③ 시퀀스 밸브
④ 카운터 밸런스 밸브

해설 시퀀스 밸브는 2개 이상의 유압기기 회로에서 각 회로의 액추에이터 동작을 차례로 제어하고자 할 때 사용한다.

정답 ··· 48.② 49.② 50.③ 51.④ 52.③ 53.③ 54.③ 55.③

56 실린더의 피스톤 로드에 인장하중이 걸리면 실린더는 끌리는 영향을 받게 되는데, 이러한 영향을 방지하기 위하여 인장하중이 가하지는 쪽에 밸브를 설치하여 끌리는 효과를 억제하기 위한 밸브는?

① 카운터 밸런스 밸브(counter balance valve)
② 시퀀스 밸브(sequence valve)
③ 언로드 밸브(unload valve)
④ 리듀싱 밸브(reducing valve)

해설 카운터 밸런스 밸브는 하중에 의한 자유낙하를 방지할 목적으로 사용되는 압력제어 밸브이다.

57 유압기기에서 유량 제어밸브에 속하는 것은?

① 스로틀 밸브(throttle valve)
② 셔틀 밸브(shuttle valve)
③ 시퀀스 밸브(sequence valve)
④ 4방향 밸브(4-way valve)

58 유체를 한쪽으로만 흐르게 하고 역류가 되면 즉시 자동적으로 밸브가 닫히게 되어 유체가 역류되는 것을 막아주는 밸브는?

① 스톱밸브(stop valve)
② 슬루스 밸브(sluice valve)
③ 스로틀 밸브(throttle valve)
④ 체크밸브(check valve)

해설 체크밸브는 유체를 한쪽으로만 흐르게 하고 역류가 되면 즉시 자동적으로 밸브가 닫히게 되어 유체가 역류되는 것을 막아준다.

59 다음 유압장치 중 유체가 가지는 에너지(유량과 압력)를 기계적 에너지(토크나 힘)로 변환시키는 것은?

① 유압펌프
② 플런저 펌프
③ 액추에이터
④ 어큐뮬레이터

해설 액추에이터란 작동유의 압력과 유량을 기계적인 에너지로 바꾸는 기기의 총칭이다.

60 유압장치에서 유압 액추에이터인 것은?

① 유압 실린더
② 유압펌프
③ 유체 커플링
④ 구동용 전동기

해설 유압 액추에이터는 유압 에너지를 기계적 에너지로 변환시키는 장치이며, 여기에는 회전운동을 하는 유압모터와 직선왕복 운동을 하는 유압 실린더가 있다.

61 유압실린더 직경이 15mm인 유압실린더에 150kg$_f$/cm^{2}의 유압이 작용하는 실린더가 낼 수 있는 힘은 약 얼마인가?

① 175kg$_f$
② 225kg$_f$
③ 265kg$_f$
④ 312kg$_f$

해설 $F = PA$
F : 유압실린더가 낼 수 있는 힘
P : 실린더에 작용하는 유압
A : 유압실린더의 면적
$\therefore 150 \times 0.785 \times 1.5^2 = 264.9 kg_f$

62 실린더의 내경이 40mm, 피스톤 로드의 직경이 20mm인 유압실린더가 있다. 귀환(歸還) 행정에서의 피스톤속도는 약 몇 m/s 인가? (단, 기름의 공급량은 12ℓ/min 이다.)

① 2.4
② 1.1
③ 0.21
④ 0.16

해설 $v = \dfrac{Q}{A}$
$= \dfrac{12}{0.785 \times (0.04^2 - 0.02^2) \times 60 \times 1000}$
$= 0.21 m/s$

정답 56.① 57.① 58.④ 59.③ 60.① 61.③ 62.③

63 유압실린더를 미는 힘이 500kgf이고, 피스톤의 속도가 50cm/sec일 때 유압실린더의 이론 유체동력은?

① 1.22kW
② 1.67kW
③ 2.45kW
④ 3.33kW

해설 $H_{kW} = \dfrac{Pv}{102}$

H_{kW} : 동력, P : 유압실린더를 미는 힘,
v : 피스톤의 속도(m/s)

$\therefore \dfrac{500 \times 0.5}{102} = 2.45 kW$

64 그림에서 피스톤 (1)의 단면적은 A_1=100cm², 누르는 힘이 P_1=20kgf, 1m/s의 속도로 내려갈 때 피스톤 (2)는 몇 m/s로 상승하겠는가?(단, 피스톤 (2)의 단면적은 A_2=600cm² 이다.)

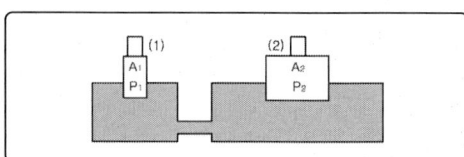

① 0.17
② 6
③ 7
④ 32.4

해설 $Q_1 = Q_2$이므로 $A_1 \times V_1 = A_2 \times V_2$이다.

따라서 $V_2 = \dfrac{A_1 \times V_1}{A_2} = \dfrac{100 \times 1}{600} = 0.17 m/s$

65 유압기기의 부속기기 중 유압 에너지의 축적, 압력보상, 맥동제거 및 충격 완충의 역할을 하는 것은?

① 증압기   ② 탱크용 필터
③ 축압기   ④ 필터 엘리먼트

66 축압기(accumulator)의 설치 목적으로 틀린 것은?

① 유압 에너지의 축적용
② 충격 압력의 완충용
③ 유압펌프의 맥동 흡수용
④ 유압 요동 액추에이터 대체용

67 어큐뮬레이터(accumulator)용도에 대한 설명으로 틀린 것은?

① 밸브를 개폐하는 것에 의하여 생기는 오일 해머나 압력 노이즈에 의한 충격압력을 방지한다.
② 폐회로에서의 유온변화에 의한 오일의 팽창, 수축에 의하여 생기는 유량의 변화를 보충해준다.
③ 유압펌프에서 발생하는 맥동을 흡수하고, 진동이나 소음방지에 사용한다.
④ 직선 왕복운동을 주로 하는 실린더와 회전 운동을 하는 실린더로 사용한다.

68 유압장치 부속기기류 중 유압탱크용 필터로 가장 적합한 것은?

① 스트레이너
② 어큐뮬레이터
③ 보조 릴리프 필터
④ 바이패스 필터

69 유·공압 요소 중 회전 및 왕복운동 등의 운동 부분의 밀봉에 사용되는 실의 총칭으로 정의되는 용어는?

① 개스킷(gasket)
② 패킹(packing)
③ 초크(choke)
④ 피스톤(piston)

정답   63.③   64.①   65.③   66.④   67.④   68.①   69.②

70 유압용 개스킷이 갖추어야 할 필요조건과 가장 관계가 적은 것은?
① 마찰계수가 적을 것
② 충분한 강도를 가질 것
③ 유체에 의해 변질되지 않을 것
④ 유연성을 유지할 것

해설 개스킷이 갖추어야 조건
① 충분한 강도를 가질 것
② 유연성을 유지할 것
③ 유체에 의해 변질되지 않을 것

71 유압회로 중에서 과도적으로 발생하는 압력변동에 의해 서지(surge) 압력이 발생하는데 그 크기 변화에 직접적으로 관계없는 것은?
① 관로의 길이
② 관의 관성
③ 기름의 압축성
④ 밸브의 형태

해설 서지(surge) 압력의 크기 변화에 직접적인 관계를 주는 것으로는 관로의 길이, 관의 관성, 기름의 압축성 등이다.

72 일반적으로 공기압축기의 사용압력이 $1N/cm^2$ 이상부터 $10N/cm^2$ 미만인 경우에 사용되는 공기압 발생장치는?
① 컴프레서(compressor)
② 펌프(pump)
③ 블로어(blower)
④ 팬(fan)

해설 ① 컴프레서(compressor) : $10N/cm^2$ 이상의 압력을 발생시키는 공기압 발생장치
② 블로어(blower, 송풍기) : $1N/cm^2$ 이상부터 $10N/cm^2$ 미만인 경우에 사용되는 공기압 발생장치
③ 팬(fan) : $1N/cm^2$ 미만의 압력을 발생시키는 공기압 발생장치

73 가는 유리관을 액체 속에 세웠을 때 관을 따라 올라가거나 내려가는 모세관 현상에서 액면의 높이에 가장 큰 영향을 주는 것은?
① 관의 길이
② 액체의 분량
③ 관의 지름
④ 대기의 압력

해설 가는 유리관을 액체 속에 세웠을 때 관을 따라 올라가거나 내려가는 모세관 현상에서 액면의 높이에 가장 큰 영향을 주는 것은 관의 지름이다.

74 공압 기기에서 일반적인 압력에 의한 압축기(compressor)의 분류기준이 되는 토출 공기압으로 다음 중 가장 적합한 것은?
① $0.1N/cm^2$ 이상
② $1.0N/cm^2$ 이상
③ $10N/cm^2$ 이상
④ $100N/cm^2$ 이상

75 공기기계를 압력에 따라 분류할 때 배출압력 10kPa 미만의 공기기계에 대한 일반적인 호칭으로 가장 적합한 것은?
① 송풍기(fan)
② 블로어(blower)
③ 펌프(pump)
④ 압축기(compressor)

76 기계에 작동하는 기체를 저압식과 고압식으로 나눌 때 고압식에 포함되는 것으로만 이루어져 있는 것은?
① 진공펌프, 회전형 압축기
② 원심 압축기, 팬
③ 축류 송풍기, 왕복형 압축기
④ 압축공기 기계, 송풍기

해설 저압식 공기기계에는 송풍기(blower), 풍차(windmill)가 있으며, 고압식 공기기계에는 압축기(compressor), 진공펌프(vacuum pump), 압축 공기기계 등이 있다.

정답 70.① 71.④ 72.③ 73.③ 74.③ 75.① 76.①

77 유압장치에 비교한 공기압장치의 특징에 대한 설명으로 틀린 것은?

① 사용 에너지 매체를 쉽게 구할 수 있다.
② 에너지로서 저장성이 있다.
③ 방청과 윤활이 자동적으로 이루어진다.
④ 폭발과 인화의 위험이 없다.

78 전동기나 유압모터와 공기압 모터를 비교했을 때 일반적으로 공기압 모터의 특징에 대한 설명으로 거리가 먼 것은?

① 과부하시의 위험성이 낮다.
② 폭발의 위험성이 있는 환경에서 사용할 수 있다.
③ 기동, 정지, 역전시에 쇼크의 발생 없이 자연스럽다.
④ 부하에 따른 회전수 변동이 적어 일정한 회전수를 유지할 수 있다.

해설 공기압 모터의 특징은 ①, ②, ③항 이외에
① 마모 등에 의한 주기적 부품 교환이 필요 없다.
② 내구성이 좋고 유지보수가 편리하다.
③ 회전 방향의 전환이 용이하고 설치가 간단하다.
④ 다양한 회전수와 토크 범위로 인해 별도의 감속기 등이 필요 없다.
⑤ 성능의 저하가 적다.

79 압력비를 가장 높게 할 수 있는 압축기는?

① 송풍기   ② 축류압축기
③ 왕복압축기 ④ 회전압축기

해설 왕복압축기는 대표적인 용적식 압축기이며, 실린더 내에서 피스톤을 왕복 운동시켜 비교적 소량의 기체를 높은 압력비로 압축하는 압축기이다. 일반적으로 부피가 증가할 때 열려 실린더 내로 기체를 받아들이는 흡입밸브와 압축되었을 때 열려 기체를 외부로 배출하는 토출밸브는 내외의 압력차에 의해서 자동적으로 개폐된다. 크랭크(crank)에 의해 왕복운동을 하는 것이 많다.

80 공기(空氣)기계는 작동유체가 액체가 아닌 기체이기 때문에 다음과 같은 점에 주의할 필요가 있다. 틀린 것은?

① 기체는 압축성이 있다는 것
② 팽창할 때에는 온도 변화가 따른다는 것
③ 기체는 단위 체적 당 중량이 액체에 비하여 대단히 작다는 것
④ 유로 및 관로에서의 경제 유속을 물에 비하여 1/10배 정도로 낮게 해야 한다는 것

해설 공기(空氣)기계를 사용할 때 고려할 사항
① 기체는 압축성이 있다는 것
② 팽창할 때에는 온도변화가 따른다는 것
③ 기체는 단위체적 당 중량이 액체에 비하여 대단히 작다는 것

81 공기압 회로에서 다수의 에어 실린더나 액추에이터를 사용할 때, 각 작동순서를 미리 정해두고 그 순서에 따라 움직이고 싶은 경우 사용하는 밸브로 가장 적합한 것은?

① 언로딩 밸브
② 공기밸브
③ 공기 리베터
④ 시퀀스 밸브

해설 시퀀스 밸브는 2개 이상의 분기회로를 가지는 회로 중에서 그 작동순서를 회로의 압력에 의하여 제어하는 밸브이다.

82 공기 압축기로부터 토출되는 고온의 압축공기를 공기 건조기로 보내기 전에 1차 냉각하여 수분을 제거하는 것으로 일명 후부 냉각기라고도 하는 것은?

① 압축공기 필터
② 저장탱크(Air tank)
③ 흡착식 건조기(Absorption dryer)
④ 애프터 쿨러(After cooler)

정답   77.③   78.④   79.③   80.④   81.④   82.④

83 공기가 흐르는 통로의 크기를 가감시켜서 공기의 흐르는 양을 조절하는 것으로 니들형, 격판형 등이 있는 밸브를 무엇이라고 하는가?

① 셔틀 밸브
② 체크밸브
③ 차단밸브
④ 유량제어 밸브

해설 유량제어 밸브는 공기가 흐르는 통로의 크기를 가감시켜서 공기의 흐르는 양을 조절하는 것으로 니들형, 격판형 등이 있다.

84 어떤 터보 압축기가 3×10^4 rpm으로 회전할 때 유량이 12m³/min를 발생시킨다. 이 압축기의 회전수를 4×10^4 rpm으로 증가시켰을 때 유량 m³/min은?

① 37.92
② 21.3
③ 16
④ 9

해설 $3 \times 10^4 \times 12 \; : \; 4 \times 10^4 \times x$에서
$$x = \frac{12 \times 4 \times 10^4}{3 \times 10^4} = 16 \text{m}^3/\text{min}$$

정답 83.④ 84.③

P.A.R.T

04

Engineer Agricultural Appliances

농업동력학

1. 전기장치
2. 내연기관
3. 트랙터

전기장치

PART1. 농업동력학

01 교류 전동기

교류 전기 에너지를 이용하여 회전 운동을 기계 운동으로 변환하는 장치를 전동기라고 한다. 전동기는 취급이 비교적 간단하고, 소형이며, 고장이 적다는 특징이 있다. 전원을 확보하면 스위치 조작만으로 시동, 정지해 이용가치가 높은 원동기로 여러 가지의 종류가 있다.

(1) 유도 전동기

가) 단상 유도 전동기

220V의 전압을 이용하며 0.75kW 이하의 소형 전동기에 사용된다. 무부하 전류의 비율이 매우 크고, 역률과 효율은 3상 유도 전동기보다 낮다.

① **분상 기동형** : 원심력 스위치는 기동할 때는 스프링에 의해 ON 상태로 되어있으므로 전류는 주 코일과 기동 코일로 흘러 회전 자기장이 발생한다. 기동 코일은 위상차를 만들기 때문에 주 코일보다 얇은 전선으로 만들어져 있고, 권선도 적기 때문에 계속 큰 기동 전류를 흘리면 가열로 인해 손상이 된다. 회전자의 회전 속도가 동기속도의 80% 가까이 되면 원심력에 의해 OFF가 되어 가동 코일의 전류를 차단한다.

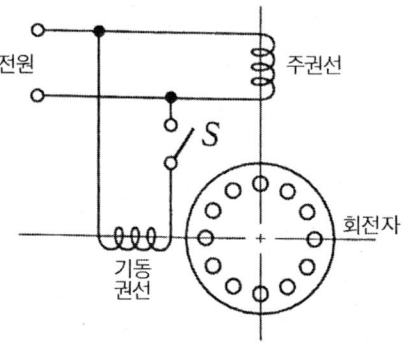

[그림1-1] 분상기동형

② **콘덴서 기동형** : 분상 기동형의 회로 안에 기동 코일과 직렬로 콘덴서를 넣어 위상차를 크게 하여 기동 토크를 향상시킨 것으로 가동 방식은 분상 기동형과 같다.

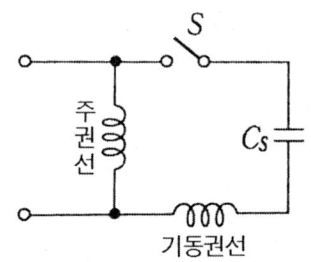

[그림1-2] 콘덴서 기동형

③ **반발 기동형** : 가동할 때는 주 코일이 만드는 자기장에 의해 회전자에 유도 전류가 발생한다. 그 전류가 탄소 브러시를 통해 흐른다. 그러므로 주 코일과 회전자 사이에 반발력이 발생하면서 기동한다.

④ **세이딩 코일형** : 회전자가 농형이고, 고정자의 성층 철심에 몇 개의 ㅛ형 자극을 만들어 여기에 세이딩 코일을 감은 것으로 이 세이딩 코일에 의해 위상 지연으로 회전자계가 형성되어 회전자가 회전한다. 회전 방향을 바꿀 수 없으며, 기동 토크가 매우 작고, 운전 중에도 세이딩 코일에 전류가 흐르기 때문에 효율과 열률이 낮고 속도 변동률이 크다.

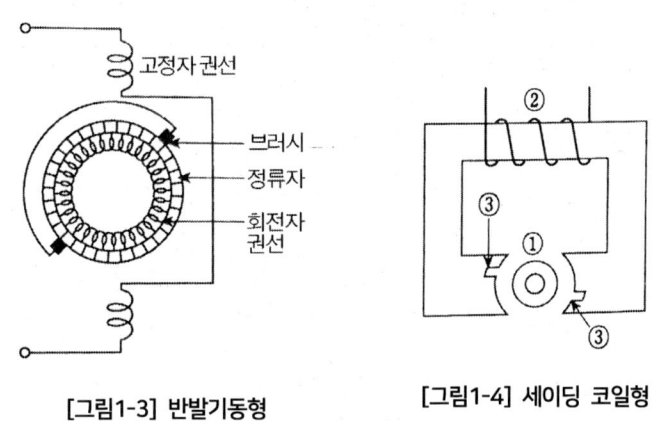

[그림1-3] 반발기동형   [그림1-4] 세이딩 코일형

나) 3상 유도 전동기

3상 유도 전동기는 단상 유도 전동기에서 사용하는 모터 보다 큰 용량을 사용하고 역률과 효율이 높다.

① **3상 유도 전동기의 구조**

□ 주요부 : 고정자, 회전자, 회전축, 베어링, 냉각핀

- **고정자** : 전동기의 가장 바깥 부분을 이루는 주철제 또는 연강판을 용접하여 조립한 고정자 프레임과 그 안쪽에 여러 겹의 얇은 원판링으로 구성된 고정자 철심 및 고정자 철심 안쪽에 감겨진 고정자 권선으로 이루어진다.
- **회전자** : 농형 회전자와 권선형 회전자가 있다.
  - 농형 회전자 : 바깥쪽에 홈이 파인 여러 겹의 얇은 철판을 회전축에 고정하고, 홈에는 동봉을 넣어 그 양끝을 단락판으로 단락시킨 형태로 3.7kW 이하의 경우에는 동봉 대신 알루미늄을 넣은 회전자를 많이 사용한다. 회전자의 구조가 간단하고, 취급이 쉽고, 운전중 성능이 우수하나 기동 시 성능이 떨어진다.
  - 권선형 회전자 : 철심에 있는 홈에 동봉 대신 3상의 코일을 넣은 것으로 원심력에 의해 밖으로 튀어 나가지 않게 강철선으로 묶여 있다. 3상의 코일에 있는 3개의 단자는 축 위에 절연되어 설치한 3개의 슬립링에 접속되어 있으며 슬립링은 기동 시 브러시를 통해 외부 저항을 회로에 가하여 기동력을 크게 해주는 동시에 기동 전류를 제어한다.

- **회전축** : 회전자를 바른 위치에 고정하고, 회전 동력을 외부로 전달한다.
- **베어링** : 회전축을 지지하며 구름 베어링과 롤러 베어링, 저널 베어링을 사용한다.

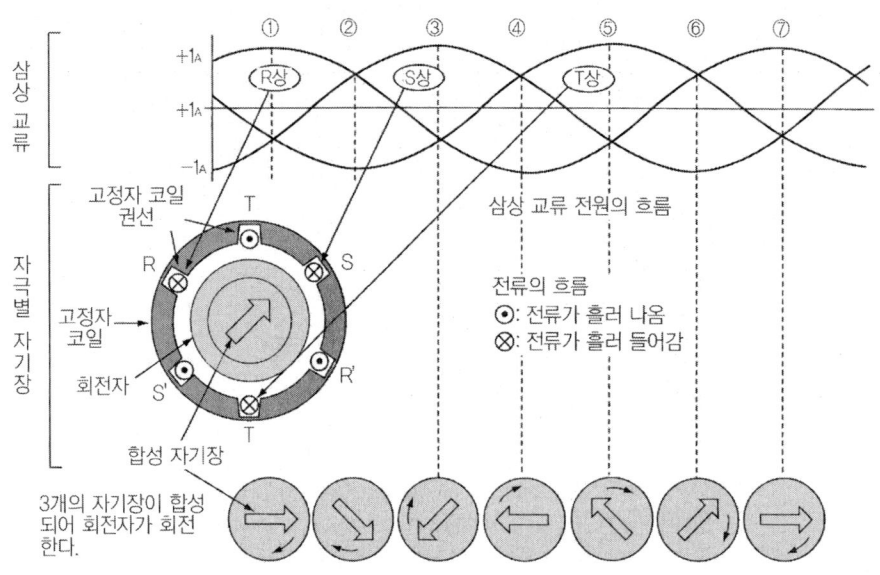

[그림1-5] 3상 유도 전동기의 회전원리

② **농형 전동기의 기동법**
- **전전압 기동법** : 정격 전압을 가하여 기동하는 방법으로 기동 시에는 역률이 나빠서 기동전류가 전부하 전류의 400~600%에 달하는데 비해 기동 토크는 작다. 10kW미만에 적합하다.
- **Y-△기동법** : 1차 권선에 있는 각 상의 양쪽을 단자에 인출해 두고, 기동할 때에 스위치를 기동측에 닿아서 1차권선을 Y측에 접속하며, 정격 속도에 가깝게 도달했을 때 운전측으로 하며 △접속한다. 기동할 때 1차 각상의 권선에는 정격 전압의 $\frac{1}{\sqrt{3}}$ 전압이 가해지기 때문에 기동전류 및 기동 토크가 전압 기동법의 1/3로 감소되며, 5~13kW의 전동기에 사용한다.
- **기동 보상 기법** : 조작 핸들을 기동측에 넣으면 기동 보상기의 1차측이 전원에, 2차측이 전동기에 접속되며 전압이 전동기에 가해져 기동하고, 정격 속도에 도달했을 때 핸들을 운전측으로 하여 전전압을 공급함과 동시에 기동 보상기를 회로에 분리하는 방법의 전동기이다. 15kW 이상에서 활용한다.
- **리액터 기동법** : 리액터와 가변 저항을 직렬로 접속하여 기동 전류를 제한하고, 가속한 다음 이것을 단락시키는 방법이다. 장치가 간단하고, 값이 싸며, 기동 전류를 임의로 조정할 수 있기 때문에 기동토크를 작게 하여 기동 시의 충격을 피하는 목적으로 많이 사용한다.

③ 권선형

[표] 각종 전동기의 특징과 용도

구분	분류	종류	장점	활용
교류	3상 유도 전동기	농형	• 구조가 간단해서 내구성이 좋다.	• 소출력 모터, 콤프레셔, 일반 동력용
		권선형	• 토크 및 속도의 제거가 가능하다. • 비교적 출력이 큰 기계, 기동 시의 부하가 큰 기계에 적합	• 대형 콤프레서
	단상 유도 전동기	분상 기동형	• 기동 전류가 크고 구조가 간단	• 선풍기, 탁상 드릴링 머신 등
		콘덴서 기동형	• 분상 기동유도 회로에 콘덴서를 넣어 기동 토크를 향상	• 환풍기, 냉장고, 원심펌프
		반발 기동형	• 기동 토크가 크다.	• 전기 목공용 전동기, 콤프레셔

④ 3상 유도 전동기의 특성

□ 동기 속도와 슬립률
- 동기 속도 : 고정자에 3상 교류를 연결하면 일정속도의 회전자계가 생긴다. 이 자계의 회전속도를 동기 속도라고 한다.

$$n_s = \frac{f}{P/2} \times 60 = \frac{120f}{P} (\text{rpm})$$

여기서, n_s : 동기 속도(rpm)　　f : 공급 전원의 주파수(Hz)
　　　　P : 고정자의 극수

- 슬립률 : 회전속도의 감소비율을 슬립률이라고 한다.

$$s = \frac{n_s - n}{n_s}$$

여기서, s : 슬립율　　n_s : 동기속도(rpm)
　　　　n : 유도 전동기의 회전 속도(rpm)

□ 역전과 속도 제어
- 역전 : 3상 유도 전동기는 1차측의 3선중 임의의 2선을 바꾸면 1차 권선에 흐르는 3상 교류의 상의 순서가 반대로 되기 때문에 자계의 회전 방향이 바뀌어 전동기의 회전 방향이 반대가 된다.
- 속도제어 : 유도 전동기는 정속도 전동기이지만, 전기적 속도 제어를 이용하기도 한다. 두 가지 제어 방법이 있으며, 극수 변환법과 주파수 변환법, 2차 저항 제어법 등이 있다.

02 직류 전동기

직류 전류를 이용하는 전동기이다.

구분	분류	종류	장점	활용
직류	직류 전동기	분권식	• 회전 속도의 조절이 간단하다. • 부하 크기의 변화가 심해 출력의 변화가 적다.	• 제어가 필요한 기계 • 내연기관의 시동
		직권식		
		복권식		

(1) 시동 장치

가) 기동 전동기의 원리

플레밍의 왼손 법칙을 이용하여 왼손의 엄지, 인지, 중지를 서로 직각이 되게 펴고 인지를 자력선의 방향으로, 중지를 전류의 방향에 일치시키면 도체에는 엄지의 방향으로 전자력이 작용한다.

※ **플레밍의 왼손 법칙 원리 활용 장치** : 기동 전동기, 전류계, 전압계 등

나) 기동 전동기의 종류와 특징

① **직권 전동기** : 전기자 코일과 계자 코일이 직렬로 접속된 형태의 전동기
  • 기동 회전력이 크며, 전동기의 회전력은 전기자의 전류에 비례한다.
  • 부하를 크게 하면 회전 속도가 낮아지고, 회전력은 커지며, 회전 속도의 변화가 크다.
  • 전기자 전류는 역기전력에 반비례하고, 역기전력은 회전 속도에 비례한다.
  • 축전지 용량이 적어지면 기동 전동기의 출력은 감소된다.
  • 같은 용량의 축전지라 하더라도 기온이 낮으면 전동기 출력은 감소된다.
  • 기관 오일의 점도가 높으면 요구되는 구동 회전력도 증가된다.

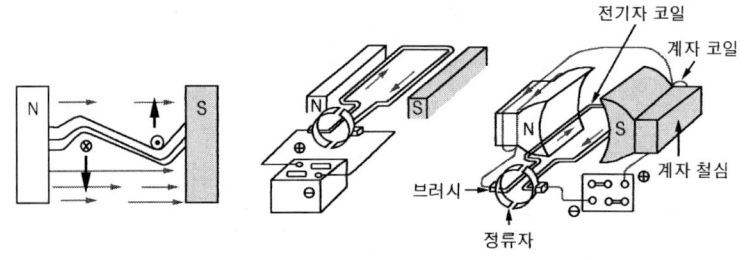

[그림1-6] 기동 전동기의 원리

② **분권 전동기** : 전기자와 계자 코일이 병렬로 접속된 형태의 전동기
③ **복권 전동기** : 전기자 코일과 계자 코일이 직·병렬로 접속된 형태의 전동기

다) 기동 전동기의 구조와 기능

① 회전 운동을 하는 부분
- **전기자(Armature)** : 전기자는 축, 철심, 전기자 코일 등으로 구성되어 있다.
- **정류자(commutator)** : 정류자는 기동 전동기의 전기자 코일에 항상 일정한 방향으로 전류가 흐르도록 하기 위해 설치한 것

② 고정된 부분
- **계철과 계자 철심** : 계철은 자력선의 통로와 기동 전동기의 틀이 되는 부분이며, 계자 철심은 계자코일에 전기가 흐르면 전자석이 되며, 자속을 잘 통하게 하고, 계자 코일을 유지한다.
- **계자 코일** : 계자 코일은 계자 철심에 감겨져 자력을 발생시키는 것이며, 계자 코일에 흐르는 전류와 정류자 코일에 흐르는 전류의 크기는 같다.
- **브러시와 브러시 홀더** : 브러시는 정류자를 통하여 전기자 코일에 전류를 출입시키는 일을 하며, 일반적으로 4개가 설치된다. 스프링 장력은 스프링 저울로 측정하며, 0.5~1.0kg/㎠이다.

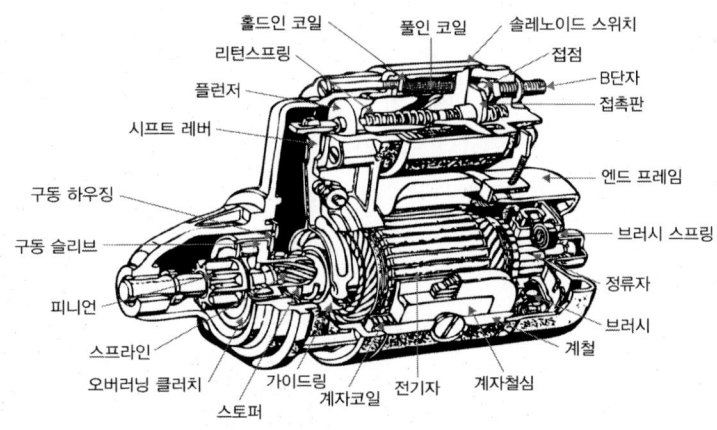

[그림1-7] 기동 전동기

(2) 충전 장치

가) 자계와 자력선
① **자계** : 자력선이 존재하는 영역
② **자속** : 자력선의 방향과 직각이 되는 단위면적 1㎠에 통과하는 전체의 자력선을 말하며 단위로는 Wb를 사용한다.
③ **자기 유도** : 자석이 아닌 물체가 자계 내에서 자기력의 영향을 받아 자성을 띠는 현상
④ **자기 히스테리시스 현상** : 자화된 철편에서 외부 자력을 제거한 후에도 자기가 잔류하는 현상

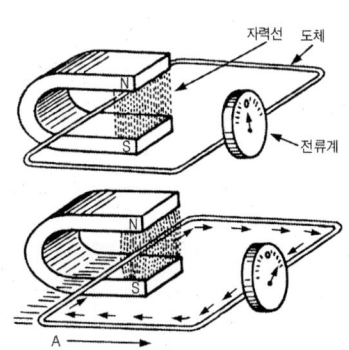

[그림1-8] 전자기 유도작용

나) 전자력의 세기
① 전자석은 전류의 방향을 바꾸면 자극도 반대가 된다.
② 전자석의 자력은 전류가 일정한 경우 코일의 권수와 공급 전류에 비례하여 커진다.
③ 전자력의 크기는 자계 내의 도선의 길이에 비례, 자계의 세기와 도선에 흐르는 전류에 비례한다.
④ 자력의 크기는 도선이 자계의 자력선과 직각이 될 때에 최대가 된다.

다) 전자 유도 작용
자기장 내에 도체를 놓고, 그 도체를 움직이며, 그 도체에 전압이 유도되는 현상

라) 유도 기전력의 방향
① **렌츠의 법칙** : 유도 기전력은 코일 내의 자속 변화를 방해하는 방향으로 생긴다는 법칙
② **플레밍의 오른손 법칙** : 오른손 엄지, 인지, 중지를 서로 직각이 되게 펴고, 인지를 자력선의 방향에, 엄지를 도체의 운동 방향에 일치 시키며, 중지에 유도 기전력의 방향이 표시된다. (발전기의 원리)
③ **발전기 기전력**
- 로터 코일을 통해 흐르는 여자 전류가 크면 기전력은 커진다.
- 로터 코일의 회전 속도가 빠르면 빠를수록 기전력 또한 커진다.
- 코일의 권수가 많고, 도선의 길이가 길면 기전력은 커진다.
- 자극의 수가 많아지면 여자되는 시간이 짧아져 기전력이 커진다.

마) 교류(A.C) 충전장치
① **교류 발전기의 특징**
- 소형, 경량이다.
- 저속에서도 충전이 가능하다.
- 속도 변화에 따른 적용 범위가 넓고 소형, 경량이다.
- 출력이 크고, 고속 회전에 잘 견딘다.
- 다이오드를 사용하기 때문에 정류 특성이 좋다.
- 컷아웃 릴레이 및 전류 제한기를 필요로 하지 않는다. (전압 조정기만 사용한다.)

② **교류 발전기의 구조**
- 스테이터 : 스테이터는 독립된 3개의 코일이 감겨져 있고, 여기에서 3상 교류가 유기된다.

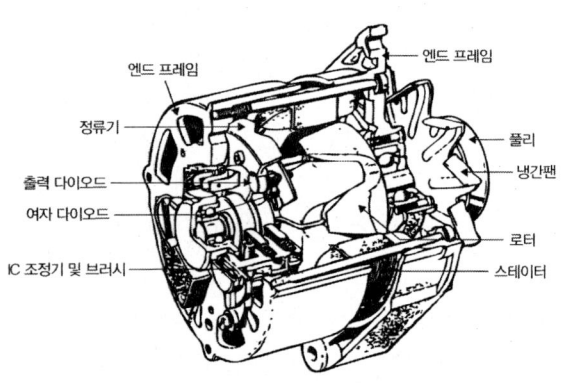

[그림1-9] 교류 발전기

4. 농업동력학

- **로터** : 로터 코일에 여자전류가 흐르면 N극과 S극이 형성되어 자화되며, 로터가 회전함에 따라 스테이터 코일의 자력선을 차단하므로 전압이 유기된다.
- **정류기** : 교류 발전기에서 실리콘 다이오드를 정류기로 사용하며, 교류 발전기에서 다이오드의 기능은 스테이터 코일에서 발생한 교류를 직류로 정류하여, 외부로 공급하고, 또 축전지에서 발전기로 전류가 역류하는 것을 방지한다.(과열을 방지하기 위해 엔드 프레임에 히트 싱크를 둔다.)

③ **교류 발전기의 작동**
- 점화 스위치 ON상태에서는 타여자 방식으로 로터 철심이 자화된다.
- 기관이 시동되면 스테이터 코일에서 발생한 교류는 실리콘 다이오드에 의해 절류된다.
- 기관 공전 상태에도 발전이 가능하다.
- 기관 회전 속도가 1000rpm이상이면 스테이터 코일에서 발생한 전류가 여자 다이오드를 통하여 로터 코일에 공급된다.

(3) 점화 장치

연소실 안에 압축된 혼합기를 전기 불꽃으로 적절한 시기에 점화하여 연소시키는 장치

가) 점화 회로의 작동
① **자기 유도 작용(1차 회로)** : 코일에 흐르는 전류를 간섭하면 코일에 유도 전압이 발생하는 작용
② **상호 유도 작용(2차 회로)** : 하나의 전기 회로에 자력선의 변화가 생겼을 때 그 변화를 방해하려고 다른 전기 회로에 기전력이 발생하는 작용

나) 점화 스위치 : 축전지로부터 전원을 차단 또는 연결시키는 일종의 단속기

다) 점화 코일
① 점화 코일은 12V의 저압 전류(1차 전류)를 배전기의 포인트의 단속으로 인하여 15,000~20,000V의 고압전류(2차 전류)로 변전시키는 일종이 변압기
② 1차 코일에서는 자기 유도 작용과 2차 코일에서는 상호 유도 작용을 이용

라) 배전기의 구조
점화 코일에서 송전된 고압 전류를 점화순서에 따라 각 실린더에 전달해 주는 역할을 한다.
① **단속부** : 점화 플러그에 불꽃을 튀게 하기 위하여, 고전압을 발생시키기 위한 회로 차단기
② **진각장치** : 점화 플러그의 점화 시기를 자동적으로 조절하는 장치
  ※ **진각 장치의 구성품** : 포인트, 콘덴서, 로터 진각 장치

마) 단속기 접점
접점이 닫혀 있을 때는 점화1차 코일에 전류를 흘려 자력선을 일으키며 열릴 때는 1차 전류를 차단하여 2차 코일에 전압을 발생시킴
※ 단속기를 두는 이유는 전류가 직류이기 때문이다.

바) 축전기(콘덴서)

단속기 접점과 병렬로 연결되어 있으며 은박지와 절연지를 감아 케이스에 들어가 있으며 접점이 열리면 1차 코일에 유기된 전류를 흡수하고, 접점이 닫히면
① 1차 코일에 전류의 흐름을 빠르게 한다.
② 접점의 소손을 방지하는 역할을 한다.
③ 2차 전압의 상승 역할을 한다.

사) 점화 진 각기구

기관의 회전속도가 빨라짐에 따라 점화 시기도 빠르게 맞추어 주는 장치
① **원심 진각 기구** : 기관의 회전속도가 빨라짐에 따라 원심력에 의하여 원심추가 밖으로 벌어진다. 이 움직인 양만큼 단속기 접점의 열리는 시기가 빨라진다.
② **진공식 진각 기구** : 흡기 매니폴드의 진공도에 따라 작용되며 기관의 부하가 걸려 있을 때의 상태에 따라 진각을 한다.
③ **옥탄 셀랙터** : 엔진 연료의 옥탄가에 따라 점화 진각을 맞추어 놓은 것으로 조정기를 돌려 진각, 지연방향으로 점화시기를 조정한다.

아) 고압 케이블
: 점화 코일의 2차 단자와 배전기 캡의 중심 단자를 연결하는 선과 배전기의 플러그 단자와 점화 플러그를 연결하고, 고압의 절연 전선(저항은 약 10kΩ)

자) 점화 플러그(스파크 플러그)

배전기와 연결된 고압 케이블을 통해 고전압, 전류를 받아 압축된 혼합기에 불꽃을 튀겨 동력을 얻게 하는 일을 한다.

① **점화 플러그의 구성**
 • 전극, 절연체, 셀
 • 간극 : 0.7~1.0mm
② 플러그는 기관이 운전되는 동안 적당한 온도(450~600℃)를 유지하고 있어야 한다.
③ 고압축비 고속 회전에는 냉형 플러그를 사용한다.
④ 온도가 800℃이상에는 조기 점화의 원인이 되기도 한다.
⑤ 저압축비 저속 회전에는 열형 플러그를 사용한다.

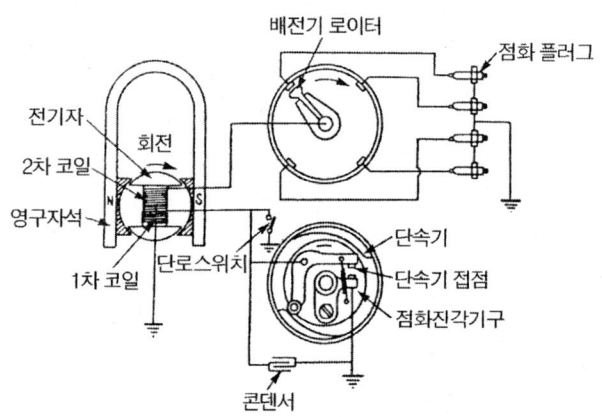

[그림1-10] 마그넷 방식 점화장치

(4) 등화장치

가) 조명의 용어
① **광도** – 빛의 세기 단위는 칸델라(cd)
② **조도** – 빛의 밝기 단위 룩스(lux)

나) 전조등(헤드라이트)
① **시일드 빔** : 1개의 전구로 일체형임
② **세미 시일드빔** : 전구를 별개로 설치하는 형식
③ **할로겐 전조등**
- 할로겐 사이클로 흑화 현상이 없어 수명 말기까지 밝기가 변하지 않는다.
- 색 온도가 높아 밝은 백색광을 얻을 수 있다.
- 교행용 필라멘트 아래의 차광판에 의해 눈부심이 적다.
- 전구의 효율이 높아 매우 밝다.

다) 등화 장치의 종류
① **전조등** : 일몰 시 안전 주행을 위한 조명
② **안개등** : 안개 속에서 안전 주행을 위한 조명
③ **후진등** : 장비가 후진할 때 점등되는 조명등
④ **계기등** : 야간에 계기판의 조명을 위한 등
⑤ **방향지시등** : 기체의 좌우 회전을 표시한다.
⑥ **제동등** : 발로 브레이크를 밟고, 있을 때 표시한다.
⑦ **차고등** : 차의 높이를 표시
⑧ **차폭등** : 차의 폭을 표시
⑨ **미등** : 차의 후면을 표시
⑩ **유압등** : 유압이 규정 이하로 내려가면 점등된다.
⑪ **충전등** : 축전기가 충전되지 않으면 점등된다.
⑫ **연료등** : 연료가 규정 이하로 되면 점등된다.

라) 등화 장치의 고장원인
① **전조등의 조도가 부족한 원인**
- 전구의 설치 위치가 바르지 않았을 때
- 전구의 장시간 사용에 의한 열화
- 전조등 설치부 스프링의 피로
- 렌즈 안팎에 물방울이 부착되었을 때
- 반사경이 흐려졌을 때

② **좌우 방향 지시등의 점멸 횟수가 다르거나 한쪽만 작동될 때의 원인**
- 전구의 용량이 다를 때
- 접지가 불량할 때
- 전구 하나가 단선되었을 때

③ **좌우 방향 지시등의 점멸이 느린 경우의 원인**
- 전구의 용량이 규정보다 작을 경우
- 축전지 용량이 저하되었을 때
- 플래시 유닛에 결함이 있을 경우

④ **좌우 방향 지시등의 점멸이 빠른 경우의 원인**
- 전구의 용량이 규정보다 크다.

내연기관

01 내연기관 일반

내연기관이란 연료의 연소에 의해 발생하는 열에너지를 기계적인 일로 변화하는 장치이고, 작동유체로서 연료의 연소가스를 이용하는 것이다. 현재 농업용 동력원으로서 이용되는 기관은 피스톤, 크랭크 기구를 갖는 왕복동형 내연기관이 거의 대부분이다.

(1) 내연기관의 분류

가) 기계적 구조에 의한 분류
① **사이클** : 실린더에서 피스톤의 흡입, 압축, 팽창, 배기 행정의 과정을 거쳐 처음의 상태로 환원되어 순환하는 과정
② **4행정 사이클** : 크랭크축이 2회전할 때 피스톤은 흡입, 압축, 팽창(폭발), 배기의 4행정을 하여 1사이클을 완성하는 기관
③ **2행정 사이클** : 크랭크축이 1회전으로 1사이클을 완성하는 기관으로 흡입 및 배기를 위한 독립적인 행정은 없다.

2사이클의 장점(4사이클의 단점)	2사이클의 단점(4사이클의 장점)
• 매 회전마다 폭발이 일어나므로 출력이 2배 (실제 1.7~1.8배) • 밸브장치가 없으므로 구조가 간단하다. • 왕복 운동 부분의 관성력이 완화된다. • 밸브장치가 없으므로 연료캠의 위상만 바꾸면 역회전이 가능하다. • 매 회전마다 폭발이 일어나므로 회전력이 균일하다.	• 흡·배기 밸브가 동시에 열려 있는 시간이 길기 때문에 체적 효율이 낮다. • 소음이 크다. • 연료 및 윤활유 소비량이 많다. • 흡배기 때문에 피스톤 링의 손상이 많다. • 저속과 고속에서 역화가 일어난다. • 유효 행정이 짧아 효율이 낮다.

나) 점화 방식에 의한 분류
① **전기 점화(불꽃 점화)** : 가솔린 기관과 LPG(LPI)기관의 점화 방식
② **압축 착화(자기 착화)** : 디젤 기관의 점화 방식

다) 실린더 배열에 의한 분류
① 일렬 수직으로 설치한 직렬형

② 직렬형 실린더 2조를 V형으로 배열시킨 V형
③ V형 기관을 펴서 양쪽 실린더 블록이 수평면 상에 있는 수평 대향형
④ 실린더가 공통의 중심선상에서 방사선 모양으로 배열된 성형(방사형)

라) 실린더 안지름과 행정 비율에 의한 분류
① **장행정 기관** : 실린더 안지름 보다 피스톤 행정의 길이가 큰 형식
② **정방형 기관** : 실린더 안지름과 피스톤 행정의 길이가 똑같은 형식
③ **단행정 기관** : 실린더 안지름이 피스톤 행정의 길이보다 큰 형식

마) 작동 방식에 의한 분류
① **피스톤형**(왕복 운동형 또는 용적형)
  : 가솔린, 디젤, 가스기관
② **회전 운동형**(유동형) : 로터리 기관, 가스터빈
③ **분사 추진형** : 제트기관, 로켓기관

바) 냉각 방식에 의한 분류
① **공냉식** : 내연기관에서 발생되는 열을 외부의 공기를 이용하여 냉각시키는 방식

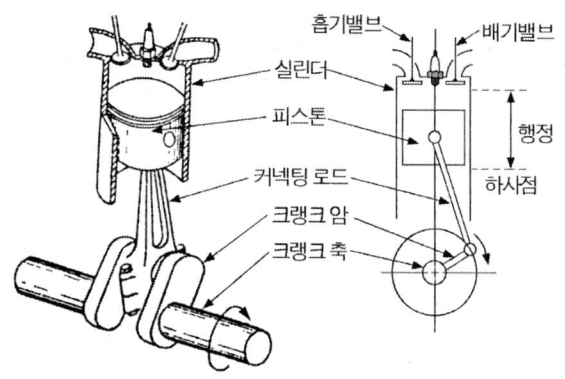

[그림2-1] 내연기관의 구조

□ 특징
  • 구조가 간단하고 마력당 중량이 가볍다.
  • 정상 온도에 도달하는 시간이 짧다.
  • 냉각수의 동결 및 누출에 대한 우려가 없다.
  • 기후·운전 상태 등에 따라 기관의 온도가 변화하기 쉽다.
  • 냉각이 균일하지 못하다.
□ 형식
  • 자연 통풍 방식   • 강제 통풍 방식
② **수냉식** : 내연기관에서 발생되는 열을 물자켓을 두고, 펌프를 이용하여 냉각수를 순환시키는 방식
□ 수냉식의 종류
  • 자연 순환 방식 : 물의 대류 작용을 이용한 것으로 고성능 기관에는 부적합하다.
  • 강제 순환 방식 : 물펌프를 이용하여 물 자켓 내에 냉각수를 강제 순환시키는 방식
  • 압력 순환 방식 : 냉각 계통을 밀폐시키고, 냉각수가 가열·팽창할 때의 압력이 냉각수에 압력을 가하여 비등점을 높여 비등에 의한 손실을 줄일 수 있는 방식
  • 밀봉 압력 방식 : 냉각수 팽창 압력과 동일한 크기의 보조 물탱크를 두고 냉각수가 팽창할 때 외부로 유출되지 않도록 하는 방식

□ 수냉식 장치의 주요 구조
- 물자켓
- 물펌프
- 냉각팬
- 구동 벨트(팬벨트)
- 라디에이터(방열기)
- 수온조절기

□ 라디에이터(방열기)
- 구비조건 : 단위 면적당 방열량이 클 것
  공기 흐름 저항이 작을 것
  냉각수의 유동이 용이할 것
  가볍고 작으며 강도가 클 것
- 라디에이터 코어 막힘율

$$\text{라디에이터 코어 막힘율} = \frac{\text{신품용량} - \text{사용품용량}}{\text{신품용량}} \times 100$$

□ 수온 조절기(Thermostat) : 실린더 헤드 물자켓 출구에 설치되어 냉각수 온도를 알맞게 조절하는 기구
- 수온 조절기의 종류 : 바이메탈형, 벨로즈형, 펠릿형

③ 부동액

□ 부동액의 종류 : 메탄올(알코올), 에틸렌글리콜, 글리세린 등

□ 에틸렌글리콜의 특징
- 비등점(198℃)이 높고, 불연성이다.
- 응고점이 낮다.
- 누출되면 고질 상태의 물질을 만든다.
- 금속을 부식시키고 팽창계수가 크다.

□ 부동액의 구비조건
- 물보다 비등점이 높고, 응고점은 낮을 것
- 휘발성이 없으며, 팽창 계수가 작을 것
- 물과 혼합이 잘될 것
- 내식성이 크고, 침전물이 없을 것

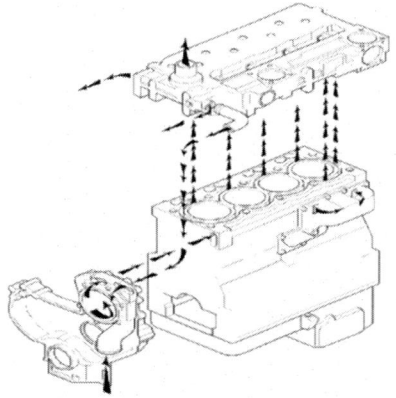

[그림2-2] 냉각수 흐름도

02 내연기관의 구조

(1) 내연기관의 주요 구조와 기능

가) 실린더 : 실린더 내에서 피스톤이 왕복 운동을 하면서 열 에너지를 기계적인 에너지로 바꾸어 동력을 발생시키는 공간이자 부품이다.

수냉식 기관은 실린더를 물자켓으로 직접 둘러싸고 있는 방식과 간접적으로 둘러싸고 있는 방식이 있다. 공냉식은 냉각핀이 감싸고 있는 구조로 되어 있다.

나) 실린더 헤드 : 실린더 블록과 가스켓, 실린더 헤드 순서로 되어 조립되어 있으며, 실린더와 함께 연소실을 형성한다. 헤드부는 기관의 머리 역할을 하기 때문에 중요한 부품이다. 적정한 시기에 맞는 행정을 지시하고, 연료 분사, 불꽃 점화 장치 등 주요 구성품들이 같이 결합되어 있다.

① **실린더 헤드의 구비조건**
- 기계적인 강도가 높을 것
- 열전도성이 클 것
- 열변형에 대한 안정성이 있을 것
- 열팽창성이 작을 것
- 가볍고, 내식성과 내구성이 클 것

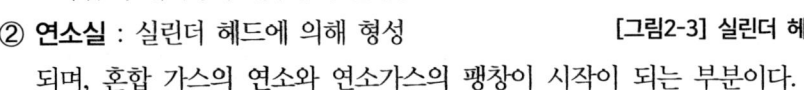

[그림2-3] 실린더 헤드

② **연소실** : 실린더 헤드에 의해 형성되며, 혼합 가스의 연소와 연소가스의 팽창이 시작이 되는 부분이다.
- 화염 전파에 소요되는 시간이 짧을 것
- 연소실 내의 표면적을 최소화시킬 것
- 가열되기 쉬운 돌출 부분이 없을 것
- 압축행정에서 와류가 일어나도록 할 것
- 밸브 및 밸브 구멍에 충분한 면적을 주어 흡·배기 작용이 원활하게 할 것
- 배기 가스에 유해 성분이 적을 것
- 출력 및 열효율이 높을 것
- 노크를 일으키지 않을 것

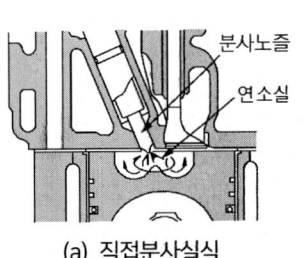 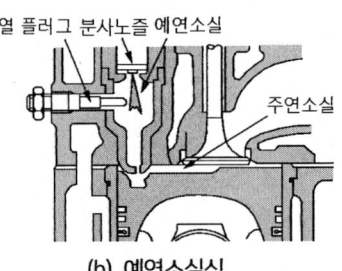 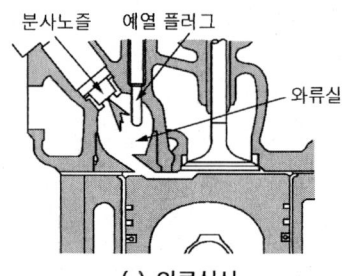

(a) 직접분사실식　　(b) 예연소실식　　(c) 와류실식

[그림2-4] 연소실의 종류

③ **헤드 가스켓**

실린더 헤드와 실린더 블록의 접합면 사이에 끼워져 양쪽면을 밀착시키고 압축 가스, 냉각수 및 기관오일이 누출되는 것을 방지하기 위하여 사용되며 재질은 일반적으로 석면 계열의 물질이다.

다) 피스톤 : 연소 가스의 압력을 받고, 측면부에서 변동하는 측압을 받으면서 크랭크축에 의해 실린더 내를 왕복운동을 하는 부품

① **피스톤의 구성품** : 피스톤, 피스톤링, 피스톤핀, 스냅링
② **피스톤의 구조** : 피스톤 헤드, 링지대(링홈, 링홈과 홈사이를 랜드, 피스톤 스커트, 보스부
③ **피스톤의 구비조건**
- 고온．고압에서 견딜 것
- 열 전도성이 클 것
- 열팽창률이 적을 것
- 무게가 가벼울 것
- 피스톤 상호간의 무게 차이가 적을 것

④ **피스톤 링의 작용**
- 기밀 유지
- 오일 제거 작용
- 열전도작용

⑤ **피스톤 핀의 설치 방법**
- 고정식 : 피스톤 핀을 피스톤 보스에 볼트로 고정하는 방식
- 반부동식 : 피스톤 핀을 커넥팅로드 소단부로 고정하는 방식
- 전부동식 : 피스톤 보스, 커넥팅로드 소단부 등 어느 부분에도 고정하지 않는 방식

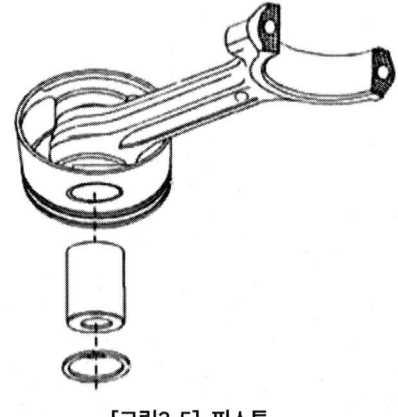

[그림2-5] 피스톤

$$\text{피스톤의 평균 속도} \quad S = \frac{2RL}{60}$$

여기서, S : 피스톤의 평균속도(m/s)
R : 엔진의 회전수(rpm)
L : 피스톤의 행정(m)

라) 커넥팅 로드 : 피스톤 핀과 크랭크 축을 연결하여 피스톤에 가해지는 폭발력을 크랭크축에 전달하는 부품으로 큰 변동 하중을 받기 때문에 경량화가 되어야 한다.

① **커넥팅 로드의 구성품** : 커넥팅 로드, 피스톤핀, 부싱, 조립볼트
② **커넥팅 로드의 구조** : 소단부, 본체, 대단부

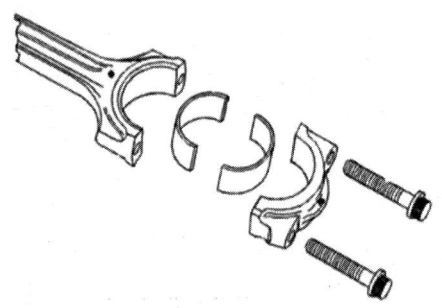

[그림2-6] 커넥팅 로드

마) 크랭크축 : 각 실린더의 피스톤이 왕복운동을 회전 운동으로 바꾸기 위한 축
   ① **크랭크 축의 구성** : 커넥팅로드의 대단부와 연결되는 크랭크 핀, 메인 베어링에 지지되는 크랭크 저널, 이 양축을 연결하는 크랭크 암의 평형을 잡아주는 평형추 등으로 구성
   ② **직렬 4기통의 점화 순서** : 좌수식 1-3-4-2, 우수식 1-2-4-3
   ③ **직렬 6기통의 점화 순서** : 좌수식 1-4-2-6-3-5, 우수식 1-5-3-6-2-4
   ※ **직렬 4기통(좌수식)의 점화 순서 맞추기**

	1번 실린더	2번 실린더	3번 실린더	4번 실린더
같은 시기 다른 행정	폭발	배기	압축	흡입
	배기	흡입	폭발	압축
	흡입	압축	배기	폭발
	압축	폭발	흡입	배기

[예] 3번실린더가 폭발을 할 때 1번실린더의 행정은? 배기

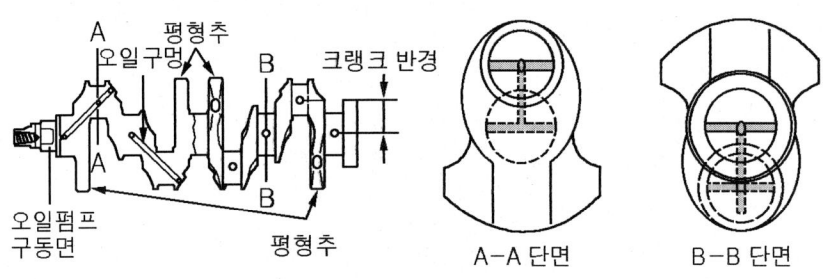

[그림2-7] 크랭크 축

바) 플라이 휠 : 내연기관의 피스톤이 받는 가스압력과 왕복 운동 부분의 관성력에 의해 토크 변동이 발생하는데 이때 토크 변동에 의해 회전 속도가 균일하지 못하므로 속도 변화를 실용상 지장이 없도록 감소시키기 위하여 설치한 장치

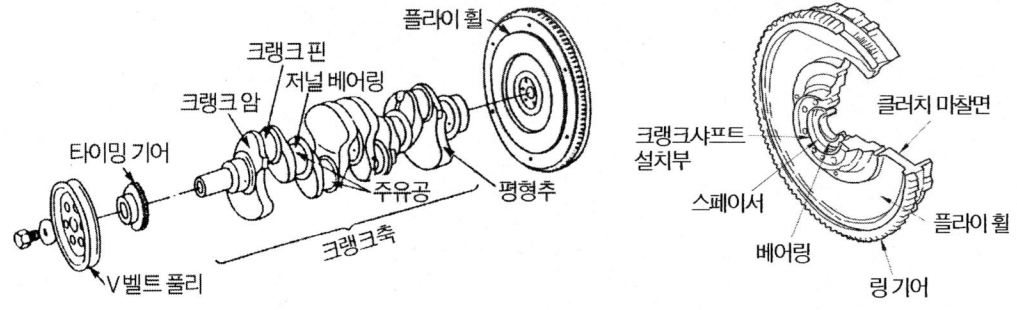

[그림2-8] 크랭크 축의 구조와 플라이 휠 명칭

사) **크랭크 실** : 크랭크 축을 지지하는 메인 베어링과 캠축이 설치되고, 크랭크실 상부에는 실린더가 장착되어 있다.

크랭크실 하부에는 윤활유를 넣는 오일팬이 있다. 중량에 의해 압축력, 폭발에 의한 인장력, 측방에 작용하는 힘 등이 작용하므로 튼튼하고, 강도가 높은 주물을 이용한다.

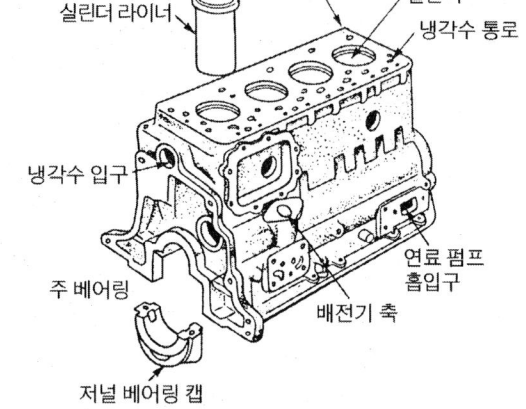

[그림2-9] 실린더 블록

(2) 밸브 및 캠축 구동 장치

가) 밸브 기구의 개요

① 4행정 기관은 폭발 행정에 필요한 혼합 기체를 실린더 내에 흡입하고, 연소 가스를 배출하기 위하여 연소실에 밸브를 두며, 이 밸브의 개폐하는 기구를 밸브 기구라고 한다.
② **밸브 기구의 구성품** : 캠축, 밸브 리프터(태핏), 푸시로드, 로커암 축 어셈블리, 밸브 등
③ **밸브의 형태** : I-헤드(OHV), OHC형
  - I-헤드(OHV) : 캠축, 밸브 리프터(태핏), 푸시로드, 로커암축 어셈블리, 밸브로 구성
  - 흡.배기밸브 모두 실린더 헤드에 설치되어 밸브 리프터(태핏)와 밸브 사이에 푸시로드와 로커 암 축 어셈블리의 두 부품이 더 설치되어 밸브를 구동하는 형식
  - OHC(Over Head Cam)형 : 캠축을 실린더 헤드 위에 설치하고 캠이 직접 로커 암을 구동하는 형식
    . 흡입효율을 향상시킬 수 있다.
    . 허용 최고 회전 속도를 높일 수 있다.
    . 연소 효율을 높일 수 있다.
    . 응답성능이 향상된다.

④ **캠축의 구동방식**
  - 기어 구동 방식
  - 체인 구동 방식
  - 벨트 구동 방식

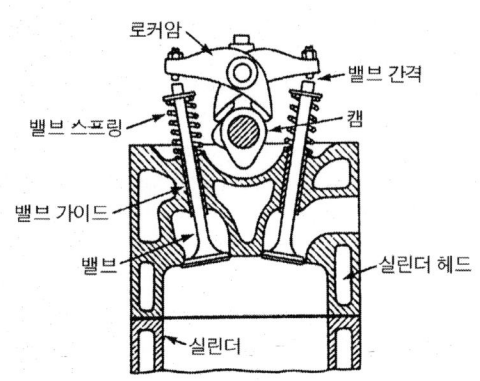

[그림2-10] OHC(Over Head Cam)

나) 흡·배기 밸브

① **밸브의 구비 조건**
  - 높은 온도에서 견딜 수 있을 것
  - 밸브 헤드 부분의 열전도성이 클 것
  - 높은 온도에서 장력과 충격에 대한 저항력이 클 것
  - 무게가 가볍고, 내구성이 클 것

② **밸브의 구조** : 흡·배기 밸브는 밸브의 헤드, 밸브 마진, 밸브 면, 밸브 스템 등으로 구성
- 밸브 간극을 두는 이유는 로커암과 밸브스템 사이에 열팽창 때문

※ 오버랩(over lap) : 흡기 밸브와 배기 밸브가 동시에 열려 있는 구간

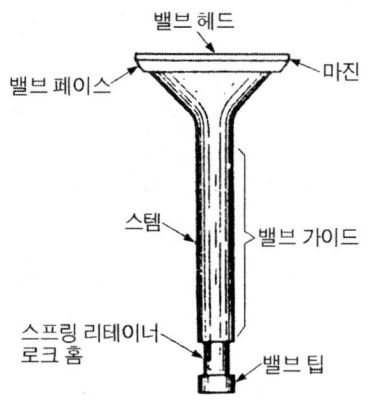

[그림2-11] 흡·배기 밸브

03 기관의 성능

(1) 도시(지시) 마력 : 실린더 내에서 폭발 압력을 측정한 마력(이론적 출력)

가) 4행정 사이클 기관의 도시 마력

$$I_{ps} = \frac{P_{mi} \times A \times L \times R \times Z}{75 \times 60 \times 2} = \frac{P_{mi} \times V \times R \times Z}{900}$$

$$I_{kW} = \frac{P_{mi} \times A \times L \times R \times Z}{102 \times 60 \times 2} = \frac{P_{mi} \times V \times R \times Z}{1224}$$

I_{ps} : 도시 마력(ps) I_{kW} : 도시 마력(kW)
P_{mi} : 도시평균 유효압력(kg$_f$/cm^2) A : 실린더 단면적(cm^2)
L : 피스톤 행정(cm) R : 회전속도(rpm)
V : 행정 체적(배기량, cc) Z : 실린더 수

나) 2행정 사이클 기관의 도시마력

$$I_{ps} = \frac{P_{mi} \times A \times L \times R \times Z}{75 \times 60} = \frac{P_{mi} \times V \times R \times Z}{450}$$

$$I_{kW} = \frac{P_{mi} \times A \times L \times R \times Z}{102 \times 60} = \frac{P_{mi} \times V \times R \times Z}{612}$$

I_{ps} : 도시 마력(ps) I_{kW} : 도시마력(kW)
P_{mi} : 도시평균 유효압력(kg$_f$/cm^2) A : 실린더 단면적(cm^2)
L : 피스톤 행정(cm) R : 회전 속도(rpm)
V : 행정 체적(배기량, cc) Z : 실린더 수

(2) 제동(축) 마력 : 크랭크축에서 동력계로 측정한 마력이며, 실제 기관의 출력으로 이용할 수 있다.

가) 4행정 사이클 기관의 제동 마력

$$B_{ps} = \frac{P_{mb} \times A \times L \times R \times Z}{9000} = \frac{P_{mb} \times V \times R \times Z}{900}$$

$$B_{kW} = \frac{P_{mb} \times A \times L \times R \times Z}{12240} = \frac{P_{mb} \times V \times R \times Z}{1224}$$

B_{ps} : 제동마력(ps) 　　　　　　B_{kW} : 제동마력(kW)
P_{mb} : 제동 평균 유효 압력(kg_f)　　A : 실린더 단면적(cm^2)
L : 피스톤 행정(cm)　　　　　　R : 회전 속도(rpm)
Z : 실린더 수　　　　　　　　　V : 행정 체적(배기량, cc)

나) 2행정 사이클 기관의 제동마력

$$B_{ps} = \frac{P_{mb} \times A \times L \times R \times Z}{4500} = \frac{P_{mb} \times V \times R \times Z}{450}$$

$$B_{kW} = \frac{P_{mb} \times A \times L \times R \times Z}{6120} = \frac{P_{mb} \times V \times R \times Z}{612}$$

B_{ps} : 제동마력(ps)　　　　　　　B_{kW} : 제동마력(kW)
P_{mb} : 제동 평균 유효 압력(kg_f)　　A : 실린더 단면적(cm^2)
L : 피스톤 행정(cm)　　　　　　R : 회전 속도(rpm)
Z : 실린더 수　　　　　　　　　V : 행정 체적(배기량, cc)

(3) 회전력(토크)과 마력의 관계

가) 회전력(토크)

$$P = \frac{2\pi n T}{60000}$$

P : 동력(kW)　　T : 토크(N·m)　　n : 회전 속도(rpm)

나) 마력(PS)

$$B_{ps} = \frac{W_b}{75 \times 60} = \frac{T \times R}{716}$$

B_{ps} : 제동 마력(PS)　　　　　W_b : 크랭크 축의 일량(kg_f·m/min)
T : 회전력(kg_f·m)　　　　　　R : 회전 속도(rpm)

다) 전력(kW)

$$B_{kW} = \frac{W_b}{102 \times 60} = \frac{T \times R}{974}$$

B_{kW}: 제동 마력(PS)　　　W_b : 크랭크 축의 일량(kgf·m/min)
T : 회전력(kgf·m)　　　　R : 회전 속도(rpm)

04 기관의 연료

(1) 원유의 정제

가) 원유 정제 순서
원유 → LPG(-42 ~ -1℃) → 휘발유(30 ~ 180℃) → 등유(170 ~ 250℃) → 경유(240 ~ 350℃) → 윤활유(350℃이상)

나) 연료의 종류
① 파라핀계 : C_nH_{2n+2}
② 나프텐계 : C_nH_{2n}
③ 올레핀계 : 다이 올레핀계 C_nH_{2n-2}, 모노 올레핀계 C_nH_{2n}
④ 방향족계 : C_nH_{2n-6}

(2) 가솔린(휘발유)

가) 가솔린의 조건
- 발열량이 클 것
- 불붙는 온도(인화점)가 적당할 것
- 인체에 무해할 것
- 취급이 용이할 것
- 연소 후 탄소 등 유해 화합물을 남기지 말 것
- 온도에 관계없이 유동성이 좋을 것
- 연소 속도가 빠르고, 자기 발화 온도가 높을 것

나) 옥탄가 : 연료의 내폭성을 나타내는 수치

$$옥탄가 = \frac{이소옥탄}{이소옥탄 + 노말헵탄} \times 100$$

다) 가솔린 기관의 연소 과정 : 실린더 내에서 연료의 연소는 매우 짧은 시간에 이루어지나 그 과정은 점화 → 화염 전파 → 후연소의 3단계로 나누어진다.

라) 가솔린 기관의 노크 방지방법
- 화염의 전파 거리를 짧게 하는 연소실 형상
- 자연 발화 온도가 높은 연료를 사용
- 동일 압축비에서 혼합 가스의 온도를 낮추는 연소실 형상
- 연소 속도가 빠른 연료를 사용
- 점화 시기를 늦출 것
- 고옥탄가의 연료 사용
- 퇴적된 카본을 제거
- 혼합 가스를 농후할 것

마) 가솔린 연료 장치
① **기화기** : 일정비율의 연료와 공기를 혼합하여 혼합 기체를 만드는 장치
② **기화기의 구성품** : 벤추리, 메인노즐, 플로트실, 플로트, 니들밸브, 쵸크밸브, 교축밸브, 에어브리드, 공운전 노즐, 조속노즐 등으로 구성

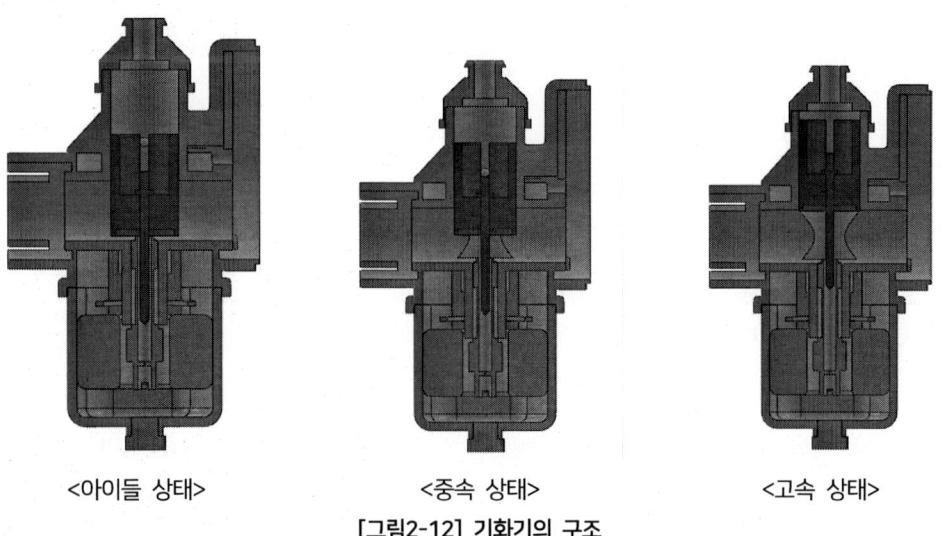

<아이들 상태>   <중속 상태>   <고속 상태>

[그림2-12] 기화기의 구조

③ **분사방식** : 연속 분사, 정시 분사
- 연속분사 : 흡기관 내 연속 분사와 흡기공 내 연속 분사
- 정시분사 : 흡기공 내 정시 분사와 실린더 내 정시 분사

바) 전기점화 장치
① **점화 방식** : 마그네트 점화, 축전지 점화
② 농업용의 가솔린 기관은 대부분 마그네트 점화 방식을 채택하여 활용한다.
③ **점화 플러그** : 2차 코일에서 발생한 고전류를 중앙전극으로 통하여 접지 전극과의 틈새에서 불꽃을 일으켜 혼합기를 점화하는 역할을 함

(3) 디젤(경유)

가) 디젤의 구비조건
- 착화성이 좋을 것
- 세탄가가 높을 것
- 불순물이 없을 것
- 황 함유량이 적을 것
- 점도가 적당할 것
- 발열량이 클 것

나) 세탄가 : 연료의 착화성은 세탄가로 표시한다.

$$세탄가 = \frac{세탄}{세탄 + \alpha 메틸나프탈린} \times 100$$

다) 디젤 기관의 연소 과정 : 착화 지연 기간 → 화염 전파 기간 → 직접 연소 기간 → 후연소 기간의 4단계로 연소한다.

라) 디젤 기관의 노크 방지 방법
- 착화성이 좋은 연료를 사용하여 착화 지연 기간을 짧게 한다.
- 압축비를 높여 압축 온도와 압력을 높인다.
- 분사개시 때 연료 분사량을 적게 하여 급격한 압력 상승을 억제한다.
- 흡입 공기에 와류를 준다.
- 분사 시기를 알맞게 조정한다.
- 기관의 온도 및 회전 속도를 높인다.

디젤 기관의 장점(가솔린기관의 단점)	디젤 기관의 단점(가솔린기관의 장점)
• 압축비가 높기 때문에 열효율이 높다. • 고장이 자주 일어나는 전기 점화 장치나 기화기 장치가 없어 고장이 적다. • 저질 연료를 사용할 수 있으므로 연료비가 적게 든다. • 연료의 인화점이 높기 때문에 화재의 위험성이 적고 안전성이 높다. • 저속에서 회전력이 크다. • 대형, 대출력이 가능하다.	• 마력당 중량이 무겁다. • 소음과 진동이 크다. • 평균 유효 압력이 낮다. • 정밀 가공이 필요하다. • 추운 계절에 시동이 어렵다. • 단위 배기량당 출력이 작다. • 배기가스의 유독성이 많다.

마) 디젤 연료 장치
① **연료 공급 펌프** : 연료를 흡입하여, 가압한 다음 분사 펌프로 공급해 주며 연료 계통의 공기빼기 작업 등에 사용하는 프라이밍 펌프가 있다.
② **연료 여과기** : 연료 내의 먼지나 수분을 제거 분리한다.
③ **연료 분사 펌프** : 연료 공급 펌프에서 공급된 연료를 펌프에 의해 고압으로 변화시켜 고압관으로 연료를 전달하는 역할을 한다.
④ **딜리버리 밸브** : 분사 펌프에서 압력이 가해진 연료를 분사 노즐로 압송하는 밸브이며, 연료의 역류와 후적을 방지하고, 고압 파이프 내에 잔압을 유지한다.

⑤ **조속기(거버너)** : 기관의 회전 속도 및 부하에 따라 연료 분사량을 조정해주는 장치
⑥ **분사노즐** : 분사펌프에서 보내진 고압의 연료를 미세한 안개 형태로 연소실 내에 분사하는 부품
   - 분사 노즐의 종류 : 개방형 노즐
     밀폐형 노즐(구멍형, 핀틀형, 스로틀형)
⑦ **디젤 기관의 시동 보조 장치**
   - 감압 장치
   - 예열 장치 : 예열플러그 방식, 흡기 가열 방식

바) 디젤 기관 연소실 종류

① **직접 분사실식 장점 및 단점**

직접 분사실식의 장점	직접 분사실식의 단점
• 연소실이 간단해 냉각 손실이 적다. • 기관 시동이 용이하다. • 열효율이 높고, 연료 소비율이 적다.	• 분사 압력이 높아 연료 장치의 수명이 짧다. • 사용 연료의 변화에 민감하다. • 노크 발생이 쉽다.

② **예연소실식 장점 및 단점**

예연소실식의 장점	예연소실식의 단점
• 분사 압력이 낮아 연료 장치의 수명이 길다. • 사용 연료 변화에 둔감하다. • 운전 상태가 정숙하고 노크 발생이 적다.	• 연소실 표면적 대 체적비가 커 냉각손실이 크다. • 겨울철 시동 시 예열 플러그가 필요하다. • 큰 출력의 기동 전동기가 필요하다. • 구조가 복잡하고, 연료 소비율이 비교적 크다.

③ **와류실식 장점 및 단점**

와류실식의 장점	와류실식의 단점
• 압축 행정에서 발생하는 강한 와류를 이용하므로 회전 속도 및 평균 유효 압력이 높다. • 분사 압력이 비교적 낮다. • 회전 속도 범위가 넓고, 운전이 원활하다. • 연료 소비율이 비교적 적다.	• 실린더 헤드의 구조가 복잡하다. • 연소실 표면적에 대한 체적비가 커 열 효율이 낮다. • 저속에서 노크 발생이 크다. • 겨울철에 시동에서 예열 플러그가 필요하다.

사) 배출가스

① **엔진에서 배출되는 가스**
   - 배기 가스 : 주 성분은 수증기와 이산화탄소이며, 이외에 일산화탄소, 탄화수소, 질소산화물, 탄소입자 등이 있으며, 이 중에서 일산화탄소, 질소산화물, 탄화수소 등이 유해 물질이다.
   - 블로바이가스 : 실린더와 피스톤 간극에서 크랭크 케이스로 빠져 나오는 가스를 말하며, 70~95% 정도가 미연소 가스인 탄화수소이고, 나머지가 연소 가스 및 부분 산화된 혼합

가스이다.
- 연료 증발 가스 : 연료 증발 가스는 연료 장치에서 연료가 증발하여 대기중으로 방출되는 가스이며, 주성분은 탄화 수소이다.

② **배기 가스의 유독성 및 발생 농도**
  □ 일산화탄소
- 불완전 연소할 때 다량 발생한다.
- 혼합 가스가 농후할 때 발생량이 증가된다.
- 촉매 변환기에 의해 이산화탄소로 전환이 가능하다.
- 일산화탄소를 흡입하면 인체의 혈액 속에 있는 헤모글로빈과 결합하기 때문에 수족 마비, 정신 분열 등을 일으킨다.
  □ 탄화 수소 : 농도가 낮은 탄화 수소는 호흡기 계통에 자극을 줄 정도이지만 심하면 점막이나 눈을 자극하게 된다.
  □ 탄화 수소의 발생 원인
- 농후한 연료로 인한 불완전 연소할 때 발생한다.
- 화염 전파 후 연소실 내의 냉각 작용으로 타다 남은 혼합 가스이다.
- 희박한 혼합가스에서 점화, 실화로 인해 발생한다.
  □ 질소 산화물 : 질소 산화물은 기관의 연소실 안이 고온 고압이고 공기 과잉일 때 주로 발생되는 가스로 광화학 스모그의 원인이 된다.
  □ 질소 산화물 발생원인
- 질소는 잘 산화하지 않으나 고온 고압 및 전기 불꽃 등이 존재하는 곳에서는 산화하여 질소 산화물을 발생시킨다.
- 연소 온도가 2000°C이상인 고온 연소에서는 급격히 증가한다.
- 질소 산화물은 이론 공연비 부근에서 최댓값을 나타내며, 이론 공연비보다 농후해지거나 희박해지면 발생률이 낮아진다.

05 윤활 장치

(1) 윤활유 : 마찰면에 유막을 형성하여 마찰, 마모를 감소시키고 원활한 운동을 하게 한다.

가) 윤활유의 작용
① 마찰 감소 및 마멸 방지 작용   ② 기밀유지 작용
③ 냉각(열전도) 작용   ④ 세척(청정) 작용
⑤ 응력 분산(충격완화) 작용   ⑥ 부식 방지(방청) 작용

나) 윤활유의 구비조건
① 점도 지수가 높고, 점도가 적당할 것
② 인화점 및 발화점이 높을 것
③ 유막을 형성할 것
④ 응고점이 낮을 것
⑤ 비중과 점도가 적당할 것
⑥ 열과 산에 대해 안정성이 있을 것
⑦ 카본 생성이 적고, 기포 발생에 대한 저항력이 클 것
※ **점도 지수** : 윤활유가 온도 변화에 따라 점도가 변화하는 것을 말하며, 점도 지수가 클수록 점도 변화가 적다. 그리고 윤활유의 가장 중요한 성질은 점도이다.

다) 윤활유의 분류
① **SAE(미국의 자동차 협회)** : SAE 기준에 의한 분류는 점도에 따라 분류한다.
　　[예] SAE 30
② **API(미국의 석유 협회)** : API 기준에 의한 분류는 운전 상태의 가혹도에 따라 분류한다.
　　[예] 가솔린(ML, MM, MS), 디젤(DG, DM, DS)

라) 윤활 장치의 구성 부품
① **오일팬(크랭크 케이스)** : 윤활유의 조정과 냉각작용을 하며, 내부에 섬프가 있어 기관이 기울어졌을 때에도 윤활유가 충분히 고여 있게 하며, 또 배플은 급정지할 때 윤활유가 부족해지는 것을 방지한다.
② **펌프 스트레이너** : 오일팬 내의 윤활유를 오일펌프로 유도해 주며, 1차 여과 작용을 한다.
③ **오일 펌프** : 오일 팬 내의 오일을 흡입하고 가압하여 각 윤활 부분으로 공급하는 장치이며, 종류에 따라 펌프의 종류는 기어 펌프, 플런저 펌프, 베인 펌프, 로터리 펌프 등이 사용된다.
④ **오일 여과기** : 윤활유 속의 금속분말, 카본, 수분, 먼지 등의 불순물을 여과하는 역할을 하며, 여과 방식에는 전류식, 분류식, 샨트식 등이 있다.
- 전류식 : 오일 펌프에서 공급된 윤활유 전부를 여과기를 통하여 여과시킨 후 윤활 부분으로 공급하는 방식
- 분류식 : 오일 펌프에서 공급된 윤활유 일부는 여과하지 않은 상태로 윤활부분으로 공급하고, 나머지 윤활유는 여과기로 여과시킨 후 오일 팬으로 되돌려 보내는 방식
- 샨트식 : 오일 펌프에 공급된 윤활유 일부는 여과되지 않은 상태로 윤활 부분에 공급되고, 나머지 윤활유는 여과기에서 여과된 후 윤활 부분으로 보내는 방식

⑤ **유압 조절 밸브(릴리프 밸브)** : 윤활 회로 내의 유압이 규정값 이상으로 상승하는 것을 방지하며, 유압이 높아지는 원인과 낮아지는 원인은 다음과 같다.
　□ 유압이 높아지는 원인
　　• 기관의 온도가 낮아 점도가 높아졌다.

- 윤활 회로에 막힘이 있다.
- 유압 조절 밸브 스프링 장력이 크다.
  □ 유압이 낮아지는 원인
  - 오일 간극이 과다하다.
  - 오일 펌프의 마모 또는 윤활 회로에서 누출된다.
  - 윤활유 점도가 낮다.
  - 윤활유 양이 부족하다.

⑥ **유압 경고등** : 윤활 계통에 고장이 있으면 점등되는 방식이다.
  □ 기관이 회전중에 유압 경고등이 꺼지지 않는 원인
  - 기관 오일량이 부족하다.
  - 유압 스위치와 램프 사이 배선이 접지 또는 단락되었다.
  - 유압이 낮다.
  - 유압 스위치가 불량하다.

⑦ **크랭크 케이스 환기 장치(에어브리더)**
  - 자연 환기 방식과 강제 환기 방식이 있다.
  - 오일의 열화를 방지한다.
  - 대기의 오염 방지와 관계한다.

마) 기관의 오일 점검 방법
① 기관이 수평선 상태에서 점검한다.
② 오일양을 점검할 때는 시동을 끈 상태에서 한다.
③ 계절 및 기관에 알맞은 오일을 사용한다.(최근에는 4계절용을 사용한다.)
④ 오일은 정기적으로 점검, 교환한다.

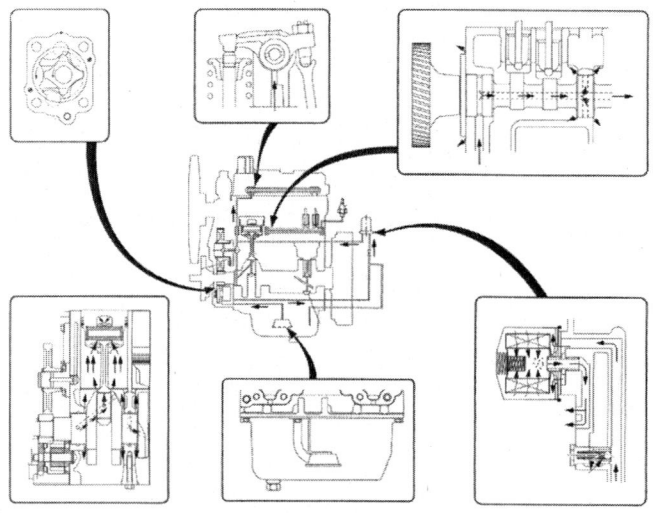

[그림2-13] 오일 흐름도

chapter 03 트랙터

1 트랙터의 기능

① 각종 작업기 및 운반용 트레일러 등을 견인하는데 사용되는 특수 목적의 차량이다.
② 견인력을 이용하는 작업기 이외에 회전 동력을 이용하여 로타리, 모워 등의 구동형 작업기에 동력을 공급하기 위해 개발되어 다용도로 활용하고 있다.
③ 동력의 전달 뿐만 아니라 유압 장치 및 작업이 용이성과 편리성, 안전성을 개선하여 사용하고 있다.

2 트랙터의 종류

(1) 주행 장치에 따른 분류

① **차륜형** : 바퀴로 된 가장 일반적인 형태의 트랙터
  • 단륜형, 2륜형, 3륜형, 사륜형, 다륜형
② **궤도형** : 무한궤도로 되어 있어 접지압이 차륜형 트랙터의 1/4이하로 작아 침하가 작고, 큰 견인력을 발휘한다.
  • 연약한 지반이나 습지에서 농작업 및 개간 등에 적합
  • 가격이 비싸다.
③ **반궤도형** : 차륜형과 궤도형을 병용한 것으로 중간적인 성능을 갖고 있으나, 이용은 적은 편이다.

차륜형   반궤도형

[그림3-1] 트랙터의 종류

(2) 사용 형태의 의한 분류

① **보행 트랙터** : 단륜 또는 2륜의 단일축 구동 트랙터로서 운전자가 보행하면서 작업하는 형태의 트랙터(경운기도 이에 포함된다.)

② **승용 트랙터** : 본체에 운전석이 있어 운전자가 탑승하여 조작할 수 있는 형태의 트랙터
- 2륜 구동형(2WD) : 전후 차축 중 어느 한 축에만 기관의 동력을 전달하여 차륜을 구동시키는 것으로 트랙터에서는 뒤 차축을 구동시키는 후륜 구동형이 사용된다.
- 4륜 구동형(4WD) : 전후 모든 차축에 기관의 동력을 전달하여 모든 차륜의 회전시키는 것으로 2륜 구동만으로 충분한 견인력을 얻을 수 없는 토양이나, 작업 조건에서 사용되며 선택적으로 사용하는 경우가 대부분이다.

(3) 용도에 의한 분류

① **표준형 트랙터** : 주로 견인 작업에 알맞게 설계된 트랙터로 작업기는 견인봉에 의해 트랙터 후방에서 견인하여 사용하는 트랙터

② **범용 트랙터** : 경운, 쇄토, 방제, 수확 등에 널리 이용될 수 있는 형식의 트랙터로 최저 지상고가 높다.(우리나라에서 가장 많이 사용하는 형태)

③ **과수원용 트랙터** : 수목 사이 및 수목 아래에서 작업할 때 수목에 손상을 주지 않으면서 주행할 수 있도록 설계된 트랙터

④ **정원용 트랙터** : 정원 관리를 위해 설계된 15kW이하의 소형 트랙터
- 플라우, 모워, 청소기, 제설기, 불도저 등의 작업기를 부착하여 사용한다.

⑤ **동력 경운기**

⑥ **특수 트랙터**
- 톨 캐리어 : 독일, 소련 등에서 사용되는 것으로 여러 가지 작업기를 장착하여 작업하는 형태
- 만능 트랙터 : 보통의 자동차와 트랙터의 중간적인 성질을 가지고 있으며, 운반 작업을 포함하여 농작업용으로 많이 사용된다.
- 경사지용 트랙터 : 경사지의 등고선을 따라 작업할 때 좌우 차륜의 높이를 상하로 조절하여 기체를 수평으로 유지하면서 작업할 수 있는 트랙터
- 텐덤 트랙터 : 4륜형 트랙터의 후방에 전륜이 없는 별도의 트랙터를 연결하여 2대의 트랙터로서 큰 견인력을 얻을 수 있게 한 것으로 운전은 뒤쪽 트랙터에서 한다.
- 분절 조향 트랙터 : 트랙터의 차체를 전후로 나눈 뒤 양자를 힌지로 연결하여 결합한 형태의 것으로 전후 차체를 분절시켜 조향하므로 조종성, 조향성 및 지형에 대한 적응성이 우수하여 대형 트랙터에 사용되고 있다.
- 양방향 트랙터 : 전진, 후진 어느 방향으로도 작업이 가능한 트랙터로서 전후부에 작업기를 장착하면 어느 쪽에서나 P.T.O 동력을 이용할 수 있으며, 운전석도 180°회전시킬 수 있다.

3 트랙터의 동력전달장치

엔진 → 클러치 → 변속기 → 차동장치 → 최종 구동 장치 순서로 동력이 전달된다.

(1) 클러치(원판클러치 사용)

① **기능** : 기관과 변속기 사이에 설치되어 있으며 시동하거나 변속할 때 혹은 기관을 정지하지 않고, 트랙터를 정차시킬 때 사용한다.

② **작동 원리** : 클러치 페달을 밟으면, 클러치 릴리스 베어링이 릴리스 레버를 밀어 압력판의 스프링을 완화하고, 마찰판과 플라이휠을 분리하여 동력을 차단한다.

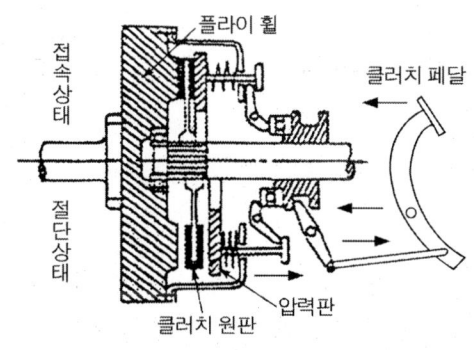

[그림3-2] 클러치

(2) 변속기

수행할 작업이나 견인 부하에 따라 작업 속도를 효과적으로 조절할 수 있도록 광범위한 변속비를 가져야 한다.

① **기어식** : 미끄럼 기어식, 상시물림 기어식, 동기물림 기어식, 유성기어식
- 미끄럼 기어식 : 변속 포크로 주축의 기어를 미끄러지게 하여 변속축 기어에 물리게 하는 가장 간단한 변속 방식
- 상시물림 기어식 : 주축과 변속축의 기어를 항상 연결해 두고, 슬라이딩 칼라를 이용하여 필요한 주축의 기어를 주축과 일체로 결합하여 변속하는 방식
- 동기물림 기어식 : 상시물림 기어식의 슬라이딩 칼라가 주축과 같은 속도에서 물릴 수 있도록 동기 장치를 설치한 것으로 주축을 정지시키지 않고, 신속히 변속할 수 있는 장점이 있다.
- 유성 기어식 변속기 : Sun 기어, 링기어, 캐리어 및 유성기어로 구성되며, 동력을 차단하지 않고, 변속할 수 있는 특징이 있다.

② **유압식 변속기**
- 가변 용량형 유압 펌프를 회전형 실린더에 여러 개 피스톤을 설치하여 실린더를 회전함에 따라 사판의 기울기에 의하여 피스톤이 펌프 작용을 하도록 한다. 사판의 기울기에 따라 피스톤의 행정이 변화되어 펌프로부터 배출되는 유량이 변화되고, 이것이 차륜을 구동하는 유압 모터의 속도변화를 시켜 변속하게 되는 방식

(3) 차동 장치(Differential)

트랙터가 선회하는 경우에는 안쪽 차륜보다 바깥쪽 차륜의 회전속도가 빨라야 한다. 이와 같이 트랙터가 선회하거나 혹은 좌우 차륜에 작용하는 구름 저항의 크기가 다를 때, 구동 차축의 속도비를 자동적으로 조절해 주는 장치

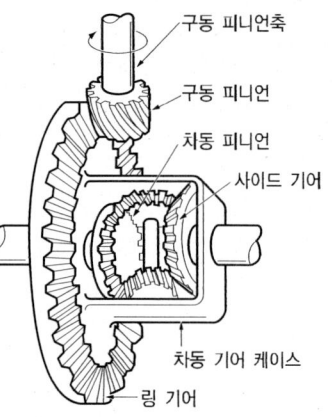

[그림3-3] 차동장치

(4) 차동 잠금 장치(Differential Lock)

트랙터가 지표 상태나 작업상황 등에 의하여 한쪽 바퀴에 슬립이 일어나 공회전할 때에는 좌우 차륜의 저항 차이에 의하여 다른 쪽 바퀴가 정지하게 되므로 더 이상 진행할 수 없게 된다. 이때 한쪽 차륜의 공회전할 때에는 차동작용이 일어나지 않도록 만든 장치

(5) 최종 구동 장치(최종감속장치)

동력전달장치에서 마지막으로 감속하는 장치

(6) P.T.O(동력 취출 장치)

기관의 동력을 로터베이터, 모어, 베일러, 양수기 등 구동형 작업기에 전달하기 위한 장치로 스플라인 기어 형태로 되어 있다.

① 동력 전달 방식
- 변속기 구동형 동력 취출 장치 : 트랙터의 주 클러치와 변속기를 통하여 동력이 전달되는 형식으로, 동력 취출축은 주 클러치가 연결된 경우에만 회전하며 트랙터가 정지하면 동력 취출축도 동시에 정지하는 형식
- 상시 회전형 동력 취출 장치 : 트랙터가 정지하더라도 동력 취출축으로 동력을 전달할 수 있는 형식
- 독립형 동력 취출 장치 : 주행과 정지에 관계없이 동력 취출축으로 동력을 전달하거나 차단할 수 있는 형식
- 속도비례형 동력 취출 장치 : 트랙터의 주행 속도와 동력 취출축의 회전 속도가 비례하도록 만든 형식

4 트랙터의 주행 장치

(1) 주행 장치의 기능

① 차체 하중을 지지한다.
② 불규칙한 노면에서 유발되는 진동을 완화한다.
③ 조향할 때 차체의 안정을 기할 수 있다.

④ 구동과 제동할 때 충분한 추진력을 낼 수 있다.

(2) 공기 타이어

공기로 채워진 트로이드 형상으로 되어 있으며, 내부에는 연성과 탄성이 높은 면사와 화학사로 감은 고무층이 접착되어 카캐스를 형성하고 있다.

(3) 타이어의 크기

11.2 – 24로 표시한다.
⇒ 단면의 직경이 11.2인치, 림의 직경이 24인치

(4) 철차륜

도로와 같은 단단한 지표면에서는 주행하기 부적합하기 때문에 거의 사용하지 않지만 큰 견인력을 필요로 할 경우에는 사용한다.

5 트랙터의 조향 장치

(1) 조향 장치

조향 핸들 → 조향 기어 → 피트만 암 → 드래그 링크 → 조향 암 → 너클 암 → 타이로드 → 너클암

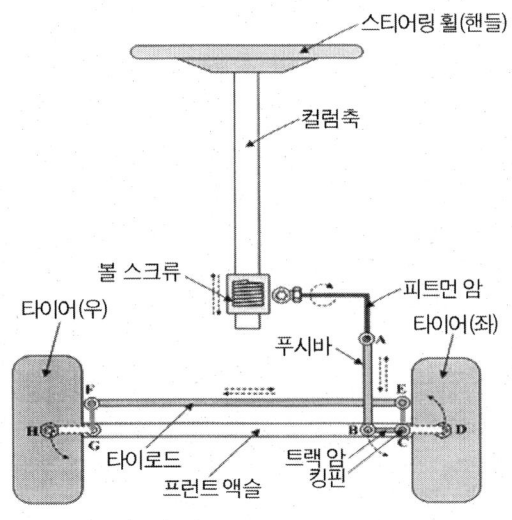

[그림3-4] 조향 장치의 동력전달

(2) 바퀴의 정렬

앞바퀴는 조작되면서도 안정을 유지하기 위해 일정한 각도를 주어 부착되어 있으며, 이를 바퀴의 정렬(Wheel alignment)라고 한다.

① **캠버각** : 트랙터를 앞에서 보았을 때 연직면과 차륜 평면이 이루는 각을 캠버각이라고 한다.

- 수직 하중이나 구름 저항 등에 의한 비틀림을 적게 하여 주행을 안정적이게 유지한다.
② **킹핀각** : 킹핀의 중심선과 수직선이 이루는 각을 킹핀각이라고 한다.
- 주행 중에 생기는 저항에 의한 킹핀의 회전 모멘트가 작아져 조향 조작을 경쾌하게 한다.
③ **캐스터각** : 킹핀을 측면에서 보았을 때 킹핀의 중심선과 수직선이 이루는 각을 캐스터각이라고 한다.
- 노면의 저항을 적게 받아 진행 방향에 대한 직진성을 좋게 한다.

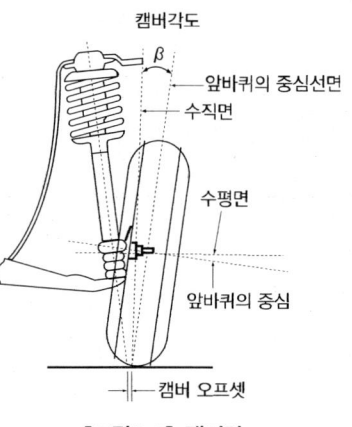

[그림3-5] 캠버각

④ **토인각** : 차륜의 진행 방향과 차륜 평면이 이루는 각으로서 차륜이 직진할 때 외부로부터 측면 하중이나 충격을 흡수하기 위한 각을 토인각이라고 한다.
- 직진성을 좋게 하고, 토인각이 크면 타이어의 마모가 심하고, 구름 저항이 크다.

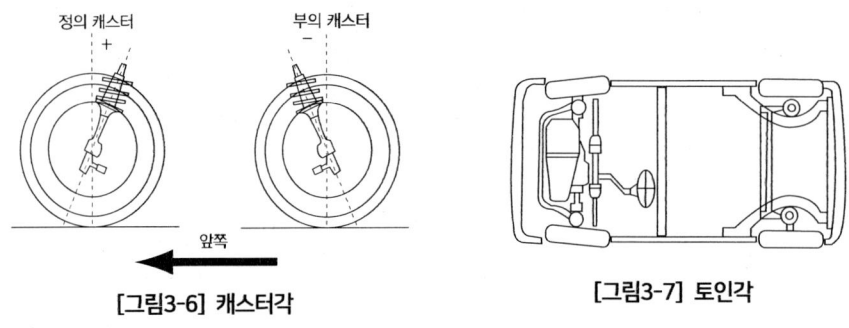

[그림3-6] 캐스터각   [그림3-7] 토인각

(3) 동력 조향 장치

유압 펌프를 이용하여 조향 실린더, 제어밸브, 유압 케이블 등으로 구성되며 조향에 필요한 유압을 형성하게 된다.

① **완전 유압식** : 조향 핸들과 앞바퀴 사이에 기계식 조향 기구가 없는 것으로 유압 기계식에 비하여 기계식 조향 기구를 설치하는데 따른 장소나 방법 등에 제한을 받지 않고, 가격이 저렴하다.

② **유압 기계식** : 유압 장치와 함께 기계식 드래그 링크가 사용된 조향 장치로, 유압으로 드래그 링크를 구동하고, 기계식 드래그 링크로는 앞 바퀴의 슬립각을 결정한다.

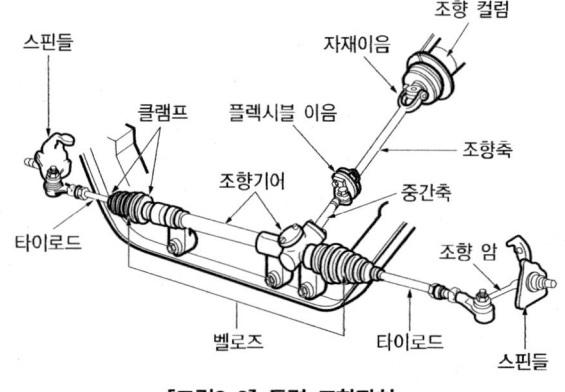

[그림3-8] 동력 조향장치

6 트랙터의 제동 장치

최종 구동축이나 차동 장치의 중간축에 설치되는 경우가 많다. 또한 제동 장치가 좌측, 우측 2개로 나누어져있어 작업 중 조향에서는 회전 반경을 작게하여 효율을 높이지만 도로를 주행 시에는 좌측과 우측을 연결하여 사용해야 한다.

(1) 제동 장치의 방식

① **밴드 브레이크(외부 수축식)** : 브레이크 페달을 밟으면 브레이크 밴드 위의 브레이크 라이닝이 회전하고, 드럼에 밀착되어 제동되는 형식
② **내부 확장식** : 원통형 브레이크 드럼의 내부에 라이닝이 부착되어 있는 브레이크 슈가 있다. 페달을 밟으면 캠이 회전하여 브레이크 슈를 확장시켜 라이닝이 브레이크 드럼의 안쪽에 밀착하여 제동이 걸린다.
③ **원판식** : 페달을 밟으면 작동원판이 볼에 의해 구동 마찰원판을 마찰면에 접촉시켜 제동을 하게 된다.
④ **유압 브레이크** : 브레이크 페달을 밟으면 마스터 실린더의 피스톤이 오일을 압송하여 휠실린더에 보낸다. 이 오일은 다시 피스톤을 밀어 내부 수축식에서 브레이크 드럼과 브레이크 슈의 라이닝, 원판식에서는 브레이크 원판과 브레이크 마찰판을 밀착하게 하여 제동하게 된다.

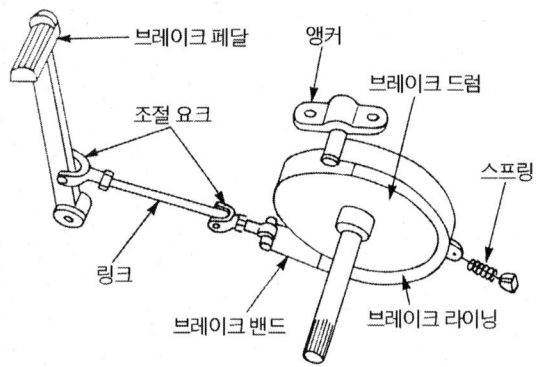

[그림3-9] 브레이크 방식의 종류

7 트랙터의 작업기 부착 방식

(1) 작업기 부착 방식

① **견인식** : 견인봉에 트레일러와 바퀴가 달린 플라우 등의 작업기를 연결하여 견인하는 방법
② **장착식** : 작업기를 트랙터에 직접 연결하여, 작업기의 모든 중량을 트랙터에 지지하는 방법
 - 프레임 장착식, 3점 링크 히치식, 평행링크 히치식 등
③ **반장착식**: 대형의 다련 플라우와 같이 트랙터로 작업기의 모든 중량을 지지할 수 없는 경우에는 작업기의 한쪽 끝을 3점 링크 히치의 하부 링크 등에 부착하여 작업기의 중량 일부를 지지하고 나머지 중량은 작업기의 보조 바퀴 등으로 지지하는 방법

8 유압 장치

(1) 유압 시스템의 구성요소

유압 펌프, 오일 탱크, 유압 실린더, 축압기, 유압 모터, 오일 여과기, 각종 밸브, 오일 냉각기, 각종 배관, 압력계, 유량계 등

① **유압 펌프** : 기계적 동력을 유압 동력으로 전환하는 장치
- **기어 펌프** : 두 개의 기어 중 한쪽 기어를 외부 동력으로 회전시켜 다른 쪽 기어와 맞물려 돌리게 된다. 입구로 흘러 들어온 오일은 기어 이와 이 사이의 공간에 갇혀 출구로 흘러나온다. 이런 형태의 기어 펌프를 정량 펌프라고 한다.
- **베인 펌프** : 회전자에 베인이 방사 방향으로 움직일 수 있는 홈을 가지고 있어, 원심력에 의해 베인(깃)의 끝이 펌프의 하우징에 밀착되어 오일을 밀어내는 펌프
- **피스톤 펌프** : 피스톤이 회전하는 실린더 배럴 내에 있으며 피스톤 슈가 캠 플레이트를 따라 미끄러지면서 피스톤은 실린더 내경을 강제로 왕복운동하게 될 때, 밀어주는 힘으로 오일의 압축력을 사용하는 펌프

② **밸브** : 오일의 압력, 유량, 이동 방향을 제어하는 장치
- **릴리프 밸브** : 유압 시스템 내의 압력을 안전한 수준으로 제한하는데 사용
- **언로드 밸브** : 유압 회로 내의 어느 점이 어떤 압력 수준에 도달할 때 펌프를 무부하로 하는데 사용
- **유량제어 밸브** : 부하 변동에 관계없이 출구로의 유량을 조절한다.
  ※ 오리피스를 통과하는 유량은 오리피스의 크기와 압력 강하에만 좌우된다.
- **방향 제어 밸브** : 높은 압력의 오일을 작동하고자 하는 방향으로 보내어 작업을 수행할 수 있도록 한다.

③ **유압 실린더** : 한쪽 방향으로만 동작하는 단동식과 양쪽 방향으로 작동하는 복동식이 있다.

④ **유압 모터** : 유압 동력을 기계적인 동력으로 전환시키는 장치

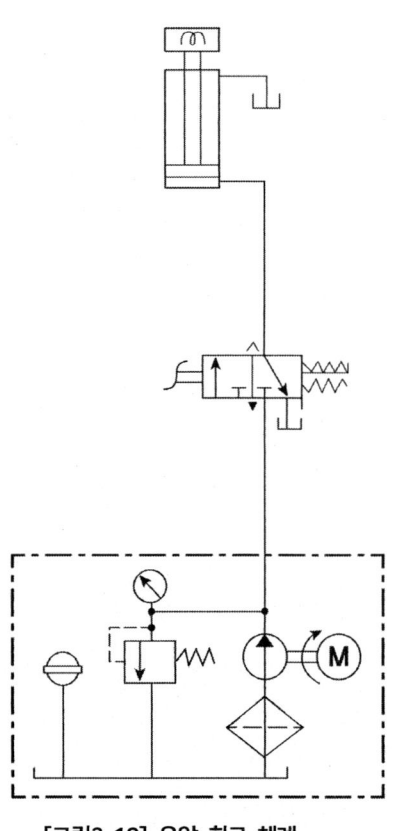

[그림3-10] 유압 회로 체계

(2) 3점 링크 히치의 유압 제어 장치

① 기계 유압식
- 위치 제어 : 트랙터에 대한 작업기의 위치를 항상 설정된 높이에서 유지시킬 수 있으며, 유압 작동 레버의 위치에 따라 작업기의 위치가 결정되게 하는 제어방식
- 견인력 제어 : 작업기를 상승 또는 하강시켜 견인 저항을 일정하게 유지시켜 토양 상태에 관계없이 기관에 걸리는 부하를 일정하게 유지시켜 작업 능률을 향상시킨다.
- 혼합 제어 : 유압 작동 레버의 위치에 따라 일부는 견인력 제어로 또 일부는 위치제어로 작용하는 제어 방식

② 전자 유압식
- 리프팅 암 축에서 센서를 이용해 전기적인 신호를 검출하여 전자제어 밸브를 작동시켜 위치 제어, 견인력 제어, 혼합 제어하는 방식

Part 4 농업동력학 기출문제[1]

01 3상 교류 전동기에 200V의 전기가 10A흐르고 있다. 전압과 전류의 위상차가 45°일 때 전동기의 출력(kW)은?

① 1.41kW
② 2.0kW
③ 2.45kW
④ 2.82kW

해설 $P = \sqrt{3} EI\cos\theta$
$= \sqrt{3} \times 200 \times 10 \times \cos 45°$
$= 1819.76W = 1.819kW$

02 토크가 15Nm이고, 1000rpm으로 회전하는 전동기의 출력은 약 몇 kW인가?

① 1.11
② 1.57
③ 2.22
④ 3.04

해설 P(출력, kW)
$= \dfrac{2\pi \times T(\text{토크}, Nm) \times N(\text{회전속도}, rpm)}{60,000}$
$P = \dfrac{2\pi \times 15\,Nm \times 1000\,rpm}{60,000} = 1.57kW$

03 우리나라에서 사용되는 3상 유도전동기의 극수가 4이고, 슬립이 없을 때 이 전동기의 동기속도는?

① 1500rpm   ② 1800rpm
③ 2100rpm   ④ 2400rpm

해설 3상 유도전동기의 동기속도는 아래 식으로 계산된다.
$N_s = \dfrac{120f}{P}$
여기서, N_s : 동기속도(rpm)
f : 전원의 주파수(Hz)
P : 고정자의 극수
$f = 60$, $P = 4$ 이므로
동기속도는 $120 \times 60/4 = 1800rpm$

04 4극 3상 유도전동기의 실제 회전수가 1710rpm일 때 슬립율은 몇 %인가?(단 전원의 주파수는 60Hz이다.)

① 3   ② 5
③ 8   ④ 10

해설 $N = \dfrac{120 \times f}{P} = \dfrac{120 \times 60}{4} = 1800rpm$
슬립율 $= \left(\dfrac{1800 - 1710}{1800}\right) \times 100$
$= \dfrac{90}{1800} \times 100 = 5\%$

05 전동기의 일반적인 속도 특성곡선에서 종좌표의 변수가 시동 토크일 때 횡좌표의 변수는?

① 전력   ② 역률
③ 출력   ④ 슬립

해설 일반적인 속도 특성 그래프는 x축에 슬립을, y축에 시동 토크, 출력, 역률, 1차 전류 등을 표시한다.

06 전동기의 고정자 극수가 4개이고, 전원 주파수가 60Hz인 유도 전동기의 동기속도는?

① 3600rpm
② 2400rpm
③ 1800rpm
④ 480rpm

해설 $N = \dfrac{120 \times f}{P}$
$= \dfrac{120 \times 60}{4} rpm = 1800rpm$

정답 01.② 02.② 03.② 04.② 05.④ 06.③

07 다음 중 교류 전동기가 아닌 것은?
① 3상 유도전동기
② 단상 유도전동기
③ 직권 전동기
④ 농형전동기

08 다음 중 교류 3상 유도 전동기는?
① 농형 전동기
② 반발 기동형 전동기
③ 직권 전동기
④ 분권 전동기

해설 교류 3상 유도 전동기에는 농형 전동기, 코일형 전동기가 있다.
반발 기동형 전동기는 교류 단상 유도 전동기이고, 직권 전동기와 분권 전동기는 직류 전동기이다.

09 3상 유도 전동기에서 영구 자석과 같은 역할을 하는 부분은?
① 회전자
② 정류자
③ 고정자 철심
④ 고정자 권선

해설 고정자는 자석의 역할을 하며, 자속이 통하기 쉬운 철심과 전자석을 만들기 위한 고정 권선으로 이루어져 있다.
영구자석을 회전시키는 대신 고정자 철심의 안쪽에 3조의 코일을 일정한 배열로 배치하고 각 조마다 위상이 다른 단상교류를 통하면 각 상의 전류 변화에 의하여 원통면에는 자석이 회전하는 것과 동일한 효과를 갖는 회전자계가 형성된다.

10 3상 교류의 주파수가 60Hz일 때, 6극 3상유도 전동기의 동기속도(rpm)는?
① 600 rpm
② 900 rpm
③ 1200 rpm
④ 1800 rpm

해설 $N_s = \dfrac{120f}{P}$
N_s : 동기속도[rpm] P : 고정자의 극수
f : 전원 주파수[Hz]
$N_s = \dfrac{120 \times 60 [\text{Hz}]}{6} = 1200 [\text{rpm}]$

11 주파수가 60Hz인 교류를 사용하는 전동기의 고정자 극수가 8일 때 동기속도는 몇 rpm인가?
① 450
② 900
③ 1800
④ 3600

해설 $N_s = \dfrac{120f}{P}$
N_s : 동기속도[rpm] P : 고정자의 극수
f : 전원 주파수[Hz]
$N_s = \dfrac{120 \times 60 [\text{Hz}]}{8} = 900 [\text{rpm}]$

12 극수가 6인 유도 전동기의 주파수가 60Hz인 전원을 연결하였을 때 슬립이 2%이었다면 전동기의 실제 속도는 얼마인가?
① 1176rpm
② 1200rpm
③ 1224rpm
④ 1440rpm

해설 $N = \dfrac{120 \times f}{P} = \dfrac{120 \times 60}{6} = 1200 \text{rpm}$
$N_t = N \times \left(1 - \dfrac{\text{슬립율}}{100}\right)$
$= 1200 \times 0.98 = 1176 \text{rpm}$

13 3상 교류의 주파수가 60Hz일 때, 슬립이 5%인 6극 3상유도 전동기의 실제 회전속도는?
① 570
② 856
③ 1140
④ 1710

해설 $N = \dfrac{120 \times f}{P} = \dfrac{120 \times 60}{6} = 1200 \text{rpm}$
$N_t = N \times \left(1 - \dfrac{\text{슬립율}}{100}\right)$
$= 1200 \times 0.95 = 1140 \text{rpm}$

정답 07.③ 08.① 09.④ 10.③ 11.② 12.① 13.③

14 다음은 전동기의 기동방법이다. 3상농형 유동전동기의 기동방법이 아닌 것은?

① 스타델타 기동법
② 기동보상기 기동법
③ 리액터 기동법
④ 분상기동형 기동법

해설 3상 농형 유도전동기의 종류
- **전전압기동법** : 정격전압을 가하여 기동하는 방법으로 기동 시에는 역률이 나빠서 기동전류가 전부하 전류의 400~600%에 달하는데 비해 기동 토크는 작다.
- **스타델타 기동법** : 1차 권선에 있는 각 상의 양쪽을 단자에 인출해 두고 기동할 때에 스위치를 기동측에 닿아서 1차 권선을 Y측에 접속하며, 정격 속도에 가깝게 도달했을 때 운전 측으로 하여 델타 접속한다.
- **기동보상기 기동법** : 조작 핸들을 기동측에 넣으면 기동보상기의 1차측 전원에, 2차측이 전동기에 접속되면 전압이 전동기에 가해져 기동하고 정격 속도에 도달했을 때 핸들을 운전측으로 하여 전전압을 공급함과 동시에 기동 보상기를 회로에 분리하는 방법의 전동기
- **리액터 기동법** : 리액터와 가변저항을 직렬로 접속하여 기동전류를 제한하고 가속한 다음 이것을 단락시키는 방법

15 극수가 4, 전원의 주파수가 60Hz 인 3상 유도전동기의 실제 운전속도가 1620rpm일 때 슬립은?

① 5% ② 10%
③ 15% ④ 20%

해설 $N_s = \dfrac{120f}{P}$

N_s : 동기속도[rpm] P : 고정자의 극수
f : 전원 주파수[Hz]

$S = \dfrac{N_s - N}{N_s} \times 100$

S : 슬립[%]
N : 회전자의 회전속도[= 실제운전속도[rpm]]

$N_s = \dfrac{120 \times 60 [Hz]}{4} = 1800 [rpm]$

$S = \dfrac{1800 [rpm] - 1620 [rpm]}{1800 [rpm]} \times 100 [\%]$
$= 10 [\%]$

$N = \dfrac{120 \times f}{P} = \dfrac{120 \times 60}{4} = 1800 rpm$

슬립율 $= \left(1 - \dfrac{실제운전속도}{동기속도}\right) \times 100$
$= \left(1 - \dfrac{1620}{1800}\right) \times 100 = 10\%$

16 3상 농형 유도 전동기가 단자 전압 440V, 전류 36A로 운전되고 있을 때 전동기의 압력 전력은 약 몇 kW인가? (단, 역률은 0.9 이다.)

① 14.3
② 15.8
③ 24.7
④ 27.4

해설 $P = \sqrt{3}\, IV \cos\phi$ … 3상 교류 전력
P : 전력[W]
I : 전류[A]
V : 전압[V]
$\cos\phi$: 역률
$P = \sqrt{3} \times 36 [A] \times 440 [V] \times 0.9$
$= 24692.11 [W] ≒ 24.7 [kW]$

$H_{kW} = \sqrt{3} \times V \times A \times 역률$
$= \sqrt{3} \times 440V \times 36 \times 0.9$
$= 24.7 kW$

17 유도전동기는 일반적으로 농형으로 널리 사용되는 전동기이다. 이것과 관계가 없는 것은?

① 고장이 적고, 취급도 쉬우며 특성도 좋다.
② 구조가 간단하고 견고하며, 정류자를 가지고 있다.
③ 성층 철심에 만들어진 많은 홈에 절연된 코일을 넣고 결선 시킨 고정자가 있다.
④ 규소강판으로 성층한 원통철심 바깥쪽에 홈을 만들어 이것에 코일을 넣은 회전자가 있다.

정답 14.④ 15.② 16.③ 17.②

18 전동기가 60Hz 전원에서 작동하며 극수가 4이고, 슬립율이 7%일 때 실제의 회전자 회전수 (rpm)는?

① 1674
② 1800
③ 1926
④ 2000

해설 $N=\dfrac{120f}{P(1-S)}$
N : 실제 회전수(rpm)
f : 주파수(Hz)
P : 고정자의 극수, S : 슬립
$N=\dfrac{120f}{P(1-S)}=\dfrac{120\times 60}{4(1-0.07)}$
$=1935\,rpm \approx 1926\,rpm$

19 3상 농형 유도전동기의 기동법이 아닌 것은?

① 기동보상법
② Y-△ 기동법
③ 전 전압 기동법
④ 2차 기동 저항법

20 다음 중 단상 유도전동기의 기동방법에 따른 종류가 아닌 것은?

① 분상 기동형 ② 리액터 기동형
③ 셰이딩 코일형 ④ 콘덴서 기동형

해설 단상유도전동기는 기동방법에 따라 분상기동형, 반발기동형, 콘덴서기동형, 콘덴서운전형, 셰이딩 코일형으로 나누어진다.

21 다음은 농형 유도전동기의 장점을 기술한 것이다. 틀린 것은?

① 운전 중의 성능이 좋다.
② 회전자의 홈 속에 절연 안 된 구리봉을 넣었다.
③ 구조가 간단하고 튼튼하다.
④ 기동시의 성능이 좋다.

22 전자 유도현상에 의해 코일에 생기는 유도 기전력의 방향을 설명한 법칙은?

① 플레밍의 왼손법칙
② 플레밍의 오른손법칙
③ 페러데이의 법칙
④ 렌츠의 법칙

23 다음 중 단상 유도전동기 중 분상기동형은?

① 프레임 위에 부착된 콘덴서가 직렬로 접촉되어 통할 때 회전력을 만든다.
② 정류자 양쪽에 브러시 2개가 단락이 부착되어 있다.
③ 단상 전류는 기동 때만 주권선만 보조권선으로 나누어 흐르는데, 이 두 코일은 전기적으로 90° 떨어진 곳에 감겨져 있다.
④ 회전이 충분히 되면 원심력에 의해 자동적으로 단락 장치가 작동한다.

24 전동기 중 분상 기동형, 콘덴서 기동형, 반발기동형 등으로 분류되며, 가정이나, 농촌에서 비교적 작은 동력용으로 사용되는 전동기는?

① 단상 유도 전동기
② 3상 유도 전동기
③ 직류 분권 전동기
④ 직류 직권 전동기

해설 전동기
- **3상 유도 전동기** : 단상 유도전동기에서 사용하는 모터보다 큰 용량을 사용하고 역률과 효율이 높다.
- **직류 분권 전동기** : 전기자와 계자코일이 병렬로 접속된 형태의 전동기
- **직류 직권 전동기** : 전기자 코일과 계자코일이 직렬로 접속된 형태의 전동기

25 2중 농형 회전자와 관계가 없는 것은?
① 바깥쪽 도체가 저항이 크다.
② 기동 시 회전력이 크다.
③ 회전자 도체가 안쪽, 바깥쪽의 2개로 되어 있다.
④ 운전 중 효율이 나쁘다.

26 단상 유도전동기 중 콘덴서형에 해당되는 것은?
① 회전자는 주 코일이고, 고정자는 박스형이다.
② 회전자는 박스형이고, 고정자는 주 코일에 연결된다.
③ 회전자는 코일이 없고, 고정자는 주권선과 보조 권선으로 나눈다.
④ 보조 코일은 없다.

27 교류와 실효치에 대한 설명으로 틀린 것은?
① 전류와 전압의 곱이다.
② '실효치 = $\dfrac{1}{\sqrt{2}}$ × 최대값'으로 나타낸다.
③ 교류가 내는 효과와 같은 효과를 내는 직류의 수치이다.
④ 교류의 전압과 전류가 시간에 따라 정현파로 변하므로 이를 일정한 값으로 나타내는 방법이다.

해설 '전류와 전압의 곱'은 '전력'을 의미한다.

28 유도전동기의 토크는 전압과 어떤 관계가 있는가?
① V에 비례한다.
② $\sqrt{V}$
③ V와 관계없다.
④ V^2에 비례한다.

29 전동기의 설치 및 운전할 경우 유의 사항으로 적절하지 않은 것은?
① 전동기를 기동할 경우 출력을 최대 상태로 스위치는 빠르고 확실하게 넣어야 한다.
② 전동기축과 작업기축이 일직선 또는 평행이 되도록 한다.
③ 정격 퓨즈를 사용한다.
④ 베어링 부분의 과열에 주의하고 전동기의 전압이 저하되면 과부하 상태가 되므로 유의한다.

해설 전동기를 기동할 때 전원 전압을 그대로 인가하면 (최대 상태) 큰 기동전류가 흐르게 되어 정기자(電機子, armature)를 파손할 염려가 있으므로 적당한 저항을 전기자 회로에 직렬로 넣어 기동전류를 제한하는 기동저항기를 사용한다.

30 디젤 엔진을 탑재한 트랙터 전기장치의 구성요소가 아닌 것은?
① 발전기
② 축전지
③ 점화 코일
④ 시동 전동기

해설 디젤기관 트랙터의 전기 회로는 축전지를 중심으로 발전기, 레귤레이터 등의 충전 회로와 시동 전동기, 예열장치, 조명, 경보기, 계기류 등의 방전 회로로 구분된다.

31 트랙터 시동회로의 주요 구성요소가 아닌 것은?
① 축전지   ② 전압조정기
③ 시동전동기   ④ 솔레노이드

해설 트랙터 시동회로의 주요 구성요소는 축전지, 시동 전동기, 솔레노이드, 컷오프 릴레이 등이다. 트랙터는 TM위치 → 축전지 → 솔레노이드 → 시동 전동기 → 피니언 → 플라이휠의 링 기어 순으로 시동이 시작된다.

정답 25.④ 26.③ 27.① 28.④ 29.② 30.③ 31.②

32 축전지의 충전도는 비중을 측정하여 판단한다. 완전히 충전된 축전지 전해액의 비중은 약 얼마 정도인가?

① 1.07 ② 1.17
③ 1.27 ④ 1.37

해설 완전히 충전된 상태의 전해액의 비중은 1.27이며, 완전 방전상태의 전해액의 비중은 1.12정도이다.

33 농용 트랙터 축전지가 완전 방전되었다고 할 때 축전지 셀 하나의 전압은 약 몇 볼트(V) 이하를 말하는가?

① 1.25 ② 1.50
③ 1.75 ④ 2.00

해설 트랙터에서 사용하는 축전지의 방전 기준 전압은 셀당 1.75V이며, 12V 축전지의 경우 10.5V이다.

34 보기는 직류 전동기의 접속 방법을 나타낸 회로도이다. 다음 중 어느 전동기의 회로도 인가?

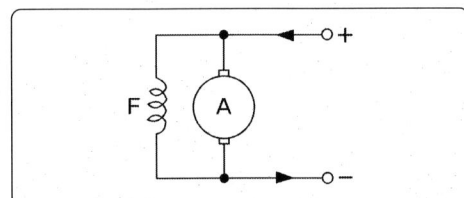

① 분권 전동기
② 회동 복권 전동기
③ 직권 전동기
④ 차동 복권 전동기

해설
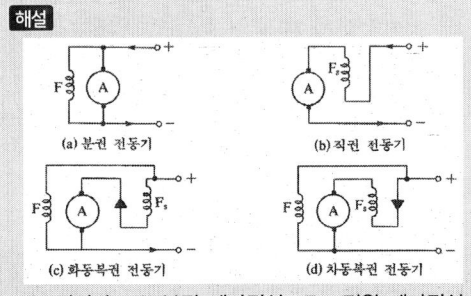
(a) 분권 전동기 (b) 직권 전동기
(c) 화동복권 전동기 (d) 차동복권 전동기
A : 전기자 F : 분권 계자권선 F_s : 직원 계자권선

35 다음 중 트랙터용 교류 발전기(alternator)의 중요 구성요소가 아닌 것은?

① 정류자
② 다이오드
③ 회전자
④ 고정자

해설 직류 발전기는 브러시와 정류자에 의해 정류하므로 내구성이 떨어지고, 점차 증가하는 트랙터의 전기수요를 충족시키기가 어려워 최근의 자동차와 트랙터에서는 저속에서도 더 많은 양의 전류를 공급할 수 있는 소형 경량의 교류 발전기가 널리 이용되고 있다.
즉, 정류자는 직류 발전기의 구성요소이다.

36 디젤기관을 탑재한 트랙터에 사용하는 일반적인 축전지를 구성하고 있는 하나의 셀은 몇 V의 전압을 발생하는가?

① 2.0   ② 6.0
③ 12.0 ④ 24.0

해설 축전지는 6개의 셀로 구성되어 셀당 전압은 2.0V이며, 직렬로 연결하여 12V의 전압을 전기장치에 공급하게 한다.

37 축전지를 전원으로 이용하는 차량의 시동 전동기로 다음 중 가장 적합한 전동기는?

① 직권 직류 전동기
② 분권 직류 전동기
③ 단상 유도 전동기
④ 농형 유도 전동기

해설 축전지를 전원으로 하는 차량(트랙터기관 등)의 시동 전동기에는 일반적으로 직권 직류전동기가 주로 사용되고 있다.
시동 스위치를 넣으면 축전지로부터 전류가 솔레노이드를 통하여 시동 전동기에 흐르게 된다. 솔레노이드는 일반적으로 시동전동기와 일체로 되어있으며, 시동 전동기에 흐르는 전류를 제어할 뿐만 아니라 전자력에 의해 시동 전동기의 회전축에 있는 피니언을 밀어 플라이휠 링기어와 맞물리게 하는 기능을 가지고 있다. 시동 전동기에는 일반적으로 직권 직류전동기가 주로 사용되고 있다.

정답 32.③ 33.③ 34.① 35.① 36.① 37.①

38 표준온도에서의 축전지 전해액 비중이 완전히 방전된 상태일 때의 값은?

① 1.12
② 1.28
③ 2.25
④ 2.28

해설 완전히 충전된 상태의 전해액의 비중은 1.27이며, 완전 방전상태의 전해액의 비중은 1.12정도이다.

39 다음 중 직류 전동기가 아닌 것은?

① 직권 전동기   ② 분권 전동기
③ 복권 전동기   ④ 동형 전동기

해설 직류 전동기에는 직권, 분권, 복권 등이 있다.

40 승용트랙터의 일반적인 시동회로로 올바른 것은?

① 솔레노이드 → 시동스위치 → 축전지 → 시동전동기
② 시동스위치 → 솔레노이드 → 축전지 → 시동전동기
③ 축전지 → 시동스위치 → 솔레노이드 → 시동전동기
④ 시동스위치 → 축전지 → 시동전동기 → 솔레노이드

해설 시동회로의 연결방법은 축전지의 전압과 전류를 이용하여 시동키로 전원을 이동시킨다. 솔레노이드를 통해 전원을 공급되어 솔레노이드 축의 이동으로 시동모터에 전원을 공급과 동시에 클러치 작동한다. 오버러닝 클러치가 작동되면서 모터의 회전과 동시에 피니언 기어가 플라이 휠에 물리면서 시동을 하게 된다.

41 직류 전동기에서 고정자 권선과 전기자 권선이 병렬로 연결되어 있는 것은?

① 분권 전동기   ② 직권 전동기
③ 복권 전동기   ④ 단권 전동기

해설 • 분권 전동기 : 전기자와 계자코일이 병렬로 접속된 형태의 전동기
• 직권 전동기 : 전기자 코일과 계자코일이 직렬로 접속된 형태의 전동기
• 복권 전동기 : 전자기 코일과 계자코일이 직·병렬로 접속된 형태의 전동기

42 트랙터 충전회로의 구성요소가 아닌 것은?

① 축전지
② 교류발전기
③ 레귤레이터
④ 솔레노이드

해설 충전회로는 축전지, 발전기, 레귤레이터 등으로 구성된다.

43 직류 전동기로서 부하 증가에 따라 토크는 거의 비례하여 증가하고, 속도는 거의 반비례하여 감소하는 특징이 있기 때문에 농업용 차량의 시동 전동기로 주로 사용되는 전동기는?

① 분권 전동기
② 직권 전동기
③ 권선형 전동기
④ 복권 전동기

해설 • 분권 전동기 : 회전 속도는 부하에 관계없이 거의 일정(정속도전동기)하며 토크는 전기자 전류에 거의 비례하여 증가
• 직권 전동기 : 회전속도는 전기자 전류에 반비례, 부하의 증가와 더불어 속도는 감소하는 변속 전동기. 토크는 전기자 전류의 제곱에 비례

44 직류 전동기의 도체에 흐르는 전류가 같은 방향이 되게 하여 회전방향을 일정하게 하는 것은?

① 정류자와 브러시
② 베어링과 브래킷
③ 계자 철심과 계자 권선
④ 전기자 철심과 전기자 권선

해설 도체가 1/2 회전하여 정류자와 브러시의 접속이 바뀌면 전류는 같은 방향으로 흐르게 되어 도선은 같은 방향으로 계속 회전할 수 있게 된다.

정답 38.① 39.④ 40.③ 41.① 42.④ 43.② 44.①

45 충전회로에서 레귤레이터(Regulator)가 하는 가장 중요한 일은?

① 축전지에 흐르는 전압과 전류를 조절한다.
② 기관의 동력으로부터 교류 전류를 발생시킨다.
③ 교류를 직류로 바꾸어 준다.
④ 직류를 교류로 바꾸어 준다.

46 농업기계 축전지의 충전 준비작업에 대한 설명으로 틀린 것은?

① 각 셀의 전해액 액량을 점검하여 부족 시는 증류수를 보충한다.
② 충전기의 사양 전원전압이 AC100V 또는 200V인지를 확인한다.
③ 오염된 축전지는 비눗물로 깨끗이 닦고, 압축공기로 수분을 건조한다.
④ 충전 전에 벤트 플러그를 모두 닫아 놓아야 한다.

47 120Ah 인 축전지로 10A의 전류를 몇 시간 계속 방전할 수 있는가?

① 8시간
② 10시간
③ 12시간
④ 14시간

해설 축전지의 용량(Ah)
= 사용 전류 × 사용가능시간
=10A × t = 120Ah
∴ t = 12h

48 트랙터의 발전기에서 나오는 전압을 충전에 필요한 일정한 전압으로 유지시켜 주는 장치는 무엇인가?

① 레귤레이터   ② 다이오드
③ 계자 코일   ④ 슬립링

49 트랙터에서 사용되는 축전지의 셀(cell)의 수가 6개로 이루어졌을 때 축전지의 전압은 몇 볼트이겠는가?

① 3V   ② 6V
③ 12V   ④ 24V

50 발전기 충전회로의 레귤레이터의 역할 설명으로 가장 적합한 것은?

① 전압만을 조절한다.
② 전류만을 조절한다.
③ 전압과 전류를 조절한다.
④ 정류 작용을 한다.

51 전동기를 다른 원동기와 비교 시 일반적인 장점이 아닌 것은?

① 냉각수가 필요 없다.
② 기동 및 운전이 용이하다.
③ 소음 및 진동이 적다.
④ 배전설비가 필요하다.

52 트랙터의 기동 전동기가 회전하지 않는다. 점검사항이 아닌 것은?

① 배터리의 충전상태 점검
② 배터리 터미널의 볼트 점검
③ 발전기 점검
④ 기동스위치 점검

53 내연기관을 냉각방식에 따라 수냉식과 공냉식으로 분류할 때, 수냉식과 공냉식에서 모두 사용하는 부분은?

① 냉각핀(cooling fin)
② 물펌프(water pump)
③ 호퍼(hopper)
④ 냉각팬(cooling fan)

정답 45.① 46.④ 47.③ 48.① 49.③ 50.③ 51.④ 52.③ 53.④

54 농작업 부하변동에 관계없이 기관의 회전속도를 일정한 범위로 유지시켜 주는 장치는?

① 기화기
② 조속기
③ 쵸크밸브
④ 타이밍 기어

해설 • 기화기 : 연료를 공기와 적정 비율로 희석시켜 기화시키는 장치
• 쵸크밸브 : 가솔린 기관의 초기 시동 시 연료량을 많게 공기량을 적게 조절하는 밸브
• 타이밍 기어 : 디젤기관의 연소는 연료를 분사시키는 시기에 맞춰 연료를 분사시키는 기능을 하며, 가솔린기관은 연소를 위해 불꽃을 발생시키는데 이 시기를 맞춰주는 장치이다.

55 다음 중 수냉식 냉각장치 부동액의 구비조건이 아닌 것은?

① 불연성이어야 한다.
② 빙점이 낮아야 한다.
③ 팽창계수가 작아야 한다.
④ 열전도율이 낮아야 한다.

해설 열전도율이 낮으면 냉각성능이 떨어진다.

56 내연기관의 냉각에 관한 다음 설명 중 틀린 것은?

① 부동액을 물과 함께 써서 냉각수의 빙결점을 낮출 수 있다.
② 과도한 냉각은 열효율을 오히려 떨어뜨린다.
③ 공랭식이 수냉식보다 냉각효과가 커서 일반적으로 더 많이 쓰인다.
④ 디젤기관의 과도한 냉각은 엔진의 노킹현상을 유발한다.

해설 공랭식의 단점은 냉각 작용이 균일하지 못하여 일부 고온부가 생길 염려가 있어, 경량화가 요구되는 소형 가솔린기관과 고속 디젤기관에서 주로 사용되고 있다.

57 실린더 1개인 내연기관에서 피스톤의 배기량의 주 결정요인은?

① 피스톤 직경과 무게
② 피스톤 직경과 행정
③ 피스톤 직경과 피스톤의 길이
④ 피스톤 직경과 피스톤 로드 길이

해설 배기량은 실린더 직경에 의한 실린더 면적과 행정의 곱으로 산출된다.

58 연소실 체적이 91cc이고 실린더 안지름이 90mm, 행정이 100mm인 기관의 압축비는 약 얼마인가?

① 5 ② 6
③ 8 ④ 9

해설 [방법1]
배기량 $V_S = \dfrac{\pi D^2}{4 \times 1000} L (cc)$,

압축비 $\epsilon = \dfrac{V_S + V_C}{V_C} = 1 + \dfrac{V_S}{V_C}$

D(내경) = 90 mm, L(행정) = 100 mm이므로
$V_s = \pi \times 90^2 \times 100 / 4000 = 636.17 cc$
V_c(연소실 체적) = 91 cc
압축비 $\epsilon = 1 + 636.17/91 = 7.99 ≒ 8$

[방법2]
연소실 체적 = 91cc
행정 체적 = $\dfrac{\pi}{4} d^2 \times 10 cm = 636$
압축비 = $\dfrac{\text{행정체적} + \text{연소실 체적}}{\text{연소실 체적}}$
$= \dfrac{636 + 91}{91} = 7.98$

59 내연기관의 전기 점화장치 중 점화 플러그의 자기청정온도 범위에 가장 적합한 것은?

① 100도 ~ 300도
② 500도 ~ 850도
③ 950도 ~ 1100도
④ 1100도 ~ 1500도

정답 … 54.② 55.④ 56.③ 57.② 58.③ 59.②

해설 점화플러그에는 자기청정온도라는 것이 있는데 이것은 플러그에 부착하는 퇴적물을 연소하는 데 필요한 온도(500~850도)로써 불꽃 틈새에 퇴적물이 끼어 불꽃이 발생하지 않는 브리지 현상을 방지하고, 또한 너무 고온으로 되어 조기점화가 생기는 것을 방지하기 위한 것이다.

60 실린더의 전체적이 1200㎤, 행정체적이 950㎤ 인 엔진의 압축비는 얼마인가?

① 1.26
② 2.8
③ 4.8
④ 7.9

해설 압축비는 아래 식으로 계산된다.

$$\epsilon = \frac{V_c + V_s}{V_c}$$

여기서, ϵ : 압축비
V_c : 연소실체적
V_s : 행정체적

전체적 = 연소실체적 + 행정체적
연소실체적 = 전체적 - 행정체적
= 1200 - 950 = 250 cc
따라서, 압축비는 (250+950)/250 = 4.8

61 내연기관에서 4사이클에 대한 다음 설명 중 틀린 것은?

① 4사이클을 4행정 사이클이라고 할 수 있다.
② 크랭크축이 2회전할 때 마다 1회 압축을 반복한다.
③ 크랭크축이 4회전할 때 마다 4회 폭발을 반복한다.
④ 흡입, 압축, 폭발, 배기의 행정을 반복한다.

해설 4사이클 기관은 피스톤이 2왕복(4행정) 운동하는 동안 1사이클이 완료되는 기관이며, 흡입, 압축, 폭발, 배기 행정을 반복한다. 피스톤이 1행정 운동하는 동안 크랭크 축이 180도 회전하므로(1/2 왕복), 크랭크 축이 2회전 할 때마다 각 1회 행정(흡입, 압축, 폭발, 배기)을 수행한다.

62 4행정 사이클 기관과 비교할 때 2행정 사이클 기관의 장점은?

① 연료 소비율이 적다.
② 체적효율이 높다.
③ 기계적 소음이 적으며 고장이 적다.
④ 실린더를 과열시키는 일이 적다.

해설 2행정 기관의 장점
① 매회전 마다 폭발이 일어나므로 출력이 2배이다.
② 밸브 장치가 없으므로 구조가 간단하다.
③ 왕복운동 부분의 관성력이 완화된다.
④ 밸브장치가 없으므로 연료캠의 위상만 바꾸면 역회전이 가능하다.
⑤ 매회전마다 폭발이 일어나므로 회전력이 균일하다.

63 4사이클 단기통 기관에서 크랭크축이 4회전하는 동안 흡기밸브는 몇 번 열리는가?

① 1번 ② 2번
③ 4번 ④ 8번

해설 4사이클 기관이 1사이클을 완료하는 사이에 크랭크축이 2회전, 즉 피스톤이 4행정을 한다.

64 보기와 같이 배열된 4기통 4사이클 직렬형 기관의 점화 순서로 가장 적합한 것은?

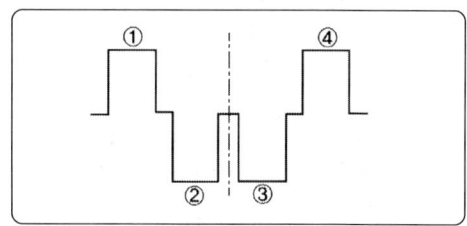

① 1 → 2 → 3 → 4
② 1 → 3 → 2 → 4
③ 1 → 3 → 4 → 2
④ 1 → 4 → 3 → 2

해설 4기통 4사이클 기관의 점화순서는 좌수식 1 → 3 → 4 → 2, 우수식 1 → 2 → 4 → 3이다.

정답 60.③ 61.③ 62.② 63.② 64.③

65 어느 4행정 기관의 흡기 밸브가 상사점 전 11°에서 열리고, 하사점 후 45°에서 닫히며, 배기 밸브는 하사점 전 40°에서 열리고, 상사점 후 12°에서 닫힌다. 이 기관의 밸브 겹침(valve overlap)은 몇 도(°)인가?

① 23° ② 42°
③ 47° ④ 85°

해설 밸브 겹침 = 흡기 열림각 + 배기 닫힘각
= 11° + 12° = 23°

66 농업용 내연기관의 두상 밸브형(over head valve type) 밸브 작동 기구가 아닌 것은?

① 태핏(tappet)
② 푸시로드(push rod)
③ 로커암(roker arm)
④ 콘 로드(con rod)

67 피스톤의 왕복운동을 크랭크 축의 회전운동으로 바꾸어 주는 부품은 무엇이라고 하는가?

① 피스톤 핀 ② 피스톤 링
③ 커넥팅 로드 ④ 플라이 휠

68 실린더 헤드에 위치하여 냉각수의 온도에 따라 라디에이터로 통하는 냉각수의 통로로 개폐하여 냉각수의 온도를 일정하게 유지해 주는 장치는?

① 물자켓
② 냉각 팬
③ 정온기(thermostart)
④ 오일 휠터

69 농용 내연기관에서 피스톤링의 역할이 아닌 것은?

① 기밀유지 ② 냉각작용
③ 윤활작용 ④ 흡인작용

70 다음 중 피스톤링의 기능에 대한 설명으로 적절하지 않은 것은?

① 실린더와 피스톤간의 마찰력 증대
② 기밀 유지
③ 윤활유 조정
④ 실린더 벽의 유막 제어

해설 피스톤링은 실린더와 피스톤 사이의 간극의 변화에 의한 가스의 누출을 방지(기밀 유지)하고, 윤활작용(윤활유 조정, 유막제어)을 돕기 위한 것이다. 피스톤링에는 압축링과 오일링이 있다. 압축링은 실린더 내의 가스 압축을 확실히 하고 폭발시에는 실린더 벽을 통한 가스누출을 방지한다. 오일링은 윤활유를 적절히 분포시키고 여분의 윤활유를 긁어내어 연소실 내의 윤활유의 연소와 이로써 생기는 탄소의 퇴적을 방지한다.

71 일반적인 동력 경운기의 운반 작업 시 동력전달 순서로 가장 적절한 것은?

① 기관 → 주클러치 → 전달 주축 → 변속기 → 조향클러치 → 차축
② 기관 → 주클러치 → 전달 주축 → 변속기 → 경운클러치 → 차축
③ 기관 → 주클러치 → 전달 주축 → 변속기 → 경운구동축 → 차축
④ 기관 → 주클러치 → 변속기 → 경운 클러치 → 경운 구동축 → 차축

72 무거운 바퀴 형태로 팽창행정에서 에너지를 흡수하였다가 흡입, 압축, 배기행정에서 필요한 에너지를 공급하여 토크의 변동을 줄이고 기관이 원활히 회전하도록 하는 것은?

① 조속기 ② 크랭크축
③ 피스톤링 ④ 플라이휠

해설 플라이휠은 크랭크축의 한쪽 끝 또는 양쪽 끝에 무거운 바퀴 형태로 부착하여 팽창행정 때 에너지를 흡수하였다가, 흡입, 압축, 배기 행정 때 필요한 에너지를 공급하여 주기적인 토크의 변동을 줄이고 기관이 원활히 회전하게 한다. 일반적으로 실린더 수가 적을수록, 회전속도가 낮을수록 큰 플라이휠을 부착한다.

정답 65.① 66.④ 67.③ 68.③ 69.② 70.① 71.① 72.④

73 기관운전 시 관성력을 증가시키기 위해, 팽창 행정에서 에너지를 흡수하였다가 흡입, 압축, 배기행정에서 필요한 에너지를 공급하여 토크의 변동을 줄이고 기관이 원활히 회전하도록 하는 장치는?

① 조속기　　　② 크랭크축
③ 피스톤링　　④ 플라이휠

해설
- **조속기**: 기관의 회전속도를 일정한 범위로 유지시키는 역할
- **크랭크축**: 피스톤의 왕복 운동을 회전운동으로 바꾸어주는 역할
- **피스톤링**: 압축링과 오일링이 있고, 각각 기밀을 유지하고 피스톤의 열을 실린더 벽에 전달하는 역할, 윤활유를 적절히 분포시키고 여분 윤활유를 긁어내어 연소실 내의 윤활유 연소와 이로써 생기는 탄소의 퇴적을 방지하는 역할을 한다.

74 다음 중 디젤기관에 대한 일반적인 설명으로 옳지 않은 것은?

① 흡입 행정 시 사용되는 기체는 공기이다.
② 가솔린 기관에 비하여 배기 효율이 높다.
③ 가솔린 기관에 비하여 열효율이 낮다.
④ 조속기는 연료 공급량을 제어한다.

해설 디젤엔진이 가솔린 기관에 비하여 열효율이 높다.

75 디젤기관에 사용되는 보쉬형 연료분사 펌프의 작동과정을 설명한 것 중 틀린 것은?

① 캠의 회전에 의한 플런저 운동
② 플런저의 하강 행정에 의한 연료 흡입
③ 토출밸브를 통해 연료를 분사관으로 배출
④ 조정 래크로 토출밸브 스프링을 조절하여 분사량 조절

해설 분사펌프는 분배식 분사펌프와 직렬식 분사펌프로 구분된다.
Bosch 분사펌프는 분배식 분사펌프이다.
①, ②, ③: 분배식 분사펌프에 대한 설명임
④: 직렬식 분사펌프에 대한 설명임
- **분배형 분사펌프**
  - 한 개의 분사펌프를 사용하여 각 실린더에 연료를 공급하는 방식
  - 연료분사량 제어: 연료 조절 기구에 의해 수행
  가속페달↓ → 조속기 스프링 → 스타팅 레버 → 조절 슬리브 좌우 이동 → 플런저 이동 → 연료 분사량 조절

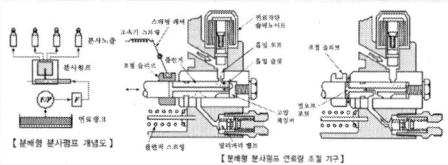

【분배형 분사펌프 개념도】　　【분배형 분사펌프 연료량 조절 기구】

76 디젤기관 연소실에서 구조가 간단하고 연료 소비율이 다른 형식보다 작으며, 시동이 양호한 점이 특징인 것은?

① 와류실식
② 직접분사식
③ 공기실식
④ 예연소실식

해설 직접분사식은 연소실에 연료를 직접분사시키는 것으로 구조도 간단하며, 냉각 표면적이 작으므로 열효율이 높고 시동성이 좋다.

77 다음 중 디젤 기관과 관계가 없는 장치는?

① 냉각장치
② 윤활장치
③ 연료공급장치
④ 전기점화장치

해설 4행정 디젤기관은 기관본체, 크랭크기구, 밸브기구, 연료분사(공급)장치 및 흡배기장치, 윤활장치, 냉각장치 등의 보조장치로 구성된다.
반면, 전기점화장치는 가솔린기관(불꽃점화기관)의 구성요소이다.

78 트랙터 냉각장치의 물자켓에서 밀려나온 물을 냉각시키는 곳은?

① 워터펌프　　② 냉각팬
③ 라디에이터　　④ 서머스탯

해설 냉각장치는 물자켓에서 뜨거워진 물은 라디에이터로 오고 이를 냉각팬에 의해 외부의 찬 공기를 라디에이터에 통과시킴으로써 냉각이 된다.

정답　73.④　74.③　75.④　76.②　77.④　78.③

79 실린더의 냉각작용 불량으로 오는 문제점이 아닌 것은?
① 연소의 불완전
② 열효율의 저하
③ 실린더 마모의 촉진
④ 재킷(jaket) 내의 전해 부식 촉진

80 실린더의 전용적이 490cc이고 압축비가 7인 가솔린 기관에서 행정체적은 약 몇 cc 인가?
① 70
② 420
③ 429
④ 490

해설 $\varepsilon = \dfrac{V_c + V_s}{V_c}$
여기서, ε : 압축비
V_c : 연소실체적[cc]
V_s : 행정체적[cc]
$V_s + V_c$: 전용적[cc]
$7 = \dfrac{490 [cc]}{V_c}$
$7 V_c = 490 [cc]$
$V_c = 70 [cc]$
$V_s + V_c = V_s + 70 = 490 [cc]$
∴ $V_s = 420 [cc]$

81 연소실의 설계에 적용되는 일반적인 원리로 적합한 것은?
① 연소실 체적을 작게 한다.
② 밸브 포트 면적을 작게 한다.
③ 난류가 일어나지 않도록 직선형으로 한다.
④ 연소 시간을 증가할 수 있게 한다.

해설 연소실 설계의 원리
① 연소실 체적 체적, 표면적을 최소화 할 것
② 밸브 포트 면적을 적절히 할 것
③ 와류가 발생하도록 하고 돌출부가 없을 것
④ 연소시간, 화염전파에 소요되는 시간은 짧을 것
⑤ 노크를 일으키지 않을 것

82 4행정 가솔린 기관의 총행정 체적이 1500 cm³, 회전속도가 2000rpm일 때, 흡입 공기량을 측정한 결과 1.4m³/min이었다면 기관의 체적효율은 약 몇 %인가?
① 76%
② 82%
③ 88%
④ 93%

해설 총행정 체적이 1500cc이고, 4행정 기관이기 때문에 1분에 1000회 흡입하게 된다.
그러므로 총 흡입 공기량은 1,500,000cc이며, 1.5m³/min이므로,
$\dfrac{1.4}{1.5} \times 100 = 93.3\%$가 된다.

83 기관의 냉각수 온도를 일정하게 유지하기 위하여 자동적으로 작동하는 밸브에 의해 수온을 자동 조절하는 장치는?
① 냉각 팬(cooling fan)
② 물 펌프(water pump)
③ 서모스탯(thermostat)
④ 라디에이터 캡(radiator cap)

해설
• 냉각팬 : 냉각을 위하여 외부 찬 공기의 흡입시키는 부품
• 물펌프 : 냉각수를 내연기관 내에서 순환시키기 위해 압을 가하는 장치
• 라디에이터 캡 : 라디에이터의 냉각수 주입과 부동액의 수증기압을 적절히 조절하는데 사용되는 부품이다.
• 서모스탯 : 수온 조절기 또는 정온기라고도 하며, 냉각 펌프와 라디에이터 사이에 설치되어 냉각수의 온도에 따라 밸브가 열리거나 닫혀 기관의 온도를 항상 일정하게 조절하는 장치이다.

84 다음 중 가솔린 엔진에 사용되는 기본 사이클인 것은?
① 디젤 사이클
② 사바테 사이클
③ 오토 사이클
④ 카르노 사이클

해설 디젤 엔진의 기본 사이클은 디젤 사이클이며, 정압 사이클이라고도 한다.
사바테 사이클은 고속 디젤기관에 사용된다.
카르노 사이클 이상적인 사이클이다.

정답 79.④ 80.② 81.① 82.④ 83.③ 84.③

85 실린더 내경이 70mm, 행정이 82mm, 연소실 용적이 58cc인 4행정사이클 4기통 기관의 총 배기량은 약 몇 cc인가?

① 1262
② 1320
③ 632
④ 373

해설 배기량 $V_s = \dfrac{\pi D^2}{4 \times 1000} L (cc)$

D(내경) = 70 mm, L(행정) = 82mm이므로
1기통의 배기량 $V_s = \pi \times 70^2 \times 82 / 4000 = 315.6$ cc
총 배기량 = 315.6 × 4 = 1262.3 cc

86 실린더의 전체적이 1200cc이고, 행정체적이 950cc인 엔진의 압축비는 얼마인가?

① 1.26
② 2.8
③ 4.8
④ 7.9

해설 행정체적은 950cc이며, 연소실 체적은 (1200cc−950cc) 250cc이다.
압축비는 아래 식으로 계산된다.

$$\epsilon = \dfrac{V_c + V_s}{V_c}$$

여기서, ε : 압축비
V_c : 연소실체적
V_s : 행정체적
전체적 = 연소실체적 + 행정체적
연소실체적 = 전체적 − 행정체적
= 1200 − 950 = 250 cc
따라서, 압축비는 (250 + 950) / 250 = 4.8

압축비 = $\dfrac{\text{행정체적} + \text{연소실 체적}}{\text{행정체적}}$
= $\dfrac{950 + 250}{250} = 4.8$

87 엔진의 회전수가 1800rpm, 엔진쪽 풀리 지름이 21cm일 때 작업기의 회전수를 600rpm으로 맞추려면 작업기 쪽 풀리의 지름은 몇 cm로 하여야 하는가?

① 7
② 21
③ 63
④ 84

해설 피동 풀리(작업기쪽 풀리)의 피치원 지름은 아래 식으로 계산된다.
피동풀리의 피치원 지름
= $\dfrac{\text{구동풀리의 지름} \times \text{구동풀리의 속도}}{\text{피동 풀리의 속도}}$

구동 풀리(엔진쪽 풀리)의 지름 = 21cm,
구동 풀리의 속도(엔진 속도) = 1800rpm,
피동 풀리의 속도(작업기의 회전수) = 600rpm이므로,
피동 풀리의 피치원 지름 = 21cm × 1800rpm / 600rpm = 63cm

88 다음은 터보 과급기에 대한 설명이다. 잘못된 것은?

① 체적효율이 100% 이상이 될 수도 있다.
② 내부 냉각기는 공기를 냉각하기 위한 것이다.
③ 조속기 최대속도에서 가장 효율적이다.
④ 기관이 전부하 운전될 때 과급효과가 크다.

해설 터보 과급기는 조속기의 최대 속도에서 가장 효율적이며, 부하가 더욱 증가하고 기관이 부하 조절 범위로 들어갈수록 연료분사펌프는 속도가 느려져 기관의 연료 공급량이 줄어든다. 결국 터빈이 이용할 수 있는 배기가스의 에너지가 감소하여 터보과급기는 덜 효과적이 된다.

89 다음 중 내연기관에 있어서 과급기의 주요 역할은?

① 흡입 공기량을 증가시킨다.
② 행정 체적을 증가시킨다.
③ 회전수를 증가시킨다.
④ 냉각 효율을 높인다.

해설 과급기는 보다 많은 연료를 연소시키기 위해 피스톤의 펌프 작용에 의한 공기량 이상으로 가압한 공기를 공급해주는 역할을 한다.

정답 85.① 86.③ 87.③ 88.④ 89.①

90 디젤기관에서 과급(supercharging)에 대한 다음 내용 중 틀린 것은?

① 과급을 하면 최대출력이 증대된다.
② 과급을 하면 평균유효압력이 증대된다.
③ 과급을 하면 노킹현상이 증대된다.
④ 과급을 하면 체적효율이 증대된다.

해설 과급으로 급기 밀도를 높이면 체적효율이 증가하여 평균유효압력이 상승하므로 행정체적이나 회전속도를 증가시키지 않고도 연료소비율을 감소시키고 출력을 증대시킬 수 있다.

91 디젤기관 연소실의 종류별 특징 설명 중 올바른 것은?

① 와류실식은 평균유효압력이 높고 연소속도가 빠르므로 고속기관에 적합하다.
② 직접분사식은 최고압력이 낮고 노크도 적으나 효율이 낮고 고속기관에는 부적합하다.
③ 공기실식은 구조가 간단하고 효율이 낮으며 시동성이 좋으나 고장이 많고 수명이 짧다.
④ 예연소실식은 분사압력과 효율이 높으나 시동이 쉽고, 디젤 노크도 많이 일어난다.

해설 ② 예연소실식의 특징이다.
③ 효율 부분을 제외하고는 직접분사식의 특징이다.
④ 직접분사식의 특징이다.

92 내연 기관에서 과급(supercharging)을 하는 주된 목적은?

① 기관의 출력 증가
② 기관의 회전수 증가
③ 기관의 흡입 공기량 감소
④ 기관의 윤활유 소비 감소

해설 기관의 출력 증대를 목적으로 보다 많은 연료를 연소시키기 위하여 피스톤의 펌프 작용에 의한 공기량 이상으로 가압한 공기, 밀도를 높은 공기를 공급하는 것을 과급이라고 한다.

93 다음 중 연료 분사압력이 가장 높은 디젤기관의 연소실 형식은?

① 공기실식   ② 와류실식
③ 직접분사식   ④ 예연소실식

해설 디젤기관의 연료분사 압력은 예연소실식 〈 공기실식 〈 와류실식 〈 직접분사식 순서이다.

94 디젤기관의 연료 분사장치의 성능에서 분무 형성의 3대 요건이 아닌 것은?

① 무화상태가 좋아야 한다.
② 관통력이 커야 한다.
③ 과급되어 있어야 한다.
④ 균일하게 분산되어 있어야 한다.

해설 디젤 연료의 분무 형성의 3대 요건은 무화상태, 관통력이 커야하고, 균일하게 분산되어야 한다. 디젤 연료가 과급되면 불완전연소와 이를 원인으로 유해가스 발생이 증가하게 된다.

95 가솔린 기관의 기화기 장치 중 혼합기를 농후하게 하여 한랭 시 시동을 쉽게 하기 위한 것은?

① 쵸크밸브
② 스로틀 밸브
③ 벤츄리
④ 이코노마이저 계통

96 연료관이나 기화기 등이 가열되어 연료에 기포가 발생하여 기관의 운전을 방해하는 현상은?

① 노크(knock)
② 착화지연
③ 런온(run-on)
④ 증기폐색(vapor lock)

해설 연료관이나 기화기 등이 기관의 운전으로 열을 받아 가열되면 연료에 기포가 발생되어 연료공급이 충분히 이루어지지 못한다. 이로 인해 운전이 원활하지 못하거나 심할 경우 운전이 정지된다. 이러한 현상을 증기폐색(vapor lock)이라 한다.

정답 90.③ 91.① 92.① 93.③ 94.③ 95.① 96.④

97 가솔린 기관 기화기의 주요 구성요소가 아닌 것은?

① 단속기 ② 초크 밸브
③ 벤튜리 ④ 스로틀 밸브

해설 기화기의 작동원리와 특성

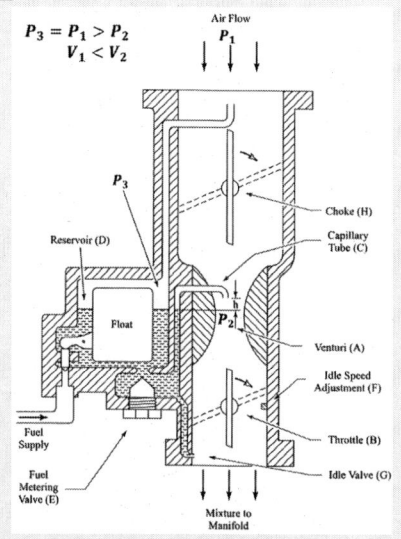

▲ 기본적인 자동차 기화기 구조도
(A)벤튜리관 (B)스로틀 밸브 (C)연료 모세관 (D)연료 저장고 (E)주유량 조절 니들 밸브 (F)아이들 속도절기 (G)아이들 밸브 (H)초크

1) 흡기 다기관(intake manifold)의 대기압보다 낮은 압력(부압, negative pressure)을 이용하여 연료를 빨아들여 공기와 혼합시켜 혼합기를 만들어 줌
2) throttle opening↑ → 공기 흡입 유량↑ → 부압↑ → 기화기의 연료 흡입량↑ → 엔진 부하에 대응함
3) 수동적인 혼합기 제조로 인하여 운전 조건 변화에 대한 반응 속도가 느림
4) 정확한 공기량에 대응한 혼합기를 만들 수 없어 불완전 연소에 따른 연료 소비량 증가와 유해 배기가스 증가
5) Throttle valve: 실린더로 흡입되는 혼합기의 양을 조절, 공기 유동율을 조절하여 엔진 토크를 제어함
6) Idle speed adjustment: throttle이 완전히 닫혀도 아이들 상태에 필요한 공기가 통과할 수 있도록 throttle 위치를 조절함
7) Choke valve: 냉간 시동(미소 연료 증발) 시 농후한 혼합기를 공급하기 위하여 흡입 공기량을 조절함

98 내연기관의 노크 현상의 원인으로 가장 적합한 것은?

① 전기점화 시 점화가 정상 시점보다 늦게 일어날 때
② 전기점화기관에서 실린더 내 온도가 너무 낮을 때
③ 압축점화 시 점화가 정상 시점보다 늦게 일어날 때
④ 압축점화기관에서 실린더 내 온도가 너무 높을 때

해설 내연기관의 노크 현상은 연소 초기에 연료 분사량이 많거나 실린더 온도가 낮고, 압축비가 낮을 때 자연발화가 일어나지 못하고, 갑자기 일시에 연소가 일어나 실린더 압력이 급상승하고 압력파가 발생하면서 진동과 소음을 수반하는 현상이다. 주로 연료의 점화 지연 기간이 길어지는 것이 원인이 되어 일어나는 현상이다.

99 일반적인 디젤 엔진을 가솔린 엔진에 비교하여 설명한 것으로 올바른 것은?

① 연료 소비율이 높다.
② 열효율이 높다.
③ 진동 및 소음이 적다.
④ 디젤기관이 빠르게 회전하여 출력이 높다.

해설 디젤기관의 장점
• 압축비가 높기 때문에 열효율이 높다.
• 고장이 자주 일어나는 전기점화 장치나 기화기 장치가 없어 고장이 적다.
• 저질 연료를 사용할 수 있으므로 연료비가 적게 든다.
• 연료의 인화점이 높기 때문에 화재의 위험성이 적고, 안전성이 높다.
• 저속에서 회전력이 높다.
• 대형, 대출력이 가능하다.

100 혼합기를 만드는 공기량을 가감하는 것은?

① 스로틀 밸브(throttle valve)
② 벤츄리관(venturi tube)
③ 니들 밸브(niddle valve)
④ 쵸크 밸브(choke valve)

정답 97.① 98.③ 99.② 100.④

Part 4 농업동력학
기출문제[2]

01 기화기에서 혼합가스가 실린더 속으로 유입하는 양을 조절하는 것은?
① 초크밸브(choke valve)
② 스로틀 밸브(throttle valve)
③ 연료조정 니들밸브
④ 부자실

02 기화기에서 가속페달과 연결되어 있는 것은?
① 스로틀 밸브 ② 니들 밸브
③ 쵸크 밸브   ④ 흡입 밸브

03 디젤 기관의 연소실 중 구조가 간단하고, 연소실 면적이 가장 작으며, 시동이 쉽고, 열효율과 폭발압력이 높으나 노크 발생이 쉬운 연소실의 형식은?
① 예연소실식   ② 와류실식
③ 직접 분사식 ④ 공기실식

04 겨울철에 기관 냉각계통의 동파를 방지하기 위한 부동액의 원료로 널리 사용되는 것은?
① 에틸렌글리콜
② 글리세린
③ 에틸 알콜
④ 메틸 알콜

해설 물은 열전달에 매우 효과적이지만 기관 냉각계통으로서는 큰 제약을 가지고 있다. 물은 영도에서 빙결하므로 겨울철에는 냉각시스템의 물이 빙결할 때 라디에이터나 실린더 블록을 파손시킬 수 있다. 또한 기관 내부에서 물이 철과 접촉하면 녹이 슬게 된다. 따라서 이러한 제약을 극복하기 위해 부동액이 물과 함께 사용되어 왔다. 현재 가장 널리 사용되는 부동액의 재료로서는 에틸렌 글리콜이 있다.

05 실린더의 과냉으로 오는 결점이 아닌 것은?
① 연소의 불완전
② 열효율의 저하
③ 실린더 마모의 촉진
④ 재킷 내 전해 부식 촉진

해설 수냉식 기관의 실린더 블록은 냉각수가 흐르는 워터 재킷으로 둘러싸여 있다. 대부분의 기관들은 물과 에틸렌글리콜(부동액)의 혼합물을 사용한다. 에틸렌글리콜(부동액)은 녹을 방지하고 물펌프에 대하여 윤활제의 역할을 한다. 단, 순수한 에틸렌글리콜(부동액)은 기관 냉각제로 사용해서는 안된다. 냉각장치는 엔진을 냉각하여 과열을 방지하고 적당한 온도를 유지하는 장치이다. 실린더 내의 연소가스 온도가 약 2000~2500℃에 이르며, 이 열의 상당한 양이 실린더 벽, 실린더 헤드, 피스톤, 밸브 등에 전달된다. 또한, 냉각이 많이 되면 냉각으로 손실되는 열량이 크기 때문에 엔진 효율이 낮아지고, 연료 소비량이 증가하는 등의 문제가 발생하므로 엔진의 온도를 약 80~90℃로 유지하는 것이 냉각장치의 기능이다. 그러나 냉각에는 일정한 한도가 있으며 과도한 냉각은 연소를 나쁘게 하고 열효율의 저하를 초래하며 불완전연소의 소산물인 CO 등의 부식성이 강한 산성가스가 응축수와 화합하여 HCOOH로 되어 실린더 내면에 침식하거나 윤활유에 섞여 화학적인 이상마멸이 생길 수 있다. 예방법으로는 가능한 한 냉각수 온도를 높게 유지하여 응결수분의 생성을 막는 것이다.

06 엔진을 과급(super charging)하는 목적이 아닌 것은?
① 열효율을 높이기 위하여
② 엔진의 회전수를 높이기 위하여
③ 연료의 소비량을 낮추기 위하여
④ 출력을 증가시키기 위하여

해설 기관의 출력은 단위시간에 유입되는 공기의 공급량에 따라 결정되는데, 실린더에 흡입되는 공기의 질량은 이론적 흡기 질량보다 적다. 이 경우 압축기를 이용하여 급기의 밀도를 대기압 이상으로 높여 공급하는 과급(supercharging)이 사용된다.

정답 01.② 02.① 03.③ 04.① 05.④ 06.②

과급으로 흡기 밀도를 높이면 체적효율이 증가하여 평균유효압력이 상승하므로 행정체적이나 회전속도를 증가시키지 않고도 연료소비율을 감소시키고 출력을 증대시킬 수 있다.
• 과급기의 사용 목적
1) 흡입 공기를 압축시켜 더 많은 양의 공기(또는 혼합기)를 실린더로 밀어 넣으면 체적 효율이 증대되어 엔진 출력이 향상됨
2) 흡기 다기관(intake manifold)의 흡입 압력 증가로 인하여 평균유효압력이 증가함
3) 엔진의 크기를 줄일 수 있음

07 가솔린 기관에 사용되는 기화기의 크기를 결정하는데 고려하여야 할 사항이 아닌 것은?

① 실린더의 체적
② 실린더의 압축비
③ 실린더의 수
④ 기관의 회전속도

해설 기화기의 작동원리와 특성
1) 흡기 다기관(intake manifold)의 대기압보다 낮은 압력(부압, negative pressure)을 이용하여 연료를 빨아들여 공기와 혼합시켜 혼합기를 만들어 줌
2) throttle opening↑ → 공기 흡입 유량↑ → 부압↑ → 기화기의 연료 흡입량↑ → 엔진 부하에 대응함
3) 수동적인 혼합기 제조로 인하여 운전 조건 변화에 대한 반응 속도가 느림
4) 정확한 공기량에 대응한 혼합기를 만들 수 없어 불완전 연소에 따른 연료 소비량 증가와 유해 배기가스 증가
5) Throttle valve: 실린더로 흡입되는 혼합기의 양을 조절, 공기 유동율을 조절하여 엔진 토크를 제어함
6) Idle speed adjustment: throttle이 완전히 닫혀도 아이들 상태에 필요한 공기가 통과할 수 있도록 throttle 위치를 조절함
7) Choke valve: 냉간 시동(미소 연료 증발) 시 농후한 혼합기를 공급하기 위하여 흡입 공기량을 조절함

08 다음 사이클 중 차단비가 1에 가까울 때 열효율이 가장 좋은 기관은?

① 브레이톤 사이클   ② 사바테 사이클
③ 디젤 사이클   ④ 오토 사이클

09 가솔린 기관에 이용되는 기본 사이클은?

① 오토 사이클(Otto Cycle)
② 디젤 사이클(Diesel Cycle)
③ 카르노 사이클(Carnot Cycle)
④ 사바테 사이클(Sabathe Cycle)

해설 불꽃점화기관인 가솔린 기관의 이론 사이클은 오토 사이클이다.
압축점화기관인 디젤 기관의 이론 사이클은 디젤 사이클이다.
사바테 사이클(복합 사이클)은 고속 디젤기관의 기본 사이클이다.

10 다음 중 기관의 기계효율을 바르게 정의한 것은?

① $\dfrac{제동출력}{도시출력} \times 100$

② $\dfrac{도시출력}{제동출력} \times 100$

③ $\dfrac{제동출력}{최대출력} \times 100$

④ $\dfrac{제동출력}{정격출력} \times 100$

해설 기계효율은 도시출력을 유용한 동력, 즉 제동출력으로 변환하는 정도를 나타내는 척도로서, 기계효율에 영향을 주는 요인으로는 실린더라이너와 피스톤 사이의 틈새, 밸브기구, 윤활유 및 윤활장치, 냉각장치 등이 있다.

11 피스톤 속도 12m/sec이고, 4행정 기관의 회전수가 3600rpm인 경우 피스톤의 행정은 얼마인가?

① 10cm   ② 20cm
③ 40cm   ④ 100cm

해설 $V(m/s) = \dfrac{피스톤의 행정 \times N \times 2}{60}$

피스톤의 행정 $= \dfrac{V \times 60}{2 \times N} = \dfrac{12 \times 60}{7200} = 0.1m$

∴ $0.1m = 10cm$

정답 07.② 08.② 09.① 10.① 11.①

12 피스톤 속도는 15m/s이고, 엔진 회전수가 3000rpm인 경우 피스톤 행정은 몇 m인가?

① 0.15 ② 0.20
③ 0.30 ④ 0.60

> **해설** 피스톤의 평균속도 $V = \dfrac{2LN}{60}$(m/s)
> L : 행정(m), N : 기관의 회전수 (rpm)
> 피스톤의 행정: L = 60×V/(2×N)
> = 60×15/(2×3000) = 0.15 m

13 카르노사이클의 공급 열량을 Q_1, 방열량을 Q_2라 하면, 열효율 η_c는?

① $\eta_c = 1 + \dfrac{Q_2}{Q_1}$ ② $\eta_c = 1 - \dfrac{Q_2}{Q_1}$
③ $\eta_c = 1 + \dfrac{Q_1}{Q_2}$ ④ $\eta_c = 1 - \dfrac{Q_1}{Q_2}$

> **해설** 이상적인 카르노사이클의 열효율
> $\dfrac{공급열량 - 방출열량}{공급열량} = \dfrac{Q_1 - Q_2}{Q_1} = 1 - \dfrac{Q_2}{Q_1}$

14 고열원 600℃, 저열원 40℃인 범위에서 작동하는 카르노 사이클이 있다. 1사이클당 공급되는 일량이 100J일 때, 1사이클당 일량은 약 몇 J인가?

① 54 ② 64
③ 74 ④ 84

> **해설** 카르노 기관의 열효율
> 1 − (T2/T1) = 1 − (40+273)/(600+273) = 0.64
> 1 사이클당 일량=효율×1사이클당 공급되는 일량
> = 0.64 × 100 = 64 J

15 카르노 기관에서 0℃와 100℃ 사이에서 작동하는 (A)와 300℃와 400℃ 사이에서 작동하는 (B)가 있을 때, (A)와 (B) 중 어느 편이 효율이 좋은가?

① A
② B
③ 같다.(A = B)
④ 주어진 조건만으로는 비교할 수 없다.

> **해설** $\eta_A = 1 - \dfrac{T_L}{T_H} = 1 - \dfrac{273}{273+100} = 0.268$
> $\eta_B = 1 - \dfrac{T_L}{T_H} = 1 - \dfrac{273+300}{273+400} = 0.148$

16 내연기관에서 오토 사이클(otto cycle)은 다음 중 어느 사이클에 속하는가?

① 정압 사이클 ② 정적 사이클
③ 복합 사이클 ④ 정온 사이클

> **해설** 디젤 엔진의 기본 사이클은 디젤 사이클이며, 정압 사이클이라고도 한다.
> 오토사이클은 가솔린기관 사이클이며, 정적 사이클이라고도 한다.
> 사바테 사이클은 고속 디젤기관에 사용된다.
> 카르노 사이클 이상적인 사이클이다.

17 4사이클 디젤기관의 지압선도에서 폭발과 배기가 이루어지는 상태는?

① 등엔탈피 상태
② 등엔트로피 상태
③ 정압상태와 정적상태
④ 정온상태와 정압상태

> **해설** 실린더 내에 공기만을 흡입하여 높은 압축비로 압축하면 압축행정 말기에 공기의 온도가 연료의 발화점 이상으로 상승한다. 이 때 연료를 아주 미세한 입자로 분사시키면 연료는 즉시 기화한 후 발화하여 연소된다. 4사이클 압축점화기관은 4사이클 불꽃점화기관과 마찬가지로 흡입, 압축, 폭발 & 팽창, 배기 등 4개의 행정으로 구성된다. 여기서, 압축은 단열과정, 폭발은 정압과정, 팽창은 단열과정, 배기는 정적과정으로 가정한다.

18 소형 디젤기관의 연소실 중 직접분사식의 특징 설명으로 틀린 것은?

① 부실이 없다.
② 연료 소비율이 적다.
③ 평균유효 압력이 낮다.
④ 드로틀 손실이나 와류 손실이 없다.

정답 12.① 13.② 14.② 15.① 16.② 17.③ 18.③

19 4실린더 기관의 점화 순서가 1-2-4-3번 실린더의 순서일 경우 제1실린더가 폭발행정을 할 때 제3실린더는 어떤 행정을 하는가?

① 흡입행정　　② 배기행정
③ 팽창행정　　④ 압축행정

해설

실린더	1번	2번	3번	4번
같은 시기 다른 행정	폭발	압축	배기	흡입
	배기	폭발	흡입	압축
	흡입	배기	압축	폭발
	압축	흡입	폭발	배기

20 320kgf를 0.8m/sec로 견인할 때 소요되는 동력은 약 몇 kW인가?

① 2.5　　② 3.4
③ 25.1　　④ 34

해설 $H_{kW} = \dfrac{\text{견인력} \times \text{주행속도}}{102}$
$= \dfrac{320 \times 0.8}{102} = 2.5 kW$

21 가솔린 기관과 비교한 디젤 기관의 특징 설명으로 올바른 것은?

① 흡입 행정 시 연료만을 흡입한다.
② 전기점화 장치가 복잡하여 고장이 많다.
③ 연료 소비율은 적으며 열효율은 높다.
④ 폭발 압력이 낮기 때문에 소음이 나지 않는다.

22 어떤 물체가 힘 200kgf에 의하여 30m 이동하는데 20초 걸렸다고 하면 이 때의 동력은 몇 kgf·m/sec 인가?

① 150　　② 200
③ 250　　④ 300

해설 $H = \dfrac{\text{힘}(kg_f) \times \text{이동거리}(m)}{\text{소요시간}(s)}$
$= \dfrac{200 \times 30}{20} = 300 kg_f \cdot m/s$

23 4기통 2사이클 가솔린 기관의 행정이 100mm, 실린더 내경도 100mm이고, 연소실 체적이 1200cc일 때 총배기량은?

① 785cc　　② 3142cc
③ 1571cc　　④ 6283cc

해설 1개 실린더의 배기량
$A \times S = \dfrac{\pi d^2}{4} \times S = \dfrac{\pi 10^2}{4} \times 10$
$= 785.4 cc$
4개의 실린더의 총배기량
$= 785.4 \times 4 = 3142 cc$

24 엔진의 회전수를 측정하는 기기인 것은?

① 타코메터　　② 디크니스 게이지
③ 다이얼 게이지　　④ 버니어 캘리퍼스

해설
• 디크니스 게이지 : 얇은 철판으로 간극을 측정할 때 사용한다.
• 다이얼 게이지 : 길이나 변위 등을 비교하여 정밀하게 측정할 때 사용한다.
• 버니어 캘리퍼스 : 물체의 외경, 내경, 깊이 등을 측정할 때 사용한다.

25 총배기량 1500cc, 연소실 체적 250cc인 기관의 압축비는?

① 2.2　　② 5.0
③ 6.0　　④ 7.0

해설 $\text{압축비} = \dfrac{\text{행정체적} + \text{연소실체적}}{\text{연소실체적}}$
$= \dfrac{1500 + 250}{250} = 7$

26 내연기관의 도시 실출력이 이론출력보다 작게 되는 이유 중 기계적 손실인 것은?

① 혼합기의 불완전 연소
② 연소가스의 실린더 벽에의 방열
③ 피스톤과 실린더 틈새의 마찰
④ 작동 가스의 누설

정답　19.②　20.①　21.③　22.④　23.②　24.①　25.④　26.③

27 압축비가 8이고, 행정 체적이 280cm³인 단기통 기관의 연소실 체적은 몇 cm³인가?

① 30　　② 35
③ 40　　④ 45

[해설] 압축비는 아래 식으로 계산된다.
$$\epsilon = \frac{V_c + V_s}{V_c}$$
여기서, ε : 압축비
　　　　V_c : 연소실체적
　　　　V_s : 행정체적
$$8 = \frac{V_c + 280}{V_c},$$
$$8V_c = V_c + 280,\ 7V_c = 280$$
$$\therefore V_c = 40\,cm^3$$

28 압축비가 8.44, 피스톤 행정은 78mm인 4행정 사이클 기관이 있다. 연소실 체적이 65cm³일 때 실린더의 내경은 몇 cm인가?

① 7.65　　② 8.89
③ 10.23　　④ 12.65

[해설] 압축비 = $\dfrac{\text{행정체적} + \text{연소실 체적}}{\text{연소실 체적}}$
= $\dfrac{\text{행정체적} + 65}{65} = 8.44$

그러므로 행정체적은 483.6cc이다.
행정체적 = $\dfrac{\pi d^2}{4} \times S = 483.6$,
$d = \sqrt{\dfrac{483.6 \times 4}{\pi \times 7.8}} = 8.89\,cm$

29 실린더의 전용적이 490cc이고, 압축비가 7인 가솔린기관에서 행정 체적은 약 몇 cc인가?

① 70　　② 420
③ 429　　④ 490

[해설] 압축비 = $\dfrac{\text{행정체적} + \text{연소실 체적}}{\text{연소실 체적}}$
= $\dfrac{\text{전용적}}{\text{연소실 체적}} = \dfrac{490}{\text{연소실체적}} = 7$

연소실 체적은 70cc이며, 행정체적은 420cc이다.

30 가솔린 기관에서 혼합기가 너무 희박할 때 일어나는 현상은?

① 연료 소모량이 증가한다.
② 저속 회전이 어려워진다.
③ 엔진 오일을 묽게 한다.
④ 엔진이 과열된다.

31 가솔린 기관에서의 노킹에 관한 설명으로 틀린 것은?

① 운전 중 이상연소 현상으로 충격파가 발생하여서 매우 높은 진동을 일으킨다.
② 발생원인으로는 화염전파거리가 짧아질 때, 압축비가 너무 낮을 때, 엔진회전수가 높을 때 등이다.
③ 매우 강한 충격파는 실린더 벽에 강제진동을 주어 망치로 때리는 것과 같은 예리한 소리를 발생한다.
④ 노킹상태에서 장시간 운전하면 출력이 저하하고 피스톤 및 배기밸브가 파손되어 엔진고장을 초래하는 원인이 된다.

[해설] 노크는 저속에서 가속할 때 일어나기 쉬운데, 기관속도가 느리면 연소실 내의 혼합기의 와류가 감소하여 화염면의 전파속도가 감소되므로 착화지연보다 화염면이 말단부에 도달하는 시간이 더 길어지기 때문이다.

32 가솔린 기관의 노크 방지방법으로 적절하지 않은 것은?

① 옥탄가가 높은 연료를 사용한다.
② 엔진이 과열되지 않게 운전한다.
③ 연소실 내의 퇴적된 카본을 제거한다.
④ 화염전파거리를 길게 하는 연소실 형상을 사용하고 연소속도가 느린 연료를 사용한다.

[해설] 화염전파속도가 느리거나 연료의 착화지연이 너무 짧으면 화염면이 도달하기 전에 말단부 가스가 착화되어 발생한다.

정답　27.③　28.②　29.②　30.②　31.②　32.④

33 가솔린 기관에서 기화기의 구성요소가 아닌 것은?

① 단속기 ② 벤튜리 관
③ 초크 밸브 ④ 스로틀 밸브

해설 가솔린 기관 기화기 구성
- 초크밸브: 에어 혼에 들어오는 공기량을 조절하는 밸브
- 스로틀밸브: 실린더 내로 들어가는 혼합기의 양을 조절
- 벤튜리관: 유속을 빠르게 하여 뜨개실 내의 연료를 유출하는 곳
- 뜨개실: 연료의 유면을 항상 일정하게 유지하는 곳
- 제트: 연료의 양을 계량하는 곳
- 가속펌프 및 가속노즐: 급하게 기관을 가속할 때 보상하기 위하여 연료를 압축하는 펌프와 노즐

34 기관 실린더 지름이 40cm, 행정 60cm, 회전수가 120rpm, 평균 유효압력이 5kg$_f$/cm²인 복동 증기기관의 기계효율이 85%일 때 유효마력은 약 몇 PS인가?

① 85 ② 171
③ 201 ④ 236

해설
$$I_{ps} = \frac{P_{mi} \times A \times L \times R \times Z}{75 \times 60 \times 2} = \frac{P_{mi} \times V \times R}{900}$$

I_{ps} : 도시마력(ps)
P_{mi} : 도시평균유효압력(kg$_f$/cm²)
A : 실린더 단면적(cm²)
L : 피스톤 행정(cm)
R : 회전속도(rpm)
V : 행정체적(배기량, cc)
Z : 실린더 수

배기량 = $\frac{\pi d^2}{4} \times S = \frac{\pi 40^2}{4} \times 60 = 75398.22$cm³

회전력 = 배기량 × 유효압력
= 376991.11kg·cm = 3769.91kg·m

$$H_{ps} = \frac{3769.911 \times N}{75 \times 60} = 100 ps,$$

복동기관이므로 200ps이 된다.
∴ $200ps \times 0.85 = 170ps$

35 실린더 지름이 100mm, 행정은 150mm, 도시 평균 유효압력은 700kPa, 기관 회전수가 1500rpm, 실린더 수가 4개인 4사이클 가솔린 기관의 도시출력은?

① 10.3kW
② 41.2kW
③ 56.0kW
④ 259.0kW

해설
$$P_c = \frac{np_{cme}D_s N_e}{60x}$$

P_c : 도시출력, kW, n : 실린더수,
P_{cme} : 도시평균유효압력, kPa
D_s : 행정체적, m³,
N_e : 크랭크축 회전속도, rpm,
x : 2(4사이클기관), 1(2사이클기관)

$D_s = AS$,
A : 실린더 바닥 면적, S : 행정거리
$D_s = \frac{\pi}{4}(0.1m)^2 \times 0.15m$
$= 1.178 \times 10^{-3} m^3$

$P_c = \frac{4 \times 700 \times 1.178 \times 10^{-3} \times 1500}{60 \times 2}$
$= 41.23$kW

36 4사이클 디젤기관의 실린더 지름이 430mm, 피스톤 행정은 650mm, 회전수가 270rpm이고, 실린더 수가 8일 때 피스톤의 평균 속도는?

① 4.55m/s
② 5.00m/s
③ 5.85m/s
④ 6.85m/s

해설 평균 피스톤 속도
$$\overline{U_p} = 2SN$$
= (1회전당 2행정)×(행정거리)×(회전속도)
$\overline{U_p} = 2 \times \left(\frac{650mm}{1000mm/m}\right) \times \left(\frac{270rpm}{60rpm/rps}\right)$
$= 5.85$m/s

37 다음 중 내연기관의 열효율을 향상시키기 위한 방법으로 가장 적절한 것은?

① 흡기관의 유동 저항을 크게 한다.
② 흡기관 온도를 높게 한다.
③ 배기 압력을 낮게 한다.
④ 흡기관 압력을 감소시킨다.

> **해설** 내연기관의 열효율(체적 효율) 증대 방안
> 1) 흡기관의 온도를 낮춰 공기의 밀도를 높여 체적효율을 증대시킨다.
> 2) 흡기관의 유동 저항을 작게 하여 유동 마찰 손실을 감소시킨다.
> 3) 흡기관 압력을 높여 실린더 내로의 공기 유입을 증가시킨다.
> 4) 잔류 배기가스를 줄이기 위하여 배기 압력을 낮춘다.

38 시간당 20kg만큼 가솔린을 소비하여 55kW의 출력을 내는 엔진의 열효율은?(단, 가솔린의 발열량은 51240kJ/kg이다)

① 15.4%
② 19.3%
③ 25.7%
④ 26.7%

> **해설** $1\,W = 1\,J/s$
> $$\eta = \frac{W(\text{기관출력})}{Q(\text{연료의 발열량})} \times 100$$
> $$\eta = \frac{55\,kW/(20\,kg/h) \times 3{,}600\,(s/h)}{51{,}240\,kJ/kg} \times 100$$
> $$= 19.3\%$$

39 일반적으로 내연기관의 전부하 성능곡선을 결정하는데 필요한 자료들로만 조합된 것은?

① 기관의 토크, 회전속도, 출력, 연료 소비율
② 기관의 토크, 소요공기량, 슬립, 연료 소비율
③ 기관의 토크, 소요공기량, 무게, 연료 소비율
④ 기관의 토크, 소요공기량, 배기량, 연료 소비율

> **해설** 기관의 성능곡선이란 토크, 회전속도 및 기타 성과의 관계를 그림으로 나타낸 것으로서 전부하 성능곡선과 부분부하 성능곡선으로 구분된다. 전부하 성능곡선이란 기화기의 스로틀밸브를 전개(wide open) 상태로 운전할 때 각각의 회전속도에서 얻은 최대의 토크와 제동출력, 제동연료소비율 등을 그림으로 나타낸 것이다.

40 내연기관의 효율에 관한 설명 중 틀린 것은?

① 열효율과 기계효율이 있다.
② 일반적인 농용 디젤기관의 열효율은 70% 정도이다.
③ 기관의 마찰, 캠 축 및 펌프 같은 보조기구 구동 등에 동력이 소비되면서 기계 효율이 낮아진다.
④ 기계 효율이란 연소가스가 피스톤에 한 일이 얼마만큼 유효한 일로 전환되었는가를 나타내는 척도이다.

> **해설** 연소 과정 중에 연료 에너지의 43.4%만이 기계적 일로 전환되고 나머지 56.6%의 대부분은 냉각 및 배기의 열로 방출되며, 일부는 흡기 및 배기 행정 시의 펌프 손실로 소비된다.

41 어느 기관이 35Nm의 토크를 내면서 1000 rpm으로 회전할 때, 이 기관의 축에서 발생하는 동력은 약 몇 kW인가?

① 1.9
② 2.8
③ 3.7
④ 4.6

> **해설** $$\text{동력} = \frac{2\pi \times \text{토크} \times \text{회전속도}}{60000}$$
> $$= \frac{2\pi \times 35 \times 1000}{60000}$$
> $$= 3.66\,kW \fallingdotseq 3.7\,kW$$

정답 37.③ 38.② 39.① 40.② 41.③

42
기관의 출력을 측정하기 위하여 마찰 동력계를 사용하여 회전속도 2000rpm, 제동 하중은 20kg으로 측정되었으며, 제동 팔의 길이는 2m일 때, 이 기관의 제동마력은 약 몇 PS인가?

① 55.9
② 82.1
③ 111.7
④ 164.3

해설 [방법1]

$$P_b = \frac{2\pi T N_e}{60000}$$

P_b : 기관의 제동출력[kW]
T : 제동 토크[Nm]
N_e : 회전속도[rpm]

$T = 20[\text{kg}_f] \times 9.81 \times 2[\text{m}] = 392.4[\text{Nm}]$

$P_b = \frac{2\pi \times 392.4[\text{Nm}] \times 2000[\text{rpm}]}{60000}$
$= 82.18[\text{kW}]$

$1[\text{PS}] = 0.7355[\text{kW}]$

$P_b = 82.18[\text{kW}] / 0.7355 = 111.73[\text{PS}]$

[방법2]

$H_{ps} = \frac{T \cdot N}{716}$,

$T(\text{토크, kg}_f\cdot\text{m}) = 20\text{kg}_g \times 2\text{m} = 40\text{kg}_f\cdot\text{m}$

$H_{ps} = \frac{40 \cdot 2000}{716} = 111.7 ps$

43
압축비 ε= 6.3의 오토 사이클의 이론적 열효율은? (단, 동작가스의 비열 k=1.5이다.)

① 40%
② 50%
③ 60%
④ 70%

해설 $\eta_{Otto} = 1 - \varepsilon^{1-k}$

η_{Otto} : 오토사이클의 열효율, 소수
ϵ : 압축비
k : 비열의 비

$\eta_{Otto} = 1 - 6.2^{1-1.5} = 1 - 6.2^{-0.5}$
$= 0.598 ≒ 0.60 = 60\%$

44
내연기관의 토크와 회전수를 측정한 결과가 각각 180N·m와 2000rpm이었다. 이 엔진의 출력(kW)은?

① 0.67
② 3.77
③ 36.05
④ 50.27

해설 [방법1]

$$P_b = \frac{2\pi T N_e}{60000}$$

P_b : 기관의 제동출력[kW]
T : 제동 토크[Nm]
N_e : 회전속도[rpm]

$P = \frac{2\pi \times 18[\text{Nm}] \times 2000[\text{rpm}]}{60000}$
$= 3.77[\text{kW}]$

[방법2] $H_{kW} = \frac{T \cdot N}{97400}$

$= \frac{180 \times 2000}{97400} = 3.69 \text{kW}$

45
디젤기관의 노킹(knocking) 감소에 대한의 설명으로 틀린 것은?

① 착화지연을 짧게 한다.
② 압축비를 높게 한다.
③ 흡기온도를 높게 한다.
④ 연료의 발화점(착화점)이 높은 것을 사용한다.

해설 ▶ 디젤노킹 현상 : 기관이 회전하여 적절한 시기에 폭발이 이루어져야 하지만 늦게 일어나거나 2회 이상 연료가 분사되었을 때 연소가 일어나므로서 기관의 출력이 떨어지고, 노크하듯 두드리는 소리가 나는 현상

▶ 디젤기관의 노킹 감소 방안
• 착화성이 좋은 연료를 사용하여 착화지연을 짧게 한다.
• 압축비를 높여 압축온도와 압력을 높인다.
• 분사개시 때 연료 분사량을 적게하여 급격한 압력상승을 억제한다.
• 흡입공기에 와류를 준다.
• 기관의 온도 및 회전 속도를 높인다.

정답 ··· 42.③ 43.③ 44.② 45.④

46 디젤기관에서 연료의 점도가 높을 때 나타나는 현상이 아닌 것은?

① 연료 소비량이 증가한다.
② 연료의 분산성이 나빠진다.
③ 분사펌프와 분사노즐의 수명이 짧아진다.
④ 연료의 펌핑(pumping)이나 분사가 어렵다.

[해설] 디젤기관 연료의 점도는 기관 성능에 큰 영향을 미친다. 만일 점도가 큰 연료를 사용하면 노즐에서 분사된 입자가 커져 불완전연소의 원인이 되고, 연료소비율이 증가하여 열효율이 저하된다. 반대로 너무 점도가 작으면 연료분사펌프와 연료분사노즐 등 분사장치의 윤활성이 떨어져 내구성이 감소(수명 감소)된다.

47 다음은 디젤 기관의 연소과정이다. 이에 속하지 않는 것은?

① 착화지연기간
② 제어연소기간
③ 연료분사지연기간
④ 급연소기간

[해설] 디젤 기관의 연소과정은 착화지연기간(A-B) → 급격연소기간(B-C) → 제어연소기간(C-D) → 후기연소기간(D-E) 순서로 진행된다.

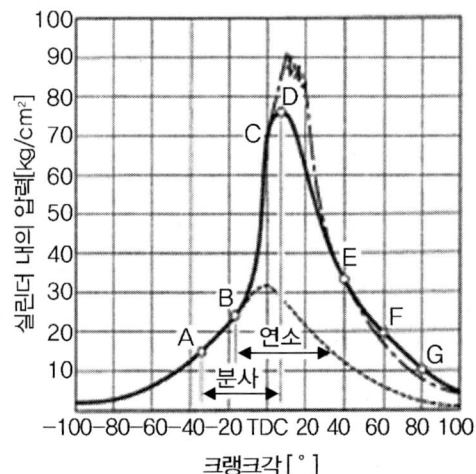

48 다음은 디젤기관 노크에 대한 설명이다. 잘못된 것은?

① 연료의 세탄가는 노크에 견디는 성질의 척도이다.
② 연소 후기에 발생하며, 항상 어느 정도 전재할 수밖에 없다.
③ 연료의 착화지연이 길수록 발생하기 쉽다.
④ 보통점도를 갖는 연료의 물리적 착화지연은 화학적인 것 보다 짧다.

[해설] 디젤 기관의 노크방지 방법
① 착화성이 좋은 연료를 사용하여 착화지연 기간을 짧게 한다.
② 압축비를 높여 압축온도와 압력을 높인다.
③ 분사개시 때 연료 분사량을 적게하여 급격한 압력상승을 억제한다.
④ 흡입공기에 와류를 준다.
⑤ 분사시기를 알맞게 조정한다.
⑥ 기관의 온도 및 회전 속도를 높인다.
※ 디젤기관의 노크는 흡입공기가 저온일 때, 연료의 세탄가가 낮을 때, 정상적인 폭발 온도에 미치지 못하여 2회 이상 연료가 분사할 시 폭발하여 착화가 지연되는 현상을 말한다.
※ 디젤노크는 연소 초기에 발생하며 항상 어느 정도 존재할 수밖에 없다.

• 세탄가의 특징
- 디젤 노크에 견디는 성질을 나타내는 척도
- 연료의 자발화 정도를 나타내는 척도
- 세탄가가 높은 연료 : 착화 지연이 짧아 연소실에서 빨리 착화됨
- 노멀 헵탄(nomal heptane, $C_{16}H_{34}$) : 세탄가 100, 착화성이 좋음
- 헵타메틸노난(heptanmelthylonane, HMN, $C_{12}H_{34}$) : 세탄가 15, 착화성이 나쁨

49 어느 기관에서 50g의 연료를 소비하는데 10초가 걸린다. 이 기관의 축 출력이 60kW일 경우 연료 소비율은 약 몇 kg/kW·h인가?

① 0.2   ② 0.3
③ 0.4   ④ 0.5

[해설] 연료소비율 = $\dfrac{소비연료(kg)}{축출력(kW) \times 시간(h)}$
= $\dfrac{0.05 \times 3600}{60 \times 10}$ = 0.3kg/kW·h

정답 46.① 47.③ 48.② 49.②

50 가솔린 기관의 연료 소비율이 210g/kWh이고, 기관 출력이 55kW일 때 시간당 연료소비량은 몇 kg/h인가?

① 11.55　　② 8.55
③ 5.55　　④ 1.55

해설 연료소비량(g/h)
=연료소비율(g/kWh)×기관출력(kW)
연료소비량 = 210g/kWh×55kW=11,550g/h
= 11.55kg/h

51 45kW 출력을 내는 트랙터 엔진이 12시간 작업을 하여 150L의 연료를 소비하였다. 이 기관의 연료 소모율은 약 몇 kg/kWh인가? (단, 연료의 비중은 0.8이다.)

① 0.22　　② 0.28
③ 0.44　　④ 0.56

해설 연료 무게 = 150L × 0.8(비중) = 120kg
연료 소모율 = 연료무게 / (출력 × 시간)
= 120 / (45 × 12)
= 0.22 kg/kWh

52 디젤기관에서 디젤 노크가 일어나기 쉬운 때의 설명으로 틀린 것은?

① 시동 시나 아이들(무부하) 운전 시
② 흡기계나 실린더 벽 등의 온도가 낮을 때
③ 자연발화 온도가 낮은 경유를 사용하고 압축비가 높을 때
④ 압축 중 가스누설이 큰 이유 등으로 압축 공기의 온도가 낮을 때

53 다음 중 가솔린 기관의 연료로서 구비해야 할 조건이 아닌 것은?

① 발열량이 클 것
② 휘발성이 좋을 것
③ 옥탄가각 높을 것
④ 세탄가가 높을 것

54 다음 중 가솔린 기관의 이상연소에 대한 설명으로 옳지 않은 것은?

① 연소실 과열에 의하여 자연 발화되는 것을 조기점화(preignition)라고 한다.
② 날카로운 금속성 음이 발생하는 것을 와일드핑(wild ping)이라고 한다.
③ 표면 점화가 여러 곳에서 중복하여 발생하는 것을 럼블(rumble)이라고 한다.
④ 점화 스위치를 끊어도 기관이 정지되지 않는 현상을 오버 버닝(over burning)이라고 한다.

해설 • 표면 점화(surface ignition) : 스파크에 의하지 않고 연소실 표면의 과열에 의해 점화하여 연소하는 현상
• 조기 점화(preignition) : 표면점화 현상의 하나로서 압축행정 말기에 스파크에 의해 점화되기 전에 연소실의 과열로 인하여 혼합기가 자연 발화하는 현상
• 런온(run-on) : 점화 스위치를 끊어도 기관이 정지되지 않는 현상

55 디젤기관의 노크 방지책이 아닌 것은?

① 압축비를 높인다.
② 흡기압력을 높인다.
③ 연료의 착화점을 낮게 한다.
④ 실린더 벽의 온도를 낮게 한다.

56 디젤연료의 세탄가에 관한 설명으로 틀린 것은?

① 디젤 노크에 견디는 성질을 나타내는 척도이다.
② 시판 중인 디젤 연료의 세탄가는 60을 초과해서는 안된다.
③ 세탄가가 너무 낮으면 기관의 시동이 곤란하거나 불가능하게 된다.
④ 세탄가가 너무 높으면 배기 중에 미연소 연료입자로 구성된 흰 연기가 나타난다.

정답　50.①　51.①　52.③　53.④　54.④　55.④　56.④

57 기화기의 혼합비가 너무 농후한 경우 나타나는 현상이 아닌 것은?

① 기관이 과열된다.
② 출력이 증가된다.
③ 연료소비가 증가된다.
④ 기관의 회전이 불규칙해진다.

58 디젤기관에 사용되는 연료의 세탄가를 올바르게 설명한 것은?

① 알파 메틸 나프탈렌과 세탄의 관계 비
② 이소 옥탄과 세탄의 관계 비
③ 노말 헵탄과 세탄의 관계 비
④ 에틸 알콜과 세탄의 관계 비

해설 세탄가는 디젤 노크에 견디는 성질을 나타내는 척도로서, 연료의 자발화 정도를 나타낸다. 세탄가가 높은 연료는 착화 지연이 짧아 연소실에서 빨리 착화된다. 세탄가 측정과 표기에는 세탄(n-centane, 세탄가 100)과 알파메틸나프탈렌(세탄가 0)의 혼합물을 기준으로 삼아 측정한다. 디젤 연료의 세탄가는 세탄과 알파메틸 나프탈렌을 혼합한 표준 연료와 비교하여 결정한다.

59 가솔린 기관의 노킹 발생 원인이 아닌 것은?

① 압축비가 높을 때
② 실린더와 피스톤의 과열
③ 연료의 혼합비가 적당하지 못할 때
④ 내폭성이 높은 연료를 사용 했을 때

해설 내폭성이 높은 연료는 옥탄가가 높은 연료로 노킹 발생 시 사용하는 연료이다.

60 옥탄가(Octane Number)와 가장 관계가 깊은 것은?

① 연료의 순도
② 연료의 노크성
③ 연료의 휘발성
④ 연료의 착화성

해설 옥탄가는 가솔린 노크(knock)에 견디는 성질을 나타내는 척도로 사용됨
1) 옥탄가
• 가솔린 노크에 견디는 성질을 나타내는 척도 Anti-knock 성질을 양적으로 표시한 것
• 이소옥탄(iso-octane): 옥탄가 100, 노크에 견디는 성질이 매우 강함
• 노멀 헵탄(normal heptane): 옥탄가 0, 노크가 잘 발생함
2) 세탄가
• 디젤 노크에 견디는 성질을 나타내는 척도
• 연료의 자발화 정도를 나타내는 척도
• 세탄가가 높은 연료: 착화 지연이 짧아 연소실에서 빨리 착화됨
• 세탄(n-centane, $C_{16}H_{34}$): 세탄가 100, 착화성이 좋음
• 헵타메틸노난(heptamethylonane, HMN, $C_{12}H_{34}$): 세탄가 15, 착화성이 나쁨

61 옥탄가가 100이상인 경우 PN과 ON 사이의 관계를 옳게 나타낸 것은?

① $PN = \dfrac{1800}{128 - ON}$
② $PN = \dfrac{2800}{280 - ON}$
③ $PN = \dfrac{2800}{128 - ON}$
④ $PN = \dfrac{280}{128 - ON}$

62 배기가스 배출물질에 관한 설명 중 옳지 않은 것은?

① CO량은 공기과잉률 λ가 1보다 점점 클수록 증가한다.
② Pb량은 혼합비의 영향을 거의 받지 않는다.
③ NOx는 이론 공연비 부근에서 가장 많이 발생한다.
④ CO, CH는 불완전 연소로 발생한다.

정답 57.② 58.① 59.④ 60.② 61.③ 62.①

63 가솔린이 무게에 의한 구성비가 탄소 85%, 수소 15%이고 공기는 무게에 의한 구성비가 산소 23%, 질소 77% 일 때 가솔린 1kg이 완전 연소하는데 필요한 공기의 양은 약 몇 kg 인가?

① 3.5 ② 10.1
③ 12.5 ④ 15.1

해설
$C_8H_{18} + a(O_2 + 3.76N_2) \rightarrow bCO_2 + cH_2O + dN_2$

〈평형조건〉
 C : 8 = b → b = 8
 H : 18 = 2c → c = 9
 O : 2a = 2b + c
  → $a = (2b+c)/2 = (2\times 8+9)/2 = 12.5$
 N : 3.76×2a = 2d → d = 3.76×a = 47
$C_8H_{18} + 12.5(O_2 + 3.76N_2) \rightarrow 8CO_2 + 9H_2O + 47N_2$
$(C_8H_{18} + 12.5O_2 + 47N_2 \rightarrow 8CO_2 + 9H_2O + 47N_2)$
가솔린(C_8H_{18}) 분자량 1(114) → 가솔린 질량비 : 1
산소(O_2) 분자량 12.5(32)
 → 산소 질량비 : $\dfrac{12.5\times 32}{114} = 3.51$
질소(N_2) 분자량 47(28)
 → 질소 질량비 : $\dfrac{47\times 28}{114} = 11.54$
즉 산소+질소 = 3.51+11.54 = 15.05 ≒ 15.1
즉 가솔린 1kg 당 공기 15.1kg

64 공기 과잉률에 대한 설명으로 옳은 것은?

① 공기량과 연료량의 비율이다.
② 이론 공연비에서 실제 공연비를 뺀 값이다.
③ 이론 공연비를 이론적으로 필요한 공기량으로 나눈 값이다.
④ 연소에 실제로 소요되는 공기량을 이론적으로 완전 연소에 필요한 공기량으로 나눈 값이다.

해설 실제 연소과정에서는 완전연소를 확실하게 하기 위하여 이론적으로 필요한 공기량보다 더 많은 공기를 공급하게 되는데, 이론 공기를 초과하는 공기량을 과잉 공기라 한다.
공기 과잉률은 과잉 공기와 이론 공기의 비율로 나타낸다.

65 기관의 배기가스 성분 중에서 인체에 직·간접적으로 영향을 미치는 공해물질이 아닌 것은?

① CO_2 ② NOx
③ CO ④ HC

해설 배기가스 중에서 공해물질로 분류하는 것은 일산화탄소(CO), 탄화수소(HC), 질소산화물(NOx) 및 탄소분진(C, smoke, 미세먼지)이다.

66 어떤 윤활유의 점도가 $0.1 N\cdot s/m^2$이고 비중이 0.88이면 동점도는 몇 mm^2/s인가?(단, 중력가속도는 $10 m/s^2$으로 한다.)

① 1.1
② 11.4
③ 113.6
④ 88

해설 $v = \dfrac{\mu}{\rho} = \dfrac{0.1 \times 1{,}000}{0.88} = 113.6 mm^2/s$

여기서, v : 동점도(mm^2/s)
 μ : 점도($kg\cdot s/m^2$)
 ρ : 비중

67 내연기관에 사용되는 윤활유가 구비해야 할 일반적인 성질로 다음 중 가장 적합한 것은?

① 유성이 낮아야 한다.
② 농업용 디젤기관은 점도지수가 85 이상이어야 한다.
③ 온도에 따른 점도변화가 커야 한다.
④ 유황분 및 불포화 탄화수소가 많아야 한다.

해설 윤활유의 구비 조건
1) 열전도가 좋고, 내하중성이 클 것
2) 양호한 유성을 가질 것
3) 금속의 부식이 적을 것
4) 적당한 점성을 가질 것
5) 카본의 생성이 적을 것
6) 온도 변화에 따른 점도 변화가 작을 것
7) 열이나 산에 대하여 강할 것
윤활유의 성질 중 점도 지수는 점도가 온도에 따라 변화하는 정도를 나타내는 지수이다.

정답 63.④ 64.④ 65.① 66.③ 67.②

68 윤활유 10W-30에 대한 설명으로 옳지 않은 것은?

① 10W는 0℃에서 구한 점도 번호이다.
② 30은 99℃에서 구한 점도 번호이다.
③ 저온에서는 SAE 10W의 점도를, 고온에서는 SAE 30의 점도를 갖는다.
④ 4계절용 윤활유이다.

해설 10W는 -18℃에서 구한 점도 번호이다.

69 일반적인 윤활유의 기능이 아닌 것은?

① 기밀 작용
② 냉각 작용
③ 마찰 감소
④ 응력집중 작용

해설 윤활유는 기밀 작용, 냉각 작용, 마찰 감소 기능을 통해 시스템의 파손을 최소화 한다.
윤활유는 윤활부에 작용하는 압력을 윤활부에 흐르는 오일 전체에 분산시켜 평균화시키는 응력분산작용 기능이 있다.

70 윤활유의 점성계수를 μ, 저널 베어링에 작용하는 수직 하중을 P, 축의 회전수를 N, 마찰계수를 f, 비례상수를 C 라 할 때 이들 사이의 관계를 바르게 나타낸 것은?

① $f = C\mu \dfrac{N}{P}$
② $f = C\mu \dfrac{1}{NP}$
③ $f = C\mu \dfrac{N}{P}$
④ $f = P\mu \dfrac{1}{NC}$

해설 $f = \dfrac{F_t}{F_n} = \dfrac{\mu A \dfrac{v}{h}}{P \times A} = \mu \dfrac{v}{h} \dfrac{1}{P}$

$= \mu(CN)\dfrac{1}{P} = C\mu \dfrac{N}{P}$

$\dfrac{v\,(m/s)}{h\,(m)} = CN(/s)$

여기서, N(축 회전수), C(비례상수)

(접선력) $F_t = \mu A \dfrac{v}{h}$

여기서, μ(점성계수), A(접촉면적),
v(속도, m/s), h(유막두께, m)

(수직력) $F_n = P \times A$

여기서, P(수직하중), A(접촉면적)

71 윤활유의 점도에 관한 설명으로 옳은 것은?

① 점도가 낮은 것이 고부하용으로 적당하다.
② 겨울철에는 SAE 번호가 큰 것을 사용한다.
③ 여름철에는 높은 점도의 윤활유를 사용한다.
④ 윤활유의 점도가 낮을수록 SAE번호가 크다.

해설 고부하용으로는 점도가 높은 것을 사용해야 한다.
SAE 번호가 클수록 점도가 높다.
여름철에는 SAE 번호가 큰 것(점도가 높은 것)을, 겨울철에는 작은 것을 사용한다.

72 내연기관에 사용되는 윤활유의 주요 기능이 아닌 것은?

① 기밀작용
② 냉각작용
③ 압축작용
④ 부식방지작용

해설 윤활유의 주요기능
① 마찰 감소 및 마멸 방지 작용
② 기밀유지 작용
③ 냉각 작용
④ 세척 작용
⑤ 응력분산 작용
⑥ 부식방지 작용

73 트랙터의 변속기 중 유압 펌프와 유압 모터에 의해 변속하는 방식으로 부하 조건에 잘 적응하는 변속기는?

① 기계식 변속기
② 파워 시프트 변속기
③ 유압 구동식 변속기
④ 토크 컨버터식 변속기

해설 토크 컨버터식 또한 유체를 이용하나 이는 유압 커플러를 이용하며, 유압 펌프와 유압 모터에 의해 변속하는 방식은 유압 구동식이다.

정답 68.① 69.④ 70.③ 71.③ 72.③ 73.③

74 일반적인 바퀴형 트랙터 조향장치의 조향운동 전달 순서로 가장 적합한 것은?

① 조향핸들 → 조향암 → 조향기어 → 드래그 링크 → 바퀴
② 조향핸들 → 조향암 → 드래그 링크 → 조향기어 → 바퀴
③ 조향핸들 → 드래그 링크 → 조향기어 → 조향암 → 바퀴
④ 조향핸들 → 조향기어 → 드래그 링크 → 조향암 → 바퀴

해설 조향 운동은 조향핸들을 회전하면 조향 기어를 통해 회전수와 기어의 비율에 맞춰 조향암을 회전시킨다. 조향암은 드래그 링크에 전달되고 조향암을 거쳐 바퀴로 힘이 전달된다.

75 트랙터의 방향 전환 시 안쪽과 바깥쪽 바퀴의 회전속도를 다르게 하는 장치는?

① 차동장치   ② 토크 컨버터
③ 변속장치   ④ 최종 구동기어

해설
- **토크 컨버터** : 유압식 변속기로 유동압 변속기이다. 유압커플러를 이용하여 저압 상태의 유체를 고속으로 작동시켜 변속하는 방식을 이용한다. 토크를 변환하여 동력을 전달하는 장치
- **변속장치** : 트랙터의 전진, 후진, 주입 등의 동작과 기관의 토크와 속도를 차량의 외부 부하에 적합한 수준으로 변환하는 기능을 제공한다.
- **최종구동기어** : 동력전달장치를 구성하는 앞쪽의 다른 부품들보다도 구동륜의 속도는 더 느리게, 토크는 더 크게 구동하도록 해주는 장치이다.

76 트랙터에 있어서의 주행 동력에 대한 설명으로 옳은 것은?

① 트랙터를 가속하는데 필요한 동력
② 트랙터의 주행 저항 때문에 소비하는 동력
③ 트랙터가 작업기를 견인할 때 소비하는 동력
④ 트랙터가 정지 상태에서 발진하는데 소비하는 동력

77 유출량이 1.0L/sec, 입구와 출구의 압력차이가 300kPa인 유압펌프가 1000rpm으로 회전하는데 소요되는 토크는 4Nm이다. 이 펌프의 총 효율은 몇 %인가?

① 68   ② 72
③ 76   ④ 80

해설 펌프의 총효율 $\eta = \dfrac{pQ_a}{2\pi T_a N_p/1000}$

p: 펌프 송출 압력, p_a, Q_a: 실제 송출 유량, L/s
T_a: 실제 구동 토크,
N_m, N_p: 펌프 회전속도, rpm

$\eta = \dfrac{300{,}000[\text{Pa}] \times 1.0/1000[\text{m}^3/\text{s}]}{2\pi \times 4[\text{Nm}] \times 1000[\text{rpm}]/60}$
$= 0.7162 ≒ 72\%$

78 주행부의 슬립에 영향을 미치는 요인으로 가장 거리가 먼 것은?

① 토양조건
② 트랙터의 중량
③ 변속기의 종류
④ 주행부의 종류와 형상

해설
1. 구동륜에 의하여 토양이 전단될 때 전단 변위는 구동륜 슬립의 원인이 되며, 전단 변위는 토양조건에 따라 달라진다.
2. 주행부의 종류와 형상에 따라 트랙터의 중량이 변화하므로 토양추진력이 변화한다.

79 트랙터의 좌우 차륜이 바깥쪽으로 벌어져 구르려는 경향을 수정하여 직진성을 좋게 하는 것으로 앞바퀴를 위에서 보았을 때 앞 끝의 간격이 뒤 끝의 간격보다 작게 설정되어 있는 것은?

① 캠버각   ② 킹핀 경사각
③ 토인각   ④ 캐스터각

해설
- **토인** : 차륜의 진행방향과 차륜 평면이 이루는 각
- **캐스터 각** : 킹핀을 측면에서 보았을 때 킹핀의 중심선과 수직선이 이루는 각
- **캠버각** : 트랙터를 앞에서 보았을 때 연직면과 차륜평면이 이루는 각
- **킹핀경사각** : 킹핀의 중심선과 수직선이 이루는 각

정답 74.④ 75.① 76.② 77.② 78.③ 79.③

80 견인을 목적으로 하는 경운, 정지 외에 파종, 중경, 제초, 병충해방제나 수확작업 등 여러 가지 작업에 폭 넓게 이용되며 바퀴 폭을 조절할 수 있는 현재 이용되는 대부분의 승용 트랙터인 것은?

① 보행형 트랙터   ② 범용 트랙터
③ 과수원용 트랙터   ④ 정원용 트랙터

> 해설
> - **보행형 트랙터**: 경운기를 말한다.
> - **과수원용 트랙터**: 수목 사이 및 수목 아래에서 작업을 할 때 수목에 손상을 주지 않으면서 주행할 수 있도록 설계된 트랙터
> - **정원용 트랙터**: 정원 관리를 위해 설계된 소형 트랙터

81 트랙터에 대한 설명으로 적절하지 않은 것은?

① 트랙터는 주행 장치의 형태에 따라 차륜형, 궤도형으로 분류할 수 있다.
② 정원용 트랙터는 소형 트랙터로서 보행형과 승용형이 있으며 모어, 제설기 등의 작업기를 부착하여 사용할 수 있다.
③ 과수원용 트랙터는 기관의 배기관도 나무에 주는 피해를 줄이기 위해 트랙터 아랫부분에 지면과 수평으로 설치되어 있다.
④ 보행형 트랙터는 승용 트랙터에 비해 작업 능률이 우수하고 대형이다.

> 해설 보행형 트랙터는 소형 경량이어서 취급이 용이하고 가격이 싸서 소규모 경영에 적합하나, 승용 트랙터와 비교하여 노동의 경감 정도가 작고, 작업 능률은 떨어진다.

82 다음 중 견인 효율을 바르게 정의한 것은?

① $\dfrac{견인 동력}{엔진 출력} \times 100$

② $\dfrac{견인 동력}{구동축에 전달된 동력} \times 100$

③ $\dfrac{견인력}{트랙터 총 중량} \times 100$

④ $\dfrac{구동축에 전달된 동력}{견인 동력} \times 100$

> 해설 차축출력에 대한 견인출력의 비율을 견인효율(tractive efficiency)이라 한다.

83 다음 내용이 설명한 특수 트랙터는?

> 트랙터의 차체를 전·후부로 나눈 뒤 양자를 힌지로 연결하여 결합한 형태로, 조향성 및 지형에 대한 적응성이 우수하여 대형 트랙터로 사용되고 있다.

① 탠덤(tandem) 트랙터
② 만능(universal) 트랙터
③ 양방향(two-way) 트랙터
④ 분절조향(articulated) 트랙터

> 해설 분절조향트랙터: 트랙터의 차체를 전·후부로 나눈 뒤 양자를 힌지로 연결하여 결합한 형태로, 조향성 및 지형에 대한 적응성이 우수하여 대형 트랙터로 사용되고 있다.

84 다음 궤도형 트랙터의 특징에 관한 설명 중 틀린 것은?

① 평탄하지 않은 곳에서 주행성 및 견인 성능이 우수하다.
② 바퀴형 트랙터에 비하여 평균 접지압이 크기 때문에 안정성이 있다.
③ 바퀴형 트랙터에 비하여 신속한 선회나 고속 주행이 어렵다.
④ 구조가 복잡하고 가격이 비싸다.

> 해설 궤도형 트랙터는 접지압이 작다는 것이 장점이다.

85 궤도형 트랙터에 일반적으로 가장 많이 채택되는 조향장치는?

① 차동 클러치식
② 차동 기어식
③ 클러치 브레이크식
④ 브레이크식

해설 궤도형 트랙터의 동력 전달 계통은 기관 → 메인 클러치 → 클러치축 → 변속장치 → 베벨 기어 → 중간축 → 조향 클러치 → 최종 감속기어 → 구동륜 순으로 전달된다. 이 중 조향 클러치는 다판 마찰식이다.

86 총중량이 30kN되는 궤도형 트랙터로부터 얻을 수 있는 최대견인력은 약 몇 kN인가?(단, 트랙터의 궤도는 각각 폭이 30cm이고, 길이가 150cm, 토양의 점착응력 C=10kPa이고, 토양의 내부 마찰각 Φ=30°이다.)

① 13.1
② 26.3
③ 39.5
④ 52.6

해설 $F = Ac + W\tan\phi$
F : 견인력, N, A : 접지면적, m²,
c : 토양의 점착력, N/m²
W : 차량의 중량, N, ϕ : 토양의 내부마찰각
$F = 2 \times 0.3 \times 1.5 \times 10,000 + 30,000 \times \tan 30°$
$= 26,320\text{N}$
$\fallingdotseq 26.3\text{kN}$
여기서 2를 곱한 것은 궤도가 2개 존재하기 때문이다.

87 궤도형 트랙터와 비교한 차륜형(바퀴형) 트랙터의 특징으로 적절하지 않은 것은?

① 지상고가 높다.
② 고속도 운전이 가능하다.
③ 접지압이 크다.
④ 견인력이 크다.

해설 궤도형 트랙터는 주행장치가 무한궤도로 되어 있는 트랙터로 견인력이 크고, 접지면적이 크므로(=접지압은 낮아 토양다짐방지에 적합) 지면이 고르지 못한 곳이나 연약한 지반에서 작업이 용이하다. 반면, 차륜형 트랙터는 운전 및 보수가 용이하고, 제작비가 싸고 경략으로 고속운전이 가능하고, 최저지상고가 높아 경작에 편리한 장점이 있다.

88 주행속도 1.5m/s, 실측 견인력 5000N으로 작업하는 트랙터의 견인출력은 몇 kW인가?

① 7.5
② 10
③ 15
④ 20

해설 P(견인동력) = F(견인력) × V(견인속도)
$P = 5000[\text{N}] \times 1.5[\text{m/s}]$
$= 7500\text{W} = 7.5\text{kW}$

89 궤도형 트랙터에 대한 차륜형 트랙터의 특징으로 옳지 않은 것은?

① 운전이 용이하며 궤도형에 비하여 작업속도가 빠르다.
② 제작 단가가 저렴하다.
③ 견인력이 크며 접지압이 낮다.
④ 지상고가 높다.

해설 궤도형 트랙터는 차륜형 주행장치에 비해 접지압이 낮고 승차감이 우수하며 큰 견인력을 얻을 수 있으나 기동성이 떨어지는 단점이 있다.

90 궤도형 트랙터의 특징으로 틀린 것은?

① 평탄하지 않은 곳에서 주행성 및 견인 성능이 우수하다.
② 바퀴형 트랙터에 비하여 접지면적이 작고 평균 접지압이 크기 때문에 안전성이 있다.
③ 바퀴형 트랙터에 비하여 신속한 선회나 고속 주행이 어렵다.
④ 장궤형 트랙터라고도 하며, 바퀴 대신 궤도를 장착한 형태이다.

해설 궤도형 트랙터는 주행장치가 무한궤도로 되어있어 견인력이 크고 접지면적이 커서 지면이 고르지 못한 곳이나 연약한 지반에서 작업이 용이하며 무게중심이 비교적 낮아서 경사지의 작업에도 적용 가능하고 선회반지름이 짧은 장점이 있어 개간지의 작업에 적합하다.

91 일반적으로 궤도형 트랙터에서 조향에 이용하는 장치는?

① 브레이크식
② 차동 기어식
③ 차동 클러치식
④ 클러치 브레이크식

[해설] 습지나 지면이 거친 토양에서는 조향에 큰 힘이 요구되어 대형 트랙터에는 대부분 유압을 이용한 동력조향장치가 이용됨

92 작업기를 장착하는 3점 링크 히치의 구조 및 작동에 관한 설명 중 틀린 것은?

① 3점링크 히치는 1개의 상부 링크와 2개의 하부링크로 구성되어 있다.
② 상승 작용은 오일이 유압실린더로 들어가 피스톤을 밀고, 이것이 상부 링크를 상승시킨다.
③ 중립 작용은 유압 실린더 내의 오일은 갇히게 되어 링크는 상승도 하강도 하지 않는다.
④ 하강 작용은 압송된 오일은 탱크로 회송되고 작업기의 자중에 의해 하부 링크는 하강한다.

[해설] 상승 작용은 오일이 유압실린더로 들어가 피스톤을 밀고 이것은 하부링크를 상승시킨다.

93 차륜형 트랙터 동력전달 계통에서 구동륜 전까지의 순서가 올바르게 표시된 것은?

① 기관 → 클러치 → 변속기 → 차동장치 → 최종감속장치
② 기관 → 클러치 → 최종감속장치 → 변속기 → 차동장치
③ 기관 → 클러치 → 변속기 → 최종감속장치 → 차동장치
④ 기관 → 차동장치 → 최종감속장치 → 클러치 → 변속기

[해설] 기관에서 발생하는 동력을 구동 바퀴나 동력 취출축(PTO축)에 전달하기 위한 장치로 승용(바퀴형) 트랙터의 일반적인 동력전달 계통은 다음과 같다.
기관 → 메인 클러치 → 클러치축 → 변속장치 → 베벨기어 → 차동기어 → 감속기어 → 구동축 → 뒷바퀴

94 차륜형 트랙터의 장점에 대한 설명으로 틀린 것은?

① 운전이 용이하며 궤도형에 비하여 작업속도가 빠르다.
② 제작 단가가 저렴하다.
③ 견인력이 크며 접지압이 작다.
④ 지상고가 높다.

95 차륜형 트랙터의 크기를 표시하는 기준으로 다음 중 어느 것을 일반적으로 사용하는가?

① 기체의 차중
② 기관 출력
③ 기체의 전장과 전폭
④ 견인 출력

[해설] 트랙터는 견인력에 중점을 둔 동력기계로 동력, 즉 기관출력에 의해 구분한다.

96 다음 중 차륜형 트랙터의 크기를 표시할 때 가장 일반적으로 사용되는 것은?

① 트랙터 자중
② 작업기 규격
③ 견인 출력
④ 기관 출력

[해설] 우리나라에 보급된 트랙터는 모두 디젤 기관으로 2~8기통이며 트랙터의 크기는 기관의 출력(마력)으로 표시한다.

97 승용 트랙터에서 시동걸 때 또는 기체의 주행을 정지시키거나 변속할 때 사용되는 것은?

① 주클러치
② 변속기
③ PTO축
④ 최종감속장치

정답 91.④ 92.② 93.① 94.③ 95.② 96.④ 97.①

해설 클러치는 동력의 흐름을 차단하거나 기관에 부하를 가할 때 부드럽게 물리도록 하는 역할을 한다. 거의 모든 차량의 클러치는 원판(disk) 클러치 방식을 사용하고 있다. 트랙터에 사용하는 클러치 역시 슬립이 작고 조작, 조정 및 수리가 편리한 구조의 원판 클러치가 많고 단판식으로 단순화되는 경향이 있다.

98 원판 마찰 클러치에서 내경이 150mm, 외경이 200mm, 회전수가 250rpm, 접촉면 압력이 200kPa, 마찰 계수가 0.3이라면 전달동력은 약 몇 kW인가?

① 0.9 ② 1.9
③ 2.8 ④ 3.8

해설 $T = \dfrac{\pi f p (D^3 - d^3)}{12}$, $P = \dfrac{2\pi TN}{60000}$ (kW)

T : 전달토크(Nm), P : 전달동력(kW)
f : 마찰계수 = 0.3
p : 접촉면 압력(Pa = N/m^2)
    = 200kPa = 200,000Pa
D : 클러치 외경(m) = 0.2m,
d : 클러치 내경(m) = 0.15m
N : 회전수(rpm) = 250rpm

$T = \dfrac{\pi \times 0.3 \times 200{,}000 \times (0.2^3 - 0.15^3)}{12}$
$= 72.65 \, \text{Nm}$
$P = \dfrac{2\pi \times 72.65 \times 250}{60000} = 1.9 \, \text{kW}$

99 트랙터 PTO에 관한 설명으로 틀린 것은?

① PTO는 작업기에 동력을 전달하는 장치이다.
② PTO 방식에는 상시회전형, 속도 비례형 등이 있다.
③ PTO축과 작업기의 연결은 유니버설 조인트를 사용한다.
④ PTO는 작업기에 직선운동을 전달하는 장치이다.

해설 동력취출장치(PTO, power take-off)는 트랙터로부터 로터리 경운기, 모어, 베일러, 양수기 등의 구동 작업기에 회전력을 전달하는 장치이다.

100 트랙터 앞바퀴를 앞쪽에서 보면 수직선에 대하여 1.5~2.0° 경사져 지면에 닿는 쪽이 좁게 되어 있는데 이는 축의 비틀림을 적게 하여 주행 시 안정성을 유지하는데 중요한 역할을 한다. 이 각을 의미하는 용어는?

① 토인 ② 캐스터각
③ 캠버각 ④ 킹핀경사각

해설
- 캠버(camber) : 트랙터를 정면에서 봤을 때 전차륜은 수직선에 대하여 1.5~2.0도 경사져 지면에 닿는 쪽이 좁게 되는데, 이를 캠버각이라 한다. 이것은 차륜과 지면 사이의 접점에 킹핀의 중심선을 가깝게 함으로써 수직하중이나 구름저항 등에 의한 축의 비틀림을 작게 하여 주행의 안정성을 유지하는 기능을 가진다.
- 토인(toe-in) : 캠버각 때문에 좌우 차륜이 바깥쪽으로 벌어져 구르려는 경향을 수정하여 직진성을 좋게 한다.
- 캐스터(caster) : 킹핀을 측면에서 보면 수직선에 대하여 트랙터 뒤쪽으로 2~3도 경사지게 부착되어 있는데, 이를 캐스터각이라 한다. 이것에 의하여 킹핀의 연장선이 바퀴의 접지점으로부터 앞으로 나가게 되므로 노면의 저항을 적게 받아 직진성을 좋게 한다.
- 킹핀경사각 : 킹핀의 중심선과 수직선이 이루는 각

정답 98.② 99.④ 100.③

Part 4
농업동력학

기출문제[3]

01 차륜이 직진할 때 외부로부터 받는 측면 하중이나 충격을 흡수하여 직진성을 좋게 하는 것으로 차륜의 진행 방향과 차륜 평면이 이루는 각은?

① 캠버각
② 토인각
③ 캐스터각
④ 킹핀 경사각

02 트랙터 앞바퀴는 일반적으로 아래쪽이 좁고 위쪽이 넓게 되도록 부착하여 수직하중이나 주행저항 등에 의한 차축의 구부러짐이나 비틀림을 적게 한다. 주향의 안정성을 유지하기 위하여 두는 이 각의 명칭과 각도는?

① 캠버 각, 1.5~2.0°
② 캠버 각, 5~11°
③ 캐스터 각, 2~3°
④ 캐스터 각, 5~11°

해설
- 캠버(camber) : 트랙터를 정면에서 봤을 때 전차륜은 수직선에 대하여 1.5~2.0도 경사가 져 지면에 닿는 쪽이 좁게 되는데, 이를 캠버각이라 한다. 이것은 차륜과 지면 사이의 접점에 킹핀의 중심선을 가깝게 함으로써 수직하중이나 구름저항 등에 의한 축의 비틀림을 작게 하여 주행의 안정성을 유지하는 기능을 가진다.
- 토인(toe-in) : 캠버각 때문에 좌우 차륜이 바깥쪽으로 벌어져 구르려는 경향을 수정하여 직진성을 좋게 한다.
- 캐스터(caster) : 킹핀을 측면에서 보면 수직선에 대하여 트랙터 뒤쪽으로 2~3도 경사지게 부착되어 있는데, 이를 캐스터각이라 한다. 이것에 의하여 킹핀의 연장선이 바퀴의 접지점으로부터 앞으로 나가게 되므로 노면의 저항을 적게 받아 직진성을 좋게 한다.

03 트랙터의 주행장치용 공기타이어에서 타이어의 골조가 되는 중요부분으로 타이어가 받는 하중, 충격, 공기압에 견디는 역할을 하는 것은?

① 비드부
② 카커스부
③ 쿠션부
④ 트레스부

해설
- 비드부 : 타이어의 공기압이나 외력에 의해 생기는 변형을 막고, 타이어를 주행 중에 요동하지 않도록 림에 밀착시키는 역할을 한다.
- 카커스부 : 타이어의 가장 중요한 부분으로 타이어가 받는 하중, 충격, 공기압에 견디는 역할을 한다.
- 쿠션부 : 카커스부와 트레이드부의 고무 사이에 접착하여 외부로부터 받는 타이어의 충격을 완화시키는 천분리 등의 손상을 방지하는 역할을 한다.
- 트레드부 : 직접 지면에 접촉하는 카커스로 쿠션부를 보호하고 마찰, 손상에 대하여 강한 저항력을 갖게 하기 위하여 두꺼운 고무층으로 되어 있다.

04 트랙터의 주행장치용 공기타이어에서 타이어의 골조가 되는 중요부분으로 타이어가 받는 하중, 충격, 공기압에 견디는 역할을 하는 부분은?

① 비드부
② 카커스부
③ 쿠션부
④ 드레드부

해설 공기 타이어는 공기로 채워진 토로이드(toroid) 형상으로 되어 있다. 내부에는 연성과 탄성이 높은 고무층이 접착되어 카커스(carcass)를 형성하고 있으며, 외부에는 러그가 부착된 두꺼운 고무층이 카커스를 덮고 있다. 카커스는 타이어의 가장 중요한 부분으로 고무층에 감긴 실의 방향에 따라 타이어의 특징이 결정된다.
타이어 원주의 중심선과 고무층에 감긴 실의 방향이 이루는 각을 크라운각(crown angle)이라고 하며, 일반적으로 크라운각이 작으면 타이어의 조향 기능은 우수하나 지면과의 완충 기능이 떨어지며, 반대로 크라운각이 크면 완충 기능은 우수하나 조향 기능이 떨어진다.

정답 ··· 01.② 02.① 03.② 04.②

05 일반적으로 타이어 규격에 포함되지 않는 것은?

① 플라이 등급 ② 림의 직경
③ 타이어 폭   ④ 디스크의 폭

해설 플라이 등급은 특정한 운전 조건에서 타이어가 지지할 수 있는 최대의 하중을 표시하기 위하여 사용된다.
타이어의 크기는 림의 직경을 인치 단위로 표시한다.
타이어 폭은 타이어의 가장 넓은 부분의 직선거리이다.

06 타이어 플라이 등급을 표시하는 목적으로 가장 적절한 것은?

① 타이어 강도의 상대적 비교
② 타이어 변형의 상대적 비교
③ 타이어 수명의 상대적 비교
④ 타이어 안정감의 상대적 비교

해설 플라이 등급은 특정한 운전 조건에서 타이어가 지지할 수 있는 최대의 하중을 표시하기 위하여 사용되며, 타이어의 강도를 상대적으로 비교할 수 있다.

07 트랙터 작업기의 부착방식에서 견인식과 비교할 때 직접 장착식의 특징 중 틀린 것은?

① 견인력이 감소한다.
② 유압제어가 용이하다.
③ 작업기의 운반이 용이하다.
④ 전장이 짧고 회전 반경이 작다.

해설 장착식은 견인식에 비해 다음과 같은 장점이 있다.
1) 트랙터와 작업기의 전장이 짧아 선회반경이 짧으므로 경운되지 않는 부분이 작다.
2) 견인식 작업기처럼 차륜이나 프레임이 불필요하여 작업기의 구조가 간단하고 가격이 싸다.
3) 장착식은 작업기의 중량과 작업기의 견인저항의 일부가 하중전이(weight transfer)에 의해 구동륜에 작용하는 하중을 증가시키므로 견인력을 향상시킬 수 있다.
4) 작업기의 운반 및 선회가 용이하다.
5) 작업기의 유압 제어가 용이하다.

08 트랙터에 설치된 차동 잠금장치(differential lock)에 대한 설명으로 가장 적합한 것은?

① 습지와 같이 토양 추진력이 약한 곳에는 사용할 수 없다.
② 미끄러지기 쉬운 지면에는 사용하기 어렵다.
③ 회전할 때만 사용한다.
④ 차륜의 슬립이 심할 경우 사용한다.

해설 차동잠금장치는 좌우 구동차축의 속도를 동일하게 할 수 있도록 구동차축을 일체로 연결하는 장치로서 직진하는 경우에만 사용한다. 트랙터의 경우, 습지에서와 같이 토양의 추진력이 약한 곳이나 차륜의 슬립이 심한 곳에서 사용할 수 있다.

09 P.T.O 축과 연결되지 않는 작업기는?

① 모워   ② 로타리
③ 베일러   ④ 쟁기

해설 기관의 동력을 로터베이터, 모아, 베일러, 양수기 등 구동형 작업기에 전달하기 위한 장치로서 동력취출축(power take off, PTO)과 동력취출축을 구동하기 위한 장치를 합하여 동력취출장치라고 한다. 쟁기는 PTO축의 회전력이 아닌 트랙터의 견인력을 이용하는 작업기이다.

10 농용트랙터의 차동장치에서 큰 베벨기어(링기어)의 회전수를 매분 200회전이라 하면, 내측 차륜이 100회전할 때 외측 차륜은 몇 rpm인가?(단, 최종 감속 장치의 감속비는 1 : 1로 한다.)

① 100   ② 200
③ 300   ④ 400

해설 $2\omega_c = \omega_{inner\,wheel} + \omega_{outer\,wheel}$
ω_c = 링기어 각속도 = 200rpm
$\omega_{inner\,wheel}$ = 내측 차륜 각속도 = 100rpm
$\omega_{outer\,wheel}$ = 외측 차륜 각속도
2×200
$\quad = 100 + \omega_{outer\,wheel}, \omega_{outer\,wheel}$
$\quad = 300\ rpm$

정답 05.④ 06.① 07.① 08.④ 09.④ 10.③

11 3점 링크 히치에 유압장치를 사용함으로써 발생되는 장점이 아닌 것은?

① 3점 히치 상하 조작이 리프팅 암을 상하로 작동시킴으로써 이루어진다.
② 유압 조작레버의 위치에 관계없이 작업기의 상하조작은 항상 일정한 위치로 자동 조정된다.
③ 플라우의 견인력 제어나 위치제어와 같은 제어가 가능하다.
④ 작업기의 무게가 트랙터 후차륜에 증가시킴으로써 큰 견인력을 얻을 수 있다.

해설 기계유압식 3점 링크 히치의 특징
위치제어는 트랙터에 대한 작업기의 위치를 미리 원하는 높이에 설정하여 작업기 상승 시 항상 설정된 높이에서 정지할 수 있으며 유압 작동레버의 위치에 따라 작업기의 위치가 결정된다.

12 트랙터 유압 장치의 구성요소가 아닌 것은?

① 유압펌프 　　② 제어밸브
③ 축압기 　　　④ 너클암

해설 유압펌프는 유압장치의 심장부로서 기계적 동력을 유압동력으로 전환한다.
유압 제어 밸브는 오일의 압력, 유량, 이동방향을 제어하는 데 사용되고 압력제어밸브, 유량제어밸브, 방향제어밸브로 분류된다.
축압기(hydraulic accumulator)는 에너지 저장장치로서 오일이 펌프로부터 압송될 때 축압기 내의 비활성가스(보통 질소)는 압축되었다가 배관 내 압력이 떨어지면 팽창하여 압력을 상승시켜 배관 내의 압력을 균일하게 유지시키는 기능을 한다.

13 앞바퀴의 직진성을 좋게 하기 위하여 앞바퀴 앞쪽의 간격을 뒤쪽보다 좁게 하여 바퀴가 안으로 향하도록 한 것은?

① 캐스터 각 　　② 캠버각
③ 킹핀 경사각 　④ 토인

해설 • 토인 : 차륜의 진행방향과 차륜 평면이 이루는 각, 직진성을 좋게하고, 토인각이 크면 타이어의 마모가 심하고 구름 저항이 커진다.
• 캐스터 각 : 킹핀을 측면에서 보았을 때 킹핀의 중심선과 수직선이 이루는 각, 노면의 저항을 적게 받아 진행방향에 대한 직진성을 좋게 한다.
• 캠버각 : 트랙터를 앞에서 보았을 때 연직면과 차륜평면이 이루는 각, 수직하중이나 구름 저항 등에 의한 비틀림을 적게하여 주행을 안정적이게 유지한다.
• 킹핀경사각 : 킹핀의 중심선과 수직선이 이루는 각, 주행중 발생하는 저항에 의한 킹핀의 회전모멘트가 작아져 조향조작을 경쾌하게 하는 기능을 한다.

14 연약지에서 트랙터 차륜이 공회전하여 주행이 곤란할 때 구동차축을 일체로 고정시켜주는 장치는?

① 동기장치 　　　② 차동 잠금장치
③ 동력 취출장치 　④ 유니버셜조인트

해설 • 동기장치(synchronizer) : 씽크로메쉬라고도 하며 동기물림 기어식 변속기에서 주행 중 변속을 가능하게 하여 작업능률을 향상시켜주는 장치이다.
• 동력 취출장치(power take-off) : PTO장치라고도하며 트랙터로부터 구동작업기에 회전력을 기계적으로 전달하기 위한 장치이다. 스플라인 기어로 되어 있다.
• 유니버셜조인트 : 전동축이 교차하는 경우에 동력을 전달하기 위한 전동축 커플링의 일종이다. PTO축과 동력을 필요로 하는 작업기에 연결하여 회전력을 전달하는 장치

15 트랙터의 3점 링크 중 하부 링크의 좌우 진동을 제한하는 것은?

① 체크 체인
② 리프트 암(lift arm)
③ 상부 링크
④ 리프팅 로드(lifting rod)

해설 3점 링크 히치의 체크 체인(check chain)이나 스태빌라이저(stabilizer)는 하부 링크의 좌우 진동을 방지하고 안전을 도모하는 장치이다.

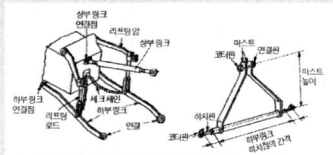

16 트랙터의 3점 링크 히치의 구성요소가 아닌 것은?
① 마스터 실린더 ② 리프팅 로드
③ 상부 링크 ④ 하부 링크

17 후륜구동 트랙터의 하중전이에 관한 설명 중 옳은 것은?
① 하중전이는 트랙터의 견인성능을 증가시킨다.
② 하중전이는 동적 상태에서 차륜에 작용하는 지연반력과 크기가 같다.
③ 하중전이는 전륜의 추진력을 증가시키고 후륜의 운동저항을 감소시킨다.
④ 하중전이의 크기가 후륜의 정하중과 같게 되면 후방 전도에 일어나기 쉽다.

> 해설 하중전이 : 트랙터가 전진 시 하중이 후륜 방향으로 후진 시에는 전방으로 하중이 이동하는 현상
> ① 후륜구동 트랙터에서 하중전이는 트랙터의 견인성능을 증가시킨다.
> ② 하중전이는 동적 상태와 정적 상태에서 차륜에 작용하는 지면반력의 차이와 같다.
> ③ 하중전이는 후륜의 추진력을 증가시키고 전륜의 운동저항을 감소시킨다.
> ④ 하중전이의 크기가 전륜의 정하중과 같게 되면 후방 전도가 일어나기 쉽다.

18 트랙터 작업기의 부착방식에서 견인식과 비교한 직접 장착식의 특징 설명으로 틀린 것은?
① 작업기의 유압 제어가 어렵다.
② 작업기의 선회가 용이하다.
③ 구조가 비교적 간단하다.
④ 회전 반경이 작다.

> 해설 직접장착식 작업기의 유압제어가 용이한 장점이 있다.

19 일반적인 차륜형 트랙터의 동력전달장치가 아닌 것은?
① 조향 장치 ② 변속 장치
③ 차동 장치 ④ 주 클러치

20 다음 중 유압회로 내의 압력이 일정한 수준에 도달하면 유압펌프를 무부하 시키는데 사용되는 제어밸브는?
① 릴리프 밸브(relies valve)
② 부하제거 밸브(unload valve)
③ 유량제어 밸브(flow control valve)
④ 방향제어 밸브(direction control valve)

> 해설 • 릴리프 밸브 : 유압을 일정하게 유지하여 정상적인 작동을 돕는 기능을 한다.
> • 유량제어 밸브 : 유량을 조절함으로써 액추에이터의 작동 속도를 제어하는 기능을 한다.
> • 방향제어 밸브 : 유체의 흐르는 방향을 바꿔 액추에이터의 작동을 원하는 방향으로 제어하는 기능을 한다.

21 일정한 작업 간격이 필요한 파종기나 이식기를 트랙터에 부착할 경우 다음 중 가장 적합한 동력취출장치는?
① 독립형 ② 상시 회전형
③ 속도비례형 ④ 변속기 구동형

> 해설 속도비례형 동력취출장치는 트랙터의 주행속도와 동력취출축의 회전속도가 비례하도록 만든 형식이다. 동력취출축의 1회전당 트랙터의 진행거리가 변속단수에 관계없이 일정하므로 작업간격을 일정하게 유지할 필요가 있는 파종기, 이식기 등을 부착하는 트랙터에 이용된다.

22 다음 중 양배추 수확기를 구동하기에 가장 적합한 동력전달 방식은?
① 속도비례형 PTO
② 상시회전형 PTO
③ 독립형 PTO
④ 변속기 구동형 PTO

> 해설 양배추 수확기의 전진속도와 양배추가 원판에 접촉한 점의 원주속도의 비가 양배추 수확기의 작업성능에 큰 영향을 미친다. 이 비를 일정한 값으로 유지시켜야 하므로 수확기에 연결된 PTO의 회전속도는 전진속도에 비례해야 한다. 따라서 양배추 수확기의 구동에는 속도비례형 PTO가 적합하다.

정답 16.① 17.① 18.① 19.① 20.② 21.③ 22.①

23 승용 트랙터의 작업기 연결장치에서 이용되는 3점 히치식은 어느 방식인가?
① 견인식   ② 직접 장착식
③ 반장착식   ④ 독립 취출식

24 유압시스템에서 압력이 일정 한도 이상이 되면 스프링을 밀어 통로가 열려 오일이 배유관을 통해 배출되어 과도한 압력 상승을 방지해 주는 유압 밸브는?
① 릴리프 밸브   ② 방향제어 밸브
③ 유량제어 밸브   ④ 솔레노이드 밸브

25 릴리프 밸브는 다음 중 어느 것을 제어하는 것인가?
① 유량   ② 방향
③ 압력   ④ 유속

해설 릴리프 밸브란 유압회로 내 최고 압력을 제한하는 밸브이다.

26 로타리 펌프(rotary pump)에 대한 설명으로 틀린 것은?
① 프라이밍이 필요하다.
② 로터의 회전에 의해 양수한다.
③ 구조가 간단하고 취급이 용이하다.
④ 회전수에 대한 실제 배출량은 배출압력의 증가에 비례한다.

해설 회전펌프(로타리 펌프)는 원심펌프와는 달리 케이싱의 벽면에 접촉되어 있는 로터(rotor)의 회전에 의하여 케이싱 내의 압력을 저하시켜 양수하는 펌프이다. 그러므로, 프라이밍(priming)을 할 필요가 없다. 밸브를 필요로 하지 않으므로 구조가 간단하고 취급이 용이하지만, 로터의 접촉면이 마모되어 누수가 일어나기 시작하면 펌프의 효율이 현저하게 떨어지는 결점이 있다. 회전펌프의 이론배출량은 이론상 회전수에 비례하지만 실제로는 배출압력의 증가에 따라 케이싱과 로터 사이의 간격이나 그 밖의 부분에서 생기는 내부 누수량 때문에 일정한 회전수에 대한 실배출량은 배출압력의 증가에 비례한다.

27 트랙터의 킹핀을 측면에서 보았을 때 킹핀의 중심선과 연직선이 이루는 각은?
① 캠버각   ② 킹핀 경사각
③ 캐스터각   ④ 토인각

해설
• 캠버(camber) : 트랙터를 정면에서 봤을 때 전차륜은 수직선에 대하여 1.5~2.0도 경사가 저 지면에 닿는 쪽이 좁게 되는데, 이를 캠버각이라 한다. 이것은 차륜과 지면 사이의 접점에 킹핀의 중심선을 가깝게 함으로써 수직하중이나 구름저항 등에 의한 축의 비틀림을 작게 하여 주행의 안정성을 유지하는 기능을 가진다.
• 토인(toe-in) : 캠버각 때문에 좌우 차륜이 바깥쪽으로 벌어져 구르려는 경향을 수정하여 직진성을 좋게 한다.
• 캐스터(caster) : 킹핀을 측면에서 보면 수직선에 대하여 트랙터 뒤쪽으로 2~3도 경사지게 부착되어 있는데, 이를 캐스터각이라 한다. 이것에 의하여 킹핀의 연장선이 바퀴의 접지점으로부터 앞으로 나가게 되므로 노면의 저항을 적게 받아 직진성을 좋게 한다.

28 트랙터 앞바퀴 좌우의 간격이 앞쪽이 뒤쪽 보다 좁게 되어 있어 바깥쪽으로 벌어져 구르려는 경향을 수정하여 직진성을 좋게 하는 차륜 정렬방식인 것은?
① 캠버각   ② 캐스터각
③ 토인   ④ 킹핀 경사각

해설
• 토인 : 차륜의 진행방향과 차륜 평면이 이루는 각, 직진성을 좋게 하고, 토인각이 크면 타이어의 마모가 심하고 구름 저항이 커진다.
• 캐스터 각 : 킹핀을 측면에서 보았을 때 킹핀의 중심선과 수직선이 이루는 각, 노면의 저항을 적게 받아 진행방향에 대한 직진성을 좋게 한다.
• 캠버각 : 트랙터를 앞에서 보았을 때 연직면과 차륜평면이 이루는 각, 수직하중이나 구름 저항 등에 의한 비틀림을 적게하여 주행을 안정적이게 유지한다.
• 킹핀경사각 : 킹핀의 중심선과 수직선이 이루는 각, 주행중 발생하는 저항에 의한 킹핀의 회전모멘트가 작아져 조향조작을 경쾌하게 하는 기능을 한다.

정답 23.② 24.① 25.③ 26.① 27.③ 28.③

29 트랙터 공기타이어의 견인 능력을 증대시키기 위하여 타이어 바깥 둘레에 방사상으로 돌출된 보조장치를 사용되는 것은?

① 스트레이크　② 타이어 거들
③ 피트만 암　④ 드래그 링크

해설
• 타이어 거들 : 타이어에 맞는 장치를 입혀 면적 및 지면과의 마찰력을 증대시키는 장치
• 피트만 암 : 조향장치로 핸들을 회전운동을 직선운동으로 변환하는 장치
• 드래그 링크 : 피트만 암과 연결하여 직선운동을 전달하는 장치

30 승용트랙터 제동장치에서 좌우 독립브레이크 페달을 사용하는 주된 목적은?

① 급정지를 위하여
② 회전반경을 작게하기 위하여
③ 경사지에서 제동이 잘되게 하기 위하여
④ 부속 작업기를 신속하게 정지시키기 위하여

31 장궤형 트랙터의 장점이 아닌 것은?

① 접지 면적이 넓어 연약 지반에서도 작업이 가능하다.
② 무게 중심이 낮아 경사지 작업이 편리하다.
③ 기동성이 좋고 정비가 편리하다.
④ 회전 반경이 작다.

32 트랙터의 보조 차륜 중 지면은 단단하지만, 미끄럽거나 눈이 쌓여 있는 경우에 한정하여 사용하는 것은?

① 타이어 거들　② 스트레이크 차륜
③ 플로트 차륜　④ 디스크 차륜

해설
• 스트레이크 : 트랙터 공기타이어의 견인 능력을 증대시키기 위하여 타이어 바깥 둘레에 방사상으로 돌출된 보조장치
• 타이어 거들 : 보조차륜으로 타이어에 맞는 장치를 입혀 면적 및 지면과의 마찰력을 증대시키는 장치

33 트랙터의 선회 및 곡진을 용이하게 하기 위하여 좌우 구동륜의 회전 속도를 서로 다르게 해주는 장치는?

① 차동장치　② 최종구동장치
③ 변속기　④ 클러치

해설
• 변속기 : 다양한 기어 비율에 맞춰 회전속도와 토크를 조절하는 장치
• 최종구동장치 : 고속으로 회전하는 동력을 조정 속도로 감속시켜 바퀴를 구동하는 장치
• 클러치 : 기관과 변속기 사이에 설치되어 있으며 시동하거나 변속할 때 혹은 기관을 정지하지 않고, 트랙터를 정차시킬 때 사용하는 장치

34 농용 트랙터 구동륜의 타이어에 미끄럼 방지를 위하여 나있는 돌기 부분을 의미하는 것은?

① 스포크(spoke)
② 링(ring)
③ 트레이드(thread)
④ 보스(boss)

35 PTO축이란 다음 중 어느 장치를 의미하는가?

① 변속장치　② 동력취출장치
③ 차동장치　④ 조향장치

36 동력계의 암이 0.6m인 프로니 브레이크를 이용, 가솔린 기관을 시험했다. 기관속도가 300 rpm일 때 저울의 눈금이 3000N이었다면 이 기관의 축동력은 약 몇 kW인가?

① 27.77　② 37.77
③ 56.55　④ 65.78

해설 $P = \dfrac{2\pi TN}{60000}$,

여기서, P : 동력(kW), N : 회전속도(rpm),
T(토크, Nm) = F(힘, N) × L(토크암의 길이, m)
$= 3000 \times 0.6 = 1800\,\text{Nm}$
$P = \dfrac{2\pi \times 1800 \times 300}{60000} = 56.55\,\text{kW}$

정답 ··· 29.① 30.② 31.③ 32.① 33.① 34.③ 35.② 36.③

37 트랙터의 캠버각에 대한 설명으로 가장 적합한 것은?
① 킹핀의 중심선과 수직선에 대한 안쪽으로 5~11° 정도 경사지게 부착되어 있는 각이다.
② 앞바퀴에서 아래쪽이 좁고 위쪽이 넓게 되도록 지면에 내린 수직선에 대하여 1.5~2° 정도이 경사각이다.
③ 킹핀을 측면에서 보면 킹핀의 중심선과 수직선에 대하여 뒤쪽으로 2~3°정도 경사지게 부착되어 있는 각이다.
④ 보통 차륜 중심선의 전면과 후면과의 치수 차이로 표시하며 3~10mm이다.

38 다음 중 유압식 브레이크의 작동 원리는?
① 상대성 원리
② 베르누이 원리
③ 파스칼의 원리
④ 아르키메데스의 원리

해설 1653년에 블레즈 파스칼이 발견한 원리(밀폐된 용기에 담긴 비압축성 유체에 가해진 압력은 유체의 모든 지점에 같은 크기로 전달된다는 원리)로, 유체의 압력은 어느 방향에서나 동일하게 나타낸다. 이는 유압 장치의 원리로 유압식 브레이크의 작동원리는 파스칼의 원리이다.
유압식 브레이크 원리: 파스칼의 원리
밀폐된 용기에 액체를 넣고 외부에서 압력을 가하면 동일한 압력이 모든 부피의 면적에 전달된다.

39 긴 내리막 길에서 엔진 브레이크를 사용하면 제동장치의 발열, 마모가 적어져 유리하다. 어떻게 하는 것인가?
① 변속기를 저속단수에서 변속시키고 주행한다.
② 변속기를 고속단수에서 변속시키고 주행한다.
③ 엔진을 끄고 브레이크 페달을 사용한다.
④ 기어를 중립에 놓고 브레이크를 사용한다.

40 3점 링크 히치의 특징 설명으로 틀린 것은?
① 유압제어가 필요 없다.
② 작업 회전 반경이 적다.
③ 큰 견인력을 얻을 수 있다.
④ 작업기 운반이 용이하다.

41 트랙터의 구조에서 조향장치에 해당하는 것은?
① 변속기   ② 메인 클러치
③ 차동장치   ④ 스티어링 암

42 트랙터의 동력 취출장치(PTO)의 형식 중에서 파종기와 이식기의 회전 동력원으로 가장 적합한 것은?
① 독립형   ② 상시 회전형
③ 변속기 구동형 ④ 속도 비례형

43 트랙터에서 좌우 독립 브레이크 페달을 사용하는 이유는?
① 급정지를 위하여
② 회전 반경을 줄이기 위하여
③ 경사지에서 제동이 잘되게 하기 위하여
④ 부속작업기를 신속하게 정지시키기 위하여

44 다음 중 일반적으로 동력 경운기에 가장 많이 사용되는 주클러치의 종류인 것은?
① 맞물림 클러치
② 원통식 마찰 클러치
③ 다판식 클러치
④ 단판식 마찰 클러치

정답 37.② 38.③ 39.① 40.① 41.④ 42.④ 43.② 44.③

45 트랙터의 브레이크에 대한 설명 중 틀린 것은?
① 최종구동축과 차동장치의 중간에 설치한다.
② 좌우 브레이크 페달에 의해 독립적으로 제동할 수 있다.
③ 도로를 주행할 때는 좌우 브레이크 페달을 분리하여 사용한다.
④ 트랙터의 주행을 정지시키기 위해 사용한다.

해설 도로를 주행할 때 좌우 브레이크 페달을 연결시키지 않은 상태에서 급브레이크를 밟으면 편 브레이크가 되어 급회전하여 사고의 원인이 되므로 반드시 연결하여 사용해야 한다.

46 조향 시 핸들의 조작력을 가볍게 하기 위해 전면에서 보았을 때 킹핀을 안쪽으로 일정 각도만큼 경사지게 하는 것은?
① 캠버각 ② 토인각
③ 캐스터각 ④ 킹핀 경사각

해설
• 캠버(camber) : 트랙터를 정면에서 봤을 때 전 차륜은 수직선에 대하여 1.5~2.0도 경사가 져 지면에 닿는 쪽이 좁게 되는데, 이를 캠버각이라 한다. 이것은 차륜과 지면 사이의 접점에 킹핀의 중심선을 가깝게 함으로써 수직하중이나 구름저항 등에 의한 축의 비틀림을 작게 하여 주행의 안정성을 유지하는 기능을 가진다.
• 토인(toe-in) : 캠버각 때문에 좌우 차륜이 바깥쪽으로 벌어져 구르려는 경향을 수정하여 직진성을 좋게 한다.
• 캐스터(caster) : 킹핀을 측면에서 보면 수직선에 대하여 트랙터 뒤쪽으로 2~3도 경사지게 부착되어 있는데, 이를 캐스터각이라 한다. 이것에 의하여 킹핀의 연장선이 바퀴의 접지점으로부터 앞으로 나가게 되므로 노면의 저항을 적게 받아 직진성을 좋게 한다.

47 트랙터 앞바퀴의 정렬에 있어서 위에서 보아 좌우 차륜의 앞쪽이 안쪽으로 향하도록 하는 것은?
① 캐스터각 ② 토인
③ 킹핀각 ④ 캠버각

해설
• 토인 : 차륜의 진행방향과 차륜 평면이 이루는 각, 직진성을 좋게 하고, 토인각이 크면 타이어의 마모가 심하고 구름 저항이 커진다.
• 캐스터 각 : 킹핀을 측면에서 보았을 때 킹핀의 중심선과 수직선이 이루는 각, 노면의 저항을 적게 받아 진행방향에 대한 직진성을 좋게 한다.
• 캠버각 : 트랙터를 앞에서 보았을 때 연직면과 차륜평면이 이루는 각, 수직하중이나 구름 저항 등에 의한 비틀림을 적게하여 주행을 안정적이게 유지한다.
• 킹핀경사각 : 킹핀의 중심선과 수직선이 이루는 각, 주행중 발생하는 저항에 의한 킹핀의 회전모멘트가 작아져 조향조작을 경쾌하게 하는 기능을 한다.

48 기관의 동력을 구동형 작업기에 전달하기 위한 장치는?
① 조향장치 ② 동력 취출장치
③ 유압장치 ④ 작업기 부착장치

49 트랙터의 조향을 위하여 핸들을 돌렸을 때 동력이 전달되는 과정으로 가장 적합한 것은?
① 핸들 → 조향암 → 견인링크 → 조향기어 → 프트만암 → 앞바퀴 축
② 핸들 → 피트만암 → 조향기어 → 견인링크 → 조향암 → 앞바퀴 축
③ 핸들 → 조향기어 → 조향암 → 피트만암 → 견인링크 → 앞바퀴 축
④ 핸들 → 조향기어 → 피트만암 → 견인링크 → 조향암 → 앞바퀴 축

50 트랙터 고무 타이어에 4/12 - 3P 라고 표시되어 있을 때 4는 무엇 의미하는가?
① 타이어 폭 ② 타이어 코드 검수
③ 림의 직경 ④ 타이어 지름

해설 4는 타이어 폭으로 4인치이며, 12는 림의 직경으로 인치로 표시한다. 3P는 플라이 수가 3인 것을 의미한다.

정답 45.③ 46.① 47.② 48.② 49.④ 50.①

51 그림과 같이 오토사이클의 P-V선도에서 연소실 체적은?

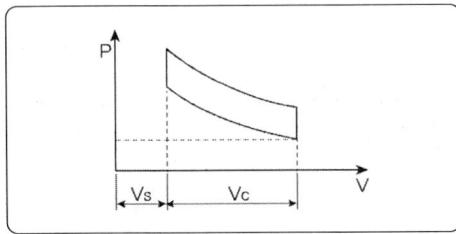

① Vc+Vs   ② Vs-Vc
③ Vc   ④ Vs

52 다음 중 사료 작물 수확용 작업기가 아닌 것은?
① 헤이 테더(hey tedder)
② 헤이 레이크(hey rake)
③ 포리지 하베스터(forage harvester)
④ 파이프 더스터(pipe duster)

53 작업기의 전중량을 트랙터 본체가 지지하는 부착 방법은?
① 견인식
② 반장착식
③ 3점 히치식
④ 요동식 견인봉

54 차륜형 트랙터가 선회 시 구동차륜의 외측은 빠르고 내측은 느리게 회전하도록 하는 장치는?
① 감속 장치
② 변속 장치
③ 차동 장치
④ 구동 장치

해설 트랙터가 선회하는 경우 안쪽 차륜보다 바깥쪽 차륜의 회전속도가 빨라야 하고 트랙터가 선회하거나 좌우 차륜에 작용하는 구름저항의 크기가 다를 때 구동차축의 속도비를 자동으로 조절해주는 장치를 차동장치(differential)라고 한다.

55 유압 시스템의 구성요소가 아닌 것은?
① 유압 펌프
② 유압 제어밸브
③ 차동장치
④ 유압 실린더

56 트랙터의 작업기 장착 방법 중 견인식에 비하여 직접 장착식의 유리한 점이 아닌 것은?
① 전장이 짧고 회전반경이 작다.
② 보조차륜이나 프레임이 필요 없다.
③ 유압제어가 용이하다.
④ 견인력이 작다.

57 트랙터의 뒷바퀴 폭을 조절하는 방법이 아닌 것은?
① 디스크를 반전한다.
② 브라켓과 디스크의 위치를 바꾼다.
③ 앞차축을 고정하고 있는 볼트를 바꾸어 끼운다.
④ 림과 브라켓의 위치를 바꾼다.

58 트랙터 운전 중 안전을 위하여 다음 사항을 준수해야 한다. 잘못된 것은?
① PTO 동력취출 작업 시 회전부 주위에 사람이 접근하지 않도록 한다.
② 연료를 절약하기 위하여 언덕길을 내려갈 때 시동을 끄고 브레이크로 속도를 조절하며 내려간다.
③ 운전 중에는 저속 운전이라도 운전석을 이탈해서는 안된다.
④ 도로 주행 시 좌우 브레이크의 제동력을 같게 하기 위해 연결고리를 걸어 운행한다.

정답 51.④ 52.④ 53.③ 54.③ 55.③ 56.④ 57.③ 58.②

59 동력경운기의 독립형 PTO 장치에 관한 설명이다. 옳은 것은?

① PTO 회전속도는 주행속도에 비례한다.
② 차체의 발진과 작업의 시작은 동시에 해야 한다.
③ 주클러치를 끊으면 PTO축도 회전을 멈춘다.
④ 주행 중에 PTO 회전을 단속시킬 수 있다.

해설 ① **속도비례형 PTO**: 트랙터의 주행속도와 동력취출축의 회전속도가 비례하도록 만든 형식으로 동력취출축의 1회전당 트랙터의 진행거리는 변속단수에 관계없이 일정하다.
③ **변속기구동형 PTO**: 트랙터의 주클러치와 변속기를 통하여 동력이 전달되는 형식으로 동력취출축은 주클러치가 연결된 경우에만 회전하며 트랙터가 정지하면 동력취출축도 동시에 정지한다.
④ **독립형 PTO**: 변속기 클러치와 별도로 독립된 동력취출축 전용 클러치가 설치되어 있기 때문에 트랙터의 주행과 정지에 관계없이 동력취출축으로 동력을 전달하거나 차단할 수 있다.

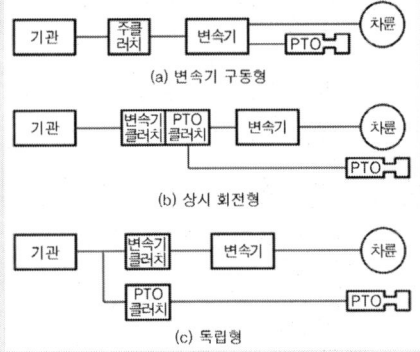

60 규격이 11.2 - 24인 공기 타이어의 바깥지름은 약 몇 cm인가?

① 60.96
② 89.4
③ 117.9
④ 130

해설 [방법1] 11.2″는 타이어 폭이므로
11.21″ × 2 = 22.42″이고,
타이어 림의 직경이 24″이므로
타이어의 바깥지름은 46.42″이다.
∴ 117.9cm = 46.42″ × 2.54cm

[방법2] 11.2: 타이어 단면폭(W) [inch],
100: 편평비(H) (= 단면높이/단면폭 × 100%)
타이어의 단면높이(W × H): 11.2 × 100%
= 11.2 × 1 = 11.2 inch
24: 림 직경(D) [inch] (1 inch = 2.54 cm)
타이어의 외곽 직경 = (11.2 × 2 + 24) × 2.54
= 117.856cm ≒ 117.9 cm

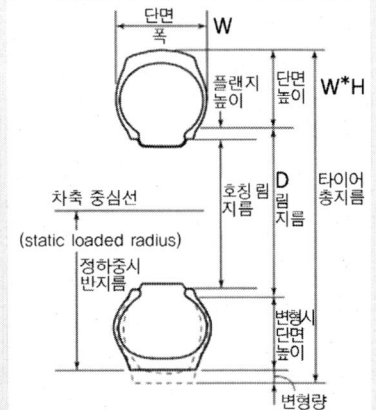

• 공기 타이어의 규격
 - W/H-D
 - W : 타이어의 단면 폭
 - H : 편평비(단면폭에 대한 단면 높이의 비)
 - D : 림의 지름(inch)

61 차륜형 트랙터의 장점이 아닌 것은?

① 견인력이 크고, 잘 미끄러지지 않는다.
② 운전이 용이하다.
③ 제작 가격이 싸다.
④ 고속운전이 가능하다.

해설 크로울러(무한궤도)형은 견인력이 크고 잘 미끄러지지 않는다.

62 조향핸들의 조작을 가볍게 하는 방법 중 옳은 것은?

① 캐스터를 규정보다 크게 한다.
② 토인을 규정보다 크게 한다.
③ 타이어 공기압을 낮춘다.
④ 조향기어비를 크게 한다.

해설 조향기어비를 크게 하면 조향핸들의 가벼워지나 빠르게 회전을 시켜야할 경우에는 불리하게 된다.

정답 59.④ 60.③ 61.① 62.④

63 승용트랙터 팬벨트의 유격은 어느 정도가 되어야 적당한가?

① 손으로 눌러 벨트의 여유가 30~35mm 정도
② 손으로 눌러 벨트의 여유가 10~15mm 정도
③ 손으로 눌러 벨트의 여유가 3~5mm정도
④ 손으로 눌러 벨트의 여유가 없어야 한다.

해설 팬벨트의 유격은 풀 푸시 게이지(pull-push gauge)로 10kgf정도의 힘으로 벨트를 눌러 벨트의 여유가 10~15mm정도가 적당하다.

64 브레이크 페달을 밟아도 정차하지 않는 이유로 틀린 것은?

① 라이닝과 드럼의 압착상태가 불량
② 라이닝 재질 불량 및 오일 부착
③ 브레이크 파이프 막힘
④ 타이어 공기압의 부족

해설 타이어 공기압이 부족할 경우에는 타이어와 지면의 접지 마찰력이 커지기 때문에 빨리 정차할 수 있다.

65 승용트랙터의 토인 조정은 어느 것으로 하는가?

① 타이로드
② 조향상자의 웜기어
③ 스핀들 각
④ 앞바퀴의 폭

해설 토인각의 조정은 타이로드로 하며, 타이로드는 턴버클 형태의 나사로 조정한다.

66 트랙터의 캠버가 심하게 큰 경우의 원인과 관계없는 것은?

① 드래그 링크의 휨
② 앞 액슬축의 굽음
③ 킹핀과 부싱의 마모
④ 너클 스핀들의 휨

67 트랙터 3점 링크를 움직이는 유압실린더는 일반적으로 어떤 형식인가?

① 단동실린더   ② 복동실린더
③ 다단실린더   ④ 단·복동 실린더

해설 트랙터의 3점링크 중 하부링크 2개를 이용하여 작업기를 올리고 내리게 되는데 올릴 때는 유압을 보내주지만 하강 시에는 작업기 자중에 의해 떨어지게 되므로 단동실린더이다.

68 트랙터의 독립브레이크는 어느 때 사용하는 것이 가장 효과적인가?

① 급브레이크를 필요로 할 때 사용한다.
② 트레일러를 부착하고 운반작업을 할 때 사용한다.
③ 경운작업 시 선회반경을 작게 할 때 사용한다.
④ 항상 사용한다.

해설 독립브레이크는 선회반경을 작게 할 때 사용하는 트랙터의 장치로 좌측과 우측 브레이크가 별도로 작동되는 형태로 되어 있으며 도로주행이나 고속주행 시에는 꼭 좌우측의 독립브레이크를 연결핀으로 연결하여 사용해야 한다.

69 트랙터 클러치 페달의 조작방법으로 올바른 것은?

① 느리게 차단하고 빠르게 연결한다.
② 느리게 차단하고 느리게 연결한다.
③ 빠르게 차단하고 빠르게 연결한다.
④ 빠르게 차단하고 느리게 연결한다.

해설 클러치를 조작할 때는 빠르게 차단하고 느리게 연결해야만 마모를 줄이고 클러치의 수명을 연장시킬 수 있다.

70 트랙터에서 유압으로 작동하는 장치는?

① 견인장치   ② 차동장치
③ 3점링크 장치   ④ 시동장치

해설 상부링크, 하부링크 2개로 이루어진 3점 링크가 트랙터의 유압작동 장치중 하나다.

정답 63.② 64.④ 65.① 66.① 67.① 68.③ 69.④ 70.③

71 플라우를 연결할 때의 작업순서를 바르게 표시한 것은?

> 1. 트랙터를 부착하기 편리하게 후진시킨다.
> 2. 우측 하부링크를 끼운다.
> 3. 좌측 하부링크를 끼운다.
> 4. 톱링크를 끼운다.
> 5. 체크 체인을 조정한다.
> 6. 좋은 작업이 될 수 있도록 각 부분을 조정한다.

① 1 → 2 → 3 → 5 → 4 → 6
② 1 → 3 → 2 → 4 → 5 → 6
③ 4 → 1 → 2 → 3 → 5 → 6
④ 4 → 6 → 3 → 2 → 1 → 5

72 트랙터 로터리의 안전클러치 조정 시 6개의 스프링 누름 너트를 똑같이 조여 스프링이 완전히 눌려지게 한 다음 보통 알맞게 풀어주는 정도는?

① 1.5~2회전   ② 6~9회전
③ 11~13회전   ④ 15~17회전

해설 일반적으로 완전히 조인 후 1.5~2회전 풀어준다.

73 트랙터에 있어서 차동 고정 장치의 사용 목적은?

① 작업 시 작업기에 무리한 힘이 걸렸을 때 사용하는 장치이다.
② 굴곡진 길을 주행할 때 진동을 적게 하는 장치이다.
③ 차의 구동바퀴가 공회전하는 것을 막기 위한 장치이다.
④ 커브를 틀 때 사용하는 장치이다.

해설 차동장치는 구동바퀴 중 힘이 적게 걸리는 쪽은 회전하고 부하가 걸린 바퀴는 회전하지 않아 늪지에 빠지게 되면 견인력이 감소(공정)하게 되는데 이를 방지하기 위한 장치이다.

74 트랙터에 로타베이터를 장착할 때 작업기의 좌우 기울기는 무엇으로 조정하는가?

① 체크 체인의 턴버클
② 상부 링크의 턴버클
③ 좌측 하부 링크의 레벨링 핸들
④ 우측 하부링크의 레벨링 핸들

해설 좌우의 기울기는 우측 하부링크의 레벨링 핸들로 조정을 한다.

75 브레이크 작동 시 트랙터가 한쪽으로 쏠리는 원인이 아닌 것은?

① 앞바퀴 정렬이 불량하다.
② 브레이크 라이닝의 접촉이 불량하다.
③ 좌우 타이어 공기 압력이 같지 않다.
④ 마스터 실린더 푸시로드 길이가 너무 길다.

해설 마스터 실린더 푸시로드의 길이가 길면 압력을 증가시켜 브레이크 동작을 더 원활히 할 수 있다.

76 브레이크가 잘 작용하지 않고 페달을 밟는데 힘이 드는 원인이 아닌 것은?

① 타이어 공기압이 고르지 못함
② 피스톤 로드의 조정 불량
③ 라이닝에 오일이 묻음
④ 라이닝의 간극 조정 불량

해설 타이어 공기압이 고르지 못한 것은 브레이크가 작용하는 힘과는 영향이 없지만 견인력에는 영향을 미칠 수 있다.

77 트랙터의 유압제어장치 중 토양상태와 관계없이 일정한 경심으로 작업하기 위한 것은?

① 위치제어장치   ② 견인력제어장치
③ 부하제어장치   ④ 엔진제어장치

해설 트랙터 히치 시스템 중 위치제어 시스템(장치)은 평탄한 지면에서는 경운할 때 경심을 일정하게 유지하는 경심 제어의 기능을 한다.

정답 71.② 72.① 73.③ 74.④ 75.④ 76.① 77.①

78 트랙터의 브레이크 유격은 일반적으로 얼마인가?
① 0~5mm ② 20~35mm
③ 45~60mm ④ 65~75mm

79 겨울철에 트랙터의 유압장치가 잘 작동되지 않는 원인이 될 수 없는 사항은?
① 유압오일이 적정량 들어있지 않다.
② 유압 파이프의 조임 볼트가 풀려 누유가 된다.
③ 유압오일의 질이 너무 묽다.
④ 부하가 너무 과중하다.

[해설] 겨울철에는 온도가 저하되므로 유압오일의 점도가 높아지므로 점도가 낮은 오일을 사용하는 것이 좋다.

80 트랙터 유압펌프에 주로 사용되는 펌프 종류는?
① 기어 펌프 ② 플런져 펌프
③ 피스톤 펌프 ④ 진공 펌프

81 트랙터 유압장치 중 위치제어 레버(position lever)와 견인제어 레버(dreaft lever)에 대해서 옳게 설명한 것은?
① 위치제어레버는 쟁기작업, 견인제어 레버는 로타리 작업에 주로 사용한다.
② 위치제어레버는 작업기의 속도제어, 견인제어 레버는 작업기의 상승, 하강제어에 사용한다.
③ 위치제어레버는 작업기의 부하제어, 견인제어 레버는 작업기의 상승, 하강제어에 사용한다.
④ 위치제어레버는 로타리 작업, 견인제어 레버는 쟁기작업에 주로 사용한다.

82 트랙터에서 작업기를 상하로 작동시킬 때 사용하는 것은?
① 부변속 레버
② 유량조절 레버
③ 유압선택 레버
④ PTO레버

83 3점 링크히치 장치에서 길이를 조절할 수 있는 것과 높이를 조절할 수 있는 것이 바르게 연결된 것은?
① 상부링크 - 앞쪽 리프트 로드
② 상부링크 - 오른쪽 리프트 로드
③ 하부링크 - 왼쪽 리프트 로드
④ 하부링크 - 오른쪽 리프트 로드

[해설] 3점 링크히치는 상부링크에서는 길이 조절이 가능하고 하부링크의 오른쪽 리프트로드는 높이를 조절하여 수평을 조절하는데, 최근 생산되는 트랙터는 하부링크의 좌, 우측 모두 높이 조절이 가능하다.(최근 변형되어 추가되었기 때문에 문제에 나온다면 과거의 형태를 보고 답을 선택해야한다.)

84 트랙터의 핸들이 무겁다. 그 원인 중 옳지 않은 것은?
① 앞바퀴 타이어의 공기압이 높음
② 조향 웜과 로울러의 조정 불량
③ 핸드축이 휘거나 토인 불량
④ 킹핀 베어링의 파손

[해설] 앞바퀴가 조향을 하게 되며 공기압이 높으면 접지 마찰력이 감소하므로 핸들이 가벼워진다.

85 트랙터의 핸들이 너무 많이 움직일 때의 원인은 어느 것인가?
① 림 또는 디스크의 변형
② 허브 너트가 풀어짐
③ 토우인의 불량
④ 드래그 볼의 마멸

정답 78.② 79.③ 80.① 81.④ 82.③ 83.② 84.① 85.④

86 트랙터의 조향 전달 순서가 맞는 것은?
① 조향핸들 → 피트먼암 → 조향기어 → 타이로드 → 너클암 → 바퀴
② 조향핸들 → 조향기어 → 피트먼암 → 타이로드 → 너클암 → 바퀴
③ 조향핸들 → 조향기어 → 타이로드 → 피트먼암 → 너클암 → 바퀴
④ 조향핸들 → 피트먼암 → 타이로드 → 조향기어 → 너클암 → 바퀴

87 트랙터 조향핸들의 자유 유격이 커지는 원인과 관계없는 것은?
① 조향축의 프리 로드 과대
② 섹터 축과 부싱의 마모
③ 각 볼 조인트의 마모
④ 조향축의 축방향 유격과대

88 트랙터의 앞바퀴를 위에서 볼 때 바퀴의 뒷쪽보다 앞쪽의 간격이 약간 좁게 되어있다. 이 차이를 의미하는 용어는?
① 여유(clearance)
② 캐스터(caster)
③ 캠버(camber)
④ 토인(toe-in)

해설 · **캠버**(camber) : 트랙터를 정면에서 봤을 때 전차륜은 수직선에 대하여 1.5~2.0도 경사가 져 지면에 닿는 쪽이 좁게 되는데, 이를 캠버각이라 한다. 이것은 차륜과 지면 사이의 접점에 킹핀의 중심선을 가깝게 함으로써 수직하중이나 구름저항 등에 의한 축의 비틀림을 작게 하여 주행의 안정성을 유지하는 기능을 가진다.
· **토인**(toe-in) : 캠버각 때문에 좌우 차륜이 바깥쪽으로 벌어져 구르려는 경향을 수정하여 직진성을 좋게 한다.
· **캐스터**(caster) : 킹핀을 측면에서 보면 수직선에 대하여 트랙터 뒤쪽으로 2~3도 경사지게 부착되어 있는데, 이를 캐스터각이라 한다. 이것에 의하여 킹핀의 연장선이 바퀴의 접지점으로부터 앞으로 나가게 되므로 노면의 저항을 적게 받아 직진성을 좋게 한다.

89 트랙터 사용 시에 지켜야 할 사항으로 적당한 것은?
① 시동 스위치는 1회에 10초 이내 가동하여야 한다.
② 예열플러그는 엔진이 더울 때에도 사용해야 한다.
③ 시동 스위치는 1회에 2~3분간 돌려도 된다.
④ 작업복은 입지 않아도 된다.

해설 시동 스위치는 1회에 10~15초 이내를 가동해야 한다.

90 트랙터가 정지하면 작업기의 구동이 정지하는 것은?
① 독립형 P.T.O
② 변속기 구동형 P.T.O
③ 상시 회전형 P.T.O
④ 속도비례형 P.T.O

해설 변속기 구동형 P.T.O는 변속기에 동력이 전달되지 않으면 P.T.O도 구동하지 않는 형태로 되어 있다.

91 트랙터에 로터리를 장착하고, 작업을 할 때에 유니버설 조인트가 잘 빠져 나오지 않는 경우는?
① 로터리의 좌우로 수평 균형 조절이 잘 안된다.
② 로터리를 중앙에 위치하게 하고 체크 체인을 당기어 조립하였다.
③ 로터리를 편중되게 장착시켰다.
④ 유니버설 조인트의 키를 정확히 끼우지 않았다.

해설 트랙터에 로타리 장착하는 방법으로 맞는 것은 로터리를 중앙에 위치하게 하고 체크 체인으로 당기어 좌우를 정확히 맞추면 유니버설 조인트도 잘 빠지고 끼워진다.

정답 86.② 87.① 88.④ 89.① 90.② 91.②

92 트랙터의 안전사항으로 바르지 못한 것은?
① 승차정원은 1명으로 한다.
② 도로주행 시 브레이크 페달은 연결핀으로 좌우를 연결한다.
③ 포장 작업 시 작업기를 들어 올린 채 방치하지 않는다.
④ 포장 작업 시 작업기를 부착할 땐 엔진 시동을 한다.

해설 포장 작업 시 작업기를 부착할 때는 엔진시동을 끄고 한다.

93 트랙터의 앞바퀴 정렬의 점검 사항이 아닌 것은?
① 토인　　② 캠버각
③ 캐스터 각　　④ 피트먼 각

해설 앞바퀴 정렬에는 토인, 캠버각, 캐스터각, 킹핀각이 있으며, 피트먼 각은 핸들축에서 회전하는 힘으로 푸시로드를 밀어줄 때 발생하는 각을 말한다.

94 다음은 트랙터의 드래프트 컨트롤장치에 대한 설명이다. 잘못된 것은?
① 트랙터의 견인력을 일정하게 유지시킨다.
② 플라우를 이용한 경운 작업에 이용된다.
③ 작업기의 위치를 일정하게 유지시킨다.
④ 작업기에 걸리는 저항의 변화를 상부링크 압축력으로 감지한다.

해설 드래프트 컨트롤장치는 견인제어 장치라고도 하며 작업기의 위치를 일정하게 유지시키는 기능을 한다.

95 트랙터 로터리 작업시 쇄토정도가 너무 거칠 때 취할 조치 중 잘못된 것은?
① 로터리의 회전수를 높인다.
② 로터리 뒷덮개 판을 내린다.
③ 트랙터의 주행속도를 빠르게 한다.
④ 트랙터의 주행속도를 느리게 한다.

해설 쇄토정도가 너무 거칠 때는 경운피치를 작게 해주면 된다. 경운피치를 조절하는 방법은 주행속도를 낮추는 방법과 회전속도를 높이는 방법이 있다.

96 다음 중 트랙터 취급 시 안전수칙이 아닌 것은?
① 밀폐된 실내에서 기관을 가동하지 말 것
② 운전자 이외에 보조자가 꼭 함께 동승할 것
③ 유압으로 작업기를 올려 놓고 그 밑에서 작업하지 말 것
④ 기관이 가동하고 있을 때는 구동형 작업기의 조정 정비를 금할 것

해설 트랙터뿐만 아니라 모든 농기계는 운전자 1명만 탑승을 원칙으로 한다.

97 다음과 같은 특징을 갖고 있는 트랙터용 작업기의 연결 방법은?

- 작업기의 길이가 짧아진다.
- 구조가 간단하고 값이 싸다.
- 중량전이로 견인력이 증가한다.
- 플라우의 유압제어가 간단하다.

① 견인식　　② 반장착식
③ 유압제어식　　④ 3점 링크식

해설 장착식 또는 3점 링크식이라고 한다.

98 다음 중 트랙터의 일상 점검 기준에 해당하는 것은?
① 오일 필터의 교환
② 배터리 비중의 점검
③ 엔진 오일량의 점검
④ 밸브 간극의 조정

해설 오일 필터, 배터리 비중, 밸브 간극 등은 사용시간에 따라 점검 시기가 다르며 일상 점검 사항은 아니다.

정답 92.④ 93.④ 94.④ 95.③ 96.② 97.④ 98.③

99 트랙터 로터리 부착 및 작업시 조절 요령으로 틀린 것은?
① 로터리 축을 회전시키면서 로터리가 상승될 때 이상음이 발생하면 상부링크 길이를 조절한다.
② 유니버설 조인트와 P.T.O축이 이루는 각도는 90°이하가 되도록 위치제어레버의 작동 범위를 조절한다.
③ 로터리의 경심조절은 미륜의 연결핀을 바꿔 끼워 조절한다.
④ 정지판은 조절판의 위치를 바꿔 끼워 조절한다.

해설 유니버설 조인트와 PTO축이 이루는 각도는 60° 이하로 한다. 유니버설 조인트는 변속기쪽 30°, 작업기쪽 30°를 최대각도로 작업해야 유니버설 조인트의 수명을 연장할 수 있다.

100 농장에서 트랙터로 작업을 할 때 주의할 사항 중 잘못된 것은?
① 운전석은 몸에 맞지 않아도 된다.
② 작업을 하기 전에 기계가 안전한가 점검한다.
③ 사고를 막기 위해서 먼저 계획을 세운다.
④ 히치의 높이는 적당하며 핀은 안전한가 확인한다.

해설 운전석은 몸에 맞게 조절하여야 한다.

101 앞차륜 정렬 측정시 주의하여야 할 사항으로 잘못된 것은?
① 타이어의 공기압이 규정으로 되어 있어야 한다.
② 공장 바닥은 약간 앞으로 경사져 있어야 한다.
③ 스프링의 세기는 일정하여야 한다.
④ 볼 조인트는 이상이 없어야 한다.

해설 앞차륜 정렬 측정 시에는 공장 바닥은 평탄해야 한다.

102 주행중 트랙터를 급정지시키고자 할 때는?
① 브레이크 페달을 밟고 클러치 페달을 밟는다.
② 클러치 페달을 밟고 브레이크 페달을 밟는다.
③ 브레이크와 클러치 페달을 동시에 밟는다.
④ 주변속 기어부터 중립으로 한다.

해설 급정지 시에는 브레이크와 클러치페달을 동시에 밟아야 한다.

103 트랙터 매일 점검사항과 관계없는 것은?
① 엔진오일, 냉각수, 연료
② 누유 및 누수
③ 타이어 공기압
④ 연료필터 청소

해설 연료필터 청소는 100시간에 한번씩 실시한다.

104 트랙터 타이어에서 12.4 × 11 - 4인 경우 4의 의미는?
① 림의 직경이다.
② 림의 폭이다.
③ 타이어 높이이다.
④ 플라이(ply)수 이다.

해설 바퀴폭 × 바퀴지름 - 플라이수

105 트랙터를 운전중 안전운전 방법이 아닌 것은?
① 유압으로 작업기를 올려놓고 그 밑에서 작업하지 말 것
② 승하차는 반드시 트랙터를 정지 시킨 후 할 것
③ 경사지 작업시에는 가급적 차륜의 폭을 넓게 할 것
④ 운전자와 작업자가 반드시 동시에 탑승하여 작업할 것

해설 모든 농기계는 운전자 1명만 탑승을 원칙으로 한다.

정답 99.② 100.① 101.② 102.③ 103.④ 104.④ 105.④

106 운전자가 핸들을 돌려 진행 방향을 임의로 바꾸기 위해 조작되는 장치와 관련 있는 것은?
① 주행장치 ② 조향장치
③ 동력전달장치 ④ 제동장치

해설 조향장치는 조향핸들, 조향기어, 피트만 암 등으로 구성된다. 조향 핸들을 돌리면 핸들의 회전운동은 조향 기어를 통하여 드래그 링크로 전달되고 다시, 조향 암, 토이 로드를 통하여 너클 암으로 전달되어 너클암이 차륜의 방향을 변경한다.

107 트랙터에 있어서 진행방향을 바꿀 때 외측 차륜을 내측 차륜보다 빨리 회전하게 하는 장치는?
① 토크 디바이더
② 유니버셜 조인트
③ 이중 기어
④ 차동 기어

해설 외측 차륜과 내측 차륜의 회전을 조절하는 장치는 차동기어이다.

108 트랙터의 차동기어 장치에서 좌·우륜의 회전수의 합은?
① 항상 큰 베벨기어 회전수의 2배이다.
② 항상 큰 베벨기어 회전수와 똑같다.
③ 항상 큰 베벨기어 회전수의 1/2배이다.
④ 항상 큰 베벨기어 회전수의 1.5배이다.

해설 $2\omega_c = \omega_{inner\,wheel} + \omega_{outer\,wheel}$
ω_c = 링기어(큰 베벨기어) 각속도,
$\omega_{inner\,wheel}$ = 내측 차륜 각속도
$\omega_{outer\,wheel}$ = 외측 차륜 각속도

109 농용트랙터 차동장치의 구성부품에 해당되지 않는 것은?
① 밴드 브레이크
② 구동 피니언
③ 차동사이드 기어
④ 차동 피니언

110 트랙터의 디퍼렌셜 로크장치(차동잠금장치)는?
① 차동장치의 차동작용을 확실하게 한다.
② 차동장치의 차동작용을 하지 못하게 한다.
③ 딱딱한 땅에서 작업시 주행 효율을 향상시킨다.
④ 진흙에서의 작업시 주행효율을 향상시키지 못하게 한다.

해설 디퍼렌셜 로크장치는 습지에서 견인력을 증가시키기 위해 차동장치를 동작하지 않도록 하는 장치이다.

111 트랙터 로타리 작업시 쇄토정도가 너무 거칠어 질 때 취해야할 조치 중 관계가 없는 것은?
① 뒷덮개 판을 내린다.
② 주행을 느리게 한다.
③ 회전속도를 높인다.
④ 주행속도를 높인다.

해설 쇄토정도가 너무 거칠 때는 경운피치를 작게 해주면 된다. 경운피치를 작게 하는 방법은 주행속도를 낮추는 방법과 회전속도를 높이는 방법이 있다.

112 트랙터 제동시 정지거리는?
① 속도가 빠를수록 짧아진다.
② 속도가 빠르면 길어진다.
③ 눈, 비로 노면이 습하면 짧아진다.
④ 노면이 건조할 때가 가장 길어진다.

해설 제동거리는 속도가 길수록, 노면이 습할수록, 노면이 미끄러울수록 길어진다.

113 트랙터의 PTO축을 연결하는 기계요소는?
① 기어 ② 베어링
③ 턴버클 ④ 스플라인

해설 PTO축은 스플라인축을 이용하여 동력을 전달한다.

정답 ⋯ 106.② 107.④ 108.① 109.① 110.② 111.④ 112.② 113.④

114 농용 트랙터의 견인 성능에 영향을 미치는 구름 저항 계수와 관계가 없는 것은?

① 토양의 종류 ② 주행속도
③ PTO의 성능 ④ 바퀴의 종류

해설 PTO의 성능은 작업기를 부착하여 작업을 할 때의 회전력을 말한다.

115 견인 성능을 향상시키기 위하여 구동륜에 추가하는 수직 하중은?

① 토양추진력 ② 부가하중
③ 하중전이 ④ 견인부하

해설 견인 성능은 타이어의 접지면적과 트랙터의 중량에 따라 결정된다. 작업조건에 따라 타이어의 공기압과 부가중량(부가하중)을 적절히 조절함으로써 최대의 견인 성능 얻을 수 있다.

116 다음 중 트랙터에 부가하중을 추가하는 이유로 가장 적절한 것은?

① 속도를 높이기 위하여
② 견인력을 높이기 위하여
③ 조향성을 높이기 위하여
④ 토양 다짐을 감소시키기 위하여

해설 견인력을 증가시키기 위하여 구동륜에 추가로 부착하는 수직 하중을 부가하중(ballast weight)이라고 하며, 구동륜에 철차륜을 부착하는 방법, 타이어에 액체를 채우는 방법, 하중추를 추가하는 방법 등이 있다.

117 트랙터의 PTO 성능 시험 중 부분 부하 시험에서 기준 부하에 해당되는 것은?

① 최대 출력 시 부하의 90%
② 최대 출력 시 부하의 85%
③ 최대 출력 시 부하의 80%
④ 최대 출력 시 부하의 75%

해설 부분 부하 시험은 기관의 정격속도 및 표준 PTO 회전속도(540 rpm)에서 의 최대 출력 시의 부하를 기준으로 하여 다음과 같이 6단계로 부하를 변화시켜 실시한다.

① 기관의 정격속도에서 최대 출력에 해당하는 부하
② ①의 85 % 부하
③ ①의 75 % 부하
④ ①의 50 % 부하
⑤ ①의 25 % 부하
⑥ 무부하
이 중 부분 부하 시험의 기준 부하는 최대 출력 시 부하의 85%이다.

118 로타리를 트랙터에 부착하고 좌우 흔들림을 조정하려고 한다. 무엇을 조정하여야 하는가?

① 리프팅 암 ② 체크체인
③ 상부링크 ④ 리프팅로드

해설 트랙터에 완전장착식으로 부착이 되는 로타리 쟁기등의 좌우 흔들림은 체크체인으로 흔들림을 조정한다.

119 트랙터 운전중 진흙구렁에 빠졌을 때 적당한 조치방법은?

① 변속레버를 저속에 넣고, 기관을 저속으로 회전시키며 출발한다.
② 변속레버를 최상단에 놓고, 액셀레이터를 최대로 높인다.
③ 변속레버를 저속에 넣고, 차동고정 장치페달을 밟고 직진한다.
④ 차동고정 장치페달을 밟으며 선회한다.

해설 진흙구렁에 빠지게 되었을 때는 저속으로 변속하면 지면의 마찰력을 최대한 발휘할 수 있으며 구동을 4륜으로 변환하고, 차동고정장치(차동잠금장치) 페달을 밟고 직진하는 것이 가장 효과적이다.

120 트랙터의 핸들이 1회전하였을 때 피트먼 암이 30° 움직였다. 조향 기어 비는 얼마인가?

① 12 : 1 ② 6 : 1
③ 6.5 : 1 ④ 12.5 : 1

해설 1회전(360) : 30 = 12 : 1

정답 114.③ 115.② 116.② 117.② 118.② 119.③ 120.①

121 트랙터의 점검 방법 중 옳은 것은?
① 기관의 점검은 브레이크를 풀어 놓은 상태에서 실시한다.
② 클러치는 완전히 밟아둔다.
③ 작업기가 부착되었을 때는 반드시 유압장치를 올려놓는다.
④ 작업기의 점검 정비는 평탄한 장소에서 실시한다.

해설 모든 장비의 점검은 평탄한 장소에서 실시한다.

122 장궤형 트랙터의 장점은?
① 견인력이 크고, 연약한 땅 등의 정지가 되지 않은 땅에서의 작업에 편리하다.
② 운전이 용이하다.
③ 과속도 운전이 가능하다.
④ 제작 가격이 싸다.

해설 궤도로 되어 있는 형태의 트랙터이다. 이런 형태는 견인력이 크고, 연약한 지형을 빠져나오기 쉽고 정지 되지 않은 땅에서 작업이 용이하다.

123 디젤기관 트랙터의 시동회로가 회전하지 않을 때 그 원인으로 틀린 것은?
① 축전지가 방전되어 있을 때
② 연료분사펌프에 연료가 공급되지 않을 때
③ 배터리는 정상이나 전동기까지 공급되지 않을 때
④ 전기는 공급되나 시동 전동기 자체의 고장으로 움직이지 않을 때

해설 연료분사펌프는 시동회로가 아니고 연료계통의 문제이다.

124 트랙터 앞바퀴 정렬의 필요성이 아닌 것은?
① 핸들의 복원성 ② 주행중 점검
③ 조정의 용이성 ④ 제동효과의 증가

해설 앞바퀴 정렬은 주행성 향상, 타이어의 마모 감소, 조정의 용이성, 핸들의 복원성을 위하여 필요하다.

125 슬라이딩 칼라와 시프터 기어가 서로 같은 원주속도로 회전하도록 원추형 클러치를 사용하며 고속 주행할 때 변속이 용이한 변속기는?
① 유성 기어식 변속기
② 상시 물림 기어식 변속기
③ 동기 물림 기어식 변속기
④ 선택 미끄럼 기어식 변속기

해설
- 유성 기어식 변속기: 선기어, 링기어, 캐리어, 유성기어로 구성되며 동력을 차단하지 않고 변속할 수 있는 특징이 있는 변속장치
- 상시 물림 기어식 변속기: 각 변속 단계의 기어는 항상 물려 있으나 주축상의 기어는 주축에 연결되어 있지 않고 필요에 따라 주축에서 움직이는 맞물림 클러치를 사용하여 주축과 연결되어 있는 변속장치
- 동기 물림 기어식 변속기: 기어가 서로 물릴 때 원추형 마찰 클러치에 의해서 상호 회전 속도를 일치시킨 후 기어를 맞물리게 하는 변속장치
- 미끄럼 물림식 기어 변속기: 변속기 부축에 고정되어 있는 기어에 주축의 스플라인에서 미끄러질 수 있는 기어를 축 방향으로 움직여 물리게 해서 여러 가지 속도비를 얻는 변속장치

126 트랙터의 취급방법이 바르게 설명된 것은?
① 엔진이 시동된 상태로 연료를 보급하였다.
② 경사진 길을 내려올 때 기어를 중립상태로 하고 주행하였다.
③ 도로 주행시 좌우 브레이크 페달을 연결하고 주행하였다.
④ 운행도중 잠시 쉬고자 하여 시동을 끄고, 시동키를 꽂아 둔 채로 휴식하였다.

해설 트랙터는 브레이크가 좌우로 나눠져 있으므로 도로 주행 시에는 꼭 연결하여 주행해야 한다.

127 전후진 8단 변속기어가 장착되어 있는 트랙터의 출발방법은?

① 반드시 1단 기어로 출발한다.
② 반드시 8단 기어로 출발한다.
③ 1~8단 사이의 아무 변속 단수나 상관없다.
④ 중간인 4~5단 기어로 출발한다.

해설 트랙터는 속도보다는 견인력이 더욱 우수하기 때문에 1~8단 사이로 변속하고 출발하여도 된다.

128 트랙터는 좌, 우 브레이크 페달에 의해 독립적으로 제동할 수 있게 되어 있다. 이와 같이 독립 브레이크를 사용하는 가장 주된 이유는?

① 급정지를 하기 위해서
② 제동력을 크게 하기 위해서
③ 제동 거리를 작게 하기 위해서
④ 회전 반경을 작게 하기 위해서

해설 트랙터의 선회 시 독립 브레이크를 사용하여 차동으로 좌우 차륜 속도를 다르게 제어하여 보다 부드럽고 빠른 선회, 즉 작은 회전 반경을 얻을 수 있다.

129 경운기의 동력전달장치 순서로 옳은 것은?

1. 주클러치   2. 주축 및 변속축
3. 최종구동축 4. 조향클러치
5. 차축

① 1 → 2 → 3 → 4 → 5
② 1 → 2 → 4 → 3 → 5
③ 1 → 2 → 3 → 5 → 4
④ 1 → 2 → 5 → 4 → 3

130 작업기에서 탈착방법의 안전사항 중 옳은 방법은?

① 작업기의 탈착을 15°이내 경사에서 실시한다.
② 작업기의 탈착은 반드시 3인 이상이 해야 한다.
③ 작업기는 부착 후 수평조절을 해야 한다.
④ 작업기의 탈착은 기체 본체를 완전히 후진하여 상부링크부터 연결한다.

해설 작업기 탈착은 평탄한 곳에서 실시하고 혼자 또는 2인이 실시하는 것이 용이할 때도 있다. 작업기 탈착은 하부링크부터 연결하고 상부링크를 연결한다.

131 자체하중이 15kN, 주행속도가 5.4km/h인 트랙터의 주행에 소요되는 동력은 약 몇 kW인가?(단, 구름 저항계수는 0.07이다.)

① 1.58   ② 2.10
③ 15.75   ④ 21.00

해설 구름저항을 극복하는 힘
$0.07 \times 15(kN) = 1.05(kN)$
동력 = 힘 × 속도
$1.05(kN) \times 5.4(km/h) \times \dfrac{1000(m/km)}{3600(s/h)}$
$= 1.575(kW)$

132 트랙터의 견인력이 9800N, 주행속도가 시속 6km일 때 견인동력은 약 몇 kW인가?

① 16.3 kW
② 22.2 kW
③ 58.8 kW
④ 80.0 kW

해설 P(견인동력) $= F$(견인력) $\times V$ (견인속도)
$P = 9800[N] \times 6 \times 1000/3600 [m/s]$
$= 16,333 W ≒ 16.3 kW$

133 트랙터의 주행 속도가 10m/s, 견인력이 1500N일 때 견인 동력은 약 몇 kW인가?

① 7.5   ② 10
③ 15   ④ 30

해설 견인동력(kW) = 견인력(kN) × 주행속도(m/s)
견인동력(kW) = 1.5kN × 10m/s = 15kW

정답 127.③ 128.④ 129.② 130.③ 131.① 132.① 133.③

134 트랙터 주행속도가 3m/s일 때 구동륜에 걸리는 수직하중이 200kg$_f$, 실제 견인력이 100kg$_f$이며, 이때 구동축 출력을 측정한 결과 10PS이면, 트랙터의 견인계수(K_t)와 견인 효율(E_t)은?

① $K_t = 25\%, E_t = 40\%$
② $K_t = 25\%, E_t = 80\%$
③ $K_t = 50\%, E_t = 80\%$
④ $K_t = 50\%, E_t = 40\%$

해설 견인계수(%)
$$= \frac{견인력}{구동륜에 작용하는 수직동하중} \times 100$$
견인효율(%) $= \dfrac{견인동력}{구동륜으로 전달된 동력} \times 100$
또한 견인동력은 아래 식으로 계산된다.
견인동력 = 견인력 × 견인속도
문제에서 견인력 = 100 kgf,
구동륜의 수직동하중 = 200 kgf,
구동륜으로 전달된 동력 = 엔진 출력
= 10 PS = 750 kgf.m/s
견인속도 = 주행속도 = 3m/s 이므로,
견인동력 = 100kgf × 3m/s = 300 kgf.m/s
견인계수 = (100kgf / 200kgf) × 100 = 50%
견인효율 = (300kgf.m/s /750kgf.m/s)×100 = 40%

135 트랙터의 견인력이 1500N이고, 36km/h로 주행할 때 견인동력은 몇 kW 인가?

① 10　　② 15
③ 30　　④ 45

해설 견인동력(kW) = 견인력(kN) × 주행속도(m/s)
견인동력(kW) = 1.5 kN×36×1000/3600 m/s
= 15 kW

136 트랙터의 견인 성능시험을 위하여 측정하는 항목이 아닌 것은?

① 슬립률　　② 진동률
③ 주행속도　　④ 연료 소비율

해설 견인력, 진행 저하율, 주행속도, 연료 소비율, 슬립율 등을 측정하게 된다.

137 구동륜에서 토양 추진력이 3.75kN이고 차륜의 구름반경이 500mm이면, 동적상태에서 차륜에 걸린 구름저항에 의한 토크는 몇 kN·m인가?

① 1.875　　② 3.750
③ 18.75　　④ 37.50

해설 T(차륜에 작용하는 토크, kNm)
$= F$(토양 추진력, kN) $\times r$ (구름반경, m)
$T = 3.75$ kN $\times 0.5$ m $= 1.875$ kNm
문제에서 용어를 잘못 기술하였다.
이 문제에서 요구하는 답은 '차륜에 작용하는 토크'이며, 문제에서와 같이 '차륜에 걸린 구름저항에 의한 토크'를 계산하기 위해서는 문제에 구름저항계수가 주어져야 하며 다음과 같이 계산할 수 있다.
T(차륜에 작용하는 토크, kNm)
$= f$ (구름저항계수)$\times F \times r$

138 트랙터의 견인계수에 관한 설명으로 틀린 것은?

① 구동륜에 작용하는 수직하중에 대한 견인력과 운동저항의 비이다.
② 구동축의 전달된 동력에 대한 견인동력의 비로도 정의된다.
③ 구동륜이 견인할 수 있는 견인하중의 크기를 나타낸다.
④ 견인성능을 표시하는 중요한 변수이다.

해설 구동축(구동륜)으로 전달된 동력에 대한 견인동력의 비는 견인효율이다.

139 다음 중 트랙터의 견인성능에 영향을 미치는 인자로 가장 거리가 먼 것은?

① 진동계수　　② 토양상태
③ 타이어 공기압　　④ 트랙터 총중량

해설 견인효율과 견인력은 트랙터의 출력, 부가중량, 타이어 공기압에 따라 변하며, 부가중량과 공기압은 또한 차륜의 슬립과 토양다짐에 영향을 미친다.

정답 134.④　135.②　136.②　137.①　138.②　139.①

140 견인계수에 직접적인 영향을 미치는 요인이라고 볼 수 없는 것은?

① 토양의 상태
② 주행장치의 형태
③ 엔진 출력
④ 타이어의 공기압

> **해설** 트랙터의 견인계수는 기관의 동력이 주행장치를 통하여 지면으로 전달될 때 주행장치와 지면 사이의 상호 작용에 대한 것으로, 영향을 주는 요인으로는 토양의 종류와 상태, 주행장치의 형태, 타이어 공기압, 타이어 표면 형상, 트랙터 총 중량과 하중 분포 등이 있다.

141 측정거리 20m를 트랙터의 무부하시는 차륜 회전수가 8.5, 부하시는 차륜 회전수가 10이었다면 이 트랙터의 슬립율은 얼마인가?

① 12.9%
② 13.5%
③ 14.9%
④ 17.6%

> **해설** 차륜 슬립은 아래 식으로 계산된다.
> $$슬립[\%] = \frac{N-N_0}{N} \times 100$$
> 여기서, N : 부하 상태에서 일정 거리를 주행할 때 차륜의 회전수
> N0 : 무부하 상태에서 일정 거리를 주행할 때 차륜의 회전수
> N = 10, N0 = 8.5이므로
> 슬립은 [(10−8.5)/10]×100 = 15%
> $$= \left(1 - \frac{\text{슬립의 없는 상태의 구동회전수}}{\text{슬립이 있는 상태에서의 구동 회전수}}\right) \times 100$$
> $$= \left(1 - \frac{8.5}{10}\right) \times 100 = 15\%$$

142 트랙터 주행속도가 3m/sec일 때 구동륜에 걸리는 하중이 200kgf, 실제 견인력이 100kgf이며, 이 때 엔진 출력을 측정한 결과 10PS이면, 트랙터의 견인계수(K_t)와 견인효율(E_t)은?

① $K_t = 25\%, E_t = 40\%$
② $K_t = 25\%, E_t = 80\%$
③ $K_t = 50\%, E_t = 80\%$
④ $K_t = 50\%, E_t = 30\%$

> **해설** $견인계수(K_t) = \dfrac{실제 견인력}{수직하중} \times 100$
> $= \dfrac{100}{200} \times 100 = 50\%$
> $견인효율(E_t) = \dfrac{v \times 견인력}{10ps} \times 100$
> $= \dfrac{3 \times 100}{7,500} \times 100 = 30\%$

143 무부하시 1시간에 1200m를 주행하는 트랙터가, 작업기를 장착하고 쟁기작업을 할 때의 속도가 5.5m/min이면, 이 때 진행 저하율은?

① 72.5%   ② 27.5%
③ 19.9%   ④ 14.5%

> **해설** 진행 저하율(차륜 슬립)은 아래 식으로 계산된다.
> $$슬립[\%] = \frac{V_T - V_R}{V_T} \times 100$$
> V_R : 차량의 실제 주행속도 (부하시 주행속도)
> V_T : 차량의 이론 주행속도 (무부하시 주행속도)
> V_T = 1200 m/hr = 20 m/min,
> V_R = 5.5 m/min이므로
> 진행 저하율은 [(20−5.5)/20]×100 = 72.5%

144 트랙터의 견인력을 증대시키기 위한 일반적인 방법이 아닌 것은?

① 마른 점토에서는 트랙터의 무게를 크게 한다.
② 타이어 직경이 큰 바퀴를 사용한다.
③ 바퀴의 공기 압력을 낮게 한다.
④ 폭이 좁은 타이어를 사용한다.

> **해설** 견인력을 증대시키기 위해서는 토양과의 접지압력을 적절히 하고 마찰력을 증가시키는 것이 유리하다.

정답 140.③　141.③　142.④　143.①　144.④

145 트랙터의 견인력이 2000N, 견인 속도가 4m/s이고, 기관의 출력이 12kW일 때 견인효율은 약 몇 %인가?

① 16.7　　　② 60.4
③ 66.7　　　④ 83.3

해설 견인효율(%)
$= \dfrac{견인동력}{구동륜으로\ 전달된\ 동력} \times 100$

견인동력 = 견인력 × 견인속도
문제에서 견인력 = 2000 N,
견인속도 = 주행속도 = 4 m/s 이므로
견인동력 = 2000 N × 4 m/s = 8,000 W
구동륜으로 전달된 동력 = 12 kW = 12,000 W

견인효율(%) = $\dfrac{8,000}{12,000} \times 100 = 66.67\%$

146 트랙터 차륜이 일정한 회전을 하는 사이에 무부하시의 진행거리가 100m 이고, 부하 시에 진행거리는 95m였다면 슬립율은 몇 %인가?

① 5　　　② 5.26
③ 9.5　　④ 10

해설 슬립율(%) = $\left(1 - \dfrac{부하시\ 진행거리}{진행거리}\right) \times 100$
$= \left(1 - \dfrac{95}{100}\right) \times 100 = 5\%$

147 자중이 1150kg_f 인 장궤형 트랙터의 트랙 정지부분의 길이가 각각 107cm이고, 트랙의 폭이 33cm일 때 이 트랙터의 접지압은 약 몇 kg_f/cm²인가?

① 0.08　　② 0.16
③ 0.33　　④ 0.67

해설 접지압(kg_f/cm²) = $\dfrac{P}{A} = \dfrac{1150 \text{kg}_f}{107 \times 33}$
$= 0.326 \text{kg}_f/\text{cm}^2$

148 트랙터의 견인력이 300kg_f이고, 주행속도가 1.5m/s일 때, 경인 동력은 몇 PS인가?

① 3　　　② 6
③ 9　　　④ 12

해설 $H_{ps} = \dfrac{견인력 \times 주행속도}{75}$
$= \dfrac{300 \times 1.5}{75} = 6\ ps$

149 기관 출력이 30kW 이고, 동력전달효율이 80%일 때, 주행 속도가 12km/h 이면 트랙터의 견인력은 약 몇 kN인가?

① 5.4　　　② 7.2
③ 10.8　　④ 14.4

해설 $F(견인력) = \dfrac{P(견인동력)}{V(견인속도)}$
$F = \dfrac{0.8 \times 30\ [\text{kW}]}{12\ [\text{km/h}]}$
$= \dfrac{24,000\ [\text{N·m/s}]}{12 \times 1000/3600\ [\text{m/s}]}$
$= 7,200\ \text{N} = 7.2\ \text{kN}$

150 트랙터의 총중량에 대한 최대 견인력의 비율을 무엇이라고 하는가?

① 점착계수　　② 견인계수
③ 견인효율　　④ 운동저항계수

해설
• 견인계수 : 트랙터의 주행 구동부에 걸리는 중량에 대한 견인력의 비율
• 견인효율 : 차축출력에 대한 견인출력의 비율

151 트랙터의 동력 측정용 성능시험으로 가장 적합한 것은?

① 견인 성능시험
② 작업기 승강시험
③ PTO 성능시험
④ 변속 단수별 주행시험

정답　145.③　146.①　147.②　148.②　149.②　150.①　151.③

152 습식 브레이크의 특징에 대한 설명으로 틀린 것은?
① 수명이 길어 반영구적이다.
② 큰 제동력을 얻을 수 없다.
③ 견고한 하우징과 실링이 필요하다.
④ 브레이크에서 발생하는 열을 냉각시킬 수 있다.

해설 습식 브레이크는 수명이 길고 반영구적이며 큰 제동력을 얻을 수 있는 특징을 가지고 있다.

153 트랙터 경운작업 시 한쪽 바퀴의 슬립이 심할 때 사용해야 되는 것은?
① 위치제어 레버
② 독립 브레이크 페달
③ 저항제어 레버
④ 차동 잠금 페달

154 축 동력에 대한 견인 장치에 의해 발생된 견인동력의 비율로 정의되는 용어는?
① 견인율   ② 견인계수
③ 슬립률   ④ 축동비율

155 트랙터 뒷바퀴에 물을 주입시키는 이유로 다음 중 가장 중요한 것은?
① 회전력을 증가시키기 위해서
② 안정성을 증가시키기 위해서
③ 견인력을 증가시키기 위해서
④ 소요동력을 줄이기 위해서

156 기관 속도가 500rpm일 때 프로니 브레이크 동력계의 눈금이 200kgf이었다면 기관의 축 마력은 약 몇 ps인가? (단, 프로니 브레이크의 암의 길이는 0.5m이다.)
① 22.2   ② 48.8
③ 51.3   ④ 69.8

해설 $H_{ps} = \dfrac{T \times N}{974} = \dfrac{200 \times 0.5 \times 500}{974} = 51.3 ps$

157 암 길이가 1000mm인 마찰동력계를 이용하여 1500rpm으로 회전하는 기관의 동력을 구하고자 한다. 이 때 측정 된 저울의 무게가 300N 일 때 이 기관의 축 동력은 약 몇 kW 인가?
① 23.1
② 31.4
③ 42.1
④ 47.1

해설 $P_b = \dfrac{2\pi T N_e}{60000}$

P_b : 기관의 제동출력[kW]
T : 제동토크[Nm]
N_e : 회전속도[rpm]
$T = 300[N] \times 1[m] = 300[Nm]$
$P_b = \dfrac{2\pi \times 300[\text{Nm}] \times 1500[\text{rpm}]}{60000}$
$= 47.12[\text{kW}]$

158 자중이 1000kgf인 트랙터가 5m/sec의 속도로 견인작업을 할 때 실측한 견인력이 200kgf이면 견인출력은 약 몇 PS인가?
① 1.0
② 5.0
③ 10.0
④ 13.3

해설 견인출력 $= \dfrac{견인력 \times 속도}{75} = \dfrac{200\text{kg}_f \times 5\text{m/s}}{75} = 13.3 ps$

159 트랙터의 견인력이 250kgf, 견인속도가 3m/s이고, 구동축 입력이 16PS이라면 견인 효율은 몇 %인가?

① 62.5% ② 64.5%
③ 66.5% ④ 68.5%

해설 견인마력 = $\dfrac{견인력 \times 견인속도}{75}$
$= \dfrac{250\text{kg}_f \times 3\text{m/s}}{75} = 10\text{ps}$

견인효율 = $\dfrac{견인 마력}{구동 마력} \times 100$
$= \dfrac{10}{16} \times 100 = 62.5\%$

---

160 견인출력이 40PS, 견인속도 4km/h인 트랙터의 견인력은 몇 kgf인가?

① 3500
② 3400
③ 3200
④ 2700

해설 1PS : 75kgf·m/s
견인출력 = 견인력 × 속도

$4\text{km/h} = \dfrac{4000}{60 \times 60} = 1.11\text{m/s}$,

$40ps = \dfrac{견인력 \times 1.11}{75}$

∴ 견인력 $= \dfrac{40 \times 75}{1.11} = 2702.7\text{kg}_f$

---

161 다음 중 4륜 차륜형 트랙터에 사용되지 않는 클러치는?

① 주 클러치
② 원판 클러치
③ 조향 클러치
④ PTO 클러치

해설 조향클러치는 주로 동력 경운기에 사용되는 클러치이다.

---

162 트랙터에서 견인력을 증가시키기 위한 조치로 틀린 것은?

① 저압 광폭 타이어를 사용한다.
② 4륜 구동을 사용한다.
③ 트랙터를 가볍게 한다.
④ 바퀴에 물을 넣는다.

해설 트랙터의 견인력을 증가시키는 방법에는 광폭타이어를 사용하여 접지면적을 증가 시키고 4륜 구동을 사용하여 구동력을 증가 시킨다. 또 바퀴에 물을 넣거나 바퀴 축에 무거운 쇠뭉치를 달아 하중을 증가시켜 견인력을 증가시킨다.

---

163 트랙터 기관의 회전수가 2400rpm, 변속기의 감속비가 1.5, 종감속비가 4.0, 일 때 뒷바퀴의 회전수(rpm)는?

① 200 ② 350
③ 400 ④ 800

해설 뒷바퀴 회전수
$= \dfrac{기관의 회전수}{변속기 감속비 \times 종감속비}$
$= \dfrac{2400}{1.5 \times 4} = 400 rpm$

정답 159.① 160.④ 161.③ 162.③ 163.③

PART 05

농업기계학

1. 농업기계학

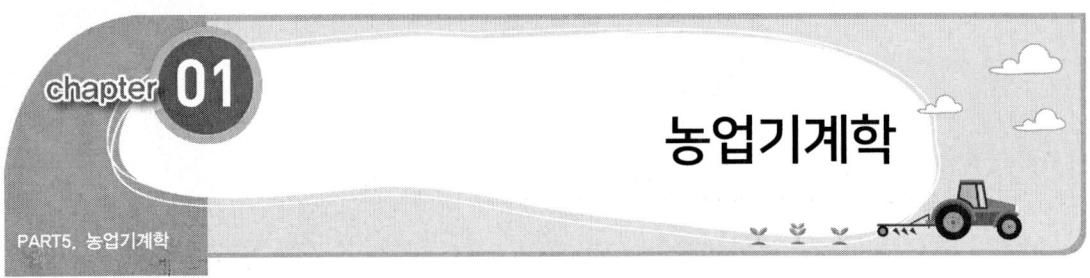

chapter 01 농업기계학

PART5. 농업기계학

01 농업 기계화

농업 기계화는 농업 인구 감소, 인건비 상승, 영농 규모가 확대됨에 따라 선택이 아닌 필수 요소로 자리 잡고 있다. 이런 농업 기계는 여러 작물, 복잡한 작업 환경, 다양한 자연 환경 등에 적용해야 하기 때문에 다양한 구조와 기능을 갖추고 내구성도 요구된다. 또한 연중 사용 기간의 짧고 계절적 영향을 많이 받기 때문에 능숙하게 사용하는 자 또한 적다. 다양한 환경에서도 농업의 고도화를 위해서는 농업 기계화는 필수이다.

(1) 농업 기계의 의미와 목적

가) 농업 기계의 의미
① 농산물을 생산하기 위해 농작업을 수행하는데 사용되는 기계
② 농림 축산물의 생산 및 생산 후 처리 작업과 생산 시설의 환경제어 및 자동화 등에 사용되는 기계, 설비 및 부속 기자재

나) 농업 기계의 목적
① 토지 생산성 향상
② 단위 노동 시간당 생산량 향상(노동생산성 향상)
③ 농업인의 중노동에서 해방
④ 인건비 절감으로 농가소득 증대

(2) 농업기계의 범위

① **주행형 기계** : 트랙터, 동력 경운기, 이앙기, 콤바인, 관리기 등
② **시설 농업용 기계** : 시설 하우스의 구조, 각종 자동화 장비 및 설비
③ **소형 건설기계** : 소형 굴삭기(1톤 미만), 로더, 운반용 소형트럭 등
④ **각종 작업기** : 쟁기, 로타베이터(로타리), 해로우, 트레일러, 축산 기계 등

(3) 농업기계의 조건

기술적, 경제적 합리성과 취급성, 안정성, 감가 상각비 등이 요구된다.
① 자연 환경에 직접 노출되어 사용되므로 환경에 대한 적응성이 높아야 한다.
② 농업을 하고자하는 사람이면 누구나 사용할 수 있도록 간단하고, 안전해야 한다.
③ 내구성이 좋아야 한다.
④ 유지, 관리가 쉽고 편리해야 한다.

(4) 농업기계의 분류

① **동력원** : 엔진, 전동기, 트랙터, 관리기 등
② **농작업기** : 포장용 농작업기, 농산기계 등
③ **자주식 작업기** : 이앙기, 콤바인, 바인더, 관리기 등
※ **자주식이란** : 농업기계 자체에 엔진과 주행 장치가 부착되어 기체를 주행과 동시에 작업을 수행하는 방식의 기계

(5) 농작업기의 부착방법

① **견인식** : 작업기를 동력원에 연결하여 견인하는 형태(예 : 트레일러, 퇴비살포기 등)
② **장착식** : 동력원의 3점 링크에 작업기를 부착하여 작업기의 상하를 조절할 수 있고, PTO(동력취출장치)로 동력을 전달할 수 있는 형태(로타베이터, 땅속작물수확기, 제초기)
③ **반장착식** : 동력원이 작업기의 일부 하중을 받쳐주고, 나머지 하중은 작업기에 부착된 차륜이 지지하는 형태(베일러 등)
④ **자주식** : 동력원과 일체가 되어 있는 형태(콤바인, 이앙기, 바인더, 관리기 등)

02 농업기계의 운영과 관리

★농업기계 기능사, 산업기사, 기사시험에 출제

농업기계를 운영, 관리하는 것은 경영의 일환이다. 기계에 소요되는 비용 산출, 투자에 대한 효과분석, 적합한 기계의 종류와 크기 선정, 대체 시기, 이용과 유지관리 등을 통한 효율적인 관리로 농가의 경영비를 절감하고 효율적으로 운영해야 한다.

(1) 농업기계 구입 시 고려사항

① **기계의 형식** : 제작연도, 기능, 크기, 성능 등
② **기계의 구입가격**
③ **기계의 품질** : 작업기의 호환성, 편리성, 쾌적함, 안전성
④ **기계 운영비** : 감가상각비, 오일 소비량, 연료 소비량, 소모품 비용 등
⑤ **기계의 정비성** : 수리방법, A/S 처리 방법 등

(2) 포장 기계의 능률과 부담 면적

농업 기계화 계획을 수립하기 위해서는 기계의 작업 체계를 검토해야하며, 기계의 크기와 대수, 작업량(작업면적)과 기계의 작업능률에 의해 결정해야 한다. 기계의 작업 능률은 이론 작업량, 포장 작업량, 1일 포장 작업량, 부담 면적 등으로 나타낼 수 있다.

가) 이론 작업량(포장 능률)

특정 작업 폭에서 작업 정밀도를 떨어뜨리지 않는 범위에서 최고 속도로 연속 작업을 한 경우의 작업량을 이론 작업량이라고도 한다.

※ **효율을 100%로 보았을 때의 작업 가능 면적**

$$A = \frac{SW}{10}$$

여기서, D : 이론적 작업면적(ha/h, 포장능률)
S : 작업속도(km/h)
W : 작업기의 작업폭(m)

나) 유효 포장 능률

작업기가 실제 작업할 수 있는 단위 시간당 작업 면적을 유효 포장 능률이라고 한다.

$$A_e = \frac{1}{10}\epsilon_f \cdot S \cdot W$$

여기서, A_e : 작업기의 유효포장능률(ha/h)
ϵ_f : 포장효율(계수, 소수점)
S : 작업속도(km/h)
W : 작업폭(m)

다) 부담 면적

① 농업기계의 작업능률과 사용 적기, 부담 면적, 각종 효율(포장 효율, 실작업 시간율, 작업 가능 일수율) 등을 추정하고, 작업에 다양한 변수를 모두 고려한 면적을 말한다.
② 농업기계를 구입할 때에는 필히 부담 면적과 실제 작업 면적을 고려하여 구입해야 한다.

$$A = \frac{1}{10}\epsilon_f \cdot \epsilon_u \cdot \epsilon_d \cdot S \cdot W \cdot U \cdot D$$

여기서, A : 부담면적(ha) ϵ_f : 포장효율(소수)
ϵ_u : 실작업시간율(소수) ϵ_d : 작업가능일수율(소수)
S : 작업속도(km/h) W : 작업폭(m)
U : 실작업시간 D : 작업적기일수

(3) 농업기계 이용비

기계의 이용시간이 짧아지면 단위시간당 이용비가 증가하기 때문에 경영의 손실이 발생할 수 있다. 그러므로 위 방식에 따라 부담면적을 정확히 파악하고, 실제 경작 면적과 비교 분석하여 가장 적합한 농업기계를 선택 활용해야 한다.

가) 농업기계 이용비의 종류(내구연한(내용연수) 10년인 트랙터를 기준으로 활용한 자료임)

① **고정비** : 이용시간에 관계없이 소요되는 비용(구입가격의 15% 내외로 설정 필요)

※ **고정비의 예 (1년 기준)** : 감가상각비(약 10%), 이자(2%), 차고비(2%), 보험료(1%) 등

$$T = \frac{S-O}{Y} + \frac{(S+O)i}{2 \times 100} + \frac{S(a_1 + a_2 + a_3)}{100}$$

여기서, T : 고정비(원) S : 구입비(원)
O : 잔존가격(원) Y : 내구연한(년)
i : 연이율(%) a_1 : 수리비율(%)
a_2 : 차고비율(%) a_3 : 보험료 및 제시공과율(%)

② **변동비** : 기계의 이용 시간에 비례하여 소요되는 비용(구입가격의 10%내외이며, 노임은 제외)

※ **변동비의 예** : 연료비, 윤활유비, 관리비, 수리비, 소모성 부품, 노임 등

※ 일반적으로 윤활유 비용은 연료비의 10%로 설정하며, 관리 차원에서 활용 방법에 따라 변동비의 차이는 크게 달라질 수 있다.

$$G = g \times e \times (1.0 + a)$$
$$V = (G + L) \times C$$

여기서, G : 연료 및 윤활유비(원/L) g : 연료단가(원/L)
e : 연료소비량(L/h) a : 윤활유 비율(보통 0.3으로 계산)
V : 변동비(원/ha) L : 인건비(원/ha)
C : 기계이용시간(h/ha)

③ **기계이용 경비**

$$M = T + V \times A$$

여기서, M : 기계 이용비(원) T : 고정비(원)
V : 변동비(원/ha) A : 작업면적(ha)

나) 감가상각비

★농업기계 기사 실기시험 필답에 출제

시간 경과에 따라 마모, 노후화 등으로 인해 기계의 가치가 하락하는 것을 말한다.

① **직선법** : 내구연한 동안 일정하게 등분하여 하락하는 가치로 평가

$$D_s = \frac{P_i - P_s}{L}$$

여기서, D_s : 감가상각비(직선법에 의한 방법)
  P_i : 기계의 구입가격(원)
  P_s : 기계의 폐기 가격(원)
  L : 내구연한(년)

② **감쇠 평형법** : 매년 잔존가치의 일정 비율을 감가상각비로 결정하는 방법

$$D_d = B_{j-1} - B_j$$

$$B_{j-1} = P_i\left(1 - \frac{x}{L}\right)^{j-1}$$

$$B_j = P_i\left(1 - \frac{x}{L}\right)^j$$

여기서, B_{j-1} : j년차 연초의 잔존가치
  B_j : j년차 연말의 잔존가치
  P_i : 기계의 구입가격
  L : 내구연한

③ **연수 가산법** : 내구연한이 지난 후 기계의 잔존가치를 0으로 결정하는 방법

$$D_y = \frac{(L-j)+1}{\sum L} P_i$$

여기서, D_y : 연수 가산법에 의한 감가상각비
  L : 내구연한
  j : 사용한 연차
  P_i : 기계구입가격

(4) 농업기계의 합리적인 이용

가) 경영 면적의 확대
단위 면적당 고정비를 감소시키고, 경영 면적을 확대해야 한다.

나) 이용 기술의 향상
① 농업기계에 대한 운전 기술은 작업 능률과 효율을 향상시킬 수 있는 방법이다.
② 정비 기술은 내구연한을 연장하고, 변동비를 절감할 수 있는 방법이다.
③ 농업기계는 활용기간이 짧기 때문에 장기 보관과 관리가 잘 이루어져야 한다.
④ 경영 일지를 작성하여 평가하고, 손실을 줄일 수 있는 방법을 찾아야 한다.

다) 농업기계의 안전한 사용
① 인체의 특징과 생활 습관을 고려하여 설계되어야 한다.
② 운전자의 안전 운전(안전수칙 준수)
③ 안전장치 설치(회전체, 돌기부, 틈새 등 위험 부분의 접촉이 일어나지 않게 해야 한다.)
④ 환경 정비(농로, 진입로, 경사지 등 포장을 정비한다.)

03 경운 및 정지기계

★ 농업기계 기사 실기시험 필답에 출제

경운이란 작물이 잘 자랄 수 있도록 토양을 갈아줌으로써 양분을 공급하기 좋은 상태, 뿌리 호흡이 정상적인 상태 등을 만들어주기 위해 단단한 흙을 파쇄하는 작업이다. 1차 경운과 2차 경운으로 나뉘는데 1차 경운은 쟁기작업, 2차 경운은 쇄토작업을 말한다.

정지란 평탄하게 만들어주는 작업을 정지 작업이라고 하며, 로타베이터 후방에 쇄토 후 정지 장치로 평탄하게 하는 기능을 한다. 또한 정지기로 쇄토 작업과 동시에 이랑을 만드는 정지기도 개발되어 활용되고 있다.

[예] 마늘이나 양파를 심기 위해 넓고, 낮은 이랑을 만들 때 활용되는 작업기

(1) 경운기계

가) 경운의 목적
① 뿌리의 활착을 촉진한다.
② 잡초 발생을 억제한다.
③ 작물의 생육을 촉진할 수 있는 환경을 개선한다.
④ 잔류물을 지하로 매몰하고, 매몰된 잔류물을 부식과 단립화를 촉진하여 지력을 좋게 한다.
⑤ 경토의 유실을 최소화할 수 있다.

나) 경운의 구분
① **1차 경운** : 토양을 경기, 반전하는 작업
② **2차 경운** : 쇄토, 정지하는 작업
③ **최소 경운** : 경운에 소요되는 비용과 에너지를 최소화하고, 토양의 유실을 방지하기 위한 경운 방법이며, 장점으로는 아래와 같다.
  - 기계에 의한 토양 다짐을 최소화 할 수 있다.
  - 수분 유지가 우수하다.
  - 투입 에너지와 소요 노동력을 줄일 수 있다.
  - 토양 유실이 감소된다.
④ **무경운** : 경운하지 않고, 작물을 재배하는 방법
⑤ **심토 파쇄** : 시간의 경과, 기계의 활용, 토양에 대한 다양한 하중의 전달로 인해 토양의 다짐 현상이 나타나는데 그 층을 경반층이라고 한다. 경반층을 파쇄하지 못할 경우 배수, 작토층 확보가 되지 않아 작물을 성장을 저해할 수 있다. 비닐하우스 및 시설 하우스의 토양에는 염류 집적 현상이 발생하게 되며 이를 해결하기 위해 심토 파쇄를 통해 경반층을 제거해야 한다.
  - 1차 경운의 깊이 : 20~30cm, 심경쟁기 : 45cm
※ 트랙터의 대형화로 심경 쟁기의 갈이 깊이는 더 깊어지고 있음.
  - 2차 경운 정지 깊이 : 10~20cm, 심경로타리 : 30cm
  - 최소 경운 : 작물을 재배할 곳만 경운 작업함
  - 2차 경운 깊이 정도가 일반적임
  - 심토파쇄 깊이 : 45~70cm

다) 경운, 정지 작업기의 종류
① **쟁기 작업** : 쟁기 또는 플라우로 굳어진 흙을 절삭, 반전 파괴하여 큰덩어리로 파쇄하는 작업, 1차 경운이라고도 한다.
② **쇄토 작업** : 로터리(로타베이터), 해로우 등을 활용하여 쟁기 작업 후 흙을 다시 작은 덩어리로 파쇄하는 작업, 2차 경운이라고 한다.
③ **정지 작업, 균평 작업** : 정지기, 배토판, 디스크 해로우 등을 사용하여 지면을 평탄하게 하는 작업
④ **심토 파쇄 작업** : 경반층을 파쇄하는 작업
⑤ **이랑 작업** : 리스터, 휴립기를 활용하여 이랑을 만드는 작업(휴립작업, 이랑=두둑)
⑥ **고랑 작업** : 트랜처, 구굴기를 이용하여 고랑을 만드는 작업(구굴작업)

라) 경운 작업기의 분류
① **견인식** : 플라우, 쟁기, 디스크 플라우, 디스크 해로우 등
② **구동식** : 로터리, 로타베이터, 해로우 등
③ **견인 구동식** : 플라우, 로터리 등

마) 쟁기의 3요소

① **보습** : 토양에 처음 접촉하는 부위로 등폭형, 부등폭형이 있다.
보습은 삼각형의 모양의 금속판으로 되어 있으며, 흡입각에 맞춰 단단한 토양을 절단하고, 발토판으로 끌어 올리는 기능을 한다.

② **발토판**(몰드보드, moldboard) : 보습에서 절단된 흙을 파쇄하고 반전하는 역할을 한다.
발토판의 종류 : 원통형 발토판, 타원주형 발토판, 나선형 발토판, 반나선형 발토판

③ **지측판**(landside) : 안정된 경심과 경폭을 유지하는 역할을 한다. 바닥쇠라고도 부른다.

바) 쟁기 작업의 저항 종류

① 보습 또는 보습날에 의한 역토 절단 저항
② 발토판 위에서 역토의 가속도에 의한 관성 저항
③ 역조의 절단 및 비틀림에 의한 변형 저항
④ 발토판과 역조 사이의 마찰 저항
⑤ 토양 반력에 의한 바닥쇠의 저면 및 측면의 마찰저항
⑥ 지지륜의 구름 저항

(2) 정지 작업기

쇄토와 균평 또는 쇄토와 고랑을 만들기를 동시에 수행할 수 있도록 만든 기계이다.

가) 쇄토기의 종류

① 쇄토기
② 균평기
③ 진압기
④ 두둑 및 고랑 만드는 기계(리스터, 휴립기 등)

나) 경운날의 종류

① **작두형 날** : 경운축에 수직으로 연결되는 머리가 짧고 곧으며, 앞 끝부분이 좌우로 휘어진 형태로 경운기, 관리기에 주로 사용된다. 흙을 자르면서 쇄토하는 형태이다.

② **L자형 날** : L자형으로 80~90° 굽은 형태로 트랙터에 사용된다. 흙을 큰 힘으로 충격을 가하여 파쇄하는 형태이다. 소형 트랙터에 활용한다.

③ **보통형 날** : L자형 날과 차이는 크지 않지만, L형 보다는 굽은 정도가 작아 더 깊은 경운 작업이 가능하다. 중대형 트랙터에 활용한다.

※ 경운(쇄토)날은 단조로 만들어지며, 활용 시간을 연장하기 위하여 날의 두께를 두껍게 하거나 분말 도금을 하여 활용하는 경우도 있다.

다) 경운 피치

★ 농업기계 산업기사, 기사 필기·필답 문제로 출제 가능한 문제

경운 피치는 로타베이터 날이 회전에 의해 토양을 파쇄할 때 전진 방향 속도에 따라 회전날이 토양을 파쇄할 때의 간격을 말한다. 경운 피치는 속도에 비례하고 경운날의 회전 속도에 반비례, 경운날의 수에 반비례한다.

$$P = \frac{6000 \cdot v}{n \cdot Z}$$

여기서, P : 경운피치(cm) v : 작업속도(m/s)
n : 경운날의 회전속도(rpm)
Z : 동일 회전 수직면 내에서의 경운 날의 수

(3) 중경과 중경 제초기

중경이란 작물의 생장조건 개선을 목적으로 실시하는 작물 및 포장 관리 작업을 말한다. 토양 상태 개선, 토양의 수분 유지, 잡초제거 등을 목적으로 하여 작물의 생장 조건을 개선한다.

가) 중경 작업의 종류

① **중경 작업** : 이랑 및 작물의 포기 사이를 경운, 쇄토하여 토양의 통기성과 투수성을 촉진시키고, 잡초 발생을 억제하여 작물의 생장 환경을 개선하는 작업
② **제초 작업** : 잡초를 제거하는 작업으로 잡초를 뽑거나 뿌리를 잘라 고사시키는 작업
③ **배토 작업** : 작물의 줄기 밑부분을 흙으로 돋우어 주는 작업
   - 뿌리의 지지력을 강화시킴
   - 도복(쓰러짐) 방지
   - 이랑의 잡초를 제거하는 효과

04 파종기

파종기는 씨앗을 뿌리는 기계로 작물의 종류에 따라 크기와 모양이 다르기 때문에 다양한 형태의 기계들이 제작되어 활용되고 있다.

(1) 파종 방법의 의한 분류

① **산파** : 종자를 흩어뿌리는 방식
② **조파** : 종자를 일정한 간격으로 연속 파종하는 방식
③ **점파** : 줄에 일정한 간격으로 한 알 또는 몇 알씩 파종하는 방식
※ 파종 또는 이식을 하는 경우, 줄로 심을 경우, 한 줄을 1조라 하며, 한 줄에서 종자와 종자 또는 모종과 모종 사이의 거리를 주간이라고 한다.

[예] 조간거리 30cm, 주간거리 20cm

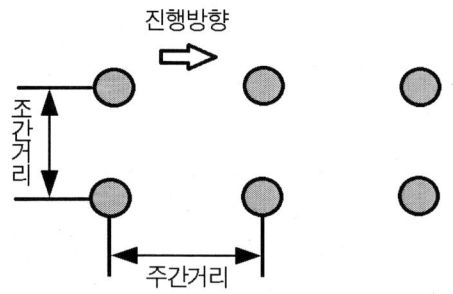

(2) 산파기

종자를 살포하는 방식의 파종기계로 비료를 살포할 때에도 사용이 가능하다. 동력살분무기처럼 강한 바람에 종자를 날려보내며 살포하는 방식도 산파에 해당된다.

(3) 조파기의 구성요소

★ 농업기계 기능사, 산업기사, 기사 필기·필답 문제로 출제 가능한 문제

① **호퍼** : 종자를 부어 종자 배출 장치에 들어가기 전에 종자가 모여 있는 곳(깔대기 모양의 통)
② **종자 배출 장치** : 규정된 양의 종자를 종자도관으로 유도하는 장치
  • 롤러식 : 원통 표면에 같은 간격으로 종자가 들어갈 수 있는 오목한 반구형의 구멍 또는 홈을 파고 롤러가 회전함에 따라 종자를 배출하는 방식
  • 원판식 : 원주 또는 안쪽에 종자가 들어갈 홈을 설치하고, 원판이 회전함에 따라 홈에 담긴 종자를 이동시켜 자체 무게로 배출되도록 하는 방식
  • 벨트식 : 호퍼 밑에 구멍을 낸 벨트를 설치하고, 벨트가 회전함에 따라 구멍에 들어간 종자를 배출하는 방식
③ **종자도관** : 종자 배출 장치에서 배출된 종자를 파종 골까지 안내하는 관
④ **구절기** : 종자가 떨어질 곳에 골을 파는 장치
  • 삽형, 호우형, 구두형, 단판형, 복원판형 등이 있다.
⑤ **복토기** : 종자도관에서 전달된 종자가 구절기가 파놓은 골에 들어간 후 흙을 덮어주는 장치
⑥ **진압기(진압륜)** : 복토된 흙을 다질 때 사용하는 바퀴

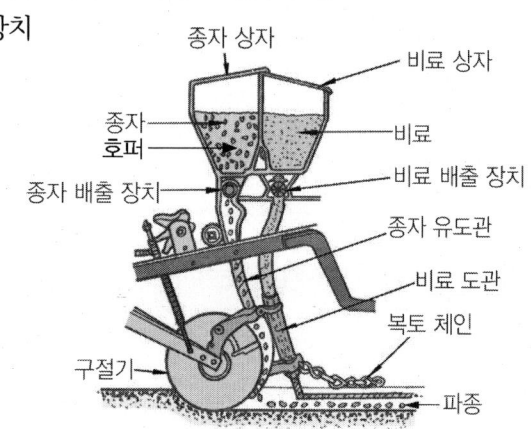

[그림1-1] 조파기의 기본 구조

(4) 점파기의 구성요소

점파기는 종자를 일정한 간격으로 한 알 또는 몇 알씩 파종하는 작업기
① **종자 배출 장치**
② **종자판** : 수평으로 회전하며 판 둘레의 구멍을 통하여 종자를 배출하는 장치
③ **차단장치** : 필요 이상의 종자가 종자판 구멍으로 유입되는 것을 차단하기 위한 장치
④ **떨어뜨림 장치** : 구멍 속의 종자를 배출시키기 위한 장치

(5) 감자 파종기의 형태

씨감자를 하나씩 일정한 간격으로 파종하는 점파식 파종기
① 엘리베이터형 반자동식
② 종자판형 반자동식
③ 픽커힐 전자동식
④ 픽커힐

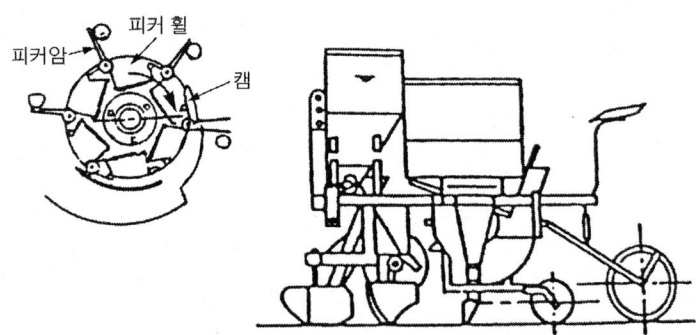

[그림1-2] 감자파종기 피커힐

05 이앙기, 이식기

벼, 채소 등과 같은 작물의 모종을 토양으로 옮겨 심는 작업을 수행하는 기계로 작물에 따라 다양한 형태의 기계가 활용되고 있다.

(1) 이식 작업의 장점

① 솎아내기 관리가 용이하다.
② 제초 작업 등이 용이하다.
③ 제식 거리를 일정하게 할 수 있다.

(2) 이앙기

가) 이앙기용 묘의 크기

모의 크기는 엽령(잎의 수)에 따라 나눈다.
① **치묘** : 잎의 수가 2.5이하 인 것
② **중묘** : 잎의 수가 2.5이상 5미만의 인 것
③ **성묘** : 잎의 수가 5이상 인 것

나) 이앙 육묘 상자

플라스틱을 소재로 사용하고, 상자의 크기는 안쪽 길이 580mm, 폭 280mm, 깊이 30mm이며, 바깥쪽 길이는 650mm이다.

다) 파종기

육묘 상자에는 필요한 양의 종자를 균일하게 산파 파종하며, 발아되어 싹이 조금 나왔을 때 롤러형 종자 배출 장치를 이용하여 파종한다.

- **파종 순서** : 묘상자 공급 → 상토 공급 → 물공급 → 파종 → 복토 → 묘판 쌓기

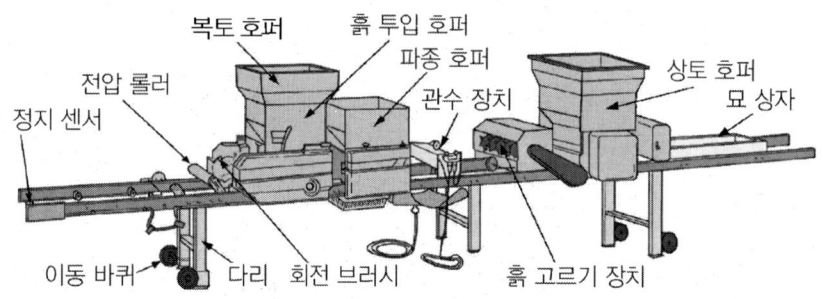

[그림1-3] 볍씨 산파 파종기

라) 이앙기의 구조

엔진(기관), 플로트, 차륜, 묘탑제대, 식부장치, 각종 조절 레버 등으로 구성되어 있다.
① **엔진(기관)** : 보형용 이앙기는 2~3kW 정도의 출력을 승용이앙기는 3~5kW를 사용하였으나, 최근 이앙기중 8조식은 15kW이상의 기관을 사용하기도 한다.
② **차륜(바퀴)** : 토양에 기체를 지지해주며 구동하는 장치, 무논(물논)상태에서 작업을 하기 때문에 견인력을 좋게 하기 위해 물갈퀴 형태로 되어 있다.
③ **플로트(식부 깊이 조절 장치)** : 지면에 의해 지지하는 역할을 하며, 식부깊이 조절레버를 조작하면 플로트가 상하로 이동하면서 식부 깊이를 조절한다.
④ **식부 장치** : 모를 심는 장치
  - 식부날의 형태 : 절단식, 젓가락식, 통날식, 판날식, 종이 포트묘용, 틀묘용 등이 있다.

⑤ **묘떼기량 조절 레버** : 묘떼기량 조절 레버를 움직이면 식부 장치는 일정하게 회전하고, 묘탑제대를 조절하여 모떼는 양을 조절하게 된다.
⑥ **횡이송 장치** : 간헐적 운동에 의한 이송과 연속 운동에 의한 이송을 한다.
⑦ **종이송 장치** : 묘 자체 무게에 의하여 이루어지며, 최근 묘탑제대에 컨베이어 형태를 공급 장치를 부착하여 적정 주기별로 묘를 공급하게 된다.

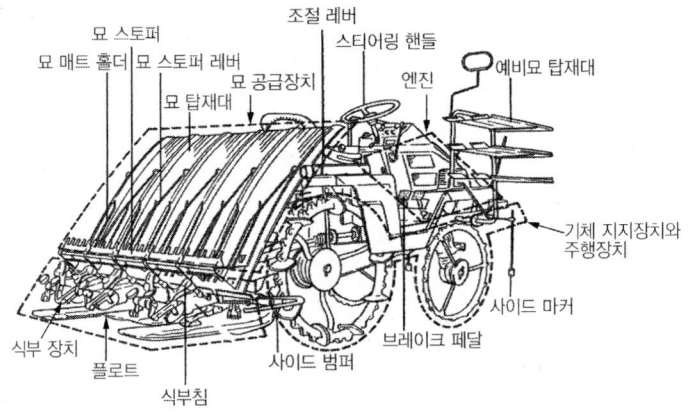

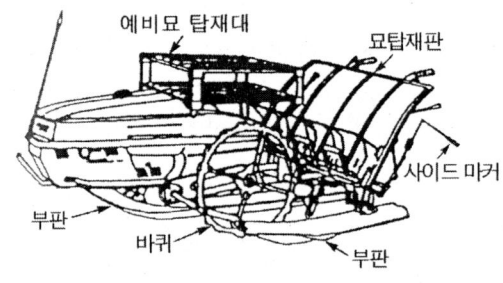

[그림1-4] 이앙기

마) 동력 전달 장치

동력 원인 엔진에서 모든 동력을 지원해주는 역할을 한다.
① 주행 장치로의 동력 전달
② 유압 장치로의 동력 전달
③ 식부부로의 동력 전달

06 재배관리용 기계

농작물을 경운, 파종, 이식이 완료되면 잘 성장할 수 있도록 다양한 형태의 관리가 필요하다. 제초작업, 수분 공급, 병해충 방제 등이 있다.

(1) 중경제초기

토양의 2~5cm 정도 경운을 하여 잡초의 뿌리를 절단하여 제초하는 기계를 중경제초기라고 한다. 중경제초기의 종류는 아래와 같다.
① 보행관리기용 중경제초기
② 승용관리기용 중경제초기
③ 논용 중경제초기

(2) 배토기

감자, 고구마 등을 파종 이식을 위한 이랑 작업에 사용되고, 이랑 사이의 잡초를 방제하기 위해 배토를 하는 것이 일반적이다.

가) 구조

트랙터의 로타베이터 후방에 설치하는 작업기로 배토판의 형상이 바깥쪽으로 굽어진 형태와 안쪽으로 굽어진 형태가 있다. 배토판은 측방향으로 밀어올려 배토 작업을 하고 이랑을 만들게 된다. 또한 이랑이 만들어진 고랑에 잡초를 제거하기 위해 배토를 하는 경우도 있다.

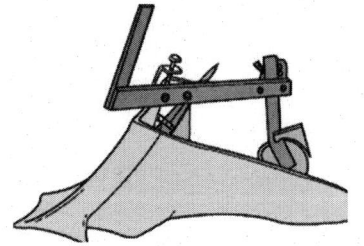

[그림1-5] 배토기

(3) 관개용 기계

작물의 성장에 적합한 수분을 공급하는 것을 관개라고 하며, 관개용 기계로는 양수기, 스프링클러, 점정관수 등이 있다.

가) 펌프

액체를 목적지까지 공급하기 위해서는 동력을 이용 액체에 압력을 가하여 전달한다. 이때 액체에 압력을 가하기 위해 펌프를 사용한다.

나) 원심 펌프의 구조와 종류

와류실에 물을 채우고, 회전차를 회전시켜 물을 밀어 올려 깃의 중앙부 압력이 떨어지므로 대기의 압력에 밀려 물은 흡입관을 지나 펌프 안으로 유입된다. 흡입된 물은 고속으로 회전차를 빠져나와 와류실로 모이고, 속도를 감소시키고, 압력을 높여 송출관으로 유출하게 된다.

① 원심 펌프의 구조
- 회전차 : 여러 개의 깃이 회전하며, 깃의 수는 보통 4~8매로 둥근 형태로 되어 있다.
- 안내깃 : 회전차에서 전달되는 물을 와류실로 유도하여 속도 에너지를 얻게 해주는 장치
- 와류실 : 송출관쪽으로 보내는 나선형 동체
- 흡입관 : 흡입수면에 넣는 관
- 풋밸브 : 액체를 흡입할 때는 열리고, 액체가 흐르지 않을 때는 닫히는 체크 밸브의 형태로 되어 있는 밸브

② 원심 펌프의 종류
- 볼류트 펌프 : 스크류형으로 되어 있는 방과 프로펠러로 되어 있는 가장 간단한 형태로 되어 있다. 프로펠러를 고속으로 회전시켜 원심력을 발생하면 물을 송출하는 형태의 펌프이다.
※ 양수 고도는 30m이하로 소형이며, 가장 많이 사용되는 형태의 펌프이다.
- 터빈펌프 : 원심펌프의 일종으로 안내 날개가 달린 펌프

③ 원심 펌프의 분류
- 안내깃의 유무에 따른 분류
- 흡입구에 따른 분류
- 단수에 따른 분류
- 회전차의 형상에 따른 분류
- 축방향에 따른 분류
- 케이싱에 따른 분류 : 윤절형 펌프, 원통형 펌프, 수평 분할형 펌프, 배럴형 또는 이중동형 펌프

다) 축류 펌프와 사류 펌프
① **축류 펌프** : 회전하는 회전차 깃의 양력에 의해 액체를 앞쪽으로 펌핑하는 힘을 발생시킨다.
- 액체의 흐름이 축과 평행한 방향으로 일어나며 프로펠러 펌프라고도 한다.
- 가동 날개식과 고정 날개식의 두 종류가 있다.
- 양수량이 변화하여도 축동력은 일정하다.
- 높은 효율을 유지한다.
- 원심 펌프에 비하여 가볍고, 형태가 간단하다.

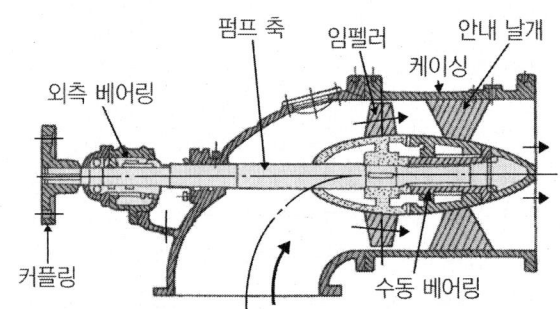

[그림1-6] 축류펌프의 구조

② **사류 펌프** : 원심 펌프와 축류 펌프의 중간 형태로 되어 있다.
- 외관은 축류 펌프에 가까우나 케이싱의 회전차 부분이 약간 부풀어 오른 형태가 특징이다.
- 양정은 10m까지 가능하다.
- 원심 펌프에 비해 경량이고, 가격이 싸다.

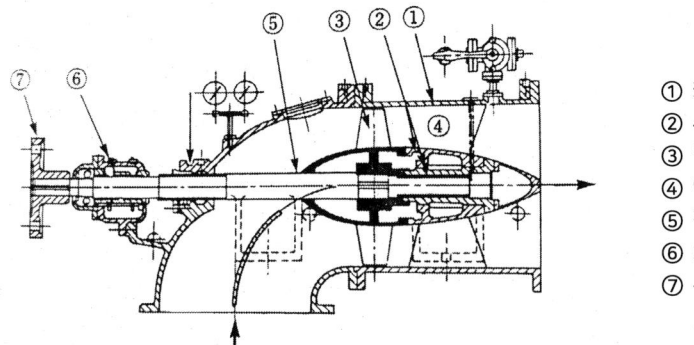

① 케이싱
② 수중축받침
③ 날개
④ 안내날개
⑤ 펌프축
⑥ 외축받침
⑦ 구동축 연결부

[그림1-7] 사류펌프의 구조

라) 왕복 펌프

흡입 밸브와 배출 밸브에 장치한 실린더 속에 피스톤 또는 플런저를 왕복 운동시켜 송수하는 방식의 펌프

① **피스톤 펌프** : 피스톤의 왕복운동에 의하여 양수하는 펌프
- 단동펌프 : 피스톤이 왕복운동을 하지만, 한쪽 방향으로만 양수하는 형태
- 복동펌프 : 피스톤이 왕복운동을 할 때 양쪽 방향으로 양수하는 형태

② **플런저 펌프** : 왕복운동을 하면서 양수하는 형태

㉮ 왕복 펌프의 송출량 변화
- 전양정 : H

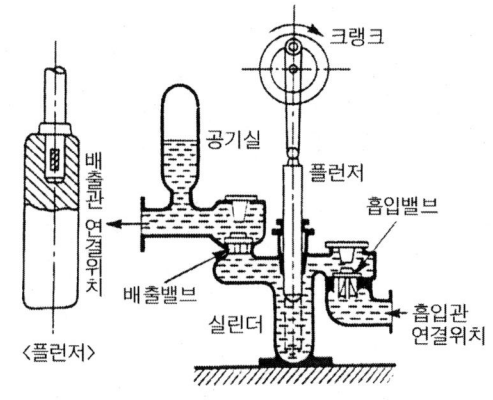

[그림1-8] 왕복펌프

$$H = \frac{p_d - p_s}{r} + H_a + h_e$$

여기서, p_d : 송출수면의 압력(Pa) p_s : 흡입수면의 압력(Pa)
γ : 유체의 비중량(N/m³) H_a : 실양정($H_a = H_s + H_d(m)$)
H_s : 실흡입 양정(m) H_d : 실송출 양정(m)
h_e : 총손실 수두(m)

• 행정 체적 : V_0

$$V_0 = \frac{\pi}{4}D^2L = AL$$

여기서, D : 실린더의 지름(m) L : 행정(m)
A : 피스톤의 단면적(m²)

• 이론 배수량 : Q_{th}

$$Q_{th} = \frac{\pi}{4}D^2LN = V_0 \times N$$

여기서, N : 분당 회전수

• 실제 배수량 : Q

$$Q = Q_{th} - Q_e$$

여기서, Q_e : 피스톤과 실린더 사이의 누설량

• 체적효율 : η_v

$$\eta_v = \frac{Q}{Q_{th}} = \frac{Q_{th} - Q_e}{Q_{th}} = 1 - \frac{Q_e}{Q_{th}}$$

일반적으로 η_v는 0.9~0.97의 범위로 한다.

• 이론 배수량의 순간값 : q

$$q = A \times u (\text{m}^3/\text{s})$$

여기서, u : 피스톤 속도(m/s)

• 순간의 최대 배수량 : $q_{\max}$

$$q_{\max} = \pi \frac{ALN}{60} = \pi V_0 \frac{N}{60} = \pi q_{mean}$$

여기서, q_{mean} : 이론 배수량의 평균값

• 과잉 배수 체적비 : δ

$$\delta = \frac{\Delta V}{AL} = \frac{\Delta V}{V_0}$$

여기서, ΔV : 평균 배수량 q_{mean}을 넘어서 배수되는 양

마) 회전 펌프

회전하는 회전자를 사용해서 흡입·송출 밸브 없이 밀어내는 형식의 펌프를 총칭한다.

① **회전 펌프** : 흡입구와 배출구를 갖는 밀폐된 용기와 로터 사이의 빈자리에 액체를 포함시켜 로터의 회전에 의해 액체를 배출하는 형태

  □ **회전 펌프의 특징**
  - 적은 유량, 고압의 양정을 요구하는 경우에 적합하다.
  - 연속적으로 유체를 운송하므로 송출량이 맥동이 거의 없다.
  - 구조가 간단하고, 취급이 용이하다.
  - 비교적 점도가 높은 액체에 대해서 좋은 성능을 발휘할 수 있다.
  - 원동기로서 역작용이 가능하고, 사용 목적에 따라 유압 펌프로서 이용된다.

② **기어 펌프**

  □ **기어 펌프의 특징**
  - 구조가 간단하고, 비교적 가격이 싸다.
  - 신뢰도가 높고, 운전·보수가 용이하다.
  - 입·출구의 밸브가 필요 없고, 왕복 펌프에 비해 고속운전이 가능하다.

  □ **기어 펌프의 종류**
  - 내접 기어 펌프 : 하나의 기어는 큰원의 형태로 안쪽에 치차(기어)가 있고, 로터와 연결된 작은 기어가 서로 맞물려 돌아갈 때 액체 케이싱과 치차 사이에 들어가면 배출구 쪽으로 밀어내는 형태의 펌프
  - 외접 기어 펌프 : 한 쌍의 치차를 로터로 회전하는 펌프(동일한 기어형태를 맞물림)

  □ **기어 펌프의 이론 송출량** : V_{th}

  $$V_{th} = \frac{\pi}{4}(D_0^{\,2} - D_1^{\,2})bN$$

  여기서, D_0 : 이끝원의 지름 D_1 : 이뿌리원의 지름
  b : 이폭 N : 분당 회전수

  □ **인벌류트 기어를 사용하는 경우의 송출량** : V_{th}

  $$V_{th} = 2\pi m^2 zbN$$

  여기서, m : 모듈, z : 잇수

③ **베인 펌프** : 베인은 깃(날개)이라는 뜻으로 케이싱 내의 흡입구와 배출구 사이에 캠을 마련하고 회전차(깃)을 이용하여 자흡 작용과 송액 작용을 할 수 있는 펌프

④ **나사 펌프** : 나사봉의 회전에 의해 액체를 밀어내는 펌프
   □ **나사 펌프의 특징**
   - 나사봉 상호간, 나사의 외동간에 금속적인 접촉이 없기 때문에 수명이 길다.
   - 양축이 좌우나사이기 때문에 수압이 평형되어 추력이 생기지 않는다.
   - 왕복동 부분이 없으므로 흐름은 정적이고, 소음, 진동이 적다.
   - 자흡 작용이 있으므로 펌프에 액체를 채울 필요가 없다.
   - 고속 회전이 가능하므로 소형이고, 값이 싸다.

바) **펌프의 동력과 효율**

★ 농업기계 산업기사, 기사 필기, 필답 문제로 출제 가능

① **양정** : 흡수면과 양수면과의 수직거리
② **수동력(수마력)** : 펌프에 의하여 액체에 공급되는 동력, 유량과 양정, 액체의 비중량과 비례

$$L_w = \frac{\gamma HQ}{102 \times 60}(kW) = \frac{\gamma HQ}{75 \times 60}(ps)$$

여기서, L_w : 수동력

γ : 비중량(kg/m³)

H : 전양정(m)

Q : 유량(m³/min)

사) **스프링클러**

물을 양수하여 파이프에 송수하고 노즐로 살수하는 장치
① **스프링클러의 구성요소**
   - 펌프 : 동력을 전달받아 액체의 압력을 발생시키는 장치
   - 원동기 : 펌프를 회전시킬 수 있는 동력 장치
   - 배관 : 펌프가 일정압력으로 밀어줄 때 액체를 전달해주는 장치
   - 노즐 : 압력의 차이를 발생시켜 액체를 비산시키는 장치
② **스프링클러의 배치**
   - 바람이 없는 경우 : 살수 지름의 65%
   - 바람이 3m/s 미만 : 살수 지름의 60%
   - 바람이 3~4m/s : 살수 지름의 50%
   - 바람이 4~5m/s이상 : 살수 지름의 22~30%

07 방제용 기계

(1) 방제용 기계

작물 생산의 안전성, 품질 향상을 위해 병해충, 잡초, 조수 등의 방제가 필요할 때 활용되는 기계이다. 방제 효과를 높이기 위해 적기에 방제 작업을 진행할 필요가 있으며, 다양한 방제용 기계가 있다.

가) 인력 분무기
사람의 힘으로 조작하여 약액을 분무하는 기계
① **약액 전달 과정** : 흡입관 → 펌프 → 약액탱크 → 호스 → 분무관 → 노즐
② **인력 분무기의 종류** : 어깨걸이식, 배낭식, 배부자동식

나) 동력 분무기
엔진 및 배터리로 펌프를 구동하여 약액에 압력을 가한다. 압력을 받은 약액은 노즐로 전달하여 안개 형태로 분출하며 작물에 비산한다.

다) 동력 분무기의 종류
① **배부식 동력 분무기** : 소형엔진 및 배터리 동력을 이용하여 펌프를 가동시켜 동작하는 방식이다. 배부란 등에 짊어지는 형태를 말한다.
② **동력 분무기** : 엔진을 프레임에 설치한 소형에서 중형의 동력분무기까지 다양하며, 구동장치에 부착하여 액체를 비산시키는 방식을 활용하기도 한다.

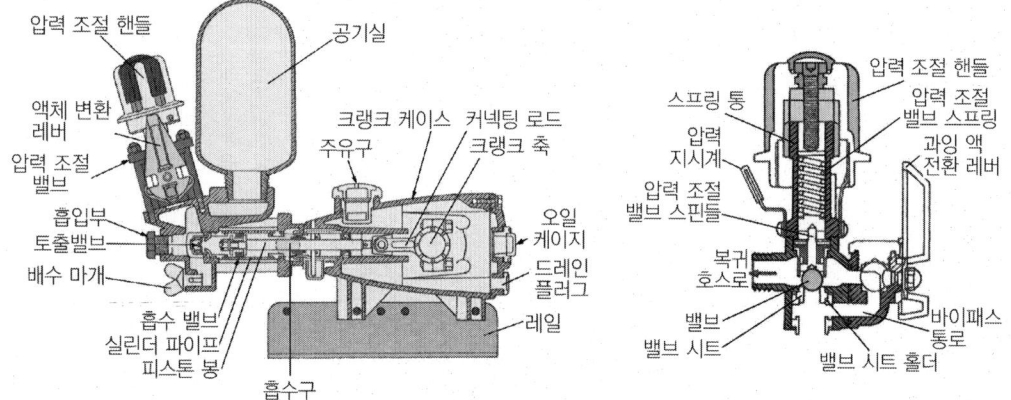

[그림1-9] 동력분무기의 구조

③ **자주식 동력 분무기** : 바퀴 또는 크로울러(궤도)가 장착되어 주행과 동시에 동력 분무기를 가동시켜 액체형태의 약제를 살포하는 방식이다.

④ **SS기**(Speed Sprayer) : 과수원에서 주로 사용되며 주행이 가능한 액체 살포기이다. 가압 펌프의 압력이 높고 10~60개의 노즐을 배치하여 방제 능률 및 작업 정밀도를 높일 수 있는 기계이다.

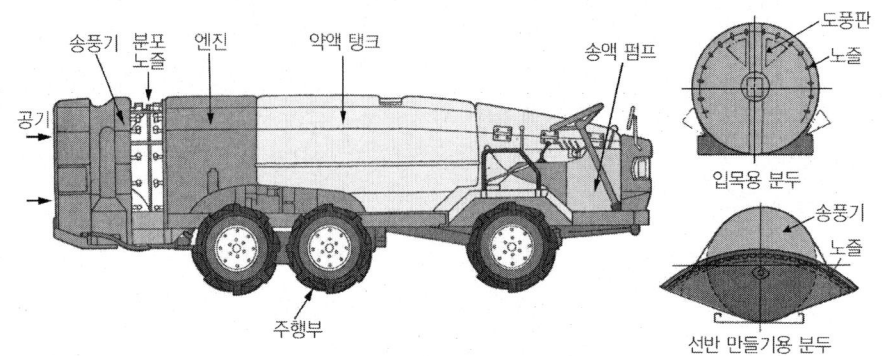

[그림1-10] 스피드 스프레이어의 구조

08 비료살포용 기계

비료를 논밭에 살포하는 농업기계를 시비기라고 한다. 비료에는 화학비료, 퇴비, 각종 유기물들이 해당되며, 작물을 파종, 이식하기 전에 살포하는 방식을 많이 활용한다.

(1) 비료 살포기

비료나 종자 같은 고체상태의 입자나 분말을 살포하는 기계이다.
① **원심 살포기** : 회전하는 원판 위에 재료를 공급하여 원심력을 받으면 원판 위에 공급된 재료가 안내 깃을 따라 이동하여 비산되는 방식
② **낙하 살포기** : 줄 간격을 일정하게 만들고 대상 낙하 살포하는 방식으로 살포 폭을 일정하게 할 수 있다.
③ **붐 살포기** : 긴 붐대에 여러 개의 분두를 설치하고 중앙에 있는 강력한 송풍기의 풍력으로 살포하는 형태

(2) 측조 시비기

모내기와 동시에 묘의 뿌리 근처에 시비작업을 하는 장치이다. 사용하는 비료는 대부분이 입상이며, 양을 적절히 조절하여 살포해야 한다. 비료의 보관 상태에 따라서도 성능이 달라질 수 있다.

(3) 퇴비 살포기

논밭에 퇴비를 운반하여 살포하는 기계이다.
① **구성** : 운반 트레일러, 퇴비 상자, 퇴비 이송 장치, 비이터, 동력 전달 장치, 살포 장치 등
② **살포날(비이터)의 형태** : 칼날형, 나선형, 이빨형, 막대형 등

09 수확기계

작물을 베는 작업에서 탈곡, 정선까지 행해지는 일련의 작업을 수확이라고 하고, 이에 활용되는 기계를 수확기계라고 한다.

① 곡물 수확기

(1) 예초기

예초기는 회전하는 칼날 또는 왕복 운동하는 칼날을 이용하여 풀이나 잡초 등을 제거하는데 사용하는 기계이다.

① **배부식 예초기** : 배부식이란 등에 메고 다니는 방식을 말한다. 작은 엔진을 부착하여 가벼운 형태로 밭두렁, 과수원, 초지의 예초, 산림의 덤불 제거 등에 많이 사용되고 있다.

② **견착식 예초기** : 견착식이란 한쪽 어깨에 메고 작업을 수행하는 작업이다. 대부분 LPG가스를 주연료로 하여 제초작업을 수행하는 기계이다. 최근 배터리, 단상 전기를 이용하기도 한다.

③ **승용 예초기** : 작업자가 주행이 가능한 기계에 탑승하여 운전을 하면서 제초작업을 수행한다.

④ **바인더** : 인기장치(끌어 당기는 장치), 예취부, 결속부, 주행 장치로 구성되어 있다. 예취된 작물의 줄기는 돌기 벨트의 가로 이송 장치로 결속부에 모여 묶음 장치에 의해 일정량을 다발로 압축하여 결속 하는 기계이다.

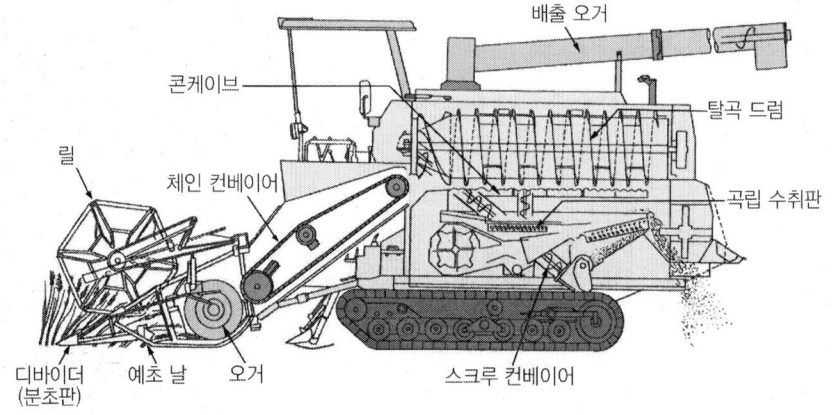

[그림1-11] 보통형 콤바인

(2) 탈곡기

곡류나 두류의 줄기에서 열매를 인위적으로 탈립시키는 것을 말하며, 보통 벼나 맥류의 탈곡을 목적으로 사용하는 기계이다. 탈곡기는 인력용, 동력용으로 크게 나눌 수 있으며 인력용은 족답 탈곡기라고 한다. 동력 탈곡기에는 탈곡물의 공급방식에 따라 수급식, 자동 공급식, 투입식으로 구분된다.

가) 탈곡부

탈곡부의 주요부는 급동, 급치, 급실 등으로 이루어져있다.

① **급동** : 큰 원통으로 되어 있어 회전축에 연결되어 회전하는 몸통을 말한다.

② **급치** : 역V자형 또는 U자형으로 급동에 설치하여 급동의 회전 시 돌기부로 곡물을 타격하는 장치가 된다. 급치에는 정치, 보강치, 병치가 있다.

③ **급실** : 급동의 위쪽에 곡립이 멀리 날아가지 않도록 급동 뚜껑이 장치되어 있으며, 급동의 아래쪽에는 수망, 급동의 뒤쪽에 배진판이 설치되어 있다. 이처럼 급동을 둘러싼 부분을 급실이라고 한다.

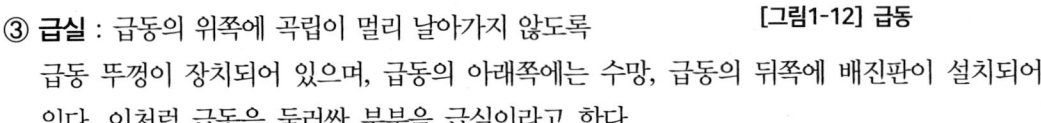

[그림1-12] 급동

※ 벼의 탈곡보다 보리의 탈곡 속도가 더 빨라야 탈곡이 잘 이루어진다.

나) 선별부

수망, 풍구, 배진판, 체 등으로 이루어진 부분을 선별부 또는 선별장치라 한다.

① **수망** : 곡립을 선별함과 동시에 탈곡작용을 돕는다. 망의 구조로 망의 간격은 7.5~9mm로 되어 있다.

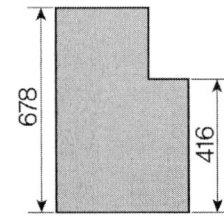

수망전개도

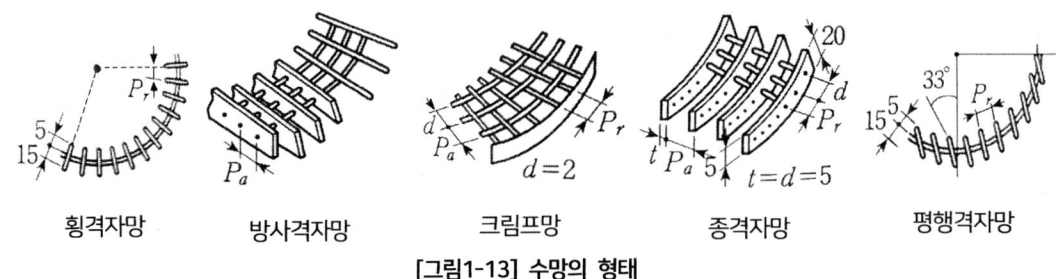

횡격자망   방사격자망   크림프망   종격자망   평행격자망

[그림1-13] 수망의 형태

② **풍구** : 2~4개의 날개를 가지는 송풍기로 회전수는 800~1400rpm이다. 송풍량의 흡기구와 송풍구 또는 배풍구를 조절하여 사용한다.

③ **배진 장치** : 회전배진동을 설치하여 연속적이고, 자동적으로 배진되는 기구이다.

④ **배진실** : 하단에 배진물 속에 섞인 곡립을 2번구에, 검불을 풍구의 바람에 실어 3번구에 떨어지도록 선별하는 체가 부착된 공간이다.

다) 반송 장치

1번구에서 낙하한 곡립을 수평 방향으로 이송하는 스크루 컨베이어와 일정의 높이까지 양곡하여 가마니 등의 용기에 담도록 하는 장치이다.

(3) 콤바인

주행을 하며, 작물을 예취하고, 줄기부를 붙잡아 이송한다. 이송한 줄기는 이삭 부분만을 탈곡장치에 집어넣어 탈곡, 선별하고 저장할 수 있는 탱크로 이동시키는 작업을 동시에 연속하는 수확 기계이다.

가) 주행 장치

자탈형 콤바인은 궤도형으로 고무 크롤러를 이용하여 습지에서도 작업이 가능하도록 되어 있다. 크롤러의 구동은 기관에서 주 변속기와 부 변속기를 거쳐 구동 스프로켓에 동력이 절단된다. 조향을 위하여 조향하고자 하는 방향의 궤도를 제동하여 선회하는 방식을 주로 사용한다.

나) 예취 장치

① **예취 장치란** : 작물을 베어 주는 장치를 말한다.
② **예취 장치의 종류**
- 왕복식 예취 장치 : 예취 장치에서 가장 많이 사용되는 형태로 아래 칼날은 고정이며 윗 칼날을 크랭크 장치를 이용하여 왕복하면서 작물을 베는 형태
- 회전식 예취 장치 : 회전축을 중심으로 직선형, 곡선형, 완전 원판형, 톱날형, 유성 회전형, 별날형의 형태로 작물을 베는 형태

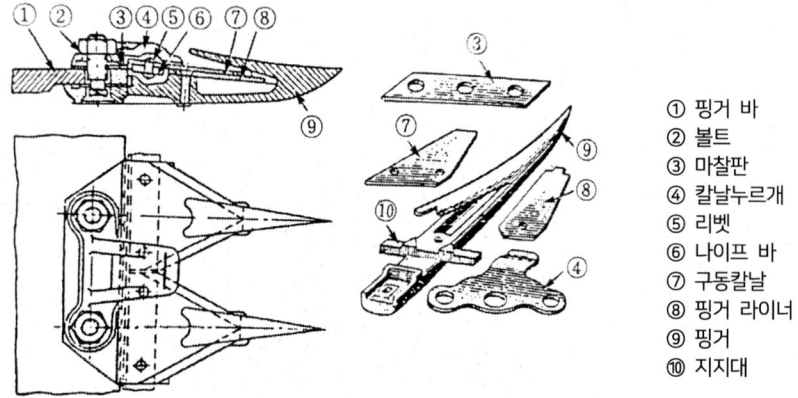

① 핑거 바
② 볼트
③ 마찰판
④ 칼날누르개
⑤ 리벳
⑥ 나이프 바
⑦ 구동칼날
⑧ 핑거 라이너
⑨ 핑거
⑩ 지지대

[그림1-14] 콤바인 예취장치

다) 전처리 장치

① **전처리 장치란** : 작물을 벨 때 도복된 작물은 일으켜 세우고, 절단부에 무리한 부하를 주거나, 작물을 쓰러뜨리지 않고, 절단할 때 사용하는 장치. 즉, 예취 작업 전에 행해져야 하는 작업을 한다.
② **전처리 장치의 종류**
- 디바이더 : 분초기라고도 하며, 수확기가 통과하면서 같은 동작을 반복하여 작업 폭을 결정해 주고, 미 예취부를 분리시키는 역할을 한다.
- 걷어 올림 장치(Pick-up Device) : 체인에 플라스틱을 연결하여 만든 돌기를 부착하여 예취

장치 앞쪽에 설치되어 있으며 수평면과 65~80°의 각도로 경사진 체인 케이스 속에서 회전한다. 예취가 잘될 수 있도록 작물을 정확히 세워주는 기능을 한다.
- 리일(reel) : 작물의 절단 시 작물 위쪽을 받아 완전한 절단이 가능하도록 하는 기능, 도복된 작물을 걷어올리는 기능, 절단한 줄기를 가지런히 반송장치에 인계하는 기능을 수행한다.

라) 탈곡 장치
① **탈곡 장치란** : 곡립을 이삭에서 분리하고 곡립, 부서진 줄기와 잎, 기타 혼합물로 이루어지는 탈곡물에서 곡물을 분리하는 장치이다.
② **탈곡 장치의 구성** : 고속으로 회전하는 원통형 또는 원추형의 급동과 고정된 원호형의 수망으로 이루어져 있다.
③ **탈곡 장치의 구비조건**
- 탈곡이 깨끗하게 이루어지고, 탈곡된 곡립이 잘 분리되어야 한다.
- 곡립이 파손되거나, 탈부되는 일이 적은 것이 좋다.
- 탈곡 물량의 소요 동력이 작고, 작물의 종류, 상태, 양에 쉽게 적응할 수 있는 것이 좋다.

마) 급치 급동식 탈 곡장치
① **급치 급동식 탈곡 장치** : 급동, 수망, 급치와 절치 등으로 구성되어 있다.
② **급치의 종류**
- 정소치(제1종 급치) : 폭이 넓은 급치로 큰 흡입각을 갖도록 설치한다.
- 보강치(제2종 급치) : 정소치 다음에 배열되어 정소치에서 탈립되지 않은 것을 탈립시키는 급치
- 병치(제3종 급치) : 탈립을 하기 위하여 두 가지 이상의 것을 한곳에 나란히 설치하는 형태의 급치

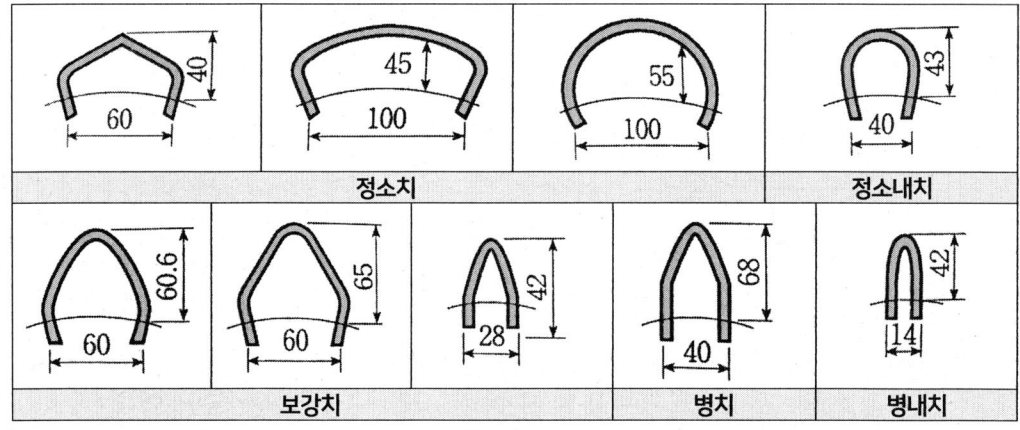

[그림1-15] 급치의 종류

바) 선별 장치
① **선별 장치란** : 탈곡실에서 배출된 짚 속에는 분리되지 않은 곡립이 있는데 이를 곡물만 분리하는 장치를 선별 장치라고 한다.

② 선별 방법
- □ 공기 선별 방식
  - 송풍팬의 의한 방법
  - 흡인 팬에 의한 방법
  - 송풍과 흡입팬을 병용하는 방법
- □ 진동 선별 방식
  - 송풍팬과 요동체를 병용하는 방식
  - 송풍팬과 요동체와 흡인팬을 병용하는 방식
- □ 곡립의 크기에 따른 선별(구멍체 선별) : 곡립의 크기는 길이, 폭, 두께로 구분함
  - 장방향 구멍체를 이용한 곡립 선별
  - 원 구멍체에 의한 곡립 선별
- □ 기류에 의한 선별
  - 송풍기의 분류
  . 기체가 축방향으로 유동하는 축류식
  . 회전차에 들어온 공기가 회전차와 함께 회전하면서 나타나는 원심력을 이용하는 원심식
  . 위의 두 가지를 특성을 이용한 사류식

사) 반송 장치

① **스크류 켄베이어 방식**(나사반송기, 오우거(auger))
- 수평, 경사, 수직으로 반송할 수 있는 구조로 간단하고 신뢰성이 높은 반송기

② **버킷 엘리베이터**
- 곡물을 수직방향으로 끌어 올리는데 사용되는 형태
- 탈곡기, 선별기, 건조기, 사료 가공기계 등에 사용되며, 평 벨트에 버킷을 고정한 구조로 되어 있음

③ **드로우어**
- 회전하는 날개에 의하여 곡립을 목적지까지 회전력에 의해 전달하는 방식
  단, 반송 높이와 반송 거리에는 제한이 있다.

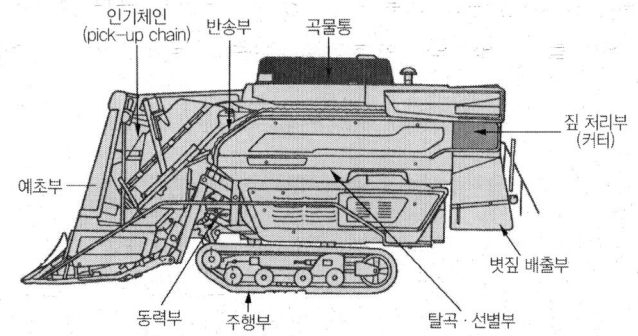

[그림1-16] **자탈형 콤바인**

❷ 기타 수확기계

(1) 지하부 수확기계

각종 채소 과일 등의 수확기는 작물의 특성에 따라 수확하는 방식이 다르다.

가) 서류 수확기 : 감자, 고구마와 같은 서류의 수확작업에 사용되는 기계이다.

① 원리 : 잎이나 넝쿨을 제거하고, 서류를 파내어 수확한다.
  흙과 모래를 분리하고 수확물만을 구분 분리하여 수확하는 형태이다.

② 형태
  - 스피너형 : 굴취날에 의하여 흙과 함께 떠올려진 서류를 회전형 갈고리를 사용하여 가로방향으로 방출시켜 망이나 광주리에 받은 다음 다시 땅에 일렬로 늘어놓는 기계의 형태이다.
  - 엘리베이터형 : 굴취날로 떠올려진 흙과 서류를 진동 엘리베이터에 의하여 후방으로 이송하는 과정에서 흙과 모래를 분리하는 형식의 기계이다.

나) 사탕무 수확기 : 사탕무를 수확하기 위한 기계이다.
  - 동작 과정 : 사탕무의 줄기 절단 → 절단한 줄기 처리 → 굴취부 땅속으로 넣어 흙을 깨줌 → 사탕무를 땅속으로 들어 올리고 흙과 이물질 분리 → 정선된 사탕무를 트럭 또는 트레일러로 이동 → 수확

다) 양파 수확기 : 양파의 뿌리를 절단하고 절단된 양파를 흙에서 들어 올려 수확하는 방식이다. 서류를 수확하는 방식과 거의 흡사하다.

라) 파 수확기 : 트랙터에 부착하는 형태로 수평방향으로 이동하는 방식이다. 파 밑부분을 절단하여 토양을 파와 교란시키고 파를 들어올리는 방식이다.

마) 땅콩 수확기 : 땅콩을 수확만 하는 형태와 수확 후 탈곡까지 진행하는 형태가 있다.
  - 동작 과정 : 땅콩 파내기 → 흔들어 부착된 흙을 털기 → 건조 → 줄기로부터 땅콩 분리하기

(2) 지상부 수확기

잎이나 줄기를 먹는 엽채류와 토마토, 딸기 등을 먹는 과채류로 구분할 수 있다. 이런 작물들을 수확하는 기계를 지상부 수확기라고 한다.

가) 양배추 또는 배추 수확기

기체가 전진하면서 롤러가 반대 방향으로 회전하기 때문에 작물을 롤러 사이에 붙잡게 된다. 롤러의 위치가 올라감에 따라 작물은 뽑히게 되고, 작물의 뿌리는 디스크 날에 의하여 절단되며, 수확물은 엘리베이터를 통해 운송하여 수확하는 기계이다.

나) 과채류 수확기

대부분 인력에 의존하여 수확하지만 기계로 수확는 형태는 최적의 수확시기를 택하여 한 번에 수확하는 형태로 작업을 한다. 제어 기술이 발달하면서 선별 수확하는 기계도 최근 많이 소개되고 있다.

(3) 목초 및 기타 수확기계

가) 목초 수확기계

① **목초의 수확작업 체계**

예취 → 압쇄 → 반전 → 집초 → 끌어올림 → 세절 → 결속 → 끌어올림 → 운반 → 건조 → 반송 → 보관

② **목초 예취기의 종류**
- 왕복식 모워 : 칼날 받침판이 고정되고 절단날이 좌우로 왕복하며 절단하는 모워
- 로터리 모워 : 고속으로 회전하는 칼날을 이용하여 목초를 절단하는 예취기
- 프레일 모워 : 수평축에 프레일(frail) 예취날을 장착하고, 이를 고속으로 회전시켜 목초를 전방으로 밀면서 절단하는 모워

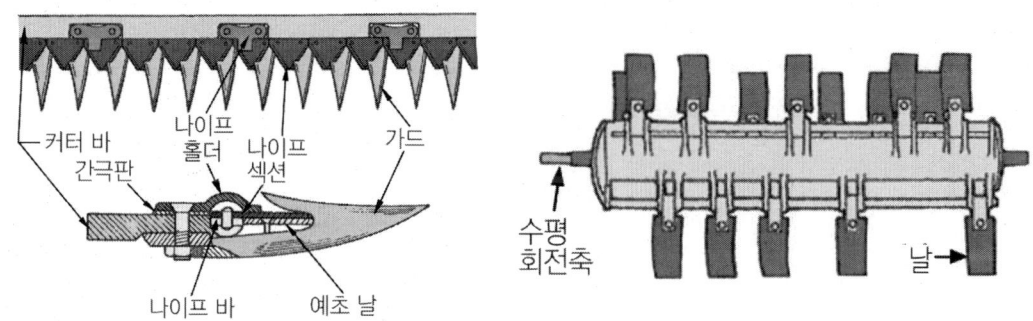

[그림1-17] 커터바 모워와 프레일 모워

10 농산가공기계

1 곡물 건조 및 건조기

(1) 농산물의 건조이론

가) 함수율

① **습량기준 함수율** : 재료 내의 수분의 중량을 전중량에 대한 비(ratio)로 표시하는 방법

$$M = \frac{W}{W + W_d} \times 100$$

여기서, M : 습량기준 함수율(%) W : 재료 중의 물의 무게(kg)
W_d : 재료 중의 건물중량(kg)

② **건량 기준 함수율** : 함유 수분을 제한 건물 중량에 대한 비(ratio)로 표시하는 방법

$$m = \frac{W}{W_d} \times 100$$

여기서, m : 건량기준 함수율(%)　　W : 재료 중의 물의 무게(kg)
　　　　W_d : 재료 중의 건물중량(kg)

나) 평형 함수율(필답 문제 출제 가능)

곡물은 함수율과 온도에 따라 특정의 수증기압을 나타내며, 이 수증기압이 주위 공기의 수증기압보다 크면 주위 공기로 수분을 방출하고, 작으면 주위 공기로부터 수분을 흡수한다. 곡물 내의 수중기압이 주위 공기의 수증기압과 평행을 이루었을 때의 곡물 함수율을 평형 함수율이라고 한다.

다) 용어 정리

① **수증기압** : 습공기 중의 수증기 분자가 나타내는 분압
② **상 대습도** : 동일 온도와 동일 대기압 하에서의 포화 수증기압에 대한 습공기의 수증기압의 비를 %로 나타낸다.
③ **절대 습도** : 습공기 중의 건공기의 단위 질량당 수증기의 질량으로 습도비 또는 비습도라고도 한다.
④ **건구 온도** : 온도계의 감온부가 건조한 보통의 온도계에 나타나는 온도
⑤ **노점 온도** : 일정한 대기압과 절대 습도에서 습공기를 냉각하였을 때 응축이 일어나기 시작하는 온도이며, 습공기의 절대습도와 수증기압에 대한 포화온도
⑥ **습구 온도** : 온도계의 감온부를 젖은 헝겊을 싸서 유동공기에 노출시켰을 때 나타나는 온도
⑦ **엔탈피** : 0°C를 기준 온도하에서 건공기의 단위 질량당 습공기의 열용량
⑧ **비체적** : 건공기의 단위 질량당 습공기의 체적이며, 밀도는 비체적의 역수이다.
⑨ **비열** : 온도의 함수이지만 습공기에서는 평균값을 사용한다.
　• 건공기의 비열 : 1,006.93 J/kg·K
　• 수증기의 비열 : 1,875.69 J/kg·K

(2) 건조 방법과 건조 시설

가) 건조 방법

① **박층 건조** : 재료 표면에서의 열전달 및 내부에서 표면으로 전달되는 수분 전달 속도에 따라 건조 속도가 달라진다. 모세관 현상에 의해 수분 이동과 수분 농도차가 발생하기 때문에 박층 건조에서는 가장 중요한 변수가 된다.
② **후층 건조** : 열평형을 이용하는 방식으로 건조시간, 수분 제거량, 곡물층의 성질에 따라 속도가 다르다. 건조한 공기를 곡물층에 통과시켜 건조하는 방식이며, 곡물을 건조할 때 가장 많이

활용하는 방식

나) 건조 시설

① 건조기의 종류
- 고정층형 : 정지된 곡물층을 송풍공기가 통과하며 건조하는 방식
- 횡류형 : 곡물과 송풍 공기가 서로 직각 방향으로 흐르는 방식
- 병류형 : 서로 같은 방향으로 평행하게 흐르는 방식
- 향류형 : 서로 반대 방향으로 흐르는 방식
- 혼합류형 : 곡물과 송풍공기의 흐름이 횡류, 병류, 향류가 혼합되어 있는 방식

다) 송풍기

재료에 건조한 바람을 일으켜 건조시키는 장치이다.
① **축류 송풍기** : 작은 압력에 많은 풍량이 요구될 때 사용한다.
② **원심 송풍기** : 많은 풍량보다 비교적 큰 압력이 요구될 때 사용한다.

(3) 농산물 저장시설과 관리

곡물저장의 목적은 수확 및 건조 직후의 성질을 그대로 보존하기 위함이다.

가) 저장 시설의 설치 요건

① **시설 용량의 결정** : 곡물의 종류 및 품질에 따라, 곡물의 양과 빈의 개수 등에 따라 용량을 결정해야한다.
② **위치와 방향** : 기후에 의한 영향과 전원공급에 관련된 사항을 고려한다. 통풍 및 배수시설, 운영상의 진출입 및 관리가 편리해야 한다.
③ **취급 방법과 정비** : 곡물을 취급하는 공정이 많을수록 손상이 커지므로 되도록 공정을 적게 하고 적재 및 하역 시 기계화하여 편의성을 도모해야 한다.
④ **저장 시설의 구조** : 곡물의 품질을 잘 보존할 수 있어야 하고 이송, 저장중 발생하는 압력에서 잘 견뎌야 한다.

나) 저장 시설의 종류

① 원형 철제빈
② 사각빈
③ 콘크리트 원형 사일로

다) 저장 관리

곡물의 양적, 질적 손실을 막기 위해 곡물의 상태를 수시로 관찰하고, 적절하게 통풍시켜 주는 저장 관리가 필요하다. 불균일한 곡물의 온도 및 함수율, 저장 초기의 곡물 손상, 비위생적인 상태, 병해충 관리, 곡물 관찰의 경시 및 통풍 부족 등에 의해 곡물이 손상될 수 있기 때문에 이런 사항들을 유지, 관리해야 한다.

2 조제 가공 시설

(1) 도정 장치

벼를 가공하는 과정 중 섭취가 가능한 상태로 만드는 것을 도정이라고 한다. 도정을 위해서는 다양한 과정을 거쳐야 한다.

가) 정선기

정선은 생산물의 품질을 향상시키고 가공공정의 효율을 높이기 위한 공정으로 지푸라기, 검불, 쭉정이, 돌멩이 등의 이물질을 제거하는 기계

① **선별 방법**
- 기류 선별
- 크기 선별
- 비중 선별

② **선별 장치**
- 탈곡 롤러
- 기류 선별장치
- 스크린 선별장치
- 석발장치

나) 현미기

벼의 외곽을 싸고 있는 왕겨를, 2개의 반구형으로 이루어져 있는 고무롤에 의해 마찰과 전단으로 충격을 가해 벗겨내는 기계이다. 약 25%의 회전차를 가지고 서로 반대방향으로 회전하며 벼는 고무롤 사이를 통과하는 동안 외피를 서로 마찰하고 전단하여 분리하는 원리이다.

다) 현미 분리기

제현과정 후에 생산되는 현미와 미탈부 된 벼의 혼합물로부터 현미와 벼를 분리시키는 기계이다.

① **만석기** : 보통 3단의 체로 단계별 망목의 크기와 경사도를 적당히 하여 분리하는 방식으로 현미를 1차 분리한 후에 벼 되돌림부에 장착하여 미분리 된 현미를 분리시키기 위해 이용한다.

② **요동식 현미 분리기** : 요철이 있는 철판을 전후와 좌우 방향으로 경사를 주어 캠이나 크랭크를 이용하여 철판에 요동 운동을 주어 벼와 현미의 마찰계수, 비중, 크기 등을 이용하여 분리하는 기계이다.

③ **칸막이식 현미 분리기** : 현미와 벼의 표면 마찰과 탄성 특성의 차이를 이용한 것

라) 정미기

현미에서의 미강층 또는 강층을 마찰, 찰리 및 절삭 작용에 의해 제거하고, 정백하는 기계

① **정미기의 종류**
- 마찰식 정미기 : 찰리 작용과 마찰 작용을 이용한 정미기

- **분풍 마찰식 정미기** : 롤러의 몸통에 안쪽에서 바깥쪽으로 공기가 잘 통할 수 있도록 구멍이 뚫려 있어, 가운데가 빈 롤러축 내부로 유도되어온 공기가 그 구멍을 통해 통기된다. 롤러를 싸고 있는 금망의 구멍에 공기와 겨의 배출이 가능하도록 되어 있으므로 정백의 성능을 향상시키는 방법이다.
- **연삭식 정미기** : 정백실을 통과하는 동안 금강사의 절삭 작용에 의해 이루어진다. 정백 정도는 곡물이 정백실에서 체류하는 시간에 비례하게 되며, 곡물의 정백실 체류시간은 출구 저항 장치에 의해 조절하고 절삭되어 분리된 쌀겨는 금망의 구멍으로 배출된다.
- **조합식 정미기** : 마찰식 정미기와 연삭식 정미기의 단점을 보완하고 장점을 극대화하기 위해 구성된 정미기

마) 연미기

정백된 쌀의 표면에 부착되어 있는 미강과 미분을 제거하고, 다듬질을 통해 깨끗한 쌀을 생산하게 하는 장치이다.

① 연미기의 종류

- **습식 연미기** : 쌀의 표면에 0.5~2% 정도의 물을 분사한 후 쌀 입자 간의 마찰과 원통 금망의 마찰력을 동시에 이용해 미강층과 미분을 엉기게 하여 제거하는 방식
- **건식 연미기** : 물을 첨가하지 않고 정백미 표면에 잔존하고 있는 미강과 미분의 제거가 가능한 연미기이다.

(2) 선별·포장장치

가) 선별 장치

① 선별기의 종류

- **쇄미 선별기** : 최종제품인 백미 중에 포함된 쇄미를 선별하는 기계이다.
  - 로터리 시프트 : 선별채의 선회운동을 하여 백미 중 포함된 쇄미를 선별체로 선별하는 방식
  - 홈선별기 : 원통 또는 원판에 설치된 홈에 곡물을 담아 회전시켜, 곡립의 길이 차이를 이용하는 방식
- **색채 선별기** : 일정한 광을 선별물에서 조사하여 투고 또는 반사되는 광을 수광 센서나 CCD 카메라로 검출하여 이미 설정된 기준값과 비교하여 빛의 양이 다를 경우 공압 배출기로 제거하는 선별 기계

나) 포장 기계

가공된 백미를 PE 또는 PP에 상품의 특징을 도안해서 포장하는 기계

① 포장기의 종류

- **소포장기** : 계량부, 접착부, 이송부로 구성되어 있으며, 최소 0.2~1kg에서 일반적으로 10~20kg정도로 포장하게 된다.

- 지대미 포장 : 계량기에 포장 봉지가 자동으로 홀더에 공급되면 계량기에 설정되어 있는 정량이 공급되고, 벨트 컨베이어에 의해 봉합기까지 이송되어 자동 봉합된다.
- 가스 주입 포장 : 백미 제품의 산화 및 미생물이나 해충의 피해를 방지하고, 저장성을 향상시키기 위해 가스 차단성이 높은 재질의 포장지를 사용하거나, 포장 시 탄산 가스 또는 탈산소제를 주입하는 방식
- 진공포장기 : 포장지 내의 공기를 완전히 제거하여 진공상태로 포장하는 기계

11 기타 농업기계

(1) 사료 수확기(forage harvester)

사일리지의 원료가 되는 목초를 예취하고, 세절하여 이를 풍력으로 불어 올려 운반차에 적재하는 목초 수확기이다.

① **프레일형** : 프레일 모워를 부착하고, 절단된 목초를 세절하여 고속으로 회전시켜 운반차에 적재하는 형태의 수확기
② **모워바형** : 어태치먼트를 교환할 수 있는 부분과 세단된 목초를 불어 올리기 위한 본체가 결합된 형태

(2) 헤이 콘디셔너

① 예취한 목초의 자연건조를 촉진하기 위하여 줄기를 압착하는 등 건조가 용이한 상태로 목초를 처리하는 기계
② **장점** : 건조시간 단축, 줄기와 잎의 건조 차이를 감소, 과건조에 의한 잎의 손실을 감소
③ **사용작물** : 알팔파, 수단글래스 등 줄기가 굵은 목초
   ※ **건초를 만드는 과정** : 반전 → 확산 → 집초열 반전 → 집초
④ **건초 조제에 사용되는 기계**
   - 헤이 테더 : 목초의 반전을 주목적으로 함
   - 헤이 레이크 : 집초를 주목적으로 함

(3) 헤이 베일러

① 건초를 압축하여 묶는 기계
② **헤이 베일러의 종류** : 각형(사각형)베일러, 원통인 라운드 베일러
③ **각형(사각형)베일러(플런저형 베일러)**
   - 사각형으로 건초를 묶는 기계
   - 플런저 베일러의 주요부분은 목초를 끌어올리는 장치, 압축실 입구까지 운반하는 장치, 목초를 왕복 플런저로 압축하는 장치, 목초의 압축 밀도를 조절하는 장치, 베일의 길이를 조절하

는 장치, 결속장치로 되어 있으며 결속하는 순서도 이와 같다.
④ 라운드 베일러(원형베일러)
- 원통형으로 건초를 묶는 기계
- 걷어올림 원통, 압축장치, 송입롤러, 성형벨트, 노끈 매는 장치로 구성되어 있다.

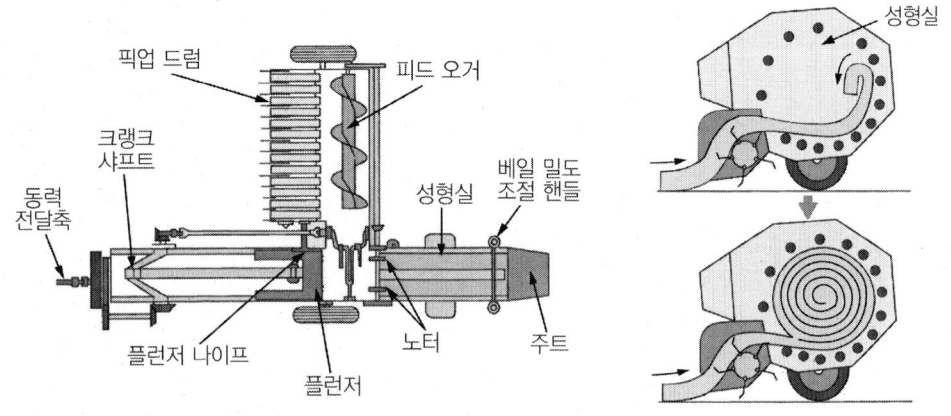

[그림1-18] 사각베일러와 원형베일러

(4) 사료 절단기

① 목초, 볏짚, 옥수수줄기 등과 같은 줄기를 세단하는데 사용되는 기계를 사료 절단기라고 한다.
② **사료 절단기의 종류** : 플라이휠형, 원통형
③ **플라이휠형** : 회전날은 반경 방향으로 플라이휠에 부착하며, 회전날은 보통 2~6개로 구성된다. 회전날은 직선날과 곡선날이 있으며, 직선날은 날이 두꺼워 옥수수줄기 등을 절단하는데 적합하고, 곡선날은 날이 얇아 풀을 절단하는데 적합하다.
④ **원통형** : 나선형날은 보통 2~6개가 부착되어 있으며, 절단된 재료를 높은 곳으로 불어 올리기 위하여 송풍기를 부착하는 경우도 있다.

Part 5 농업기계학

기출문제[1]

01 경운작업의 일반적인 목적으로 틀린 것은?
① 뿌리 내릴 자리와 파종할 자리에 알맞은 흙의 구조를 마련한다.
② 잡초를 제거하고 불필요하게 과밀한 작물을 제거한다.
③ 흙과 비료 또는 농약 등을 잘 분리하는 효과가 있다.
④ 등고선 경운이나 지표의 피복물을 적절히 설치하여 토양의 침식을 방지한다.

02 다음 중 경운정지 작업의 목적과 거리가 먼 것은?
① 유기물의 부식화를 통하여 흙의 단립화를 촉진
② 잡초를 제거하고 불필요하게 과밀한 작물을 제거
③ 작물의 뿌리가 흙속으로 뻗어 가는데 받는 저항력 증진
④ 등고선 경운이나 골 만들기 등에 의하여 토양의 유실을 방지

> **해설** 경운작업 목적
> • 뿌리 내릴 자리와 파종할 자리에 알맞은 흙의 구조를 마련해 준다.
> • 반전경운으로 표토의 작물 잔유물을 잘 매몰시켜 유기물 부식과 단립화를 촉진시켜 지력을 높이고 지표의 잔유물에 붙어 월동하는 병균과 해충을 죽인다.
> • 경사지에서 등고선 경운, 골 만들기 등으로 토양 침식을 줄일 수 있다.
> • 작물의 재식, 관개, 배수, 수확작업 등에 알맞은 토양표면을 조성한다.
> • 비료, 살충제, 토양개량제 등과 흙이 잘 섞일 수 있게 한다.

03 농업기계 작업에서 포장작업효율이 나타내는 것은?
① 단위면적당 작업시간
② 작업폭과 작업속도를 곱한 값
③ 이론작업량과 손실작업량의 차이
④ 이론작업량에 대한 포장작업량의 비율

> **해설** 작업기가 수행할 수 있는 단위 시간당 최대 작업량을 이론작업능률 또는 이론포장능률이라 한다. 실제 포장에서 작업하는 경우에는 포장의 크기가 제한되어 있으므로 직진만 할 수 없고 회전하거나 모서리를 돌기 위하여 후진하는 등 실제로 작업하지 못하는 시간이 있다. 작업에 따라서는 작업폭을 100% 활용하지 못하며, 포장상태에 따라서는 작업속도를 일정하게 유지하지 못한다. 그 외에도 작업기를 포장 내에서 조정하거나 급유하고 농자재를 재투입하거나 운전자가 휴식을 취하는 등 포장에 농기계가 진입한 동안 여러 가지로 손실되는 시간이 있다.
> 숙련된 농업인이 포장 내에 진입하여 단위 시간당 작업하는 평균 면적을 실작업능률 또는 유효포장능률이라 하며 아래 식으로 정의된다.
> $$A_e = \epsilon_f A$$
> 여기서, A_e : 유효포장능률 (ha/h)
> ϵ_f : 포장효율
> A : 이론포장능률 (ha/h)

04 포장기계가 갖추어야할 설계요건을 설명한 사항 중 잘못된 것은?
① 작업 목적에 적합해야 한다.
② 충분한 내구성을 가져야 한다.
③ 작업능률이 커야 한다.
④ 기계의 중량은 최대로 커야 한다.

정답 01.③ 02.③ 03.④ 04.④

05 작업적기를 36일, 적기내의 작업불능 일수를 8일, 작업기 1대의 시간당 포장 작업량을 0.5ha, 1일 작업 가능시간을 8시간, 실 작업율을 70%라 하면 작업기 1대의 작업적기 내 작업면적은 몇 ha인가?

① 68.4
② 78.4
③ 88.4
④ 98.4

해설 작업적기실 작업일수 = 36-8 =28일
작업기 1대의 작업량 = 0.5ha/h × 8시간 = 4ha
실작업율 = 70%
작업면적(유효포장율) = 28일×4ha/일×0.7
= 78.4ha 8 × 0.7
= 78.4ha

06 포장기계의 부담면적에 관한 설명으로 가장 적합한 것은?

① 기계가 이론적으로 수행할 수 있는 시간당의 작업면적이다.
② 기계가 실제로 수행할 수 있는 시간당의 작업면적이다.
③ 농작업을 수행하는 데의 작업적기, 기상 등의 제약과 주어진 농장의 조건 하에서 기계의 능률을 충분히 활용할 때 작업할 수 있는 면적이다.
④ 일정한 기간 내에 기계가 수행해야 할 주어진 작업면적이다.

해설 부담면적이란 농작업을 수행하는 데의 작업적기, 기상 등의 제약과 주어진 농장의 조건 하에서 기계의 능률을 충분히 활용할 때 작업할 수 있는 면적을 말한다.
• 기계가 이론적으로 수행할 수 있는 시간당 작업면적: 이론포장능률
• 기계가 실제로 수행할 수 있는 시간당의 작업면적: 유효포장능률

07 농업기계를 구입하고자 할 때 고려되어야 할 사항으로 볼 수 없는 것은?

① 기술적인 합리성
② 경제적 합리성
③ 취급성 및 안전성
④ 감가상각비

해설 농업기계를 구입하고자 할 때 고려해야할 사항으로는 기술적 합리성, 경제적 합리성, 취급성 및 안전성, A/S 등이 포함된다.

08 주행형 농업기계에 해당되지 않는 것은?

① 소형 굴삭기
② 농용 트랙터
③ 동력 경운기
④ 콤바인

해설 소형 굴삭기는 건설기계에 포함된다. 1톤 이상 3톤 미만은 소형 건설기계, 3톤 이상은 대형 건설기계, 1톤 미만의 굴삭기는 농업기계로 나뉘어져 있다.

09 농업기계의 구비조건이 아닌 것은?

① 자연환경에 직접 노출되어 사용되므로 환경에 대한 적응성이 높아야 한다.
② 내구성이 떨어져야한다.
③ 누구나 사용할 수 있도록 간단하면서 안전해야 한다.
④ 유지, 관리가 쉽게 편리해야 한다.

해설 내구성이 좋아야 생산성 향상에 도움이 된다.

10 자주식 기계에 해당되지 않는 것은?

① 로타베이터   ② 이앙기
③ 콤바인   ④ 바인더

해설 자주식이란 기계에 주행장치가 있어 주행을 하면서 작업을 할 수 있는 방식의 기계이며, 로타베이터는 작업기에 해당된다.

정답 05.② 06.③ 07.④ 08.① 09.② 10.①

11 이론작업량이 0.6ha/h이고 포장효율이 60 %이면 시간당 실제 작업량은 몇 ha/h인가?

① 0.36
② 0.26
③ 2.26
④ 0.22

해설 작업기가 수행할 수 있는 단위 시간당 최대 작업량을 이론작업능률 또는 이론포장능률이라 한다. 실제 포장에서 작업하는 경우에는 포장의 크기가 제한되어 있으므로 직진만 할 수 없고 회전하거나 모서리를 돌기 위하여 후진하는 등 실제로 작업하지 못하는 시간이 있다. 작업에 따라서는 작업폭을 100% 활용하지 못하며, 포장상태에 따라서는 작업속도를 일정하게 유지하지 못한다. 그 외에도 작업기를 포장 내에서 조정하거나 급유하고 농자재를 재투입하거나 운전자가 휴식을 취하는 등 포장에 농기계가 진입한 동안 여러 가지로 손실되는 시간이 있다.
숙련된 농업인이 포장 내에 진입하여 단위 시간당 작업하는 평균 면적을 실작업능률 또는 유효포장능률이라 하며 아래 식으로 정의된다.

$$A_e = \epsilon_f A$$

여기서, A_e : 유효포장능률(ha/h)
ϵ_f : 포장효율
A : 이론포장능률(ha/h)

이 문제는 이론포장능률이 0.6ha/h이고 포장효율이 0.6일 때의 유효포장능률을 구하는 문제이다. 따라서 유효포장능률은 아래와 같이 계산된다.
$A_e = 0.6 \times 0.6 = 0.36 \ ha/h$

12 농기계 이용경비를 산출할 때 윤활유 비용은 보통 연료비의 몇 %범위로 추정하는가?

① 2~5%
② 10~15%
③ 25~30%
④ 35~50%

해설 일반적으로 윤활유 비용은 연료비의 10~15% 범위로 추정한다.

13 농용기관의 장기보관 시 조치 사항 중 맞지 않은 것은?

① 흡·배기 밸브는 완전히 열린 상태로 보관한다.
② 기관, 트랜스미션 케이스의 윤활유를 점검 보충한다.
③ 냉각수를 완전히 비워둔다.
④ 가솔린 기관의 연료를 완전히 비워둔다.

해설 흡·배기 밸브는 완전히 닫힌 상태로 보관을 해야만 밸브 스프링의 장력을 유지할 수 있다.

14 농업기계화의 장점이라고 할 수 없는 것은?

① 작업능률의 향상
② 노동 생산성의 향상
③ 힘든 노동으로부터의 해방
④ 노임 및 투자비의 증가

해설 농업기계화로 토양 생산성, 노동생산성, 중도동에서의 해방

15 농업기계를 구입하고자 할 때에 우선 검토해야 할 사항이 아닌 것은?

① 지방의 기후
② 기체의 크기 결정
③ 취급성과 안락성
④ A/S(애프터 서비스)

해설 농업기계를 구입하고자할 때 고려해야할 사항으로는 기술적 합리성, 경제적 합리성, 취급성 및 안전성, A/S 등이 포함된다.

16 농업기계 사용의 목적이 아닌 것은?

① 토지 생산성 향상
② 노동 생산성 향상
③ 농업기계 생산성 향상
④ 인건비 절감으로 농가 소득 증대

해설 농업기계화로 토양 생산성, 노동생산성, 중도동에서의 해방

정답 11.① 12.② 13.① 14.④ 15.① 16.③

17 주행형 농업기계가 아닌 것은?
① 자동화 장비
② 트랙터
③ 동력 경운기
④ 콤바인

> **해설** 자동화 장비는 일정한 공간에 고정되어 사람이 수행해야할 일을 처리하는 장비

18 농업기계로써 갖춰야 할 조건이 아닌 것은?
① 자연환경에 직접 노출되어 사용되므로 환경에 대한 적응성이 좋아야 한다.
② 내구성이 좋아야 한다.
③ 연료 소비율이 높아야 한다.
④ 누구나 사용할 수 있도록 간단하면서 안전해야 한다.

> **해설** 연료소비율이 높으면 일당 연료를 많이 소비한다는 뜻이다. 즉 연료소비율이 낮은 조건을 갖추어야 한다.

19 자주식 농업기계가 아닌 것은?
① 이앙기   ② 콤바인
③ 관리기   ④ 엔진

> **해설** 자주식 : 기계가 주행을 하면서 작업을 할 수 있는 방식

20 농작업기의 부착형태가 아닌 것은?
① 견인식   ② 장착식
③ 반장착식   ④ 연결식

> **해설** 농작업기 부착형태는 견인식, 반장착식, 장착식등

21 트랙터의 작업기 3점 링크 부착형태의 부착방식은?
① 견인식   ② 장착식
③ 반장착식   ④ 자주식

> **해설** 3점을 연결하여 트랙터에 장착하여 사용하는 작업기로 이런 형태를 장착식이라고 한다.

22 다음 중 고정비에 해당하는 것은?
① 연료비   ② 윤활유비
③ 차고지   ④ 노임

> **해설** 고정비 : 이용시간에 관계없이 소요되는 비용(기계구입 비용의 15% 정도)

23 시간이 지남에 따라 마모, 노후화 등으로 인하여 기계의 가치가 떨어지는 것을 무엇이라고 하는가?
① 고정비   ② 변동비
③ 감가상각비   ④ 내구연한

> **해설** 마모, 노후화 등으로 인하여 일어나는 기계 가치의 상실을 감가상각비라고 하고 기계의 내구연한에 의해 크게 좌우된다.

24 구입가격이 1,200만원인 4각 베일러의 폐기가격은 200만원이며 내구 연한은 10년이다. 직선법에 의한 연간 감가상각비는 얼마인가?
① 100만원
② 120만원
③ 122만원
④ 140만원

> **해설** 직선법은 감가상각비를 내구 연수 전체 동안 균등하게 배분하는 것으로, 직선법에 의한 연간 감가상각비는 아래 식으로 계산된다.
>
> $$D_s = \frac{P_i - P_s}{L}$$
>
> 여기서, D_s : 연간 감가상각비 (원/년)
> P_i : 기계의 초기가치 (원)
> P_s : 기계의 폐기가치 (원)
> L : 내구 연수 (년)
>
> 초기가치(구입가격)가 1,200만원, 폐기가치(폐기가격)이 200만원, 내구 연수가 10년이므로 직선법에 의한 연간 감가상각비는 아래와 같이 계산된다.
>
> $$D_s = \frac{1200 - 200}{10} = 100 \text{ 만원/년}$$

정답 ··· 17.① 18.③ 19.④ 20.④ 21.② 22.③ 23.③ 24.①

25 농업기계 구입가격이 200만원 폐기 가격이 20만원, 내구연한이 8년이라고 할 때 연간 감가상각비를 직선법으로 구하면?

① 100,000원
② 225,000원
③ 250,000원
④ 275,000원

해설 감가상각비$(D_s) = \dfrac{P_i - P_s}{L}$
$= \dfrac{200만원 - 20만원}{8년}$
$= 225,000원$

26 농업기계를 트럭에 적재 또는 경사지 작업 시 안전한 경사도는?

① 15°이하 ② 20°이하
③ 30°이하 ④ 40°이하

해설 트랙터는 무게중심이 바퀴축 중심보다 위쪽에 위치하기 때문에 전복위험이 크므로 경사지 15° 이하에서 사용해야 안전하다.

27 포장에서 채취한 토양 샘플의 무게가 1000g 이고 부피는 640cm³였다. 오븐에서 건조한 후의 무게는 800g 이었다. 비중이 2.65 g/cm³이라고 하면 공극률은 얼마인가?

① 0.492
② 0.528
③ 0.534
④ 0.560

해설 건조한 토양의 부피는
800g ÷ 2.65 g/cm³ = 302 cm³이고,
건조 전 수분의 부피는 640-302 = 338cm³이다.
공극의 정도를 나타내는 식은 다음과 같다.
$$n = \dfrac{V_v}{V}$$
여기서 V는 전체 부피, V_v는 수분의 부피를 나타낸다.
이를 계산하면, $\dfrac{V_v}{V} = \dfrac{338}{640} = 0.528 g$이다.

28 농업기계의 가장 합리적인 이용방법은?

① 단위면적당 고정비를 감소시키고, 경영면적을 확대한다.
② 단위면적당 변동비를 증대시키고, 경영면적을 축소한다.
③ 단위면적당 고정비를 증대시키고, 경영면적을 확대한다.
④ 단위면적당 변동비를 감소시키고, 경영면적을 확대한다.

해설 가장 합리적인 이용방법은 단위면적당 변동비, 고정비는 감소시키고 경영면적은 확대해야 한다.

29 로타리 경운날 종류 중 날 끝부분아 편평부와 80~90도의 각을 이루고 있으며, 잡초가 많은 흙을 경운하는데 효과적이며, 소형 트랙터의 경운날로 쓰이는 형태의 날은?

① 보통형날
② 작두형날
③ 삽형날
④ L자형날

해설 보통형날과 L자형날이 비슷함으로 주의해야 한다. 소형트랙터에서는 L자형날을 사용하고 대형 트랙터에서는 보통형날을 사용한다.

30 경운 정지작업을 하는 목적이 아닌 것은?

① 잡초를 제거하고 과밀한 작물을 제거한다.
② 후속작업이 쉽도록 토양을 부드럽게 한다.
③ 토양 내부의 미생물의 활동을 저지시킨다.
④ 표토의 반전, 매몰시켜 유기물의 부식을 촉진시킨다.

해설 경운의 목적
① 뿌리의 활착을 촉진한다.
② 잡초 발생을 억제한다.
③ 작물의 생육을 촉진할 수 있는 환경을 개선한다.
④ 잔류물을 지하로 매몰하고, 매몰된 잔류물을 부식과 단립화를 촉진하여 지력을 좋게 한다.

정답 25.② 26.① 27.② 28.① 29.④ 30.③

31 보텀 플라우(bottom plow)의 플라우 석션(flow suction) 중에서 플라우의 진행 방향을 일정하게 유지시켜 주는 역할을 하는 석션은?

① 수직 석션   ② 수평 석션
③ 쉐어 석션   ④ 하방 석션

32 경운 정지작업에 속하지 않는 것은?

① 쇄토작업
② 균평작업
③ 복토작업
④ 두둑 및 고랑만들기 작업

[해설] 경운 정지작업은 경운 정지기계가 토양에 직접 작용하여 토양의 파괴, 이동, 압축, 성형 또는 혼합 등을 수행하는 것으로서 경기작업, 쇄토작업, 구동경운작업, 균평작업, 심토파쇄작업, 두둑 및 고랑만들기 작업 등이 포함된다.

33 트랙터의 정지(整地) 작업용 작업기로 가장 적합한 것은?

① 쟁기   ② 로타리 경운기
③ 원판 플라우 ④ 원판 해로우

[해설] 정지작업기계에는 쇄토기, 균평기, 진압기, 두둑 및 고랑 만드는 기계 등이 포함된다. 정지작업은 일반적으로 1차경이 실시된 다음에 실시되며 작업능률을 높이기 위하여 두 가지 작업, 예를 들면 쇄토와 균평 또는 쇄토와 고랑 만들기를 동시에 수행할 수 있도록 만든 기계도 있다. 정지작업기계에는 원판해로우, 스파이크해로우, 스프링해로우, 롤러해로우와 롤러진압기, 판해로우, 균평용해로우, 로터리해로우, 롤러 등이 있다.

34 정지용 농업기계인 쇄토기의 종류가 아닌 것은?

① 산파기
② 원판 해로우
③ 롤러 진압기
④ 스파이크 해로우

[해설] 정지작업기계에는 쇄토기, 균평기, 진압기, 두둑 및 고랑 만드는 기계 등이 포함된다. 정지작업은 일반적으로 1차경이 실시된 다음에 실시되며 작업능률을 높이기 위하여 두 가지 작업, 예를 들면 쇄토와 균평 또는 쇄토와 고랑 만들기를 동시에 수행할 수 있도록 만든 기계도 있다. 쇄토기에는 원판해로우, 스파이크해로우, 스프링해로우, 롤러해로우와 롤러진압기 등이 있다. 산파기는 파종기의 일종이다.

35 트랙터 원판 플라우(disk plow)의 특징이라고 할 수 없는 것은?

① 마르고 단단한 땅에서도 경기작업이 가능하다.
② 개간지와 같이 나무뿌리가 남아있는 경지의 경기작업에 적합하다.
③ 점착성이 강한 토양에서는 경기작업이 불가능하다.
④ 심경이 가능하다.

36 원판 플라우(disk plow)의 특성 설명으로 틀린 것은?

① 몰드보드 플라우가 쉽게 땅 속으로 흡입하므로 단단한 땅에서는 경기작업이 불가능하다.
② 나무 뿌리나 돌멩이에 부딪쳐서 파손될 위험성이 적고, 특히 개간지 경기작업에 적합하다.
③ 스크레이퍼(scraper)에 의하여 흙의 부착을 방지하므로 점착성이 강한 토양에서도 경기 작업이 가능하다.
④ 심경(深耕: deep plowing)이 가능하다.

[해설] 원판 플라우는 심경이 가능하며, 몰드보드플라우가 쉽게 땅속으로 침입할 수 없는 마르고 단단한 땅에서도 경기작업이 가능하다. 나무뿌리나 돌멩이에 부딪쳐도 파손될 위험성이 적고 특히 개간지와 같이 나무뿌리가 남아있는 경지의 경기작업에 적합하다. 원판의 각도를 적절히 조절함으로써 여러 가지 토양조건에서 작업이 가능하고 특히 스크레이퍼에 의하여 흙의 부착을 방지해 주며 점착성이 강한 토양에서도 경기작업이 가능하다.

정답   31.② 32.③ 33.④ 34.① 35.③ 36.①

37 나무뿌리, 돌 등의 장애물이 많고, 단단한 토양에 가장 적합한 쇄토기는?

① 스파이크 해로우
② 애크미 해로우
③ 스프링 해로우
④ 원판 해로우

해설 스프링 해로우는 흙과 접촉하여 작업하는 치간을 스프링강을 사용하여 활모양으로 구부려 크로스바에 연결한 것이다. 이와 같은 치간은 탄성 때문에 돌과 같은 장애물을 만나면 크게 변형된 다음에 원상태로 복귀하는 과정에서 얻는 순간적인 충격력이 쇄토에 크게 기여한다. 특히, 자갈이나 뿌리가 많은 경지 또는 굳은 흙의 쇄토작업에 알맞다.

38 원판 플라우에 대한 설명으로 가장 적합한 것은?

① 몰드보드 플라우에 비하여 마찰이 크다.
② 원판각이 클수록 경폭이 증가된다.
③ 원판 앞에 부착된 콜터가 흙의 부착을 방지한다.
④ 심경이 어렵다.

해설 원판플라우는 역조를 따라 미끄러지는 이체 대신에 구르는 이체를 사용함으로써 마찰을 줄여준다. 원판플라우는 몰드보드플라우와 같이 보습이나 바닥쇠를 가지고 있지 않으며 접시모양의 오목한 구면의 일부로 작업을 한다. 원판륜이 진행방향과 이루는 각을 원판각이라고 하고 원판이 수직방향과 이루는 각을 경사각이라고 한다. 원판각이 클수록 경폭이 커지는 반면 원판의 회전은 감소한다. 원판플라우는 심경이 가능하며 마르고 단단한 땅, 나무뿌리나 돌멩이가 있는 땅에서도 경기작업이 가능하다. 또한 원판각과 경사각을 적절히 조절함으로써 여러 가지 토양조건에서 작업이 가능하고 특히 스크레이퍼에 의하여 흙의 부착을 방지해 주며 점착성이 강한 토양에서도 경기작업이 가능하다.

39 원판 플로우(disk plow)의 특성 설명으로 틀린 것은?

① 심경(深耕 : deep plowing)이 가능하다.
② 땅속으로 침입할 수 없는 마르고 단단한 땅에서는 경기 작업이 불가능하다.
③ 나무 뿌리나 돌멩이에 부딪쳐서 파손될 위험성이 적고, 특히 개간지 경기작업에 적합하다.
④ 스크레이퍼(scraper)에 의하여 흙의 부착을 방지하므로 점착성이 강한 토양에서도 경기 작업이 가능하다.

해설 원판플라우는 심경이 가능하며, 몰드보드플라우가 쉽게 땅속으로 침입할 수 없는 마르고 단단한 땅에서도 경기작업이 가능하다. 나무뿌리나 돌멩이에 부딪쳐도 파손될 위험성이 적고 특히 개간지와 같이 나무뿌리가 남아있는 경지의 경기작업에 적합하다. 원판의 각도를 적절히 조절함으로써 여러 가지 토양조건에서 작업이 가능하고 특히 스크레이퍼에 의하여 흙의 부착을 방지해 주며 점착성이 강한 토양에서도 경기작업이 가능하다.

40 플라우의 견인점 위치를 정하여 그 위치에 따라 경심과 경폭을 조절하는 부분은?

① 보습(share)
② 쟁기날(coulter)
③ 비임(beam)
④ 크레비스(clevis)

해설
- 보습 : 삼각형의 모양의 금속판으로 흡입각에 맞춰 단단한 토양을 절단하고 발토판으로 끌어올리는 기능
- 쟁기날 : 쟁기의 앞쪽에 장착되어 역토와 미경지의 경계를 미리 수직으로 절단하는 기능
- 비임 : 쟁기의 골조가 되는 프레임

41 플라우의 이체 구성 요소가 아닌 것은?

① 발토판
② 지측판
③ 요동판
④ 보습

해설 플라우(쟁기)의 이체 3요소는 보습, 발토판, 지측판이다.

42 플라우의 이체와 트랙터의 링크를 연결하는 틀을 무엇이라고 하는가?

① 빔(beam)
② 콜터(coulter)
③ 신(shin)
④ 거널(gunnel)

해설 몰드보드 플라우의 이체는 흙을 직접 절단, 파쇄, 반전시키는 작업부로서 보습, 지측판, 몰드보드 등으로 구성되어 있다. 이것들은 결합판과 브레이스에 의하여 빔에 연결되어 있다.
빔은 플라우의 이체와 트랙터의 링크 사이를 연결하는 틀로써 I형 또는 4각형의 형강으로 만든다.

43 쟁기의 경폭이 25cm, 경심 10cm, 견인력 100N 이고 경운속도가 0.5m/s일 때 쟁기의 경운 비저항(N/cm²)은?

① 0.2　　② 0.4
③ 0.6　　④ 0.8

해설 경운 비저항은 수평견인저항을 경운단면적으로 나눈 값으로 아래 식으로 계산된다.
$$경운\ 비저항(N/cm^2) = \frac{수평견인저항(N)}{경심(cm) \times 경폭(cm)}$$
따라서 경운 비저항의 크기는 아래와 같다.
$$경운\ 비저항(N/cm^2) = \frac{100}{10 \times 25} = 0.4 N/cm^2$$

44 트랙터가 유압 쟁기를 이용하여 5.5km/h의 속도로 경운 작업을 할 때, 경폭이 750mm, 경심이 200mm라면, 필요한 견인동력은 약 몇 kW인가? (단, 토양의 비저항은 3.0N/cm²이다)

① 2.3
② 4.5
③ 6.9
④ 8.3

해설 견인 비저항은 수평견인저항을 경운단면적으로 나눈 값으로 아래 식으로 계산된다.
$$경운\ 비저항(N/cm^2) = \frac{수평견인저항(N)}{경심(cm) \times 경폭(cm)}$$
또한 견인동력은 아래 식으로 계산된다.

견인 동력(kW)
$$= \frac{수평견인저항(N) \times 견인속도(km/h)}{3600}$$
위의 두 식을 이용하면 견인동력은 아래와 같이 계산된다.
견인 동력(kW)
$$= \frac{경운비저항(N/cm^2) \times 경심(cm) \times 경폭(cm) \times 견인속도(km/h)}{3600}$$
$$= \frac{3.0 \times 20 \times 75 \times 5.5}{3600} = 6.875\ kW$$

45 이체(plow bottom)의 작업 폭이 36cm인 4조 몰드보드 플라우를 장착하고 작업을 하고 있다. 이때 포장효율이 82%이고, 작업속도가 6km/h이면 유효포장 작업능률은 약 몇 ha/h인가?

① 0.71
② 7.1
③ 71
④ 710

해설 유효포장능률(effctive field capacity)이란 기계가 작업을 수행하는 1시간당의 평균면적을 말하며 이를 포장작업량이라고도 한다. 유효포장능률이 실제포장능률보다 작은 것은 포장에서의 손실시간이 있기 때문이며 또한 규정된 작업기의 폭보다 감소된 작업폭으로 작업하기 때문이기도 하다. 이론작업량에 대한 포장작업량의 비율을 포장작업효율 또는 포장효율이라고 한다.
작업기의 유효포장작업능률은 아래 식으로 계산된다.
$$A_e = \frac{1}{10}\epsilon_f SW$$
여기서, A_e : 유효포장능률(ha/h)
　　　　ϵ_f : 포장효율
　　　　S : 작업속도 (km/h)
　　　　W : 공칭작업폭 (m)
작업폭이 0.36m인 플라우 4개를 사용하므로 전체 작업폭은 0.36×4 m 이다. 따라서 유효포장능률은 아래와 같이 계산된다.
$$A_e = \frac{1}{10} \times 0.82 \times 6 \times 0.36 \times 4$$
$$= 0.708\ ha/h$$

정답 42.① 43.② 44.③ 45.①

46 흙을 미리 절삭하여 보습의 절삭작용을 도와주는 기능을 하는 것은?

① 지측판 ② 콜터
③ 앞쟁기 ④ 흡인

해설
- **지측판** : 안전된 경심과 경폭을 유지하는 역할이며, 바닥쇠라고도 부른다.
- **콜터** : 쟁기의 앞쪽에 장착되어 역토와 미경지의 경계를 미리 수직으로 절단하는 기능
- **앞쟁기** : 보습 선단의 앞쪽 또는 콜터와 한조를 이루어 장착되는 작은 이체 장치

47 쟁기 구조 중 파 올린 흙을 받아서 옆으로 반전 파쇄하는 부분은?

① 보습 ② 볏
③ 바닥쇠 ④ 술바닥

해설 쟁기의 작업부인 이체는 보습, 볏, 바닥쇠 등으로 구성되어 있다. 보습은 흙을 절삭한 다음 볏으로 밀어올려 보내는 부분으로서 기본형태가 삼각형인 것이 플라우의 보습과 다른 점이다. 쟁기의 볏은 역토를 옆으로 반전 및 파쇄하는 부분으로서 볏의 길이와 휘어진 정도는 토질이나 용도에 따라 여러 가지가 있다. 쟁기의 바닥쇠는 이체의 밑부분으로서 플라우의 바닥쇠와 마찬가지로 쟁기를 받쳐 안정을 유지하게 한다.

48 로터리 호우는 다음 중 어떤 원리를 이용한 쇄토기인가?

① 절단 ② 관입
③ 충격 ④ 압쇄

49 쇄토기의 설계에 적용되는 쇄토 작용의 원리가 아닌 것은?

① 절단작용 ② 충격작용
③ 압쇄작용 ④ 중쇄작용

해설 쇄토는 1차경으로 파쇄된 큰 흙덩어리를 더욱 미세하게 파쇄하는 작업으로서 절단, 압쇄, 충격, 관입 등의 작용 또는 이것들의 복합작용에 의하여 이루어진다.
- **절단에 의한 쇄토**: 보통 얇은 칼날로 흙덩어리를 자르는 것으로서 회전해로나 원판해로는 칼날의 절단작용이 매우 강한 쇄토기이다.
- **충격에 의한 쇄토**: 작업부가 고속으로 회전하면서 흙을 타박하여 파쇄하는 것으로서 답작용의 구동회전해로나 진동해로와 같은 구동식 쇄토기는 이 충격의 원리를 이용한 것이다.
- **압쇄에 의한 쇄토**: 위에서 누르는 압력과 수평면 속에 박혀 흙덩어리를 부수는 두 가지 형식이 있으며 스파이크해로나 스프링해로는 이 압쇄의 원리를 이용한 쇄토기이다.
- **관입에 의한 쇄토**: 끝이 뾰족한 작업부를 흙덩어리 속으로 박아 쇄토하는 것으로서 로터리호(rotary hoe)는 이 관입의 원리를 이용한 쇄토기이다.

50 쇄토기의 한 종류로서 뿔처럼 생긴 이빨을 4~6cm의 간격으로 크로스바에 수직으로 고정시켜 사용하는 작업기는?

① 원판 해로
② 스프링 해로
③ 스파이크투스 해로
④ 애크미 해로

해설
- **스파이크해로(spike tooth harrow)** 는 쇄토기의 한 종류로써 뿔처럼 생긴 긴 이빨을 4~6cm의 간격으로 크로스바에 수직으로 고정시켜 사용하는 것인데 이 이빨을 치간이라고 한다.
- **원판해로(disk harrow)**: 접시모양의 구면형 원판을 1개의 연결축에 5~10장을 매달고, 이것을 2개 또는 4개씩 하나의 묶음으로 연결하여 견인하도록 만든 트랙터부착용 쇄토기이다.
- **스프링해로(spring tooth harrow)**: 흙과 접촉하여 작업하는 치간을 스프링강을 사용하여 활모양으로 구부려 크로스바에 연결한 것이다.

51 쟁기의 경폭이 25cm, 경심 10cm, 견인력 100kgf이고 경운속도가 0.5m/s일 때 쟁기의 경운 비저항(kg_f/cm^2)은?

① 0.2 ② 0.4
③ 0.6 ④ 0.8

해설 견인 비저항은 수평견인저항을 경운단면적으로 나눈 값으로 아래 식으로 계산된다.

$$경운비저항(kg_f/cm^2) = \frac{수평견인저항(kg_f)}{경심(cm) \times 경폭(cm)}$$

$$= \frac{100}{10 \times 25} = 0.4 \ kgf/cm^2$$

정답 46.② 47.② 48.② 49.④ 50.③ 51.②

52 플라우(plow)의 견인 비저항(牽引比抵抗) k (kg/cm^2)을 표시하는 식은?(단, Zr = 플라우의 진행방향 견인 저항, b·h = 역토 단면적, k = 플라우의 견인 비저항)

① $k = \dfrac{Zr}{b \cdot h}$

② $k = \dfrac{Zr \cdot b}{h}$

③ $k = \dfrac{Zr \cdot h}{b}$

④ $k = Zr \cdot b \cdot h$

해설 견인 비저항은 수평견인저항을 경운단면적으로 나눈 값(N/cm^2)으로 나타낸다.

53 경폭이 750mm인 유압 쟁기를 이용하여 5.5km/h의 속도로 경운작업을 하는 트랙터가 있다. 경심을 200mm로 하면 필요한 견인동력은 약 몇 kW인가?(단, 토양의 비저항은 3.0N/cm^{2}이다.)

① 2.3 ② 4.5
③ 6.9 ④ 8.3

해설 견인 비저항은 수평견인저항을 경운단면적으로 나눈 값으로 아래 식으로 계산된다.

경운 비저항(kg$_f$/cm^2) = $\dfrac{\text{수평견인저항(kg}_f\text{)}}{\text{경심(cm)} \times \text{경폭(cm)}}$

또한 견인동력은 아래 식으로 계산된다.
견인 동력(kW)
= $\dfrac{\text{수평견인저항(N)} \times \text{견인속도(km/h)}}{3600}$

위의 두 식을 이용하면 견인동력은 아래와 같이 계산된다.
견인 동력(kW)
= $\dfrac{\text{경운비 저항(N/cm}^2\text{)} \times \text{경심(cm)} \times \text{경폭(cm)} \times \text{견인속도(km/h)}}{3600}$
= $\dfrac{3.0 \times 20 \times 75 \times 5.5}{3600} = 6.875 \text{ kW}$

54 어떤 토양에서 플라우의 비저항이 0.4kg$_f$/cm^{2}으로 측정되었을 때, 경심이 20cm, 경폭이 40cm로 작업할 경우 진행 방향의 견인저항(분력)은 몇 kg$_f$인가?

① 120
② 160
③ 320
④ 720

해설 견인저항 = 비저항 × 경심 × 경폭
= 0.4kg$_f$ × 20 × 40
= 320kg$_f$

55 다음 중 일반적인 로타리 경운의 경운날로 사용되지 않는 날은?

① 작두형날 ② 톱니형날
③ L자형날 ④ 보통형날

해설 경운날의 종류 : 작두형날(경운기), L자형날(소형 트랙터), 보통형날(대형트랙터)

56 일반적인 플라우(plow)의 크기는 무엇으로 나타내는가?

① 이체의 중량
② 보습날의 너비
③ 이체의 두께
④ 몰드 보드의 수

57 토양의 수분함량을 측정하기 위해 토양의 표본을 채취하여 분석한 결과 토양을 건조하기 전에 토양 전체의 무게가 100g, 토양을 건조한 후의 무게가 78g이었다. 토양의 수분함량은 건량기준으로 몇 %인가?

① 24.3 ② 28.2
③ 31.2 ④ 35.4

해설 토양수분함량(건량기준)
= $\dfrac{W}{W_d} \times 100 = \dfrac{22}{78} \times 100 = 28.2\%$

정답 52.① 53.③ 54.③ 55.② 56.② 57.②

58 농경지의 바깥쪽에서 시작하여 바깥쪽으로 제치면서 연속적으로 갈아 들어가는 경운 방법은?

① 내반경법 ② 외반경법
③ 외회경법 ④ 내회경법

59 원판 플라우에 부착되어 작업 시 흙을 털어내면서 항상 원판을 깨끗하게 하는 장치는 무엇인가?

① 브러시(Brush)
② 스크레이퍼(Scraper)
③ 콜터(Coulter)
④ 지측판(land side)

60 로터리 작업기의 경운 피치와 작업속도, 로터리의 회전 속도 및 동일 수직면 내에 있는 경운날의 수와의 관계를 설명한 것 중 올바른 것은?

① 회전속도와 작업속도가 일정하면 경운피치는 경운날의 수에 비례한다.
② 경운날의 수와 회전속도가 일정하면 작업속도가 빠를수록 경운피치는 작다.
③ 작업속도와 경운날의 수가 일정하면 회전속도가 빠를수록 경운피치는 작다.
④ 경운 피치는 작업속도와 회전속도는 비례한다.

해설 $P = \dfrac{6000 \times v}{n \cdot Z}$

여기서, P : 경운피치(cm)
v : 전진 작업속도(cm/s)
n : 경운날의 회전속도(rpm)
Z : 동일 회전 수직면 내에서의 경운날 수

즉, 경운피치는 작업속도에는 비례하고 경운축의 회전속도와 경운날의 수에 반비례한다.

61 로터리 경운기의 경운축 평균 회전력을 350 N·m 경운 폭을 150cm, 경심을 12cm라고 할 때, 경운축 비회전력은 약 몇 N·m/cm² 인가?

① 0.127
② 0.156
③ 0.194
④ 0.257

해설 단위면적을 경운하는데 소요되는 경운폭의 평균회전력을 비회전력이라 하며 아래 식으로 계산된다.

$$K_t = \dfrac{T}{bh}$$

여기서, K_t : 비회전력 (Nm/cm²)
T : 평균회전력 (Nm)
b : 경폭 (cm)
h : 경심 (cm)

$K_t = \dfrac{350}{150 \times 12} = 0.194 \ (\text{Nm/cm}^2)$

62 발토판 쟁기(mold board plow)에서 흡인(suction)의 기능으로 다음 중 가장 적합한 것은?

① 바닥쇠와 보습의 마모방지
② 안정된 경심 유지
③ 좌우로 이동시켜 경폭 조절
④ 쟁기의 회전 조절

해설 발토판 쟁기는 몰드보드 플라우라고도 하며, 최근 플라우의 지측판처럼 4~6mm의 수직 흡인을 갖는 것도 있다.

63 플라우(plow)의 견인 비저항 k(kg/cm²)을 표시하는 식은? (단, Z_r = 플라우의 진행방향 견인 저항, bh = 역토 단면적, k = 플라우의 견인 비저항)

① $k = \dfrac{Z_r}{b \cdot h}$ ② $k = \dfrac{Z_r \cdot b}{h}$

③ $k = \dfrac{Z_r \cdot h}{b}$ ④ $k = Z_r \cdot b \cdot h$

정답 58.③ 59.② 60.③ 61.③ 62.② 63.①

64 최소 경운 방법의 장점이 아닌 것은?
① 에너지를 절약한다.
② 토양 수분을 보전한다.
③ 경운 장소 내에서 기계주행을 최소화 한다.
④ 제초작업을 도모한다.

해설 제초작업은 중경제초에 해당된다.

65 흙 속의 공극의 정도인 공극률을 나타낸 식은? (단, V는 흙 전체의 체적, V_s는 토양 알갱이의 체적, V_a는 공기의 체적, V_v는 공극의 체적이다.)

① $\dfrac{V_a}{V} \times 100(\%)$ ② $\dfrac{V_v}{V} \times 100(\%)$

③ $\dfrac{V_a}{V_s} \times 100(\%)$ ④ $\dfrac{V_a}{V_v} \times 100(\%)$

해설 공극률은 Vv/V × 100(%)로 정의된다.
$\dfrac{V_a}{V} \times 100(\%)$는 기상률을 나타내는 수식이다.

66 최소경운방법의 장점이 아닌 것은?
① 에너지를 절약한다.
② 토양 수분을 보존한다.
③ 경운 장소 내에서 기계 주행을 최소화한다.
④ 제초작업을 도모한다.

해설 경운작업에는 많은 에너지가 소모되므로 최소의 에너지 소비로 필요한 정도의 경운작업을 하는 것이 바람직하다. 생산성 및 작업효율과 함께 친환경성과 에너지 소모율을 함께 고려하여야 한다. 따라서 흔히 시행하고 있는 일정 깊이의 전면경운보다는 작물이 자랄 곳만을 경운하거나 또는 부분 경운을 함으로써 경운에 필요한 기계적 에너지는 물론 소요 노동력을 감소시킬 수 있다. 또한, 이러한 방법으로 무거운 기계의 통과횟수를 줄임으로써 토양다짐을 감소시켜 토양수분의 보존이나 토양유실을 감소시킬 수 있다. 이와 같이 최소의 에너지와 적은 비용으로 경운하는 것을 최소경운이라고 한다.

67 다음 중 몰드보드(mold board) 플라우에 작용하는 주요토양 저항력이 아닌 것은?
① 보습 및 콜터의 역토 절단 저항
② 몰드보드위에서 역토의 가속력
③ 역토의 전단 및 비틀림에 의한 변형저항
④ 지측판의 측면과 역토 사이의 마찰 저항력

해설 몰드보드플라우에 작용하는 주요 토양 저항력에는 보습 및 콜터의 역토 절단저항, 몰드보드 위에서의 역토의 가속력, 역토의 전단 및 비틀림에 의한 변형저항, 몰드보드와 역토 사이의 마찰저항, 지측판이 측면 및 밑바닥의 흙과 이루는 마찰저항, 지지륜의 운동저항 등이 있다.

68 몰드보드플라우에서 이체의 성능을 결정하는 중요한 각이 아닌 것은?
① 견인각
② 절단각
③ 반전각
④ 경기각

해설 몰드보드플라우에서 이체의 성능을 결정하는 중요한 인자로서 절단각, 경기각 및 반전각이 있다. 절단각은 보습의 날과 진행방향이 이루는 각이고, 경기각은 보습 표면의 경사도이며, 반전각은 경심의 85%에 상당하는 수평면이 몰드보드의 표면을 자르는 선과 진행방향이 이루는 각이다.

69 몰드보드플라우의 절단각에 대한 설명으로 옳은 것은?
① 측방 흡인선과 기선이 이루는 각
② 보습의 날과 진행방향이 이루는 각
③ 정부의 상승 곡선의 선과 기선이 이루는 각
④ 경심 85%에서 등고선의 수평투영과 기선이 이루는 각

해설 몰드보드플라우에서 이체의 성능을 결정하는 중요한 인자로서 절단각, 경기각 및 반전각이 있다. 절단각은 보습의 날과 진행방향이 이루는 각이고, 경기각은 보습 표면의 경사도이며, 반전각은 경심의 85%에 상당하는 수평면이 몰드보드의 표면을 자르는 선과 진행방향이 이루는 각이다.

정답 64.④ 65.② 66.④ 67.④ 68.① 69.②

70 플라우에서 직접 토양을 절삭하는 부분은?
① 보습(share)
② 발토판(mold board)
③ 지측판(landside)
④ 결합판(frog)

> **해설** 몰드보드플라우에서 보습은 흙을 수평으로 절단하여 절단된 흙덩어리를 발토판(몰드보드)까지 끌어올리는 작용을 한다.
> • 발토판은 보습과 연결되어 있는 부분으로서 보습으로부터 역토를 받아 반전, 파쇄 및 던짐작용을 한다.
> • 지측판은 경심과 경폭의 안정과 진행방향을 유지시켜주는 작용을 한다.
> • 결합판은 보습, 발토판, 지측판 등을 빔에 연결해주는 구조요소이다.

71 정지 작업기의 로터리 구동방식이 아닌 것은?
① 측방 구동식   ② 복합 구동식
③ 중앙 구동식   ④ 분할 구동식

> **해설** 정지작업 즉, 로타베이터의 구동방식은 우리나라에서 가장 많이 사용하는 측방구동식과 중앙구동식, 분할구동식이 있다.
> • 로터리의 구동방법에는 경운축의 중앙부에서 동력을 전달받는 중앙구동식, 경운축의 한쪽 끝에서 동력을 전달받는 측방구동식, 2조의 중앙구동형을 조합한 분할구동식 등이 있다.
> • 중앙구동식은 동력취출축에서 취출된 동력이 기어함을 통하여 직접 경운축에 전달되므로 구조는 간단하지만 경운축의 중앙부분에 경운작업이 이루어지지 않은 잔경부가 생기기 쉽다. 측방구동식은 중앙구동식에 비하여 견고하고 잔경부가 생기지 않지만 기구가 복잡하고 값이 비싸며 연장축을 설치하기 어렵다. 분할구동식은 중앙구동식을 1개 더 연결한 것과 같은 형식으로 연장축을 설치하기는 쉽지만 두 곳의 잔경부가 생기는 결점이 있다.

72 다음 중 경운 작업의 목적이 아닌 것은?
① 뿌리내릴 자리와 파종할 자리에 알맞은 흙의 구조를 마련해 준다.
② 잡초를 제거하고 불필요하게 과밀한 작물을 솎아 준다.
③ 작물 잔유물 등 유기물의 부식과 단립화를 방지한다.
④ 작물의 이식, 관개, 배수, 수확 등에 알맞은 토양의 표면을 조성한다.

73 경운 작업의 일반적인 목적으로 틀린 것은?
① 뿌리 내릴 자리와 파종할 자리에 알맞은 흙의 구조를 마련함
② 잡초를 제거하고 불필요하게 과밀한 작물을 제거함
③ 흙과 비료 또는 농약 등을 잘 분리하는 효과가 있음
④ 등고선 경운이나 지표의 피복물을 적절히 설치하여 토양의 침식 방지함

> **해설** 경운작업의 목적은 아래와 같다.
> • 뿌리 내릴 자리와 파종할 자리에 알맞은 흙의 구조를 마련해 준다.
> • 반전경운으로 표토의 작물 잔유물을 잘 매몰시켜 유기물 부식과 단립화를 촉진시켜 지력을 높이고 지표의 잔유물에 붙어 월동하는 병균과 해충을 죽인다.
> • 경사지에서 등고선 경운, 골 만들기 등으로 토양 침식을 줄일 수 있다.
> • 작물의 재식, 관개, 배수, 수확작업 등에 알맞은 토양표면을 조성한다.
> • 비료, 살충제, 토양개량제 등과 흙이 잘 섞일 수 있게 한다.

74 경운기계에 관한 설명 중 틀린 것은?
① 스프링 해로우는 자갈이나 뿌리가 많은 토양의 쇄토기로 적합하다.
② 스파이크 해로우는 작용각이 클수록 작용 깊이가 증가한다.
③ 쇄토의 원리에는 절단, 충격, 압쇄, 관입 등이 있다.
④ 원판 경운은 경운, 쇄토 등에 사용된다.

정답 70.① 71.② 72.③ 73.③ 74.②

75 2차경은 1차경이 실시된 다음에 시행하는 경운작업이다. 다음 중 2차경이 아닌 것은?

① 파종작업
② 쇄토작업
③ 균평작업
④ 중경제초작업

해설 • 1차경 : 딱딱한 토양을 쟁기로 갈아주는 작업
• 2차경 : 쇄토하고 평탄하게 해주는 작업
파종작업은 일정한 양의 종자를 작물의 재배양식에 따라 적합한 재배지에 배치하는 작업이다. 쇄토작업, 균평작업, 중경제초작업은 모두 1차경 이후에 수행하는 토양경운작업의 일종이다.

76 동력경운기를 운전하여 비탈길을 내려가며 조향 손잡이를 사용할 때 발생하는 현상에 관한 설명으로 틀린 것은?

① 동력이 끊어진 쪽의 차륜이 중력가속도에 의하여 더 빨리 회전하므로 평지와는 다르게 선회한다.
② 비탈길을 내려갈 때는 가능한 사이드 클러치를 사용하지 않는 것이 안전하다.
③ 핸들의 조향 토크를 증대해서 차축에 전달한다.
④ 동력이 갑자기 끊어져 급선회할 위험이 있다.

해설 비탈길을 내려갈 때 조향 토크가 크면 급선회할 위험이 있다. 이 때문에 경사로에서 사이드 클러치를 사용하지 않고 조향핸들만으로 방향을 전환시킨다.

77 다음 중 중경작업이 만족스럽게 이루어지기 위하여 필요한 조건이 아닌 것은?

① 흙의 이동을 많게 할 것
② 제초율이 높고 작물을 손상하지 않을 것
③ 관입의 깊이가 알맞고 필요한 곳에 작용이 골고루 미칠 것
④ 작물의 뿌리가 배토가 되고, 작물을 쓰러뜨리지 않을 것

해설 중경제초작업은 파종이나 이식 후 어느 정도 시간이 경과 후 실시되는 작업을 말한다. 이 작업에는 이랑 사이의 토양을 유연하게 하여 토양의 통기성과 투수성을 좋게 해주는 중경작업, 잡초를 제거해 주는 제초작업, 작물 사이에 흙을 북돋아 줌으로써 작물의 생육을 왕성하게 해주는 배토작업 등이 있다. 중경작업, 제초작업 및 배토작업은 개별적으로 이루어질 수도 있지만, 동시에 작업이 이루어지는 것이 일반적이다.

78 동력 경운기로 로터리 경운작업 중 후진할 때 가장 안전한 방법은?

① 경운 변속 레버를 중립에 놓는다.
② 경운 축을 회전시킨다.
③ 스로틀 레버를 저속으로 조절한다.
④ 사이드 클러치를 잡는다.

해설 안전한 방법은 스로틀레버를 저속으로 조절하고 경운변속레버를 중립으로 조절해야 한다. 하지만 가장 안전한 방법은 경운변속레버를 중립에 놓는 것이다.

79 다음 중 동력 경운기용 로터리의 경심조절은 무엇으로 하는가?

① 미륜
② 로터리 칼날
③ 경운기 앞 웨이트
④ 갈이축과 갈이칼 장착폭

해설 경심 조절은 미륜으로 조절한다.

80 로터리 작업 시 후진할 때 주의사항은?

① 엔진을 정지한다.
② 로터리 동력을 차단한다.
③ 주위를 살핀다.
④ 저속으로 후진한다.

해설 로터리는 칼날이 회전하기 때문에 후진시 넘어질 수 있으므로 동력을 차단한다.

정답 75.① 76.③ 77.① 78.① 79.① 80.②

81 동력경운기의 표준 경폭은?
① 쟁기 10cm, 로터리 30cm
② 쟁기 20cm, 로터리 60cm
③ 쟁기 30cm, 로터리 70cm
④ 쟁기 40cm, 로터리 80cm

해설 쟁기의 표준경폭은 20cm, 로터리는 60cm로 하는 것이 일반적이다.

82 로타리의 경운폭이 차바퀴 폭보다 넓을 때 적절한 로타리 작업방법은?
① 연접경운법
② 한고랑 폐기 경법
③ 안쪽 제침 회경법
④ 바깥쪽 제침 회경법

해설 경운폭이 차바퀴 폭보다 넓기 때문에 연접하여 바로 작업하는 것이 가장 효과적이다. 이러한 방법은 연접경운법이라고 한다.

83 경운작업과 작업기가 잘못 짝지어진 것은?
① 1차 경운 - 쟁기
② 2차 경운 - 로터베이터
③ 두둑작업 - 트랜처
④ 심토파쇄작업 - 심토파쇄기

해설
- 1차 경운 - 쟁기
- 2차 경운 - 로터베이터
- 고랑작업 - 트랜처
- 심토파쇄작업 - 심토파쇄기

84 경기작업의 저항의 종류가 아닌 것은?
① 보습 또는 보습날에 의한 역토 전단 저항
② 발토판 위에서 역토의 가속도에 의한 구름 저항
③ 발토판과 역조 사이의 마찰 저항
④ 지지륜의 구름저항

해설 발토판 위에서 역토의 가속도에 의한 관성저항이 발생한다.

85 정지 작업기에 해당되지 않는 것은?
① 쇄토기(로터베이터)
② 균평기
③ 진압기
④ 쟁기

해설 쟁기는 정지 작업기에 해당되지 않으며, 경기작업기에 해당된다.

86 트랙터 몰드보드 플라우의 3대 구성요소가 아닌 것은?
① 보습   ② 바닥쇠
③ 콜터   ④ 몰드보드

해설 콜터 및 앞쟁기는 쟁기의 보조장치이다.

87 몰드보드 플라우(mold board plow)의 이체(plow bottom)의 3요소가 아닌 것은?
① 보습(shere)
② 지측판(land side)
③ 결합판(frog)
④ 몰드보드(mold board)

해설 몰드보드플라우의 이체는 흙을 직접 절단, 파쇄 및 반전시키는 작업부로서 보습, 지측판, 몰드보드 등으로 구성되어 있다. 이것들은 결합판과 브레이스에 의하여 빔에 연결되어 있다. 보습, 지측판, 몰드보드를 이체의 3요소라고도 한다.

88 몰드보드 플라우의 구조에서 날 끝이 흙속으로 파고들며 수평 절단하는 것은?
① 보습
② 바닥쇠
③ 발토판
④ L자형 빔

해설
- 보습 : 뒤집고자 하는 밑단의 흙을 절단하고 이를 발토판(몰드보드)까지 올리는 작용
- 발토판 : 역토를 파쇄하고 반전하는 역할
- 지측판(바닥쇠) : 안정된 경심과 경폭을 유지하는 역할

정답 81.② 82.① 83.③ 84.② 85.④ 86.③ 87.③ 88.①

89 몰드보드플라우(mold board plow)에서 흡인(suction)의 기능으로 가장 적합한 것은?
① 바닥쇠와 보습의 마모방지
② 안정된 경심 유지
③ 좌우로 이동시켜 경폭조절
④ 쟁기의 회전 조절

해설 몰드보드플라우의 지측판은 이체의 바닥에 있는 긴 강철판으로 경심과 경폭의 안정과 진행방향을 유지시켜 주는 작용을 한다. 지측판의 하부와 측면에는 약간의 간극이 있는데 이를 흡인이라고 한다. 수직면에서 상하로 된 흡인을 수직흡인 또는 하방흡인이라 하고, 측면의 흡인을 수평흡인 또는 측방흡인이라고 한다. 수직흡인은 날 끝이 흙 속에 잘 들어가게 하고 경심을 안정시켜 주며, 수평흡인은 진행방향을 일정하게 유지시켜 준다.

90 다음 중 몰드보드플라우 작업에서 수직흡인의 역할로 가장 적절한 것은?
① 바닥쇠와 보습의 마모 방지
② 날 끝이 흙 속에 잘 들어가게 하고 경심을 안정시킴
③ 지측판을 좌우로 이동시켜 경폭 조절
④ 쟁기 동력의 회전을 일정하게 조절

해설 몰드보드플라우의 지측판은 이체의 바닥에 있는 긴 강철판으로 경심과 경폭의 안정과 진행방향을 유지시켜 주는 작용을 한다. 지측판의 하부와 측면에는 약간의 간극이 있는데 이를 흡인이라고 한다. 수직면에서 상하로 된 흡인을 수직흡인 또는 하방흡인이라 하고, 측면의 흡인을 수평흡인 또는 측방흡인이라고 한다. 수직흡인은 날 끝이 흙 속에 잘 들어가게 하고 경심을 안정시켜 주며, 수평흡인은 진행방향을 일정하게 유지시켜 준다.

91 정지 작업기인 로터리의 구동 방식이 아닌 것은?
① 측방구동식   ② 복합구동식
③ 중앙구동식   ④ 분할구동식

해설 로터리의 구동방법에는 경운축의 중앙부에서 동력을 전달받는 중앙구동식, 경운축의 한쪽 끝에서 동력을 전달받는 측방구동식, 2조의 중앙구동형을 조합한 분할구동식 등이 있다. 중앙구동식은 동력취출축에서 취출된 동력이 기어함을 통하여 직접 경운축에 전달되므로 구조는 간단하지만 경운축의 중앙부분에 경운작업이 이루어지지 않은 잔경부가 생기기 쉽다. 측방구동식은 중앙구동식에 비하여 견고하고 잔경부가 생기지 않지만 기구가 복잡하고 값이 비싸며 연장축을 설치하기 어렵다. 분할구동식은 중앙구동식을 1개 더 연결한 것과 같은 형식으로 연장축을 설치하기는 쉽지만 두 곳의 잔경부가 생기는 결점이 있다.

92 플라우의 크기는 어떻게 표시되는가?
① 경폭
② 무게
③ 보습의 크기
④ 볏

해설 플라우는 경폭에 의해 크기를 표시한다.

93 플라우의 부분 중 지측판의 역할로 맞는 것은?
① 흙의 반전작용
② 플라우 자체의 안정유지
③ 경폭의 조정
④ 절삭작용

해설
- **보습** : 뒤집고자 하는 밑단의 흙을 절단하고 이를 발토판(몰드보드)까지 올리는 작용
- **발토판** : 역토를 파쇄하고 반전하는 역할
- **지측판(바닥쇠)** : 안정된 경심과 경폭을 유지하는 역할

94 다음 중 관리기 작업 중 후진 작업을 하여야 하는 작업기는?
① 제초파쇄기
② 중경 제초기
③ 비닐 피복기
④ 심경용 구굴기

해설 비닐 피복작업을 위해서는 일반적으로 비닐이 작업기 보다 폭이 넓기 때문에 후진으로 작업하는 경우가 대부분이다.

정답 89.② 90.② 91.② 92.① 93.② 94.③

95 트랙터에 쟁기를 부착하는 순서가 올바른 것은?

① 오른쪽 하부링크 - 상부링크 - 왼쪽 하부링크
② 왼쪽 하부링크 - 상부링크 - 오른쪽 하부링크
③ 상부링크 - 왼쪽 하부링크 - 오른쪽 하부링크
④ 왼쪽 하부링크 - 오른쪽 하부링크 - 상부링크

해설 트랙터의 작업기를 부착하는 순서는 작업기쪽으로 트랙터를 천천히 후진하여 하부링크의 위치를 맞추고 하부 링크 중 왼쪽을 먼저 부착하고 오른쪽을 부착한다. 그 이유는 과거 트랙터는 오른쪽에만 상하를 조절할 수 있는 레버가 있었기 때문이며 왼쪽, 오른쪽 하부링크의 연결 후 상부링크를 연결한다. 로타베이터의 경우에는 이와 같으면 마지막에 유니버설 조인트를 부착하여 사용한다.

96 쟁기작업 시 견인력을 증가시키는 방법 중 잘못된 것은?

① 경사지 상승 시 앞부분이 들리는 것을 방지하기 위해 앞바퀴에 웨이트를 부착시킨다.
② 쟁기 작업 시에는 앞바퀴 웨이트를 부착시킨다.
③ 견인력을 증가시키기 위해 앞바퀴 웨이트 외에 프론트 웨이트를 추가로 부착시킨다.
④ 로타리 작업시에는 뒷바퀴 웨이트를 부착시키나 쟁기작업에서는 뒷바퀴 웨이트는 뗀다.

해설 트랙터의 견인력을 향상시키기 위해서는 프론트 웨이트 및 각 바퀴에 웨이트를 추가해야 한다. 또 다른 방법으로는 타이어의 공기압을 적게 하여 접지압을 높이는 방법도 사용된다.

97 중경제초기에서 제초날의 기본형으로 사용되지 않는 것은?

① 삼각날   ② 둥근날
③ 반쪽날   ④ 괭이날

해설 중경제초기의 제초날은 표토를 수평으로 얕게 경기하는 과정에서 잡초의 뿌리를 절단함으로써 말라 죽게 한다. 제초날에는 여러 가지가 있지만 그 기본형은 삼각날, 반쪽날 및 괭이날의 세 가지가 있다.
• 삼각날: 괭이날과 같이 잡초를 절삭하며, 좌우 대칭이기 때문에 안정도가 높아 많이 사용된다.
• 반쪽날: 삼각날의 좌우 한쪽 날을 제거한 것이다.
• 괭이날: 곡면을 가진 특수한 날로서 감자밭에서 많이 사용되고 작용 깊이는 2cm 정도이다.

98 관리기용 두둑성형기(휴립기)의 작업방법 설명중 틀린 것은?

① 두둑 작업은 천천히 전진하면서 작업한다.
② 미륜을 떼어내고, 두둑 성형판을 장착한다.
③ 서로 다른 나선형의 경운날을 좌우가 대칭되도록 로터리에 부착한다.
④ 두둑의 모양과 크기에 따라 두둑 성형판을 조절해 주어야 한다.

해설 두둑 작업은 천천히 후진하면서 작업을 해야 한다.

99 관리기 부속 작업기 중 비닐 피복의 각종 차륜의 작동 순서로 올바른 것은?

① 철차륜 - 배토판 - 디스크 차륜 - 스펀지 차륜
② 철차륜 - 배토판 - 스펀지 차륜 - 디스크 차륜
③ 디스크 차륜 - 배토판 - 스펀지 차륜 - 철차륜
④ 배토판 - 철차륜 - 디스크 차륜 - 스펀지 차륜

해설 구동륜이 철차륜을 지나면 배토판으로 흙을 모아주고 비닐을 덮기 위한 스펀지 차륜이 작동을 한다. 최종적으로 디스크 차륜은 바닥에 깔려져 있는 비닐을 흙으로 덮어주는 기능을 한다.

100 다음 중 바퀴형 트랙터의 견인계수가 가장 큰 것은?

① 목초지
② 건조한 점토
③ 사질토양
④ 건조한 가는 모래

해설 견인계수는 트랙터의 무게가 일정하므로 하중을 지지해주는 입자들의 응집력이 클수록 견인계수는 커진다.

정답 95.④ 96.④ 97.② 98.① 99.② 100.②

Part 5
농업기계학

기출문제[2]

01 다음 중 관리기의 주 클러치의 형식은?
① 건식단판식 원판 마찰클러치
② V벨트 클러치
③ 건식다판식원판 마찰클러치
④ 원뿔 마찰클러치

해설 관리기의 동력전달을 위하여 엔진에서 주행을 위한 트랜스미션으로 동력이 전달될 때는 V벨트를 이용하고 벨트의 장력의 여부에 동력을 제어한다.

02 다음 중 트랙터 동력취출장치(P.T.O)와 연결되지 않는 작업기는?
① 모워(mower)
② 쟁기(plow)
③ 로터리(rotary)
④ 브로드캐스터(broadcaster)

해설 쟁기작업은 동력취출장치가 필요없고, 견인력만 필요하다.

03 다음 중 농작업기가 아닌 것은?
① 트랙터
② 동력 분무기
③ 콤바인
④ 이앙기

해설 트랙터에 작업기를 부착해야 농작업이 가능함으로 농작업기가 아니다.

04 트랙터 몰드보드 플라우의 3대 구성요소가 아닌 것은?
① 보습 ② 바닥쇠
③ 콜터 ④ 몰드보드

해설 콜터 및 앞쟁기는 쟁기의 보조장치이다.

05 관리기용 두둑성형기(휴립기)의 작업방법 설명 중 틀린 것은?
① 두둑 작업은 천천히 전진하면서 작업한다.
② 미륜을 떼어내고, 두둑 성형판을 장착한다.
③ 서로 다른 나선형의 경운날을 좌우가 대칭되도록 로터리에 부착한다.
④ 두둑의 모양과 크기에 따라 두둑 성형판을 조절해 주어야 한다.

해설 두둑 작업은 천천히 후진하면서 작업해야 한다.

06 다목적 관리기에서 P.T.O축과 작업기 구동축을 연결시키는 것은?
① V벨트
② 커플링
③ 체인케이스
④ 변속기어

해설 엔진에서 동력은 V벨트로 연결이 되나 P.T.O축은 체인케이스와 연결되어 있다.

07 지면에서 40~80cm 아래의 굳어진 토양을 내부에서 파쇄시키는 작업기로서 겉흙은 갈지 않고 단단한 경반만을 파쇄하는 경운용 작업기는?
① 로터리
② 써레
③ 심토 파쇄기
④ 스프링 해로

해설 심토파쇄기는 표토를 경운하지 않은 채 심토 또는 경반을 직접 파쇄하는 작업기이다.

정답 01.② 02.② 03.① 04.③ 05.① 06.③ 07.③

08 스키드가 부착된 로타베이터의 작업 시 지면에서 스키드의 높이로 적당한 것은?

① 10mm
② 25mm
③ 60mm
④ 100mm

해설 스키드는 로타베이터 작업 시 쇄토깊이 조정에 사용되지만, 25mm 높이로 조정하는 것이 적당하다.

09 목초나 채소종자와 같이 크기가 작고, 불규칙한 형상의 종자를 파종하는 기계로 가장 적합한 것은?

① 휴립 광산 파종기
② 세조파기
③ 동력 살분파기
④ 공기식 점파기

10 다음 중 파종기의 대표적인 종류로 묶인 것은?

① 원판형, 구형, 톱니형
② 호우형, 복원판형, 단원판형
③ 산파기, 조파기, 점파기
④ 원심식, 낙하식, 압송식

해설 일반적으로 종자를 파종하는 방법에는 아래와 같은 3가지 방법이 있다.
- **산파** : 토양 표면에 흩어 뿌리는 방법으로서 목초, 잔디 등의 종자를 파종하는데 적합하다.
- **조파** : 일정한 간격을 두고 한 줄로 연속하여 뿌리는 방법으로서 맥류, 채소 등의 종자를 파종하는데 적합하다.
- **점파** : 한 줄에 일정한 간격으로 1~3립의 종자를 파종하는 방법으로서 옥수수, 콩류 등의 종자를 파종하는데 적합하다.

11 브로드 캐스터(Broad Caster)를 사용하는 파종 방식은 다음 중 어느 방식에 해당하는가?

① 산파　　② 조파
③ 점파　　④ 이식

12 파종기의 구조 중 종자상자에 있는 종자를 항상 일정한 양으로 배출시키는 장치는?

① 배종장치　　② 구절장치
③ 복토장치　　④ 이식장치

해설 종자를 일정한 양을 배출하는 장치는 종자 배출장치 또는 배종장치라고 한다.
- **구절장치** : 종자를 떨어질 곳에 골을 파는 장치
- **복토장치** : 종자도관에서 전달된 종자를 구절기가 파놓은 골에 들어가 후 흙을 덮어주는 장치
- **이식장치** : 모종을 옮겨 심는 장치이다. 파종기에는 해당되는 장치는 아니다.

13 다음 중 조파기의 주요장치가 아닌 것은?

① 배종 장치
② 쇄토 장치
③ 복토 장치
④ 구절(골타기) 장치

해설 조파기의 주요장치는 호퍼, 종자배출장치(배종장치), 종자도관, 구절기, 복토기 이다.

14 파종기 중 조파기의 주요기능이 아닌 것은?

① 구절　　② 배토
③ 종자배출　　④ 복토

해설 조파기는 종자를 줄뿌림하는 기계로서 종자를 담은 종자통, 종자를 일정한 양으로 배출하는 종자배출장치(배종), 종자를 고랑으로 유도하는 종자관, 고랑을 만드는 구절기(구절), 파종한 후 종자를 복토하고 진압하는 복토기 및 진압륜으로 구성되어 있다.

15 삼끈이나 비닐 테이프 등에 종자를 일정 간격으로 부착한 후 끈이나 테이프를 직접 포장에 묻어 파종하는 씨드 테이프(seed tape)파종에 가장 적합한 것은?

① 감자 파종기
② 콩 파종기
③ 채소 파종기
④ 옥수수 파종기

정답 ··· 08.② 09.④ 10.③ 11.① 12.① 13.② 14.② 15.③

16 다음 중 파종기에서 구절기의 기능에 대한 설명으로 가장 적절한 것은?

① 뿌려진 종자를 묻고 다진다.
② 파종량을 계량하여 배출한다.
③ 적당한 깊이의 파종 이랑을 만든다.
④ 종자가 흩어지지 않게 지상에 유도한다.

> **해설** 조파기는 종자를 줄뿌림하는 기계로서 종자를 담은 종자통, 종자를 일정한 양으로 배출하는 종자 배출장치(배종), 종자를 고랑으로 유도하는 종자 관, 고랑을 만드는 구절기(구절), 파종한 후 종자를 복토하고 진압하는 복토기 및 진압륜으로 구성되어 있다.

17 종자를 한 알 또는 여러 알씩 일정한 간격으로 파종하는 경우에 알맞은 파종기는?

① 산파기　　② 조파기
③ 점파기　　④ 이앙기

> **해설** 일반적으로 종자를 파종하는 방법에는 아래와 같은 3가지 방법이 있다.
> • 산파 : 토양 표면에 흩어 뿌리는 방법으로서 목초, 잔디 등의 종자를 파종하는데 적합하다.
> • 조파 : 일정한 간격을 두고 한 줄로 연속하여 뿌리는 방법으로서 맥류, 채소 등의 종자를 파종하는데 적합하다.
> • 점파 : 한 줄에 일정한 간격으로 1~3립의 종자를 파종하는 방법으로서 옥수수, 콩류 등의 종자를 파종하는데 적합하다.

18 조파기가 수행하는 작업으로 맞는 것은?

① 경운, 쇄토, 진압
② 경운, 배종, 진압
③ 구절, 쇄토, 복토
④ 구절, 배종, 복토

> **해설** 조파기는 종자를 줄뿌림하는 기계로서 종자를 담은 종자통, 종자를 일정한 양으로 배출하는 종자 배출장치(배종), 종자를 고랑으로 유도하는 종자 관, 고랑을 만드는 구절기(구절), 파종한 후 종자를 복토하고 진압하는 복토기 및 진압륜으로 구성되어 있다.

19 입자가 작고 불규칙한 형상을 한 채소종자를 점파하고자 한다. 다음 중 가장 적합한 종자 배출장치는?

① 구멍롤러식　　② 공기식
③ 경사원판식　　④ 피커휠식

20 씨앗의 크기가 작고 가벼운 목초 종자를 흩어 뿌리기 할 때 가장 적합한 파종기는?

① 산파기
② 중력식 조파기
③ 점파기
④ 배출식 조파기

21 조파기 종자배출장치의 일반적인 형식이 아닌 것은?

① 구멍 롤러식
② 홈 롤러식
③ 경사 원판식
④ 엘리베이터식

> **해설** 종자배출장치는 종자통으로부터 일정한 양의 종자를 계측하여 배출하는 장치로서 조파기의 배출장치 형식은 구멍 롤러식, 홈 롤러식, 경사원판식, 컵식 등이 있다.

22 다음 중 조파기의 종자배출장치로서 사용되지 않는 것은?

① 구멍 롤러식
② 경사 원판식
③ 종자판식
④ 벨트식

> **해설** 종자배출장치는 종자통으로부터 일정한 양의 종자를 계측하여 배출하는 장치로써 조파기의 배출장치 형식은 구멍 롤러식, 홈 롤러식, 경사원판식, 컵식 등이 있다. 그 밖에 구멍이 뚫린 평벨트를 이용하여 종자를 배출하는 벨트식 파종기도 있다. 종자판식은 점파기에 사용되는 종자배출장치 형식이다.

정답 16.③　17.③　18.④　19.②　20.①　21.④　22.③

23 작물의 재식밀도를 조절하여, 작물의 생육을 촉진시키고 품질을 높이는 작업은?
① 배토 ② 솎음
③ 롤링 ④ 분토

해설 솎음작업의 목적은 조파작업의 적당한 재식밀도를 얻고 개체의 생육을 촉진시키는데 있다. 발아율이 낮고 그 예측이 어려운 작물의 경우에는 종자를 많이 파종하여 발아 후에 솎아내는 것이 일반적이다. 현재 우리나라에서는 기계솎음만을 하는 경우도 있다.

24 다음 중 종자판식 점파기에서 녹아웃(Knock-out)이 하는 주요 작용은?
① 종자의 크기를 선별한다.
② 홈 안의 종자를 종자관으로 떨어뜨린다.
③ 홈 위의 여분의 종자를 제거한다.
④ 종자의 흩어짐을 방지한다.

25 일정한 간격의 줄에 종자를 한 알 또는 여러 알씩 일정한 간격으로 뿌리는 파종기는?
① 이식기 ② 산파기
③ 조파기 ④ 점파기

해설 일반적으로 종자를 파종하는 방법에는 아래와 같은 3가지 방법이 있다.
- 산파: 토양 표면에 흩어 뿌리는 방법으로서 목초, 잔디 등의 종자를 파종하는데 적합하다.
- 조파: 일정한 간격을 두고 한 줄로 연속하여 뿌리는 방법으로서 맥류, 채소 등의 종자를 파종하는데 적합하다.
- 점파: 한 줄에 일정한 간격으로 1~3립의 종자를 파종하는 방법으로서 옥수수, 콩류 등의 종자를 파종하는데 적합하다.

26 한 줄에 일정한 간격으로 1~3개의 종자를 파종하는 방법으로 옥수수, 콩류 등의 종자 파종에 적합한 파종방법은?
① 점파 ② 산파
③ 연파 ④ 조파

해설 문제는 점파에 대한 설명이다.

- 산파는 토양 표면에 흩어 뿌리는 방법으로서 목초, 잔디 등의 종자를 파종하는 데 적합하다.
- 조파는 일정한 간격을 두고 한 줄로 연속하여 뿌리는 방법으로서 맥류, 채소 등의 종자를 파종하는 데 적합하다.

27 파종기가 구비하여야 할 주요장치가 아닌 것은?
① 구절장치 ② 배종장치
③ 복토장치 ④ 배토장치

28 채소 등 밭작물용 이식기의 설명으로 틀린 것은?
① 파종기와 같이 구절기, 복토기, 진압륜으로 구성되어 있으나 심는 깊이가 깊고 대형이다.
② 식부기구에서 타이밍이 일치하지 않아도 묘는 손상되지 않고 똑바로 심어진다.
③ 묘판에서 생육한 묘를 한 포기씩 분리하여 수작업으로 식부부에 공급하는 반자동식이 있다.
④ 트랙터로 견인하며 심은 후에 물을 주는 장치를 갖춘 것도 있다.

해설 육묘상자에서 기른 묘를 논, 밭에 옮겨 심는 기계를 이식기라고 하며 식부기, 묘분리장치, 묘이송장치, 구절기, 복토기, 진압륜 등으로 구성되어 있다. 최근에는 물을 뿌리는 장치가 부착된 이식기도 있다. 이식기는 모를 공급하는 방식에 따라 전자동식과 반자동식으로 나누어지는데 전자동 이식기는 분송장치를 이용하여 기계적으로 식부장치에 모를 공급하는 방식이고, 반자동 이식기는 인력으로 식부장치에 모를 공급하는 방식이다.

29 승용형 이앙기에서 묘탑재대 하부에 설치하여 모의 식부깊이를 일정하게 유지하는 것은?
① 미끄럼 판 ② 플로트
③ 공기청정기 ④ 철차륜

해설 플로트는 이앙기의 본체를 지지하며 경반의 깊이에 따라 상하로 이동하도록 되어 있다. 플로트가

정답 23.② 24.② 25.④ 26.① 27.④ 28.② 29.②

승하강하면 차륜의 깊이가 조절되어 모를 일정한 깊이로 심을 수 있다. 플로트는 이앙기에 따라 보통 1~3개가 설치되어 있다. 승용형 이앙기에서는 묘탑재대의 하부에 플로트를 설치하여 모의 식부깊이를 일정하게 유지하고 있다.

해설 가로 이송량과 세로 이송량을 조절해야 한다. 가로 이송량은 묘탑재판의 좌우이동 시 식부부가 작동하는 횟수를 조절하고, 세로 이송량은 묘탑재판의 상하를 조절하여 1회 식부시 떼는 양을 조절하게 된다. 묘탑재판의 경사도는 고정이므로 조절이 안된다.

30 이식 작업에 대한 설명으로 틀린 것은?
① 별도의 묘 생육이 필요하다.
② 노동력 및 토지 이용도가 낮다.
③ 솎아내기, 제초 등의 관리 작업을 쉽게 할 수 있다
④ 단위 면적당 수량이 최대가 되도록 묘를 배치할 수 있다.

해설 별도로 생육시킨 모를 밭에 옮겨 심는 작업을 이식작업이라고 한다. 이식재배는 이식할 때 많은 노동력이 요구되지만 직파재배보다 솎아내기, 제초 등의 관리작업을 수월하게 할 수 있기 때문에 생산에 필요한 전체 소요노동력은 오히려 절약될 수 있으며 육묘기간 동안에는 밭을 다른 작물의 재배에 이용할 수도 있으므로 토지이용도를 높일 수 있는 장점이 있다.

31 다음 중 이앙기의 본체를 지지하고, 경반의 깊이에 따라 상하로 이동하며, 모를 일정한 깊이로 심을 수 있도록 하는 장치는?
① 플로트
② 미끄럼 판
③ 마스코트
④ 예비 묘답제대

해설 플로트를 조절하여 이앙 깊이를 조절한다. 묘탑제대의 조절을 통해 모떼기량을 조절한다.

32 치묘를 이앙하고 있던 이앙기에 중성묘를 이앙하려 한다. 이앙기에서 조절하지 않아도 되는 것은?
① 가로 이송량
② 플로우트의 위치
③ 세로 이송량
④ 묘탑재판 경사도

33 산파묘 이앙기에서 1포기에 심어지는 모의 개수 조절 방법으로 옳은 것은?
① 묘탑재판 가로 이송량 조절
② 이앙 속도 조절
③ 엔진의 무부하 회전속도 조절
④ 플로트(float) 높이 조절

해설 심어지는 모의 개수는 식부침이 한번에 집어내는 모의 개수에 따라 달라진다. 모분리는 세로이송량과 가로이송량의 결정에 따라 용이하게 조절할 수 있다. 산파모에서는 세로이송용 나사와 식부침의 회전비율을 달리하여 이송량을 증감하는 방법과 모탑재판 위치를 상하로 작동하거나 식부침 궤적 위치를 낮추어 가로방향의 모채취량을 달리하는 방법이 있다.

34 격자형 육묘상자에서 육묘한 후 이식할 때 틀에서 모를 밀어내는 방식으로 이식하는 육묘방법은?
① 줄묘
② 메트묘
③ 틀묘
④ 흙블록 묘

해설 격자형 육묘상자는 조파라 하고, 조파이앙기로 이식을 수행한다. 또는 포트 묘라고도 한다.

35 이앙기로 모를 이식할 경우 이앙기 자체에 의한 결주 원인으로 부적당한 것은?
① 식부깊이가 얕을 때
② 모상자의 육묘 생육이 불균일할 때
③ 식부조가 묘를 완전히 절단하지 못할 때
④ 묘가 적은 양 밖에 분리되지 않을 때

정답 30.② 31.① 32.④ 33.① 34.③ 35.②

36 4절 링크 식부장치를 갖춘 수도 이앙기의 차륜 직경이 60cm이고, 논에서 슬립율이 15 %일 때 주간 거리는 약 몇 cm인가? (단, 차축과 식부축의 회전비는 1 : 16이다.)

① 10
② 12
③ 14
④ 16

해설
[방법1] 차륜직경이 60cm이므로 둘레는 188.4cm이며, 슬립을 적용하면 160.14cm이다.
차축과 식부축의 회전비가 1:16이므로 주간 거리는 10.008cm이다.
[방법2] 차륜 슬립은 아래 식으로 계산된다.
$$s = \frac{D_n - D_l}{D_n} \times 100$$
여기서, s : 차륜 슬립 (%)
D_n : 무부하 상태에서 차륜이 1회전할 때의 주행거리(cm)
= 차륜의 1회전당 이론 주행거리(cm)
D_l : 부하 상태에서 차륜이 1회전할 때의 주행거리(cm)
= 차륜의 1회전당 실제 주행거리(cm)
또한 바퀴의 변형을 무시할 때 차륜의 1회전당 이론 주행거리는 아래 식으로 계산된다.
$$D_n = \pi D$$
여기서, D : 차륜 직경 (cm)
따라서 차륜의 1회전당 이론 주행거리
$D_n = \pi D = 188.5\ cm$ 이다.
슬립율이 15%이므로 차륜의 1회전당 실제 주행거리
$$D_l = \left(1 - \frac{s}{100}\right) D_n$$
$= (1 - 0.15) \times 188.5 = 160.23\ cm$
차축과 식부축의 회전비가 1:16이므로 차륜이 1회전할 때 식부축은 16회전한다. 즉, 이앙기의 실제 주행거리가 160.23 cm 일 때 식부축은 16회전하며, 식부축의 1회전당 실제 주행거리는 160.23/16 = 10.01cm 이다. 4절링크 식부장치에서는 식부축의 1회전당 1번의 모를 심으므로 주간거리는 10.01cm 이다.

37 이앙작업에 있어서 식부간격에 대한 설명으로 옳은 것은?

① 주간, 조간 간격 모두 조정할 수 있다.
② 주간, 조간 간격 모두 조정할 수 없다.
③ 조간 간격은 조정할 수 있으나 주간 간격은 조정할 수 없다.
④ 조간 간격은 조정할 수 없으나 주간 간격은 조정할 수 있다.

해설 이앙기는 조간거리를 30cm로 고정하고 주간거리를 12~18cm 범위에서 3단계로 조정할 수 있도록 되어 있다.

38 고정되어 있어서 이앙작업 중 조절할 수 없는 것은?

① 작업 속도
② 식부 조간거리
③ 주간 간격
④ 식부날 회전속도

해설 이앙기에서 조간 조절은 29~31cm로 고정되어 있는, 조절이 안되는 장치이다.
조절이 가능한 것은 작업속도, 주간간격, 식부날 회전 속도 등이다.

39 다음 중 승용 이앙기에 대한 설명으로 가장 거리가 먼 것은?

① 묘탑재부는 지면과 45°로 설치되어 있다.
② 식부기구에는 체인식을 사용하고 조간거리는 조정이 가능하다
③ 식부기구의 구동축이 1회전할 때 식부과정은 2회 이상 수행한다.
④ 플로트는 이앙기 본체를 지지하고, 승하강하면서 차륜 깊이를 조절한다.

해설 이앙기의 묘탑재부는 이앙할 모를 싣는 부분으로서 완만한 곡면으로 되어 있으며 매트모의 경우 자중에 의하여 모가 자동으로 공급될 수 있도록 지면과 45°의 각으로 설치되어 있다. 플로트는 이앙기의 본체를 지지하며 경반의 깊이에 따라 상하로 이동하도록 되어 있어 플로트가 승하강하면 차륜의 깊이가 조절되어 모를 일정한 깊이로 심을 수 있다.
식부기구는 보행형 이앙기에서는 4절 기구인 크랭크-로커 기구가 사용되며 승용 이앙기에는 고속으로 식부작업을 수행할 수 있는 고속 식부기구가 사용된다. 고속 식부기구는 편심 기어열을 이

정답 36.① 37.④ 38.② 39.②

용한 기어열식 기구와 캠을 이용한 캠기구식이 있으며 식부날이 대칭으로 설치되어 있어 식부기구의 구동축이 1회전할 때 2회의 식부과정을 수행할 수 있다. 따라서 구동축의 속도가 일정하면 고속 식부기구는 크랭크식 식부기구보다 2배 빠른 속도로 식부할 수 있다.
이앙기는 조간거리를 30cm로 고정하고 주간거리를 12~18cm 범위에서 3단계로 조정할 수 있도록 되어 있다.

40 감자 파종기의 종자 공급방식에 해당되지 않는 것은?

① 엘리베이터형 반자동식
② 종자판형 반자동식
③ 픽커힐 전자동식
④ 컨베이어식

해설 감자 파종기의 형태에는 엘리베이터형 반자동식, 종자판형 반자동식, 픽커힐, 픽커힐 전자동식 등이 있다.

41 이앙기 작업에서 3.3m² 당 주수를 80~85로 하려면 조간거리가 30cm일 때 주간거리는?

① 9cm
② 13cm
③ 17cm
④ 21cm

해설 30cm가 1조이므로 면적은 3.3m²
$3.3m^2 = 0.3m \times x$ ∴ $x = 11m$
11m에 85개를 심어야하기 때문에
$y = \dfrac{1100cm}{85개} = 12.941cm$
∴ $y = 13cm$

42 이앙기 식입 포크와 분리침 끝의 간격은?

① 01.~0.5mm
② 0.7~2mm
③ 5~7mm
④ 10~12mm

해설 이앙기 식입 포크와 분리침 끝의 간격은 0.1~0.5mm로 한다.

43 이앙기에서 모가 일정한 깊이로 심어지게하고, 기체침하를 방지하는 구성요소는 무엇인가?

① 식부암
② 사이더 마커
③ 더스트 실
④ 플로우트

해설
• 식부암 : 모를 심기위해 식부침을 회전시키는 장치
• 사이드 마커 : 일정하게 이앙하기 위하여 좌우 회전하여 돌아오기 위한 기준선을 그려주는 장치
• 더스트 실 : 식부암에서 식부포크를 통하여 물이 들어가는 것을 방지해주는 부품

44 이앙기의 식부장치에서 많이 볼 수 있는 링크는?

① 4절 링크
② 6절 링크
③ 8절 링크
④ 10절 링크

45 이앙기에서 모가 심어지는 개수(묘취량)를 조절하는데 이용되는 부위는?

① 플로트 높이
② 주간 조절
③ 묘탑재판의 높낮이
④ 조향클러치

해설 플로트의 높이조절 : 식부깊이를 조절
• 주간 조절 : 식부침이 묘를 하나 심고, 그다음 심을 때의 거리 조절
• 묘탑재판의 높낮이 : 탑재판은 묘를 올려놓고 일정하게 회전하는 식부암의 식부침에 의해 묘를 떼어내게 되므로 심어지는 모의 개수를 조절
• 조향클러치 : 이앙기가 회전을 해야 할 경우 원하는 방향으로 회전시켜주는 기능

46 동력경운기 로터리에 배토기를 장착하고, 작업할 때 가장 적합한 로터리날 배열법은?

① 내외향 배열법
② 외향 배열법
③ 균등 내열법
④ 내향 배열법

해설 배토는 토양을 밖으로 밀어내는 작업이므로 외향 배열법을 활용해야 한다.

정답 40.④ 41.② 42.① 43.④ 44.① 45.③ 46.②

47 다음 중 제초 작업기가 아닌 것은?
① 컬티패커(cultipacker)
② 컬티베이터(cultivator)
③ 로터리 호우(rotary hoe)
④ 웨이더 멀쳐(weeder mulcher)

48 중경 제초기의 주요부분이 아닌 것은?
① 중경날 ② 솎음날
③ 제초날 ④ 배토판

해설 중경 제초기에는 중경작업, 제초작업, 배토작업이 가능하다.
- **중경작업** : 이랑과 작물포기 사이의 표토를 경운 쇄토하여 굳은 토양을 유연하게 함으로서 토양 속에 공기를 공급하고 투수성을 촉진한다. 잡초의 발생을 방지하여 작물의 생육을 위한 토양 환경을 개선한다.
- **제초작업** : 잡초를 뽑아 제거하거나 중경작업을 함으로서 동시에 잡초의 뿌리를 잘라 건조하여 고사시킨다.
- **배토작업** : 작물 사이에 북을 주어 작물 뿌리의 지지력을 향상시키고, 도복을 방지하는 효과가 있다.

49 다음 중 중경작업의 범위로 가장 거리가 먼 것은?
① 배토작업 ② 솎음작업
③ 제초작업 ④ 방제작업

해설 중경제초작업은 파종이나 이식 후 어느 정도 시간이 경과 후 실시되는 작업을 말한다. 이 작업에는 이랑 사이의 토양을 유연하게 하여 토양의 통기성과 투수성을 좋게 해주는 중경작업, 잡초를 제거해 주는 제초작업, 작물 사이에 흙을 북돋아 줌으로써 작물의 생육을 왕성하게 해주는 배토작업 등이 있다. 중경작업, 제초작업 및 배토작업은 개별적으로 이루어질 수도 있지만, 동시에 작업이 이루어지는 것이 일반적이다.
솎음작업의 목적은 조파작업의 적당한 재식밀도를 얻고 개체의 생육을 촉진시키는데 있다. 발아율이 낮고 그 예측이 어려운 작물의 경우에는 종자를 많이 파종하여 발아 후에 솎아내는 것이 일반적이다. 현재 우리나라에서는 기계솎음만을 하는 경우도 있다.

50 배토판 날개의 폭을 조절할 수 있는 배토판(培土板) 형식은?
① 고정식 ② 개폐식
③ 인출식 ④ 갱식

해설 배토판은 흙을 좌우로 갈라 배토하는 것으로서 2개의 날이 좌우대칭으로 연결되어 날개모양을 이루고 있다. 배토판 형식으로는 고정날개식, 날개폭을 조절할 수 있는 개폐식, 2단 날개로 실제 면적을 조절할 수 있는 인출식 등이 있다.

51 일반적인 원심펌프 작동 시의 선행 작업인 프라이밍의 설명으로 옳은 것은?
① 흡수된 물에 압력을 가하는 것
② 불순물을 걸러 내는 작업
③ 펌프를 설치하는 작업
④ 운전에 앞서 케이싱과 흡인관에 물을 채우는 것

해설 원심펌프는 자흡식이 아니므로 마중물을 필요로 하기 때문에 운전 전에 흡입관에 물을 채워 주어야 진공상태를 유지하면서 유체에 압을 가할 수 있게 된다.

52 강력한 압력이 필요한 높은 수목의 방제 작업에 사용되는 분무기 노즐로 조절형 와류 노즐을 장착하고 있는 것은?
① 볼트형 ② 원판형
③ 캡형 ④ 철포형

53 다음 중 용적형 펌프이며 회전펌프에 해당되는 것은?
① 피스톤 펌프(piston pump)
② 기어 펌프(gear pump)
③ 볼류트 펌프(volute pump)
④ 터빈 펌프(turbine pump)

해설
- **용적형 펌프** : 피스톤펌프(왕복펌프), 기어펌프(회전펌프)
- **용량형 펌프** : 볼류트 펌프, 터빈펌프

정답 47.① 48.② 49.④ 50.② 51.④ 52.④ 53.②

54 수로에서부터 면적이 30a인 밭에 물을 양수하는데 전양정이 15m 이고 양수량이 0.5m³/min이라면 펌프의 축동력은 약 몇 kW인가? (단, 펌프의 효율은 85%이다.)

① 1.04　　　　② 1.23
③ 1.44　　　　④ 1.70

해설 $L_{kW} = \dfrac{\gamma HQ}{102 \times 60} = \dfrac{1000 \times 15 \times 0.5}{102 \times 60}$
$= 1.225 \text{kW}$
펌프의 효율이 85%이므로 $\dfrac{1.225}{0.85} = 1.44 \text{kW}$

55 다음 중 펌프로 가압하여 땅속에 압입하는 시비기로 심층 시비기에 속하는 것은?

① 라임소워　　　② 브로드캐스터
③ 슬러리 인젝터　④ 퇴비살포기

56 시비기에서 입상비료의 살포에는 원심력을 이용한 원심식 시비기가 쓰이고 있는데, 이런 기계를 무엇이라고 하는가?

① 퇴비 살포기　　② 분말 시비기
③ 브로드 캐스터　④ 살포 액비액

57 입상 고체 비료를 살포하는 데 사용되는 원심식 살포기의 다른 이름은?

① 비터(beater)
② 오거(auger)
③ 스피너(spinner)
④ 펌프(pump)

해설 입상비료를 살포하는 데에는 보통 원심식 살포기를 이용한다. 원심식 살포기는 비료통 하부에 설치된 고속 원판을 이용하여 비료통에서 배출된 비료입자를 비산시켜 살포한다. 살포량은 비료 배출구의 개폐 정도로써 조절한다. 고속 원판은 보통 동력취출장치(PTO)로 구동시키며 이를 스피너(spinner)라고도 한다.

58 원심펌프를 구성하는 주요부분으로 작동중 물을 흡입할 때 열리고, 운전이 정지될 때는 역류하는 것을 방지하는 역할을 하는 것은?

① 임펠러(impeller)
② 안내날개(guide vane)
③ 케이싱(casing)
④ 풋 밸브(foot valve)

해설
• 임펠러 : 날개바퀴와 같이 회전에 의해 유체에 유동운동을 일으키는 장치
• 안내 날개 : 회전차에서 전달되는 물을 와류실로 유도하여 속도에너지를 얻게 해주는 장치
• 케이싱(와류실) : 송출관 쪽으로 보내는 나선형의 동체
• 풋 밸브 : 액체를 흡입할 때는 열리고 액체가 흐르지 않을 때는 닫히는 체크 밸브의 형태로 되어 있는 밸브

59 스프링 쿨러의 노즐 구경이 4mm 이고, 압력이 3kg$_f$/cm², 풍속이 2m/sec일 때 노즐 간격은 살수 지름의 몇 %로 하는 것이 가장 적합한가?

① 30%　　　　② 50%
③ 60%　　　　④ 75%

60 단동 3련식 플런저 펌프의 플런저 지름 3cm, 행정거리 3.2cm, 크랭크 축 회전 속도 700rpm일 때 이론 배출량은 약 몇 l/min인가?

① 45　　　　② 55
③ 451　　　④ 550

해설 배출량
= 플런저 면적×행정거리×분당회전수×연수
$= \left(\dfrac{\pi}{4} 3^2 \times 3.2 \times 700 \times 3\right)/1{,}000$
$= 47 l/\min$

정답 54.③　55.③　56.③　57.③　58.④　59.③　60.①

61 농업양수기 구조 중 케이싱에서 나온 물을 필요한 장소로 운송하는 파이프로, 입구에서 슬루스 밸브(sluice valve)로서 양수량을 조절하는 것은?

① 흡입관(suction pipe)
② 풋밸브(foot valve)
③ 송출관(delivery pipe)
④ 케이싱(casing)

62 원심펌프에서 양수작업 시에 풋 밸브는 어느 상태인가?

① 완전히 열려 있는 것이 정상이다.
② 개폐 작용을 반복하는 것이 정상이다.
③ 반쯤 열려 있는 것이 정상이다.
④ 약 70% 정도 열려 있는 것이 정상이다.

63 양수기에 사용되는 원심펌프에 대한 설명 중 올바르지 않은 것은?

① 펌프 내에 밸브가 있고 구조가 간단하다.
② 펌프의 설치면적을 작게 차지한다.
③ 회전운동으로 양수작업을 한다.
④ 진동이 작고 효율이 높다.

해설 원심펌프는 농업용수를 관개하는데 널리 사용되는 펌프 중 하나로서 임펠러가 회전할 때 발생하는 원심력에 의해 물을 소요 높이까지 끌어올리는 양수기이며 다음과 같은 특징이 있다.
- 구조가 간단하여 취급이 용이하고 고장 및 마찰이 적어 내구성이 크다.
- 물에 흙과 모래가 섞여 있어도 운전에 지장이 없다.
- 외형이 간단하고 작기 때문에 설치면적이 작다.
- 양정과 양수량의 범위가 크다.
- 배출이 연속적이기 때문에 진동이 적으며 효율이 높다.
- 전동기와 직결운전이 가능하다.

원심펌프의 경우 펌프 내부에 밸브를 가지고 있지 않다. 펌프 내부에 밸브를 가지고 있는 것은 왕복펌프이다.

64 양수기에 사용되는 원심펌프에 대한 설명으로 옳지 않은 것은?

① 로터의 회전에 의하여 케이싱 내부의 압력을 저하시켜 양수작업을 한다.
② 물에 흙이나 모래가 섞여 있어도 운전에 지장이 없다.
③ 양정과 양수량의 범위가 크다.
④ 진동이 작고 효율이 높다.

해설 로터의 회전에 의해 케이싱 내부의 압력을 저하시켜 양수하는 펌프는 회전펌프(로타리 펌프)이다.

65 양수기를 용도에 맞게 선택하고, 최고의 효율을 유지할 수 있는 운전조건을 구하는 기본자료가 되는 그래프를 무엇이라 하는가?

① 양수기의 동력곡선
② 양수기의 양정곡선
③ 양수기의 특성곡선
④ 양수기의 양수량곡선

해설 펌프의 양수량과 양정, 축동력 및 효율과의 사이에는 일정한 관계가 있다. 다시 말하면, 동일한 펌프에 있어서의 수량과 양정이 변화됨에 따라 펌프의 효율이 달라지며 이에 따라 축동력도 달라지게 된다. 이와 같은 관계를 나타내기 위하여 가로축을 양수량으로 나타내고, 세로축을 양정, 축마력 및 효율로 나타내면 양정과 양수량과의 관계곡선, 축마력과 양수량의 관계곡선, 효율과 양수량의 관계곡선 등이 얻어진다. 이와 같은 것들의 관계를 그림으로 나타낸 것을 펌프의 특성곡선이라고 한다. 특성곡선은 펌프를 용도에 알맞게 선택하고 최고의 효율을 유지할 수 있는 운전조건을 구하는데 기본 자료가 된다.

66 양수기 특성곡선의 구성요소는 무엇인가?

① 양수량, 회전수, 동력, 임펠라 직경
② 양수량, 양정, 동력, 효율
③ 양정, 동력, 회전수, 임펠라 직경
④ 양정, 동력, 효율, 회전수

해설 양수기 특성곡선의 구성요소는 전양정, 축동력, 펌프 효율, 양수량(유량)에 대한 그래프이다. 가로축을 양수량(유량)으로 세로축을 양정, 축마력 및

정답 61.③ 62.① 63.① 64.① 65.③ 66.②

효율의 관계로 나타낸다.

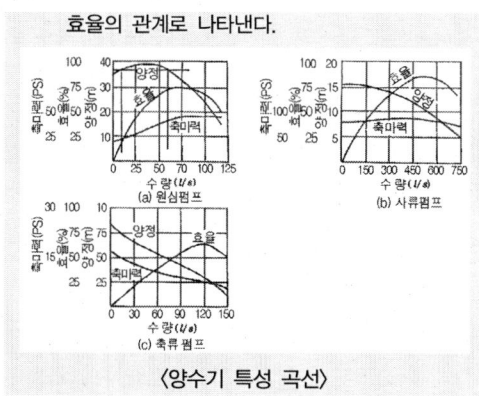

〈양수기 특성 곡선〉

67 양수량 Q=20m³/min, 전양정 H=10m 일 때 펌프 효율 η=74%인 원심펌프의 축 동력은 몇 kW인가?

① 60
② 44
③ 33
④ 28

해설 펌프의 축동력은 원동기가 펌프를 운전하는데 필요한 동력으로서 수동력을 펌프의 전효율로 나눈 값이며 아래와 같이 계산된다.

$$S = \frac{QH\gamma}{1000 \times \eta_t}$$

여기서, S : 측동력 (kW)
Q : 양수량 (m³/s)
H : 전양정 (m)
γ : 물의 단위체적당 무게
(=9810 N/m³)
η_t : 펌프의 전효율

양수량이 20m³/min = 1/3 m³/s 이므로 펌프의 축동력은 아래와 같이 계산된다.

$$S = \frac{\rho g QH}{60,000\eta} = \frac{1000 \times 9.8 \times 20 \times 10}{60,000 \times 0.74}$$

$= 44 \text{kW}$

여기서, S : 측동력 (kW)
ρ : 유체의 밀도(kg/m³)
g : 중력가속도(m/s²)
Q : 양수량 (m³/min)
H : 전양중(m)
η : 펌프 효율

68 양수기를 용도에 알맞게 선택하고, 최고의 효율을 유지할 수 있는 운전조건을 구하는 기본 자료가 되는 그래프를 무엇이라고 하는가?

① 양수기의 동력곡선
② 양수기의 특성곡선
③ 양수기의 양정곡선
④ 양수기의 양수량곡선

69 양수기 펌프가 양수되는 물에 준 이론 동력인 수동력과 펌프의 전 효율을 고려한 축 동력 및 소요 실동력의 크기 순서로 올바른 것은?

① 수동력 < 축동력 < 소요실 동력
② 수동력 < 축동력 > 소요실 동력
③ 수동력 > 축동력 > 소요실 동력
④ 수동력 > 축동력 < 소요실 동력

해설 펌프를 작동시키는 데 필요한 동력원에는 전동기나 엔진이 사용되는데, 동력전달과정에서 손실이 있으므로 펌프를 구동하는 데 필요한 동력, 즉 실제 필요한 소요동력은 펌프의 축동력(shaft power)보다 크며 펌프의 축동력은 실제로 양수된 액체에 가해진 수동력(water power)보다 크다. 수동력은 손실 없이 전양정과 유량으로 양수하는 이상적인 동력이다.

70 농업용 펌프에서 볼류트 펌프(volute pump) 특징 중 맞는 것은?

① 구조가 복잡하다.
② 안내 날개가 없다.
③ 안내 날개가 있다.
④ 양수량이 많다.

해설 원심펌프의 종류중 하나이며 체적형과 비체적형이 있다. 회전(안내)날개가 있고 속도에 따라 압력이 변한다.

정답 ··· 67.② 68.② 69.① 70.②

71 하루에 필요한 담수심이 20mm인 10ha의 논에 양수기를 이용하여 관개할 때 필요한 분당 양수량은 얼마인가?(단, 양수기의 하루 운전시간을 10시간, 수로에서의 손실계수를 0.2로 한다.)

① 1.0m³/min ② 2.0m³/min
③ 3.0m³/min ④ 4.0m³/min

해설 관개면적에 필요한 분당 양수량은 아래 식으로 계산된다.

$$Q = \frac{dA(1+f)}{6T}$$

여기서, Q : 관개면적에 필요한 분당 양수량 (m³/m)
d : 1일 필요수심(담수심) (mm)
A : 관개면적 (ha)
f : 수로손실계수
T : 1일 운전시간 (h)

따라서 관개면적에 필요한 분당 양수량은 아래와 같이 계산된다.

$$Q = \frac{20 \times 10 \times (1+0.2)}{6 \times 10} = 4 \text{ m}^3/\text{m}$$

72 농업용 양수기로 사용되는 원심펌프의 특징에 대한 설명으로 옳지 않은 것은?

① 물에 흙과 모래가 미량이라도 섞이면 작동이 불가능하다.
② 고장 및 마찰이 적어 내구성이 크다.
③ 양정과 양수량의 범위가 크다.
④ 진동이 적고 효율이 높다.

73 펌프의 양수량이 감소될 때 원인이 아닌 것은?

① 흡입관 안에서 공기가 새어 들어올 때
② 임펠러가 마멸되었을 때
③ 풋트밸브와 임펠러에 오물이 끼었을 때
④ 전기의 주파수 증가로 전동기의 회전이 증가되었을 때

해설 전기의 주파수가 증가하면 전동기의 회전수가 증가하기 때문에 양수량이 증가한다.

74 양수기 설치 시 주의할 사항 중 맞는 것은?

① 가능하면 수원에서 먼 위치에 설치한다.
② 흡입호스는 직각이 되도록 설치한다.
③ 흡입수면에 가까운 높이로 흡입수면 보다 높은 위치에 설치한다.
④ 흡입호스로 약간의 공기가 들어갈 수 있도록 설치한다.

75 원심펌프의 설치 시에 풋트밸브 설치법 중 맞는 것은?

① 물속 지면 위 20cm위치에 경사지게 설치
② 물속 지면에 닿게 하여 수직으로 설치
③ 물속의 지면에서 1m이상 위로 수직 혹은 경사지게 설치
④ 물속의 지면 위 60cm이상 수직으로 설치

해설 풋트 밸브는 흡입된 액체를 반대로 흘러가지 않도록 하는 장치이다.

76 다음은 양수기의 운전 중 주의 해야 할 사항이다. 틀린 것은?

① 베어링의 윤활유가 검은 색깔로 변했는지 확인한다.
② 그랜드 패킹에서 물방울이 떨어져서는 안된다.
③ 음향에 유의하고 흡입관에 다른 물질이나 공기가 유입되는지를 확인한다.
④ 베어링의 온도가 60℃이상 되어서는 안된다.

해설 양수기는 그랜드 패킹을 이용하여 회전축에서 발생하는 열의 냉각을 위해 물방울이 떨어져야 정상이다.

77 양수기에 사용되는 윤활제는?

① 엔진오일 ② 기어오일
③ 그리스   ④ 유압오일

해설 양수기는 그리스를 윤활제로 사용한다.

정답 71.④ 72.① 73.④ 74.③ 75.④ 76.② 77.③

78 원심펌프의 취급상 유의점이다. 알맞은 것은?
① 원심펌프의 볼베어링에는 모빌유를 사용하되 점도가 낮을수록 동력소모가 적다.
② 장시간 공운전을 실시하여 펌프의 가동상태를 점검한다.
③ 그랜드 패킹에서는 소량의 물이 방울로 떨어져야 한다.
④ 정지 시에는 먼저 원동기를 정지시키고 뒤에 토출밸브를 닫는다.

79 물을 양수기로 양수하고 가압하여 송수하며, 자동적으로 분사관을 회전시켜 살수하는 것은?
① 버티칼 펌프
② 동력살분무기
③ 스프링 클러
④ 스피드 스프레이어

해설 스프링클러는 물을 양수하여 파이프에 송수하고 노즐로 살수하는 장치이다. 스프링클러의 주요 구성품은 펌프, 원동기, 배관 노즐이다.

80 양수기에 대한 설명이다. 옳지 않은 것은?
① 펌프에 물을 붓지 않고, 공회전하면 기체가 파손되기 쉽다.
② 볼트 너트가 풀려 있는가 조사한다.
③ 윤활 부분에 그리스를 주입한다.
④ 축받침 온도는 60℃이상 유지 시켜야 한다.

해설 축받침 온도는 60℃이하로 유지한다.

81 양수 작업중 발열이 심한 경우 점검할 부분이 아닌 것은?
① 주유구
② 풋밸브
③ 그리스 컵
④ V벨트

해설 풋밸브는 양수기 내에 역류를 방지하기 위한 부분으로 발열과는 무관하다.

82 다음 펌프의 운전 중 수격 작용이 생기고 있을 때 그 대책이 아닌 것은?
① 관내의 유속을 증가시킬 것
② 급격히 밸브를 폐쇄하지 말 것
③ 관내의 유속을 낮게 할 것
④ 조압수조(surge tank)를 관로에 붙일 것

해설 방수관의 밸브를 갑자기 개폐함으로써 생기는 압력이 발생하는 작용을 수격작용이라고 한다.

83 어떤 양수장치에 의하여 공동현상이 일어나고 있을 때 조치사항이 아닌 것은?
① 물의 누설을 많이 시킨다.
② 펌프의 설치 위치를 낮춘다.
③ 펌프의 회전수를 적게 한다.
④ 펌프의 흡입관을 크게 한다.

해설 공동현상(캐비테이션)은 액체가 흘러갈 때 관내에 마찰과 액체의 속도가 빨라지면서 액체가 관내에서 소용돌이치는 현상이다.

84 원심펌프의 운전 중 진동이 생기는 원인이 아닌 것은?
① 회전체의 밸런스가 불량하다.
② 기초가 연약하다.
③ 그랜드 패킹이 마멸되었다.
④ 배관의 연결이 불량하다.

해설 그랜드 패킹은 회전축에 윤활역할과 열이 발생을 최소화 해주는 장치이다.

85 원심펌프의 그랜드 패킹 부분에는 어느 정도의 누수를 적당하다고 보는가?
① 1분당 5방울 정도
② 1분당 10방울 정도
③ 1분당 15방울 정도
④ 가는 물방울이 계속해서 누수되어야 함

해설 그랜드 패킹에서 물방울이 1분당 5방울 정도 떨어지는 것이 적당하다.

정답 78.③ 79.③ 80.④ 81.② 82.① 83.④ 84.③ 85.①

86 수차나 펌프 등 운전 시 일어나는 캐비테이션의 방지책이 아닌 것은?

① 곡관을 적게 한다.
② 회전수를 느리게 한다.
③ 흡입관을 짧게 한다.
④ 흡입관을 굵게 한다.

해설 캐비테이션은 빠른 속도로 흡인되는 액체가 관내에서 빠른 속도로 이동하면서 발생하기 때문에 흡입관을 굵게 하게 되면 더 많은 액체가 유입되기 때문에 방지책이 아니다.

87 원심펌프의 취급상 유의점이다. 알맞은 것은?

① 장기 보관 시 원심펌프내의 물은 여름철에만 빼낸다.
② 장시간 공운전을 실시하여 펌프의 가동상태를 점검한다.
③ 전동기로 운전할 경우 갑자기 정전이 되었을 때는 스위치를 끈다.
④ 정지 시에는 먼저 원동기를 정지시키고 뒤에 토출밸브를 닫는다.

88 양수기를 수리할 때 그랜드 패킹의 조임을 어느 정도 조정해야 가장 적당한가?

① 양수작업 시 물이 새지 않는 정도
② 양수작업 시 물이 1분당 1~2방울 새는 정도
③ 양수작업 시 물이 1분당 5~6방울 새는 정도
④ 양수작업 시 물이 1분당 15방울 이상 새는 정도

해설 그랜드 패킹에서 물방울이 1분당 5방울 정도 떨어지는 것이 적당하다.

89 원심펌프의 주요장치가 아닌 것은?

① 회전차   ② 와류실
③ 풋밸브   ④ 피스톤

해설 원심펌프의 주요장치
• 회전차 : 여러 개의 깃으로 회전하며, 깃의 수는 보통 4~8매로 둥근 형태로 되어 있다.
• 안내깃 : 회전차에서 전달되는 물을 와류실로 유도하여 속도 에너지를 얻게 해주는 장치
• 와류실 : 송출관쪽으로 보내는 나선형 동체
• 흡인관 : 흡입수면에 놓이는 관
• 풋밸브 : 액체를 흡입할 때는 열리고 액체가 흐르지 않을 때는 닫히는 체크밸브의 형태
• 송출관 : 와류실과 송출구로 전달해주는 수송관

90 원심펌프에 해당되지 것은?

① 축류 펌프   ② 사류 펌프
③ 볼류트 펌프   ④ 왕복 펌프

해설 원심펌프는 볼류트 펌프와 터빈 펌프가 있다.

91 로터리 모어의 특징을 잘못 설명한 것은?

① 도복상태의 목초를 예취하기가 불가능하다.
② 구조가 간단하고, 취급과 조작이 용이하다.
③ 지면이 평탄하지 않은 곳에서의 작업은 위험하다.
④ 고속으로 회전하는 칼날을 이용하여 목초를 절단한다.

해설 로터리 모어는 고속으로 회전하는 칼날을 이용하여 목초를 예취하는 농작업기계로서 구조가 간단하여 취급 및 조정이 쉽고 조밀한 목초나 쓰러진 목초도 벨 수 있다. 그러나 고속으로 작업할 때에는 지면이 평탄해야 하고, 반면 저속으로 작업할 때에는 풀을 잡아 뜯는 현상이 생겨 목초를 상하게 한다.

92 다음 중 스프링클러는 어느 작업을 하는 농업기계인가?

① 경기 작업   ② 탈곡 작업
③ 방제 작업   ④ 관수 작업

해설 • 경기 작업 : 토양을 가공하는 작업
• 탈곡 작업 : 곡물을 탈곡하는 작업
• 방제 작업 : 병해충 예방을 위해 약을 뿌리는 작업
• 관수 작업 : 작물에 필요한 수분을 공급하는 작업

정답 86.④ 87.③ 88.③ 89.④ 90.③ 91.① 92.④

93 어린 밭작물에 사용되는 스프링 클러의 취급요령으로 적당치 않은 것은?
① 토출된 물이 지표에서 흐르지 않아야 한다.
② 수압을 낮게하여 분사되는 물방울을 크게 한다.
③ 노즐의 회전속도에 차이가 많을 때에는 조절해야 한다.
④ 수압이 너무 높으면 바람과 증발에 의한 손실이 커진다.

해설 수압을 낮게 할 경우 스프링클러가 정상적으로 회전하지 않을 수 있으며, 회전을 하지 않게 되면 노즐 끝부분에서 물이 집중될 수 있다.

94 병해충 방제용 스피드 스프레이어(speed sprayer)에 관한 설명으로 올바른 것은?
① 기계가 소형, 경량이며 구조가 간단하다.
② 노즐, 호스가 불필요하므로 취급이 간단하다.
③ 침전 방지장치가 필요 없고, 약제이 소요량이 적다.
④ 과수원 등 넓은 면적의 병해충 방제에 이용 가능하다.

95 일반적인 스피드 스프레이어의 원동기와 연결 방식에 따른 종류가 아닌 것은?
① 견인형   ② 가변형
③ 탑재형   ④ 자주형

96 다음 동력 살분무기의 특징에 대한 설명 중 틀린 것은?
① 분무 입자가 작으므로 부착율이 좋다.
② 액제와 분제를 다같이 살포할 수 있다.
③ 분무 입자가 가늘어 비산 등의 손실이 크다.
④ 소요 인원이 적으며 균일한 살포가 가능하다.

97 다음 방제기 중 위험성이 크기 때문에 노지재배에 사용하기에 가장 곤란한 기종은?
① 고온 연무기
② 동력 분무기
③ 인력 분무기
④ 동력 살분무기

98 인력 분무기와는 달리 동력 분무기에서는 3연동 플런저 펌프를 많이 사용한다. 그 이유로서 가장 적합한 것은?
① 배출량을 일정하게 유지시키기 위하여
② 플런저의 파손에 대비하기 위하여
③ 약액이 새는 것을 방지하기 위하여
④ 높은 압력에 견디기 위하여

해설 동력분무기에서는 2개 또는 3개의 플런저 펌프를 병렬로 연결하여 충분한 압력과 송출량을 얻는다. 2개 이상의 플런저 펌프를 일정한 위상차를 가지도록 병렬로 연결하면 송출량을 비교적 균등하게 할 수 있으며 추가적으로 공기실을 이용하여 맥동을 줄여 준다.

99 고속기류를 이용하여 유기분사에 의해 약액을 기계적으로 분산 미립화시키는 방제기는 어떤 것인가?
① 송풍기   ② 미스트기
③ 살수기   ④ 동력분무기

100 동력분무기에서 액체의 농약을 최종적으로 미립화하는 부품은?
① 노즐   ② 송풍기
③ 임펠러   ④ 교반장치

해설 희석된 농약을 미립자로 만드는 부품을 노즐이라고 한다. 생물생산업에서 이용되는 노즐은 압력노즐, 이류체노즐, 원심노즐, 전화노즐 등이 있다.

정답 ··· 93.② 94.④ 95.③ 96.④ 97.① 98.① 99.② 100.①

기출문제[3]

Part 5
농업기계학

01 동력 분무기의 공기실이 하는 가장 주된 역할인 것은?

① 흡입 압력을 일정하게 유지하여 준다.
② 약액의 흡입량을 일정하게 유지하여 준다.
③ 약액의 배출량을 일정하게 유지하여 준다.
④ 약액 속에 공기를 혼입시킨다.

> **해설** 동력분무기의 왕복펌프는 간헐적으로 약액을 송출하므로 그대로 살포하면 송출량의 변화가 심하여 불균일한 살포가 될 수밖에 없다. 송출량의 불균일을 보완하는 것이 공기실의 기능이라고 할 수 있다. 즉, 공기는 액체에 비하여 압축되기 쉬우므로 평균보다 많은 송출량을 공기실에 비축하고, 펌프에서 송출량이 평균 이하로 될 때에는 압축된 공기의 힘으로 비축된 약액을 밀어내어 송출량을 보충해 준다.

02 동력 분무기의 공기실의 주역할을 설명한 것이다. 가장 적합한 것은?

① 노즐의 분사 압력을 높인다.
② 유체속의 기포를 제거한다.
③ 노즐에서 나가는 약액의 압력을 일정하게 유지한다.
④ 피스톤이 후진하여 압력이 낮아지면 약액을 흡입한다.

> **해설** 동력 분무기의 공기실은 왕복운동을 하는 플런저에 의해 압력이 발생되므로 맥동이 발생할 수 있으므로 압력을 저장하였다가 일정하게 유지시키는 역할을 하며 유압장치에서는 어큐뮬레이터라고 한다.

03 강력한 압력이 필요한 높은 수목의 방제작업에 사용되는 분무기 노즐로 다음 중 가장 적합한 것은?

① 볼트형
② 원판형
③ 캡형
④ 철포형

04 다음 중 동력분무기의 분무 상태가 나쁘고, 분무입자가 큰 경우의 원인이 아닌 것은?

① 노즐구멍이 마모되어 커졌다.
② 노즐의 구멍수가 적다.
③ 압력이 떨어졌다.
④ 흡입량이 적다.

05 동력살분기에서 난기운전을 실시하는 가장 주된 이유는?

① 기계의 작동을 원활하게 하기 위해서
② 살포 농약을 균일하게 하기 위해서
③ 기계 내의 오물을 청소하기 위해서
④ 연료를 적절히 조절하기 위해서

> **해설** 난기운전은 예열운전이라고 생각하면 된다. 난기운전은 기계의 작동을 원활하게 하기 위해 실시한다.

06 미스트(mist) 살포법의 특징으로 잘못 설명된 것은?

① 구조가 간단하여 소형 경량이다.
② 분무 입자가 작으므로 부착성이 좋다.
③ 농후 약액을 사용하므로 노력이 적게 든다.
④ 풍속이나 풍향에 대한 영향을 받지 않는다.

07 방제 시 농약액의 입자가 작았을 때, 나타나는 결과 설명으로 틀린 것은?

① 피복면적비가 증가한다.
② 바람에 의해 쉽게 증발, 비산된다.
③ 부착률이 떨어진다.
④ 작업자나 주위환경을 오염시킬 위험성이 높다.

정답 01.③ 02.③ 03.④ 04.② 05.① 06.④ 07.③

08 미스트기의 살포방법 중 독성이 높은 약제를 살포할 경우 가장 적합한 작업 방법인 것은?

① 전진법 ② 횡보법
③ 후진법 ④ 대각선법

해설 전진법은 분관을 좌우로 흔들면서 전진하는 방법으로 작업자에게 가장 편리하나 약제에 중독될 위험성도 가장 크다. 횡보법은 분관을 앞뒤로 흔들면서 후진하는 방법이며, 후진법은 분관을 좌우로 흔들면서 후진하는 방법이다. 세 방법 중 후진법이 약제에 가장 적게 노출되므로 독성이 높은 약제를 살포하는데 적합하다.

09 두 개의 노즐을 이용하여 유효 살포폭이 1m, 작업속도는 3km/hr로서 1ha 당 80L의 약액을 살포하려고 한다. 노즐 하나의 분당 살포량은 약 몇 L/min인가?

① 0.1 ② 0.2
③ 0.3 ④ 0.4

해설 노즐의 분출량은 아래 식으로 계산된다.

$$q = \frac{SWQ}{6000}$$

여기서, q : 노즐의 분출량 (l/min)
S : 작업속도 (km/h)
W : 1회 살포폭 (cm)
Q : 살포량 (l/10a)

문제에서 S = 3 km/h, W = 100 cm, Q = 8 l/10a 이므로
노즐의 분출량은 아래와 같이 계산된다.

$$q = \frac{3 \times 100 \times 8}{6000} = 0.4 \, l/min$$

두 개의 노즐을 이용하였으므로
노즐 하나당 분출량은 $0.2 \, l/min$이다.

10 다음은 효율적인 방제가 이루어지기 위해 만족시켜야 할 조건을 나열하였다. 틀린 것은?

① 살포된 약제가 살포대상에 부착되는 비율이 높아야 한다.
② 약제가 살포대상에만 살포되어야 한다.
③ 약제가 살포대상에 불균일하게 살포되고, 피복면적비가 낮아야 한다.
④ 살포방법이 생력적이고, 환경피해를 최소화해야 한다.

해설 피복면적비는 살포 대상의 면적에 대한 약제의 부착 면적의 비율을 나타낸다. 효율적인 방제가 이루어지기 위해서는 약제가 방제를 필요로 하는 장소에 균일하게 살포되어 피복면적비가 높아야 한다.

11 인력 분무기에는 없고 동력 분무기에만 있는 것은?

① 펌프 ② 공기실
③ 노즐 ④ 압력조절 장치

해설 인력분무기는 펌프, 약액통, 호스, 분무봉, 노즐 등으로 구성되어 있다. 펌프는 약액을 압축시켜 공기실을 통하여 분무봉으로 전달한다.
동력분무기는 작동압력이 높으므로 압력조절장치를 필요로 한다.

12 동력 분무기의 주요 구조와 관계가 없는 것은?

① 플런저 펌프
② 송풍기
③ 공기실
④ 압력조절장치

해설 동력분무기는 플런저 펌프를 사용하여 플런저의 운동으로 생기는 부압에 의해 약액이 여과기와 흡입밸브를 통과하여 가압 및 배출된다. 펌프가 흡입하는 동안에는 배출밸브를 통하여 나오는 약액이 전혀 없으므로 약액의 압력이 불균일해진다. 따라서, 분무개폐용 콕 직전에 공기실을 설치하여 송출량의 변화에 따라 약액을 반복적으로 저장 및 방출함으로써 분무압력이 균등하게 되도록 유지한다. 또한, 분무작업 중에 분무개폐 콕을 차단했을 때에는 펌프와 호스 내의 압력이 급격히 상승하게 되므로 분무압력을 조정하고 과도한 압력으로부터 펌프와 호스를 보호하며 펌프에서 송출된 필요량 이상의 약액을 회수하기 위해 압력조절장치가 사용된다.
송풍기는 SS(Speed Spray)기에 주요 구성품이다.

정답 08.③ 09.② 10.③ 11.④ 12.②

13 플런저의 지름을 D(m), 행정을 L(m), 크랭크 축의 회전속도를 n(rpm), 배출량을 Q(m³/min)라고 하면 동력분무기의 용적 효율 η는 어떻게 표시되는가?

① $\eta = \dfrac{4Q}{\pi D^2 Ln} \times 100(\%)$

② $\eta = \dfrac{Q}{\pi D^2 Ln} \times 100(\%)$

③ $\eta = \dfrac{4Q}{D^2 Ln} \times 100(\%)$

④ $\eta = \dfrac{Q}{D^2 Ln} \times 100(\%)$

14 동력 분무기를 무리 없이 사용하려면 여수량은 송출량의 몇 % 정도가 적당한가?

① 1 ~ 5%
② 15 ~ 20%
③ 35 ~ 40%
④ 45 ~ 50%

해설 동력문무기를 무리없이 사용하기 위해서는 여수량을 송출량의 20% 정도로 유지하는 것이 좋다.

15 동력분무기의 공기실이 하는 가장 주된 역할인 것은?

① 흡입압력을 일정하게 유지하여 준다.
② 약액의 흡입량을 일정하게 유지하여 준다.
③ 약액의 배출량을 일정하게 유지한다.
④ 약액 속에 공기를 혼입시킨다.

해설 동력분무기에 일정한 압력을 유지하기 때문에 배출량을 일정하게 유지한다.

16 동력분무기 노즐의 배출량이 30L/min 노즐의 유효 살포폭이 10m, 10a당 살포량이 167L/10a 일 경우 노즐의 살포작업 속도는?

① 0.1m/s   ② 0.2m/s
③ 0.3m/s   ④ 0.4m/s

해설 ① 10a당 살포시 시간 = $\dfrac{167l/10a}{30l/\min}$ = 5분 34초
∴ 334초

② $10a = 1,000㎡ = 10m \times x$
∴ $x = 100m$
∴ 속도$(v) = \dfrac{100m}{334초} = 0.2994 m/s$
∴ $0.3 m/s$

17 동력분무기 운전준비에 관한 사항 중 잘못된 것은?

① 크랭크 오일은 SAE 20~30을 규정량 넣는다.
② 운반 중 나사의 이완이 있으니 각종 볼트너트 이상유무를 확인한다.
③ V패킹과 플런저간의 유막형성을 위하여 3~4시간마다 그리스컵을 2~3회 조여준다.
④ 엔진과 연결된 V벨트는 동력전달이 확실히 되도록 팽팽하게 힘껏 조정한다.

해설 엔진과 연결된 V벨트는 동력전달을 위해 팽팽하게 하면 마모가 빨라져 수명을 단축시킬 수 있다.

18 2ton의 중량물을 4초 사이에 10m 이동시키는데 몇 마력이 소요되는가?

① 약 36.7ps
② 약 46.7ps
③ 약 56.7ps
④ 약 66.7ps

해설 $1ps = 75 kg_f \cdot m/s$
∴ $L(ps) = \dfrac{2,000kg \times 10m}{4 \times 75}$
= $66.66667 ps$

정답 13.① 14.② 15.③ 16.③ 17.④ 18.④

19 동력분무기가 압력이 오르지 않는 원인이 아닌 것은?
① 여과기 주위에 이물질이 끼었다.
② 압력계 입구가 막혀있다.
③ 플런저가 파손되었다.
④ 그리스컵에 그리스가 가득 채워져 있다.

20 분무기의 장점 중 틀린 것은?
① 음향이나 진동이 비교적 적고 내구성이 좋다.
② 구조가 복잡하나 취급수리가 용이하다.
③ 액체 이용의 장점을 갖는다.
④ 배관장치로 큰면적에 설치하면 고정적이여야 하며 큰 효율의 시설이 된다.

21 동력분무기 압력조절 장치의 기능에 대한 설명으로 옳은 것은?
① 분무 압력과 분무량을 조절한다.
② 여수량을 일정하게 유지한다.
③ 공기실의 압력을 일정하게 유지한다.
④ 펌프의 회전속도를 일정하게 유지한다.

해설 분무작업 중에 분무개폐 콕을 차단했을 때에는 펌프와 호스 내의 압력이 급격히 상승하게 되므로 분무압력을 조정하고 과도한 압력으로부터 펌프와 호스를 보호하며 펌프에서 송출된 필요량 이상의 약액을 회수하기 위해 압력조절장치가 사용된다.

22 동력분무기 취급 시 상용 압력은 몇 kg/cm²인가?
① 2~5kg/cm²
② 12~15kg/cm²
③ 20~25kg/cm²
④ 36~40kg/cm²

해설 정확한 치수보다는 20~25kg/cm²에 가까운 치수를 선택해야 한다.

23 동력 분무기 분무작업 중에 여수량은 액제 흡입량에 몇%가 유지되도록 하는가?
① 0~5%   ② 10~20%
③ 25~30% ④ 35~40%

해설 여수량이란 분무하고 남은 잔량을 여수량이라고 하면 흡입량의 10~20% 유지해야한다.

24 동력분무기에서 약액이 일정하게 분사되게 유지해주는 것은?
① 펌프와 실린더   ② 공기실
③ 노즐   ④ 밸브

해설 약액이 일정하게 분사되는 것은 일정한 압력을 유지시켜주는 공기실이 있기 때문이다.

25 분무기 노즐 중 분무각도와 거리를 조절할 수 있는 것은?
① 스피드 노즐형   ② 환상형
③ 직선형   ④ 철포형

26 다음 중 병충해 방제 작업에서 액체와 분제를 모두 살포할 수 있는 것은?
① 연무기   ② 동력 분무기
③ 동력 살립기   ④ 동력 살분무기

해설
• **연무기** : 소독을 하기 위하여 연막형태로 액체를 살포하는 기계
• **동력 분무기** : 액체를 압력에 의해 입자를 작게 하여 살포하는 기계
• **동력 살립기** : 입제비료를 살포하는 기계

27 동력 살분무기에서 저속은 잘되나, 고속이 잘 안되며 공기청정기로 연료가 나올 때의 고장은 무엇인가?
① 미스트 발생부 고장
② 노즐 고장
③ 임펠러 고장
④ 리이드 밸브 고장

28 동력 분무기 운전 중 주의사항이다. 맞지 않은 것은?

① 압력조절 레버를 위로 올려 무압 상태에서 엔진을 시동한다.
② 운전 초기에 이상 음이 들리면 즉시 엔진을 멈추고 점검한다.
③ 압력조절 레버를 내리고, 소요압력을 적당히 조절하여 사용한다.
④ 분무작업을 시작했을 때 압력이 내려가면 이상이 있으므로 엔진을 멈추고 점검한다.

해설 분무작업을 시작했을 때 압력이 내려가면 이상이 있으므로 압력조절 레버를 올려 무압상태에서 엔진을 멈추고 점검한다.

29 다음 중 동력 살분무기의 리드 밸브 점검으로 가장 양호한 것은?

① 리이드판은 몸체와 적당한 간극이 있어야 한다.
② 리이드판의 끝부분이 15°각으로 굽어야 한다.
③ 리이드판의 끝부분이 45°각으로 굽어야 한다.
④ 리이드판은 몸체와 완전히 밀착되어야 한다.

30 동력분무기의 여수호스에서 기포가 나올 때의 원인과 거리가 먼 것은?

① 토출 호스 너트의 풀림
② V패킹의 마멸
③ 흡입 호스의 손상
④ 흡입 호스 너트의 풀림

31 동력 살분무기의 사용 방법 중 틀린 것은?

① 술에 취한 사람은 사용을 금한다.
② 바람을 안고서 살포한다.
③ 마스크를 사용한다.
④ 과로한 사람은 사용을 금한다.

해설 동력 살분무기, 동력분무기 사용은 바람을 등지고 살포해야 안전하다.

32 동력 살분무기의 살포작업 방법 중 틀린 것은?

① 분관을 좌우로 흔들면서 작업한다.
② 한곳에 많이 살포하지 않도록 한다.
③ 살포는 바람을 안고 한다.
④ 분구 높이는 작물 위 30cm정도로 한다.

해설 약제 살포작업 시에는 바람을 등지고 작업을 해야 안전하다.

33 스피드스프레이어(SS기, 고성능 동력분무기)의 덤프나 리프트가 작동하지 않을 때에 확인해야 할 것은?

① 유압오일의 양
② 엔진오일의 양
③ 분무기오일의 양
④ 마스터 실린더 오일의 양

해설 덤프나 리프트는 유압시스템에 의해 움직임으로 유압오일의 양을 점검해야 한다.

34 국내에서 사용되고 있는 동력 살분무기 사용 시 적정 회전수는?

① 1,000~2,000rpm
② 3,000~4,000rpm
③ 5,000~6,000rpm
④ 7,000~8,000rpm

해설 동력 살분무기는 가솔린기관으로 회전수가 빨라야 약제를 멀리 살포할 수 있으며, 적정회전수는 7,000~8,000rpm이다.

35 동력 살분무기에 사용되는 윤활장치의 종류는?

① 비산식
② 압송식
③ 비산압송식
④ 혼합식

정답 28.④ 29.④ 30.① 31.② 32.③ 33.① 34.④ 35.④

해설 동력 살분무기는 배부식(등에 메는 방식)이므로 엔진의 무게가 가벼워야하기 때문에 연료와 윤활유를 혼합하여 사용하는 혼합식을 사용한다. 비율은 기종에 따라 다르나 일반적으로 25(가솔린):1(2사이클 엔진오일)로 한다.

36 입자의 비행거리의 차이 또는 부유속도의 차이에 의해 선별하는 곡물 선별기는?

① 중량 선별기 ② 마찰 선별기
③ 기류 선별기 ④ 체 선별기

해설 입자를 기류에 의해 선별하는 방식은 기류 선별기이다.

37 미스트기의 살포방법중 독성이 높은 약제를 살포할 경우 가장 적합한 작업방법은?

① 전진법 ② 횡보법
③ 후진법 ④ 대각선법

해설 미스트기는 분제나 약제를 살포하는 기계로 바람을 등지고 바람 방향으로 후진하면서 살포하는 것이 가장 안전하고 적합한 작업방법이다.

38 농약 살포기가 갖춰야할 조건으로서 맞지 않는 것은?

① 도달성과 부착율
② 균일성과 분산성
③ 피복면적비
④ 노력의 절감과 살포 능력

해설 균일성은 있어야 하나 분산성은 좋으면 안된다.

39 약제 살포시 안전 작업 방법으로 틀린 것은?

① 반드시 보호 마스크를 착용한다.
② 살포 중에는 풍향이나 전향 방향에 주의한다.
③ 안전한 방제복을 착용하고 작업 전 호스의 접합부분을 점검한다.
④ 작업 후에는 잔류 약액이나 기계를 씻은 물을 아무데나 버린다.

40 동력 살분무기의 살포방법이 아닌 것은?

① 전진법 ② 왕복법
③ 후진법 ④ 횡보법

해설 동력 살분무기의 살포방법
- 전진법 : 앞으로 전진하면서 지그재그 방식으로 살포하는 방식
- 후진법 : 뒤로 후진하면서 지그재그 방식으로 살포하는 방식
- 횡보법 : 평으로 이동하면서 좌우로 살포하는 방식(중복되는 부분이 발생)

41 동력 살분무기(미스트기)의 분무 입자의 평균 직경은 얼마 정도인가?

① 4 μm
② 40 μm
③ 400 μm
④ 4000 μm

해설 미스트기의 살포입자의 크기 범위는 30~100 μm이며 체적중간직경은 40 μm 수준이다.

42 병충해 방제에서 약제 살포의 조건이 아닌 것은?

① 필요로 하는 곳에 약제가 도달하는 성질이 있을 것
② 예방 살포인 경우 집중적으로 부착될 것
③ 작물에 약제가 부착하는 비율이 높을 것
④ 노력절감 및 작업이 간편할 것

해설 약제 살포의 조건은 도달성, 균일성, 부착률, 피복면적비, 노동의 절감과 살포능력 등이 있어야 한다.

43 스피드 스프레이어 방제기에서 분두의 최대살포각도로 알맞은 것은?

① 120° ② 180°
③ 270° ④ 360°

해설 흔히 SS기(speed sprayer)라고하며 여러 개의 노즐을 180°로 구성되어 분사하기 때문에 최대 살포각도는 180°이다.

정답 36.③ 37.② 38.② 39.④ 40.② 41.② 42.② 43.②

44 동력 살분무기의 파이프 더스터(다공호스)를 이용하여 분재를 뿌리는데 기계와 멀리 떨어진 파이프 더스터의 끝으로 배출되는 분제의 양이 많다. 다음 중 고르게 배출 되도록 하기 위한 방법으로 가장 적당한 것은?

① 엔진의 속도를 빠르게 한다.
② 엔진의 속도를 낮춘다.
③ 밸브를 약간 닫아 배출되는 분제의 양을 줄인다.
④ 밸브를 약간 열어 배출되는 분제의 양을 늘린다.

45 병해충 방제기구가 아닌 것은?

① 스피드스프레이어
② 절단기
③ 미스트기
④ 토양소독기

해설 절단기는 병해충 방제기구에 포함되지 않는다.

46 콤바인의 구조 중 반송장치에 의하여 이송된 작물을 무엇에 의하여 공급체인과 공급레일 사이에 끼워 물려지는가?

① 공급 깊이 장치 ② 픽업 장치
③ 크랭크 핑거   ④ 피드 체인

47 콤바인의 끌어올림 장치의 구동스프로켓의 피치직경이 8cm이고 픽업러그의 길이가 8cm, 걷어올림 속도비가 2, 작업속도가 1.2m/s라면 구동스프로켓의 회전수는?

① 2292rpm
② 1146rpm
③ 573rpm
④ 287rpm

해설 걷어올림속도비 = $\dfrac{\text{픽업러그속도(m/s)}}{\text{작업속도(m/s)}}$ 이고,

픽업러그 속도(m/s) = $\dfrac{2\pi \times \text{피치반경(m)} \times \text{구동스프로켓회전수(rpm)}}{60}$

구동스프로켓 회전수(rpm) = $\dfrac{30 \times \text{작업속도(m/s)} \times \text{걷어올림속도비}}{\pi \times \text{피치반경(m)}}$

$= \dfrac{30 \times 1.2 \times 2}{\pi \times 0.04} = 572.96\,rpm$

48 보통형 콤바인에 대한 일반적인 특성을 설명한 것이다. 틀린 것은?

① 작업 폭이 넓다.
② 자탈형 콤바인에 비해 습지에 대한 적응성이 뛰어나다.
③ 보리와 같이 밭작물의 키가 불균일해도 효율적으로 수확할 수 있다.
④ 자탈형 콤바인과 마찬가지로 이슬에 젖은 경우에도 사용할 수 없다.

해설 우리나라에서 대부분 사용하고 있는 콤바인은 자탈형 콤바인이다. 자탈형 콤바인은 크롤러(궤도)로 되어 있지만, 보통형 콤바인은 바퀴형이 대부분이며, 경우에 따라 궤도형으로 되어 있는 콤바인도 있다.

49 콤바인에서 1차 탈곡이 이루어진 것을 재선별하여 탈곡이 덜 된 것은 탈곡통으로 보내고, 나머지는 기체 밖으로 배출하는 기능을 하는 곳은?

① 짚 처리부   ② 배진실
③ 검불 처리통 ④ 탈곡망

50 콤바인에서 탈곡부의 주요장치로 표면에는 일반적으로 3종류의 탈곡치가 배열되어 있는 것은?

① 환원판   ② 탈곡망
③ 탈곡통 축 ④ 탈곡통

해설 탈곡통 표면에는 반원치, 이중삼각치, 높은 삼각치 등 80~190개의 탈곡치가 3열 또는 4열의 복렬 나선형으로 탈곡통 원주 위에 배열되어 있고, 탈곡통의 출구 쪽에는 3개 정도의 알떨이판이 배열되어 있다.

정답 44.③ 45.② 46.③ 47.③ 48.② 49.② 50.④

51 자탈형 콤바인의 특징이 아닌 것은?
① 이삭 부분만 탈곡부에 공급된다.
② 곡립 손상이 적다.
③ 전처리부에 릴이 장착되어 있다.
④ 벼 수확에 적합하다.

해설 자탈형 콤바인의 특징은 이삭부분만을 처리하기 때문에 투입식 콤바인에 비하여 소형 경량이고 소요동력이 작으며, 곡립손실과 곡립손상이 적어 탈립이 어려운 벼에 적합하다. 전처리부에는 유압승강장치, 걷어올림장치 등이 부착되어 있으며 릴은 장착되어 있지 않다.
전처리부에 릴이 장착되어 있는 것은 투입식 콤바인이다.

52 다음 중 일반적인 자동 탈곡기로 벼를 탈곡할 때에 탈곡치의 선단과 탈곡망 사이의 틈새는 약 몇 mm가 되어야 하는가?
① 1 이하   ② 3 ~ 6
③ 10 ~ 13   ④ 17 ~ 20

해설 자동탈곡기에서 탈곡치의 선단과 탈곡망 사이의 간격, 즉 탈곡망 틈새는 3~6 mm로 되어 있는데 이 틈새가 좁으면 소요 동력과 곡물 손상이 증가하고 작업능률이 높아지는 반면, 틈새가 넓으면 소요 동력과 곡물 손상은 감소하나 미탈곡립이 증가하게 되며 탈곡망에 검불이 끼어 선별효율이 감소하게 된다.

53 다음 중 일반적인 탈곡기의 급동에 있는 급치의 종류가 아닌 것은?
① 절삭치   ② 정소치
③ 병치   ④ 보강치

해설 탈곡기의 급동에 있는 급치의 종류는 정소치, 보강치, 병치이다.

54 콤바인의 구조 중 탈곡부에 작물의 길이에 따라 공급 깊이를 적절한 상태로 유지시켜주는 것은?
① 공급깊이 장치   ② 픽업 장치
③ 크랭크 핑거   ④ 피드체인

55 탈곡기의 급치와 탈곡망 사이의 간격이 넓을 때 일어나는 현상으로 가장 적합한 설명은?
① 손상립이 증가된다.
② 소요 동력이 증가된다.
③ 선별 효율이 증가된다.
④ 미탈곡립과 수절립이 증가된다.

해설 탈곡치의 선단과 탈곡망 사이의 틈새는 탈곡작용에 크게 영향을 끼치는 것으로서 보통 5~8 mm로 한다. 틈새가 좁으면 손상립이 증가하고, 넓으면 소요동력이나 곡립손상은 감소하지만 미탈곡립과 수절립이 증가하게 되며 탈곡망에 검불이 끼어 선별효율이 감소한다.

56 다음 중 벼를 수확할 때 콤바인(combine)이 수행하는 기능이 아닌 것은?
① 예취   ② 결속
③ 탈곡   ④ 선별

57 왕복동식 절단장치에서 절단날의 행정은 50mm, 크랭크 암의 회전수는 120rpm이라 할 때 최대 절단속도는 몇 m/sec인가?
① 0.31   ② 0.10
③ 3.14   ④ 0.01

해설 왕복식 예취장치에서 구동칼날의 운동속도(절단속도)는 아래 식으로 계산된다.
$$V = -r\omega\sin(\omega t) = -\frac{\pi rn}{30}\sin(\omega t)$$
여기서, V : 구동칼날의 운동속도 (m/s)
r : 크랭크 반경 (m)
ω : 크랭크 각속도 (rad/s)
n : 크랭크 회전수 (rpm)
또한 구동칼날의 행정과 크랭크 반경은 아래와 같은 관계가 있다.
$S = 2r$ 여기서, S : 구동칼날의 행정 (m)
위의 두 식을 조합하면 아래 식을 얻을 수 있다.
$$V = -\frac{\pi Sn}{60}\sin(\omega t)$$
위 식에서 구동칼날의 최대속도는 $\sin(\omega t)=\pm 1$인 경우 얻어지며, 크기는 아래와 같이 계산된다.
$$V_{max} = \frac{\pi Sn}{60} = \frac{\pi \times 0.05 \times 120}{60} = 0.314 \, m/s$$

정답 51.③ 52.② 53.① 54.① 55.④ 56.② 57.①

58 4사이클 기관의 행정이 100mm이면 크랭크 암의 길이는 몇 mm인가?

① 25
② 50
③ 100
④ 200

해설 행정 = 크랭크암 길이의 2배
4사이클 기관: 1사이클 동안 크랭크축이 2회전, 피스톤이 4행정을 한다.

59 자탈형 콤바인의 부품과 그 위치 표시가 틀린 것은?

① 디바이더 - 전처리부
② 스크류 컨베이어 - 탈곡부
③ 피드 체인 - 반송부
④ 안내봉 - 주행부

해설 자탈형 콤바인의 위치별 주요 부품은 아래와 같다.
- 전처리부: 디바이더, 안내봉, 걷어올림 장치 등
- 탈곡부: 탈곡통, 탈곡망, 검불처리장치, 오거(스크류 컨베이어) 등
- 반송부: 공급체인(피드 체인), 안내봉, 회전돌기, 안내판 등
- 주행부: 크롤러(무한궤도) 등

60 자탈형 콤바인의 자동제어장치로 볼 수 없는 것은?

① 예취부 수평 제어장치
② 공급 깊이 자동 제어장치
③ 콤바인 중량 제어장치
④ 공급유량 자동 제어장치

해설 자탈형 콤바인의 자동 제어장치로는 방향 제어장치(예취할 부분의 위치와 범위를 정확하게 검출, 판단하여 기체의 진행방향을 자동으로 제어하는 자동 조향장치), 수평 제어장치(작업 중에 기체가 좌우로 기울 경우 그 경사각을 검출하여 기체를 수평으로 유지하는 장치), 예취부 수평 제어장치(차체의 경사에 따라 변하는 무한궤도의 궤도롤러와 차체 사이의 거리를 검출하여 유압실린더로 자동 조절함으로써 예취부만 수평으로 유지되도록 하는 장치), 예취높이 제어장치(예취부의 지표면으로부터의 높이를 검출하여 미리 설정한 높이가 되도록 전처리부와 예취부 전체를 올리거나 내려서 베는 높이를 일정하게 유지시키는 장치), 공급 깊이 제어장치(예취된 작물의 길이가 변화하더라도 탈곡실로 공급되는 이삭부 위치는 최적상태가 유지되도록 하는 장치), 주행속도(공급유량) 제어장치(포장상태, 작물조건 등에 따라 주행속도를 적절하게 변경시켜 공급유량을 제어함으로써 기관부하를 일정하게 하고 콤바인이 최고의 성능을 유지하게 하는 장치), 선별부 제어장치(선별부에 공급되는 혼합물의 양에 따라 풍구나 정선체를 자동으로 조절하는 장치) 등이 있다.

61 자탈형 콤바인의 주요 구성부에 해당되지 않는 것은?

① 결속부
② 전처리부 및 예취
③ 반송부
④ 탈곡부

해설 자탈형 콤바인은 전처리부, 예취부, 반송부, 탈곡부, 선별부, 곡물처리 및 짚처리부로 구성되어 있다.

62 탈곡기에서 급동의 크기와 회전수의 변화가 탈곡작업에 미치는 영향 설명으로 틀린 것은?

① 급동의 지름이 너무 작으면 검불이나 짚이 많이 감긴다.
② 급동이 지름이 너무 크면 탈곡이 잘 되나 진동을 일으키기 쉽고 소요동력이 증대된다.
③ 급동의 회전수가 증가할수록 탈립이 잘 되나 곡립 손상도 증가된다.
④ 급동의 적정 회전수로부터 감소하면 곡립 손상은 증가되나 탈립 작용은 양호해진다.

해설 급동의 회전수가 증가하면 미탈곡립은 감소하는 반면에 손상립과 소요동력이 증가한다. 따라서, 급동의 회전수가 감소하면 미탈곡립은 증가하고 손상립은 감소한다.

정답 58.② 59.④ 60.③ 61.① 62.④

63 콤바인에 대한 설명으로 틀린 것은?

① 포장을 이동하며 벼, 보리 등의 곡물을 베어 탈곡하는 수확기계이다.
② 예취와 동시에 탈곡작업이 이루어지므로 다른 수확기에 비하여 효율적이다.
③ 우리나라에서는 작물의 이송방향이 탈곡부의 탈곡 구동축과 직교하는 보통형 콤바인을 많이 사용한다.
④ 논 작업에서는 콤바인이 진입하고 선회할 수 있는 자리를 미리 낫으로 베어 주어야 한다.

64 동력탈곡기에서 급치의 선단과 수망 사이의 간격(틈새)이 커질 경우의 설명으로 맞는 것은?

① 소요 동력과 곡립 손상이 증가한다.
② 소요 동력과 곡립 손상이 감소한다.
③ 소요 동력은 증가하고 곡립 손상이 감소한다.
④ 소요 동력은 감소하고 곡립 손상이 증가한다.

해설 탈곡치의 선단과 탈곡망 사이의 틈새는 탈곡작용에 크게 영향을 끼치는 것으로서 보통 5~8 mm로 한다. 틈새가 좁으면 손상립이 증가하고, 넓으면 소요동력이나 곡립손상은 감소하지만 미탈곡립과 수절립이 증가하게 되며 탈곡망에 검불이 끼어 선별효율이 감소한다.

65 일반적인 자탈형 콤바인에서 작물의 키에 따라 공급깊이를 알맞게 조절하는 자동깊이 조절장치가 붙어있는 곳은?

① 예취부   ② 반송부
③ 탈곡부   ④ 곡물 이송부

해설 반송부는 예취부에서 베어진 작물을 탈곡부까지 운반해 주는 부분으로서 돌기가 달린 체인, 회전돌기, 안내봉, 안내판 등으로 구성되어 있다. 작물의 이삭부분은 상부반송체인에 의하여, 줄기의 중간부분은 중간반송체인에 의하여 탈곡실 입구에 가지런히 공급되고 줄기의 밑부분은 하부반송체인에 의하여 지지되어 공급체인에 물려 주게 되어 있다. 이와 같이 이송되는 동안에 작물은 탈곡통축에 직각이 되도록 자세가 정렬된다.
탈곡실에 공급되는 이삭부분의 공급깊이도 탈곡성능에 큰 영향을 미친다. 따라서, 작물이 반송체인에서 공급체인으로 옮겨지는 위치를 조절하여 작물의 키에 따라 공급깊이를 조절할 수 있는 수동 및 자동조절장치가 설치되어 있다.

66 예취부에서 구동날과 고정날 사이에서 마찰저항을 감소시켜 주는 것은?

① 마찰판   ② 공기실
③ 노즐   ④ 캠

해설 예취부에서 구동칼날은 고정칼날 위에서 왕복운동을 하면서 작물을 절단하고, 고정칼날은 구동칼날의 절단작용을 보조하여 줄기에 전단을 발생시킨다. 마찰판은 이 두 칼날 사이의 마찰저항을 감소시키고, 두 칼날의 상호 위치를 결정하여 칼날 끝을 맞추는 역할을 한다.

67 탈곡통의 주속도가 750m/min, 탈곡통 유효지름이 420mm일 때 동력 탈곡기의 적당한 탈곡통의 회전수는 얼마 정도인가?

① 약 412rpm
② 약 41.3rpm
③ 약 568rpm
④ 약 56.8rpm

해설 $N = \dfrac{V}{D\pi} = \dfrac{750\text{m/min}}{0.42 \times \pi} = 568 rpm$

68 자탈형 콤바인의 주요장치가 아닌 것은?

① 반송장치
② 식부장치
③ 탈곡장치
④ 선별장치

해설 콤바인의 주요장치는 주행부, 전처리부, 반송부, 탈곡부, 선별부, 볏짚처리부로 나뉜다.

정답 63.③ 64.② 65.② 66.① 67.③ 68.②

69 유효지름이 60cm인 콤바인의 탈곡통이 600 rpm으로 회전할 때 원주속도는?

① 11.30 m/s
② 18.85 m/s
③ 31.40 m/s
④ 114.60 m/s

해설 탈곡통의 단면은 원형이므로 원주속도는 반지름과 각속도의 곱으로써 얻어진다. 따라서 원주속도는 아래와 같이 계산된다.

원주속도(m/s)
= 탈곡통의 유효반지름(m) × 탈곡통의 각속도 (rad/s)
$= \frac{탈곡통의 유효반지름(m)}{2} \times \frac{\pi \times 탈곡통의 회전수(rpm)}{30}$
$= \frac{0.6}{2} \times \frac{\pi \times 600}{30} = 18.85$ m/s

70 그물체(wire mesh)의 규격은 호칭번호로 표시되는데, 호칭번호는 무엇을 의미하는가?

① 10.25mm 내에 들어 있는 체 눈의 수
② 22.45mm 내에 들어 있는 체 눈의 수
③ 25.40mm 내에 들어 있는 체 눈의 수
④ 30.54mm 내에 들어 있는 체 눈의 수

해설 그물체는 1인치를 기준으로 하기 때문에 25.4mm 내로 한다.

71 시설용 농업기계 설비 하우스 내의 환경을 제어하기 위한 일반적인 인자로 농산물은 수분을 제외하고 80~90%가 이것으로부터 만들어지는 화합물이다. 이것은 무엇인가?

① 온도   ② 광
③ 습도   ④ 탄산가스

해설 농작물은 수분과 온도, 광, CO_2를 통해 광합성을 하고 광합성을 통한 화합물이 농산물이 된다. 온도, 광, 습도는 광합성을 위한 요소이며, 탄산가스가 매개물이 된다.

72 곡물수확기에서 기계의 최전방에 예취할 작물과 나머지를 분리시키는 것은?

① 결속부
② 디바이더(divider)
③ 예취부
④ 방출암(discharge arm)

해설
• 결속부 : 곡물을 탈곡 후 부산물을 묶는 장치
• 예취부 : 곡물을 자르는 장치

73 뿌리 수확기의 프레임에 고정되어 수확기를 따라 견인작용에 의하여 토양을 절단하는 것은?

① 스파이크
② 보습
③ 스파이크 드릴
④ 모어

74 자동 탈곡기의 유효 주속도가 V(m/min), 급동의 회전수는 N(rpm), 급동의 유효지름이 D(m)일 때, 유효 주속도에 대한 관계식은?

① $V = \frac{\pi N}{D}$ (m/min)
② $V = \pi ND$ (m/min)
③ $V = \frac{\pi D}{N}$ (m/min)
④ $V = \frac{N}{\pi D}$ (m/min)

75 다음의 농산물 물성 중 일반 농가에서 과일의 품질을 평가하는데 많이 사용하는 것은?

① 기계적 특성
② 광학적 특성
③ 전기적 특성
④ 열적 특성

정답 69.② 70.③ 71.④ 72.② 73.② 74.② 75.②

76 다음의 선별방식 중 형상선별에 가장 적합한 것은?
① 드럼식　② 스프링식
③ 타음식　④ 전자식(로드셀)

77 선별 대상물을 떨어뜨리면서 수평 방향으로 바람을 일으켜주면 비중이 큰 것은 가깝게 떨어지고 비중이 작은 것은 멀리 떨어지는 성질을 이용한 선별기는?
① 공기 선별기
② 중량 선별기
③ 자력 선별기
④ 광학 선별기

> 해설 공기(기류) 선별기는 곡물과 짚 검불 또는 다른 이물질 사이의 비중과 공기 저항의 차이를 이용하는 것으로 탈곡기나 콤바인에 널리 사용하는 방법이다.

78 탈곡기의 선별부 구성품 중 곡립을 선별함과 동시에 탈곡 작용을 돕는 작용을 하는 것은?
① 풍구　② 배진판
③ 체　④ 수망

> 해설
> • 풍구 : 바람을 일으켜 이물질을 날려 보내는 기능
> • 배진판 : 진동을 통해 돌, 쭉정이 등을 배출하는 기능
> • 체 : 선별하는 장치

79 선과기에 적용되고 있는 선별 방법이 아닌 것은?
① 중량 선별　② 형상 선별
③ 요동 선별　④ 색채 선별

> 해설 과채류의 주요 선별 인자는 크기(지름·높이·단면적), 모양, 무게, 빛깔이다. 요동 선별은 비중을 이용한 선별 방법으로 주로 곡물 선별에 적용된다.

80 선과기에서 중량 선별기의 특성 중 틀린 것은?
① 일반적으로 정밀도가 높다.
② 상처가 나기 쉬운 과일의 선별에 적합하다.
③ 능률이 형상 선별 방식에 비해 높다.
④ 기계식과 전자식이 있다.

> 해설 중량선별기는 형상선별기에 비해 청과물의 선별이 쉽고 분류 정도가 양호(정밀도가 높음)하고 불규칙한 청과물의 선별에도 적용할 수 있으나 구조가 복잡하고 능률이 떨어지고 가격이 비싼 단점을 가지고 있다.

81 시설원예기계에 관한 설명 중 틀린 것은?
① pad and fan 은 온도를 낮추는 시설로서 외부 공기의 습도가 낮을수록 그 효과가 우수하다.
② 탄산가스발생기는 광합성을 증가시키기 위한 것으로 고체연료 연소방식보다 LPG 연소방식이 널리 사용된다.
③ 순차광이란 실내온도를 낮추기 위하여 빛을 차단하는 것이다.
④ 자연 환기를 중력환기와 풍력환기가 있으며 어느 경우에나 환기량은 환기창의 면적에 비례한다.

82 다음 중 시설원예에서 사용하고 있는 일반적인 관수 방식이 아닌 것은?
① 비산살포법
② 다공튜브법
③ 노즐법
④ 점적관수법

> 해설 시설재배의 수분관리에 있어서는 노지재배에 비하여 수분장력은 낮지만 수분이 정체되거나 지하수가 높은 조건에서 생육이 현저히 저해되는 단점이 있다. 이 때문에 토양개량을 실시함과 동시에 배수설비를 하여 토양수분의 조사를 실시하기 쉬운 상태로 만드는 것이 중요하다.
> 시설원예에 많이 이용되고 있는 관수방식은 다공튜브법, 살수법, 다공파이프법, 노즐법, 점적관수법 등이 있다.

정답　76.①　77.①　78.④　79.③　80.③　81.③　82.①

83 포장기계가 갖추어야할 설계요건을 설명한 사항 중 잘못된 것은?
① 작업 목적에 적합해야 한다.
② 충분한 내구성을 가져야 한다.
③ 작업능률이 커야 한다.
④ 기계의 중량은 최대로 커야 한다.

해설 기계의 중량은 용도에 따라 무거워야 할 때가 있는 반면, 대체적으로 가벼운 것이 유리하다.

84 바인더 작업 시 단의 매듭이 느슨한 이유는?
① 끈 브레이크가 약하다.
② 끈 브레이크가 너무 강하다.
③ 끈 집게의 힘이 너무 강하다.
④ 작물줄기가 너무 연하다.

85 다음 중 히트펌프의 4대 구성요소가 아닌 것은?
① 응축기   ② 증발기
③ 유량계   ④ 팽창밸브

해설 히트펌프의 4대 구성요소는 응축기, 증발기, 압축기, 팽창밸브로 구성된다.

86 자동탈곡기에서 스크로우 컨베이어와 양곡기로 구성된 부분은?
① 자동공급장치
② 탈곡부
③ 2번구 환원처리 장치
④ 자동풍력 조절장치

87 바인더 예취칼날 간격을 적게 조정하려면?
① 조정심을 뺀다.
② 조정심을 더한다.
③ 조정볼트를 푼다.
④ 조정볼트를 조인다.

해설 예취칼날의 조정심을 빼면 간격은 좁아지고 넣으면 간격이 넓어진다.

88 다음은 바인더의 장기간 보관요령이다. 틀린 것은?
① 연료탱크내의 가솔린을 가득 채워 둔다.
② 기관의 윤활유를 새것으로 교환한다.
③ 각 클러치 레버는 "끊음" 쪽으로 둔다.
④ 기관을 압축 위치에서 정지시킨다.

해설 가솔린 기관을 장기간 보관할 때에는 연료를 모두 제거하여 보관한다.

89 동력 탈곡기에 사용되는 곡물 반송장치가 아닌 것은?
① 스크루 컨베이어
② 스로어
③ 벨트 컨베이어
④ 버킷 엘리베이터

90 벨트 컨베이어의 특징 설명으로 틀린 것은?
① 재료의 연속적 이송이 가능
② 재료의 수직이동이 가능
③ 수평 및 경사 이동에 적합
④ 표면 마찰계수가 큰 물질을 이송하는데 적합

해설 컨베이어는 수평, 경사, 연속적 작업이 가능하나 수직방향 이동은 불가능하다. 수직방향의 이동은 엘리베이터 또는 버켓 컨베이어를 이용한다. 벨트 컨베이어는 기계의 효율이 높고 운반작업 중 재료의 손상이 적어 농산물 가공공장에서 가장 많이 사용되는 반송 기구 중 하나로 재료의 평면이동 또는 경사가 비교적 완만한 경우에만 적용된다. 재료를 수직이동 시키는 능력은 제한된다.

91 트레일러에 물건을 실을 때 무거운 물건의 중심위치는 다음 중 어느 위치에 있어야 안전한가?
① 상부   ② 승부
③ 하부   ④ 앞부분

해설 무게중심이 상부로 올라가면 갈수록 전복사고 위험이 크다.

정답 83.④ 84.① 85.③ 86.① 87.① 88.① 89.③ 90.② 91.③

92 예취기 작업 시 옳지 않은 방법은?

① 시작 전 각부의 볼트, 너트의 풀림, 날 고정 볼트의 조임상태를 확인한다.
② 장시간 작업 시 6시간마다 30분 정도 휴식한다.
③ 기관을 시동한 뒤 2~3분 공회전 후 작업을 한다.
④ 장기간 보관할 때 금속날 등에 오일을 칠하여 보관한다.

해설 장시간 작업 시 1~2시간 마다. 30분 정도 휴식한다.

93 배부식 예초기에서 사용되는 클러치 형식은?

① 벨트식 클러치
② 마찰식 클러치
③ 원심식 클러치
④ 벤드식 클러치

해설 회전속도가 빨라지면 원심력에 의해 클러치가 확장되고 회전축과 연결된 원판은 마찰력에 의해 회전하는데 이를 원심 클러치라고 한다.

94 우리나라에서 휴대용 예취기에 가장 많이 사용되는 엔진은?

① 공냉식 가솔린 기관
② 수냉식 가솔린 기관
③ 공냉식 디젤 기관
④ 수냉식 디젤 기관

해설 휴대용 예취기는 가벼워야 하므로 공랭식 가솔린 기관을 사용한다.
• **무게** : 공냉식 가솔린기관 < 공랭식 디젤기관 < 수냉식 가솔린기관 < 수냉식 디젤기관

95 2행정 가솔린기관을 사용하는 동력 예초기에서 연료와 엔진오일의 혼합비로 가장 적당한 것은?

① 5 : 1   ② 15 : 1
③ 25 : 1   ④ 35 : 1

해설 2행정 가솔린기관은 동력예초기에 사용되는데 연료와 엔진오일은 25 : 1의 비율로 혼합하여 사용하며, 엔진톱 등은 혼합비가 다르므로 주의해야 한다.

96 오일펌프로 엔진의 각부에 윤활유를 강제적으로 공급하는 내연기관 윤활방식은?

① 비산식   ② 압송식
③ 흡인식   ④ 혼합급유식

해설
• **비산식**: 크랭크실내에 일정량의 윤활유를 채워놓고 커넥팅 로드에 붙인 기름치개로 튀겨서 급유하는 방식
• **압송식**: 윤활유 공급 펌프에 의해 압송 공급하는 방식
• **혼합급유식**: 가솔린과 윤활유를 적당한 비율로 혼합한 연료를 사용하여 윤활하는 방식
• 가솔린에 혼합된 윤활유는 기화기에서 무화되어 크랭크실로 들어가고 가솔린은 기화되어 연소되고 윤활유 입자는 실린더 벽, 피스톤 및 베어링 등에 부착되어 윤활 작용을 한다.

97 연삭식 정미기에 관한 설명 중 틀린 것은?

① 높은 압력을 이용하므로 정백실 내의 압력은 마찰식보다 높다.
② 도정된 백미의 표면이 매끄럽지 못하고, 윤택이 없는 결점이 있다.
③ 정백 정도는 곡물이 정백실 내에서 머무르는 시간에 비례한다.
④ 연삭식 정미기는 쌀알이 부서지는 경우가 적은 것이 특징이다.

98 곡물의 수확 및 가공과정에서 기계부품으로 인한 강제 볼트, 너트, 철판 조각 등을 선별하고자 한다. 다음 중 가장 적합한 선별기는?

① 원판형 선별기
② 자력 선별기
③ 석발기
④ 사이클론 분리기

정답 92.② 93.③ 94.① 95.③ 96.② 97.① 98.②

99 석발기(石拔機)는 물질의 어떤 성질을 이용한 선별기인가?

① 크기와 모양
② 전기적 성질
③ 표면 색깔
④ 비중

해설 석발기는 곡물과 돌멩이의 비중 차를 이용한 선별기이다. 일정한 진동이 가해졌을 때 요철면과의 마찰이 큰 돌멩이는 요철면의 상단부로 올라가고, 곡립은 하단부로 미끄러져 분리가 일어난다.

100 미곡종합처리장에 설치되어 있는 순환식 건조기 상부의 곡물 탱크부로 건조기 용량의 대부분을 차지하는 것은?

① 템퍼링 실
② 건조실
③ 빈 스크린
④ 주상 스크린

101 곡물을 빈(bin)에 채우고 송풍기 가열로 온도가 상승된 외부의 공기를 빈 내의 곡물층 사이를 통과시켜 건조를 하는 장치는?

① 평면식 건조기
② 순환식 건조기
③ 원형 빈 건조저장장치
④ 다회 연속통과식 건조장치

해설 원형 빈 건조저장장치에 대한 설명이다. 곡물을 철판으로 만든 원통형의 빈에 채우고 송풍기가 가열기에 의하여 온도가 상승된 외부의 공기를 빈내의 곡물층 사이로 통과시킴으로써 건조가 이루어진다.

102 평면식 건조기의 특징으로 가장 적절하지 않은 것은?

① 비교적 가격이 저렴하고 취급이 용이하다.
② 곡물 이외의 다른 농산물 건조도 가능하다.
③ 건조기 내의 바닥은 철재로 되어있어 자유롭게 분해, 조립할 수 있다.
④ 곡물의 퇴적층이 두꺼울 경우 상·하층간 함수율 차이가 작다.

해설 평면식 건조기는 건조기 내의 바닥면적은 $3.3m^2$이고 철재로 되어 있으며 자유롭게 분해·조립할 수 있다. 구조가 간단하고 취급이 용이하며 가격이 저렴하고 곡물 이외의 다른 농산물의 건조에도 다목적으로 이용할 수 있는 장점이 있는 반면, 한쪽에서만 송풍이 되므로 곡물의 퇴적층이 두꺼울 경우 상하 층간에 함수율의 차이가 크게 나타나는 단점이 있다.

정답 99.④ 100.① 101.③ 102.④

Part 5 농업기계학 — 기출문제[4]

01 곡립의 길이 차이를 이용하는 선별기로 원통형과 원판형으로 구분되며, V자형 집적통, 곡물 이송장치, 구동장치 등으로 구성되어 있는 것은?
① 홈 선별기
② 스크린 선별기
③ 마찰 선별기
④ 공기 선별기

02 곡물의 저장에 영향을 미치는 요인과 관계 적은 것은?
① 해충
② 미생물
③ 곡물의 호흡
④ 곡물의 모양

해설 곡물의 저장에 영향을 끼치는 요인으로는 곰팡이균, 곤충, 쥐와 응애, 곡물의 호흡 등이 있다.

03 습량기준 함수율 15%를 건량 기준 함수율로 환산한 값은?
① 15%
② 17.6%
③ 20.3%
④ 27.7%

해설 $\frac{15}{85} \times 100\% = 17.6$

04 다음 곡물의 건조 속도를 표시하는 방법 중 건감률(乾減率)의 의미로 가장 적절한 것은?
① 단위시간 당 함수율의 감소량(%, wb/hr)
② 단위시간 당 제거되는 수분의 양(kg/hr)
③ 단위체적 및 단위시간 당 증발되는 수분의 양(kg/hr·m^3)
④ 단위건조면적 및 단위시간 당 증발되는 수분의 양(kg/hr·m^2)

해설 건감율은 건조의 속도를 표시하는 방법으로 곡물의 경우 단위 시간당 수분(함수율) 감소량이 많이 사용된다.

05 평면식 건조기에서 상하층간에 과도한 함수율의 차이가 나타나는 주요 원인이 아닌 것은?
① 초기 함수율이 20% 이상일 때
② 40℃ 이상의 고온으로 건조하였을 때
③ 곡물의 단위 중량당 송풍량이 많을 때
④ 곡물의 퇴적고가 30cm 이상일 때

06 고온 건조가 곡물에 미치는 부정적인 영향으로 알맞은 것은?
① 변질 촉진
② 곡물의 파쇄
③ 품질 향상
④ 저장성 감소

해설 건조속도가 너무 빠르거나 건조온도가 너무 높을 경우에는 피건조물에 물리적 및 화학적 손상이 발생한다. 곡물에 금이 가거나 파열이 생기는 등의 물리적 손상은 건조온도를 낮추고 가열된 곡물을 서서히 식히며, 일정량의 수분을 서서히 제거시키고, 건조온도가 높을 때에는 습도가 높은 공기를 사용함으로써 방지할 수 있다.

07 상온 통풍건조방식에 대한 설명으로 가장 적합한 것은?
① 포장에서 태양과 자연 바람을 이용해 건조하는 방식
② 건조기에서 외부 공기를 가열 없이 강제 송풍만으로 건조하는 방식
③ 건조기에서 높은 온도의 공기를 송풍하여 건조하는 방식
④ 곡물을 연속적으로 건조기에 투입 배출하며 건조하는 방식

정답 01.① 02.④ 03.② 04.① 05.③ 06.② 07.②

08 국내에서 설치된 미곡 종합처리장에서 각 공정 간 곡물을 이송하기 위해 사용되는 일반적인 이송장치와 가장 관계가 적은 것은?

① 버켓 엘리베이터
② 벨트 컨베이어
③ 스크류 컨베이어
④ 공기 컨베이어

09 마찰식과 연삭식 정미기에 대한 설명 중 올바른 것은?

① 마찰식 정미기는 높은 압력에서 강층을 제거하기 때문에 쇄미 발생률이 높다.
② 연삭식 정미기는 높은 압력에서 찰리 및 마찰작용에 의하여 강층을 제거하나 쇄미 발생률은 높다.
③ 마찰식 정미기는 생산되는 백미의 표면은 매끄럽지 못하다.
④ 연삭식 정미기는 생산되는 백미의 표면은 매끄럽다.

해설 마찰식 정미기는 높은 압력에서 찰리 및 마찰작용에 의하여 강층을 제거하기 때문에 쇄미 발생률이 높은 반면, 생산되는 백미의 표면이 매끄럽고 윤이 난다. 연삭식 정미기는 낮은 압력에서 절삭 작용에 의하여 강층을 제거하기 때문에 쇄미 발생률이 낮은 반면, 백미의 표면이 매끄럽지 못한 결점이 있다.

10 마찰식 정미기의 정백수율을 구하는 식은?

① $\dfrac{\text{투입된 현미의 무게}}{\text{생산된 현미의 무게}} \times 100$

② $\dfrac{\text{생산된 백미의 무게}}{\text{투입된 현미의 무게}} \times 100$

③ $\dfrac{\text{투입된 현미의 무게}}{\text{생산된 백미중의 완전미 무게}} \times 100$

④ $\dfrac{\text{생산된 백미중의 완전미 무게}}{\text{투입된 현미의 무게}} \times 100$

해설 정백수율(%) = $\dfrac{\text{생산된 백미의 무게}}{\text{투입된 현미의 무게}}$

완전미수율(%) = $\dfrac{\text{생산된 백미중의 완전미 무게}}{\text{투입된 현미의 무게}}$

11 다음 중 마찰작용과 찰리작용을 주로 이용하는 마찰식 정미기의 종류가 아닌 것은?

① 수평 연삭식
② 분풍 마찰식
③ 일회 통과식
④ 흡인 마찰식

해설 정미기의 종류
① 마찰식 정미기 : 찰리 작용과 마찰작용을 이용한 정미기
② 분풍마찰식 정미기 : 롤러의 몸통에 안쪽에서 바깥쪽으로 공기가 잘 통할 수 있도록 구멍이 뚫려 있어, 가운데가 빈 롤러축 내부로 유도되어 온 공기가 그 구멍을 통해 통기된다. 롤러를 싸고 있는 금망의 구멍에 공기와 겨의 배출이 가능하도록 되어 있으므로 정백의 성능을 향상시키는 방법이다.
③ 연삭식 정미기 : 정백실을 통과하는 동안 금강사의 절삭작용에 의해 이루어진다.
④ 조합식 정미기 : 마찰식 정미기와 연삭식 정미기의 단점을 보완하여 장점을 극대화하기 위해 구성된 정미기이다.

12 다음 선별원리 중 곡물 선별기에 사용되지 않는 것은?

① 색채 선별
② 자력 선별
③ 비중 선별
④ 당도 선별

13 충격식 현미기의 특징이 아닌 것은?

① 이동 또는 운반이 간편하다.
② 탈부장치와 구동장치가 간단하다.
③ 유지 관리비가 적게 든다.
④ 동할미 발생 가능성이 낮다.

해설 충격식 현미기는 고무롤 현미기에 비하여 구조가 간단하여 유지관리가 용이하고 탈부율도 높으나 통일벼 등과 같은 장립종에서는 동할미 발생률이 높은 단점이 있다.

정답 08.④ 09.① 10.② 11.① 12.④ 13.④

14 현미기에서 투입된 벼가 100kg, 탈부되지 않은 벼의 무게가 15kg 이라면 탈부율은 얼마인가?

① 15% ② 17.6%
③ 50% ④ 85%

해설
$$탈부율 = \frac{투입된\ 벼의\ 총\ 무게 - 탈부되지\ 않은\ 벼의\ 무게}{투입된\ 벼의\ 총\ 무게}$$
$$= \frac{100-15}{100} \times 100 = 85\%$$

15 500kg의 현미를 정미기에 투입하여 460kg의 정백미를 얻었다면, 정백 수율은?

① 90% ② 92%
③ 95% ④ 96%

해설 정백수율은 아래 식으로 계산된다.
$$정백수율(\%) = \frac{생산된\ 백미의\ 무게}{투입된\ 현미의\ 무게} \times 100$$
$$= \frac{460}{550} \times 100 = 92$$

16 농산물을 온도와 습도가 일정한 공기 중에서 장기간 놓아두면 일정한 함수율에 도달한다. 이 때의 함수율은?

① 평형 함수율 ② 절대 함수율
③ 건량기준 함수율 ④ 평균 함수율

17 건조와 관련된 습공기 선도(psychrometric chart)에 관해 가장 적합한 설명은?

① 공기와 수증기를 혼합할 때 필요한 상태의 계산 선도
② 습공기의 열역학적 성질을 대부분 나타낸 선도
③ 습공기의 엔탈피 만 알면 나머지 특성을 모두 구할 수 있는 선도
④ 50℃ 이하의 저온 습공기에 대해서 만 열역할적 성질을 알 수 있는 선도

해설 습공기의 열역학적 성질을 나타낸 선도를 습공기 선도라 한다. 습공기선도는 습공기의 여러 가지 성질(상대습도, 절대습도, 습비용적, 노점온도, 엔탈피, 증기압, 건구온도, 습구온도) 중에서 두 가지 성질을 알면 상태점을 알 수 있고, 이 상태점으로부터 대기압 하의 다른 성질을 모두 구할 수 있다.

18 다음 중 자동 순환식 정미기가 가지고 있지 않은 것은?

① 양곡기 ② 탱크
③ 제강장치 ④ 저항장치

19 현미 생산공정 중 벼에서 왕겨를 제거하는 공정은?

① 제현 공정 ② 정백 공정
③ 연삭 공정 ④ 찰리 공정

해설
- **정백(정미) 공정** : 현미로부터 강층을 제거하고 백미를 생산하는 과정, 강층은 마찰, 찰리 및 연삭(절삭) 작용에 의해 제거
- **연삭 공정** : 금강사와 같이 단단한 물체의 예리한 부분으로 곡립이 조직을 깎아내는 것
- **찰리 공정** : 강도가 약한 연질층과 강도가 높은 강질층 사이에 큰 마찰력이 작용하는 경우, 마찰면에는 아무 변화가 생기지 않고 경계면의 조직이 파괴되어 연질층이 제거되는 현상
- **제현** : 왕겨를 제거하고 현미를 생산하는 과정

20 분풍 또는 흡입 마찰식 정미기에서 현미로부터 강층을 분리시키는데 관계되는 주된 정백작용은?

① 분풍 및 마찰작용
② 분풍 및 연삭작용
③ 전단 및 연삭작용
④ 마찰 및 찰리작용

해설 분풍 마찰식 정미기에서 현미는 정백실을 통과하는 동안 압력조절장치에 의해 형성되는 압력에 의해 곡립과 곡립 사이에 형성되는 찰리 작용과, 곡립과 금망 사이에서 일어나는 마찰 및 연삭 작용에 의해 정백이 이루어진다.

정답 ··· 14.④ 15.② 16.① 17.② 18.① 19.① 20.④

21 고무롤 현미기에서 고속 롤러의 회전속도는 1000rpm이고 회전차율이 20%이면 저속롤러의 회전속도는 몇 rpm인가? (단, 저속롤러와 고속 롤러의 지름은 동일하다.)

① 165   ② 230
③ 770   ④ 1000

해설 회전차율(%) = $\dfrac{DN-dn}{DN} \times 100$

여기서, D : 고정롤러의 지름
N : 고정롤러의 회전속도
d : 유동롤러의 지름
n : 유동롤러의 회전속도

고속롤러는 고정롤러이고, 저속롤러는 유동롤러이다.

따라서, $20 = \dfrac{1000-n}{1000} \times 100, n = 800$이다.

22 고무롤러 현미기에서 고속롤러와 저속롤러의 직경이 같고, 회전수가 각각 1000rpm, 800rpm 이라고 하면 회전차율은 얼마인가?

① 20%
② 25%
③ 75%
④ 80%

해설 회전차율(%) = $\dfrac{DN-dn}{DN} \times 100$

여기서, D : 고정롤러의 지름
N : 고정롤러의 회전속도
d : 유동롤러의 지름
n : 유동롤러의 회전속도

∴ 회전차율 = $\dfrac{1000-800}{1000} \times 100\% = 20\%$

회전차율 = $\dfrac{\text{고속롤러의 회전수} - \text{저속롤러의 회전수}}{\text{고속롤러의 회전수}} \times 100$

= $\dfrac{200}{1000} \times 100 = 20\%$

고무롤은 약 25%의 회전차를 가지고 서로 반대 방향으로 회전하며, 벼는 이들 고무롤 사이를 통과하는 동안 외피에 서로 반대 방향의 마찰력과 전단력을 받아 왕겨가 분리 된다.

23 물러 현미기의 고속 롤러 지름이 5.08cm, 회전수가 1200rpm이고, 저속 롤로의 지름이 4.95cm, 회전수가 900rpm일 때 회전차율은 약 몇 %인가?

① 20.63
② 22.63
③ 24.92
④ 26.92

해설 회전차율(%) = $\dfrac{DN-dn}{DN} \times 100$

여기서, D : 고정롤러의 지름
N : 고정롤러의 회전속도
d : 유동롤러의 지름
n : 유동롤러의 회전속도

고속롤러는 고정롤러이고, 저속롤러는 유동롤러이다.

회전차율 = $\dfrac{1200 \times 5.08 - 900 \times 4.95}{1200 \times 5.08} \times 100\%$
= 26.92%

24 마찰식 정미기에 대한 설명으로 틀린 것은?

① 높은 압력에서 찰리와 마찰작용에 의해 현미의 강층을 제거한다.
② 정백실 압력이 일정수준 이상이면 정백수율이 감소한다.
③ 생산되는 백미의 표면이 매끄럽고 윤이 난다.
④ 쇄미 발생률이 매우 낮아 완전미수율이 높다.

해설 마찰식 정미기는 높은 압력에서 찰리 및 마찰 작용에 의하여 강층을 제거하기 때문에 쇄미 발생률이 높은 반면, 생산되는 백미의 표면이 매끄럽고 윤이 난다. 연삭식 정미기는 낮은 압력에서 절삭 작용에 의하여 강층을 제거하기 때문에 쇄미 발생률이 낮은 반면, 백미의 표면이 매끄럽지 못한 결점이 있다.

정답 21.③   22.①   23.④   24.④

25 고무롤 현미기에서 벼의 입자로부터 왕겨를 분리시키기 위한 물리적 작용원리는?

① 마찰　　② 진동
③ 냉각　　④ 가열

해설 벼의 입자로부터 왕겨를 분리시키는 탈부 원리는 마찰에 의한 전단력이다.

26 고무롤 현미기의 구성 및 작동원리에 관한 설명으로 틀린 것은?

① 고정롤과 유동롤로 구성되어 있다.
② 고무롤 간격조절장치로 두 롤의 간격을 조절한다.
③ 유동롤보다 고정롤의 회전속도가 빠르다.
④ 고정롤과 유동롤의 회전방향은 동일하다.

해설 고무롤 현미기는 호퍼, 벼 공급장치, 1쌍의 고무롤, 롤러간격조절장치 및 전동장치, 배출구 등으로 구성되어 있다. 1쌍의 고무롤 중에서 하나는 위치가 고정된 주축에 다른 하나는 유동 가능한 부축에 설치되어 있기 때문에 이들을 각각 고정롤러와 유동롤러라고 부른다. 이들 롤러의 회전 방향은 서로 반대이며 고정롤러의 회전속도는 유동롤러의 회전속도보다 빠르다. 두 롤러 사이의 간격은 부축에 설치된 간격조절장치에 의하여 조절된다.

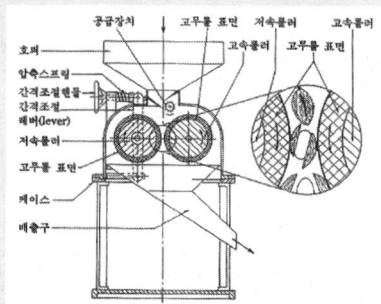

27 대규모 공장 분쇄의 경우 소맥 제분공정 중 원료 소맥입을 본쇄하기 좋은 연질 상태로 만들기 위해 가수(加水), 또는 건조를 하며, 혹은 적당히 가열을 하는 공정은?

① 체별공정(grading system)
② 정제공정(purification)
③ 압쇄공정(reduction)
④ 조질공정(conditioning)

해설
• 조질공정은 원료 소맥립을 분쇄하기 좋은 건조 상태로 만들기 위해 가수 또는 건조하거나 적당히 가열하는 공정을 말한다.
• 체별공정에서는 파쇄공정을 거쳐 생산되는 배유가 붙은 밀기울 · 배유덩어리 · 분말 등을 진동체를 사용해서 크기별로 분리한다.
• 정제 공정에서는 기류를 이용하는 진동체를 사용해서 크기가 비슷한 입자로부터 순수 밀기울, 배유가 붙은 밀기울과 순수 배유입자를 분리한다.
• 압쇄공정은 압력 및 전단작용을 이용하여 배유를 분말로 하는 동시에 밀기울 조각으로부터 배유를 분리시키고 밀기울 조각은 더 이상 분쇄되지 않도록 한다.

28 일반적으로 소맥을 밀가루와 밀기울로 분리하는 공정의 순서로 가장 적합한 것은?

① 압쇄공정 → 파쇄공정 → 체별공정 → 정제공정
② 압쇄공정 → 체별공정 → 정제공정 → 파쇄공정
③ 파쇄공정 → 체별공정 → 정제공정 → 압쇄공정
④ 파쇄공정 → 압쇄공정 → 체별공정 → 정제공정

해설 소맥을 밀가루와 밀기울로 분리하는 공정은 파쇄공정, 체별공정, 정제공정 및 압쇄공정으로 이루어진다.

29 소맥제분공정에서 원료소맥립을 분쇄하기 좋은 연질상태로 만들기 위해 가수 또는 건조하거나 적당히 가열하는 공정은?

① 조질공정　　② 정제공정
③ 파쇄공정　　④ 압쇄공정

해설 조질이란 원료 소맥립을 분쇄하기 좋은 연질 상태로 만들기 위해 가수 또는 건조하거나 적당히 가열하는 공정을 말한다. 조질과정은 가열, 건조 또는 냉각하는 열처리 과정과 첨가된 수분이 소맥립의 과피로부터 내부로 균일하게 스며들 때까지 타워사일로와 같은 템링빈에 20~30시간 정도 방치하는 템퍼링 과정으로 구분된다.

정답　25.①　26.④　27.④　28.③　29.①

30 다음 소맥 제분공정의 설명 중에서 잘못된 것은?

① 압쇄공정에서는 압력과 전단작용을 이용하여 분말을 만들고 밀기울은 분쇄되지 않게 한다.
② 후처리 공정에서 과산화질소 등으로 표백하고 비타민을 첨가하며 살충처리도 한다.
③ 분쇄를 용이하게 하기 위해 수분을 첨가하여 함수율 20~24%가 되도록 한다.
④ 물속에 밀을 집어넣어 고속 회전시키므로 밀의 표면에 점착된 물질을 제거한다.

해설 분쇄에 적당한 함수율의 표준은 원료 소맥에 따라 다르며 연질소맥의 경우 14~17%가 적당하다.

31 곡물 건조에서 항률 건조와 감률 건조의 경계에 상당하는 함수율은?

① 임계 함수율
② 평형 함수율
③ 자유 함수율
④ 상태 함수율

해설 항률건조기간은 재료의 표면에 수막이 형성될 정도로 많은 수분을 포함하고 있는 재료가 건조되는 경우로서 수분이 증발하면서 건조되는 기간을 말한다. 감률건조기간은 재료의 표면에 수분이 없는 경우로서 재료의 내부수분이 표면으로 이동하여 증발되며, 항률건조기간과는 달리 시간이 경과함에 따라 건조속도가 감소하는 기간을 말한다.
임계 함수율은 항률건조와 감률건조의 경계에 상응하는 함수율을 말하며 평형 함수율은 어떤 물질을 온도와 습도가 일정한 공기 중에 장기간 놓아두고 공기와 평형상태를 이룰 때의 함수율을 말한다.
- **평형 함수율** : 재료를 일정한 온 습도의 습공기 중에 오랜시간 동안 두고, 재료 수분의 무게가 변화하지 않게 된 상태를 평형 함수율이라고 한다.
- **포화 함수율** : 함수율이 100%인 상태

32 다음 중 리팅거(Rittinger)의 법칙과 관계되는 것으로 가장 적절한 것은?

① 분쇄 전후의 입자 형태
② 분쇄 전후의 입자 부피
③ 분쇄 전후의 입자 무게
④ 분쇄 전후의 입자 표면적

해설 리팅거의 법칙은 분쇄이론 중 하나로써 고체의 분쇄에 필요한 에너지는 분쇄에 의하여 생성되는 재료의 표면적에 비례하다고 가정하며, 아래와 같은 식으로 정의된다.

$$E = K\left(\frac{1}{x_2} - \frac{1}{x_1}\right),$$

여기서, E : 새로운 표면적을 생성하는데 필요한 단위 중량당 에너지
K : 리팅거 상수(동일한 재료와 기계에서 일정)
x_1 : 분쇄될 입자의 평균입경
x_2 : 분쇄된 입자의 평균입경
리팅거 법칙은 표면적 증가가 큰 미분쇄 작업에 적합하다.

33 함수율 20%(w·b)의 벼 80kg을 15%(w·b)까지 건조시켰다면 이때 곡물에서 제거된 수분의 양은 몇 kg인가?

① 약 4.7
② 약 5.7
③ 약 12.7
④ 약 13.7

해설 [방법1] 20%일 때의 수분은 16kg, 건물중량은 64kg이다.

$$M = \frac{W}{W + W_d} = \frac{W_d}{64 + W_d} \times 100 = 15\%$$

$W_d = 11.3$kg이므로,
제거된 수분은 16kg − 11.3kg = 4.7kg이 된다.
[방법2] %(w.b.)는 습량기준함수율,
%(d.b.)는 건량기준함수율을 의미한다.
습량기준함수율

$$= \frac{물질 내에 포함되어 있는 수분 무게}{물질의 총 무게} \times 100(\%)$$

$20 = \frac{W_m}{80} \times 100$, $W_m = 16$ (kg),

$15 = \frac{16 - W}{80 - W} \times 100$, $W = 4.705$ (kg)

여기서, W_m : 수분 무게
W : 제거된 수분 무게

정답 30.③ 31.① 32.④ 33.①

5. 농업기계학   **435**

34 함수율 20%(w.b)의 벼 80kg을 15%(w.b)까지 건조시켰다면 이때 곡물에서 제거된 수분의 양은 몇 kg인가?

① 약 4.7
② 약 6.7
③ 약 12.7
④ 약 13.7

해설 %(w.b.)는 습량기준 함수율, %(d.b.)는 건량기준 함수율을 의미한다.
습량기준함수율
$= \dfrac{\text{물질 내에 포함되어 있는 수분 무게}}{\text{물질의 총 무게}} \times 100(\%)$
$20 = \dfrac{W_m}{80} \times 100, \ W_m = 16(\text{kg}),$
$15 = \dfrac{16-W}{80-W} \times 100, \ W = 4.705(\text{kg})$
여기서, W_m : 수분 무게
　　　　W : 제거된 수분 무게

35 습량기준 함수율(m)이 20%인 100kg의 곡물을 습량기준 함수율(m)이 15%가 될 때까지 건조시키면 이 때 제거된 수분의 양은?

① 7.8 kg
② 6.5 kg
③ 5.9 kg
④ 4.8 kg

해설 습량기준함수율
$= \dfrac{\text{물질 내에 포함되어 있는 수분 무게}}{\text{물질의 총 무게}} \times 100(\%)$
$20 = \dfrac{W_m}{100} \times 100, \ W_m = 20\,\text{kg},$
$15 = \dfrac{20-W}{100-W} \times 100, \ Wrm = 5.88(kg)$
여기서, W_m : 수분 무게
　　　　W : 제거된 수분 무게

36 완전히 마르기 전의 무게가 100kg, 완전히 마른 후의 무게가 80kg의 벼의 건량기준 함수율(%, d.b.)은?

① 30
② 25
③ 20
④ 15

해설 건량기준 함수율
$= \dfrac{\text{물질 내에 포함되어 있는 수분 무게}}{\text{완전히 건조된 물질의 무게}} \times 100(\%)$
따라서, 건량기준 함수율
$M = \dfrac{100-80}{80} \times 100 = 25(\%)$

37 500kg$_f$의 현미를 정미기에 투입하여 460kg$_f$의 정백미를 얻었다면 정백수율은?

① 90%
② 92%
③ 95%
④ 96%

해설 정백수율 $= \dfrac{\text{정백미의 중량}}{\text{현미의 중량}} \times 100$
$= \dfrac{460}{500} \times 100 = 92\%$

38 벼의 길이가 7.09×10^{-3}m, 두께가 1.98×10^{-3}m일 때, 이 곡립의 체적이 26.6×10^{-9}m³이면 이 벼의 구형률은 얼마인가?

① 27.93%
② 38.59%
③ 43.16%
④ 52.24%

해설 구형률은 형상이 얼마나 구에 가까운가를 표시하는 값이다.
$S = \dfrac{d_e}{d_c} \times 100$
여기서, S : 구형율(%)
　　　　d_e : 농산물의 체적과 같은 구의 직경(m)
　　　　d_c : 농산물의 외접하는 최소구의 직경 또는 농산물의 최대 직경(m)
또한, 구의 지름이 d일 때의 체적은 $\dfrac{\pi}{6}d^3$으로 계산된다.
문제에서 벼의 체적이 26.6×10^{-9}m³이므로 d_e는 아래 식으로 계산된다.
$\dfrac{\pi}{6}d_e^3 = 26.6 \times 10^{-9}$, $d_e = 3.7036 \times 10^{-3}m$
문제에서 길이, 폭, 두께 중 가장 큰 치수는 길이이므로 벼의 최대 지름 $d_c = 7.09 \times 10^{-3}m$이다.
따라서 구형률
$S = \dfrac{3.7036 \times 10^{-3}}{7.09 \times 10^{-3}} \times 100 = 52.24(\%)$

정답 34.① 35.③ 36.② 37.② 38.④

39 곡립의 길이가 8.2mm, 폭이 5.4mm, 두께가 3.4mm이고 곡립의 체적이 114.5mm³일 때, 이 곡립의 구형률(sphericity)은 약 몇 %인가?

① 39.0　　② 59.3
③ 65.9　　④ 73.5

해설 구형률은 아래 식으로 계산된다.

$$S = \frac{d_e}{d_c} \times 100$$

S : 구형률(%)
d_e : 농산물의 체적과 같은 구의 지름(m)
d_c : 농산물의 최소외접구의 지름 또는 그 농산물의 최대 지름(m)

또한, 구의 지름이 d일 때의 체적은 $\frac{\pi}{6}d^3$으로 계산된다.
문제에서 벼의 체적이 114.5mm³이므로 d_e는 아래 식으로 계산된다.

$$\frac{\pi}{6}d_e^3 = 114.5 \times 10^{-9}$$

$d_e = 6.0247 \times 10^{-3} m$

문제에서 길이, 폭, 두께 중 가장 큰 치수는 길이이 므로 벼의 최대 지름 $d_c = 8.2 \times 10^{-3} m$ 이다.
따라서, 구형률

$$S = \frac{6.0247 \times 10^{-3}}{8.2 \times 10^{-3}} \times 100 = 73.47(\%) 이다.$$

40 현미기의 고속 및 저속 롤러의 지름이 같고, 회전수가 각각 1200 및 900 rpm일 때 회전차 율은?

① 14.3%　　② 25%
③ 33.3%　　④ 75%

해설 회전차율(%) $= \frac{DN - dn}{DN} \times 100$

여기서, D : 고정롤러의 지름
　　　　N : 고정롤러의 회전속도
　　　　d : 유동롤러의 지름
　　　　n : 유동롤러의 회전속도

고속롤러는 고정롤러이고, 저속롤러는 유동롤러이다.
따라서,

회전차율 $= \frac{1200 - 900}{1200} \times 100\% = 25\%$

41 곡물 선별기의 종류별 특성을 설명한 것으로 틀린 것은?

① 스크린 선별기는 곡물의 두께, 길이, 폭, 지름 또는 모양을 이용한다.
② 홈 선별기는 곡물 입자길이의 차이를 이용한다.
③ 기류 선별기는 크기나 무게는 비슷하나 비중이 다른 이물질을 분리한다.
④ 광학적 선별기는 빛을 이용하여 크기, 표면 빛깔, 내부 품질 등을 판별한다.

해설 기류 선별기는 일정한 속도와 압력을 갖는 기류에 곡물을 투입함으로써 곡물 내에 포함되어있는 가벼운 이물질이나 불건전립을 날려 보내거나, 흡인하여 곡물을 선별하는 기계이다.
비중선별기는 크기나 무게는 비슷하나 비중이 다른 이물질을 분리한다.

42 벼, 밀, 콩 등의 혼합물을 곡물별로 분리시키려 할 경우 다음 중 가장 적합한 선별기는?

① 채 선별기
② 원판형 홈선별기
③ 마찰 선별기
④ 원통형 공기 선별기

해설 원판형 홈선별기는 양면에 일정한 홈이 여러 개 뚫려있어 원판을 동일한 수평축에 배열한 구조로 축이 회전함에 따라 원판들이 아래쪽으로 공급되는 곡물 속을 통과할 때 홈 속으로 들어간 크기가 작은 알갱이들이 원판들 사이의 적당한 위치에 설치되어 있는 집적통으로 떨어지게 하여 곡물을 분류하는 방식이므로 크기가 다양한 형태를 구분하기 적합하다. 밀, 보리, 귀리 등 맥류의 정선에 사용된다.

43 현미에서 겨를 분리하는 정백의 원리와 관계가 없는 것은?

① 마찰작용　　② 윤활작용
③ 찰리작용　　④ 절삭작용

해설 정백작용은 곡립에 가해지는 힘에 따라 마찰력을 이용하는 마찰작용, 찰리력을 이용하는 찰리작용, 그리고 연삭력을 이용하는 연삭(절삭)작용으로 구분한다.

정답　39.④　40.②　41.③　42.②　43.②

44 다음 분쇄방법 중 분쇄기에 공급된 일정량의 원료가 모두 분쇄된 다음 다시 원료를 투입하여 분쇄하는 방법은?

① 회분 분쇄
② 개회로 분쇄
③ 폐회로 분쇄
④ 건식 분쇄

해설 분쇄기는 처리하는 방식에 따라 회분식과 연속식으로 분류될 수 있다. 회분식은 폐쇄분쇄라고도 하며 쇄료의 전부를 분쇄기 내에 넣고 분쇄 과정이 끝날 때까지 분말을 꺼내지 않는 방식이다.

45 다음 정맥기에 관한 설명 중 틀린 것은?

① 맥류는 벼에 비하여 정맥 작용이 어렵다.
② 보리의 도정에는 물을 이용하는 가수 도정법이 있다.
③ 연삭식 정맥기의 경우 금강사 롤러 표면의 경도는 정맥 효율에 큰 영향을 미친다.
④ 정맥실 내의 압력은 입구 유량으로 조절하나 정맥 정도와는 관계가 없다.

해설 보리에서 강층을 제거하는 원리는 현미에서 강층을 제거하는 것과 유사하지만 보리의 강층조직은 현미에 비해 단단하고, 특히 겉보리의 경우 부피가 종피와 밀착되어 있기 때문에 벼와 다른 도정법이 사용되고 있다.
• 정맥식 도정법으로는 정맥 전에 보리의 표면에 물을 분사하거나 증기를 가하여 강층을 연약하게 한 다음 마찰식 도정을 하는 가수도정법이 있다.
• 연삭식 정맥기의 금강사롤러의 입도와 경도는 정맥 효율과 밀접한 관계가 있으며 정맥실 내의 압력 및 정맥 정도는 출구저항장치에 의하여 조절된다.

46 농산물의 부유속도의 원리를 응용한 선별기는?

① 벨트 선별기
② 홈 선별기
③ 요동 선별기
④ 공기 선별기

해설 • 원판형 홈선별기 : 양면에 일정한 홈이 여러 개 뚫여있어 원판을 동일한 수평축에 배열한 구조로 축이 회전함에 따라 원판들이 아래쪽으로 공급되는 곡물 속을 통과할 때 홈 속으로 들어간 크기가 작은 알갱이들이 원판을 사이의 적당한 위치에 설치되어 있는 집적통으로 떨어지게 하여 곡물을 분류하는 방식이므로 크기가 다양한 형태를 구분하기 적합하다.
• 요동 선별기 : 비중 선별기 중 하나로 요동운동에 의해 층화작용으로 곡물을 선별하는 방법
• 공기 선별기 : 기류 선별기의 한 종류이다.

47 다음은 벼 도정 작업 체계를 표시한 것이다. 일반적인 작업 체계로 가장 적합한 것은?

① 정선과정 → 현미 분리과정 → 탈부과정 → 정백과정 → 계량 및 포장
② 정선과정 → 탈부과정 → 현미 분리과정 → 정백과정 → 계량 및 포장
③ 탈부과정 → 정선과정 → 현미 분리과정 → 정백과정 → 계량 및 포장
④ 탈부과정 → 현미 분리과정 → 정선과정 → 정백과정 → 계량 및 포장

48 곡물에 금이 가거나 파열이 생기는 등의 물리적 손상을 방지하기 위한 건조방법이 아닌 것은?

① 건조 온도를 낮춘다.
② 가열된 곡물을 신속히 식힌다.
③ 일정량의 수분을 서서히 제거한다.
④ 건조온도가 높은 때는 습도가 높은 공기를 사용한다.

해설 건조속도가 너무 빠르거나 건조온도가 너무 높을 경우에는 피건조물에 물리적 및 화학적 손상이 발생한다. 곡물에 금이 가거나 파열이 생기는 등의 물리적 손상은 건조온도를 낮추고 가열된 곡물을 서서히 식히며, 일정량의 수분을 서서히 제거시키고, 건조온도가 높을 때에는 습도가 높은 공기를 사용함으로써 방지할 수 있다.

정답 44.① 45.④ 46.④ 47.② 48.②

49 곡물의 함수율을 측정하는 방법은 크게 직접적인 방법과 간접적인 방법이 있다. 다음 중 직접적인 방법에 속하지 않는 것은?

① 진공오븐법 ② 공기오븐법
③ 전기저항법 ④ 증류법

50 농산물을 건조할 때 건조속도에 영향을 주지 않는 요인은?

① 풍량
② 건조용 공기습도
③ 재료의 초기 함수율
④ 포화송의 비

해설 농산물 건조 3대 요인은 온도와 습도, 바람(송풍량)이다.

51 곡물의 건조요인에 대한 설명 중 잘못된 것은?

① 건조속도가 너무 빠르면 동할이 발생할 가능성이 높다.
② 송풍량은 건조시간에 크게 영향을 주지 못한다.
③ 곡물 층이 두꺼우면 불균일하게 건조된다.
④ 건조온도는 동할에 가장 큰 영향을 주므로 적절한 건조온도의 설정이 중요하다.

해설 곡물의 건조요인은 송풍량, 온도, 습도이다.

52 농산물의 건조시간에 대한 설명으로 틀린 것은?

① 공기의 온도가 높으면 건조시간이 짧다.
② 공기의 습도가 높으면 건조시간이 짧다.
③ 초기함수율이 높으면 건조시간이 길다.
④ 풍량이 많을수록 건조시간은 짧다.

해설 $\frac{60Q}{v}c_a(T_a - T_g)t = h_{fg}D_m(M_o - M_e)$

여기서, Q = 송풍량(m³/min),
v = 유입공기의 비체적(m³/kg),
c_a = 유입공기의 비열(kJ/kg),
T_a = 유입공기의 온도(℃),
T_g = 배출공기의 온도(℃), t = 건조시간(hr),
h_{fg} = 피건조물 증발잠열(kJ/kg),
D_m = 건물중량(kg),
M_o = 초기함수율(dec., d.b.),
M_e = 유입공기에 대한 평형함수율(dec., d.b.)
위 식에서 건조시간 t는 건조온도와 반비례, 초기함수율과 비례, 송풍량과 반비례하다.

53 함수율과 관련된 설명 중 틀린 것은?

① 함수율 표시법에는 습량기준 함수율과 건량기준 함수율이 있다.
② 습량기준 함수율이란 물질 내에 포함되어 있는 수분을 그 물질의 총무게로 나눈 값을 백분율로 표현한 것이다.
③ 어떤 물질의 함수율이 증가되고, 있다는 것은 그 물질 내의 수분함량이 감소된다고 말할 수 있다.
④ 함수율을 측정하는 방법으로는 오븐법, 증류법, 전기저항법, 유전법 등을 사용한다.

54 투입한 곡물을 버킷 엘리베이터를 통해 상부의 템퍼링실로 이송하여 다음과 같은 과정을 반복하며 건조하는 방법은?

건조 → 냉각 → 템퍼링

① 태양열 건조 ② 순환식 건조
③ 상온통풍 건조 ④ 회분식 건조

해설 순환식건조기는 건조실, 템퍼링실, 곡물순환용 버킷엘리베이터, 배출밸브, 스크루컨베이어, 가열기, 열풍송풍기, 배기 및 배진송풍기, 조작반으로 구성된다 곡물이 건조실을 통과하면서 건조가 일부 이루어진 다음 템퍼링실로 이송되어 곡립의 내부수분과 곡온의 불균형이 완화됨 건조와 템퍼링이 반복되면서 목표함수율까지 건조가 이루어진다.

정답 49.③ 50.④ 51.② 52.② 53.③ 54.②

55 곡립 등의 재료를 수직 또는 경사진 높은 곳으로 이송하는데 쓰이는 반송기계는?

① 스크류 컨베이어
② 벨트 컨베이어
③ 버킷 엘리베이터
④ 견인 컨베이어

해설

이송장치	이송방향	곡물
벨트컨베이어	수평	입재, 포대
스크루컨베이어	수평, 경사	입재
진동컨베이어	수평, 경사	입재
스크레이퍼컨베이어 (견인 컨베이어)	수평	입재
체인컨베이어	수평	입재
버킷엘리베이터	수직	입재

56 다음 백미외부에 부착된 겨를 깨끗이 털어 내거나 씻어내어 청결한 쌀을 만들어 내는 어느 것인가?

① 광학 선별기
② 연미기
③ 자력 선별기
④ 마찰식 정미기

57 다음 선별기 중 곡립 길이의 차이를 이용하는 선별기는?

① 기류선별기
② 비중선별기
③ 홈선별기
④ 마찰선별기

해설 홈선별기는 곡립의 길이의 차이를 이용하는 선별기로서 선별부의 형상에 따라 원통형 홈선별기와 원판형 홈선별기가 있다.

58 선별기의 종류 중 요동 선별기에 대한 가장 적합한 설명은?

① 마찰계수의 차를 이용하여 선별하는 마찰 선별기의 일종이다.
② 곡립의 공기 저항력을 이용하여 선별하는 공기 선별기의 일종이다.
③ 체의 진동을 이용하여 선별하는 체 선별기이다.
④ 곡물의 비층차를 이용한 중량 선별기이다.

해설 요동선별기는 탈부과정 후에 생산되는 현미와 벼의 혼합물로부터 미탈부된 벼를 분리하기 위하여 사용되는 선별기로, 순수한 표면 마찰의 차이를 이용해 따로따로 배출되는 장치라 할 수 있다.

59 농산물 선별작업은 상품 가치를 향상시키는 중요한 작업이다. 농산물 선별작업을 기계화하기 위해 이용하는 농산물의 특징이 아닌 것은?

① 모양
② 비중
③ 색깔
④ 생산지

해설 크기(지름·높이·단면적), 모양, 무게, 빛깔은 과채류의 주요 선별 인자이며 비중은 곡물 선별에 주로 적용된다.

60 곡물의 건량 기준 함수율 산출식으로 옳은 것은?

① (시료의 무게/시료의 총무게)×100
② (시료에 포함된 수분의 무게/시료의 수분 무게)×100
③ (시료에 포함된 수분의 무게/시료의 무게)×100
④ (시료의 총무게/시료에 포함된 수분의 무게)×100

61 채취된 시료의 무게가 20g, 완전히 마른 후의 무게가 18g이라면 건량기준 함수율은 얼마인가?

① 10.0%
② 11.1%
③ 12.4%
④ 13.3%

해설 건량기준함수율

$$= \frac{\text{물질 내에 포함되어 있는 수분 무게}}{\text{완전히 건조된 물질의 무게}} \times 100\,(\%)$$

$$M = \frac{20-18}{18} \times 100 = 11.11\,(\%)$$

정답 55.③ 56.② 57.③ 58.① 59.④ 60.③ 61.②

62 습량기준 함수율 23%인 벼 1000kgf를 함수율 15%까지 건조시켰다면 제거된 수분은 약 몇 kgf인가?

① 65
② 94
③ 115
④ 136

해설 습량기준함수율

$= \dfrac{\text{물질 내에 포함되어 있는 수분 무게}}{\text{물질의 총 무게}} \times 100(\%)$

$23 = \dfrac{W_m}{1000} \times 100, \; W_m = 230(\text{kg})$,

$15 = \dfrac{230 - W}{1000 - W} \times 100, \; W = 94.12(\text{kg})$

여기서, W_m : 수분 무게
W : 제거된 수분 무게

63 건조의 3대 요인으로 볼 수 없는 것은?
① 공기의 온도 ② 공기의 습도
③ 공기의 양   ④ 공기의 방향

64 건조기 설치 시 유의사항이 아닌 것은?
① 통풍이 잘 되는 곳에 설치한다.
② 기체의 사방은 수평이 되도록 설치한다.
③ 버너의 방향은 벽면과 1m 이하로 떨어지게 설치한다.
④ 곡물의 투입과 배출작업 공간을 고려하여 설치한다.

해설 버너의 방향은 벽면과 1m 이상 떨어지게 설치한다.

65 미곡종합처리장의 곡물 반입 시설장치에 속하지 않는 것은?
① 호퍼 스케일
② 트럭 스케일
③ 정미기
④ 대기용 컨테이너

해설 미곡종합처리장의 곡물반입 시설장치는 투입호퍼, 트랙, 컨베이어, 원료정선기, 계량설비, 수분측정기, 시료채취기 등으로 구성되어 있으며, 정미기는 가공설비에 포함된다.

66 벼의 총 무게가 100g이고, 수분이 20g 완전건조된 무게가 80g이다. 습량기준 함수율은?
① 80%   ② 25%
③ 20%   ④ 15%

해설 함수율(%) $= \dfrac{\text{수분의 무게}}{\text{총 무게}} \times 100$
$= \dfrac{20}{100} \times 100 = 20\%$

67 횡류 연속식 건조기의 최대 소요기간은?
① 2일   ② 3일
③ 4일   ④ 5일

68 다음 중 자동순환식 정미기가 가지고 있지 않은 것은?
① 양곡기
② 탱크
③ 제강장치
④ 저항장치

해설 자동순환식 정미기는 일정량의 원료를 탱크에 투입한 후 정백실을 여러 번 자동 순환시킴으로써 정백을 완료하는 것으로 유상판, 탱크, 저항장치, 제강송풍기, 제강망, 롤러로 구성되어 있다.

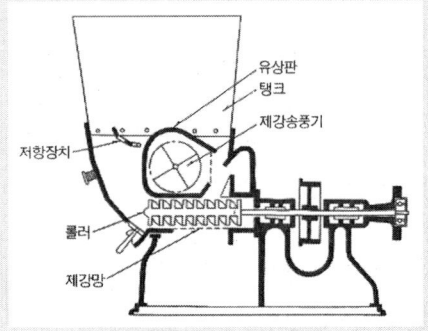

정답 62.② 63.④ 64.③ 65.③ 66.③ 67.④ 68.①

69 건조기 안전 사용 요령으로 틀린 것은?
① 운전중에 덮개를 열어, 회전하는 부분이 원활하게 돌아가는지 확인한다.
② 인화성 물질을 멀리하고, 만일의 경우에 대비하여 소화기를 설치한다.
③ 연료호스 또는 파이프의 막힘, 연결부의 누유상태를 수시로 점검한다.
④ 전원 전압을 반드시 확인한다.

해설 운전중 덮개를 열게 되면 위험요인이 되므로 주의해야 한다.

70 수확된 건초를 손쉽게 처리, 운반 및 저장하기 위해 건초를 압축하는 작업을 하는 기계는?
① 헤이 테더   ② 레디얼 레이크
③ 헤이 레이크 ④ 헤이 베일러

해설 • 헤이 테더 : 목초를 반전하는 기계
• 레디얼 레이크 : 원회전하여 목초를 집초하는 기계
• 헤이 레이크 : 집초하는 기계
• 헤이 베일러 : 건초를 압축하여 사각 또는 원형으로 압쇄하는 기계

71 사일리지(silage)를 조제 목적으로 목초를 벤 다음 세절한 후 풍력 또는 드래그 체인 컨베이어로 운반차에 불어 올리는 수확기는?
① 왕복 모어(reciprocating mower)
② 로타리 모어(rotary mower)
③ 플레일 모어(flail mower)
④ 포오리지 하베스터(forage harvester)

해설 모어는 목초를 자르는 기계이다.

72 목초수확 후 건조 과정에서 목초를 반전 또는 확산시키기 위해 사용하는 기계는?
① 테더(tedder)   ② 레이크(rake)
③ 래퍼(reaper)   ④ 바인더(binder)

해설 • 테더 : 목초를 반전하는 기계
• 레이크 : 목초를 집초하는 기계
• 래퍼 : 베일이 되어 있는 목초를 랩핑하는 기계
• 바인더 : 작물을 절단하고 묶는 기계

73 말린 목초를 수납 또는 수송하는데 편리하도록 일정한 용적으로 압착하여 묶는 기계는?
① 헤이 테더(hey tedder)
② 헤이 로우더(hey loader)
③ 헤이 베일러(hey baler)
④ 헤이 컨디셔너(hey conditioner)

해설 • 헤이 테더 : 목초를 반전하는 기계
• 헤이 로더 : 건초용 로더
• 헤이 베일러 : 건초를 압축하여 사각 또는 원형으로 압쇄하는 기계
• 헤이 컨디셔너 : 생목초를 압쇄하는 기계

74 목초를 원통으로 말아서 야외에 저장하므로써, 목초 수확에 소요되는 동력을 줄이고자 만든 기계는?
① 모워(Mower)
② 라운드 베일러
③ 레이크(Rake)
④ 드레셔(Thresher)

75 목초를 절단하는 로터리 모어의 특징을 잘못 설명한 것은?
① 조밀한 목초나 쓰러진 목초는 예취가 불가능하다.
② 왕복식 모어보다 구조가 간단하고 취급과 조작이 용이하다.
③ 지면이 평탄하지 않은 곳에서의 작업은 위험하다.
④ 왕복식 모어보다 소음이 크다.

해설 로터리모어는 가격이 비싸고 소요동력이 높지만 절단속도가 매우 빠르고 안정성이 높아 최근 많이 이용되고 있다. 왕복식 모어보다 소음은 크지만 구조가 간단하여 취급 및 조정이 쉽고 조밀한 목초나 쓰러진 목초도 벨 수 있다. 그러나 고속으로 작업할 때는 지면이 평탄해야 하고, 반면 저속으로 작업할 때는 풀을 잡아 뜯는 현상이 생겨 목초를 상하게 한다.

정답 69.① 70.④ 71.④ 72.① 73.③ 74.② 75.①

76 목초의 건조촉진을 위하여 롤러로 압쇄처리하는 기계는?

① 헤이 레이크　② 헤이 베일러
③ 모어　　　　 ④ 헤이 컨디셔너

해설 예취된 목초를 초지에서 태양과 바람으로 20%의 함수율까지 건조시킬 경우 일기가 좋은 날에도 대략 3~4일 정도가 소요된다. 그러나 목초를 롤러로 압쇄처리하면 1~2일 정도의 단축이 가능하게 된다. 특히 잎에 비하여 줄기가 굵은 앨팰퍼나 수단그라스는 줄기의 건조가 빨라져서 잎의 과건조에 의한 손실을 줄일 수 있는데 이와 같은 작업기를 헤이컨디셔너라고 한다.
- 헤이 레이크: 들에 베어 널려져 있는 목초를 집초하는데 사용되는 기계
- 헤이 베일러: 수확된 건초를 손쉽게 처리, 운반 및 저장하기 위해서 건초를 압축하는데 사용되는 기계
- 모어: 목초를 예취하는데 사용되는 기계

77 헤머 밀(hammer mill)의 장점이 아닌 것은?

① 구조가 간단하다.
② 소요동력이 적게 든다.
③ 용도가 다양하다.
④ 공운전을 하더라도 고장이 적다.

78 로터리 모워의 특징을 잘못 설명한 것은?

① 도복상태의 목초를 예취하기가 불가능하다.
② 구조가 간단하고 취급과 조작이 용이하다.
③ 지면이 평탄하지 않은 곳에서의 작업은 위험하다.
④ 고속으로 회전하는 칼날을 이용하여 목초를 절단한다.

해설 로터리 모워를 지면에 가깝게 하고, 작업을 한다면 도복 상태의 목초도 예취가 가능하다.

79 목초 수확기계의 일종인 헤이 레이크는 어떤 작업을 수행하는가?

① 목초의 절단　② 목초의 묶음
③ 목초의 집초　④ 목초의 압쇄

해설
- 헤이 레이크 : 목초의 집초
- 헤이 베일러 : 목초의 묶음
- 휠일 커터 : 목초의 절단
- 헤이 컨디셔너 : 목초를 압쇄시키는 기계

80 목초의 "예취 → 집초 → 세절/결속 → 적재 → 운반" 작업의 순서대로 축산기계를 나열한 것은?

① 모어 → 레이크 → 베일러 → 베일로더 → 트레일러
② 테더 → 모어 컨디셔너 → 베일러 → 베일로더 → 롤 베일
③ 레이크 → 베일러 → 모어 → 로더 → 생초 사일리지
④ 베일로더 → 테더 → 모어 컨디셔너 → 베일러 → 롤 베일

해설 목초 수확 작업별 대표적인 작업기는 아래와 같이 분류된다.
- 예취: 모어, 모어컨디셔너
- 집초: 레이크
- 세절/결속: 목초수확기, 베일러
- 적재: 베일스로어, 베일로더
- 운반: 왜건, 트럭, 트레일러

81 가축의 담근먹이를 제조할 때 수확과 동시에 절단이 가능한 기종은?

① 헤이 로우더
② 헤이 베일러
③ 포오리지 하베스터
④ 휠일 커터

해설
- 헤이 로우더는 트랙터에 부착된 로우더의 형태로 건초를 이동시킬 때 사용
- 헤이 베일러는 트랙터에 부착하여 사각 또는 원형으로 결속을 하는 기계
- 휠일 커터는 대형으로 결속된 건초를 가축이 먹기 좋게 잘라주는 기계

정답 76.④　77.②　78.①　79.③　80.①　81.③

82 다음 기구들 중 축산기계가 아닌 것은?
① 휘일커터　② 피이드 그라인더
③ 현미기　④ 해머 밀

해설 현미기는 벼를 도정하는 기계임

83 건초를 운반이나 저장에 편리하도록 꾸리는 작업기는?
① 레이크　② 모워
③ 베일러　④ 디스크 해로우

해설
• 레이크 : 집초를 하는데 사용하는 기계
• 모워 : 작물을 자를 때 사용하는 기계
• 디스크 해로우 : 토양을 경운 정지하는 기계

84 예취된 목초의 건조 속도를 빠르게 하기 위한 기계는?
① 헤이 컨디셔너
② 헤이 테더와 헤이 레이크
③ 모워
④ 헤이 베일러

해설
• 헤이 컨디셔너: 건초를 압쇄시키는 기계
• 헤이 테더: 목초를 반전하는(뒤집는) 기계

85 트랙터로 견인하면서 줄로 모여진 건초를 운반차에 싣는 작업기는?
① 헤이 로우더　② 헤이 베일러
③ 헤이 레이크　④ 헤이 테더

해설
• 헤이레이크: 목초의 집초
• 헤이 베일러: 목초의 묶음
• 휠일 커터: 목초의 절단
• 헤이 컨디셔너: 목초를 압쇄시키는 기계

86 베일러에서 끌어올림 장치로 걸어 올려진 건초는 무엇에 의해 베일 챔버로 이송되는가?
① 픽업타인　② 피더(오거)
③ 트와인노터　④ 니들

해설 건초를 끌어올려 챔버로 이송하는 장치는 피더(feeder)이다.

87 베일러에서 끌어올림 장치로 걸어 올려진 건초는 무엇에 의해 베일 챔버로 이송되는가?
① 니들
② 피더(오거)
③ 픽업타인
④ 트와인노터

해설 헤이 베일러는 초지에 널려 있는 집초열을 걸어 올려 압축하여 묶는 기계로서 압축된 건초를 베일이라고 한다. 헤이 베일러는 베일의 형상에 따라 직육면체로 묶는 각형 베일러와 원통형으로 묶는 원통형 베일러가 있으며 일반적으로 전자를 베일러라고 부른다.
각형 베일러의 주요 구성요소는 건초의 공급부와 베일링 챔버로 나눌 수 있다. 대부분의 베일러 공급부는 스프링 핑거가 부착된 드럼형의 픽업장치에서 집초열의 건초를 모아 일정한 높이로 끌어올리며 오거나 공급타인에 의하여 건초를 베일링 챔버로 이송시키는 기구로 되어 있다.

88 다음 중 사료 조제용 기계 기구가 아닌 것은?
① 휘일 커터
② 컬티베이터
③ 피이드 그라인더
④ 해머밀

해설 컬티베이터는 농작업기 중 로터리 같은 경운정지용 기계를 통칭한다.

89 수평식 사료혼합기의 설명 중 맞는 것은?
① 교반기는 오거형이 주로 사용된다.
② 수직식 혼합기에 비하여 작업속도가 빠르고 소요동력이 크다.
③ 축산 농가에서 주로 사용된다.
④ 원료를 분산시켜주는 분산날개가 있다.

해설 나선 오거형은 원형관 내에 나선형 오거를 설치하고 이에 직접 동력을 전달하여 사료를 이송하는 장치로서, 원거리 사료 이송 능력이 있으나 오거 날과 오거 벽면과의 마찰에 의해 오거 벽면의 파손이 심한 문제점이 있다.

정답 82.③　83.③　84.②　85.①　86.②　87.②　88.②　89.①

90 배합 사료공장에서 옥수수 60ton/h를 운반할 수 있는 버킷 엘리베이터를 설치하려고 할 때, 옥수수의 소요 체적은 약 몇 m³/h인가? (단, 버킷의 효율은 1로 하고, 옥수수의 비중량은 720kg/m³이다)

① 43.2
② 75.4
③ 83.3
④ 120

해설 소요체적

$$= \frac{60 \times 1000 (\text{kg/h})}{720 (\text{kg/m}^3)} = 75.4 (\text{m}^3/\text{h}),$$

1ton = 1000kg

91 해머 밀(hammer mill)의 장점이 아닌 것은?

① 구조가 간단하다.
② 소요동력이 적게 든다.
③ 용도가 다양하다.
④ 공운전을 해도 고장이 적다

해설 해머밀은 곡물의 분쇄나 제분작업 등에 다양하게 이용되는 분쇄기로서 주로 사료의 조제에 이용된다. 해머밀의 장단점은 다음과 같다.
[장점]
- 구조가 간단하고, 용도가 다양하다.
- 이물질에 의하여 심한 손상을 일으키지 않는다.
- 공운전을 해도 고장이 없다.
- 해머의 마모가 분쇄기의 효율을 심하게 감소시키지 않는다.

[단점]
- 쇄성물의 입도의 균일성이 좋지 않다.
- 소요동력이 높다.

92 다음 중 종류가 다른 사료를 혼합하는데 사용하는 것은?

① 피드 믹서(feed mixer)
② 해머 밀(hammer mill)
③ 버 밀(burr mill)
④ 피드 그라인더(feed grinder)

해설
- 사료 혼합기(feed mixer): 원료가 공급구로 공급되면 오거에 의해서 상부로 이송되며, 이송된 원료는 분산 날개에 의하여 혼합 탱크 안에서 고르게 분산된다.
- 해머 밀: 해머가 체망으로 둘러싸인 케이싱 속에서 회전하면서 물체를 망치로 두드리듯이 충격을 가하여 파쇄하는 기계
- 버 밀: 맷돌과 비슷한 원리로 곡물을 절단하거나 압쇄하여 분쇄하는 기계
- 피드 그라인더: 옥수수, 귀리, 콩, 맥류 등과 같은 곡류를 분쇄하는 기계

93 농산가공기계 중 사료 분해용으로 사용할 수 없는 것은?

① 초퍼 밀
② 펠릿 밀
③ 디스크 밀
④ 피드 그라인더

해설 펠릿 밀은 배합이 완료된 사료를 펠릿화하기 위한 기계이다. 펠릿으로 가공되기 전 사료컨디셔너에서 증기가 공급되어 펠릿화하기 좋은 조건을 만들어주며 당밀 또는 우지가 공급되기도 한다.

94 목초 수확용 예취기의 일반적인 규격 표시 방법은?

① 예취의 폭
② 예취날의 높이
③ 예취날의 수
④ 예취기의 무게

해설 목초를 예취기(자르는 기계)는 폭을 규격으로 표시한다.

95 다음 중에서 목초로 엔실리지를 만들 때 사용하는 기계는?

① 헤이 레이크
② 포리지 하베스터
③ 헤이 컨디셔너
④ 모워

해설
- 포리지 하베스터: 목초로 엔실리지를 만들 때 사용하는 기계
- 헤이 레이크: 목초를 집초할 때 사용하는 기계
- 헤이 컨디셔너: 목초를 압쇄할 때 사용하는 기계
- 모워: 풀을 벨 때 사용하는 기계

정답 90.③ 91.② 92.① 93.② 94.① 95.②

96 세단하고 불어 올리는 장치를 가진 본체가 있고, 앞부분의 어태치먼트를 교환함으로서 용도가 다양해질 수 있는 목초 수확기계는 무엇인가?
① 플레일형 목초 수확기
② 헤이레이크 목초 수확기
③ 모워바형 목초 수확기
④ 헤이베일러 목초 수확기

97 베일러에서 끌어올림 장치로 걷어 올려진 건초는 무엇에 의해 베일 체임버로 이송되는가?
① 픽업타인 ② 오거(피더)
③ 트와인노터 ④ 니들

98 착유기의 주요 구성 요소가 아닌 것은?
① 반크리너
② 맥동호스
③ 파지기(milk claw)
④ 유두컵

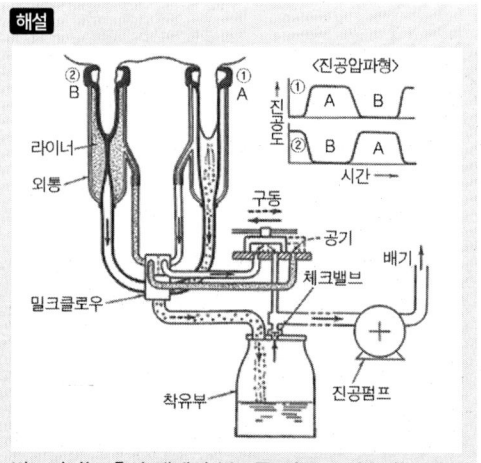

해설 반크리너는 축사 내에서 분뇨를 외부로 이송하는 관이 막혔을 경우 이를 해소하기 위해 사용하는 장치이다.

99 엔실리지의 원료가 되는 사료 작물을 예취하여 절단하고 컨베이어를 이용하여 운반차에 실을 수 있는 작업기는?
① 헤이 베일러
② 포리지 하베스터
③ 엔실리지 컨디셔너
④ 하베스터 컨디셔너

100 벨트의 걸이 방법에 관한 사항이다. 틀린 것은?
① 바로 걸이에 있어서는 아래쪽이 항상 인장측이 되게 해야 한다.
② 엇걸이는 바로 걸기의 경우보다 접촉각이 크다.
③ 벨트의 수명은 엇걸기가 길다.
④ 안내차를 두어 벨트가 벗겨지지 않게 할 수 있다.

해설 엇걸기를 하게 되면 풀리와의 접촉각이 넓어지므로 마찰이 커져 수명은 단축된다.

정답 96.③ 97.② 98.① 99.② 100.③

PART 06

CBT 실전모의고사

1. 농업기계기사

제1회 CBT 실전모의고사

제1과목 재료역학

01 일반적으로 연강재를 사용할 경우 안전율을 가장 크게 주어야 하는 하중은?
① 전단하중
② 충격하중
③ 교번하중
④ 반복하중

해설 안전율을 크게 정해야 하는 하중의 일반적인 순서
충격하중 〉 교번하중(교하중) 〉 반복하중 〉 정하중

02 단면적 600mm²인 봉에 600N의 추를 달았더니 허용인장응력에 도달하였다. 이 봉의 인장강도가 500N/cm²이라고 하면 인장강도에 대한 안전계수는 얼마인가?
① 5
② 6
③ 50
④ 60

해설 허용응력
$$\sigma_a = \frac{P}{A} = \frac{600}{600}$$
$$= 1\text{N/mm}^2 = 100\text{N/cm}^2$$
안전계수 $S = \dfrac{\sigma_s}{\sigma_a} = \dfrac{500}{100} = 5$

03 다음 그림은 연강의 응력 변형률 선도이다. 그림에서 C점은 무엇을 나타내는가?

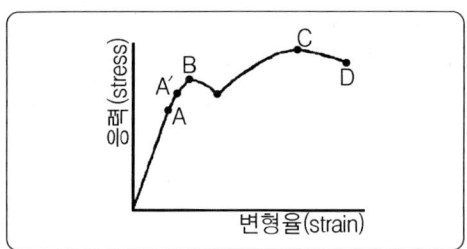

① 비례한도
② 하 항복점
③ 상 항복점
④ 극한강도

해설 응력-변형률 선도 = A : 비례한계,
A' : 탄성한계, B : 상항복점,
C : 극한강도(인장강도), D : 파괴점

04 지름이 구간에 따라 일정하지 않은 봉의 최대지름이 50mm이고 최소지름이 25mm이다. 5000kg$_f$의 인장하중이 작용할 때 봉에 작용하는 최대 인장응력은 약 몇 kg$_f$/mm²인가?
① 2.55
② 10.2
③ 20.4
④ 40.8

해설 $\sigma = \dfrac{P}{A}$
$$= \frac{5000}{\dfrac{\pi \times 25^2}{4}} = 10.19\,\text{kg}_f/\text{mm}^2$$

05 지름이 20mm인 시험편을 인장시험 한 결과 최대하중이 4082kgf이였다. 이 시험편의 인장강도는 약 몇 kgf/mm²인가?

① 10.42
② 104.20
③ 12.99
④ 129.93

해설 $\sigma_u = \dfrac{W}{A}$

σ_u : 인장강도(kgf/mm²), W : 하중(kgf),
A : 단면적(mm²)

$\therefore \dfrac{4082}{0.785 \times 20^2} = 13 \text{kgf/mm}^2$

06 바깥지름이 5cm인 단면에 3500N의 인장하중이 작용할 때 발생하는 인장응력은 약 몇 N/cm²인가?

① 126
② 137
③ 167
④ 178

해설 $\sigma = \dfrac{P}{A} = \dfrac{3500}{\dfrac{\pi \times 5^2}{4}} = 178.25 \text{N/cm}^2$

07 두께 2mm의 탄소강에 지름 20mm의 구멍을 펀칭할 때 펀칭력은 약 몇 kgf 이상이 필요한가? (단, 판의 전단응력은 30kgf/mm²이다.)

① 1800
② 3770
③ 5655
④ 18850

해설 전단되는 면적은 지름 20mm, 높이 2mm인 원기둥의 옆면과 같으므로,

$\tau = \dfrac{P}{A}$ 에서 $30 = \dfrac{P}{\pi \times 20 \times 2}$

$P = 3770 \text{kgf}$

08 속이 찬 원형 축에 지름이 40mm의 연강재는 200rpm으로 7.5kW의 동력을 전달할 때 생기는 전단응력은 약 몇 N/cm²인가?

① 900
② 1450
③ 1800
④ 2850

해설 $\tau_a = \dfrac{16 \times 97400 \times H_{kW}}{\pi \times d^3 \times N}$

$\therefore \dfrac{16 \times 97400 \times 7.5 \times 9.8}{3.14 \times 4^3 \times 200} = 2850$

09 두 개의 강판이 볼트로 체결되어 500N의 전단력을 받고 있다면 이 볼트 중간 단면에 작용하는 전단응력은 약 몇 MPa인가? (단, 볼트의 골지름은 10mm고 한다.)

① 5.25
② 6.37
③ 7.43
④ 8.76

해설 $\tau = \dfrac{P}{A} = \dfrac{500}{\dfrac{\pi \times 10^2}{4}} = 6.37 \text{N/mm}^2$

$= 6.37 \text{MPa}$

10 단면이 2cm×3cm, 길이 2m의 연강봉에 49000N의 인장하중이 작용하면 약 몇 mm 늘어나는가? (단, 세로탄성계수는 E = 2.058 ×10⁷N/cm²이다.)

① 8
② 4
③ 2
④ 0.8

해설 $\delta = \dfrac{P\ell}{AE}$

δ : 신장량, P : 하중, ℓ : 길이
A : 단면적, E : 세로탄성 계수

$\therefore \dfrac{49000 \times 200 \times 10}{2 \times 3 \times 2.058 \times 10^7} = 0.79 \text{mm}$

11 인장시험 전의 지름이 15mm이고, 시험 후 파단부의 지름이 13mm일 때 단면 수축률은 약 몇 %인가?

① 13.33
② 24.89
③ 36.66
④ 49.78

해설 단면수축률 $= \dfrac{A_o - A_f}{A_o} \times 100\,(\%)$
$= \dfrac{15^2 - 13^2}{15^2} \times 100 = 24.89\,\%$

12 15℃에서 양끝을 고정한 봉이 35℃가 되었다면, 이 봉의 내부에 생기는 열응력은 어떤 응력이고 몇 kgf/cm²인가? (단, 봉의 세로탄성계수 $E = 2.0 \times 10^6$ kgf/cm²이고 선팽창계수 $\alpha = 12 \times 10^{-6}/℃$ 이다.)

① 인장응력 : 480
② 인장응력 : 240
③ 압축응력 : 480
④ 압축응력 : 240

해설 $\sigma_h = E\alpha(t - t_o)$
$= 2.0 \times 10^6 \times 12 \times 10^{-6} \times (35 - 15)$
$= 480\,\text{kg}_f/\text{cm}^2$
양끝을 고정한 상태에서 온도가 상승하므로 막대의 내부에는 압축응력이 작용한다.

13 가로(횡) 탄성계수를 올바르게 나타낸 것은?

① $\dfrac{\text{수직응력}}{\text{전단변형율}}$
② $\dfrac{\text{굽힘응력}}{\text{전단변형율}}$
③ $\dfrac{\text{수직응력}}{\text{전단응력}}$
④ $\dfrac{\text{전단응력}}{\text{전단변형율}}$

14 단면계수가 10m³인 원형 봉의 최대 굽힘모멘트가 2000 N·m일 때 최대 굽힘응력은 몇 N/m²인가?

① 20000
② 2000
③ 200
④ 20

해설 $\sigma_b = \dfrac{M}{Z} = \dfrac{2000}{10} = 200\,\text{N}/\text{m}^2$

15 다음 중 양끝을 받치고 있는 보로, 양단 지지보라고도 하는 보는?

① 단순보
② 외팔보
③ 고정보
④ 연속보

해설 ① 단순보 : 양끝을 받치고 있는 보로, 양단 지지보라고도 한다.
② 외팔보 : 보의 한쪽 끝만을 고정한 것
③ 고정보 : 양끝을 모두 고정한 보이며, 가장 튼튼하다.
④ 연속보 : 3개 이상의 지점 즉 2개 이상의 스팬을 가진 보.

16 받침점의 반력을 힘의 평형과 모멘트의 평형으로 구할 수 있는 보는?

① 고정보
② 내다지보
③ 연속보
④ 고정지지보

해설 • 정정보 : 평형조건식을 이용하여 반력을 알 수 있는 보로서, 단순보, 외팔보, 돌출보(내다지보) 등이 있다.
• 부정정보 : 평형조건식만으로 반력을 알 수 없으므로, 별도의 조건식이 필요한 보로서, 고정보, 고정 지지보, 연속보 등이 있다.

17 보를 지지하는 지점의 종류 중 지점이 핀으로 지지되어 있어 보의 회전은 자유로우나 수평반력, 수직반력 등 2개의 반력이 발생하는 것은?

① 부동회전지점
② 가동회전지점
③ 고정지점
④ 정정지점

해설 부동회전지점은 보를 지지하는 지점의 종류 중간 지점이 핀으로 지지되어 있어 보의 회전은 자유로우나 수평반력, 수직반력 등 2개의 반력이 발생하는 것이다.

18 그림과 같은 외팔보에서 단면의 폭×높이=b×h 일 때, 최대굽힘응력(σ_{max})을 구하는 식은?

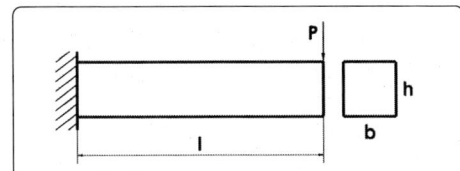

① $\dfrac{6Pl}{bh^2}$ ② $\dfrac{12Pl}{bh^2}$

③ $\dfrac{6Pl}{b^2h}$ ④ $\dfrac{12Pl}{b^2h}$

해설 $\sigma_b = \dfrac{M}{I}y = \dfrac{M}{Z}$,

$Z = \dfrac{I}{y} = \dfrac{bh^2}{6}$, $M = Pl$, $\sigma_b = \dfrac{6Pl}{bh^2}$

19 그림과 같은 삼각형 단면의 밑변인 B-C 축에 대한 단면 2차 모멘트는?

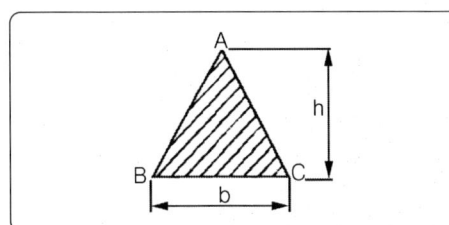

① $\dfrac{bh^3}{36}$

② $\dfrac{bh^3}{24}$

③ $\dfrac{bh^3}{12}$

④ $\dfrac{bh^3}{4}$

해설 ① $\dfrac{bh^3}{36}$: 관성모멘트(도심축)

② $\dfrac{bh^3}{24}$: 단면 1차 모멘트

③ $\dfrac{bh^3}{12}$: 단면 2차 모멘트(B-C축)

20 길이 ℓ 인 단순보의 중앙에 집중하중 W 가 작용할 때 최대 굽힘 모멘트는?

① $\dfrac{W \times \ell}{2}$ ② $\dfrac{W \times \ell}{4}$

③ $\dfrac{W \times \ell}{8}$ ④ $\dfrac{W \times \ell^2}{8}$

제2과목 기계열역학

21 다음은 물질의 열역학 성질에 관한 설명이다. 이 중에서 미시적 관점의 설명은 어느 것인가?

① 밀폐공간의 기체를 가열하면 압력이 증가한다.
② 같은 온도에서 액체보다 증기가 더 많은 에너지를 갖고 있다.
③ 압력이 증가하면 액체의 끓는 온도가 증가한다.
④ 고체를 가열하면 격자의 진동이 활발해진다.

해설 미시적(현미경) 관점이란 수시로 변화하는 식들을 다루기가 매우 어려워 통계적인 방법과 확률이론을 사용하여 모든 입자에 대한 평균값을 취하는 방법이다. 미시적 관점에서 물질의 열적 성질을 알아볼 때에는 분자운동론·통계역학 등을 이용해야만 한다. 미시적 시점에서는 물질이 가진 열에너지는 그 물질을 구성하는 원자·분자·전자 등의 역학적 에너지와 같다고 본다.

22 Joule-Thomson 계수 $\mu_f = (\partial T / \partial P)_h$ 로 정의된다. 양(+)의 Joule-Thomson 계수는 교축(throttle) 중에 온도가 어떻게 된다는 것을 뜻하는가?

① 온도가 올라간다는 것을 뜻한다.
② 온도가 떨어진다는 것을 뜻한다.
③ 온도가 일정하다는 것을 뜻한다.
④ 온도는 올라가고 압력은 내려간다.

23 200m의 높이로부터 물 250kg이 땅으로 떨어질 경우, 일을 열량으로 환산하면 약 몇 KJ인가?

① 117
② 79
③ 203
④ 490

해설 $Q = mgh$
∴ $250\text{kg} \times 9.8 \times 200\text{m} = 490000\text{J} = 490\text{KJ}$

24 다음 그림은 수증기에 대한 물리에 선도이다. 14atm, 205℃에서 등엔탈피 팽창을 한다. 최종압력이 4atm일 때 수증기의 온도는 어떻게 되는가?

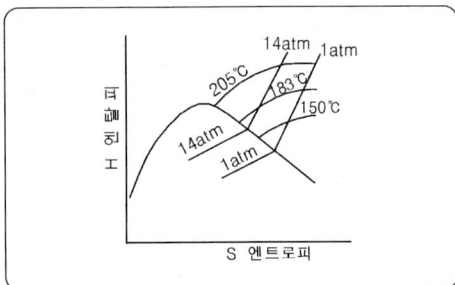

① 떨어진다.
② 올라간다.
③ 불변이다.
④ 엔트로피를 알아야 알 수 있다.

해설 등엔탈피 팽창을 하면 수증기의 온도는 떨어진다.

25 수증기를 이상기체로 볼 때 정압비열(kJ/kg·K) 값은?(단, 수증기의 기체상수 = 0.462 kJ/kg·K, 비열비=1.33이다.)

① 1.86   ② 0.44
④ 1.54   ④ 0.64

해설 $Cp = \dfrac{k}{k-1}R$
∴ $\dfrac{1.33}{1.33-1} \times 0.462 = 1.862\text{kJ/kgK}$

26 이상기체의 열역학 과정을 일반적으로 $PV^n = C$ (C 는 상수)로 표현할 때 n에 따른 과정을 설명한 것으로 맞는 것은?

① n=0이면 등온과정
② n=1이면 정압과정
③ n=1.5이면 등온과정
④ n=∞이면 정적과정

27 열과 일에 대한 설명 중 맞는 것은?

① 열과 일은 경계현상이 아니다.
② 열과 일의 차이는 내부에너지만의 차이로 나타난다.
③ 열과 일은 항상 양의 수로 나타낸다.
④ 열과 일은 경로에 따라 변한다.

해설 열과 일은 경로에 따라 변하는 경로함수(도정함수)이다.

28 실린더에 밀폐된 8kg의 공기가 그림과 같이 P_1=800kPa, 체적 V_1=0.27m³에서 P_2=350kPa, 체적 V_2=0.8m³으로 직선적으로 변화하였다. 이 과정에서 공기가 한 일은?

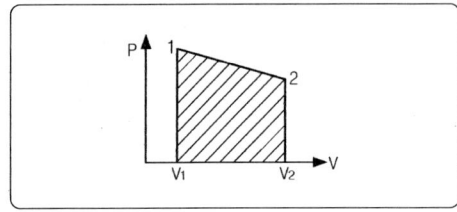

① 354.02kJ
② 304.75kJ
③ 382.11kJ
④ 380.94kJ

해설 $W = \int_1^2 PdV$ =빗금 친 부분의 면적에서
$P_1 \times (V_2 - V_1) - \dfrac{1}{2}[(P_1 - P_2) \times (V_2 - V_1)]$
$800 \times (0.8 - 0.27) - \dfrac{1}{2}[(800 - 350) \times (0.8 - 0.27)]$
$= 304.75 kJ$

29 두께가 10cm이고, 내·외측 표면온도가 20℃, −5℃인 벽이 있다. 정상상태일 때 벽의 중심온도는 몇 ℃인가?

① 4.5　　② 5.5
③ 7.5　　④ 12.5

해설 $T = \dfrac{T_1 + T_2}{2}$

$\therefore \dfrac{20-5}{2} = 7.5℃$

30 온도가 20℃인 흑체가 80℃가 되었다면 방사하는 복사 에너지는 몇 배가 되는가?

① 약 4배　　② 약 5배
③ 약 1.2배　　④ 약 2.1배

해설 $H \propto T^4$

① $H\,20℃ \propto (273+20)^4$
② $H\,80℃ \propto (273+80)^4$
∴ $H\,80℃ / H\,20℃ = 2.106$

31 상온의 감자를 가열하여 뜨거운 감자로 요리하였다. 감자의 에너지 변동 중 맞는 것은?

① 위치에너지가 증가
② 엔탈피 감소
③ 운동에너지 감소
④ 내부에너지가 증가

해설 가열하였으므로 내부에너지 및 엔탈피가 증가한다.

32 어떤 이상기체가 진공 중으로 단열 상태에서 자유 팽창을 하여 최종 부피는 처음 부피의 2배로 되었다. 다음 중 틀린 것은?

① 한 일은 없다.
② 온도의 변화가 없다.
③ 엔트로피의 변화가 없다.
④ 내부 에너지의 변화가 없다.

해설 비가역 과정이므로 엔트로피는 증가한다.

33 대기압 하에서 물질의 질량이 같을 때 엔탈피의 변화가 가장 큰 경우는?

① 100℃ 물이 100℃ 수증기로 변화
② 100℃ 공기가 200℃ 공기로 변화
③ 90℃의 물이 91℃ 물로 변화
④ 100℃의 구리가 115℃ 구리로 변화

34 공기 10kg$_f$이 정적과정으로 20℃에서 250℃까지 온도가 변하였다. 이 경우 엔트로피의 변화는 얼마인가?(단, 공기의 C= 0.717kJ/kg$_f$·K이다.)

① 약 2.39kJ/K
② 약 3.07kJ/K
③ 약 4.15kJ/K
④ 약 5.81kJ/K

해설 $dU = mC_v dT$, $dS = \dfrac{dQ}{T}$ 에서

$dS = \dfrac{mC_v dT}{T} = mC_v \ln \dfrac{T_2}{T_1}$

$\therefore 10 \times 0.717 \times \ln \dfrac{273+250}{273+20} \fallingdotseq 4.15 kJ/K$

35 다음 사항 중 틀린 것은?

① 랭킨 사이클의 열효율은 터빈입구의 과열 증기 상태와 복수기의 진공도에 의해서 거의 결정된다.
② 랭킨 사이클의 열효율을 열역학적으로 개선한 것이 재생 랭킨 사이클이다.
③ 증기 터빈에서 복수기의 배압은 냉각수의 온도에 의해서 정해지므로 자유로이 바꿀 수는 없다.
④ 랭킨 사이클의 열효율은 터빈의 입구 압력, 입구 온도의 영향만을 받는다.

해설 랭킨 사이클에 대한 사항은 ①, ②, ③ 항 이외에 열효율을 높이려면 터빈 입구의 온도와 압력을 높이든가 복수기의 압력(배압)을 낮추면 된다.

36 두 개의 등 엔트로피 과정과 두 개의 정적과정으로 이루어진 사이클은?

① Stirling 사이클
② Otto 사이클
③ Ericsson 사이클
④ Carnot 사이클

해설 ① Stirling cycle ; 등온압축(방열) → 정적가열 → 등온팽창(흡열) → 정압방열
② Otto cycle ; 단열압축 → 정적가열 → 단열팽창 → 정적방열
③ Ericsson cycle ; 등온압축 → 정압가열 → 등온팽창 → 정압방열(배기)
④ Carnot cycle ; 등온압축 → 단열압축 → 등온팽창 → 단열팽창

37 다음 설명 중 옳은 것은?

① 압력(P)과 체적(V)의 곱의 단위는 에너지의 단위와 같다.
② 카르노 열기관의 효율은 비가역 열기관의 효율보다 항상 높다.
③ 열기관의 효율은 온도만의 함수이다.
④ 스로틀(throttling) 과정 전·후로 이상기체의 온도는 하강한다.

해설 ① 고온 및 저온의 양 열원 사이에서 작동할 경우에는 카르노 기관의 열효율이 비가역 기관의 열효율 보다 항상 높다.
② 열기관의 열효율은 여러 가지 성질을 함수이다.
③ 스로틀 과정 전후 이상기체의 엔탈피는 일정하므로 온도도 일정하다.

38 냉동기에서 압축기 입구, 응축기 입구, 증발기 입구의 엔탈피가 각각 387.2kJ/ kg$_f$, 435.1kJ/kg$_f$, 241.8kJ/kg$_f$ 일 경우 성능계수는?

① 3.0   ② 4.0
③ 5.0   ④ 6.0

해설 $Cop = \dfrac{h_1 - h_4}{h_2 - h_1}$

$\therefore \dfrac{387.2 - 241.8}{435.1 - 387.2} = 3.0$

39 효율이 85%인 터빈에 들어갈 때의 증기의 엔탈피가 3390kJ/kg$_f$이고, 가역 단열과정에 의해 팽창할 경우에 출구에서의 엔탈피가 2135kJ/kg$_f$이 된다고 한다. 운동에너지의 변화를 무시할 경우 이 터빈의 실제 일은 몇 kJ/kg$_f$인가?

① 1476   ② 1255
③ 1067   ④ 906

해설 $W_T = \eta(h_2 - h_1)$
$\therefore 0.85 \times (3390 - 2135) = 1067$

40 터빈을 통과하는 유체로서 물이 흐를 경우, 마찰열에 의해 물의 온도가 18℃에서 20℃로 상승하였다. 터빈에서 열전달이 없었다면, 터빈 통과 중 물 1kg당 엔트로피 변화량은 얼마인가?(단, 비열 C=4.184kJ/kg·K이다)

① 8.37kJ/kg·K
② 4.21kJ/kg·K
③ 0.0287kJ/kg·K
④ 0.0069kJ/kg·K

해설 $\delta S = C \ln \dfrac{T_2}{T_1}$

$\therefore 4.184 \times \ln \dfrac{273 + 20}{273 + 18} = 0.0287 \text{kJ/kg·K}$

제3과목 기계유체역학

41 다음 중 차원이 잘못 연결된 것을 고르시오?

① P(압력)= $ML^{-1}T^{-2}$
② F(힘)= MLT^{-2}
③ μ(점성계수)= $ML^{-1}T^{-1}$
④ γ(비중량)= ML^2T^{-2}

해설 점성계수(μ) : $FL^{-2}T = ML^{-1}T^{-1}$
비중량(γ) : $FL^{-3} = ML^{-2}T^{-2}$
압력(P) : $FL^{-2} = ML^{-1}T^{-2}$
힘(F) : $F = MLT^{-2}$

42 다음 중 점성계수의 단위가 아닌 것은 어느 것인가?

① $kg_f \cdot m/s^2$
② $dyne \cdot s/cm^2$
③ $N \cdot s/m^2$
④ $kg/m \cdot s$

해설 점성계수(μ)의 단위
$Pa \cdot s(N \cdot s/m^2)$, $kg/m \cdot s$,
$dyne \cdot s/cm^2$, $g/cm \cdot s$

43 밀도 ρ, 중력가속도 g, 유속 V, 점성력 F로 얻을 수 있는 무차원수는?

① $\dfrac{Fg}{\rho V}$
② $\dfrac{g^2 F}{\rho V^6}$
③ $\dfrac{F^2 V^3}{\rho^2 g}$
④ $\dfrac{F^2 \rho}{gV}$

해설 무차원= $\rho^\alpha g^\beta V^\gamma F$
$= [ML^{-3}]^\alpha [LT^{-2}]^\beta [LT^{-1}]^\gamma [MLT^{-2}]$
무차원= $M^{\alpha+1} L^{-3\alpha+\beta+\gamma+1} T^{-2\beta-\gamma-2}$
$= M^0 L^0 T^0$
$\alpha+1=0$, $-3\alpha+\beta+\gamma+1=0$,
$-2\beta-\gamma-2=0$
$\alpha=-1$, $\beta=2$, $\gamma=-6$
무차원= $\dfrac{g^2 F}{\rho V^6}$

44 비점성 유체의 설명으로 다음 중 가장 옳은 설명은?

① 유체 유동 시 마찰저항을 무시할 수 없는 유체이다.
② 전단응력이 존재하는 유체이다.
③ 실제 유체를 말한다.
④ 유체 유동 시 유체마찰을 무시할 수 있는 유체이다.

45 다음 중 온도의 증가에 따른 점성의 변화를 바르게 설명한 것은?

① 온도 증가에 따라 모든 유체의 점성은 감소한다.
② 온도 증가에 따라 액체의 점성은 감소하고, 기체의 점성은 증가한다.
③ 온도 증가에 따라 액체의 점성은 증가하고 기체의 점성은 감소한다.
④ 온도 증가에 따라 모든 유체의 점성은 증가한다.

해설 • 액체의 점성 : 온도가 증가하면 유체 입자들의 응집성이 줄어 점성은 감소한다.
• 기체의 점성 : 온도가 증가하면 입자들의 운동 에너지 증가로 점성은 증가한다.

46 분자량이 44인 기체의 압력이 $2kg_f/cm^2$, 온도가 20℃이다. 이 기체의 밀도는 몇 $kg_f \cdot S^2/m^4$인가?

① 0.171
② 1.71
③ 17.1
④ 171

해설 $R = \dfrac{848}{M} = 19.27 kg_f \cdot m/kg \cdot k$
상태방정식 $pv_s = RT$ 에서
$\rho = \dfrac{1}{v_s} = \dfrac{p}{RT}$
$= \dfrac{2 \times 10^4 kg_f/m^2}{19.27 kg_f \cdot m/kg \cdot K \times (273+20)K}$
$= 1.68 kg/m^3 = 1.68 N \cdot s^2/m^4$
$= 0.171 kg_f \cdot s^2/m^4$

47 모세관 현상으로 올라가는 액주의 높이는?

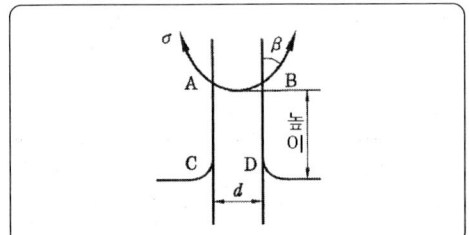

① $\dfrac{4d\cos\beta}{\gamma\sigma}$ ② $\dfrac{4\sigma\cos\beta}{\gamma d}$

③ $\dfrac{2\sigma\cos\beta}{\gamma d}$ ④ $\dfrac{4d\cos\beta}{\gamma\sigma}$

해설 자중 $(W) = \gamma Ah = \gamma \dfrac{\pi d^2}{4}h$

표면장력의 수직력 $(F_v) = \sigma\pi d\cos\beta$

$(\sum F_y = 0, F_v - W = 0)$

$\gamma \dfrac{\pi d^2}{4}h = \sigma\pi d\cos\beta$

$\therefore h = \dfrac{4\sigma\cos\beta}{\gamma d}\,[\text{mm}]$

48 절대압력과 계기압력과의 관계에 대한 다음 설명 중 제일 적합한 것은?

① 절대압력은 계기압력보다 항상 작다.
② 절대압력은 계기압력보다 항상 크다.
③ 절대압력은 계기압력보다 클 수도 있고 작을 수도 있다.
④ 절대압력과 계기압력은 항상 같다.

49 다음 중 표준 대기압이 아닌 것은?

① 1.01325 bar ② 101325 N/m²
③ 14.2 kg/cm² ④ 760 mmHg

해설 해면에서의 국소대기압의 평균값을 표준대기압이라고 한다.

표준대기압 1atm = 14.7psi(lb/in²)
= 101.325kPa
= 1.01325bar(kgf/cm²)
= 101325Pa(N/m², SI단위)
= 760mmHg(수은주)
= 10.33mAq

50 다음 그림과 같은 시차 액주계에서 $p_x - p_y$는 몇 kPa인가?

(단, $S_1 = 1$, $S_2 = 0.8$, $S_3 = 13.6$이다.)

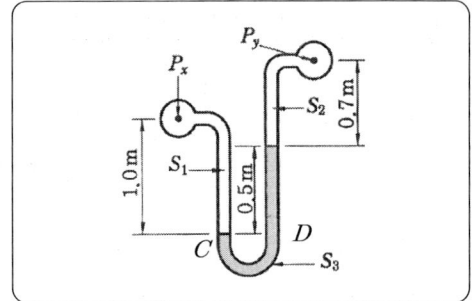

① 58.70
② 62.88
③ 70.07
④ 67.32

해설 $p_C = p_D$ 이므로

$p_x + \gamma_1 S_1 = p_y + \gamma_2 S_2 + \gamma_3 S_3$이다.

여기서,

$p_x - p_y$
$= 9.8 \times 0.8 \times 0.7 + 9.8 \times 13.6 \times 1 - 9.8 \times 1$
$= 62.88\,\text{kN/m}^2(\text{kpa})$

51 비중이 0.25인 물체를 물에 띄웠을 때 물 밖으로 나오는 부피는 전체 물체부피의 얼마에 해당하는가?

① 4/3
② 3/5
③ 3/4
④ 5/3

해설 물체의 체적을 V, 물체의 잠긴 체적을 V_1이라 하면, 물체의 무게 = 부력이 된다.

그러므로 $1000 \times 0.25 \times V = 1000 V_1$이며

물에 잠긴 $\dfrac{V_1}{V} = 0.25 = \dfrac{1}{4}$ 이고,

물 밖으로 나오는 부피는 $1 - \dfrac{1}{4} = \dfrac{3}{4}$가 된다.

52 반지름이 50cm인 원통에 물을 담아 중심축에서 180rpm으로 회전시킬 때 중심과 벽면의 차는 몇 m인가?

① 163
② 16.3
③ 1.63
④ 2.98

해설 중심과 벽면의 차는 h로
$$h = \frac{r^2\omega^2}{2g} = \frac{0.3^2 \times \left(\frac{2\pi \times 180}{60}\right)^2}{2 \times 9.8} = 1.63m$$

53 다음 중 연속방정식이란?

① 유체를 연속체라 가정하고 탄성역학의 훅(Hook's)의 법칙을 적용한 방정식이다.
② 유체의 모든 입자에 뉴턴의 관성법칙을 적용시킨 방정식이다.
③ 에너지와 일 사이의 관계를 나타낸 방정식이다.
④ 질량보존의 법칙을 유체유동에 적용한 방정식이다.

해설 질량보존의 법칙을 유체에 적용하여 얻어진 방정식을 연속방정식이라고 한다.

54 Euler의 방정식은 유체운동에 대하여 어떠한 관계를 표시하는가?

① 유선에 따라 유체의 질량이 어떻게 변화하는가를 표시한다.
② 유체가 가지는 에너지와 이것이 일치하는 일과의 관계를 표시한다.
③ 유체 입자의 운동경로와 힘의 관계를 나타낸다.
④ 유선상의 한 점에 있어서 어떤 순간에 여기를 통과하는 유체 입자의 속도와 그것에 미치는 힘의 관계를 표시한다.

55 안지름이 2m인 직관 내를 물이 3m/sec의 속도로 흐르고 있다. 여기에 재질이 같은 작은 직관을 흐름과 같은 방향으로 직접 연결하여 관내의 유속을 12m/sec로 하려면 작은 관의 안지름을 다음 중 어느 것으로 하면 제일 좋은가?

① 0.5m
② 6m
③ 8m
④ 1m

해설 $Q = A_1V_1 = A_2V_2$
$$d_1^2 V_1 = d_2^2 V_2$$
$$2^2 \times 3 = d_2^2 \times 12, \; d_2 = 1m$$

56 다음 사항 중 유맥선이란?

① 속도벡터의 방향과 일치하도록 그려진 선이다.
② 유체 입자가 일정한 기간 내에 움직인 경로이다.
③ 모든 유체 입자에 순간 궤적이다.
④ 뉴턴의 점성법칙에 따라 그려진 선이다.

해설 공간 내의 한 점을 지나는 모든 유체입자들의 순간 궤적을 유맥선이라고 한다.

57 다음 그림에서 H=6m, h=5.75m이다. 이 때 손실수두는 약 몇 m인가?

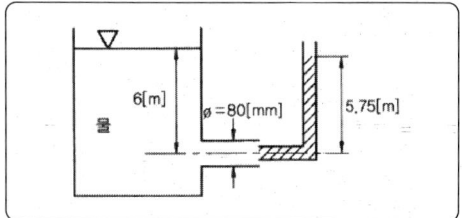

① 0.25m
② 0.5m
③ 0.75m
④ 1m

해설 손실 수두는 $Z_1 = Z_2 + h_L$
$$h_L = Z_1 - Z_2 = 6 - 5.75 = 0.25m$$

58 다음 중 차원이 잘못된 것은?

① 동력 = $[ML^{-2}T^{-1}]$
② 일 = $[ML^2T^{-2}]$
③ 운동량 = $[MLT^{-1}]$
④ 역적 = $[MLT^{-1}]$

해설 1) 역적 = 힘×시간
     = $[MLT^{-2}] \times [T] = [MLT^{-1}]$
2) 일 = 힘×거리
     = $[MLT^{-2}] \times [L] = [ML^2T^{-2}]$
3) 운동량 = 질량×속도
     = $[M] \times [LT^{-1}] = [MLT^{-1}]$
4) 동력 = 일÷시간
     = $[ML^2T^{-2}]/[T] = [ML^2T^{-3}]$

59 그림과 같이 60°로 구부러진 날개가 5m/sec로 움직이고 있다. 이때 노즐로부터 10m/sec인 물의 분류가 분출되어 날개에 부딪친다. 분류가 날개를 떠나는 순간에 절대속도를 노즐에서 분출되는 분류 방향 성분은 각각 몇 m/sec인가?

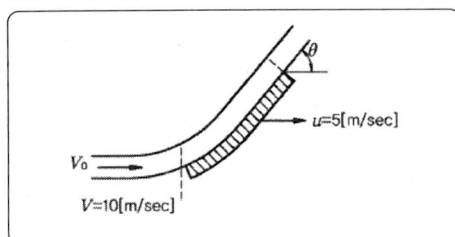

① $V_x = 7.5$, $V_y = 4.33$
② $V_x = 5$, $V_y = 8.66$
③ $V_x = 7.5$, $V_x = 2.38$
④ $V_x = 9.6$, $V_y = 4.33$

해설 출구의 속도는
$V_{출구} = V - u = 10 - 5 = 5 m/s$이다.
x방향의 속도는
$V_x = V_{출구}\cos\theta + u = 5 \times \cos60° + 5$
    $= 7.5 m/s$
y방향의 속도는
$V_y = V_{출구}\sin\theta = 5 \times \sin60° = 4.33 m/s$
이다.

60 원관 속을 점성 유체가 층류로 흐를 때 평균속도 V와 최대 속도 u_{max}는 어떤 관계가 있는가?

① $V = \frac{1}{2}u_{max}$
② $V = \frac{1}{3}u_{max}$
③ $V = \frac{2}{3}u_{max}$
④ $V = \frac{3}{4}u_{max}$

제4과목 농업동력학

61 3상 교류 전동기에 200V의 전기가 10A흐르고 있다. 전압과 전류의 위상차가 45°일 때 전동기의 출력(kW)은?

① 1.41kW
② 2.0kW
③ 2.45kW
④ 2.82kW

해설 $P = \sqrt{3}EI\cos\theta$
    $= \sqrt{3} \times 200 \times 10 \times \cos45°$
    $= 1819.76W = 1.819kW$

62 주파수가 60Hz인 교류를 사용하는 전동기의 고정자 극수가 8일 때 동기속도는 몇 rpm인가?

① 450 ② 900
③ 1800 ④ 3600

해설 $N_s = \frac{120f}{P}$
N_s : 동기속도[rpm] P : 고정자의 극수
f : 전원 주파수[Hz]
$N_s = \frac{120 \times 60 [Hz]}{8} = 900 [rpm]$

63 전동기의 설치 및 운전할 경우 유의 사항으로 적절하지 않은 것은?

① 전동기를 기동할 경우 출력을 최대 상태로 스위치는 빠르고 확실하게 넣어야 한다.
② 전동기축과 작업기축이 일직선 또는 평행이 되도록 한다.
③ 정격 퓨즈를 사용한다.
④ 베어링 부분의 과열에 주의하고 전동기의 전압이 저하되면 과부하 상태가 되므로 유의한다.

해설 전동기를 기동할 때 전원 전압을 그대로 인가하면 (최대 상태) 큰 기동전류가 흐르게 되어 정기자(電機子, armature)를 파손할 염려가 있으므로 적당한 저항을 전기자 회로에 직렬로 넣어 기동전류를 제한하는 기동저항기를 사용한다.

64 트랙터 시동회로의 주요 구성요소가 아닌 것은?

① 축전지 ② 전압조정기
③ 시동전동기 ④ 솔레노이드

해설 트랙터 시동회로의 주요 구성요소는 축전지, 시동전동기, 솔레노이드, 컷오프 릴레이 등이다.
트랙터는 TM위치 → 축전지 → 솔레노이드 → 시동 전동기 → 피니언 → 플라이휠의 링 기어 순으로 시동이 시작된다.

65 실린더 1개인 내연기관에서 피스톤의 배기량의 주 결정요인은?

① 피스톤 직경과 무게
② 피스톤 직경과 행정
③ 피스톤 직경과 피스톤의 길이
④ 피스톤 직경과 피스톤 로드 길이

해설 배기량은 실린더 직경에 의한 실린더 면적과 행정의 곱으로 산출된다.

66 디젤기관을 탑재한 트랙터에 사용하는 일반적인 축전지를 구성하고 있는 하나의 셀은 몇 V의 전압을 발생하는가?

① 2.0 ② 6.0
③ 12.0 ④ 24.0

해설 축전지는 6개의 셀로 구성되어 셀당 전압은 2.0V이며, 직렬로 연결하여 12V의 전압을 전기장치에 공급하게 한다.

67 디젤기관에서 과급(supercharging)에 대한 다음 내용 중 틀린 것은?

① 과급을 하면 최대출력이 증대된다.
② 과급을 하면 평균유효압력이 증대된다.
③ 과급을 하면 노킹현상이 증대된다.
④ 과급을 하면 체적효율이 증대된다.

해설 과급으로 급기 밀도를 높이면 체적효율이 증가하여 평균유효압력이 상승하므로 행정체적이나 회전속도를 증가시키지 않고도 연료소비율을 감소시키고 출력을 증대시킬 수 있다.

68 기화기에서 혼합가스가 실린더 속으로 유입하는 양을 조절하는 것은?

① 초크밸브(choke valve)
② 스로틀 밸브(throttle valve)
③ 연료조정 니들밸브
④ 부자실

69 어느 기관이 35 Nm의 토크를 내면서 1000 rpm으로 회전할 때, 이 기관의 축에서 발생하는 동력은 약 몇 kW인가?

① 1.9 ② 2.8
③ 3.7 ④ 4.6

해설
$$동력 = \frac{2\pi \times 토크 \times 회전속도}{60000}$$
$$= \frac{2\pi \times 35 \times 1000}{60000}$$
$$= 3.66 \text{kW} \fallingdotseq 3.7 \text{kW}$$

70 가솔린 기관에서 혼합기가 너무 희박할 때 일어나는 현상은?

① 연료 소모량이 증가한다.
② 저속 회전이 어려워진다.
③ 엔진 오일을 묽게 한다.
④ 엔진이 과열된다.

71 실린더의 과냉으로 오는 결점이 아닌 것은?

① 연소의 불완전
② 열효율의 저하
③ 실린더 마모의 촉진
④ 재킷 내 전해 부식 촉진

해설 수냉식 기관의 실린더 블록은 냉각수가 흐르는 워터 재킷으로 둘러싸여 있다. 대부분의 기관들은 물과 에틸렌글리콜(부동액)의 혼합물을 사용한다. 에틸렌글리콜(부동액)은 녹을 방지하고 물펌프에 대하여 윤활제의 역할을 한다. 단, 순수한 에틸렌글리콜(부동액)은 기관 냉각제로 사용해서는 안된다. 냉각장치는 엔진을 냉각하여 과열을 방지하고 적당한 온도를 유지하는 장치이다. 실린더 내의 연소가스 온도가 약 2000~2500°C에 이르며, 이 열의 상당한 양이 실린더 벽, 실린더 헤드, 피스톤, 밸브 등에 전달된다. 또한, 냉각이 많이 되면 냉각으로 손실되는 열량이 크기 때문에 엔진 효율이 낮아지고, 연료 소비량이 증가하는 등의 문제가 발생하므로 엔진의 온도를 약 80~90°C로 유지하는 것이 냉각장치의 기능이다. 그러나 냉각에는 일정한 한도가 있으며 과도한 냉각은 연소를 나쁘게 하고 열효율의 저하를 초래하며 불완전연소의 소산물인 CO 등의 부식성이 강한 산성가스가 응축수와 화합하여 HCOOH로 되어 실린더 내면에 침식하거나 윤활유에 섞여 화학적인 이상마멸이 생길 수 있다. 예방법으로는 가능한 한 냉각수 온도를 높게 유지하여 응결수분의 생성을 막는 것이다.

72 실린더 지름이 100mm, 행정은 150mm, 도시 평균 유효압력은 700kPa, 기관 회전수가 1500rpm, 실린더 수가 4개인 4사이클 가솔린 기관의 도시출력은?

① 10.3kW ② 41.2kW
③ 56.0kW ④ 259.0kW

해설 $P_c = \dfrac{np_{cme}D_s N_e}{60x}$

P_c : 도시출력, kW, n : 실린더수,
P_{cme} : 도시평균유효압력, kPa
D_s : 행정체적, m³, N_e : 크랭크축 회전속도, rpm,
x : 2(4사이클기관), 1(2사이클기관)

$D_s = AS$,
A : 실린더 바닥 면적, S : 행정거리

$D_s = \dfrac{\pi}{4}(0.1\,\text{m})^2 \times 0.15\,\text{m}$
$= 1.178 \times 10^{-3}\,m^3$

$P_c = \dfrac{4 \times 700 \times 1.178 \times 10^{-3} \times 1500}{60 \times 2}$
$= 41.23\,kW$

73 가솔린 기관의 연료 소비율이 210g/kWh이고, 기관 출력이 55kW일 때 시간당 연료소비량은 몇 kg/h인가?

① 11.55 ② 8.55
③ 5.55   ④ 1.55

해설 연료소비량(g/h)=연료소비율(g/kWh)×기관출력(kW)
연료소비량 = 210g/kWh×55kW
= 11,550g/h = 11.55kg/h

74 옥탄가가 100이상인 경우 PN과 ON 사이의 관계를 옳게 나타낸 것은?

① $PN = \dfrac{1800}{128-ON}$

② $PN = \dfrac{2800}{280-ON}$

③ $PN = \dfrac{2800}{128-ON}$

④ $PN = \dfrac{280}{128-ON}$

75 3점 링크 히치에 유압장치를 사용함으로써 발생되는 장점이 아닌 것은?

① 3점 히치 상하 조작이 리프팅 암을 상하로 작동시킴으로써 이루어진다.
② 유압 조작레버의 위치에 관계없이 작업기의 상하조작은 항상 일정한 위치로 자동 조정된다.
③ 플라우의 견인력 제어나 위치제어와 같은 제어가 가능하다.
④ 작업기의 무기가 트랙터 후차륜에 증가시킴으로써 큰 견인력을 얻을 수 있다.

해설 기계유압식 3점 링크 히치의 특징
위치제어는 트랙터에 대한 작업기의 위치를 미리 원하는 높이에 설정하여 작업기 상승 시 항상 설정된 높이에서 정지할 수 있으며 유압 작동레버의 위치에 따라 작업기의 위치가 결정된다.

76 차륜이 직진할 때 외부로부터 받는 측면 하중이나 충격을 흡수하여 직진성을 좋게 하는 것으로 차륜의 진행 방향과 차륜 평면이 이루는 각은?
① 캠버각 ② 토인각
③ 캐스터각 ④ 킹핀 경사각

77 유압시스템에서 압력이 일정 한도 이상이 되면 스프링을 밀어 통로가 열려 오일이 배유관을 통해 배출되어 과도한 압력 상승을 방지해 주는 유압 밸브는?
① 릴리프 밸브 ② 방향제어 밸브
③ 유량제어 밸브 ④ 솔레노이드 밸브

78 다음 중 트랙터 취급 시 안전수칙이 아닌 것은?
① 밀폐된 실내에서 기관을 가동하지 말 것
② 운전자 이외에 보조자가 꼭 함께 동승할 것
③ 유압으로 작업기를 올려 놓고 그 밑에서 작업하지 말 것
④ 기관이 가동하고 있을 때는 구동형 작업기의 조정 정비를 금할 것

해설 트랙터뿐만 아니라 모든 농기계는 운전자 1명만 탑승을 원칙으로 한다.

79 트랙터 로타리 작업시 쇄토정도가 너무 거칠어질 때 취해야할 조치 중 관계가 없는 것은?
① 뒷덮개 판을 내린다.
② 주행을 느리게 한다.
③ 회전속도를 높인다.
④ 주행속도를 높인다.

해설 쇄토정도가 너무 거칠 때는 경운피치를 작게 해주면 된다. 경운피치를 작게 하는 방법은 주행속도를 낮추는 방법과 회전속도를 높이는 방법이 있다.

80 트랙터의 PTO축을 연결하는 기계요소는?
① 기어 ② 베어링
③ 턴버클 ④ 스플라인

해설 PTO축은 스플라인축을 이용하여 동력을 전달한다.

제5과목 농업기계학

81 경운작업의 일반적인 목적으로 틀린 것은?
① 뿌리 내릴 자리와 파종할 자리에 알맞은 흙의 구조를 마련한다.
② 잡초를 제거하고 불필요하게 과밀한 작물을 제거한다.
③ 흙과 비료 또는 농약 등을 잘 분리하는 효과가 있다.
④ 등고선 경운이나 지표의 피복물을 적절히 설치하여 토양의 침식을 방지한다.

82 농업기계 작업에서 포장작업효율이 나타내는 것은?
① 단위면적당 작업시간
② 작업폭과 작업속도를 곱한 값
③ 이론작업량과 손실작업량의 차이
④ 이론작업량에 대한 포장작업량의 비율

해설 작업기가 수행할 수 있는 단위 시간당 최대 작업량을 이론작업능률 또는 이론포장능률이라 한다. 실제 포장에서 작업하는 경우에는 포장의 크기가 제한되어 있으므로 직진만 할 수 없고 회전하거나 모서리를 돌기 위하여 후진하는 등 실제로 작업하지 못하는 시간이 있다. 작업에 따라서는 작업폭을 100% 활용하지 못하며, 포장상태에 따라서는 작업속도를 일정하게 유지하지 못한다. 그 외에도 작업기를 포장 내에서 조정하거나 급유하고 농자재를 재투입하거나 운전자가 휴식을 취하는 등 포장에 농기계가 진입한 동안 여러 가지로 손실되는 시간이 있다.
숙련된 농업인이 포장 내에 진입하여 단위 시간당 작업하는 평균 면적을 실작업능률 또는 유효포장능률이라 하며 아래 식으로 정의된다.

$$A_e = \epsilon_f A$$

여기서, A_e : 유효포장능률 (ha/h)
ϵ_f : 포장효율
A : 이론포장능률 (ha/h)

83 이론작업량이 0.6ha/h이고 포장효율이 60 %이면 시간당 실제 작업량은 몇 ha/h인가?

① 0.36　　② 0.26
③ 2.26　　④ 0.22

해설 작업기가 수행할 수 있는 단위 시간당 최대 작업량을 이론작업능률 또는 이론포장능률이라 한다. 실제 포장에서 작업하는 경우에는 포장의 크기가 제한되어 있으므로 직진만 할 수 없고 회전하거나 모서리를 돌기 위하여 후진하는 등 실제로 작업하지 못하는 시간이 있다. 작업에 따라서는 작업폭을 100% 활용하지 못하며, 포장상태에 따라서는 작업속도를 일정하게 유지하지 못한다. 그 외에도 작업기를 포장 내에서 조정하거나 급유하고 농자재를 재투입하거나 운전자가 휴식을 취하는 등 포장에 농기계가 진입한 동안 여러 가지로 손실되는 시간이 있다.

숙련된 농업인이 포장 내에 진입하여 단위 시간당 작업하는 평균 면적을 실작업능률 또는 유효포장능률이라 하며 아래 식으로 정의된다.

$$A_e = \epsilon_f A$$

여기서, A_e: 유효포장능률(ha/h)
　　　　ϵ_f: 포장효율
　　　　A: 이론포장능률(ha/h)

이 문제는 이론포장능률이 0.6ha/h이고 포장효율이 0.6일 때의 유효포장능률을 구하는 문제이다. 따라서 유효포장능률은 아래와 같이 계산된다.

$$A_e = 0.6 \times 0.6 = 0.36 \ ha/h$$

84 쇄토기의 한 종류로서 뿔처럼 생긴 이빨을 4~6cm의 간격으로 크로스바에 수직으로 고정시켜 사용하는 작업기는?

① 원판 해로
② 스프링 해로
③ 스파이크투스 해로
④ 애크미 해로

해설
- 스파이크해로(spike tooth harrow)는 쇄토기의 한 종류로써 뿔처럼 생긴 긴 이빨을 4~6cm의 간격으로 크로스바에 수직으로 고정시켜 사용하는 것인데 이 이빨을 치간이라고 한다.
- 원판해로(disk harrow): 접시모양의 구면형 원판을 1개의 연결축에 5~10장을 매달고, 이것을 2개 또는 4개씩 하나의 묶음으로 연결하여 견인하도록 만든 트랙터부착용 쇄토기이다.
- 스프링해로(spring tooth harrow): 흙과 접촉하여 작업하는 치간을 스프링강을 사용하여 활모양으로 구부려 크로스바에 연결한 것이다.

85 원판 플라우에 대한 설명으로 가장 적합한 것은?

① 몰드보드 플라우에 비하여 마찰이 크다.
② 원판각이 클수록 경폭이 증가된다.
③ 원판 앞에 부착된 콜터가 흙의 부착을 방지한다.
④ 심경이 어렵다.

해설 원판플라우는 역조를 따라 미끄러지는 이체 대신에 구르는 이체를 사용함으로써 마찰을 줄여준다. 원판플라우는 몰드보드플라우와 같이 보습이나 바닥쇠를 가지고 있지 않으며 접시모양의 오목한 구면의 일부로 작업을 한다. 원판륜이 진행방향과 이루는 각을 원판각이라고 하고 원판이 수직방향과 이루는 각을 경사각이라고 한다. 원판각이 클수록 경폭이 커지는 반면 원판의 회전은 감소하다. 원판플라우는 심경이 가능하며 마르고 단단한 땅, 나무뿌리나 돌멩이가 있는 땅에서도 경기작업이 가능하다. 또한 원판각과 경사각을 적절히 조절함으로써 여러 가지 토양조건에서 작업이 가능하고 특히 스크레이퍼에 의하여 흙의 부착을 방지해 주며 점착성이 강한 토양에서도 경기작업이 가능하다.

86 다음 중 트랙터 동력취출장치(P.T.O)와 연결되지 않는 작업기는?

① 모워(mower)
② 쟁기(plow)
③ 로터리(rotary)
④ 브로드캐스터(broadcaster)

해설 쟁기작업은 동력취출장치가 필요없고, 견인력만 필요하다.

87 종자를 한 알 또는 여러 알씩 일정한 간격으로 파종하는 경우에 알맞은 파종기는?

① 산파기　　② 조파기
③ 점파기　　④ 이앙기

해설 일반적으로 종자를 파종하는 방법
- 산파: 토양 표면에 흩어 뿌리는 방법으로서 목초, 잔디 등의 종자를 파종하는데 적합하다.
- 조파: 일정한 간격을 두고 한 줄로 연속하여 뿌리는 방법으로서 맥류, 채소 등의 종자를 파종하는데 적합하다.
- 점파: 한 줄에 일정한 간격으로 1~3립의 종자를 파종하는 방법으로서 옥수수, 콩류 등의 종자를 파종하는데 적합하다.

88 이앙기로 모를 이식할 경우 이앙기 자체에 의한 결주 원인으로 부적당한 것은?
① 식부깊이가 얕을 때
② 모상자의 육묘 생육이 불균일할 때
③ 식부조가 묘를 완전히 절단하지 못할 때
④ 묘가 적은 양 밖에 분리되지 않을 때

89 중경 제초기의 주요부분이 아닌 것은?
① 중경날   ② 솎음날
③ 제초날   ④ 배토판

해설 중경 제초기에는 중경작업, 제초작업, 배토작업이 가능하다.
- **중경작업** : 이랑과 작물포기 사이의 표토를 경운 쇄토하여 굳은 토양을 유연하게 함으로서 토양 속에 공기를 공급하고 투수성을 촉진한다. 잡초의 발생을 방지하여 작물의 생육을 위한 토양 환경을 개선한다.
- **제초작업** : 잡초를 뽑아 제거하거나 중경작업을 함으로서 동시에 잡초의 뿌리를 잘라 건조하여 고사시킨다.
- **배토작업** : 작물 사이에 북을 주어 작물 뿌리의 지지력을 향상시키고, 도복을 방지하는 효과가 있다.

90 두 개의 노즐을 이용하여 유효 살포폭이 1m, 작업속도는 3km/hr로서 1ha 당 80L의 약액을 살포하려고 한다. 노즐 하나의 분당 살포량은 약 몇 L/min인가?
① 0.1   ② 0.2
③ 0.3   ④ 0.4

해설 노즐의 분출량은 아래 식으로 계산된다.
$$q = \frac{SWQ}{6000}$$
여기서, q : 노즐의 분출량 (l/min)
S : 작업속도 (km/h)
W : 1회 살포폭 (cm)
Q : 살포량 (l/10a)

문제에서 S = 3 km/h, W = 100 cm, Q = 8 l/10a 이므로 노즐의 분출량은 아래와 같이 계산된다.
$$q = \frac{3 \times 100 \times 8}{6000} = 0.4\, l/min$$
두 개의 노즐을 이용하였으므로
노즐 하나당 분출량은 $0.2\, l/min$이다.

91 강력한 압력이 필요한 높은 수목의 방제 작업에 사용되는 분무기 노즐로 조절형 와류 노즐을 장착하고 있는 것은?
① 볼트형   ② 원판형
③ 캡형   ④ 철포형

92 다음 중 동력분무기의 분무 상태가 나쁘고, 분무입자가 큰 경우의 원인이 아닌 것은?
① 노즐구멍이 마모되어 커졌다.
② 노즐의 구멍수가 적다.
③ 압력이 떨어졌다.
④ 흡입량이 적다.

93 2ton의 중량물을 4초 사이에 10m 이동시키는데 몇 마력이 소요되는가?
① 약 36.7ps
② 약 46.7ps
③ 약 56.7ps
④ 약 66.7ps

해설 $1ps = 75 kg_f \cdot m/s$
$$\therefore L(ps) = \frac{2{,}000 kg \times 10 m}{4 \times 75} = 66.66667 ps$$

94 보통형 콤바인에 대한 일반적인 특성을 설명한 것이다. 틀린 것은?
① 작업 폭이 넓다.
② 자탈형 콤바인에 비해 습지에 대한 적응성이 뛰어나다.
③ 보리와 같이 밭작물의 키가 불균일해도 효율적으로 수확할 수 있다.
④ 자탈형 콤바인과 마찬가지로 이슬에 젖은 경우에도 사용할 수 없다.

해설 우리나라에서 대부분 사용하고 있는 콤바인은 자탈형 콤바인이다. 자탈형 콤바인은 크롤러(궤도)로 되어 있지만, 보통형 콤바인은 바퀴형이 대부분이며, 경우에 따라 궤도형으로 되어 있는 콤바인도 있다.

95 자탈형 콤바인의 주요 구성부에 해당되지 않는 것은?

① 결속부
② 전처리부 및 예취
③ 반송부
④ 탈곡부

해설 자탈형 콤바인은 전처리부, 예취부, 반송부, 탈곡부, 선별부, 곡물처리 및 짚처리부로 구성되어 있다.

96 마찰식과 연삭식 정미기에 대한 설명 중 올바른 것은?

① 마찰식 정미기는 높은 압력에서 강층을 제거하기 때문에 쇄미 발생률이 높다.
② 연삭식 정미기는 높은 압력에서 찰리 및 마찰작용에 의하여 강층을 제거하나 쇄미 발생률은 높다.
③ 마찰식 정미기는 생산되는 백미의 표면은 매끄럽지 못하다.
④ 연삭식 정미기는 생산되는 백미의 표면은 매끄럽다.

해설 마찰식 정미기는 높은 압력에서 찰리 및 마찰 작용에 의하여 강층을 제거하기 때문에 쇄미 발생률이 높은 반면, 생산되는 백미의 표면이 매끄럽고 윤이 난다. 연삭식 정미기는 낮은 압력에서 절삭 작용에 의하여 강층을 제거하기 때문에 쇄미 발생률이 낮은 반면, 백미의 표면이 매끄럽지 못한 결점이 있다.

97 고무롤러 현미기에서 고속롤러와 저속롤러의 직경이 같고, 회전수가 각각 1000rpm, 800rpm 이라고 하면 회전차율은 얼마인가?

① 20%
② 25%
③ 75%
④ 80%

해설 회전차율(%) = $\frac{DN - dn}{DN} \times 100$

여기서, D : 고정롤러의 지름
N : 고정롤러의 회전속도
d : 유동롤러의 지름
n : 유동롤러의 회전속도

∴ 회전차율 = $\frac{1000 - 800}{1000} \times 100\% = 20\%$

회전차율 = $\frac{\text{고속롤러의 회전수} - \text{저속롤러의 회전수}}{\text{고속롤러의 회전수}} \times 100$

= $\frac{200}{1000} \times 100 = 20\%$

고무롤은 약 25%의 회전차를 가지고 서로 반대 방향으로 회전하며, 벼는 이들 고무롤 사이를 통과하는 동안 외피에 서로 반대 방향의 마찰력과 전단력을 받아 왕겨가 분리 된다.

98 곡립의 길이가 8.2mm, 폭이 5.4mm, 두께가 3.4mm이고 곡립의 체적이 114.5mm³일 때, 이 곡립의 구형률(sphericity)은 약 몇 %인가?

① 39.0
② 59.3
③ 65.9
④ 73.5

해설 구형률은 아래 식으로 계산된다.

$$S = \frac{d_e}{d_c} \times 100$$

S : 구형률(%)
d_e : 농산물의 체적과 같은 구의 지름(m)
d_c : 농산물의 최소외접구의 지름 또는 그 농산물의 최대 지름(m)

또한, 구의 지름이 d일 때의 체적은 $\frac{\pi}{6}d^3$으로 계산된다.
문제에서 벼의 체적이 114.5mm³이므로 d_e는 아래 식으로 계산된다.

$$\frac{\pi}{6}d_e^3 = 114.5 \times 10^{-9},$$
$$d_e = 6.0247 \times 10^{-3} m$$

문제에서 길이, 폭, 두께 중 가장 큰 치수는 길이이므로 벼의 최대 지름 $d_c = 8.2 \times 10^{-3} m$이다.
따라서, 구형률
$S = \frac{6.0247 \times 10^{-3}}{8.2 \times 10^{-3}} \times 100 = 73.47(\%)$이다.

99 목초의 "예취 → 집초 → 세절 / 결속 → 적재 → 운반" 작업의 순서대로 축산기계를 나열한 것은?

① 모어 → 레이크 → 베일러 → 베일로더 → 트레일러
② 테더 → 모어 컨디셔너 → 베일러 → 베일로더 → 롤 베일
③ 레이크 → 베일러 → 모어 → 로더 → 생초 사일리지
④ 베일로더 → 테더 → 모어 컨디셔너 → 베일러 → 롤 베일

해설 목초 수확 작업별 대표적인 작업기는 아래와 같이 분류된다.
- **예취**: 모어, 모어컨디셔너
- **집초**: 레이크
- **세절/결속**: 목초수확기, 베일러
- **적재**: 베일스로어, 베일로더
- **운반**: 왜건, 트럭, 트레일러

100 벼, 밀, 콩 등의 혼합물을 곡물별로 분리시키려 할 경우 다음 중 가장 적합한 선별기는?

① 채 선별기
② 원판형 홈선별기
③ 마찰 선별기
④ 원통형 공기 선별기

해설 원판형 홈선별기는 양면에 일정한 홈이 여러 개 뚫려 있어 원판을 동일한 수평축에 배열한 구조로 축이 회전함에 따라 원판들이 아래쪽으로 공급되는 곡물 속을 통과할 때 홈 속으로 들어간 크기가 작은 알갱이들이 원판을 사이의 적당한 위치에 설치되어 있는 집적통으로 떨어지게 하여 곡물을 분류하는 방식이므로 크기가 다양한 형태를 구분하기 적합하다. 밀, 보리, 귀리 등 맥류의 정선에 사용된다.

농업기계기사 제2회 CBT 실전모의고사

제1과목 재료역학

01 지름 10mm의 원형단면 축에 길이방향으로 785kgf의 인장하중이 걸릴 때 하중방향에 수직인 단면에 생기는 응력은 약 몇 kgf/mm² 인가?

① 7.85 ② 10
③ 78.5 ④ 100

해설 $\sigma = \dfrac{W}{A}$
σ : 응력(kgf/mm²), W : 하중(kgf), A : 단면적(mm²)
∴ $\dfrac{785}{0.785 \times 10^2} = 10 \text{kgf/mm}^2$

02 그림과 같은 타원 단면을 갖는 봉이 하중 200kgf의 인장하중을 받는다. 이 봉에 작용한 인장응력은 몇 kgf/cm² 인가?

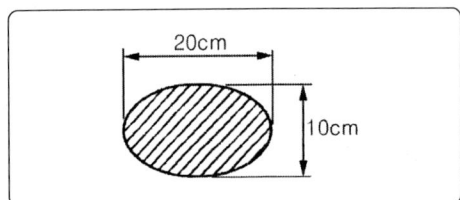

① 1.27 ② 12.7
③ 127   ④ 1270

해설 $\sigma = \dfrac{W}{A}$ 에서
$\dfrac{200}{0.785 \times 20 \times 10} = 1.273 \text{kgf/cm}^2$

03 일반적인 탄소강 재료를 사용하는 경우의 사용응력, 허용응력, 탄성한도의 관계로 다음 중 가장 적합한 것은?

① 허용응력 ≧ 사용응력 > 탄성한도
② 허용응력 > 탄성한도 > 사용응력
③ 탄성한도 > 사용응력 > 허용응력
④ 탄성한도 > 허용응력 ≧ 사용응력

04 재료의 인장강도가 48kgf/mm²인 강재가 안전율이 8이라면 허용 인장응력은 몇 kgf/cm² 인가?

① 560 ② 600
③ 640 ④ 680

해설 $\sigma = \dfrac{\sigma_u}{S}$
σ : 허용응력, σ_u : 인장강도 kgf/cm², S : 안전율
∴ $\dfrac{48 \times 100}{8} = 600 \text{kgf/cm}^2$

05 인장강도가 430N/mm²인 주철의 안전율이 10이면 허용응력은 몇 N/mm²인가?

① 4300
② 21.5
③ 2150
④ 43.0

해설 $S = \dfrac{\sigma_s}{\sigma_a}$ 에서
$10 = \dfrac{430}{\sigma_a}$,
$\sigma_a = 43 \text{N/mm}^2$

06 지름 80mm인 축에 20000kgf-cm의 굽힘 모멘트가 걸린다면 이 축에 생기는 굽힘 응력은 약 몇 kgf/cm²인가?

① 398　　② 452
③ 562　　④ 626

해설 $\sigma_b = \dfrac{32M}{\pi d^3}$

σ_b : 축의 허용 굽힘 응력(kgf/cm²)
M : 축의 굽힘 모멘트(kgf-cm),
d : 축의 지름(cm)

$\therefore \dfrac{32 \times 20000}{3.14 \times 8^3} = 398 \text{kgf}/\text{cm}^2$

07 보일러와 같이 내경에 비하여 강관의 두께가 얇은 원통이 내압을 받고 있는 경우 원주방향 응력은 축방향의 응력의 몇 배인가?

① $\dfrac{1}{2}$　　② $\dfrac{1}{4}$
③ 2　　④ 4

해설 축방향 응력은 $\sigma = \dfrac{PD}{4t}$,
원주방향 응력은 $\sigma = \dfrac{PD}{2t}$ 이므로
원주방향의 응력은 축방향 응력의 2배이다.

08 시편 지름 14mm, 평행부 길이 60mm, 표점거리 50mm, 인장하중 9930N일 때, 인장응력(N/mm²)과 연신율(%)은 각각 얼마인가? (단, 절단 후의 표점거리는 64.3mm이다.)

① 64.5, 28.6
② 64.5, 38.6
③ 54.5, 38.6
④ 54.5, 28.6

해설 $\sigma = \dfrac{P}{A} = \dfrac{9930}{\dfrac{\pi \times 14^2}{4}} = 64.51 \text{N}/\text{mm}^2$

신장률 $= \dfrac{l_f - l_o}{l_o} \times 100$

$= \dfrac{64.3 - 50}{50} = 0.286 = 28.6\%$

09 열응력에 대한 다음 설명 중 틀린 것은?

① 세로탄성계수와 관계가 있다.
② 재료의 단면치수에 관계가 있다.
③ 온도차에 관계가 있다.
④ 재료의 선팽창계수에 관계가 있다.

해설 열응력 : 온도의 변화에 의해 재료에 발생하는 응력.

$$\sigma_h = E\alpha(t - t_o)$$

E : 재료의 탄성계수(탄성률)
α : 재료의 열팽창계수(선팽창계수)
t : 나중 온도
t_o : 처음 온도

10 폭 5cm, 높이 10cm의 단면을 갖는 보에 굽힘 모멘트 10000kgf/cm가 작용할 때 보에 생기는 최대 굽힘응력은 약 몇 kgf/cm²인가?

① 120
② 240
③ 340
④ 480

해설 $Z = \dfrac{bh^2}{6} = \dfrac{5 \times 10^2}{6} = 83.33 \, cm^3$

$\sigma_b = \dfrac{M}{Z} = \dfrac{10000}{83.33} = 120 \, \text{kgf}/\text{cm}^2$

11 재료역학에서의 보에 대한 설명이다. 틀린 것은?

① 정정보는 보의 지점반력을 정역학적 평형조건을 이용하여 구할 수 있는 보이다.
② 외팔보는 보의 한쪽 끝만을 고정한 것이며, 단순보라고도 한다.
③ 돌출보는 보가 지점 밖으로 돌출한 보이다.
④ 양단고정보는 양끝이 고정된 보를 말한다.

해설 단순보는 정정보의 일종이며, 양끝이 각각 핀지점(회전받침점)과 롤러지점(이동받침점)으로 지지된 보이다.

12 지름이 d인 원형 단면의 중심점의 극점을 통과하는 극관성 모멘트는?

① $\dfrac{\pi d^4}{32}$ ② $\dfrac{\pi d^4}{64}$

③ $\dfrac{\pi d^3}{32}$ ④ $\dfrac{\pi d^3}{64}$

해설 지름이 d인 원형 단면의 중심점의 극점을 통과하는 극관성 모멘트는 $\dfrac{\pi d^4}{32}$이다.

13 그림과 같은 보의 명칭으로 가장 적합한 것은?

① 단순보   ② 외팔보
③ 돌출보   ④ 고정보

14 그림과 같이 길이 L인 단순보의 중앙에 집중하중 P를 받을 때, 최대 굽힘모멘트는 얼마인가?

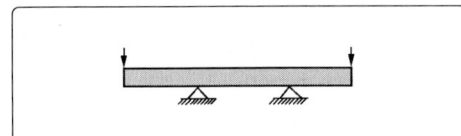

① $\dfrac{PL}{4}$ ② $\dfrac{PL}{2}$

③ $\dfrac{PL^2}{4}$ ④ $\dfrac{PL^2}{2}$

해설 집중하중 P가 중앙에 작용하면, 최대 굽힘모멘트 M_{max} 또한 중앙지점에서 발생하고 크기는 다음과 같다.

$M_{max} = \dfrac{PL}{4}$

15 그림과 같이 주어진 단순보에서 최대 처짐에 대한 서술 중 틀린 것은?

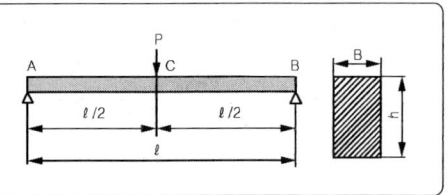

① 탄성계수(E)에 반비례한다.
② 하중(P)에 비례한다.
③ 길이(ℓ)의 3제곱에 비례한다.
④ 보의 단면 높이(h)의 제곱에 비례한다.

해설 보의 최대 처짐은 하중에 비례하고, 탄성계수에 반비례하며, 길이의 3제곱에 비례한다.

16 그림과 같이 균일분포 하중을 받는 단순보에서 최대 굽힘 응력은?

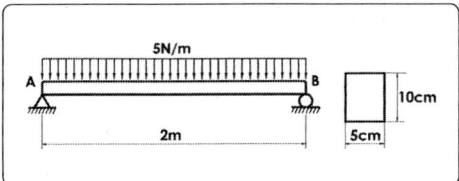

① 30kPa
② 40kPa
③ 60kPa
④ 80kPa

해설 최대 굽힘모멘트

$M_{max} = \dfrac{wL^2}{8} = \dfrac{5 \times 2^2}{8} = 2.5\,N \cdot m$

단면 2차 모멘트

$I = \dfrac{bh^3}{12} = \dfrac{0.05 \times 0.1^3}{12} = 4.166 \times 10^{-6}\,m^4$

최대 굽힘응력 $\sigma_b = \dfrac{M}{I}y$

$= \dfrac{2.5}{4.166 \times 10^{-6}} \times 0.05 = 30\,kPa$

17 그림과 같은 단면을 가진 외팔보에 등분포 하중이 작용할 때 보에 발생하는 최대 굽힘응력은 약 몇 N/cm²인가?

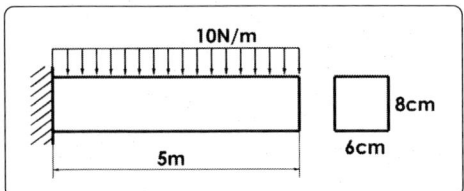

① 95 ② 145
③ 195 ④ 245

해설 최대 굽힘모멘트

$$M_{max} = \frac{wL^2}{2}$$

$$= \frac{0.1 \times 500^2}{2} = 12500\,N\cdot cm$$

단면계수 $Z = \frac{bh^2}{6} = \frac{6 \times 8^2}{6} = 64\,cm^3$

최대 굽힘응력

$$\sigma_b = \frac{M}{Z} = \frac{12500}{64} = 195.31\,N/cm^2$$

18 그림과 같은 길이 L인 단순지지 보의 중앙에 집중하중 P를 받은 경우 굽힘 모멘트는?

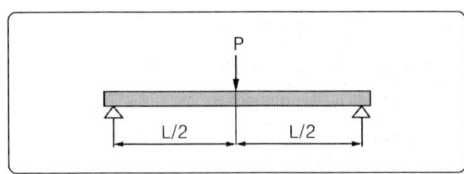

① PL ② $\frac{PL}{2}$
③ $\frac{PL}{4}$ ④ $\frac{PL}{8}$

19 비틀림 응력은 단면의 어느 곳에서 가장 크게 생기는가?

① 중심
② 중립축
③ 원주 가장자리
④ 중심과 원주 가장자리와의 중간점

해설 비틀림 응력은 단면의 원주 가장자리에서 가장 크게 생긴다.

20 그림과 같이 10kN의 집중하중을 받는 단순보에서 Rb에서의 반력이 8kN일 때 x의 값은?

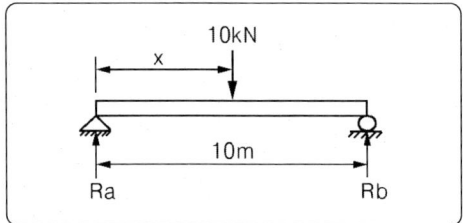

① 2m ② 4m
③ 6m ④ 8m

해설 $x = \frac{Rb \times l}{W}$

$$\therefore \frac{8kN \times 10m}{10kN} = 8m$$

제2과목 기계열역학

21 이상기체가 단열 된 관내를 흐를 때 운동에너지와 위치에너지의 변화를 무시할 수 있을 경우의 온도의 변화는?

① 증가한다.
② 변화가 없다.
③ 감소한다.
④ 기체의 종류에 따라서 다르다.

22 정상과정으로 100kPa, 22℃의 공기를 1Mpa로 압축하는 압축기가 있다. 압축공기 질량 1kg에 대해 냉각수는 16kJ의 열을 제거하고 180kJ의 일이 요구될 때, 압축기 출구온도는 약 몇 ℃인가? (단, 공기의 정압비열은 1.04kJ/kg·K이다.)

① 210 ② 195
③ 180 ④ 170

해설 $T_2 = T_1 - \left(\frac{Q-W}{mCp}\right)$

$$\therefore 22 - \left(\frac{16-180}{1 \times 1.04}\right) = 179.69℃$$

23 수은 마노미터를 사용하여 한 장치 내의 공기 유동이 측정된다. 마노미터의 높이 차이는 30mm이다. 오리피스 전후에서의 압력강하는?(단, 수은의 밀도는 13600kg/m³이고, 중력가속도 g=9.75m/s²이다.)

① 3978Pa
② 3.978×10^9 Pa
③ 3.978×10^6 Pa
④ 3.978×10^4 Pa

해설 $Pd = \rho g h$
∴ $13600 kg/m^3 \times 9.75 m/s^2 \times 0.03 m = 3978 Pa$

24 압력용기 속에 온도 95℃, 건도 29.2%인 습공기가 들어있다. 압력이 500kPa일 때 비체적(V)과 내부에너지(U)는 약 얼마인가?(단, V, U의 단위는 m³/kg, kJ/kg이고, 95℃에서 포화 액체 V′=0.00104, 건포화 증기 V″=1.98, 포화 액체 U′=398, 건포화 증기 U″=2501이다.)

① 0.257m³/kg, 1879 KJ/kg
② 0.357m³/kg, 2225 KJ/kg
③ 0.579m³/kg, 1011 KJ/kg
④ 0.678m³/kg, 3756 KJ/kg

해설 ① 비체적 $= v' + x(v'' - v')$
$= 0.00104 + 0.292 \times (1.98 - 0.00104)$
$= 0.579 m^3/kg$
② 내부 에너지 $= u' + x(u'' - u')$
$= 398 + 0.292 \times (2501 - 398) = 1011 kJ/kg$

25 다음 중 이상기체의 정적비열(Cv)과 정압비열(Cp)에 관한 관계식 중 옳은 것은? (단, R은 일반 기체상수)

① $Cv - Cp = 0$
② $Cv + Cp = R$
③ $Cp - Cv = R$
④ $Cv - Cp = R$

26 폴리트로픽 변화의 관계식 "PV^n=일정"에 있어서 n이 무한대로 되면 다음 중 어느 과정이 되는가?

① 정압과정
② 등온과정
③ 정적과정
④ 단열과정

27 순수한 물질로 되어 있는 밀폐계가 단열과정 중에 수행한 일의 절대 값에 관련된 설명으로 옳은 것은? (단, 운동에너지와 위치에너지의 변화는 무시한다.)

① 엔탈피의 변화량과 같다.
② 내부에너지의 변화량과 같다.
③ 일의 수행은 있을 수 없다.
④ 정압과정에서 이루어진 일의 양과 같다.

해설 순수한 물질로 된 밀폐계가 가역 단열과정 동안 수행한 일의 양은 내부에너지의 변화량과 같다.

28 30℃에서 비체적(specific volume)이 0.001 m³/kg인 물을 100 kPa의 압력 하에서 800 kPa의 압력으로 압축한다. 비체적이 일정하다고 할 때 이 펌프가 하는 일을 구하면?

① 167 J/kg
② 602 J/kg
③ 700 J/kg
④ 1400 J/kg

해설 $W = v(P_2 - P_1)$
∴ $0.001 \times (800 - 100) \times 10^3 = 700 J/kg$

29 압력 1N/cm², 체적 0.5m³인 기체 1kg을 가역적으로 압축하여 압력이 2N/cm², 체적이 0.3m³로 변화되었다. 이 과정이 압력-체적($P-V$)선도에서 직선적으로 나타났다면 필요한 일의 양은?

① 2000N·m
② 3000N·m
③ 4000N·m
④ 5000N·m

해설 $W = 2 \times 10^4 \times (0.5 - 0.3) - \frac{1}{2} \times (2-1)$
$\times 10^4 \times (0.5 - 0.3) = 3000 N \cdot m$

30 순평형 정적과정을 거치는 시스템에 대한 열 전달량은? (단, 운동에너지와 위치에너지의 변화는 무시한다.)

① 0 이다.
② 내부에너지 변화량과 같다.
③ 이루어진 일량과 같다.
④ 엔탈피 변화량과 같다.

해설 순평형 정적과정을 거치는 시스템에 대한 열 전달량은 내부에너지 변화량과 같다.

31 공기 1kg이 50kPa, 3m³인 상태로부터 900 kPa, 0.5m³인 상태로 변화할 때 내부에너지 증가가 160kJ이었다. 이 경우 엔탈피 증가는 몇 kJ인가?

① 30kJ ② 185kJ
③ 235kJ ④ 460kJ

해설 $h_2 - h_1 = [(P_1 V_1) - (P_2 V_2)] + U$
∴ $[(900 \times 0.5) - (50 \times 3)] + 160 = 460 kJ$

32 열역학 제2법칙에 대한 설명 중 맞는 것은?
① 과정(process)의 방향성을 제시한다.
② 에너지의 량을 결정한다.
③ 에너지의 종류를 판단할 수 있다.
④ 공학적 장치의 크기를 알 수 있다.

해설 열역학 제2법칙은 과정(process)의 방향성을 제시한다.

33 절대온도 T_1 및 T_2의 두 물체가 있다. T_1에서 T_2로 열량 Q가 이동할 때 이 두 물체가 이루는 계의 엔트로피 변화를 나타내는 식은(단, $T_1 > T_2$이다.)

① $\dfrac{T_1 - T_2}{Q(T_1 \times T_2)}$ ② $\dfrac{Q(T_1 + T_2)}{T_1 \times T_2}$

③ $\dfrac{Q(T_1 - T_2)}{T_1 \times T_2}$ ④ $\dfrac{T_1 + T_2}{Q(T_1 \times T_2)}$

34 1kgf의 헬륨이 1atm하에서 정압가열 되어 온도가 300K에서 350K로 변하였을 때, 엔트로피(entropy)의 변화량은 몇 kJ/kgf·K인가? (단, h=5.238T의 관계를 갖는다. h의 단위는 kJ/kgf, T의 단위는 K이다.)

① 0.694 ② 0.756
③ 0.807 ④ 0.968

해설 $ds = \dfrac{\delta q}{T} = \dfrac{dh}{T} = \dfrac{5.238 dT}{T}$ 에서
$ds = 5.238 \ln \dfrac{T_2}{T_1}$
∴ $5.238 \ln \dfrac{350}{300} = 0.807 kJ/kgf·K$

35 그림과 같은 오토사이클의 열효율은? (단, T_1=300K, T_2=689K, T_3=2364K, T_4=1029K이다.)

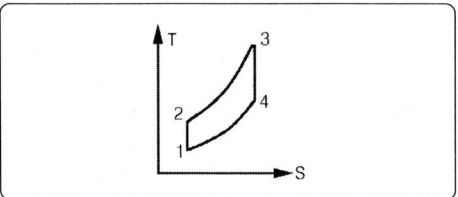

① 37.5%
② 56.5%
③ 43.5%
④ 62.5 %

해설 $\eta_o = 1 - \dfrac{Q_L}{Q_H} = 1 - \dfrac{T_4 - T_1}{T_3 - T_2}$
∴ $1 - \dfrac{1029 - 300}{2364 - 689} \times 100 = 56.5\%$

36 고온 400℃, 저온 50℃의 온도 범위에서 작동하는 Carnot 사이클의 열효율을 구하면 몇 %인가?
① 22
② 32
③ 42
④ 52

해설 $\eta_c = 1 - \dfrac{T_L}{T_H}$
∴ $1 - \dfrac{273 + 50}{273 + 400} = 0.52 = 52\%$

37 카르노사이클로 작동되는 열기관이 200kJ의 열을 200℃에서 공급받아 20℃에서 방출한다면 이 기관의 일은 약 얼마인가?
① 20kJ ② 76kJ
④ 124kJ ④ 180kJ

해설 $W = Q_1 \times \left(1 - \dfrac{T_L}{T_H}\right)$
∴ $200 \times \left(1 - \dfrac{273 + 20}{273 + 200}\right) = 76.2 kJ$

38 증기 압축식 냉동기에서 냉매의 증발 온도가 −10℃, 응축 온도가 25℃이다. 표준 사이클의 성능계수는?(단, 아래 그림을 참조하여 가장 가까운 답을 고르시오.)

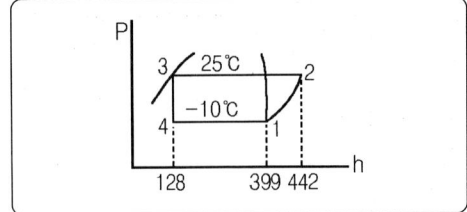

① 5.50
② 5.80
③ 6.30
④ 6.90

해설 $Cop = \dfrac{h_1 - h_4}{h_2 - h_1}$

∴ $\dfrac{399 - 128}{442 - 399} = 6.30$

39 증기터빈으로 질량유량 1kg/s, 엔탈피 h_1=3500kJ/kg의 수증기가 들어온다. 중간 단에서 h_2 = 3100kJ/kg의 수증기가 추출되며 나머지는 계속 팽창하여 h_3=2500kJ/kg 상태로 출구에서 나온다. 이때 열손실은 없으며, 위치 에너지 및 운동 에너지의 변화가 없다. 총 터빈 출력은 900kW이다. 중간 단에서 추출되는 수증기의 질량 유량은?

① 0.167kg/s
② 0.323kg/s
③ 0.714kg/s
④ 0.886kg/s

해설 $m = \dfrac{(h_1 - h_2) - W}{h_2 - h_3}$

∴ $\dfrac{(3500 - 2500) - 900}{3100 - 2500} = 0.167 \text{kg/s}$

40 열병합 발전시스템에 대한 설명으로 올바른 것은?

① 증기 동력시스템에서 전기와 함께 공정용 또는 난방용 스팀을 생산하는 시스템이다.
② 증기 동력 사이클 상부에 고온에서 작동하는 수온 동력 사이클을 결합한 시스템이다.
③ 가스터빈에서 방출되는 폐열을 증기 동력 사이클의 열원으로 사용하는 시스템이다.
④ 한 단의 재열 사이클과 여러 단의 재생 사이클을 복합한 시스템이다.

해설 화력발전소에서 증기 터빈으로 발전기를 구동하고 터빈의 배기를 이용해서 지역난방을 하는 것이다. 화력발전소에서 화석에너지(석탄, 석유)를 태워서 물을 끓인다. 끓은 물을 이용해 증기 터빈을 돌려 전기를 생산하고, 이 물로 냉각수를 이용해 난방을 하는 것을 열병합발전이라 한다.

제3과목 기계유체역학

41 다음 중 중력 단위계에서 질량의 차원으로 바르게 표현한 것은 어느 것인가?

① $[FL^{-1}T^{-1}]$
② $[FL^{-1}T^2]$
③ $[FL^2T^2]$
④ $[FLT^2]$

해설 $F = ma$에서
$m = \dfrac{F}{a} = \dfrac{F}{LT^{-2}} = FL^{-1}T^2$

42 다음 중 무차원은 어느 것인가?

① 비중
② 동점성계수
③ 체적탄성계수
④ 비중량

해설 비중(상대밀도)은 단위가 없다(무차원수).

43 이상 유체로 맞는 것은?

① 순수한 유체
② 밀도가 장소에 따라 변화하는 유체
③ 점성이 없고 비압축성인 유체
④ 온도에 따라 체적이 변하지 않는 유체

해설 이상 유체란 점성이 없고, 비압축성인 유체를 말한다.

44 질량이 20kg인 물체의 무게를 저울로 측정한 결과 186.2N이었다. 이곳의 중력 가속도는 얼마인가?

① 9.31m/s^2 ② 9.8m/s^2
③ 7.72m/s^2 ④ 3.62m/s^2

해설 $W = mg$에서
$$g = \frac{W}{m} = \frac{186.2}{20} = 9.31 \text{m/s}^2$$

45 어떤 기계유의 점성계수가 15 Pa·s, 비중량은 8500N/m³이면 동점성계수는 몇 St인가?

① 0.176 ② 86.47
③ 173   ④ 0.457

해설 $\nu = \frac{\mu}{\rho} = \frac{\mu}{\frac{\gamma}{g}} = \frac{\mu g}{\gamma} = \frac{15 \times 9.8}{8500}$
$= 0.0173 \text{m}^2/\text{s} \fallingdotseq 173 \text{cm}^2/\text{s (stokes)}$

46 어떤 액체에 1000kgf/cm²의 압력을 가하였더니 체적이 2% 감소되었다. 이 액체의 압축률 β는 얼마인가?

① $2 \times 10^{-3} \text{cm}^2/\text{kg}_f$
② $2 \times 10^{-4} \text{cm}^2/\text{kg}_f$
③ $2 \times 10^{-5} \text{cm}^2/\text{kg}_f$
④ $2 \times 10^{-6} \text{cm}^2/\text{kg}_f$

해설 체적탄성계수 K와 압출률 β와의 관계는
$\beta = \frac{1}{K}$이므로,
$\beta = -\frac{\Delta V/V}{\Delta p} = -\frac{(-0.02)}{1000}$
$= 2 \times 10^{-5} \text{cm}^2/\text{kg}_f$

47 어떤 뉴턴 유체에서 40 dyne/cm²인 전단응력이 작용하여 1rad/s의 각 변형률을 얻었다. 이때 유체의 점성계수는 얼마(centi poise)인가?

① 4000
② 400
③ 4
④ 40

해설 $\tau = \mu \frac{du}{dy}$에서
$\mu = \frac{\tau}{\frac{du}{dy}} = \frac{40}{1} = 40 \text{dyne·s/cm}^2 \text{(poise)}$
$= 4000 \text{ centi poise}$

48 그림과 같은 역 U자관 차압계에서 $p_A - p_B$는 몇 kPa인가?

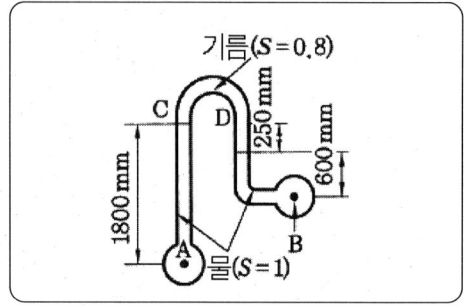

① 12.5kPa
② 7.5kPa
③ 5.1kPa
④ 9.8kPa

해설 $p_C = p_D$이므로
$p_A - 9800 \times 1.8$
$= p_B - 9800 \times 0.6 - 9800 \times 0.8 \times 0.25$
$\therefore p_A - p_B = 9800 \text{N/m}^2 \text{(Pa)} = 9.8 \text{kPa}$

49 밑면이 2m x 2m인 탱크에 비중이 0.8인 기름과 물이 다음 그림과 같이 들어 있다. AB면에 작용하는 압력은 몇 kPa 인가?

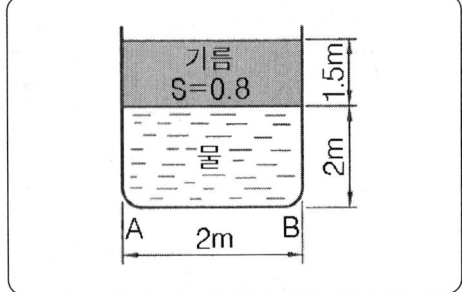

① 31.36
② 34.3
③ 343
④ 313.6

해설 압력은 비중량에 비례하고 깊이에도 비례 하므로 $p = \gamma h$이 성립한다.
$$p_{AB} = \gamma_1 h_1 + \gamma_2 h_2$$
$$= 9800 s_1 h_1 + 9800 h_2$$
$$= 9800 \times 0.8 \times 1.5 + 9800 \times 2$$
$$= 31360 \text{N/m}^2 = 31.36 \text{kPa}$$

50 그림에서 4m× 8m인 직사각형 평판이 수평면과 30°로 기울어지게 물 속에 놓여 있다. 이 때의 평판 윗면에 작용하는 전압력은 몇 (kN)인가?

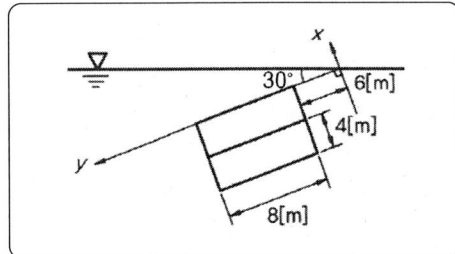

① 1,368
② 1,468
③ 1,568
④ 1,678

해설 $F = \gamma \bar{y} \sin\theta A = 9.8 \times 10 \times \sin 30° \times 4 \times 8$
$= 1,568 kN$

51 다음 중 질량유량(mass flowrate)과 관계가 없는 것은? (단, ρ는 유체의 밀도, A는 관의 단면적, V는 유체속도이다.)

① $\rho AV =$ 일정
② $d(\rho AV) = 0$
③ $\rho AV = 0$
④ $\dfrac{d\rho}{\rho} + \dfrac{dA}{A} + \dfrac{dV}{V} = 0$

해설 질량보존의 법칙에 의하여
$\dot{m} = \rho_1 A_1 V_1 = \rho_2 A_2 V_2$이므로
$\rho AV =$ 일정이 성립한다.
질량유량의 연속방정식의 미분형은
$d(\rho AV) = 0$ 또는 $\dfrac{d\rho}{\rho} + \dfrac{dA}{A} + \dfrac{dV}{V} = 0$으로 나타낼 수 있다.

52 베르누이 방정식이 아닌 것은?

① $\dfrac{dA}{A} + \dfrac{d\rho}{\rho} + \dfrac{dV}{V} = 0$
② $\dfrac{p_1}{\gamma} + \dfrac{V_1^2}{2g} + Z_1 = \dfrac{p_2}{\gamma} + \dfrac{V_2^2}{2g} + Z_2$
③ $\dfrac{p}{\gamma} + \dfrac{V^2}{2g} + Z = C$
④ $\dfrac{dp}{\gamma} + d\left(\dfrac{V^2}{2g}\right) + dz = 0$

해설 비압축성 유체($\rho =$일정)일 때
$\dfrac{p_1}{\gamma} + \dfrac{V_1^2}{2g} + Z_1 = \dfrac{p_2}{\gamma} + \dfrac{V_2^2}{2g} + Z_2$이 된다.
전수두선 또는 에너지선을 $\dfrac{p}{\gamma} + \dfrac{V^2}{2g} + Z = C$ 로 나타낸다. 비정상상태의 베르누이방정식은
$\dfrac{dp}{\gamma} + d\left(\dfrac{V^2}{2g}\right) + dz = 0$이다.

53 관(pipe) 속에 물이 흐르고 있다. 피토(pitot)관을 수은이 든 U자관에 연결하여 전압과 정압을 측정한 결과, 85[mm]의 액면차가 생겼다. 피토관 위치에 있어서 유속은 몇 m/sec인가? (단, 수은의 비중은 13.6이다.)

① 3.14 m/sec ② 2.34 m/sec
③ 4.58 m/sec ④ 4.31 m/sec

해설 $V = \sqrt{2gh\left(\dfrac{\gamma_s}{\gamma_w} - 1\right)}$
$= \sqrt{2 \times 9.8 \times 0.085 \times (13.6 - 1)}$
$= 4.582 \, m/s$

54 송출구의 지름 200mm인 펌프의 양수량이 $3.6 m^3/min$일 때 유속은 몇 m/s인가?

① 3.78
② 2.11
③ 1.91
④ 1.35

해설 유량
$Q = 3.6 m^3/\min = \dfrac{3.6}{60} m^3/s = 0.06 m^3/s$
$\therefore V = \dfrac{Q}{A} = \dfrac{0.06}{\dfrac{\pi}{4}(0.2)^2} = 1.91 m/s$

55 정상류와 비정상류를 구분하는 데 있어서 기준이 되는 것은?

① 질량보존의 법칙
② 유동특성의 시간에 대한 변화율
③ 뉴턴의 점성법칙
④ 압축성과 비압축성

해설 정상류는 유동특성이 시간에 따라 변화하지 않는 흐름이고
$\left(\dfrac{\partial \rho}{\partial t} = 0, \ \dfrac{\partial V}{\partial t} = 0, \ \dfrac{\partial p}{\partial t} = 0, \ \dfrac{\partial T}{\partial t} = 0\right)$
비정상류는 유동특성이 시간에 따라 변화하는 흐름이다.
$\left(\dfrac{\partial \rho}{\partial t} \neq 0, \ \dfrac{\partial V}{\partial t} \neq 0, \ \dfrac{\partial p}{\partial t} \neq 0, \ \dfrac{\partial T}{\partial t} \neq 0\right)$

56 물의 분류가 연직하방으로 낙하하고 있다. 표고 10m인 곳에서 분류의 지름은 5m, 속도는 20m/sec였다. 표고 5m인 곳에서의 분류의 속도는 얼마 정도인가?

① 10.30m/sec
② 22.32m/sec
③ 26.34m/sec
④ 17.38m/sec

해설 수정베르누이방정식 $\dfrac{V_1^2}{2g} + Z_1 = \dfrac{V_2^2}{2g} + Z_2$을 이용한다.
$\dfrac{20^2}{2 \times 9.8} + (10 - 5) = \dfrac{V_2^2}{2 \times 9.8}$
$V_2 = 22.32 m/s$

57 다음 그림과 같이 고정된 터빈 날개에 V(m/s)의 분류가 날개를 따라 유입할 때 중심선 방향으로 날개에 미치는 힘은?

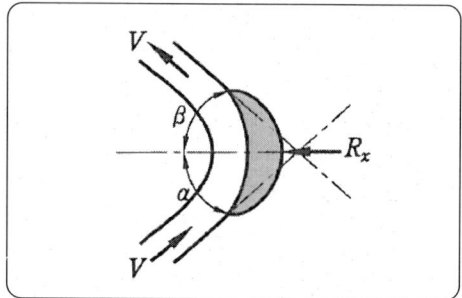

① $\rho QV(\cos\alpha + \sin\beta)$
② $\rho QV(\sin\alpha - \cos\beta)$
③ $\rho QV(\cos\alpha + \cos\beta)$
④ $\rho QV(\cos\alpha - \cos\beta)$

해설 x방향 운동량방정식에서
$\sum F_x = \rho Q(V_{x2} - V_{x1})$
$-R_x = \rho Q(V_{x2} - V_{x1})$
$R_x = \rho Q(V_{x1} - V_{x2})$
여기서, $V_{x2} = -v\cos\beta$, $V_{x1} = v\cos\alpha$이므로
$\therefore R_x = \rho Qv(\cos\alpha + \cos\beta)$가 된다.

58 오리피스의 수두는 5m이고, 실제 물의 유속이 9m/s이면 손실수두는?

① 약 1m
② 약 2m
③ 약 3m
④ 약 4m

해설 $\dfrac{p}{\gamma}+\dfrac{V^2}{2g}+z+H_L = H$

$H_L = 5 - \dfrac{9^2}{2g} = 5 - 4.1 = 0.9\text{m}$

59 프로펠러나의 전후방에서의 속도를 각각 V_1, V_4라고 할 때, 프로펠러를 지나는 평균속도 V는?

① $V = \dfrac{(V_1 + V_4)}{2}$
② $V = \dfrac{(V_1 - V_4)}{2}$
③ $V = (V_1 - V_4)$
④ $V = (V_1 + V_4)$

해설 프로펠러에 대한 운동량의 원리를 적용하면
$(p_3 - p_2)A = F = Q\rho(V_4 - V_1)$
$= A\rho V(V_4 - V_1)$

여기서, V는 프로펠러를 지나는 유체의 평균 속도이다.
따라서 정리하면, $p_3 - p_2 = \rho V(V_4 - V_1)$
베르누이 방정식은 프로펠러 유체 유입구 단면과 프로펠러 날개입구쪽의 압력과 속도는
$p_1 + \dfrac{1}{2}\rho V_1^2 = p_2 + \dfrac{1}{2}\rho V_2^2$ 이고,
프로펠러 날개 후방과 유체 배출구의 단면에 대한 베르누이 방정식은 $p_3 + \dfrac{1}{2}\rho V_3^2 = p_4 + \dfrac{1}{2}\rho V_4^2$
위의 두 식에서 $p_1 = p_4$가 되므로
$p_3 - p_2 = \dfrac{1}{2}\rho(V_4^2 - V_1^2)$ 식이로 전환된다.
이 식을 정리하면 $V = \dfrac{(V_1 + V_4)}{2}$ 이 된다.

60 0.002m³/s의 유량으로 지름 4cm, 길이 10m인 관 속을 기름(s=0.85, μ=0.56N/m²)이 흐르고 있다. 이 기름을 수송하는데 필요한 펌프의 압력은?

① 17.8 kPa
② 10.2 kPa
③ 20.6 kPa
④ 18.1 kPa

해설 평균속도 $V = \dfrac{Q}{A} = \dfrac{0.002}{\dfrac{\pi}{4}(0.04)^2} = 1.6\text{m/s}$

$1\text{poise} = \dfrac{1}{10}\text{Pa} \cdot \text{s}(\text{N} \cdot \text{s/m}^2)$

$\mu = 0.56 \times \dfrac{1}{10} = 0.056\text{N} \cdot \text{s/m}^2$

$\rho = \rho_w s = 1000 \times 0.85 = 850\text{kg/m}^4$

레이놀드 Re는
$Re = \dfrac{\rho V d}{\mu} = \dfrac{850 \times 1.6 \times 0.04}{0.056} = 971.42$

이므로 층류이다.
이때 하겐-포아젤방정식
$\Delta p = \dfrac{128 Q \mu L}{\pi d^4}$
$= \dfrac{128 \times 0.002 \times 0.056 \times 10}{\pi \times 0.04^4}$
$= 17,825\text{Pa} = 17.825\text{kPa}$

제4과목 농업동력학

61 3상 유도 전동기에서 영구 자석과 같은 역할을 하는 부분은?

① 회전자
② 정류자
③ 고정자 철심
④ 고정자 권선

해설 고정자는 자석의 역할을 하며, 자속이 통하기 쉬운 철심과 전자석을 만들기 위한 고정 권선으로 이루어져 있다.
영구자석을 회전시키는 대신 고정자 철심의 안쪽에 3조의 코일을 일정한 배열로 배치하고 각 조마다 위상이 다른 단상교류를 통하면 각 상의 전류변화에 의하여 원통면에는 자석이 회전하는 것과 동일한 효과를 갖는 회전자계가 형성된다.

62 전동기가 60Hz 전원에서 작동하며 극수가 4이고, 슬립율이 7%일 때 실제의 회전자 회전수(rpm)는?

① 1674 ② 1800
③ 1926 ④ 2000

해설 $N = \dfrac{120f}{P(1-S)}$

N : 실제 회전수(rpm)
f : 주파수(Hz)
P : 고정자의 극수, S : 슬립

$N = \dfrac{120f}{P(1-S)} = \dfrac{120 \times 60}{4(1-0.07)}$
$= 1935\, rpm \approx 1926\, rpm$

63 농작업 부하변동에 관계없이 기관의 회전속도를 일정한 범위로 유지시켜 주는 장치는?

① 기화기 ② 조속기
③ 쵸크밸브 ④ 타이밍 기어

해설
- **기화기** : 연료를 공기와 적정 비율로 희석시켜 기화시키는 장치
- **쵸크밸브** : 가솔린 기관의 초기 시동 시 연료량을 많게 공기량을 적게 조절하는 밸브
- **타이밍 기어** : 디젤기관의 연소는 연료를 분사시키는 시기에 맞춰 연료를 분사시키는 기능을 하며, 가솔린기관은 연소를 위해 불꽃을 발생시키는데 이 시기를 맞춰주는 장치이다.

64 실린더의 전체적이 1200㎤, 행정체적이 950㎤ 인 엔진의 압축비는 얼마인가?

① 1.26 ② 2.8
③ 4.8 ④ 7.9

해설 압축비는 아래 식으로 계산된다.

$$\epsilon = \dfrac{V_c + V_s}{V_c}$$

여기서, ϵ : 압축비
V_c : 연소실체적
V_s : 행정체적

전체적 = 연소실체적 + 행정체적
연소실체적 = 전체적 - 행정체적
= 1200 - 950 = 250 cc
따라서, 압축비는 (250+950)/250 = 4.8

65 디젤기관 연소실의 종류별 특징 설명 중 올바른 것은?

① 와류실식은 평균유효압력이 높고 연소속도가 빠르므로 고속기관에 적합하다.
② 직접분사식은 최고압력이 낮고 노크도 적으나 효율이 낮고 고속기관에는 부적합하다.
③ 공기실식은 구조가 간단하고 효율이 낮으며 시동성이 좋으나 고장이 많고 수명이 짧다.
④ 예연소실식은 분사압력과 효율이 높으나 시동이 쉽고, 디젤 노크도 많이 일어난다.

해설 ② 예연소실식의 특징이다.
③ 효율 부분을 제외하고는 직접분사식의 특징이다.
④ 직접분사식의 특징이다.

66 카르노사이클의 공급 열량을 Q_1, 방열량을 Q_2라 하면, 열효율 η_c는?

① $\eta_c = 1 + \dfrac{Q_2}{Q_1}$ ② $\eta_c = 1 - \dfrac{Q_2}{Q_1}$

③ $\eta_c = 1 + \dfrac{Q_1}{Q_2}$ ④ $\eta_c = 1 - \dfrac{Q_1}{Q_2}$

해설 이상적인 카르노사이클의 열효율

$\dfrac{\text{공급 열량} - \text{방출 열량}}{\text{공급열량}} = \dfrac{Q_1 - Q_2}{Q_1} = 1 - \dfrac{Q_2}{Q_1}$

67 4기통 2사이클 가솔린 기관의 행정이 100mm, 실린더 내경도 100mm이고, 연소실 체적이 1200cc일 때 총배기량은?

① 785cc ② 3142cc
③ 1571cc ④ 6283cc

해설 1개 실린더의 배기량

$A \times S = \dfrac{\pi d^2}{4} \times S = \dfrac{\pi 10^2}{4} \times 10$
$= 785.4\, cc$

4개의 실린더의 총배기량 = 785.4 × 4 = 3142cc

68 가솔린 기관 기화기의 주요 구성요소가 아닌 것은?

① 단속기   ② 초크 밸브
③ 벤튜리   ④ 스로틀 밸브

해설 기화기의 작동원리와 특성

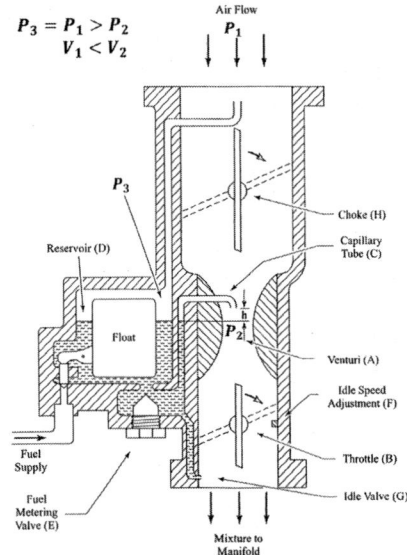

▲ 기본적인 자동차 기화기 구조도
(A)벤튜리관 (B)스로틀 밸브 (C)연료 모세관
(D)연료 저장고 (E)주유량 조절 니들 밸브
(F)아이들 속도절기 (G)아이들 밸브 (H)초크

1) 흡기 다기관(intake manifold)의 대기압보다 낮은 압력(부압, negative pressure)을 이용하여 연료를 빨아들여 공기와 혼합시켜 혼합기를 만들어 줌
2) throttle opening↑ → 공기 흡입 유량↑ → 부압↑ → 기화기의 연료 흡입량↑ → 엔진 부하에 대응함
3) 수동적인 혼합기 제조로 인하여 운전 조건 변화에 대한 반응 속도가 느림
4) 정확한 공기량에 대응한 혼합기를 만들 수 없어 불완전 연소에 따른 연료 소비량 증가와 유해 배기가스 증가
5) Throttle valve: 실린더로 흡입되는 혼합기의 양을 조절, 공기 유동율을 조절하여 엔진 토크를 제어함
6) Idle speed adjustment: throttle이 완전히 닫혀도 아이들 상태에 필요한 공기가 통과할 수 있도록 throttle 위치를 조절함
7) Choke valve: 냉간 시동(미소 연료 증발) 시 농후한 혼합기를 공급하기 위하여 흡입 공기량을 조절함

69 디젤 기관의 연소실 중 구조가 간단하고, 연소실 면적이 가장 작으며, 시동이 쉽고, 열효율과 폭발압력이 높으나 노크 발생이 쉬운 연소실의 형식은?

① 예연소실식   ② 와류실식
③ 직접 분사식   ④ 공기실식

70 다음 중 내연기관의 열효율을 향상시키기 위한 방법으로 가장 적절한 것은?

① 흡기관의 유동 저항을 크게 한다.
② 흡기관 온도를 높게 한다.
③ 배기 압력을 낮게 한다.
④ 흡기관 압력을 감소시킨다.

해설 내연기관의 열효율(체적 효율) 증대 방안
1) 흡기관의 온도를 낮춰 공기의 밀도를 높여 체적 효율을 증대시킨다.
2) 흡기관의 유동 저항을 작게 하여 유동 마찰 손실을 감소시킨다.
3) 흡기관 압력을 높여 실린더 내로의 공기 유입을 증가시킨다.
4) 잔류 배기가스를 줄이기 위하여 배기 압력을 낮춘다.

71 견인을 목적으로 하는 경운, 정지 외에 파종, 중경, 제초, 병충해방제나 수확작업 등 여러 가지 작업에 폭 넓게 이용되며 바퀴 폭을 조절할 수 있는 현재 이용되는 대부분의 승용 트랙터인 것은?

① 보행형 트랙터
② 범용 트랙터
③ 과수원용 트랙터
④ 정원용 트랙터

해설 • 보행형 트랙터 : 경운기를 말한다.
• 과수원용 트랙터 : 수목 사이 및 수목 아래에서 작업을 할 때 수목에 손상을 주지 않으면서 주행할 수 있도록 설계된 트랙터
• 정원용 트랙터 : 정원 관리를 위해 설계된 소형 트랙터

72 45kW 출력을 내는 트랙터 엔진이 12시간 작업을 하여 150L의 연료를 소비하였다. 이 기관의 연료 소모율은 약 몇 kg/kWh인가? (단, 연료의 비중은 0.8이다.)

① 0.22
② 0.28
③ 0.44
④ 0.56

해설 연료 무게 = 150L × 0.8(비중) = 120kg
연료 소모율 = 연료무게 / (출력 × 시간)
= 120 / (45 × 12) = 0.22 kg/kWh

73 궤도형 트랙터에 대한 차륜형 트랙터의 특징으로 옳지 않은 것은?

① 운전이 용이하며 궤도형에 비하여 작업속도가 빠르다.
② 제작 단가가 저렴하다.
③ 견인력이 크며 접지압이 낮다.
④ 지상고가 높다.

해설 궤도형 트랙터는 차륜형 주행장치에 비해 접지압이 낮고 승차감이 우수하며 큰 견인력을 얻을 수 있으나 기동성이 떨어지는 단점이 있다.

74 PTO축이란 다음 중 어느 장치를 의미하는가?

① 변속장치
② 동력취출장치
③ 차동장치
④ 조향장치

75 동력계의 암이 0.6 m인 프로니 브레이크를 이용, 가솔린 기관을 시험했다. 기관속도가 300 rpm일 때 저울의 눈금이 3000 N이었다면 이 기관의 축동력은 약 몇 kW인가?

① 27.77
② 37.77
③ 56.55
④ 65.78

해설 $P = \dfrac{2\pi TN}{60000}$,

여기서, P : 동력(kW), N : 회전속도(rpm),
T(토크, Nm) = F(힘, N) × L(토크 암의 길이, m)
= 3000 × 0.6 = 1800 Nm
$P = \dfrac{2\pi \times 1800 \times 300}{60000} = 56.55\,kW$

76 트랙터의 조향을 위하여 핸들을 돌렸을 때 동력이 전달되는 과정으로 가장 적합한 것은?

① 핸들 → 조향암 → 견인링크 → 조향기어 → 프트만암 → 앞바퀴 축
② 핸들 → 피트만암 → 조향기어 → 견인링크 → 조향암 → 앞바퀴 축
③ 핸들 → 조향기어 → 조향암 → 피트만암 → 견인링크 → 앞바퀴 축
④ 핸들 → 조향기어 → 피트만암 → 견인링크 → 조향암 → 앞바퀴 축

77 트랙터의 앞바퀴를 위에서 볼 때 바퀴의 뒷쪽보다 앞쪽의 간격이 약간 좁게 되어 있다. 이 차이를 의미하는 용어는?

① 여유(clearance)
② 캐스터(caster)
③ 캠버(camber)
④ 토인(toe-in)

해설
- **캠버(camber)** : 트랙터를 정면에서 봤을 때 전차륜은 수직선에 대하여 1.5~2.0도 경사가 져 지면에 닿는 쪽이 좁게 되는데, 이를 캠버각이라 한다. 이것은 차륜과 지면 사이의 접점에 킹핀의 중심선을 가깝게 함으로써 수직하중이나 구름저항 등에 의한 축의 비틀림을 작게 하여 주행의 안정성을 유지하는 기능을 가진다.
- **토인(toe-in)** : 캠버각 때문에 좌우 차륜이 바깥쪽으로 벌어져 구르려는 경향을 수정하여 직진성을 좋게 한다.
- **캐스터(caster)** : 킹핀을 측면에서 보면 수직선에 대하여 트랙터 뒤쪽으로 2~3도 경사지게 부착되어 있는데, 이를 캐스터각이라 한다. 이것에 의하여 킹핀의 연장선이 바퀴의 접지점으로부터 앞으로 나가게 되므로 노면의 저항을 적게 받아 직진성을 좋게 한다.

78 트랙터 기관의 회전수가 2400rpm, 변속기의 감속비가 1.5, 종감속비가 4.0일 때 뒷바퀴의 회전수(rpm)는?

① 200 ② 350
③ 400 ④ 800

해설 뒷바퀴 회전수
$$= \frac{\text{기관의 회전수}}{\text{변속기 감속비} \times \text{종감속비}}$$
$$= \frac{2400}{1.5 \times 4} = 400 rpm$$

79 트랙터 로터리 부착 및 작업시 조절 요령으로 틀린 것은?

① 로터리 축을 회전시키면서 로터리가 상승될 때 이상음이 발생하면 상부링크 길이를 조절한다.
② 유니버설 조인트와 P.T.O축이 이루는 각도는 90°이하가 되도록 위치제어레버의 작동 범위를 조절한다.
③ 로터리의 경심조절은 미륜의 연결핀을 바꿔 끼워 조절한다.
④ 정지판은 조절판의 위치를 바꿔 끼워 조절한다.

해설 유니버설 조인트와 PTO축이 이루는 각도는 60° 이하로 한다. 유니버설 조인트는 변속기쪽 30°, 작업기쪽 30°를 최대각도로 작업해야 유니버설 조인트의 수명을 연장할 수 있다.

80 견인계수에 직접적인 영향을 미치는 요인이라고 볼 수 없는 것은?

① 토양의 상태
② 주행장치의 형태
③ 엔진 출력
④ 타이어의 공기압

해설 트랙터의 견인계수는 기관의 동력이 주행장치를 통하여 지면으로 전달될 때 주행장치와 지면 사이의 상호 작용에 대한 것으로, 영향을 주는 요인으로는 토양의 종류와 상태, 주행장치의 형태, 타이어 공기압, 타이어 표면 형상, 트랙터 총 중량과 하중 분포 등이 있다.

제5과목 농업기계학

81 다음 중 경운정지 작업의 목적과 거리가 먼 것은?

① 유기물의 부식화를 통하여 흙의 단립화를 촉진
② 잡초를 제거하고 불필요하게 과밀한 작물을 제거
③ 작물의 뿌리가 흙속으로 뻗어 가는데 받는 저항력 증진
④ 등고선 경운이나 골 만들기 등에 의하여 토양의 유실을 방지

해설 경운작업 목적
• 뿌리 내릴 자리와 파종할 자리에 알맞은 흙의 구조를 마련해 준다.
• 반전경운으로 표토의 작물 잔유물을 잘 매몰시켜 유기물 부식과 단립화를 촉진시켜 지력을 높이고 지표의 잔유물에 붙어 월동하는 병균과 해충을 죽인다.
• 경사지에서 등고선 경운, 골 만들기 등으로 토양 침식을 줄일 수 있다.
• 작물의 재식, 관개, 배수, 수확작업 등에 알맞은 토양표면을 조성한다.
• 비료, 살충제, 토양개량제 등과 흙이 잘 섞일 수 있게 한다.

82 로타리 경운날 종류 중 날 끝부분아 편평부와 80~90도의 각을 이루고 있으며, 잡초가 많은 흙을 경운하는데 효과적이며, 소형 트랙터의 경운날로 쓰이는 형태의 날은?

① 보통형날
② 작두형날
③ 삽형날
④ L자형날

해설 보통형날과 L자형날이 비슷함으로 주의해야 한다. 소형트랙터에서는 L자형날을 사용하고 대형트랙터에서는 보통형날을 사용한다.

83 포장기계의 부담면적에 관한 설명으로 가장 적합한 것은?

① 기계가 이론적으로 수행할 수 있는 시간당의 작업면적이다.
② 기계가 실제로 수행할 수 있는 시간당의 작업면적이다.
③ 농작업을 수행하는 데의 작업적기, 기상 등의 제약과 주어진 농장의 조건 하에서 기계의 능률을 충분히 활용할 때 작업할 수 있는 면적이다.
④ 일정한 기간 내에 기계가 수행해야 할 주어진 작업면적이다.

해설 부담면적이란 농작업을 수행하는 데의 작업적기, 기상 등의 제약과 주어진 농장의 조건 하에서 기계의 능률을 충분히 활용할 때 작업할 수 있는 면적을 말한다.
• 기계가 이론적으로 수행할 수 있는 시간당의 작업면적: 이론포장능률
• 기계가 실제로 수행할 수 있는 시간당의 작업면적: 유효포장능률

84 트랙터의 정지(整地) 작업용 작업기로 가장 적합한 것은?

① 쟁기   ② 로타리 경운기
③ 원판 플라우   ④ 원판 해로우

해설 정지작업기계에는 쇄토기, 균평기, 진압기, 두둑 및 고랑 만드는 기계 등이 포함된다. 정지작업은 일반적으로 1차경이 실시된 다음에 실시되며 작업능률을 높이기 위하여 두 가지 작업, 예를 들면 쇄토와 균평 또는 쇄토와 고랑 만들기를 동시에 수행할 수 있도록 만든 기계도 있다.
정지작업기계에는 원판해로우, 스파이크해로우, 스프링해로우, 롤러해로우와 롤러진압기, 판해로우, 균평용해로우, 로터리해로우, 롤러 등이 있다.

85 쟁기 구조 중 파 올린 흙을 받아서 옆으로 반전 파쇄하는 부분은?

① 보습   ② 볏
③ 바닥쇠   ④ 술바닥

해설 쟁기의 작업부인 이체는 보습, 볏, 바닥쇠 등으로 구성되어 있다. 보습은 흙을 절삭한 다음 볏으로 밀어올려 보내는 부분으로서 기본형태가 삼각형인 것이 플라우의 보습과 다른 점이다. 쟁기의 볏은 역토를 옆으로 반전 및 파쇄하는 부분으로서 볏의 길이와 휘어진 정도는 토질이나 용도에 따라 여러 가지가 있다. 쟁기의 바닥쇠는 이체의 밑부분으로서 플라우의 바닥쇠와 마찬가지로 쟁기를 받쳐 안정을 유지하게 한다.

86 파종기 중 조파기의 주요기능이 아닌 것은?

① 구절   ② 배토
③ 종자배출   ④ 복토

해설 조파기는 종자를 줄뿌림하는 기계로서 종자를 담은 종자통, 종자를 일정한 양으로 배출하는 종자배출장치(배종), 종자를 고랑으로 유도하는 종자관, 고랑을 만드는 구절기(구절), 파종한 후 종자를 복토하고 진압하는 복토기 및 진압륜으로 구성되어 있다.

87 채소 등 밭작물용 이식기의 설명으로 틀린 것은?

① 파종기와 같이 구절기, 복토기, 진압륜으로 구성되어 있으나 심는 깊이가 깊고 대형이다.
② 식부기구에서 타이밍이 일치하지 않아도 묘는 손상되지 않고 똑바로 심어진다.
③ 묘판에서 생육한 묘를 한 포기씩 분리하여 수작업으로 식부부에 공급하는 반자동식이 있다.
④ 트랙터로 견인하며 심은 후에 물을 주는 장치를 갖춘 것도 있다.

해설 육묘상자에서 기른 모를 논, 밭에 옮겨 심는 기계를 이식기라고 하며 식부, 묘분리장치, 모이송장치, 구절기, 복토기, 진압륜 등으로 구성되어 있다. 최근에는 물을 뿌리는 장치가 부착된 이식기도 있다. 이식기는 모를 공급하는 방식에 따라 전자동식과 반자동식으로 나누어지는데 전자동 이식기는 분송장치를 이용하여 기계적으로 식부장치에 모를 공급하는 방식이고, 반자동 이식기는 인력으로 식부장치에 모를 공급하는 방식이다.

88 4절 링크 식부장치를 갖춘 수도 이앙기의 차륜 직경이 60cm이고, 논에서 슬립율이 15 %일 때 주간 거리는 약 몇 cm인가? (단, 차축과 식부축의 회전비는 1 : 16이다.)

① 10
② 12
③ 14
④ 16

해설 [방법1]
차륜직경이 60cm이므로 둘레는 188.4cm이며, 슬립을 적용하면 160.14cm이다.
차축과 식부축의 회전비가 1:16이므로 주간거리는 10.008cm이다.

[방법2]
차륜 슬립은 아래 식으로 계산된다.

$$s = \frac{D_n - D_l}{D_n} \times 100$$

여기서, s : 차륜 슬립 (%)
D_n : 무부하 상태에서 차륜이 1회전할 때의 주행거리(cm)
      = 차륜의 1회전당 이론 주행거리(cm)
D_l : 부하 상태에서 차륜이 1회전할 때의 주행거리(cm)
      = 차륜의 1회전당 실제 주행거리(cm)

또한 바퀴의 변형을 무시할 때 차륜의 1회전당 이론 주행거리는 아래 식으로 계산된다.

$$D_n = \pi D$$

여기서, D : 차륜 직경 (cm)
따라서 차륜의 1회전당 이론 주행거리
$D_n = \pi D = 188.5\ cm$ 이다.
슬립율이 15%이므로 차륜의 1회전당 실제 주행거리

$$D_l = \left(1 - \frac{s}{100}\right) D_n$$
$$= (1 - 0.15) \times 188.5 = 160.23\ cm$$

차축과 식부축의 회전비가 1:16이므로 차륜이 1회전할 때 식부축은 16회전한다. 즉, 이앙기의 실제 주행거리가 160.23 cm 일 때 식부축은 16회전하며, 식부축의 1회전당 실제 주행거리는 160.23/16 = 10.01cm 이다. 4절링크 식부장치에서는 식부축의 1회전당 1번의 모를 심으므로 주간거리는 10.01 cm 이다.

89 수로에서부터 면적이 30a인 밭에 물을 양수하는데 전양정이 15m 이고 양수량이 0.5m³/min이라면 펌프의 축동력은 약 몇 kW인가? (단, 펌프의 효율은 85%이다.)

① 1.04
② 1.23
③ 1.44
④ 1.70

해설 $L_{kW} = \frac{\gamma H Q}{102 \times 60} = \frac{1000 \times 15 \times 0.5}{102 \times 60}$
$= 1.225 kW$
펌프의 효율이 85%이므로 $\frac{1.225}{0.85} = 1.44 kW$

90 양수기에 대한 설명이다. 옳지 않은 것은?

① 펌프에 물을 붓지 않고, 공회전하면 기체가 파손되기 쉽다.
② 볼트 너트가 풀려 있는가 조사한다.
③ 윤활 부분에 그리스를 주입한다.
④ 축받침 온도는 60℃이상 유지 시켜야 한다.

해설 축받침 온도는 60℃이하로 유지한다.

91 동력살분기에서 난기운전을 실시하는 가장 주된 이유는?

① 기계의 작동을 원활하게 하기 위해서
② 살포 농약을 균일하게 하기 위해서
③ 기계 내의 오물을 청소하기 위해서
④ 연료를 적절히 조절하기 위해서

해설 난기운전은 예열운전이라고 생각하면 된다. 난기운전은 기계의 작동을 원활하게 하기 위해 실시한다.

92 동력 살분무기의 파이프 더스터(다공호스)를 이용하여 분재를 뿌리는데 기계와 멀리 떨어진 파이프 더스터의 끝으로 배출되는 분제의 양이 많다. 다음 중 고르게 배출 되도록 하기 위한 방법으로 가장 적당한 것은?

① 엔진의 속도를 빠르게 한다.
② 엔진의 속도를 낮춘다.
③ 밸브를 약간 닫아 배출되는 분제의 양을 줄인다.
④ 밸브를 약간 열어 배출되는 분제의 양을 늘린다.

93 콤바인에서 탈곡부의 주요장치로 표면에는 일반적으로 3종류의 탈곡치가 배열되어 있는 것은?

① 환원판   ② 탈곡망
③ 탈곡통 축   ④ 탈곡통

해설 탈곡통 표면에는 반원치, 이중삼각치, 높은 삼각치 등 80~190개의 탈곡치가 3열 또는 4열의 복렬 나선형으로 탈곡통 원주 위에 배열되어 있고, 탈곡통의 출구 쪽에는 3개 정도의 알떨이판이 배열되어 있다.

94 탈곡기에서 급동의 크기와 회전수의 변화가 탈곡작업에 미치는 영향 설명으로 틀린 것은?

① 급동의 지름이 너무 작으면 검불이나 짚이 많이 감긴다.
② 급동이 지름이 너무 크면 탈곡이 잘 되나 진동을 일으키기 쉽고 소요동력이 증대된다.
③ 급동의 회전수가 증가할수록 탈립이 잘 되나 곡립 손상도 증가된다.
④ 급동의 적정 회전수로부터 감소하면 곡립 손상은 증가되나 탈립 작용은 양호해진다.

해설 급동의 회전수가 증가하면 미탈곡립은 감소하는 반면에 손상립과 소요동력이 증가한다. 따라서, 급동의 회전수가 감소하면 미탈곡립은 증가하고 손상립은 감소한다.

95 평면식 건조기의 특징으로 가장 적절하지 않은 것은?

① 비교적 가격이 저렴하고 취급이 용이하다.
② 곡물 이외의 다른 농산물 건조도 가능하다.
③ 건조기 내의 바닥은 철재로 되어있어 자유롭게 분해, 조립할 수 있다.
④ 곡물의 퇴적층이 두꺼울 경우 상·하층간 함수율 차이가 작다.

해설 평면식 건조기는 건조기 내의 바닥면적은 3.3m²이고 철재로 되어 있으며 자유롭게 분해·조립할 수 있다. 구조가 간단하고 취급이 용이하며 가격이 저렴하고 곡물 이외의 다른 농산물의 건조에도 다목적으로 이용할 수 있는 장점이 있는 반면, 한쪽에서만 송풍이 되므로 곡물의 퇴적층이 두꺼울 경우 상하 층간에 함수율의 차이가 크게 나타나는 단점이 있다.

96 현미 생산공정 중 벼에서 왕겨를 제거하는 공정은?

① 제현 공정   ② 정백 공정
③ 연삭 공정   ④ 찰리 공정

해설
- **정백(정미) 공정** : 현미로부터 강층을 제거하고 백미를 생산하는 과정. 강층은 마찰, 찰리 및 연삭(절삭) 작용에 의해 제거
- **연삭 공정** : 금강사와 같이 단단한 물체의 예리한 부분으로 곡립이 조직을 깎아내는 것
- **찰리 공정** : 강도가 약한 연질층과 강도가 높은 강질층 사이에 큰 마찰력이 작용하는 경우, 마찰면에는 아무 변화가 생기지 않고 경계면의 조직이 파괴되어 연질층이 제거되는 현상
- **제현** : 왕겨를 제거하고 현미를 생산하는 과정

97 일반적으로 소맥을 밀가루와 밀기울로 분리하는 공정의 순서로 가장 적합한 것은?

① 압쇄공정 → 파쇄공정 → 체별공정 → 정제공정
② 압쇄공정 → 체별공정 → 정제공정 → 파쇄공정
③ 파쇄공정 → 체별공정 → 정제공정 → 압쇄공정
④ 파쇄공정 → 압쇄공정 → 체별공정 → 정제공정

해설 소맥을 밀가루와 밀기울로 분리하는 공정은 파쇄공정, 체별공정, 정제공정 및 압쇄공정으로 이루어진다.

98 배합 사료공장에서 옥수수 60ton/h를 운반할 수 있는 버킷 엘리베이터를 설치하려고 할 때, 옥수수의 소요 체적은 약 몇 m³/h인가? (단, 버킷의 효율은 1로 하고, 옥수수의 비중량은 720kg/m³이다)

① 43.2
② 75.4
③ 83.3
④ 120

해설 소요체적
$$= \frac{60 \times 1000 (\mathrm{kg/h})}{720 (\mathrm{kg/m^3})} = 75.4 (\mathrm{m^3/h}),$$
1ton=1000kg

99 함수율 20%(w·b)의 벼 80kg을 15%(w·b)까지 건조시켰다면 이때 곡물에서 제거된 수분의 양은 몇 kg인가?

① 약 4.7 ② 약 5.7
③ 약 12.7 ④ 약 13.7

해설 [방법1]
20%일 때의 수분은 16kg,
건물중량은 64kg이다.
$$M = \frac{W}{W+W_d} = \frac{W_d}{64+W_d} \times 100 = 15\%$$
$W_d = 11.3$kg이므로,
제거된 수분은 16kg − 11.3kg = 4.7kg이 된다.

[방법2]
%(w.b.)는 습량기준함수율,
%(d.b.)는 건량기준함수율을 의미한다.
습량기준함수율
$= \dfrac{\text{물질 내에 포함되어 있는 수분 무게}}{\text{물질의 총 무게}} \times 100(\%)$

$20 = \dfrac{W_m}{80} \times 100, \ W_m = 16\,(\text{kg}),$
$15 = \dfrac{16-W}{80-W} \times 100, \ W = 4.705\,(\text{kg})$

여기서, W_m : 수분 무게
　　　　W : 제거된 수분 무게

100 농산가공기계 중 사료 분해용으로 사용할 수 없는 것은?

① 초퍼 밀 ② 펠릿 밀
③ 디스크 밀 ④ 피드 그라인더

해설 펠릿 밀은 배합이 완료된 사료를 펠릿화하기 위한 기계이다. 펠릿으로 가공되기 전 사료컨디셔너에서 증기가 공급되어 펠릿화하기 좋은 조건을 만들어주며 당밀 또는 우지가 공급되기도 한다.

농업기계기사 제3회 CBT 실전모의고사

제1과목 재료역학

01 엘리베이터(elevator)의 로프와 같이 하중의 크기와 방향이 일정하게 되풀이하여 작용하는 하중은?

① 집중하중　② 분포하중
③ 반복하중　④ 충격하중

해설 하중(힘)의 분류
- 작용형태에 따른 분류 : 인장하중, 압축하중, 전단하중, 굽힘 하중, 비틀림 하중
- 분포상태에 따른 분류 : 집중하중, 분포하중
- 작용시간(작용속도)에 따른 분류 : 정하중, 동하중 (변동하중, 반복하중, 교번하중, 충격하중, 이동하중)

02 탄소강의 인장강도, 항복점, 피로한도, 크리프한도, 탄성한도, 허용응력에서 안전율을 구하는 식으로 다음 중 가장 적합한 것은?

① $\dfrac{허용응력}{탄성한도}$　② $\dfrac{피로한도}{인장강도}$

③ $\dfrac{탄성한도}{크리프한도}$　④ $\dfrac{인장강도}{허용응력}$

해설 안전율 = $\dfrac{인장강도}{허용응력}$

03 강 구조물 재료에서 인장강도(σ_u), 허용응력(σ_a), 사용응력(σ_w)과의 관계로 다음 중 적합한 것은?

① $\sigma_u > \sigma_a \geq \sigma_w$
② $\sigma_u > \sigma_w \geq \sigma_a$
③ $\sigma_w > \sigma_u \geq \sigma_a$
④ $\sigma_w > \sigma_a \geq \sigma_u$

해설 기계나 구조물을 사용할 때 발생하는 사용응력 σ_w는 일반적으로 허용응력 이하가 되도록 설계한다. 응력은 일반적으로 다음과 같은 크기 순서를 가진다.

$$\sigma_u > \sigma_y > \sigma_a \geq \sigma_w$$

04 단면적 60cm²인 기둥이 5000kgf의 하중을 받고 있다면 기둥재료의 극한강도를 550kgf/cm²라 할 때 안전율은?

① 3.9　② 6.6
③ 8.3　④ 9

해설 ① $\sigma = \dfrac{W}{A}$

σ_a : 허용응력(kgf/mm²), W : 하중(kgf),
A : 단면적(cm²)

∴ $\dfrac{5000\text{kg}_f}{60\text{cm}^2} = 83.3\text{kg}_f/\text{cm}^2$

② $S = \dfrac{\sigma u}{\sigma a}$

S : 안전율, σ_u : 극한(인장)강도 kgf/cm²

∴ $\dfrac{550\text{kg}_f/\text{cm}^2}{83.3\text{kg}_f/\text{cm}^2} = 6.6$

05 단면적 600mm²인 봉에 600kgf의 추를 달았더니 허용 인장응력에 도달하였다. 이 봉의 인장강도가 500kgf/cm²이라고 하면 인장강도에 대한 안전계수는 얼마인가?

① 5　② 6
③ 50　④ 60

해설 ① $\sigma_a = \dfrac{W}{A}$ 에서

$\dfrac{600\text{kg}_f}{600\text{mm}^2} = 1\text{kg}_f/\text{mm}^2 = 100\text{kg}_f/\text{cm}^2$

② $S = \dfrac{\sigma_u}{\sigma_a}$ 에서 $\dfrac{500\text{kg}_f/\text{cm}^2}{100\text{kg}_f/\text{cm}^2} = 5$

06 축에 있어서 직경을 d, 축 재료의 전단응력을 τ라 하면, 비틀림 모멘트 T의 관계식으로 올바른 것은?

① $T = \dfrac{\pi d^2}{16} \times \tau$ ② $T = \dfrac{\pi d^3}{16} \times \tau$

③ $T = \dfrac{\pi d^2}{32} \times \tau$ ④ $T = \dfrac{\pi d^3}{32} \times \tau$

07 축의 지름 d, 축 재료에 걸리는 전단 응력이 τ일 때 비틀림모멘트 T는?

① $\dfrac{\pi}{32} d^4 \tau$ ② $\dfrac{\pi}{32} d^3 \tau$

③ $\dfrac{\pi}{16} d^4 \tau$ ④ $\dfrac{\pi}{16} d^3 \tau$

해설 $\tau = \dfrac{T}{Z_p}$, $Z_p = \dfrac{\pi d^3}{16}$ 에서

$T = \dfrac{\pi}{16} d^3 \tau$

08 100N·m의 굽힘모멘트를 받는 단순보가 있다. 이 단순보의 단면이 직사각형이며, 폭 20mm, 높이 40mm일 때 최대 굽힘응력은 약 몇 N/mm²인가?

① 12.4 ② 15.6
③ 18.8 ④ 20.2

해설 $Z = \dfrac{bh^2}{6} = \dfrac{20 \times 40^2}{6} = 5333.33 \text{ mm}^3$

$\sigma_b = \dfrac{M}{Z} = \dfrac{100 \times 1000}{5333.33} = 18.75 \text{ N/mm}^2$

09 후크의 법칙이 적용될 때 변형량 공식으로 옳은 것은?(단, A=단면적, E=세로탄성 계수, ℓ=길이, P=하중이다.)

① $\dfrac{P\ell}{AE}$ ② $\dfrac{AE}{P\ell}$

③ $\dfrac{AP\ell}{E}$ ④ $\dfrac{E}{AP\ell}$

해설 후크의 법칙이 적용될 때
변형량 공식 $\delta = \dfrac{P\ell}{AE}$

10 길이 2m, 지름 10mm인 원형 봉이 2000 kg_f의 축 방향 인장하중을 받고 2mm늘어났다면 재료의 종탄성계수의 값은 약 몇 kg_f/cm² 인가?

① 8.10×10^4
② 2.55×10^6
③ 1.61×10^5
④ 3.15×10^6

해설 $E = \dfrac{P\ell}{A\delta}$

$= \dfrac{2000 \times 200}{0.785 \times 1^2 \times 0.2} = 2.55 \times 10^6 \text{kg}_f/\text{cm}^2$

11 단면적 450mm², 길이 50mm의 연강 봉에 39.5kN의 인장하중이 작용했을 때, 늘어난 길이가 0.20mm이었다면 발생한 변형률은?

① 0.0008 ② 0.008
③ 0.0004 ④ 0.004

해설 $\epsilon = \dfrac{l_1}{l}$

$\therefore \dfrac{0.2}{50} = 0.004$

12 봉이 인장하중을 받을 때 탄성한도 영역 내에서 종 변형률에 대한 횡 변형률의 비를 무엇이라 하는가?

① 횡 탄성계수 ② 탄성한도
③ 체적 탄성계수 ④ 포와송 비

해설 포와송 비란 봉이 인장하중을 받을 때 탄성한도 영역 내에서 종 변형률에 대한 횡 변형률의 비를 말한다.

13 곡률반경에 대한 설명 중 맞는 것은 어느 것인가?

① 휘어진 보의 각 부는 곡률반경이 모두 같다.
② 탄성계수에 반비례한다.
③ 굽힘 모멘트가 클수록 곡률반경이 작게 된다.
④ 하중에 비례한다.

해설 굽힘 모멘트가 클수록 곡률반경이 작아진다.

14 중공단면축의 바깥지름이 5mm, 안지름이 3mm, 허용 전단응력이 300N/mm²일 때 허용 비틀림모멘트는 약 몇 N·mm인가?

① 4291
② 5291
③ 6409
④ 100

해설 중공축의 극관성모멘트

$$I_p = \frac{\pi(d_1^4 - d_2^4)}{32}$$

$$= \frac{\pi(5^4 - 3^4)}{32} = 53.41\,mm^4$$

$\tau_{max} = \dfrac{T}{I_p}r$ 에서

$300 = \dfrac{T}{53.41} \times \dfrac{5}{2}$

$T = 6409.2\,N\cdot mm$

15 부정정보는 어느 것인가?

① 연속보   ② 단순보
③ 돌출보   ④ 외팔보

해설 부정정보는 평형조건식만으로 반력을 알 수 없고, 별도의 조건식이 필요한 보로서, 고정보, 고정 지지보, 연속보 등이 있다.

16 그림과 같은 단순 지지보의 c 점에 500 kN의 하중이 걸릴 때 a 점에 작용하는 반력은 약 몇 kN인가?

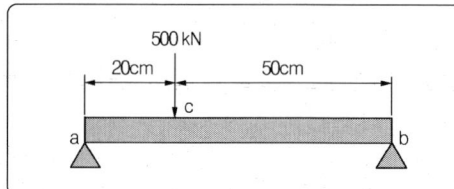

① 257   ② 357
③ 457   ④ 567

해설 $Ra = \dfrac{500 \times 50}{20+50} = 357$

17 그림과 같은 균일분포 하중 w(kg_f/m)를 받는 외팔보의 자유단에 하중 P(kg_f)를 작용시켜 처짐이 0이 되도록 하려면 이 때의 하중은?

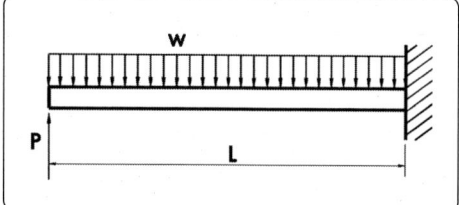

① $P = \dfrac{8wL}{3}$

② $P = \dfrac{3wL}{8}$

③ $P = \dfrac{3wL}{48}$

④ $P = \dfrac{48wL}{3}$

해설 분포하중 w만 주어진 경우, 끝단의 처짐

$$\delta_{max\,1} = \frac{wL^4}{8EI}$$

외팔보에 집중하중 P를 가하여 윗 방향으로 같은 변위를 주면 끝단의 처짐이 0이 된다. 집중하중 P만 주어진 경우, 끝단의 처짐

$$\delta_{max\,2} = \frac{PL^3}{3EI}$$

$\delta_{max\,1} = \delta_{max\,2}$ 에서 $\dfrac{wL^4}{8EI} = \dfrac{PL^3}{3EI}$

$P = \dfrac{3wL}{8}$

18 단순보의 굽힘 응력을 σ, 굽힘 모멘트를 M, 단면계수를 Z 라고 할 때 굽힘 모멘트 M을 구하는 식은?

① $M = \dfrac{\sigma Z}{2}$

② $M = \dfrac{\sigma}{Z}$

③ $M = \dfrac{Z}{\sigma}$

④ $M = \sigma \cdot Z$

19 그림과 같은 단면의 단순 지지보 중앙에 집중하중을 받고 있는 경우 최대 굽힘 응력은 몇 kg_f/cm^2 인가?

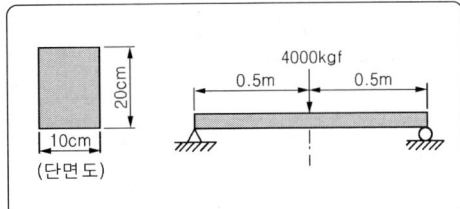

① 100　　　　② 150
③ 200　　　　④ 300

해설 ① $M = \dfrac{P \times l_1 \times l_2}{l}$

　　　M : 굽힘 모멘트, P : 하중,
　　　l, l_1, l_2 : 보의 각 길이
　　$\therefore \dfrac{4000 \times 50 \times 50}{100} = 100,000 kg_f \cdot cm$

　② $\tau_a = \dfrac{6M}{bh^2}$

　　　τ_a : 굽힘 응력, b : 보의 폭, h : 보의 높이
　　$\therefore \dfrac{6 \times 100,000}{10 \times 20^2} = 150 kg_f/cm^2$

20 폭이 b이고 높이가 h인 직사각형 단면의 중립축 $x - x'$에 대한 단면계수는?

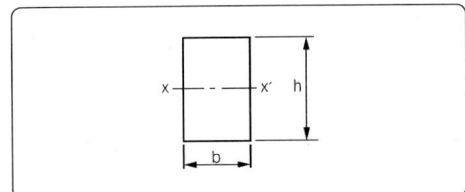

① $Z = \dfrac{h^2}{12}$　　　② $Z = \dfrac{bh^3}{6}$

③ $Z = \dfrac{bh^3}{12}$　　　④ $Z = \dfrac{bh^2}{6}$

제2과목　기계열역학

21 다음 설명 중 틀린 것은?
① 마찰은 대표적인 비가역 현상이다.
② 자동차 엔진이 가역적으로 작동 될 때 출력이 가장 크다.
③ 엔진이 가역적으로 작동되면 열효율이 100%가 된다.
④ 80℃의 구리가 20℃의 물속에서 온도가 내려가는 현상은 비가역 현상이다.

해설 ① 대표적 비가역 현상에는 마찰, 자유팽창, 두 가스의 혼합, 유한한 온도 차이에 의한 열전달 등이 있다.
　② 가역과정은 가장 많은 일을 하고 가장 적은 일을 소비하므로 엔진의 출력이 증가된다.
　③ 가역 열기관 효율 $\eta = \dfrac{T_L}{T_H}$으로 T_H와 T_L에 따라 결정된다. 즉 열역학 제2법칙에서 어떠한 열기관도 100% 열효율을 낼 수 없다.
　④ 유한한 온도 차이에 의한 열전달은 비가역 현상이다.

22 냄비를 이용하여 요리할 때 다음 중 요리에 필요한 가열시간에 대한 설명으로 옳은 것은?
① 뚜껑이 없는 냄비가 가열시간이 가장 짧다.
② 가벼운 뚜껑이 있는 냄비가 가열시간이 가장 짧다.
③ 무거운 뚜껑이 있는 냄비가 가열시간이 가장 짧다.
④ 가열시간은 뚜껑에 관계없이 항상 일정하다.

해설 냄비의 내부압력이 높을수록 끓는 점이 높아지며, 가열시간은 짧아진다.

23 그림과 같은 피스톤-실린더로 구성된 용기가 있다. 피스톤 아래의 공간에는 공기가 들어있으며, 피스톤 위에는 물이 채워져 있고 실린더와 마찰이 없이 움직일 수 있는 피스톤이 정지 상태에 있다. 용기 안에 들어있는 공기의 압력은 약 얼마인가? (단, 대기압은 100kPa, 물의 높이는 0.5m, 물의 밀도는 $1000kg/m^3$, 중력가속도는 $9.807m/s^2$, 피스톤 질량은 2kg, 피스톤 단면적은 $0.01m^2$이다.)

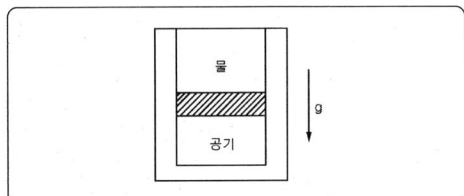

① 101kPa　② 107kPa
③ 6765kPa　④ 6965kPa

해설 $P = Po + (\rho \times g \times h) + \dfrac{mg}{A}$

P : 공기의 압력, Po : 대기압, ρ : 물의 밀도, g : 중력가속도, h : 물의 높이, m : 피스톤의 질량

$100 + 1000 \times 9.8 \times 0.5 \times 10^{-3} + \dfrac{2 \times 9.8 \times 10^{-3}}{0.01}$
$= 106.86 kPa$

24 실제기체가 이상기체에 가까운 때는?
① 온도가 높고, 압력이 낮을 때
② 온도가 낮고, 압력이 낮을 때
③ 온도가 높고, 압력이 높을 때
④ 온도가 낮고, 압력이 높을 때

해설 실제기체가 이상기체에 가까운 때는 온도가 높고, 압력이 낮은 경우이다.

25 일과 열에 대한 표현 중 옳지 않은 것은?
① 일과 열은 경로함수이다.
② 일은 힘의 크기와 힘의 방향으로 이동한 거리의 곱이다.
③ 열은 검사 체적의 경계 면에서 관찰할 수 있다.
④ 일과 열은 에너지이다.

26 압력이 100kPa이며 온도가 25℃인 방의 크기가 $240m^3$이다. 이 방안에 들어있는 공기의 질량은 약 얼마인가? (단, 공기는 이상기체로 가정하며, 공기의 기체상수는 0.287 kJ/kg.K이다.)

① 3.57kg
② 0.280kg
③ 0.0035kg
④ 280kg

해설 $m = \dfrac{PV}{RT}$

$\therefore \dfrac{100 \times 240}{0.287 \times (273 + 25)} = 280 kg$

27 계기압력이 0.6MPa인 보일러에서 온도 15℃의 물을 급수하여 건포화 증기 20kg을 발생하기 위해 필요한 열량을 다음 표를 이용하여 산출하면 그 값은? (단, 대기압은 0.1 MPa, 물의 평균비열은 4.18kJ/kg℃이다.)

압력(MPa)	수증기의 증발 잠열 (h_{fg})	포화 온도(℃)
0.6	2086.3 kJ/kg	162.0
0.7	2066.3 kJ/kg	165.0

① 약 2.7MJ　② 약 13.2MJ
③ 약 53.9MJ　④ 약 85.1MJ

해설 $20 \times [4.18 \times (165 - 15) + 2066.3]$
$= 53.9 MJ$

28 밀폐계가 가역정압 변화를 할 때 계가 받는 열량은?
① 계의 엔탈피 증가량과 같다.
② 계의 내부에너지 증가량과 같다.
③ 계의 내부에너지 감소량과 같다.
④ 계가 주위에 대해 한 일과 같다.

해설 $\delta q = dh - vdp = dh$가 되어 엔탈피의 변화량과 같게 된다.

29 다음 그림과 같이 다수의 추를 올려놓은 피스톤이 끼워져 있는 실린더에 들어 있는 가스를 계로 생각한다. 초기압력이 300KPa이고, 초기체적은 0.05 m³이다. 열을 가하여 압력을 일정하게 유지시키고 가스의 체적을 0.2m³으로 증가시킬 때 계가 한 일은?

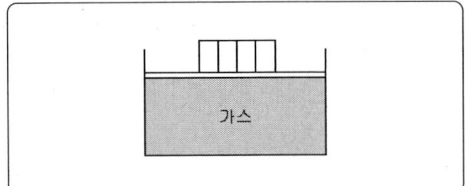

① 30kJ
② 35kJ
③ 40kJ
④ 45kJ

해설 $W = P(V_2 - V_1)$
∴ $300 \times (0.2 - 0.05) = 45kJ$

30 어떤 액체 1몰을 P_1atm으로부터 P_2atm으로 T℃에서 등온가역 압축한다. 이 범위에서 등온 압축률(isothermal compressibility) K와 비체적(specific volume) v가 일정하다고 할 때, 이 액체가 한 일(W)을 구하는 식은?(단, 등온 압축률 $K = -\frac{1}{v}\left(\frac{dV}{dP}\right)_T$ 이다.)

① $W = vK(P_2 - P_1)$
② $W = -TK^2(P_2^2 - P_1^2)$
③ $W = \frac{vK}{2}(P_2 - P_1)$
④ $W = -\frac{vK}{2}(P_1^2 - P_1^2)$

해설 $K = -\frac{1}{v}\left(\frac{dV}{dP}\right)_T$ 에서 $dV = -vKdP$ 에서
$W = \int_1^2 PdV = \int_{P_1}^{P_2}(-vKP\,dP)$
$= -vK\int_{P_1}^{P_2} P\,dP$
∴ $W = -\frac{vK}{2}(P_1^2 - P_1^2)$

31 직경 20cm, 길이 5m인 원통 외부에 5cm 두께의 석면이 씌워져 있다. 석면 내면과 외면 온도가 각각 100℃, 20℃이면 손실되는 열량은 몇 kJ/h인가?(단, 석면의 열전도율은 0.418kJ/mh℃로 가정한다.)

① 2591
② 3011
③ 3431
④ 3851

해설 $Q_H = \dfrac{2\pi \times L \times k \times (t_1 - t_2)}{\ln\left(\dfrac{r_2}{r_1}\right)}$

$= \dfrac{2\pi \times L \times (t_1 - t_2)}{\dfrac{1}{k} \times \ln\left(\dfrac{r_2}{r_1}\right)}$

Q_H : 손실되는 열량, L : 길이,
k : 석면의 열전도율,
t_1, t_2 : 온도, r_1 : 반지름, r_2 : 반지름+두께

∴ $\dfrac{2 \times 3.14 \times 5 \times (100-20)}{\dfrac{1}{0.418} \times \ln\left(\dfrac{15}{10}\right)} = 2591 kJ/h$

32 제1종 영구기관을 설명하는 것이 아닌 것은?

① 에너지 소비 없이 계속 일을 하는 원동기
② 주위로 일을 계속할 수 있는 원동기
③ 열에너지를 모두 계속 일 에너지로만 변환하는 기관
④ 외부에서 에너지를 가하지 않은 채 영구히 에너지를 내는 기관

해설 제1종 영구기관 및 제2종 영구기관

제1종 영구기관	제2종 영구기관
① 외부로부터 에너지 공급 없이 영구히 일을 할 수 있는 기관 ② 에너지 소비 없이 계속 일을 할 수 있는 기관 ③ 에너지 보존법칙(열역학 제1법칙)에 위배되는 기관	① 어떤 열원에서 열에너지를 받아 전부를 계속적으로 일로 바꾸고, 외부에 아무런 흔적도 남기지 않는 기관 ② 열효율이 100%인 기관

33 227℃의 증기가 500kJ/kg의 열을 받으면서 가역등온 팽창한다. 이때의 엔트로피의 변화는 약 얼마인가?

① 1.0 kJ/kgK ② 1.5 kJ/kgK
③ 2.5 kJ/kgK ④ 2.8 kJ/kgK

해설 $dS = \dfrac{\delta Q}{T}$

∴ $\dfrac{500}{273+227} = 1.0 kJ/kgK$

34 어떤 시스템이 100kJ의 열을 받고 150kJ의 일을 하였다면 이 시스템의 엔트로피는?

① 증가한다.
② 감소한다.
③ 변하지 않는다.
④ 시스템의 온도에 따라 증가할 수도 있고 감소할 수도 있다.

해설 계가 열을 받으므로 $\Delta Q > 0$가 되며,
$\Delta S = \dfrac{\Delta Q}{T} > 0$

35 랭킨 사이클에 대한 설명 중 맞는 것은?

① 펌프를 통해 엔트로피는 증가하거나 감소한다.
② 터빈을 통해 엔트로피는 증가하거나 감소한다.
③ 보일러와 응축기를 통한 실제 과정에서 압력강하 때문에 증발온도 및 응축온도가 감소한다.
④ 터빈 출구의 건도는 낮을수록 좋다.

해설 Rankine 사이클
① 증기 원동소의 이상 사이클이며, 단열(정적)압축(급수 펌프) → 정압가열(보일러 및 과열기) → 단열팽창(터빈) → 정압방열(응축기)로 구성된다.
③ 펌프와 터빈의 압축 및 팽창과정은 단열과정(등엔트로피 과정)이나, 마찰 등에 의해 엔트로피가 증가된다.
④ 보일러와 응축기의 실제 과정에서 마찰 등에 의한 압력강하가 발생되므로 증발온도 및 응축온도는 감소한다.
⑤ 터빈출구의 건도가 낮으면 터빈의 날개를 부식시키므로 건도는 높을수록 좋다.

36 복수기(응축기)에서 10kPa, 건도 x=0.96인 수증기를 매시간 1000kg 응축시키는 데 필요한 냉각수의 유량은? (단, 냉각수는 15℃에서 들어오고 25℃에서 나간다. 그리고 10kPa의 포화 액과 포화 증기의 엔탈피는 각각 hf=191.83kJ/kg, hg=2584.7kJ/kg이며, 물의 비열은 4.2kJ/kg.K이다.)

① 약 27400kg/h
② 약 34800kg/h
③ 약 54700kg/h
④ 약 75500kg/h

해설 건도 96%인 수증기를 응축시키는데 필요한 열량은
$Q = m\Delta h = 1000 \times (h_X - h')$
∴ $h_X = h' + x(h'' - h')$
$= 191.83 + 0.96 \times (2584.7 - 191.83)$
$= 2488.98$
∴ $Q = 1000 \times (2488.98 - 191.83)$
$= 2297 \times 10^3 kJ/hr$
이 열량을 물로 냉각시켜야 되므로
$Q = m\Delta h$
∴ $m = \dfrac{Q}{C\Delta T} = \dfrac{2297 \times 10^3}{4.2 \times 10} ≒ 54700 kg/h$

37 카르노 사이클로 작동되는 열기관이 600K에서 800kJ의 열을 받아 300K에서 방출한다면 일은 몇 kJ인가?

① 200 ② 400
③ 500 ④ 900

해설 $W = Q_1 \times \left(1 - \dfrac{T_L}{T_H}\right)$

∴ $800 \times \left(1 - \dfrac{300}{600}\right) = 400 kJ$

38 열효율이 25%이고 수증기 1kgf 당의 출력이 800kJ/kgf인 증기기관의 증기 소비율은 몇 kgf/kWh인가?

① 1.125 ② 4.5
③ 800 ④ 18

해설 $SR = \dfrac{1 kWh}{W}$

∴ $\dfrac{3600}{800} = 4.5$

39 아래 그림과 같은 이상 열펌프의 각 상태에서 엔탈피는 다음과 같다. 열펌프의 성능계수는? (단, h_1=155kJ/kg, h_3=593kJ/kg, h_4=827kJ/kg이다.)

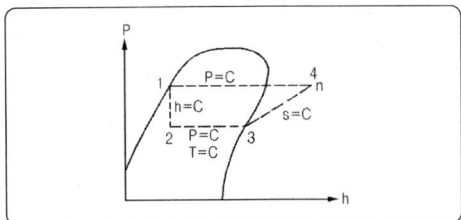

① 2.9　　② 3.5
③ 1.9　　④ 4.0

해설 $W = \int VdP = -mV\delta P \, Cop = \dfrac{h_3 - h_1}{h_4 - h_3}$

$\therefore \dfrac{593-155}{827-593} = 1.87$

40 화력발전의 열효율은 39%이고, 발열량(kWh)을 기준으로 한 원가는 12원/kWh이다. 복합발전의 열효율은 48%이고, 발열량(kWh)을 기준으로 한 원가는 41원/jWh이다. 전력수요에 대응하면서 발전원가를 최소로 하기 위한 선택으로 옳은 것은?

① 화력발전만을 사용한다.
② 복합발전만을 사용한다.
③ 화력발전과 복합발전을 함께 1 : 1로 사용한다.
④ 화력발전과 복합발전 중 어느 것을 사용해도 관계없다.

제3과목 기계유체역학

41 점성계수 μ의 단위가 아닌 것은?

① poise
② g/s·cm
③ N·s²/m
④ dyne·s/cm²

해설 절대단위의 C.G.S단위
1[poise] = 1[dyne·sec/cm²] = 1[g/cm] · sec

42 다음 중 동점성계수 ν의 차원은 어느 것인가?

① $[L^{-2}T]$　　② $[LT^{-2}]$
③ $[L^2T^{-1}]$　　④ $[L^{-2}T^{-1}]$

해설 $\nu = \dfrac{\mu}{\rho} = \dfrac{\text{kg/m·s}}{\text{kg/m}^3} = m^2/s = L^2T^{-1}$

43 비압축성 유체라고 볼 수 없는 것은 어느 것인가?

① 흐르는 냇물
② 달리는 기차 주위의 기류
③ 관 속에서 흐르는 충격파
④ 건물 둘레를 흐르는 공기

해설 관 속을 흐르는 충격파(show wave)는 압축성 유체이다.

44 점성계수의 단위 poise(푸아즈)와 관계없는 것은?

① $\dfrac{1}{98}$ kgf · s/m²
② dyne · s/cm²
③ gf · s/cm
④ g/cm · s

해설 $1 poise = 1 \text{dyne·s/cm}^2 = 1 \text{g/cm·s}$
$= \dfrac{1}{98} \text{kgf·s/m}^2$
$= \dfrac{1}{10} \text{Pa·s(N·s/m}^2)$

45 모세관의 지름비가 1 : 2 : 3인 3개의 모세관 속을 올라가는 물의 높이의 비는?

① 3 : 2 : 1 ② 1 : 2 : 3
③ 6 : 3 : 2 ④ 2 : 3 : 6

해설 모세관 현상으로 인한 상승높이는
$$h = \frac{4\sigma\cos\theta}{\gamma D}mm, \ h \propto \frac{1}{D}$$
(상승높이는 모세관지름에 반비례한다.)

46 다음 중 압력의 단위가 아닌 것은?

① mmHg ② bar
③ psi   ④ N

해설 N(Newton)은 힘의 단위이다.
$(1N = \frac{1}{9.8} kg_f)$

47 다음 그림과 같은 사각용기에 물이 1.2m만큼 담겨져 있다. 사각용기가 4.9m/s²의 일정한 가속도를 받고 있을 때 높이가 1.8m인 경우에 물이 넘쳐흐르게 되는 사각용기의 길이는 얼마인가?

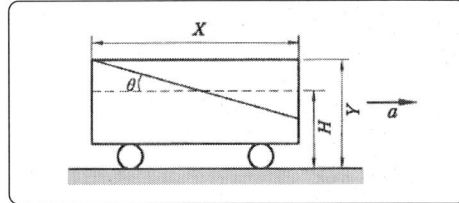

① 1.2m ② 2.4m
③ 2.8m ④ 4.8m

해설 수평면과 경사면이 만두는 각을 구하기 위해서는
$$\tan\theta = \frac{a_x}{g} = \frac{4.9}{9.8} = 0.5 \ 이된다.$$
이때 높이의 변화에 의한 각도를 계산하면
$$\tan\theta = \frac{(Y-H)}{\frac{X}{2}} = \frac{1.8-1.2}{\frac{X}{2}} = 0.5 이$$
성립해야 하므로,
$$X = \frac{2(Y-H)}{0.5} = \frac{2 \times (1.8-1.2)}{0.5} = 2.4m$$
이다.

48 부양체는 다음 어느 경우에 안정하다고 할 수 있는가?

① 경심의 높이가 0일 때
② $CB - \frac{I}{V}$가 0이고 C가 B위에 있을 때
③ $\frac{I}{V}$가 0일 때
④ 경심이 중심보다 위에 있을 때

해설 부양체는 $\overline{MC} > 0$일 때 안정하므로 경심이 중심보다 위에 있을 때 안정하다.

49 액체가 강체와 같이 일정 각속도로 연직축 주위를 회전운동할 때 유체 내에서의 압력은?

① 반지름의 제곱에 반비례해서 감소한다.
② 반지름에 정비례해서 증가한다.
③ 연직거리의 제곱에 반비례해서 변한다.
④ 반지름의 제곱에 비례해서 변한다.

해설 등회전운동에서의 압력(p)는
$$p = p_0 + \frac{\gamma\omega^2}{2g}r^2 - \gamma y 의 식이 성립되며,$$
압력은 반지름 제곱에 비례하는 것을 알 수 있다.

50 비행기의 날개 주위의 유동장에 있어서 날개 단면의 먼 쪽에 있는 유선의 간격은 20mm, 그 점의 유속은 50m/s이다. 날개 단면과 가까운 부분의 유선 간격이 15mm라면 이 곳에서의 유속은 몇 m/s인가?

① 37.6
② 25
③ 47.3
④ 66.6

해설 단위폭 당 유량(q)은 유체가 비압축성일 때를 기준으로 계산한다.
$$q = \frac{Q}{b} = V_1 y_1 = V_2 y_2$$
$$= 50 \times 20 = V_2 \times 15$$
이며, $V_2 = 66.6 m/s$이다.

51 다음 중에서 유선의 방정식은?

① $\dfrac{d\rho}{\rho}+\dfrac{dA}{A}+\dfrac{du}{u}=0$

② $d(\rho A V)=0$

③ $\dfrac{\partial V}{\partial t}=0,\ \dfrac{\partial u}{\partial s}=0$

④ $\dfrac{dx}{u}=\dfrac{dy}{v}=\dfrac{dz}{w}$

해설 유선은 유체입자의 속도방향과 일치하도록 그려진 연속적인 선을 말한다. 유선 위의 미소벡터를 $dr=dxi+dyj+dzk$이라 하고 속도벡터를 $V=ui+vj+wz$라 하면 유선에서 그은 접선과 속도의 방향은 항상 일정하므로 다음과 같은 유선 방정식을 얻을 수 있다.
$\dfrac{dx}{u}=\dfrac{dy}{v}=\dfrac{dz}{w}$ 또는 $V\times dr=0$

52 그림과 같이 직각으로 된 유리관을 흐르는 물에 대해 놓았을 때 올라온 수면의 높이 AB가 10[cm]이다. 이 흐르는 물의 속도는 몇 m/sec인가?

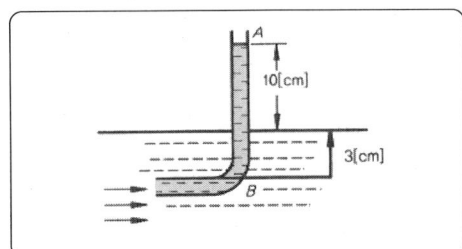

① 1.59 ② 0.7
③ 1.4   ④ 2.52

해설 $\dfrac{p_0}{\gamma}=h_0,\ \dfrac{p_s}{\gamma}=h_0+\Delta h$이므로
$h_0+\dfrac{V_0^2}{2g}=h_0+\Delta h$로 나타낼 수 있다.
$V=\sqrt{2g\Delta h}=\sqrt{2\times 9.8\times 0.1}=1.4\,m/s$

53 오리피스의 수두는 5m이고, 실제 물의 유속이 9m/s이면 손실수두는?

① 약 1m ② 약 2m
③ 약 3m ④ 약 4m

해설 $\dfrac{p}{\gamma}+\dfrac{V^2}{2g}+z+H_L=H$
$H_L=5-\dfrac{9^2}{2g}=5-4.1\fallingdotseq 0.9m$

54 베르누이 방정식 $\dfrac{p}{\gamma}+\dfrac{V^2}{2g}+Z=H$의 단위로서 맞는 것은?

① kg·s/s
② kg·m
③ J/N
④ N·m

해설 주어진 베르누이 방정식은 비압축성 유체의 단위 중량에 대한 에너지 방정식이다. 따라서 베르누이 방정식의 단위는 J/N = N·m/N =m 중 하나를 선택한다.

55 그림과 같이 평판이 속도 u=5m/sec로 움직일 때 노즐 직경이 20mm이고, 분류(비중=1) 속도가 15m/s이면 어떤 평판이 분류 방향으로 미치는 힘은?

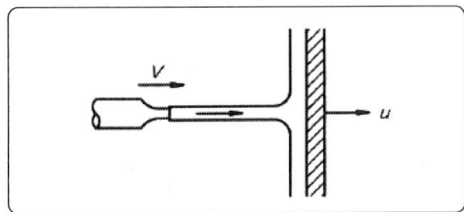

① 2.3kg
② 3.2kg
③ 31.4kg
④ 32kg

해설 $F=\rho A(V-u)^2$
$=102\times\dfrac{\pi\times 0.02^2}{4}\times(15-5)^2=3.2kg_f$
$F=\rho A(V-u)^2$
$=1000\times\dfrac{\pi\times 0.02^2}{4}\times(15-5)^2$
$=31.42N$

56 수평으로 5m/s 움직인 평판에 지름이 20mm 인 노즐에서 물이 30m/s의 속도로 평판에 수직으로 충돌할 때 평판에 미치는 힘은 얼마인가?

① 196.2 N
② 280.2 N
③ 1125 N
④ 2080 N

해설 유체의 운동량 방정식에 의해
$$\sum F = \rho Q(V_2 - V_1) = \rho A(V_2 - V_1)^2$$
$$= 1000 \times \frac{\pi}{4}(0.02)^2(30-5)^2$$
$$= 196.2N \text{이 된다.}$$

57 레이놀드 수는 어떻게 표현할 수 있는가?

① 점성력 대 중력
② 관성력 대 점성력
③ 중력 대 관성력
④ 점성력 대 중력

해설 레이놀드수는 점성과 반비례하므로 유속과 지름이 일정할 때 레이놀드수가 크면 영향이 적다는 것이다. 또한 관성과는 비례한다.

58 지름 5cm, 관의 길이 10m인 수평원관 속을 비중 0.9, 점성계수 0.6P인 기름이 0.003 m³/s로 흐르고 있다. 이 기름을 수송하는데 필요한 압력은 몇 kPa인가?

① 13.46
② 11.74
③ 15.21
④ 17.81

해설 이관에서 기름의 흐름이 층류인지 난류인지를 확인한다.
$$Re = \frac{\rho VD}{\mu} = \frac{4\rho Q}{\pi \mu D}$$
$$= \frac{4 \times 1000 \times 0.9 \times 0.003}{\pi \times 0.6 \times 10^{-1} \times 0.05}$$
$$= 1146 < 2100 \text{ 이므로 층류이다.}$$

그러므로 하겐-포아젤방정식에서
$$\Delta p = \frac{128\mu LQ}{\pi D^4}$$
$$\Delta p = \frac{128\mu LQ}{\pi D^4}$$
$$= \frac{128 \times 0.6 \times 10^{-1} \times 10 \times 0.003}{\pi \times (0.05)^4}$$
$$= 11740 N/m^2$$
$$= 11,740 N/m^2(Pa) = 11.74 kPa$$

59 원관 속에 유체가 흐르고 있다. 다음 중 층류인 것은?

① 마하수가 0.5이다.
② 마하수가 1.5이다.
③ 레이놀즈수가 200이다.
④ 레이놀즈수가 20000이다.

해설 층류와 난류의 구분은 레이놀즈 수로 하며 Re < 2100일 때 층류이다.

60 관속 흐름에 대한 문제에 있어서 레이놀즈수를 Q, d 및 v의 함수로 표시하면 어느 것인가?

① $Re = \frac{\pi v}{Qd}$
② $Re = \frac{4Q}{\pi d v}$
③ $Re = \frac{Q\rho}{4\pi d v}$
④ $Re = \frac{\pi d}{v Q}$

해설 연속방정식에서 $V = \frac{Q}{A} = \frac{4Q}{\pi d^2}$ 이며,
레이놀즈수 $Re = \frac{Vd}{v} = \frac{d}{v} \times \frac{4Q}{\pi d^2}$ 이므로
$Re = \frac{4Q}{\pi d v}$ 와 같다.

제4과목 농업동력학

61 토크가 15Nm이고, 1000rpm으로 회전하는 전동기의 출력은 약 몇 kW인가?
① 1.11
② 1.57
③ 2.22
④ 3.04

해설 P (출력, kW)
$= \dfrac{2\pi \times T(\text{토크, }Nm) \times N(\text{회전속도, rpm})}{60,000}$

$P = \dfrac{2\pi \times 15\,Nm \times 1000\,rpm}{60,000} = 1.57\,\text{kW}$

62 3상 교류의 주파수가 60Hz일 때, 슬립이 5%인 6극 3상유도 전동기의 실제 회전속도는?
① 570
② 856
③ 1140
④ 1710

해설 $N = \dfrac{120 \times f}{P} = \dfrac{120 \times 60}{6} = 1200\,\text{rpm}$

$N_t = N \times \left(1 - \dfrac{\text{슬립율}}{100}\right)$
$= 1200 \times 0.95 = 1140\,\text{rpm}$

63 다음 중 단상 유도전동기 중 분상기동형은?
① 프레임 위에 부착된 콘덴서가 직렬로 접촉되어 통할 때 회전력을 만든다.
② 정류자 양쪽에 브러시 2개가 단락이 부착되어 있다.
③ 단상 전류는 기동 때만 주권선만 보조권선으로 나누어 흐르는데, 이 두 코일은 전기적으로 90° 떨어진 곳에 감겨져 있다.
④ 회전이 충분히 되면 원심력에 의해 자동적으로 단락 장치가 작동한다.

64 직류 전동기로서 부하 증가에 따라 토크는 거의 비례하여 증가하고, 속도는 거의 반비례하여 감소하는 특징이 있기 때문에 농업용 차량의 시동 전동기로 주로 사용되는 전동기는?
① 분권 전동기
② 직권 전동기
③ 권선형 전동기
④ 복권 전동기

해설 • 분권 전동기 : 회전 속도는 부하에 관계없이 거의 일정(정속도전동기)하며 토크는 전기자 전류에 거의 비례하여 증가
• 직권 전동기 : 회전속도는 전기자 전류에 반비례, 부하의 증가와 더불어 속도는 감소하는 변속전동기. 토크는 전기자 전류의 제곱에 비례

65 4사이클 단기통 기관에서 크랭크축이 4회전하는 동안 흡기밸브는 몇 번 열리는가?
① 1번
② 2번
③ 4번
④ 8번

해설 4사이클 기관이 1사이클을 완료하는 사이에 크랭크축이 2회전, 즉 피스톤이 4행정을 한다.

66 실린더의 냉각작용 불량으로 오는 문제점이 아닌 것은?
① 연소의 불완전
② 열효율의 저하
③ 실린더 마모의 촉진
④ 재킷(jaket) 내의 전해 부식 촉진

67 다음 중 내연기관에 있어서 과급기의 주요역할은?
① 흡입 공기량을 증가시킨다.
② 행정 체적을 증가시킨다.
③ 회전수를 증가시킨다.
④ 냉각 효율을 높인다.

해설 과급기는 보다 많은 연료를 연소시키기 위해 피스톤의 펌프 작용에 의한 공기량 이상으로 가압한 공기를 공급해주는 역할을 한다.

68 피스톤 속도는 15m/s이고, 엔진 회전수가 3000rpm인 경우 피스톤 행정은 몇 m인가?

① 0.15　　② 0.20
③ 0.30　　④ 0.60

해설　피스톤의 평균속도 $V = \frac{2LN}{60}(m/s)$

L : 행정(m), N : 기관의 회전수 (rpm)
피스톤의 행정
$L = \frac{60 \times V}{(2 \times N)} = \frac{60 \times 15}{2 \times 3000} = 0.15m$

69 내연기관에서 오토 사이클(otto cycle)은 다음 중 어느 사이클에 속하는가?

① 정압 사이클　　② 정적 사이클
③ 복합 사이클　　④ 정온 사이클

해설　디젤 엔진의 기본 사이클은 디젤 사이클이며, 정압 사이클이라고도 한다.
오토사이클은 가솔린기관 사이클이며, 정적 사이클이라고도 한다.
사바테 사이클은 고속 디젤기관에 사용된다.
카르노 사이클 이상적인 사이클이다.

70 기관 실린더 지름이 40cm, 행정 60cm, 회전수가 120rpm, 평균 유효압력이 5kgf/cm²인 복동 증기기관의 기계효율이 85%일 때 유효 마력은 약 몇 PS인가?

① 85　　② 171
③ 201　　④ 236

해설　$I_{ps} = \frac{P_{mi} \times A \times L \times R \times Z}{75 \times 60 \times 2} = \frac{P_{mi} \times V \times R}{900}$

I_{ps} : 도시마력(ps)
P_{mi} : 도시평균유효압력(kg/cm²)
A : 실린더 단면적(cm²)
L : 피스톤 행정(cm)
R : 회전속도(rpm)
V : 행정체적(배기량, cc)
Z : 실린더 수

배기량 $= \frac{\pi d^2}{4} \times S = \frac{\pi 40^2}{4} \times 60 = 75398.22 \text{cm}^3$

회전력 = 배기량 × 유효압력
　　　 = 376991.11kg·cm = 3769.91kg·m

$H_{ps} = \frac{3769.911 \times N}{75 \times 60} = 100ps$,

복동기관이므로 200ps가 된다.
∴ $200ps \times 0.85 = 170ps$

71 320kgf를 0.8m/sec로 견인할 때 소요되는 동력은 약 몇 kW인가?

① 2.5　　② 3.4
③ 25.1　　④ 34

해설　$H_{kW} = \frac{견인력 \times 주행속도}{102}$

$= \frac{320 \times 0.8}{102} = 2.5 kW$

72 내연기관의 효율에 관한 설명 중 틀린 것은?

① 열효율과 기계효율이 있다.
② 일반적인 농용 디젤기관의 열효율은 70% 정도이다.
③ 기관의 마찰, 캠 축 및 펌프 같은 보조기구 구동 등에 동력이 소비되면서 기계 효율이 낮아진다.
④ 기계 효율이란 연소가스가 피스톤에 한 일이 얼마만큼 유효한 일로 전환되었는가를 나타내는 척도이다.

해설　연소 과정 중에 연료 에너지의 43.4%만이 기계적 일로 전환되고 나머지 56.6%의 대부분은 냉각 및 배기의 열로 방출되며, 일부는 흡기 및 배기 행정시의 펌프 손실로 소비된다.

73 일반적인 윤활유의 기능이 아닌 것은?

① 기밀 작용
② 냉각 작용
③ 마찰 감소
④ 응력집중 작용

해설　윤활유는 기밀 작용, 냉각 작용, 마찰 감소 기능을 통해 시스템의 파손을 최소화 한다.
윤활유는 윤활부에 작용하는 압력을 윤활부에 흐르는 오일 전체에 분산시켜 평균화시키는 응력분산작용 기능이 있다.

74 트랙터의 주행장치용 공기타이어에서 타이어의 골조가 되는 중요부분으로 타이어가 받는 하중, 충격, 공기압에 견디는 역할을 하는 것은?

① 비드부　　② 카커스부
③ 쿠션부　　④ 트레스부

해설
- 비드부 : 타이어의 공기압이나 외력에 의해 생기는 변형을 막고, 타이어를 주행 중에 요동하지 않도록 림에 밀착시키는 역할을 한다.
- 카커스부 : 타이어의 가장 중요한 부분으로 타이어가 받는 하중, 충격, 공기압에 견디는 역할을 한다.
- 쿠션부 : 카커스부와 트레드부의 고무 사이에 접착하여 외부로부터 받는 타이어의 충격을 완화시키는 천분리 등의 손상을 방지하는 역할을 한다.
- 트레드부 : 직접 지면에 접촉하는 카커스로 쿠션부를 보호하고 마찰, 손상에 대하여 강한 저항력을 갖게 하기 위하여 두꺼운 고무층으로 되어 있다.

75 P.T.O 축과 연결되지 않는 작업기는?
① 모워   ② 로타리
③ 베일러 ④ 쟁기

해설 기관의 동력을 로터베이터, 모아, 베일러, 양수기 등 구동형 작업기에 전달하기 위한 장치로서 동력취출축(power take off, PTO)과 동력취출축을 구동하기 위한 장치를 합하여 동력취출장치라고 한다. 쟁기는 PTO축의 회전력이 아닌 트랙터의 견인력을 이용하는 작업기이다.

76 트랙터의 3점 링크 중 하부 링크의 좌우 진동을 제한하는 것은?
① 체크 체인
② 리프트 암(lift arm)
③ 상부 링크
④ 리프팅 로드(lifting rod)

해설 3점 링크 히치의 체크 체인(check chain)이나 스태빌라이저(stabilizer)는 하부 링크의 좌우 진동을 방지하고 안전을 도모하는 장치이다.

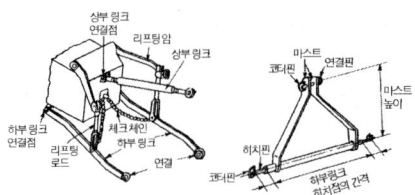

77 다음 중 사료 작물 수확용 작업기가 아닌 것은?
① 헤이 테더(hey tedder)
② 헤이 레이크(hey rake)
③ 포리지 하베스터(forage harvester)
④ 파이프 더스터(pipe duster)

78 트랙터의 캠버각에 대한 설명으로 가장 적합한 것은?
① 킹핀의 중심선과 수직선에 대한 안쪽으로 5~11°정도 경사지게 부착되어 있는 각이다.
② 앞바퀴에서 아래쪽이 좁고 위쪽이 넓게 되도록 지면에 내린 수직선에 대하여 1.5~2° 정도이 경사각이다.
③ 킹핀을 측면에서 보면 킹핀의 중심선과 수직선에 대하여 뒤쪽으로 2~3°정도 경사지게 부착되어 있는 각이다.
④ 보통 차륜 중심선의 전면과 후면과의 치수 차이로 표시하며 3~10mm이다.

79 3점 링크히치 장치에서 길이를 조절할 수 있는 것과 높이를 조절할 수 있는 것이 바르게 연결된 것은?
① 상부링크 - 앞쪽 리프트 로드
② 상부링크 - 오른쪽 리프트 로드
③ 하부링크 - 왼쪽 리프트 로드
④ 하부링크 - 오른쪽 리프트 로드

해설 3점 링크히치는 상부링크에서는 길이 조절이 가능하고 하부링크의 오른쪽 리프트로드는 높이를 조절하여 수평을 조절하는데, 최근 생산되는 트랙터는 하부링크의 좌, 우측 모두 높이 조절이 가능하다.(최근 변형되어 추가되었기 때문에 문제에 나온다면 과거의 형태를 보고 답을 선택해야 한다.)

80 경운기의 동력전달장치 순서로 옳은 것은?

1. 주클러치	2. 주축 및 변속축
3. 최종구동축	4. 조향클러치
5. 차축	

① 1 → 2 → 3 → 4 → 5
② 1 → 2 → 4 → 3 → 5
③ 1 → 2 → 3 → 5 → 4
④ 1 → 2 → 5 → 4 → 3

제5과목 농업기계학

81 농업기계를 구입하고자할 때에 우선 검토해야 할 사항이 아닌 것은?

① 지방의 기후
② 기체의 크기 결정
③ 취급성과 안락성
④ A/S(애프터 서비스)

해설 농업기계를 구입하고자할 때 고려해야할 사항으로는 기술적 합리성, 경제적 합리성, 취급성 및 안전성, A/S 등이 포함된다.

82 구입가격이 1,200만원인 4각 베일러의 폐기 가격은 200만원이며 내구 연한은 10년이다. 직선법에 의한 연간 감가상각비는 얼마인가?

① 100만원
② 120만원
③ 122만원
④ 140만원

해설 직선법은 감가상각비를 내구 연수 전체 동안 균등하게 배분하는 것으로, 직선법에 의한 연간 감가상각비는 아래 식으로 계산된다.

$$D_s = \frac{P_i - P_s}{L}$$

여기서, D_s : 연간 감가상각비 (원/년)
P_i : 기계의 초기가치 (원)
P_s : 기계의 폐기가치 (원)
L : 내구 연수 (년)

초기가치(구입가격)가 1,200만원, 폐기가치(폐기가격)이 200만원, 내구 연수가 10년이므로 직선법에 의한 연간 감가상각비는 아래와 같이 계산된다.

$$D_s = \frac{1200 - 200}{10} = 100 \text{ 만원/년}$$

83 쟁기의 경폭이 25 cm, 경심 10 cm, 견인력 100 N 이고 경운속도가 0.5 m/s일 때 쟁기의 경운 비저항(N/cm²)은?

① 0.2
② 0.4
③ 0.6
④ 0.8

해설 경운 비저항은 수평견인저항을 경운단면적으로 나눈 값으로 아래 식으로 계산된다.

경운 비저항(N/cm²)
$= \dfrac{\text{수평견인저항}(N)}{\text{경심}(cm) \times \text{경폭}(cm)}$

따라서 경운 비저항의 크기는 아래와 같다.

경운 비저항(N/cm²) $= \dfrac{100}{10 \times 25} = 0.4 \text{N/cm}^2$

84 농업기계의 가장 합리적인 이용방법은?

① 단위면적당 고정비를 감소시키고, 경영면적을 확대한다.
② 단위면적당 변동비를 증대시키고, 경영면적을 축소한다.
③ 단위면적당 고정비를 증대시키고, 경영면적을 확대한다.
④ 단위면적당 변동비를 감소시키고, 경영면적을 확대한다.

해설 가장 합리적인 이용방법은 단위면적당 변동비, 고정비는 감소시키고 경영면적은 확대해야 한다.

85 이체(plow bottom)의 작업 폭이 36cm인 4조 몰드보드 플라우를 장착하고 작업을 하고 있다. 이때 포장효율이 82%이고, 작업속도가 6km/h 이면 유효포장 작업능률은 약 몇 ha/h 인가?

① 0.71
② 7.1
③ 71
④ 710

해설 유효포장능률(effctive field capacity)이란 기계가 작업을 수행하는 1시간당의 평균면적을 말하며 이를 포장작업량이라고도 한다. 유효포장능률이 실제 포장능률보다 작은 것은 포장에서의 손실시간이 있기 때문이며 또한 규정된 작업기의 폭보다 감소된 작업폭으로 작업하기 때문이기도 하다. 이론작업량에 대한 포장작업량의 비율을 포장작업효율 또는 포장효율이라고 한다.
작업기의 유효포장작업능률은 아래 식으로 계산된다.

$$A_e = \frac{1}{10}\epsilon_f SW$$

여기서, A_e : 유효포장능률(ha/h) ϵ_f : 포장효율
S : 작업속도 (km/h) W : 공칭작업폭 (m)

작업폭이 0.36m인 플라우 4개를 사용하므로 전체 작업폭은 0.36×4 m 이다. 따라서 유효포장능률은 아래와 같이 계산된다.

$$A_e = \frac{1}{10} \times 0.82 \times 6 \times 0.36 \times 4$$
$$= 0.708 \text{ ha/h}$$

86 원심펌프를 구성하는 주요부분으로 작동중 물을 흡입할 때 열리고, 운전이 정지될 때는 역류하는 것을 방지하는 역할을 하는 것은?

① 임펠러(impeller)
② 안내날개(guide vane)
③ 케이싱(casing)
④ 풋 밸브(foot valve)

[해설]
- 임펠러 : 날개바퀴와 같이 회전에 의해 유체에 유동운동을 일으키는 장치
- 안내 날개 : 회전차에서 전달되는 물을 와류실로 유도하여 속도에너지를 얻게 해주는 장치
- 케이싱(와류실) : 송출관 쪽으로 보내는 나선형의 동체
- 풋 밸브 : 액체를 흡입할 때는 열리고 액체가 흐르지 않을 때는 닫히는 체크 밸브의 형태로 되어 있는 밸브

87 단동 3련식 플런저 펌프의 플런저 지름 3cm, 행정거리 3.2cm, 크랭크 축 회전 속도 700rpm일 때 이론 배출량은 약 몇 l/min인가?

① 45 ② 55
③ 451 ④ 550

[해설] 배출량
= 플런저 면적×행정거리×분당회전수×연수
$= \left(\dfrac{\pi}{4}3^2 \times 3.2 \times 700 \times 3\right)/1{,}000$
$= 47\, l/min$

88 양수기를 용도에 맞게 선택하고, 최고의 효율을 유지할 수 있는 운전조건을 구하는 기본자료가 되는 그래프를 무엇이라 하는가?

① 양수기의 동력곡선
② 양수기의 양정곡선
③ 양수기의 특성곡선
④ 양수기의 양수량곡선

[해설] 펌프의 양수량과 양정, 축동력 및 효율과의 사이에는 일정한 관계가 있다. 다시 말하면, 동일한 펌프에 있어서의 수량과 양정이 변화됨에 따라 펌프의 효율이 달라지며 이에 따라 축동력도 달라지게 된다. 이와 같은 관계를 나타내기 위하여 가로축을 양수량으로 나타내고, 세로축을 양정, 축마력 및 효율로 나타내면 양정과 양수량과의 관계곡선, 축마력과 양수량의 관계곡선, 효율과 양수량의 관계곡선 등이 얻어진다. 이와 같은 것들의 관계를 그림으로 나타낸 것을 펌프의 특성곡선이라고 한다. 특성곡선은 펌프를 용도에 알맞게 선택하고 최고의 효율을 유지할 수 있는 운전조건을 구하는데 기본 자료가 된다.

89 고속기류를 이용하여 유기분사에 의해 약액을 기계적으로 분산 미립화시키는 방제기는 어떤 것인가?

① 송풍기 ② 미스트기
③ 살수기 ④ 동력분무기

90 동력분무기에서 액체의 농약을 최종적으로 미립화하는 부품은?

① 노즐   ② 송풍기
③ 임펠러 ④ 교반장치

[해설] 희석된 농약을 미립자로 만드는 부품을 노즐이라고 한다. 생물생산업에서 이용되는 노즐은 압력노즐, 이류체노즐, 원심노즐, 전화노즐 등이 있다.

91 다음 중 일반적인 자동 탈곡기로 벼를 탈곡할 때에 탈곡치의 선단과 탈곡망 사이의 틈새는 약 몇 mm가 되어야 하는가?

① 1 이하   ② 3~6
③ 10~13   ④ 17~20

[해설] 자동탈곡기에서 탈곡치의 선단과 탈곡망 사이의 간격, 즉 탈곡망 틈새는 3~6 mm로 되어 있는데 이 틈새가 좁으면 소요 동력과 곡물 손상이 증가하고 작업능률이 높아지는 반면, 틈새가 넓으면 소요 동력과 곡물 손상은 감소하나 미탈곡립이 증가하게 되며 탈곡망에 검불이 끼어 선별효율이 감소하게 된다.

92 동력탈곡기에서 급치의 선단과 수망 사이의 간격(틈새)이 커질 경우의 설명으로 맞는 것은?

① 소요 동력과 곡립 손상이 증가한다.
② 소요 동력과 곡립 손상이 감소한다.
③ 소요 동력은 증가하고 곡립 손상이 감소한다.
④ 소요 동력은 감소하고 곡립 손상이 증가한다.

[해설] 탈곡치의 선단과 탈곡망 사이의 틈새는 탈곡작용에 크게 영향을 끼치는 것으로서 보통 5~8 mm로 한다. 틈새가 좁으면 손상립이 증가하고, 넓으면 소요 동력이나 곡립손상은 감소하지만 미탈곡립과 수절립이 증가하게 되며 탈곡망에 검불이 끼어 선별효율이 감소한다.

93 예취부에서 구동날과 고정날 사이에서 마찰저항을 감소시켜 주는 것은?
① 마찰판 ② 공기실
③ 노즐   ④ 캠

해설 예취부에서 구동칼날은 고정칼날 위에서 왕복운동을 하면서 작물을 절단하고, 고정칼날은 구동칼날의 절단작용을 보조하여 줄기에 전단을 발생시킨다. 마찰판은 이 두 칼날 사이의 마찰저항을 감소시키고, 두 칼날의 상호 위치를 결정하여 칼날 끝을 맞추는 역할을 한다.

94 배부식 예초기에서 사용되는 클러치 형식은?
① 벨트식 클러치 ② 마찰식 클러치
③ 원심식 클러치 ④ 벤드식 클러치

해설 회전속도가 빨라지면 원심력에 의해 클러치가 확장되고 회전축과 연결된 원판은 마찰력에 의해 회전하는데 이를 원심 클러치라고 한다.

95 오일펌프로 엔진의 각부에 윤활유를 강제적으로 공급하는 내연기관 윤활방식은?
① 비산식   ② 압송식
③ 흡인식   ④ 혼합급유식

해설
- 비산식: 크랭크실내에 일정량의 윤활유를 채워놓고 커넥팅 로드에 붙인 기름치개로 튀겨서 급유하는 방식
- 압송식: 윤활유 공급 펌프에 의해 압송 공급하는 방식
- 혼합급유식: 가솔린과 윤활유를 적당한 비율로 혼합한 연료를 사용하여 윤활하는 방식
- 가솔린에 혼합된 윤활유는 기화기에서 무화되어 크랭크실로 들어가고 가솔린은 기화되어 연소되고 윤활유 입자는 실린더 벽, 피스톤 및 베어링 등에 부착되어 윤활 작용을 한다.

96 벼의 총 무게가 100g이고, 수분이 20g 완전건조된 무게가 80g이다. 습량기준 함수율은?
① 80%   ② 25%
③ 20%   ④ 15%

해설 함수율(%) = $\dfrac{수분의\ 무게}{총\ 무게} \times 100$
= $\dfrac{20}{100} \times 100 = 20\%$

97 고무롤 현미기에서 고속 롤러의 회전속도는 1000rpm이고 회전차율이 20%이면 저속롤러의 회전속도는 몇 rpm인가? (단, 저속롤러와 고속 롤러의 지름은 동일하다.)
① 165   ② 230
③ 770   ④ 1000

해설 회전차율(%) = $\dfrac{DN - dn}{DN} \times 100$
여기서, D : 고정롤러의 지름
N : 고정롤러의 회전속도
d : 유동롤러의 지름
n : 유동롤러의 회전속도
고속롤러는 고정롤러이고, 저속롤러는 유동롤러이다.
따라서, $20 = \dfrac{1000 - n}{1000} \times 100$, $n = 800$이다.

98 곡립의 길이 차이를 이용하는 선별기로 원통형과 원판형으로 구분되며, V자형 집적통, 곡물 이송장치, 구동장치 등으로 구성되어 있는 것은?
① 홈 선별기   ② 스크린 선별기
③ 마찰 선별기 ④ 공기 선별기

99 다음 중 사료 조제용 기계 기구가 아닌 것은?
① 휘일 커터   ② 컬티베이터
③ 피이드 그라인더 ④ 해머밀

해설 컬티베이터는 농작업기 중 로터리 같은 경운정지용 기계를 통칭한다.

100 착유기의 주요 구성 요소가 아닌 것은?
① 반크리너   ② 맥동호스
③ 파지기(milk claw) ④ 유두컵

해설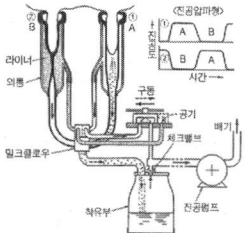

반크리너는 축사 내에서 분뇨를 외부로 이송하는 관이 막혔을 경우 이를 해소하기 위해 사용하는 장치이다.

농업기계기사 제4회 CBT 실전모의고사

제1과목 재료역학

01 그림과 같은 타원형단면을 갖는 봉이 인장하중(P)을 받을 때, 작용하는 인장응력은 얼마인가?

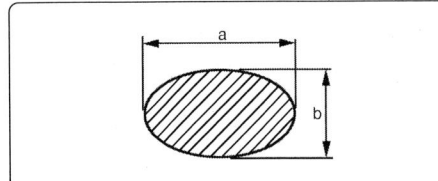

① $\dfrac{\pi ab^2}{4 \times P}$ ② $\dfrac{4 \times P}{\pi ab^2}$

③ $\dfrac{\pi ab}{4 \times P}$ ④ $\dfrac{4 \times P}{\pi ab}$

02 기계설계와 관련된 안전율에 대한 설명으로 틀린 것은?

① 항상 1보다 커야 한다.
② 안전율이 너무 작으면 구조물의 재료가 낭비된다.
③ 기준강도(극한응력 등)를 허용응력으로 나눈 값이다.
④ 안전율을 결정할 때에는 공학적으로 합리적인 판단을 요한다.

해설 안전율이란 기준강도(극한응력 등)를 허용응력으로 나눈 값이며, 항상 1보다 커야 한다. 그리고 안전율을 결정할 때에는 공학적으로 합리적인 판단을 요한다.

03 그림과 같이 로프로 고정하여 A점에 1000N의 무게를 매달 때 로프 AC에 생기는 응력은 약 몇 N/cm²인가?
(단, 로프 지름은 3cm이다.)

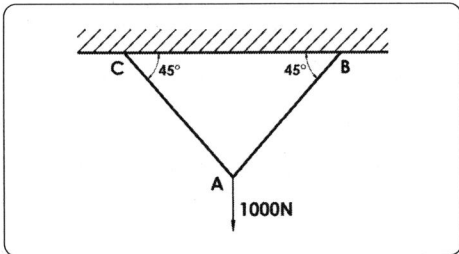

① 100
② 210
③ 431
④ 640

해설 ∠CAB = 90°, 로프 AC와 마주보고 있는 각도는 135°이므로,

$\dfrac{P_1}{\sin \theta_1} = \dfrac{P_2}{\sin \theta_2}$ 에서

$\dfrac{1000}{\sin 90°} = \dfrac{P_{AC}}{\sin 135°}$,

$P_{AC} = 707.12\,N$

$\sigma = \dfrac{P}{A} = \dfrac{707.12}{\dfrac{\pi \times 3^2}{4}} = 100.04\,\text{N/cm}^2$

04 재료가 고온 환경에서 장시간 정하중을 받는 경우 안전율에 관한 공식으로 다음 중 가장 적합한 것은?

① $\dfrac{\text{크리프한도}}{\text{허용응력}}$ ② $\dfrac{\text{항복점}}{\text{허용응력}}$

③ $\dfrac{\text{극한강도}}{\text{허용응력}}$ ④ $\dfrac{\text{사용응력}}{\text{허용응력}}$

해설 안전율은 기준강도(기초강도, σ_s)와 허용응력과의 비율이다.

$$S = \frac{\sigma_s}{\sigma_a}$$

자주 사용하는 기준강도는 다음과 같다.

하중의 종류와 사용환경	기준강도
정하중	항복응력, 극한강도 (인장강도)
반복하중	피로한도
충격하중	충격치
고온에서 장시간 사용	크리프 한도

05 연강의 인장시험 결과 얻어진 응력-변형률 선도에서 시험편에 가해진 힘을 시험편의 초기 단면적으로 나누어 계산하는 응력은?
① 진 응력
② 공칭 응력
③ 변형 응력
④ 탄성 응력

해설 진 응력(참응력)이란 인장시험에서 인장하중과 함께 시험편의 단면적이 감소함으로 그 단면에 작용하는 실제의 응력도 변화한다. 이때 변화하는 응력(하중/단면적)을 말한다. 그리고 공칭응력이란 인장시험 결과 얻어진 응력-변형률 선도에서 시험편에 가해진 힘을 시험편의 초기 단면적으로 나누어 계산하는 응력을 말한다.

06 단면적이 400mm²인 봉의 최대 사용하중이 800N이다. 이 봉의 허용 인장응력이 600N/cm²이면 이 봉의 안전계수는 얼마인가?
① 3
② 6
③ 9
④ 12

해설 ① $\sigma_a = \frac{W}{A}$ 에서

$$\frac{800\text{N}}{400\text{mm}^2} = 2\text{N/mm}^2 = 200\text{N/cm}^2$$

② $S = \frac{\sigma_u}{\sigma_a}$ 에서

$$\frac{600\text{N/cm}^2}{200\text{N/cm}^2} = 3$$

07 노치, 구멍, 필렛, 키홈 등과 같이 단면의 형상이 급변하는 부분에 하중이 작용할 때 국부적으로 대단히 큰 응력이 발생하는 현상은?
① 잔류변형
② 공칭응력
③ 응력집중
④ 국부응력

해설 응력집중 : 형상이 갑자기 변화하는 부위에 큰 응력이 발생하는 현상.

08 단면 6cm×8cm의 목재가 3000kgf의 압축하중을 받고 있다. 안전율을 7로 하면 사용응력은 허용응력의 몇 %가 되는가? (단, 목재의 인장강도는 550kgf/cm² 이다.)
① 79.6%
② 78.6%
③ 62.5%
④ 60.5%

해설 ① $\sigma = \frac{\sigma u}{S}$ 에서 $\frac{550}{7} = 78.57\text{kgf/cm}^2$

② $\sigma a = \frac{W}{A}$ 에서 $\frac{3000}{6 \times 8} = 62.5\text{kgf/cm}^2$

③ 비율 $= \frac{\text{사용응력}}{\text{허용응력}}$

∴ $\frac{62.5}{78.57} \times 100 = 79.6\%$

09 비틀림만 받는 지름이 32mm 차축에 고정된 타이어 지름이 830mm 일 때, 최대 1.6ton의 하중이 차축에 가해진다. 이 축에 차륜이 노면에 미끄러지도록 토크를 가할 경우에 생기는 응력은 몇 kgf/mm²인가?(단, 타이어와 노면의 마찰계수 μ=0.5로 한다.)
① 23.7
② 24.5
③ 25.8
④ 26.3

해설 ① 비틀림 모멘트(T) $= Wr\mu$
W : 하중, r : 타이어 반지름, μ : 마찰계수
∴ $1600 \times 415 \times 0.5 = 332000\text{kgf} \cdot \text{mm}$

② $\tau_a = \frac{16T}{\pi d^3}$

τ_a : 비틀림 응력(kgf/mm²),
T : 비틀림 모멘트(kgf·mm),
d : 축의 지름(mm)

∴ $\frac{16 \times 332000}{3.14 \times 32^3 \times 2} = 25.8\text{kgf/mm}^2$

10 비틀림 모멘트를 받는 원형 단면 축에 발생되는 최대 전단응력에 대한 설명으로 옳은 것은?

① 축 제동이 증가하면 감소한다.
② 가해지는 토크가 증가하면 감소한다.
③ 단면의 극관성 모멘트가 증가하면 증가한다.
④ 극단면계수가 감소하면 감소한다.

해설 비틀림 모멘트를 받는 원형 단면 축에 발생되는 최대 전단응력은 축 제동이 증가하면 감소한다.

11 연강에서 지름이 5cm이고, 길이가 2m, 인장하중이 100N이 작용하고 있을 때 이 재료의 신장량은 약 몇 mm인가?
(단, 세로탄성계수(E)=2.1×10^6 N/cm²이다.)

① 0.00485   ② 0.485
③ 0.0606   ④ 0.606

해설 $\delta = \dfrac{P\ell}{AE}$

δ : 신장량, P : 하중, ℓ : 길이
A : 단면적, E : 세로탄성 계수

$\therefore \dfrac{100 \times 200 \times 10}{0.785 \times 5^2 \times 2.1 \times 10^6} \times 10 = 0.00485 mm$

12 길이가 300mm인 봉이 인장력을 받아 1.5mm 늘어났을 때 길이 방향 변형률은?

① 5.0×10^{-3}
② 5.0×10^{-2}
③ 1.33×10^{-3}
④ 1.33×10^{-2}

해설 $\epsilon = \dfrac{\lambda}{L_o} = \dfrac{1.5}{300} = 0.005 = 5.0 \times 10^{-3}$

13 길이 50cm인 연강재의 환봉에 인장력이 작용하여 길이가 60cm로 늘어났을 때 이 재료의 연신율은 얼마인가?

① 10%   ② 20%
③ 23%   ④ 40%

해설 $\epsilon = \dfrac{l_1 - l}{l}$

ϵ : 연신율, l_1 : 변형후의 길이, l : 처음 길이

$\therefore \dfrac{60-50}{50} \times 100 = 20\%$

14 열응력에 관한 설명으로 가장 적합한 것은?

① 열을 가해 온도가 올라갈 때 늘어나면서 생기는 내부응력
② 온도가 내려가면 재료가 수축하여 생기는 외부응력
③ 높은 온도에서 급냉할 때만 발생하는 잔류응력
④ 온도변화에 의한 신축이 방해되었기 때문에 생기는 응력

해설 열응력은 온도의 변화에 의해 재료에 발생하는 응력으로, 재료의 변형이 구속(제한)되면 발생한다.

15 한 변의 길이가 8cm인 정 4각 단면의 봉에 온도를 20℃ 상승시켜도 길이가 늘어나지 않도록 하는데 28000N이 필요하다면 이 봉의 선팽창계수는? (단, 단성계수는 E = 2.1×10^6 N/cm²이다)

① 1.14×10^{-5} ② 1.04×10^{-5}
③ 1.14×10^{-6} ④ 1.04×10^{-4}

해설 $\sigma = \sigma_h = E\alpha(t - t_o) = \dfrac{P}{A}$ 에서

$2.1 \times 10^6 \times \alpha \times 20 = \dfrac{28000}{8 \times 8}$,

$\alpha = 1.04 \times 10^{-5}$ /℃

16 50000 N·cm의 굽힘 모멘트를 받는 단순보의 단면계수가 100cm³이면 이 보에 발생되는 굽힘응력은 몇 N/m²인가?

① 250   ② 500
③ 750   ④ 1000

해설 $\sigma_b = \dfrac{M}{Z} = \dfrac{50000}{100} = 500 \, N/cm^2$

17 중앙에 집중하중 P를 받는 길이 l의 단순보에 대한 설명 중 틀린 것은? (단, 보의 자중은 무시하고 굽힘강성은 EI로 한다.)

① 보의 최대 처짐은 중앙에서 일어난다.
② 보의 양 끝단에서의 굽힘 모멘트는 0(zero)이다.
③ 보의 최대 처짐을 나타내는 값은 $\dfrac{Pl^3}{3EI}$ 이다.
④ 보의 한 지점에서의 반력은 $P/2$이다.

해설 집중하중 P가 중앙에 작용하는 단순보의 최대처짐 $\delta_{max} = \dfrac{PL^3}{48EI}$

18 그림과 같은 보에서 지점 B가 $5N$까지의 반력을 지지할 수 있다. 하중 $12N$은 A점에서 몇 m까지 이동할 수 있는가?

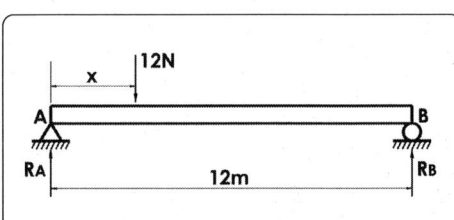

① 2   ② 3
③ 4   ④ 5

해설 지점 A에 대한 모멘트의 평형을 계산하면,
$12 \times x = R_B \times 12$, $12 \times x = 5 \times 12$,
$x = 5m$

19 단면의 형상과 길이가 같은 기둥 형상의 구조물에서 처짐량이 가장 많은 것은?

① 일단고정 타단 자유
② 양단회전
③ 일단고정 타단 회전
④ 양단고정

해설 단면의 형상과 길이가 같은 기둥 형상의 구조물에서 처짐량이 가장 많은 것은 일단 고정 타단 자유이다.

20 길이가 2m이고, 지름이 25cm인 단순 지지보의 중앙에 집중하중 400N이 작용하면 최대 굽힘 응력은 약 몇 kPa인가?

① 65.22kPa
② 100.38kPa
③ 117.22kPa
④ 130.38kPa

해설 $\tau_a = \dfrac{32Pl}{4\pi d^3}$
τ_a : 굽힘 응력, P : 하중, l : 보의 길이, d : 보의 지름

제2과목 기계열역학

21 비가역 사이클의 내부에너지 변화량 ΔU는?

① $\Delta U = 0$ ② $\Delta U > 0$
③ $\Delta U < 0$ ④ $\Delta U > 1$

해설 ① 가역사이클 : $\Delta U = 0$
② 비가역 사이클 : $\Delta U = 0$

22 1kW의 전기히터를 이용하여 101kPa, 15℃의 공기로 차 있는 100 m³의 공간을 난방하려고 한다. 이 공간은 견고하고 밀폐되어 있으며, 단열되었다고 가정한다. 히터를 10분 동안 작동시킨 후 이 공간의 온도는 약 몇 도인가? (단, 공기의 정적 비열은 0.718 kJ/kg·K 이고 기체 상수는 0.287 kJ/kg·K 이다.)

① 20℃   ② 22℃
③ 24℃   ④ 26℃

해설 $Q = mCv(T_2 - T_1)$ 에서
$T_2 = \dfrac{Q}{mC_V} + T_1$
$\therefore \dfrac{1 \times 60 \times 10}{122.19 \times 0.718} + 15 = 21.84℃$

23 수은의 비중량과 밀도는 각각 대략 얼마인가?

① 13600kg/m³, 133000N/m³
② 133000N/m³, 13600kg/m³
③ 1360 N/m³, 133000kg/m³
④ 133000kg/m³, 13600N/m³

해설 ① 비중량=$13.6 \times 9800 = 133280$N/m³
② 밀도=$13.6 \times 1000 = 13600$kg/m³

24 순수물질에 대한 설명 중 틀린 것은?

① 화학조성이 균일하고 일정한 물질이다.
② 두 개의 상으로 존재할 수 없다.
③ 물과 수증기의 혼합물은 순수물질이다.
④ 액체공기와 기체공기의 혼합물은 순수물질이 아니다.

해설 순수물질은 2개 또는 그 이상의 상으로 공존할 수 있다.

25 다음 중 이상기체의 교축과정에 대한 사항으로 틀린 것은?

① 엔탈피 변화가 없다.
② 온도의 변화가 없다.
③ 엔트로피의 변화가 없다.
④ 비가열 단열과정이다.

해설 교축과정(throttling process)
① 온도 및 압력이 강하한다.
② 엔탈피는 일정하다.
③ 엔트로피가 증가(비가역 과정)한다.

26 산소 3kg과 질소 2kg이 혼합되어서 체적 2m³의 용기 내에 온도가 80℃의 상태로 있을 때, 용기 내의 압력은 다음 중 어느 것에 가장 가까운가?(단, 산소와 질소는 완전기체로 취급하고 산소와 질소의 기체상수는 각각 0.2598 kJ/kg.K, 0.2969 kJ/kg.K이다.)

① 54.9kPa
② 109.8kPa
③ 121.5kPa
④ 242.3kPa

해설 $P = \dfrac{m_1 R_1 T_1}{V_1} + \dfrac{m_2 R_2 T_2}{V_2} = \dfrac{T}{V}(m_1 R_1 + m_2 R_2)$

$\dfrac{273+80}{2} \times (3 \times 0.2598 + 2 \times 0.2969) = 242.4 kPa$

27 그림과 같이 실린더 내의 공기가 상태 1에서 상태 2로 변화할 때 공기가 한 일은?

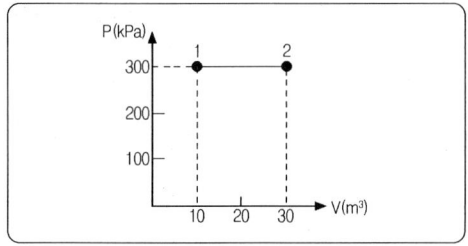

① 30kJ
② 200kJ
③ 3000kJ
④ 6000kJ

해설 $W = P(V_2 - V_1)$
∴ $300 \times (30 - 10) = 6000 kJ$

28 실린더 내부에 기체가 채워져 있고 실린더에는 피스톤이 끼워져 있다. 초기압력 50kPa, 초기체적 0.05m³인 기체를 버너로 $PV^{1.4}$= constant가 되도록 가열하여 기체 체적이 0.2 m³이 되었다면 이 과정동안 시스템이 한 일은?

① 1.33kJ
② 2.66kJ
③ 3.99kJ
④ 5.32kJ

해설 ① $n = 1.4$인 폴리트로픽 과정의 일이므로
$W = \int_1^2 p dV = \dfrac{1}{n-1}(P_1 V_1 - P_2 V_2)$
② 폴리트로픽 과정의 $P-V$ 관계공식으로부터
$P_2 = P_2 \left(\dfrac{V_1}{V_2}\right)^{1.4}$
∴ $50 \times 0.05 - 50 \times \left(\dfrac{0.05}{0.2}\right)^{1.4} \times 0.2 = 1.064$
③ $W = \dfrac{1}{1.4-1} = 2.5$
∴ 시스템이 한 일=$1.064 \times 2.5 = 2.66 kJ$

29 두께 1cm, 면적 0.5m²의 석고판의 뒤에 가열판이 부착되어 100W의 열을 전달한다. 가열판의 뒤는 완전히 단열 되어있고, 석고판 앞면의 온도는 100℃이다. 석고의 열전도률이 k=0.79W/mK 일 때 가열 판에 접하는 석고면의 온도는?

① 110.2℃
② 125.3℃
③ 150.8℃
④ 212.7℃

해설 ① 평면 벽을 통한 열전도이므로
$$H = -kA\frac{T_1 - T_2}{t}$$
② $100W = -0.79 W/mK \times 0.5m^2 \times \frac{100-T_2}{0.01m}$
$T_2 = 125.3℃$

30 기체가 열량 80kJ를 흡수하여 외부에 대하여 20kJ의 일을 하였다면 내부에너지 변화는 몇 kJ인가?

① 20   ② 60
③ 80   ④ 100

해설 $\Delta U = Q - W$
∴ $80 - 20 = 60 kJ$

31 일정한 정적비열 Cv와 정압비열 Cp를 가진 이상기체 1kg의 절대온도와 체적이 각각 2배로 되었을 때 엔트로피의 변화량을 바르게 표시한 것은?

① $Cv \ln 2$
② $Cp \ln 2$
③ $(Cp - Cv) \ln 2$
④ $(Cp + Cv) \ln 2$

해설 $dS = \frac{\delta Q}{T} = \frac{dU + PdV}{T}$
$= Cv\frac{dT}{T} + P\frac{dV}{T}$
$= Cv\frac{dT}{T} + R\frac{Dv}{V}$
$s_2 - s_1 = \int \frac{\delta Q}{T} = Cv \ln \frac{T_2}{T_1} + R \ln \frac{V_2}{V_1}$
$= Cv \ln 2 + R \ln 2 = (Cv + R) \ln 2 = Cp \ln 2$

32 어느 발명가가 바닷물로부터 매시간 1800 kJ의 열량을 공급받아 0.5kW의 출력의 열기관을 만들었다고 주장한다면 이 사실은 열역학 제 몇 법칙에 위반되겠는가?

① 제0법칙   ② 제1법칙
③ 제2법칙   ④ 제3법칙

해설 열역학 제2법칙의「제2종 영구기관(열효율이 100%인 기관)은 만들 수 없다」에 위반된다.

33 체적이 0.1 m³로 일정한 단열 용기가 격막으로 나뉘어 있다. 용기의 왼쪽 절반은 압력이 200kPa, 온도가 20℃, 이상기체상수가 8.314 kJ/kmole · K 인 공기(이상기체로 가정함)로 채워져 있으며, 오른쪽 절반은 진공을 유지하고 있다. 격막의 갑작스런 파손으로 인해 공기가 전체적으로 퍼져 나갔다. 이 과정의 엔트로피 변화량은?

① 12.3 J/K
② 23.7 J/K
③ 35.2 J/K
④ 47.5 J/K

해설 $\delta S = nR \ln \frac{V_2}{V_1}$
∴ $4.1 \times 10^{-3} \times 8.314 \times \ln 2 = 23.63 \times 10^{-3} kJ/K$

34 Rankine Cycle로 작동하는 증기 원동소의 각 점에서의 엔탈피가 다음가 같을 때 열효율은? (단, 보일러입구 : 303kJ/kg, 보일러출구 : 3553kJ/kg, 터빈출구 : 2682kJ/kg, 복수기(응축기) 출구 : 300kJ/kg이다.)

① 26.7%   ② 30.8%
③ 32.5%   ④ 33.6%

해설 ① $\eta_R = \frac{(h_2 - h_3) - (h_1 - h_4)}{(h_2 - h_1)}$
② h_1=303kJ/kg : 보일러 입구 엔탈피,
   h_2=3553kJ/kg : 보일러 출구 엔탈피
   h_3= 2682kJ/kg : 터빈 출구 엔탈피,
   h_4=300kJ/kg : 복수기(응축기) 출구
∴ $\frac{(3553-2682)-(303-300)}{(3553-303)} = 0.267 = 26.7\%$

35 어떤 재생 사이클의 혼합형 급수 가열기에서는 터빈에서 추기된 습증기(h_1=2690kJ/kg)와 저압펌프에서 공급되는 물(h_2=190kJ/kg)이 혼합되어 고압펌프에 엔탈피(h_3=600kJ/kg)인 상태로 공급된다. 터빈에 공급된 증기 1kg당 터빈에서 추기되는 수증기의 양은?

① 0.142kg ② 0.164kg
③ 0.223kg ④ 0.317kg

해설 터빈에서 추기되는 수증기 양
$$= \frac{600-190}{2690-190} = 0.164$$

36 그림에서 t_1 = 38℃, t_2 = 150℃, t_3 = 260℃이다. 이 사이클의 열효율은? (단, Cv = 0.172 kcal/kg$_f$ kcal, Cp=0.241kcal/kg$_f$ kcal이다.)

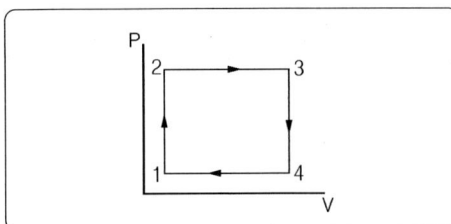

① 4.0% ② 4.2%
③ 4.4% ④ 4.8%

해설 $T_4 = T_3 \times \dfrac{T_1}{T_2}$
$$\therefore (273+260) \times \frac{(273+38)}{(273+150)}$$
$$= 391.87K = 118.87℃$$
$$\eta = 1 - \frac{Cv(T_4-T_3)+Cp(T_1-T_4)}{Cv(T_2-T_1)+Cp(T_3-T_2)}$$
$$= 1 - \frac{0.172 \times (118.87-260)+0.241 \times (38-118.87)}{0.172 \times (150-38)+0.241 \times (260-150)}$$
$$= 0.044 = 4.4\%$$

37 저온실로부터 45.6 kW 의 열을 흡수할 때 10 kW 의 동력을 필요로 하는 냉동기가 있다면 이 냉동기의 성능계수는?

① 4.56 ② 5.65
③ 56.5 ④ 46.4

해설 $COP = \dfrac{Q}{W}$ $\therefore \dfrac{45.6}{10} = 4.56$

38 다음 그림은 증기압축 냉동사이클의 온도-엔트로피 선도이다. 이 그림에서 냉동기의 응축기에 해당하는 과정은?

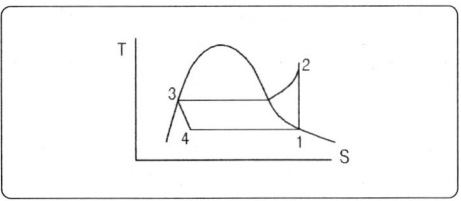

① 과정 1-2 ② 과정 2-3
③ 과정 3-4 ④ 과정 4-1

해설 ① 과정 1-2 : 압축기 ② 과정 2-3 : 응축기
③ 과정 3-4 : 팽창밸브 ④ 과정 4-1 : 증발기

39 보일러 입구의 압력이 9800kN/m²이고, 복수기의 압력이 4900N/m²일 때 펌프 일은? (단, 물의 비체적은 0.001m³/kg$_f$ 이다.)

① -9.795kJ/kg$_f$
② -15.173kJ/kg$_f$
③ -87.25kJ/kg$_f$
④ -180.52 kJ/kg$_f$

해설 $W = h_2 - h_1 = v(P_1 - P_2)$
$$\therefore 0.001 \times \left(9800 - \frac{4900}{1000}\right)$$
$$= -9.795 kJ/kg_f$$

40 물의 증발잠열은 101.325kPa에서 2257 kJ/kg이고, 비체적은 0.00104m³/kg에서 1.67m³/kg으로 변화한다. 이 증발 과정에 있어서 내부에너지의 변화량(kJ/kg)은?

① 237.5
② 2375
③ 208.8
④ 2088

해설 $\delta U = Q - W(\because Q = mr)$
문제의 조건에서 단위 질량당 내부 에너지 값은
$\delta u = q - w = r - p\delta u$에서
$$\therefore 2257 - 101.325 \times (1.67 - 0.00104)$$
$$= 2088 kJ/kg$$

제3과목 기계유체역학

41 다음 중 SI 단위계에서 기본 단위에 해당하지 않는 것을 고르시오?
① m   ② N
③ s   ④ kg

해설 SI 단위계에서 기본 단위(7개) : 질량(kg), 길이(m), 시간(s), 물질의 양(mole), 절대온도(kelvin), 전류(A), 광도(cd)

42 다음 중 유체의 정의로 가장 올바른 것은?
① 흐르는 물질은 모두 유체로 간주해도 된다.
② 전단력과는 관계없이 흐르는 물질이면 모두 유체이다.
③ 그릇 내부가 충만될 때까지 항상 팽창하는 물질이다.
④ 물질 내부에 미소 전단력이 생기면 정지상태를 유지할 수 없는 물질이 유체이다.

해설 미소 전단력에도 연속적으로 유동하는 물질로 액체와 기체를 유체라 한다.

43 다음 중 실체 유체의 설명으로 옳은 것은?
① 이상유체를 뜻한다.
② 유체마찰에 의한 전단응력이 발생하지 않는 유체이다.
③ 압축성을 고려한 유체이다.
④ 유동 시 유체마찰을 고려한 유체이다.

44 다음 중 부력에 대한 설명으로 가장 적당한 것은?
① 유체 속에 잠겨 있는 물체를 평형시키기 위해 반드시 요구되는 힘이다.
② 물체에 의하여 배제된 유체의 부피이다.
③ 물체를 둘러싸고 있는 유체에 의하여 물체 표면에 작용하는 연직 상방향의 힘이다.
④ 유체에 의하여 부양체 표면에만 작용하는 힘이다.

해설 정지유체에 잠겨 있거나 떠 있는 물체는 유체에 의하여 수직상방으로 힘을 받는데 이런 힘을 부력이라고 한다.

45 그림과 같이 수문 AB가 받는 전압력은 얼마인가? (단, 폭은 3m이다.)

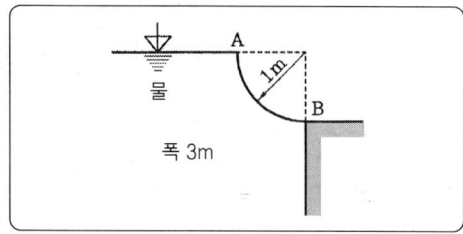

① 25.31kN
② 14.75kN
③ 38.53kN
④ 27.36kN

해설 곡면 AB에 작용하는 수평분력 F_H는 곡면 AB의 수평투영면적에 작용하는 힘과 같다.
$$F_H(\text{수평분력}) = \gamma \bar{h} A$$
$$= 9800 \times \frac{1}{2} \times (1 \times 3)$$
$$= 14700N$$
$$F_V(\text{수직분력}) = \gamma V$$
$$= \gamma Al = 9800 \times \frac{\pi}{4} \times 1^2 \times 3$$
$$= 23079N$$
$$F = \sqrt{F_H^2 + F_V^2} = 27363N(=27.36kN)$$

46 압력이 p(Pa)일 때 비중이 S인 액체의 수두(head)는 몇 mm인가?
① $\frac{p}{9.8S}$ ② Sp
③ $1000Sp$ ④ $\frac{p}{1000S}$

해설 압력은 비중(S)와 액체의 수두와도 비례관계이다. 그러므로
$p = \gamma_w Sh = 9800Sh(Pa)$이다.
이때 액체의 손실수두를 mm로 표현하면
$h = \frac{p}{9800S}mAq = \frac{p}{9.8S}mmAq$이 된다.

47 10m 입방체의 개방된 유조에 비중 0.85의 기름이 가득 차 있을 때 유조 밑면이 받는 압력은 계기압력으로 몇 kPa인가?

① 8.5
② 83.3
③ 0.085
④ 85

해설 압력은 비중과 높이의 곱이므로
$P = \gamma h = 0.85 \times 9800 \times 10 \times 10^{-3} = 83.3 kPa$
이다.

48 정상류와 비정상류를 구분하는 데 있어서 기준이 되는 것은?

① 유동특성의 시간에 대한 변화율
② 질량보존의 법칙
③ 뉴턴의 점성법칙
④ 압축성과 비압축성

해설
• 정상류 : 유동특성이 시간에 따라 변화하지 않는 흐름
$\left(\dfrac{\partial \rho}{\partial t} = 0, \dfrac{\partial V}{\partial t} = 0, \dfrac{\partial p}{\partial t} = 0, \dfrac{\partial T}{\partial t} = 0 \right)$
• 비정상류 : 유동특성이 시간에 따라 변화하는 흐름
$\left(\dfrac{\partial \rho}{\partial t} \neq 0, \dfrac{\partial V}{\partial t} \neq 0, \dfrac{\partial p}{\partial t} \neq 0, \dfrac{\partial T}{\partial t} \neq 0 \right)$

49 베르누이 방정식이 적용되는 것 중 부적합한 것은?

① 정상 상태의 흐름에 적용될 수 있다.
② 유체의 모든 임의의 두 점 사이에서 적용될 수 있다.
③ 비압축성 유체에 적용될 수 있다.
④ 마찰이 없는 이상기체의 유동에 적용될 수 있다.

해설 베르누이 방정식은 오일러방정식을 적분하면 얻을 수 있다.
• 베르누이 방정식의 기본 가설
  - 유체의 흐름은 정상류이다.
  - 유체 입자는 유선을 따라 흐른다.
  - 비압축성유체이다.
  - 유체 마찰은 무시한다.

50 회전계(tachometer)의 원리를 나타내는 식은? (단, ω : 유체의 회전각속도, R : 회전 원통의 반지름, H : 액면의 원통 중심선과 원통면의 접촉점과의 거리, g : 중력가속도이다.)

① $\omega = \dfrac{1}{R}\sqrt{2gH}$
② $\omega = R\sqrt{2gH}$
③ $\omega = 2\sqrt{gHR}$
④ $\omega = \dfrac{1}{2}\sqrt{gHR}$

해설 회전차의 원주속도는 회전차의 반경과 각속도의 곱으로 구한다.
$V = R \cdot \omega = \sqrt{2gH}$

51 그림과 같은 관내를 비압축성 유체가 흐르고 있다. 관 A의 지름은 d이고, 관 B의 지름은 $\dfrac{1}{2}d$이다. 관 A에서의 유체의 흐름의 속도를 V라면 관 B에서의 유체의 유속은?

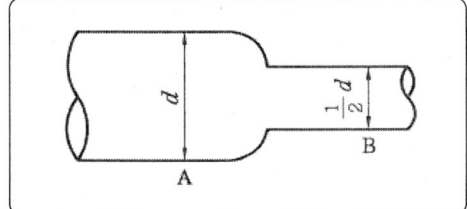

① $\dfrac{1}{2}V$ ② $4V$

③ $\dfrac{1}{\sqrt{2}}V$ ④ $2V$

해설 연속방정식
$A_1 V_1 = A_2 V_2$에서
$d^2 V_A = \left(\dfrac{d}{2}\right)^2 V_B$ 이므로
$V_B = 4 V_A$이다.

52 수면의 높이가 지면에서 h인 물통 벽에 구멍을 뚫고 물을 지면에 분출시킬 때 구멍을 어디에 뚫어야 가장 멀리 떨어지는가?

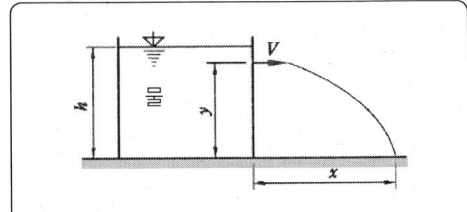

① h
② $\dfrac{h}{3}$
③ $\dfrac{h}{4}$
④ $\dfrac{h}{2}$

해설 토리첼리 공식에서
유속$(V) = \sqrt{2g(h-y)}$ m/s
여기서 자유낙하 높이 $y = \dfrac{1}{2}gt^2, x = Vt$ 이므로
$\dfrac{x}{t} = \sqrt{2g(h-y)}$ 에서
$x = \sqrt{\dfrac{2y}{g}}\sqrt{2g(h-y)} = 2\sqrt{y(h-y)}$
위 식을 y에 관해서 미분하면
$\dfrac{dx}{dy} = \dfrac{h-2y}{\sqrt{y(h-y)}}$
x가 최대가 되기 위해서는 $\dfrac{dx}{dy} = 0$ 이어야 하므로
$h = 2y$
$y = \dfrac{h}{2}(m)$ 이다.

53 안지름이 80mm인 파이프에 비중 0.9인 기름이 평균속도 4m/s로 흐를 때 질량유량은 몇 kg/s인가?

① 69.26
② 72.69
③ 80.38
④ 93.64

해설 질량유량$(\dot{m}) = \rho AV = (\rho_w S)AV$
$= 1000 \times 0.9 \times \dfrac{\pi}{4} \times 0.08^2 \times 4$
$= 80.38 \text{kg/s}$

54 다음 중 베르누이 방정식
$\dfrac{p}{\gamma} + \dfrac{V^2}{2g} + z = const$ 를 유도하는 데 필요한 가정이 아닌 것은?

① 비점성 유체
② 정상류
③ 동일유선상의 유체
④ 압축성 유체

해설 베르누이 방정식은 오일러의 운동방정식을 적분한 방정식이므로 오일러의 운동방정식이 사용되기 위한 가정은 세가지이다.
1) 유체입자는 유선에 따라 움직인다.
2) 유체는 마찰이 없다.(점성력이 0이다.)
3) 정상유체이다.
압축성 유체는 밀도 ρ 가 압력 p의 함수이므로
$\int \dfrac{dp}{\rho} \neq \dfrac{p}{\rho}$ 이다.
따라서, 압축성 유체의 경우는
$\int \dfrac{dp}{\gamma} + \dfrac{V^2}{2g} + Z = const$ 가 된다.

55 스프링 상수(spring constant) 1[kg/m]인 4개의 스프링으로 평판 A를 벽 B에 그림과 같이 붙였다. 유량 0.01m³/sec, 속도 10m/sec인 좁은 수류가 평판 A의 중앙에 직각으로 충돌할 때 A, B 사이의 단축되는 거리는?

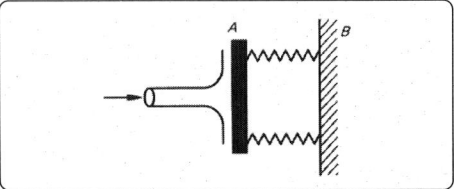

① 1.23m
② 2.55m
③ 5.30m
④ 6.02m

해설 $F = \rho QV = 4kx$
$102 \times 0.01 \times 10 = 4 \times 1 \times x$,
$x = 2.55 m$
스프링상수 $k = 9.8 \text{N/m}$ 라면,
$1000 \times 0.01 \times 10 = 4 \times 9.8 \times x$
$x = 2.55 m$

56 다음 중 레이놀즈 수와 가장 관계가 작은 것은?
(단, V는 속도, d는 지름, ρ는 밀도, v는 동점성계수, μ는 점성계수이다.)

① $\dfrac{Vd}{v}$ ② $\dfrac{\rho Vd}{\mu}$

③ $\dfrac{부력}{점성력}$ ④ $\dfrac{관성력}{점성력}$

57 평균속도가 V인 유체속에서의 익형의 항력계수는? (단, D는 항력, ρ는 밀도, L은 익형면적이다.)

① $D/\rho VL$
② $2D/\rho VL$
③ $D/\rho V^2 L$
④ $2D/\rho V^2 L$

해설 항력 $D = C_D A \dfrac{\rho V^2}{2}$ 이므로,

항력계수 $C_D = \dfrac{2D}{A\rho V^2}$ 이고,

익현의 면적 A는 L과 같으므로 A대신 L로 변환하면 된다.

58 체적탄성계수와 관계있는 것은?

① $\dfrac{1}{\rho}$의 차원을 갖고 있다.
② 압력이 증가하면 증가한다.
③ 압력과 점성에 영향을 받지 않는다.
④ 온도에 무관하다.

해설 체적탄성계수 $(E) = -\dfrac{dp}{\frac{dv}{v}}[Pa]$는 압력과 동일한 차원을 가지며 비례한다$(E \propto p)$.
따라서 압력이 증가하면 체적탄성계수는 증가한다.

59 380L/min의 유량으로 기름($s = 0.9$, $\mu = 0.0575 \text{N} \cdot \text{s/m}^2$)이 지름 75mm인 관 속을 흐르고 있다. 관의 길이가 300m라 하면 손실수두 h_L은 몇 m인가?

① 3.76 ② 8.56
③ 12.36 ④ 15.94

해설 유량
$Q = 380\text{L/m} = \dfrac{0.38}{60}\text{m}^3/\text{s} = 6.33 \times 10^{-3} m^3/s$

이때, 유속
$V = \dfrac{Q}{A} = \dfrac{6.33 \times 10^{-3}}{\frac{\pi}{4}(0.075)^2} = 1.43 \text{m/s}$

레이놀즈수
$Re = \dfrac{\rho Vd}{\mu}$
$= \dfrac{(1000 \times 0.9) \times 1.43 \times 0.075}{0.0575} = 1683$

이므로 층류이다.
층류이므로 하겐-포아젤방정식을 적용하여 유량 $Q = \dfrac{\Delta p \pi d^4}{128\mu L}$을 적용한다.
여기서 $\Delta p = \gamma h_L$이므로
$h_L = \dfrac{128 Q \mu L}{\pi \gamma d^4}$을 적용하여 계산하면
$h_L = \dfrac{128 \times (6.33 \times 10^{-3}) \times 0.0575 \times 300}{\pi \times (9800 \times 0.9) \times (0.075)^4}$
$= 15.94m$

60 다음 중 상임계 레이놀드 수는?

① 난류에서 층류로 변하는 레이놀즈 수
② 층류에서 난류로 변하는 레이놀즈 수
③ 등류에서 비등류로 변하는 레이놀즈 수
④ 비등류에서 등류로 변하는 레이놀즈 수

해설 층류에서 난류로 바뀌는 레이놀즈 수를 상임계 레이놀즈 수라 하고, 난류에서 층류로 바뀌는 레이놀즈 수를 하임계 레이놀즈 수라고 한다. 원관 속의 흐름에서 상임계 레이놀즈 수는 4000, 하임계 레이놀즈 수는 2100이다.

제4과목 농업동력학

61 4극 3상 유도전동기의 실제 회전수가 1710 rpm일 때 슬립율은 몇 %인가?(단, 전원의 주파수는 60Hz이다.)

① 3   ② 5
③ 8   ④ 10

해설 $N = \dfrac{120 \times f}{P} = \dfrac{120 \times 60}{4} = 1800 \text{rpm}$

슬립율 $= \left(\dfrac{1800 - 1710}{1800}\right) \times 100$
$= \dfrac{90}{1800} \times 100 = 5\%$

62 전동기의 고정자 극수가 4개이고, 전원 주파수가 60Hz인 유도 전동기의 동기속도는?

① 3600rpm
② 2400rpm
③ 1800rpm
④ 480rpm

해설 $N = \dfrac{120 \times f}{P} = \dfrac{120 \times 60}{4} \text{rpm} = 1800 \text{rpm}$

63 3상 농형 유도 전동기가 단자 전압 440V, 전류 36A로 운전되고 있을 때 전동기의 압력 전력은 약 몇 kW인가? (단, 역률은 0.9 이다.)

① 14.3   ② 15.8
③ 24.7   ④ 27.4

해설 $P = \sqrt{3}\, IV\cos\phi$ … 3상 교류 전력
P : 전력[W]
I : 전류[A]
V : 전압[V]
$\cos\phi$: 역률
$P = \sqrt{3} \times 36\,[\text{A}] \times 440\,[\text{V}] \times 0.9$
$= 24692.11\,[\text{W}] \fallingdotseq 24.7\,[\text{kW}]$
$H_{kW} = \sqrt{3} \times V \times A \times 역률$
$= \sqrt{3} \times 440V \times 36 \times 0.9$
$= 24.7 \text{kW}$

64 전자 유도현상에 의해 코일에 생기는 유도 기전력의 방향을 설명한 법칙은?

① 플레밍의 왼손법칙
② 플레밍의 오른손법칙
③ 페러데이의 법칙
④ 렌츠의 법칙

65 디젤 엔진을 탑재한 트랙터 전기장치의 구성요소가 아닌 것은?

① 발전기   ② 축전지
③ 점화 코일   ④ 시동 전동기

해설 디젤기관 트랙터의 전기 회로는 축전지를 중심으로 발전기, 레귤레이터 등의 충전 회로와 시동 전동기, 예열장치, 조명, 경보기, 계기류 등의 방전 회로로 구분된다.

66 농업용 내연기관의 두상 밸브형(over head valve type) 밸브 작동 기구가 아닌 것은?

① 태핏(tappet)
② 푸시로드(push rod)
③ 로커암(roker arm)
④ 콘 로드(con rod)

67 디젤기관의 연료 분사장치의 성능에서 분무 형성의 3대 요건이 아닌 것은?

① 무화상태가 좋아야 한다.
② 관통력이 커야 한다.
③ 과급되어 있어야 한다.
④ 균일하게 분산되어 있어야 한다.

해설 디젤 연료의 분무 형성의 3대 요건은 무화상태, 관통력이 커야하고, 균일하게 분산되어야 한다. 디젤 연료가 과급되면 불완전연소와 이를 원인으로 유해 가스 발생이 증가하게 된다.

68 다음 사이클 중 차단비가 1에 가까울 때 열효율이 가장 좋은 기관은?

① 브레이톤 사이클   ② 사바테 사이클
③ 디젤 사이클   ④ 오토 사이클

69 다음 중 기관의 기계효율을 바르게 정의한 것은?

① $\dfrac{\text{제동출력}}{\text{도시출력}} \times 100$

② $\dfrac{\text{도시출력}}{\text{제동출력}} \times 100$

③ $\dfrac{\text{제동출력}}{\text{최대출력}} \times 100$

④ $\dfrac{\text{제동출력}}{\text{정격출력}} \times 100$

70 엔진의 회전수를 측정하는 기기인 것은?

① 타코미터
② 디크니스 게이지
③ 다이얼 게이지
④ 버니어 캘리퍼스

해설
- 디크니스 게이지 : 얇은 철판으로 간극을 측정할 때 사용한다.
- 다이얼 게이지 : 길이나 변위 등을 비교하여 정밀하게 측정할 때 사용한다.
- 버니어 캘리퍼스 : 물체의 외경, 내경, 깊이 등을 측정할 때 사용한다.

71 가솔린 기관에서의 노킹에 관한 설명으로 틀린 것은?

① 운전 중 이상연소 현상으로 충격파가 발생하여서 매우 높은 진동을 일으킨다.
② 발생원인으로는 화염전파거리가 짧아질 때, 압축비가 너무 낮을 때, 엔진회전수가 높을 때 등이다.
③ 매우 강한 충격파는 실린더 벽에 강제진동을 주어 망치로 때리는 것과 같은 예리한 소리를 발생한다.
④ 노킹상태에서 장시간 운전하면 출력이 저하하고 피스톤 및 배기밸브가 파손되어 엔진고장을 초래하는 원인이 된다.

해설 노크는 저속에서 가속할 때 일어나기 쉬운데, 기관 속도가 느리면 연소실 내의 혼합기의 와류가 감소하여 화염면의 전파속도가 감소되므로 착화지연보다 화염면이 말단부에 도달하는 시간이 더 길어지기 때문이다.

72 4사이클 디젤기관의 실린더 지름이 430mm, 피스톤 행정은 650mm, 회전수가 270rpm이고, 실린더수가 8일 때 피스톤의 평균 속도는?

① 4.55m/s
② 5.00m/s
③ 5.85m/s
④ 6.85m/s

해설 평균 피스톤 속도
$\overline{U}_p = 2SN$
　　= (1회전당 2행정)×(행정거리)×(회전속도)
$\overline{U}_p = 2 \times \left(\dfrac{650\,\text{mm}}{1000\,\text{mm/m}}\right) \times \left(\dfrac{270\,\text{rpm}}{60\,\text{rpm/rps}}\right)$
　　= 5.85 m/s

73 윤활유 10W-30에 대한 설명으로 옳지 않은 것은?

① 10W는 0℃에서 구한 점도 번호이다.
② 30은 99℃에서 구한 점도 번호이다.
③ 저온에서는 SAE 10W의 점도를, 고온에서는 SAE 30의 점도를 갖는다.
④ 4계절용 윤활유이다.

해설 10W는 -18℃에서 구한 점도 번호이다.

74 작업기를 장착하는 3점 링크 히치의 구조 및 작동에 관한 설명 중 틀린 것은?

① 3점링크 히치는 1개의 상부 링크와 2개의 하부링크로 구성되어 있다.
② 상승 작용은 오일이 유압실린더로 들어가 피스톤을 밀고, 이것이 상부 링크를 상승시킨다.
③ 중립 작용은 유압 실린더 내의 오일은 갇히게 되어 링크는 상승도 하강도 하지 않는다.
④ 하강 작용은 압송된 오일은 탱크로 회송되고 작업기의 자중에 의해 하부 링크는 하강한다.

해설 상승 작용은 오일이 유압실린더로 들어가 피스톤을 밀고 이것이 하부링크를 상승시킨다.

75 트랙터 앞바퀴는 일반적으로 아래쪽이 좁고 윗쪽이 넓게 되도록 부착하여 수직하중이나 주행저항 등에 의한 차축의 구부러짐이나 비틀림을 적게 한다. 주향의 안정성을 유지하기 위하여 두는 이 각의 명칭과 각도는?

① 캠버 각, 1.5~2.0°
② 캠버 각, 5~11°
③ 캐스터 각, 2~3°
④ 캐스터 각, 5~11°

해설 • 캠버(camber) : 트랙터를 정면에서 봤을 때 전차륜은 수직선에 대하여 1.5~2.0도 경사가 져 지면에 닿는 쪽이 좁게 되는데, 이를 캠버각이라 한다. 이것은 차륜과 지면 사이의 접점에 킹핀의 중심선을 가깝게 함으로써 수직하중이나 구름저항 등에 의한 축의 비틀림을 적게 하여 주행의 안정성을 유지하는 기능을 가진다.
• 토인(toe-in) : 캠버각 때문에 좌우 차륜이 바깥쪽으로 벌어져 구르려는 경향을 수정하여 직진성을 좋게 한다.
• 캐스터(caster) : 킹핀을 측면에서 보면 수직선에 대하여 트랙터 뒤쪽으로 2~3도 경사지게 부착되어 있는데, 이를 캐스터각이라 한다. 이것에 의하여 킹핀의 연장선이 바퀴의 접지점으로부터 앞으로 나가게 되므로 노면의 저항을 적게 받아 직진성을 좋게 한다.

76 타이어 플라이 등급을 표시하는 목적으로 가장 적절한 것은?

① 타이어 강도의 상대적 비교
② 타이어 변형의 상대적 비교
③ 타이어 수명의 상대적 비교
④ 타이어 안정감의 상대적 비교

해설 플라이 등급은 특정한 운전 조건에서 타이어가 지지할 수 있는 최대의 하중을 표시하기 위하여 사용되며, 타이어의 강도를 상대적으로 비교할 수 있다.

77 트랙터 앞바퀴 좌우의 간격이 앞쪽이 뒤쪽 보다 좁게 되어 있어 바깥쪽으로 벌어져 구르려는 경향을 수정하여 직진성을 좋게 하는 차륜 정렬방식인 것은?

① 캠버각
② 캐스터각
③ 토인
④ 킹핀 경사각

해설 • 토인 : 차륜의 진행방향과 차륜 평면이 이루는 각, 직진성을 좋게 하고, 토인각이 크면 타이어의 마모가 심하고 구름 저항이 커진다.
• 캐스터 각 : 킹핀을 측면에서 보았을 때 킹핀의 중심선과 수직선이 이루는 각, 노면의 저항을 적게 받아 진행방향에 대한 직진성을 좋게 한다.
• 캠버각 : 트랙터를 앞에서 보았을 때 연직면과 차륜평면이 이루는 각, 수직하중이나 구름 저항 등에 의한 비틀림을 적게 하여 주행을 안정적이게 유지한다.
• 킹핀경사각 : 킹핀의 중심선과 수직선이 이루는 각, 주행중 발생하는 저항에 의한 킹핀의 회전모멘트가 작아져 조향조작을 경쾌하게 하는 기능을 한다.

78 그림과 같이 오토사이클의 P-V선도에서 연소실 체적은?

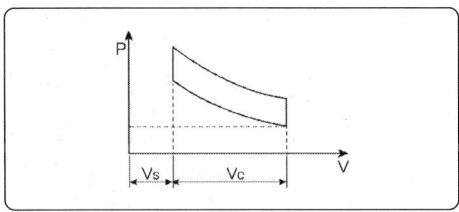

① Vc+Vs
② Vs-Vc
③ Vc
④ Vs

79 트랙터의 작업기 장착 방법 중 견인식에 비하여 직접 장착식의 유리한 점이 아닌 것은?

① 전장이 짧고 회전반경이 작다.
② 보조차륜이나 프레임이 필요 없다.
③ 유압제어가 용이하다.
④ 견인력이 작다.

80 트랙터의 조향 전달 순서가 맞는 것은?

① 조향핸들 → 피트먼암 → 조향기어 → 타이로드 → 너클암 → 바퀴
② 조향핸들 → 조향기어 → 피트먼암 → 타이로드 → 너클암 → 바퀴
③ 조향핸들 → 조향기어 → 타이로드 → 피트먼암 → 너클암 → 바퀴
④ 조향핸들 → 피트먼암 → 타이로드 → 조향기어 → 너클암 → 바퀴

제5과목 농업기계학

81 주행형 농업기계가 아닌 것은?
① 자동화 장비
② 트랙터
③ 동력 경운기
④ 콤바인

해설 자동화 장비는 일정한 공간에 고정되어 사람이 수행해야할 일을 처리하는 장비

82 시간이 지남에 따라 마모, 노후화 등으로 인하여 기계의 가치가 떨어지는 것을 무엇이라고 하는가?
① 고정비
② 변동비
③ 감가상각비
④ 내구연한

해설 마모, 노후화 등으로 인하여 일어나는 기계 가치의 상실을 감가상각비라고 하고 기계의 내구연한에 의해 크게 좌우된다.

83 흙 속의 공극의 정도인 공극률을 나타낸 식은? (단, V는 흙 전체의 체적, Vs는 토양 알갱이의 체적, Va는 공기의 체적, Vv는 공극의 체적이다.)
① $\dfrac{V_a}{V} \times 100(\%)$
② $\dfrac{V_v}{V} \times 100(\%)$
③ $\dfrac{V_a}{V_s} \times 100(\%)$
④ $\dfrac{V_a}{V_v} \times 100(\%)$

해설 공극률은 $V_v/V \times 100(\%)$로 정의된다.
$\dfrac{V_a}{V} \times 100(\%)$는 기상률을 나타내는 수식이다.

84 플라우에서 직접 토양을 절삭하는 부분은?
① 보습(share)
② 발토판(mold board)
③ 지측판(landside)
④ 결합판(frog)

해설 몰드보드플라우에서 보습은 흙을 수평으로 절단하여 절단된 흙덩어리를 발토판(몰드보드)까지 끌어올리는 작용을 한다.
- 발토판은 보습과 연결되어 있는 부분으로서 보습으로부터 역토를 받아 반전, 파쇄 및 던짐작용을 한다.
- 지측판은 경심과 경폭의 안정과 진행방향을 유지시켜주는 작용을 한다.
- 결합판은 보습, 발토판, 지측판 등을 빔에 연결해 주는 구조요소이다.

85 정지 작업기에 해당되지 않는 것은?
① 쇄토기(로터베이터)
② 균평기
③ 진압기
④ 쟁기

해설 쟁기는 정지 작업기에 해당되지 않으며, 경기작업기에 해당된다.

86 관리기용 두둑성형기(휴립기)의 작업방법 설명 중 틀린 것은?
① 두둑 작업은 천천히 전진하면서 작업한다.
② 미륜을 떼어내고, 두둑 성형판을 장착한다.
③ 서로 다른 나선형의 경운날을 좌우가 대칭되도록 로터리에 부착한다.
④ 두둑의 모양과 크기에 따라 두둑 성형판을 조절해 주어야 한다.

해설 두둑 작업은 천천히 후진하면서 작업해야 한다.

87 배토판 날개의 폭을 조절할 수 있는 배토판(培土板) 형식은?
① 고정식
② 개폐식
③ 인출식
④ 갱식

해설 배토판은 흙을 좌우로 갈라 배토하는 것으로서 2개의 날이 좌우대칭으로 연결되어 날개모양을 이루고 있다. 배토판 형식으로는 고정날개식, 날개폭을 조절할 수 있는 개폐식, 2단 날개로 실제 면적을 조절할 수 있는 인출식 등이 있다.

88 씨앗의 크기가 작고 가벼운 목초 종자를 흩어 뿌리기 할 때 가장 적합한 파종기는?
① 산파기 ② 중력식 조파기
③ 점파기 ④ 배출식 조파기

89 하루에 필요한 담수심이 20mm인 10ha의 논에 양수기를 이용하여 관개할 때 필요한 분당 양수량은 얼마인가?(단, 양수기의 하루 운전시간을 10시간, 수로에서의 손실계수를 0.2로 한다.)
① 1.0m³/min
② 2.0m³/min
③ 3.0m³/min
④ 4.0m³/min

해설 관개면적에 필요한 분당 양수량은 아래 식으로 계산된다.
$$Q = \frac{dA(1+f)}{6T}$$
여기서, Q : 관개면적에 필요한 분당 양수량 (m³/m)
d : 1일 필요수심(담수심) (mm)
A : 관개면적 (ha)
f : 수로손실계수
T : 1일 운전시간 (h)
따라서 관개면적에 필요한 분당 양수량은 아래와 같이 계산된다.
$$Q = \frac{20 \times 10 \times (1+0.2)}{6 \times 10} = 4 \text{ m}^3/\text{m}$$

90 인력 분무기와는 달리 동력 분무기에서는 3연동 플런저 펌프를 많이 사용한다. 그 이유로서 가장 적합한 것은?
① 배출량을 일정하게 유지시키기 위하여
② 플런저의 파손에 대비하기 위하여
③ 약액이 새는 것을 방지하기 위하여
④ 높은 압력에 견디기 위하여

해설 동력분무기에서는 2개 또는 3개의 플런저 펌프를 병렬로 연결하여 충분한 압력과 송출량을 얻는다. 2개 이상의 플런저 펌프를 일정한 위상차를 가지도록 병렬로 연결하면 송출량을 비교적 균등하게 할 수 있으며 추가적으로 공기실을 이용하여 맥동을 줄여 준다.

91 플런저의 지름을 D(m), 행정을 L(m), 크랭크축의 회전속도를 n(rpm), 배출량을 Q(m³/min)라고 하면 동력분무기의 용적 효율 η는 어떻게 표시되는가?
① $\eta = \dfrac{4Q}{\pi D^2 Ln} \times 100(\%)$
② $\eta = \dfrac{Q}{\pi D^2 Ln} \times 100(\%)$
③ $\eta = \dfrac{4Q}{D^2 Ln} \times 100(\%)$
④ $\eta = \dfrac{Q}{D^2 Ln} \times 100(\%)$

92 유효지름이 60 cm인 콤바인의 탈곡통이 600 rpm으로 회전할 때 원주속도는?
① 11.30 m/s
② 18.85 m/s
③ 31.40 m/s
④ 114.60 m/s

해설 탈곡통의 단면은 원형이므로 원주속도는 반지름과 각속도의 곱으로써 얻어진다. 따라서 원주속도는 아래와 같이 계산된다.
원주속도(m/s)
= 탈곡통의 유효반지름(m) × 탈곡통의 각속도 (rad/s)
$$= \frac{탈곡통의 유효반지름(m)}{2} \times \frac{\pi \times 탈곡통의 회전수(rpm)}{30}$$
$$= \frac{0.6}{2} \times \frac{\pi \times 600}{30} = 18.85 \text{ m/s}$$

93 뿌리 수확기의 프레임에 고정되어 수확기를 따라 견인작용에 의하여 토양을 절단하는 것은?
① 스파이크
② 보습
③ 스파이크 드릴
④ 모어

94 다음 중 히트펌프의 4대 구성요소가 아닌 것은?
① 응축기   ② 증발기
③ 유량계   ④ 팽창밸브

해설 히트펌프의 4대 구성요소는 응축기, 증발기, 압축기, 팽창밸브로 구성된다.

95 벨트 컨베이어의 특징 설명으로 틀린 것은?
① 재료의 연속적 이송이 가능
② 재료의 수직이동이 가능
③ 수평 및 경사 이동에 적합
④ 표면 마찰계수가 큰 물질을 이송하는데 적합

해설 컨베이어는 수평, 경사, 연속적 작업이 가능하나 수직방향 이동은 불가능하다. 수직방향의 이동은 엘리베이터 또는 버켓 컨베이어를 이용한다.
벨트 컨베이어는 기계의 효율이 높고 운반작업 중 재료의 손상이 적어 농산물 가공공장에서 가장 많이 사용되는 반송 기구 중 하나로 재료의 평면이동 또는 경사가 비교적 완만한 경우에만 적용된다. 재료를 수직이동 시키는 능력은 제한된다.

96 국내에서 설치된 미곡 종합처리장에서 각 공정 간 곡물을 이송하기 위해 사용되는 일반적인 이송장치와 가장 관계가 적은 것은?
① 버켓 엘리베이터
② 벨트 컨베이어
③ 스크류 컨베이어
④ 공기 컨베이어

97 물러 현미기의 고속 롤러 지름이 5.08cm, 회전수가 1200rpm이고, 저속 롤러의 지름이 4.95cm, 회전수가 900rpm일 때 회전차율은 약 몇 %인가?
① 20.63
② 22.63
③ 24.92
④ 26.92

해설 회전차율(%) $= \dfrac{DN - dn}{DN} \times 100$

여기서, D : 고정롤러의 지름
N : 고정롤러의 회전속도
d : 유동롤러의 지름
n : 유동롤러의 회전속도

고속롤러는 고정롤러이고,
저속롤러는 유동롤러이다.
회전차율
$= \dfrac{1200 \times 5.08 - 900 \times 4.95}{1200 \times 5.08} \times 100\%$
$= 26.92\%$

98 함수율 20%(w.b)의 벼 80kg을 15%(w.b)까지 건조시켰다면 이때 곡물에서 제거된 수분의 양은 몇 kg인가?
① 약 4.7
② 약 6.7
③ 약 12.7
④ 약 13.7

해설 %(w.b.)는 습량기준 함수율, %(d.b.)는 건량기준 함수율을 의미한다.
습량기준함수율
$= \dfrac{\text{물질 내에 포함되어 있는 수분 무게}}{\text{물질의 총 무게}} \times 100(\%)$

$20 = \dfrac{W_m}{80} \times 100$, $W_m = 16 \, (\text{kg})$,

$15 = \dfrac{16 - W}{80 - W} \times 100$, $W = 4.705 \, (\text{kg})$

여기서, W_m : 수분 무게 W : 제거된 수분 무게

99 다음은 벼 도정 작업 체계를 표시한 것이다. 일반적인 작업 체계로 가장 적합한 것은?
① 정선과정 → 현미 분리과정 → 탈부과정 → 정백과정 → 계량 및 포장
② 정선과정 → 탈부과정 → 현미 분리과정 → 정백과정 → 계량 및 포장
③ 탈부과정 → 정선과정 → 현미 분리과정 → 정백과정 → 계량 및 포장
④ 탈부과정 → 현미 분리과정 → 정선과정 → 정백과정 → 계량 및 포장

100 벼의 길이가 7.09×10^{-3}m, 두께가 1.98×10^{-3}m일 때, 이 곡립의 체적이 26.6×10^{-9}m³이면 이 벼의 구형률은 얼마인가?

① 27.93%
② 38.59%
③ 43.16%
④ 52.24%

해설 구형률은 형상이 얼마나 구에 가까운가를 표시하는 값이다.

$$S = \frac{d_e}{d_c} \times 100$$

여기서, S : 구형율(%)
d_e : 농산물의 체적과 같은 구의 직경(m)
d_c : 농산물의 외접하는 최소구의 직경 또는 농산물의 최대 직경(m)

또한, 구의 지름이 d일 때의 체적은 $\frac{\pi}{6}d^3$으로 계산된다.
문제에서 벼의 체적이 26.6×10^{-9}m³이므로 d_e는 아래 식으로 계산된다.

$\frac{\pi}{6}d_e^3 = 26.6 \times 10^{-9}$, $d_e = 3.7036 \times 10^{-3} m$

문제에서 길이, 폭, 두께 중 가장 큰 치수는 길이이므로
벼의 최대 지름 $d_c = 7.09 \times 10^{-3} m$이다.
따라서 구형률

$S = \dfrac{3.7036 \times 10^{-3}}{7.09 \times 10^{-3}} \times 100 = 52.24(\%)$

농업기계기사 제5회 CBT 실전모의고사

제1과목 재료역학

01 재료가 반복하중을 받는 경우 안전율에 관한 식으로 가장 적합한 것은?

① $\dfrac{항복점}{허용응력}$ ② $\dfrac{크리프한도}{허용응력}$

③ $\dfrac{피로한도}{허용응력}$ ④ $\dfrac{사용응력}{허용응력}$

02 사용재료의 최대응력과 항복응력 및 허용응력을 적용하여 일반적인 안전율을 나타내는 식으로 가장 적합한 것은?

① 안전율 = $\dfrac{허용응력}{항복응력}$

② 안전율 = $\dfrac{최대응력}{항복응력}$

③ 안전율 = $\dfrac{항복응력}{허용응력}$

④ 안전율 = $\dfrac{항복응력}{최대응력}$

03 금속 재료의 시험에서 인장시험에 의해 산출하는 것이 아닌 것은?

① 항복강도
② 연신율
③ 단면 수축율
④ 피로강도

해설 인장에 대한 피로강도를 시험하는 경우도 있으나, 일반적으로 '인장시험'은 피로강도를 위한 시험이 아니다.

04 지름이 4cm, 길이가 4m인 환봉에 6000kgf의 인장력을 받아서 길이가 0.20cm 늘어나고 지름이 0.0008cm 줄어들었을 때 재료의 내부에 생기는 인장응력은 약 몇 kgf/cm²인가?

① 42.4
② 47.7
③ 424.4
④ 477.5

해설 $\sigma = \dfrac{P}{A} = \dfrac{6000}{\dfrac{\pi \times 4^2}{4}} = 477.46\,\mathrm{kg_f/cm^2}$

05 가로 a, 세로 b인 직사각형의 단면을 갖는 봉이 하중 P를 받아 인장되었다. 이 봉에 작용한 인장응력을 구하는 식은?

① $(ab^2)/P$ ② $P/(ab^2)$
③ $(ab)/P$ ④ $P/(ab)$

해설 $\sigma = \dfrac{P}{A} = \dfrac{P}{ab}$

06 응력과 변형률에 관련된 설명 중 올바른 것은?

① 탄성한계 내에서 변형률과 응력은 반비례한다.
② 포와송 비는 세로변형률과 가로변형률의 곱으로 나타낸다.
③ 응력은 단위 부피당 내력의 크기를 말한다.
④ 변형률은 응력이 작용하여 발생한 변형량과 변형 전 상태량과의 비를 말한다.

해설 탄성한계 내에서 변형률과 응력은 비례한다. 프와송 비는 가로변형률과 세로변형률의 비율로 나타낸다. 응력은 단위 면적당 내력의 크기를 말한다.

07 시험 전의 시험편 지름이 φ40 이었고, 시험 후의 시험편 지름이 φ30 이었다. 이 경우의 단면수축률(%)은?

① 25.0
② 43.75
③ 65.0
④ 75.25

해설 $A_o = \dfrac{\pi \times 40^2}{4} = 1256.64 \, \text{mm}^2$

$A_f = \dfrac{\pi \times 30^2}{4} = 706.86 \, \text{mm}^2$

단면수축률 $= \dfrac{A_o - A_f}{A_o} \times 100$

$= \dfrac{1256.64 - 706.86}{1256.64} \times 100 = 43.8\%$

08 지름이 40mm인 연강제 실축에 200rpm으로 10PS를 전달할 때 생기는 전단응력은 약 몇 kg$_f$/cm²인가?

① 90 ② 142
③ 180 ④ 285

해설 $T = \dfrac{71620 \times H_{PS}}{N} = \dfrac{\pi \times d^3 \times \tau_a}{16}$ 에서

$\tau_a = \dfrac{16 \times 71620 \times H_{PS}}{\pi \times d^3 \times N}$

T : 축 토크, H_{PS} : 마력,
N : 회전속도, d : 축 지름,
τ_a : 전단응력

∴ $\dfrac{16 \times 71620 \times 10}{3.14 \times 4^3 \times 200} = 285 \, \text{kg}_f/\text{cm}^2$

09 원통형 보일러용 리벳이음에서 축 방향의 응력은 원주방향 응력의 몇 배가 되는가?

① $\dfrac{1}{2}$배 ② $\dfrac{1}{4}$배
③ 같다. ④ 2배

해설 보일러용 리벳이음의 응력 : 축방향 응력은 $\sigma = \dfrac{PD}{4t}$, 원주방향 응력은 $\sigma = \dfrac{PD}{2t}$ 이므로 축방향의 응력은 원주방향 응력의 1/2이다.

10 길이 1000mm, 지름 6mm인 둥근 축에 2000N·mm의 비틀림 모멘트가 작용할 때 축에 생기는 최대 전단응력은 몇 N/mm² 인가?

① 23.6
② 47.2
③ 141.6
④ 283.2

해설 $Z_p = \dfrac{\pi d^3}{16} = \dfrac{\pi \times 6^3}{16} = 42.41 \, \text{mm}^3$

$\tau_{max} = \dfrac{T}{Z_p} = \dfrac{2000}{42.41} = 47.16 \, \text{N/mm}^2$

11 알루미늄 원형 단면 봉이 축 하중 P = 70kN를 받고 있고, 봉의 길이 ℓ =2m, 직경 d = 20mm, 탄성계수 E = 70GPa이다. 포아송 비 ν = 1/3일 때 신장량(δ)은?

① 5.23mm ② 6.38mm
③ 7.12mm ④ 8.26mm

해설 $\delta = \dfrac{P\ell}{AE}$ 에서

$\dfrac{70 \times 2000}{0.785 \times 20^2 \times 70} = 6.37 mm$

12 재료의 성질 중에서 프와송 비(Poisson's ratio)를 바르게 표시한 것은?

① $\dfrac{\text{세로변형률}}{\text{가로변형률}}$

② $\dfrac{\text{가로변형률}}{\text{세로변형률}}$

③ $\dfrac{\text{세로변형률}}{\text{전단변형률}}$

④ $\dfrac{\text{전단변형률}}{\text{세로변형률}}$

해설 프와송 비 ν : 가로변형률과 세로변형률의 비이며, 프와송 수 m 과 역수의 관계를 가진다.

13 재료의 성질에서 열응력과 가장 관계 깊은 인자는?

① 경도 ② 전단강도
③ 피로한도 ④ 선팽창계수

해설 열응력 $\sigma_h = E\alpha(t - t_o)$ 에서 α는 선팽창계수로서 단위 길이, 단위 온도에 대한 길이의 변화량을 의미한다.

14 그림과 같이 한 변이 20cm인 정사각형에 직경 8cm의 구멍이 뚫린 단면의 도심 축에 대한 단면 2차 모멘트는 몇 cm⁴인가?

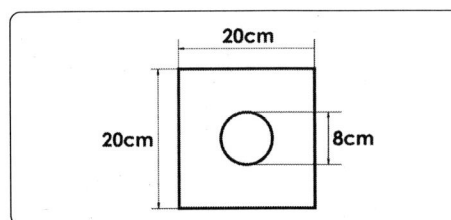

① 13132 ② 14132
③ 151321 ④ 161321

해설 직경 d인 원형단면
$$I_1 = \frac{\pi d^4}{64} = \frac{\pi \times 8^4}{64} = 201.06\,cm^4$$
가로길이 b, 높이 h인 사각형 단면
$$I_2 = \frac{bh^3}{12} = \frac{20 \times 20^3}{12} = 13333.33\,cm^4$$
$$I = I_2 - I_1 = 13132\,cm^4$$

15 가로탄성계수 G, 극관성모멘트 I_p 일 때, 비틀림강성을 나타내는 것을 고르시오.

① $G + I_p$ ② $G - I_p$
③ $\dfrac{G}{I_p}$ ④ $G \times I_p$

해설 비틀림각 $\phi = \dfrac{TL}{GI_p}$. 단위길이당 비틀림각 $\dfrac{\phi}{L} = \dfrac{T}{GI_p}$ 이므로, GI_p는 단위길이당 1 rad의 비틀림에 필요한 토크를 나타내는 비틀림강성이 된다.

16 비틀림 모멘트 T와 극관성모멘트 I_p가 일정할 때, 길이 L을 갖는 축의 단위 길이당 비틀림각 (ϕ/L)은? (단, ϕ는 길이 L의 축에 발생하는 전체 비틀림 각이고, G는 축의 전단 탄성계수이다.)

① $\dfrac{T^2}{GI_p}$ ② $\dfrac{GI_p}{T}$
③ $\dfrac{T}{GI_p}$ ④ $\dfrac{GI_p}{T^2}$

해설 $\phi = \dfrac{TL}{GI_p}$ 에서 $\dfrac{\phi}{L} = \dfrac{T}{GI_p}$

17 그림과 같이 보의 세 점에 집중하중이 가해지는 경우 B점에서의 반력은?

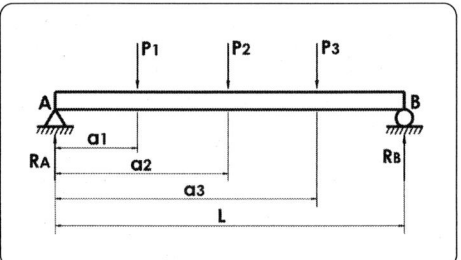

① $\dfrac{P_1 a_1 + P_2 a_2 + P_3 a_3}{L}$

② $\dfrac{P_1 a_1 + P_2 a_2 + P_3 a_3}{2L}$

③ $\dfrac{P_1 a_1 + 2P_2 a_2 + P_3 a_3}{2L}$

④ $\dfrac{P_1 a_1 + 2P_2 a_2 + P_3 a_3}{3L}$

해설 지점 A에서 모멘트의 평형 관계에서
$$R_B L = P_1 a_1 + P_2 a_2 + P_3 a_3$$
$$R_B = \dfrac{P_1 a_1 + P_2 a_2 + P_3 a_3}{L}$$

18 그림과 같이 직사각형 단면($b \times h$)을 갖는 외팔보의 끝단부 처짐량에 대한 설명 중 맞는 것은?

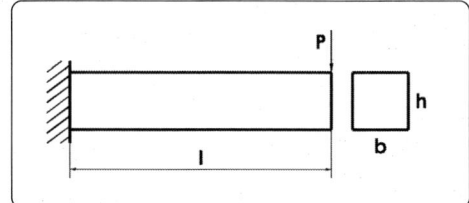

① 처짐량은 보의 길이의 제곱(l^2)에 비례한다.
② 처짐량은 보 높이의 세제곱(h^3)에 반비례한다.
③ 처짐량은 하중(P)에 반비례한다.
④ 처짐량은 보의 너비(b)에 비례한다.

해설 최대 처짐 $\delta_{max} = \dfrac{Pl^3}{3EI}$

단면 2차 모멘트 $I = \dfrac{bh^3}{12}$

19 보기와 같은 길이 ℓ 인 외팔보 AB가 자유단 B에 집중하중 P 를 받고 있다. 하중 끝단 B에서의 최대 처짐량 δ는?(단, E 는 세로 탄성계수이고 I 는 관성모멘트이다.)

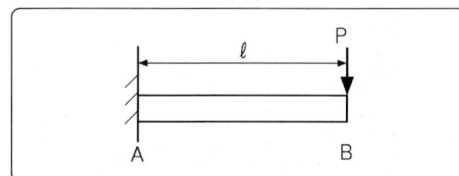

① $\delta = \dfrac{P\ell^2}{6EI}$

② $\delta = \dfrac{P\ell^3}{6EI}$

③ $\delta = \dfrac{P\ell^2}{3EI}$

④ $\delta = \dfrac{P\ell^3}{3EI}$

해설 외팔보의 하중 끝단 B에서의 최대 처짐량은 $\delta = \dfrac{P\ell^3}{3EI}$ 이다.

20 그림과 같은 외팔보에서 폭×높이 = $b \times h$일 때, 최대 굽힘 응력(σ_{max})을 구하는 공식은?

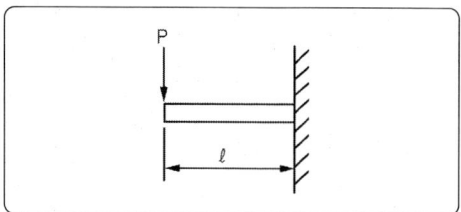

① $\sigma_{max} = \dfrac{6P\ell}{bh^2}$ ② $\sigma_{max} = \dfrac{12P\ell}{bh^2}$

③ $\sigma_{max} = \dfrac{6P\ell}{b^2h}$ ④ $\sigma_{max} = \dfrac{12P\ell}{b^2h}$

제2과목 기계열역학

21 열역학적 상태량은 일반적으로 강도성(强度性)상태량과 종량성(從良性)상태량으로 분류할 수 있다. 다음 중 강도성 상태량에 속하지 않는 것은?

① 압력   ② 온도
③ 밀도   ④ 질량

해설 ① 종량성 상태량이란 질량에 정비례하는 것으로 체적, 질량, 내부에너지 등이 있다.
② 강도성 상태량이란 계의 질량에 관계없는 성질이며, 온도, 밀도, 압력 등이 있다.

22 온도가 127℃, 압력이 0.5MPa, 비체적 0.4m³/kg인 이상기체가 같은 압력 하에서 비체적이 0.3m³/kg으로 되었다면 온도는 몇 도로 되겠는가?

① 95.25℃   ② 27℃
③ 100℃   ④ 25.2℃

해설 $\dfrac{T_2}{T_1} = \dfrac{V_2}{V_1}$ 에서 $T_2 = T_1 \dfrac{V_2}{V_1}$

$\therefore 400 \times \dfrac{0.3}{0.4} = 300K = 27℃$

23 피스톤-실린더 시스템에 100kPa 의 압력을 갖는 1kg 의 공기가 들어 있다. 초기 체적은 0.5m³ 이고 이 시스템에 온도가 일정한 상태에서 열을 가하여 부피가 1.0m³ 가 되었다. 이 과정 중 전달된 열량(kJ)은 얼마인가?

① 32.7 ② 34.7
③ 44.8 ④ 50.0

해설 $Q = m \times P_1 \times V_1 \ln \frac{V_2}{V_1}$

$\therefore 1 \times 100 \times 0.5 \times \ln \frac{1.0}{0.5} = 34.66 kJ$

24 밀폐계 내에 있는 순수물질의 포화액체를 압력을 일정하게 유지하면서 열을 가하여 포화증기로 만들 경우 다음 사항 중 틀린 것은?

① 온도가 증가한다.
② 건도가 1 이 된다.
③ 비체적이 증가한다.
④ 내부 에너지가 증가한다.

25 다음 그림은 물의 압력-온도선도이다. 맞게 표현한 것은?

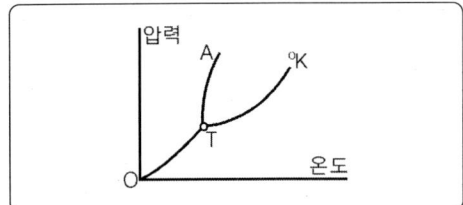

① K는 임계점이고, TA는 융해곡선이다.
② T는 임계점이고, OT는 증발곡선이다.
③ K는 임계점이고, TK는 승화곡선이다.
④ T는 임계점이고, OT는 승화곡선이다.

해설 K ; 임계점(critical point),
T ; 삼중점(triple point),
OT ; 승화곡선,
TA ; 융해곡선,
TK ; 증발곡선

26 이상기체의 비열에 대한 설명 중 맞는 것은?

① 정적비열과 정압비열의 절대 값 차이가 엔탈피이다.
② 비열비는 기체의 종류에 관계없이 일정하다.
③ 정압비열은 정적비열보다 크다.
④ 일반적으로 비열은 온도보다 압력의 변화에 민감하다.

27 열(heat)과 일(work)에 대한 설명으로 틀린 것은?

① 계의 상태변화 과정에서 나타날 수 있다.
② 계의 경계에서 관찰된다.
③ 경로함수(path function)이다.
④ 전달된 일과 열의 합은 항상 일정하다.

해설 열(heat)과 일(work)
① 일과 열은 경로함수(path function)이다.
② 일과 열은 계의 상태변화 과정에서 나타날 수 있으며, 계의 경계에서 관찰된다.
③ 일과 열은 과도현상이다. 계는 일이나 열을 가지고 있지 않으며, 계의 상태변화가 일어날 때 계의 경계를 통과한다.

28 압력 5kPa, 체적이 0.3m³인 기체가 일정한 압력 하에서 압축되어 0.2m³로 되었을 때 이 기체가 한 일은? (단, +는 외부로 기체가 일을 한 경우이고, -는 기체가 외부로부터 일을 받은 경우)

① 500J
② -500J
③ 1000J
④ -1kJ

해설 $W = P(V_2 - V_1)$
$\therefore 5 \times (0.2 - 0.3) = -0.5 kJ = -500 J$

29 피스톤-실린더 장치 내에 있는 공기가 0.3 m^3에서 0.1m^3으로 압축되었다. 압축되는 동안 압력과 체적사이에 $P = aV^{-2}$ 관계이며, 계수 a=6kPa이다. 이 과정동안 공기가 한 일은 얼마인가?

① -53.3kJ ② -1.1kJ
③ 253kJ   ④ -40 kJ

해설 $W = \int_1^2 pdV = \int_{V_1}^{V_2} V^{-2}dV = -a\left(\frac{1}{V_2} - \frac{1}{V_1}\right)$

$\therefore -6 \times \left(\frac{1}{0.1} - \frac{1}{0.3}\right) = -40kJ$

30 완전단열 된 축전지를 전압 5V, 전류 2A로 1시간 동안 충전한다. 축전지를 검사 체적으로 하고 입력동력과 행한 일을 구하면?

① 10W, 36J
② 10W, 36kJ
③ 10kW, 36J
④ 10kW, 36kJ

해설 ① $P = EI$ 에서 $5V \times 2A = 10W$
② $W = P \times t$에서 $10 \times 3600 = 36000J = 36kJ$

31 열역학 제 0 법칙은?

① 질량 보존의 법칙이다.
② 에너지 보존의 법칙이다.
③ 엔트로피 증가에 관한 법칙이다.
④ 열평형에 관한 법칙이다.

해설 ① 열역학 제0법칙 : 열평형에 관한 법칙으로 온도 측정의 기초가 된다.
② 열역학 제1법칙 : 에너지 보존의 법칙이다
③ 열역학 제2법칙 : 엔트로피 증가에 관한 법칙이다.

32 다음 관계식 중 옳은 것은? (단, 여기서 u는 내부에너지, h는 엔탈피, P는 압력, v는 비체적, T는 온도이다.)

① $h = u + Pv$ ② $h = u - Tv$
③ $h = u - Pv$ ④ $h = u + Tv$

33 밀폐계에서 기체의 압력이 100kPa으로 일정하게 유지되면서 체적이 1m^3에서 2m^3으로 증가되었을 때 옳은 설명은?

① 밀폐계의 에너지 변화는 없다.
② 외부로 행한 일은 100kJ이다.
③ 기체가 이상기체라면 온도가 일정하다.
④ 기체가 받은 열은 100kJ이다.

해설 $W = \int_1^2 pdV = p(v_2 - v_1)$

$\therefore 100kPa \times (2-1)m^3 = 100kJ$

34 밀폐용기에 비 내부에너지가 200kJ/kh인 기체 0.5kg이 있다. 이 기체를 용량이 500W인 전기가열기로 2분 동안 가열한다면 최종상태에서 기체의 내부에너지는? (단, 열량은 기체로만 전달된다고 한다.)

① 20kJ   ② 100kJ
③ 120kJ ④ 160kJ

해설 $\Delta U = u_2 - u_1 = \Delta Q - \Delta W$ 에서
$u_2 = u_1 + \Delta Q - \Delta W$
$\therefore 0.5 \times 200 + 500 \times 2 \times 60 \times 10^{-3}$
$= 160kJ$

35 다음 동력 사이클에서 두 개의 정압과정이 포함된 사이클은?

① Rankine
② Otto
③ Diesel
④ Carnot

해설 ① Rankine cycle : 정압과정 2개와 단열과정 2개로 이루어진다.
② Otto Cycle : 정적과정 2개와 단열과정 2개로 이루어진다.
③ Diesel Cycle : 정적과정 1개, 정압과정 1개, 그리고 단열과정 2개로 이루어진다.
④ Carnot Cycle : 등온과정 2개와 단열과정 2개로 이루어진다.

36 이상 재열사이클과 단순 랭킨사이클을 비교한 설명으로 틀린 것은?

① 이상 재열사이클의 열효율이 더 높다.
② 이상 재열사이클의 경우 터빈 출구 건도가 증가한다.
③ 이상 재열사이클의 기기 비용이 더 많이 요구된다.
④ 이상 재열사이클의 경우 터빈 입구온도를 더 높일 수 있다.

해설 재열 사이클은 터빈 입구의 온도를 단순 랭킨 사이클의 터빈 입구 온도보다 높이지 않는다.

37 열기관 중 카르노(Carnot)사이클은 어떠한 가역 변화로 구성되며, 그 변화의 순서는?

① 등온팽창 → 단열팽창 → 등온압축 → 단열압축
② 등온팽창 → 단열압축 → 단열팽창 → 등온압축
③ 등온팽창 → 등온압축 → 단열압축 → 단열팽창
④ 등온팽창 → 단열팽창 → 단열압축 → 등온압축

38 저열원의 온도가 20℃이다. 100℃ 및 1000℃인 고온체에서 등온과정으로 2100 kJ의 열을 받을 때 각각의 무용에너지(unavailable energy)는?

① 2650kJ, 16493kJ
② 1987kJ, 995kJ
③ 4830kJ, 16493kJ
④ 1650kJ, 483kJ

해설 유효에너지와 무효에너지 관계식으로부터

① 100℃일 경우 : $Q_0 = Q_1 \dfrac{T_0}{T_1}$

∴ $2100 \times \dfrac{273+20}{273+100} = 1649.8 kJ$

② 1000℃일 경우 : $Q_0 = Q_1 \dfrac{T_0}{T_1}$

∴ $2100 \times \dfrac{273+20}{273+1000} = 483.5 kJ$

39 열효율이 30%인, 증기사이클에서 1kWh의 출력을 얻기 위하여 공급되어야 할 열량은 몇 kWh인가?

① 9.25
② 2.51
③ 3.33
④ 4.90

해설 $Q = \dfrac{kWh}{\eta}$

∴ $\dfrac{1 kWh}{0.3} = 3.33 kWh$

40 발전소 계통에 대해 맞는 말은?

① 펌프 일은 터빈 일에 비해 약간 작다.
② 원자력 발전소에서 증기 동력 사이클은 1차 계통으로 부른다.
③ 발전소는 바다와 강가에 위치한다고 경제성이 좋다고 볼 수 없다.
④ 터빈 출구 건도가 1보다 작으면 터빈을 손상시킬 수 있다.

제3과목 기계유체역학

41 다음 중 압력의 차원으로 옳은 것은?

① $ML^{-1}T^{-2}$
② $ML^{-2}T^{-1}$
③ $ML^{-2}T^{-2}$
④ MLT^{-2}

해설 $[FL^{-2}] = [ML^{-1}T^{-2}]$

42 다음 중 표준 대기압의 값이 아닌 것은 어느 것인가?

① 11.0[kgf/cm²]
② 29.92[inchHg]
③ 760[mmHg]
④ 14.7[psi]

해설 1[atm]=760[mmHg]=1033[mAq]
=1.0332[kgf/m²]
=101325[Pa](N/m²)

43 다음 중 이상유체의 설명으로 옳은 것은?

① 유동 시 유체간의 점성의 영향이 없는 유체
② 유동 시 압축되더라도 밀도의 변화가 없는 유체
③ 유동 시 관벽과 유체의 마찰을 무시할 수 없는 유체
④ 유동 시 유체간의 전단응력을 고려한 유체

해설 점성을 무시할 수 있는 비점성 유체를 이상유체라 한다.

44 다음 중 뉴턴 유체(뉴턴의 점성법칙)에 대한 올바른 표현은 어느 것인가?

① 유체유동 시 전단응력과 속도구배의 변화가 비례하지만, 직선적인 관계를 갖지 않는 유체이다.
② 유체유동 시 전단응력과 속도구배의 변화가 비례하여 원점을 통과하는 직선적인 관계를 갖는 유체이다.
③ 유체유동 시 전단응력과 속도구배의 변화가 비례하지 않아 직선적인 관계를 갖는 유체이다.
④ 유체유동 시 속도구배와 전단응력과는 어떤 관계도 갖고 있지 않는 유체이다.

해설 $\tau = \mu \dfrac{du}{dy}$

여기서, 전단응력 τ 와 속도구배 $\dfrac{du}{dy}$ 는 비례 관계에 있다.

45 지름이 5cm인 비누풍선 속의 내부 초과압력은 $2.08 \times 10^{-5} \text{kg}_f/\text{cm}^2$이다. 이 비누막의 표면장력($\text{kg}_f/\text{cm}$)은 얼마인가?

① 2.4
② 2.6
③ 2.8
④ 3

해설 $\sigma = \dfrac{pd}{4} = \dfrac{2.08 \times 10^{-5} \times 5}{4}$
$= 2.6 \times 10^{-5} \text{kg}_f/\text{cm}$

46 폭×높이 = $a \times b$인 직사각형 수문의 도심이 수면에서 h의 깊이에 있을 때 압력 중심의 위치는 수면 아래 어디에 있는가?

① $\dfrac{2}{3}h$ ② $\dfrac{1}{3}h$

③ $h + \dfrac{b^2}{12h}$ ④ $h + \dfrac{bh^2}{12}$

해설 $\overline{y} = h$이므로 압력중심 y_p를 구하는 문제이다.

$y_p = \dfrac{I_c}{yA} + \overline{y} = \dfrac{\frac{ab^3}{12}}{h(ab)} + h$

$= \dfrac{b^2}{12h} + h$

47 정지상태의 유체압력의 성질 중에서 맞지 않는 것은?

① 유체가 액체일 경우, 압력은 액면으로부터 깊이에 관계없이 일정하다.
② 항상 용기 면에 직각으로 작용한다.
③ 유체 중의 한 점에 작용하는 압력은 모든 방향에서 크기가 같다.
④ 밀폐된 그릇 속의 유체에 가한 압력은 모든 방향으로 균일한 세기로 전달된다.

48 어떤 액체 25cm 높이가 수은 4cm의 높이와 서로 평형을 이루었다면 이 액체의 비중은? (단, 수은의 비중은 13.6이다.)

① 2.176
② 2.067
③ 7.352
④ 7.047

해설 액체의 높이가 서로 평행을 이루게 되면 압력이 같다는 의미이다. 즉, $P = (\gamma h)_a = (\gamma h)_s$이고, $S \times 9800 \times 0.25 = 13.6 \times 9800 \times 0.04$이므로 비중(S)는 2.176이 된다.

49 액체가 고체같이 연직축을 중심으로 일정한 각속도로 회전운동을 하고 있다. 회전축상의 한점 A에서 압력과 반지름이 1m, 높이가 이 점보다 1m 높은 위치에 있는 점 B의 압력이 같을 때 회전속도는 몇 rad/s인가?

① $2g$
② $\sqrt{g}$
③ $\sqrt{2g}$
④ g

해설 $p = p_0 + \dfrac{\gamma \omega^2}{2g}r^2 - \gamma y$에서 A점을 원점으로 잡으면 $p_A = p_0$이다. 조건에서 $p_A = p_B$이므로 $\dfrac{\gamma \omega^2}{2g}r^2 - \gamma y = 0$이다. 이때 $r=1, y=1$을 대입하여 정리하면 $\omega = \sqrt{2g}$로 나타낼 수 있다.

50 일차원 유동에서 연속방정식을 바르게 나타낸 것은 다음 중 어느 것인가? (단, ρ : 밀도, A : 단면적, γ : 비중량, V : 속도, p : 압력, Q : 유량)

① $Q = A\rho V$
② $\gamma_1 A_1 V_1 = \gamma_2 A_2 V_2$
③ $\rho_1 A_1 = \rho_2 A_2$
④ $p_1 A_1 V_1 = p_2 A_2 V_2$

해설 유동을 나타낼 때에는 일정한 유량을 일정한 속도로 이동하는 형태의 식으로 나타내야한다. 그러므로 $\gamma_1 A_1 V_1 = \gamma_2 A_2 V_2$이 된다. 이것의 풀이하면 단위는 kg m/s가 된다.

51 다음 중 베르누이 방정식이란?

① 같은 유체상이 아니더라도 언제나 임의의 점에 대하여 적용된다.
② 압력수두, 속도수두, 위치수두의 합이 일정하다.
③ 주로 비정상상태의 흐름에 대하여 적용된다.
④ 유체의 마찰 효과와 전혀 관계가 없다.

해설 베르누이 방정식 : $\dfrac{p}{\gamma} + \dfrac{V^2}{2g} + z = H$

52 다음 정상류에 관한 설명 중 맞는 것은?

① 한 점에서의 흐름의 특성은 시간에 따라 변하지 않는다.
② 에너지 손실이 없는 이상기체의 흐름이다.
③ 흐름의 특성이 일정한 비율로 시간에 따라 변한다.
④ 위치 변화에 따라 흐름의 특성이 변하지 않는다.

해설 유동장 내의 임의 점에서 흐름의 특성이 시간에 따라 변화하지 않는 흐름을 정상류라고 한다.

53 비행기의 날개 주위의 유동장에 있어서 날개 단면의 먼 쪽에 있는 유선의 간격은 20mm, 그 점의 유속은 50m/s이다. 날개 단면과 가까운 부분의 유선 간격이 15mm라면 이곳에서의 유속은 몇 m/s인가?

① 25
② 37.6
③ 47.3
④ 66.6

해설 단위폭당 유량

$q = \dfrac{Q}{b} = V_1 y_1 = V_2 y_2 = 50 \times 20 = V_2 \times 15$

$V_2 = 66.6 \text{m/s}$이다.

54 다음 중 운동량 방정식
$\sum F = \rho Q(V_2 - V_1)$을 적용할 수 있는 조건은?

① 압축성 유체
② 비압축성 유체
③ 비정상 유동
④ 모든 점에서의 속도가 일정할 때

해설 운동량 법칙을 이용하여 $\sum F = \rho Q(V_2 - V_1)$
을 유도하는데 다음과 같은 가정이 필요하다.
(1) 비압축성 유체
(2) 정상류
(3) 유관의 양 끝 단면에서 속도가 균일하다.

55 1000km/h로 비행하는 분사추진 비행기의 공기흡입량은 40kg/s이고, 분사속력이 비행기에 대하여 500m/s이었다. 연료의 무게를 무시할 때 추력은 몇 N인가?

① 2,739   ② 10,378
③ 8,889   ④ 11,088

해설 비행기 속도 $V_1 = \dfrac{1000}{3.6} = 277.78 \text{m/s}$
$m = \rho A V = \rho Q = 40 \text{kg/s}$
$F_{th} = \rho Q(V_2 - V_1) = 40 \times (500 - 277.78)$
$= 8,889 \text{N}$

56 로켓에서 산소의 소비 중량이 합하여 W (kg/s)이며, 배기가스의 속도가 V (m/sec)일 때 로켓의 추력 F (kg)는 얼마인가?

① $F = W \cdot V^2$
② $F = E \cdot V^2$
③ $F = \dfrac{W}{g} V$
④ $F = \dfrac{W}{g} V^2$

해설 로켓의 추진력 $F = \rho Q V$이고 여기서 ρQ는 분사되는 질량(m)이고, V는 분사속도이다. 그러므로 $F = \dfrac{W}{g} \cdot V$ 이 된다.

57 레이놀드 수에 대한 설명 중 옳은 것은?

① 레이드즈 수가 큰 것은 점성 영향이 크다는 것이다.
② 아임계와 초임계를 구분해 주는 척도이다.
③ 층류와 난류 구분의 척도이다.
④ 균속도 유동과 비균속도 유동을 구분해 주는 척도이다.

58 $\mu = 1.1 \times 10^{-4} \text{kg}_f \cdot \text{sec/m}^2$인 물이 직경 1cm인 수평원관 속에서 층류로 흐르고 있다. 이 때 1000m 길이에서 압력강하 $\Delta P = 0.2 \text{kg/cm}^2$이면 유량 Q는 몇 cm^3/s인가?

① 16.76
② 4.46
③ 967.2
④ 123.41

해설 층류로 흐르는 상태이므로 하겐-포아젤 방정식에서 구한다.
$Q = \dfrac{\Delta P \pi d^4}{128 \mu L}$
$= \dfrac{0.2 \times 10^4 \times \pi \times 0.01^4}{128 \times 1.1 \times 10^{-4} \times 1000} \times 10^6$
$= 4.46 \text{cm}^3/\text{s}$

59 수평으로 놓인 두 평행평판 사이를 층류로 흐를 때 속도분포는?

① 포물선
② 직선
③ 쌍곡선
④ 직선과 포물선의 조합

해설 속도분포는 $u = -\dfrac{1}{4\mu} \cdot \dfrac{dp}{dl}(h^2 - y^2)$ 식에 따라 포물선이며, 두 평판 사이의 중앙부에서는 최대 속도이고, 평면벽에서의 속도는 0이다.

60 비중 0.85, 점성계수 3.2×10^{-3} kg·s/m²인 기름이 지름 100mm인 원관 속을 흐를 때 층류로 흐를 수 있는 최대 유속은 몇 m/s인가? (단, 하임계 레이놀즈 수는 2100이다.)

① 0.775
② 1.463
③ 2.191
④ 3.482

해설 하임계 레이놀즈수가 2100이므로

$$Re = \frac{\rho VD}{\mu} = 2100 \text{이다.}$$

$$V = \frac{Re \cdot \mu}{\rho D} = \frac{2100 \times 3.2 \times 10^{-3}}{102 \times 0.85 \times 0.1}$$
$$\approx 0.775 \, m/s$$

가 된다.

제4과목 농업동력학

61 우리나라에서 사용되는 3상 유도전동기의 극수가 4이고, 슬립이 없을 때 이 전동기의 동기속도는?

① 1500rpm
② 1800rpm
③ 2100rpm
④ 2400rpm

해설 3상 유도전동기의 동기속도는 아래 식으로 계산된다.

$$N_s = \frac{120f}{P}$$

여기서, N_s : 동기속도 (rpm)
f : 전원의 주파수 (Hz)
P : 고정자의 극수
$f = 60$, $P = 4$ 이므로
동기속도는 120×60/4 = 1800rpm

62 극수가 6인 유도 전동기의 주파수가 60Hz인 전원을 연결하였을 때 슬립이 2%이었다면 전동기의 실제 속도는 얼마인가?

① 1176rpm
② 1200rpm
③ 1224rpm
④ 1440rpm

해설 $N = \frac{120 \times f}{P} = \frac{120 \times 60}{6} = 1200$ rpm

$$N_t = N \times \left(1 - \frac{\text{슬립율}}{100}\right)$$
$$= 1200 \times 0.98 = 1176 \text{rpm}$$

63 교류와 실효치에 대한 설명으로 틀린 것은?

① 전류와 전압의 곱이다.
② '실효치 = $\frac{1}{\sqrt{2}}$ × 최대값'으로 나타낸다.
③ 교류가 내는 효과와 같은 효과를 내는 직류의 수치이다.
④ 교류의 전압과 전류가 시간에 따라 정현파로 변하므로 이를 일정한 값으로 나타내는 방법이다.

해설 '전류와 전압의 곱'은 '전력'을 의미한다.

64 승용트랙터의 일반적인 시동회로로 올바른 것은?

① 솔레노이드 → 시동스위치 → 축전지 → 시동전동기
② 시동스위치 → 솔레노이드 → 축전지 → 시동전동기
③ 축전지 → 시동스위치 → 솔레노이드 → 시동전동기
④ 시동스위치 → 축전지 → 시동전동기 → 솔레노이드

해설 시동회로의 연결방법은 축전지의 전압과 전류를 이용하여 시동키로 전원을 이동시킨다. 솔레노이드를 통해 전원을 공급되어 솔레노이드 축의 이동으로 시동모터에 전원을 공급과 동시에 클러치 작동한다. 오버러닝 클러치가 작동되면서 모터의 회전과 동시에 피니언 기어가 플라이 휠에 물리면서 시동을 하게 된다.

65 연소실 체적이 91cc이고 실린더 안지름이 90mm, 행정이 100mm인 기관의 압축비는 약 얼마인가?

① 5   ② 6
③ 8   ④ 9

해설 [방법1]

배기량 $V_S = \dfrac{\pi D^2}{4 \times 1000} L \, (cc)$

압축비 $\epsilon = \dfrac{V_S + V_C}{V_C} = 1 + \dfrac{V_S}{V_C}$

D(내경) = 90 mm, L(행정) = 100 mm이므로
$V_s = \pi \times 90^2 \times 100/4000 = 636.17 cc$
V_C(연소실 체적) = 91cc
압축비 $\epsilon = 1 + 636.17/91 = 7.99 ≒ 8$

[방법2]
연소실 체적 = 91cc

행정 체적 = $\dfrac{\pi}{4} d^2 \times 10 cm = 636$

압축비 = $\dfrac{\text{행정체적} + \text{연소실 체적}}{\text{연소실 체적}}$

$= \dfrac{636 + 91}{91} = 7.98$

66 기관의 냉각수 온도를 일정하게 유지하기 위하여 자동적으로 작동하는 밸브에 의해 수온을 자동 조절하는 장치는?

① 냉각 팬(cooling fan)
② 물 펌프(water pump)
③ 서모스탯(thermostat)
④ 라디에이터 캡(radiator cap)

해설
- **냉각팬** : 냉각을 위하여 외부 찬 공기의 흡입시키는 부품
- **물펌프** : 냉각수를 내연기관 내에서 순환시키기 위해 압을 가하는 장치
- **라디에이터 캡** : 라디에이터의 냉각수 주입과 부동액의 수증기압을 적절히 조절하는데 사용되는 부품이다.
- **서모스탯** : 수온 조절기 또는 정온기라고도 하며, 냉각 펌프와 라디에이터 사이에 설치되어 냉각수의 온도에 따라 밸브가 열리거나 닫혀 기관의 온도를 항상 일정하게 조절하는 장치이다.

67 내연기관의 노크 현상의 원인으로 가장 적합한 것은?

① 전기점화 시 점화가 정상 시점보다 늦게 일어날 때
② 전기점화기관에서 실린더 내 온도가 너무 낮을 때
③ 압축점화 시 점화가 정상 시점보다 늦게 일어날 때
④ 압축점화기관에서 실린더 내 온도가 너무 높을 때

해설 내연기관의 노크 현상은 연소 초기에 연료 분사량이 많거나 실린더 온도가 낮고, 압축비가 낮을 때 자연 발화가 일어나지 못하고, 갑자기 일시에 연소가 일어나 실린더 압력이 급상승하고 압력파가 발생하면서 진동과 소음을 수반하는 현상이다. 주로 연료의 점화 지연 기간이 길어지는 것이 원인이 되어 일어나는 현상이다.

68 엔진을 과급(super charging)하는 목적이 아닌 것은?

① 열효율을 높이기 위하여
② 엔진의 회전수를 높이기 위하여
③ 연료의 소비량을 낮추기 위하여
④ 출력을 증가시키기 위하여

해설 기관의 출력은 단위시간에 유입되는 공기의 공급량에 따라 결정되는데, 실린더에 흡입되는 공기의 질량은 이론적 흡기 질량보다 적다. 이 경우 압축기를 이용하여 급기의 밀도를 대기압 이상으로 높여 공급하는 과급(supercharging)이 사용된다. 과급으로 흡기 밀도를 높이면 체적효율이 증가하여 평균 유효압력이 상승하므로 행정체적이나 회전속도를 증가시키지 않고도 연료소비율을 감소시키고 출력을 증대시킬 수 있다.

• 과급기의 사용 목적
1) 흡입 공기를 압축시켜 더 많은 양의 공기(또는 혼합기)를 실린더로 밀어 넣으면 체적 효율이 증대되어 엔진 출력이 향상됨
2) 흡기 다기관(intake manifold)의 흡입 압력 증가로 인하여 평균유효압력이 증가함
3) 엔진의 크기를 줄일 수 있음
   (engine downsizing)

69 4사이클 디젤기관의 지압선도에서 폭발과 배기가 이루어지는 상태는?

① 등엔탈피 상태
② 등엔트로피 상태
③ 정압상태와 정적상태
④ 정온상태와 정압상태

해설 실린더 내에 공기만을 흡입하여 높은 압축비로 압축하면 압축행정 말기에 공기의 온도가 연료의 발화점 이상으로 상승한다. 이 때 연료를 아주 미세한 입자로 분사시키면 연료는 즉시 기화한 후 발화하여 연소된다. 4사이클 압축점화기관은 4사이클 불꽃점화기관과 마찬가지로 흡입, 압축, 폭발 & 팽창, 배기 등 4개의 행정으로 구성된다. 여기서, 압축은 단열과정, 폭발은 정압과정, 팽창은 단열과정, 배기는 정적과정으로 가정한다.

70 시간당 20kg만큼 가솔린을 소비하여 55kW의 출력을 내는 엔진의 열효율은? (단, 가솔린의 발열량은 51240kJ/kg이다)

① 15.4%
② 19.3%
③ 25.7%
④ 26.7%

해설 $1\,W = 1\,J/s$

$$\eta = \frac{W(기관\ 출력)}{Q(연료의\ 발열량)} \times 100$$

$$\eta = \frac{55\mathrm{kW}/(20\,\mathrm{kg/h}) \times 3{,}600\,(\mathrm{s/h})}{51{,}240\,\mathrm{kJ/kg}} \times 100$$

$$= 19.3\%$$

71 압축비 ε= 6.3의 오토 사이클의 이론적 열효율은? (단, 동작가스의 비열 k=1.5이다.)

① 40%
② 50%
③ 60%
④ 70%

해설 $\eta_{Otto} = 1 - \varepsilon^{1-k}$

η_{Otto} : 오토사이클의 열효율, 소수
ε : 압축비
k : 비열의 비

$\eta_{Otto} = 1 - 6.2^{1-1.5} = 1 - 6.2^{-0.5}$
$= 0.598 ≒ 0.60 = 60\%$

72 윤활유의 점도에 관한 설명으로 옳은 것은?

① 점도가 낮은 것이 고부하용으로 적당하다.
② 겨울철에는 SAE 번호가 큰 것을 사용한다.
③ 여름철에는 높은 점도의 윤활유를 사용한다.
④ 윤활유의 점도가 낮을수록 SAE번호가 크다.

해설 고부하용으로는 점도가 높은 것을 사용해야 한다.
SAE 번호가 클수록 점도가 높다.
여름철에는 SAE 번호가 큰 것(점도가 높은 것)을, 겨울철에는 작은 것을 사용한다.

73 총중량이 30kN되는 궤도형 트랙터로부터 얻을 수 있는 최대견인력은 약 몇 kN인가? (단, 트랙터의 궤도는 각각 폭이 30cm이고, 길이가 150cm, 토양의 점착응력 C=10kPa이고, 토양의 내부 마찰각 Φ=30°이다.)

① 13.1
② 26.3
③ 39.5
④ 52.6

해설 $F = Ac + W\tan\phi$
F: 견인력[N], A: 접지면적[m²]
c: 토양의 점착력[N/m²]
W: 차량의 중량[N] ϕ: 토양의 내부마찰각
$F = 2 \times 0.3 \times 1.5 \times 10{,}000 + 30{,}000 \times \tan 30°$
$= 26{,}320 N ≒ 26.3 kN$
여기서 2를 곱한 것은 궤도가 2개 존재하기 때문이다.

74 일반적으로 타이어 규격에 포함되지 않는 것은?

① 플라이 등급   ② 림의 직경
③ 타이어 폭   ④ 디스크의 폭

해설 플라이 등급은 특정한 운전 조건에서 타이어가 지지할 수 있는 최대의 하중을 표시하기 위하여 사용된다. 타이어의 크기는 림의 직경을 인치 단위로 표시한다. 타이어 폭은 타이어의 가장 넓은 부분의 직선거리이다.

75 농용트랙터의 차동장치에서 큰 베벨기어(링기어)의 회전수를 매분 200회전이라 하면, 내측 차륜이 100회전할 때 외측 차륜은 몇 rpm인가?(단, 최종 감속 장치의 감속비는 1 : 1로 한다.)

① 100 ② 200
③ 300 ④ 400

해설 $2\omega_c = \omega_{inner\ wheel} + \omega_{outer\ wheel}$
ω_c = 링기어 각속도 = 200rpm
$\omega_{inner\ wheel}$ = 내측 차륜 각속도 = 100rpm
$\omega_{outer\ wheel}$ = 외측 차륜 각속도
$2 \times 200 = 100 + \omega_{outer\ wheel}$, $\omega_{outer\ wheel}$ = 300 rpm

76 릴리프 밸브는 다음 중 어느 것을 제어하는 것인가?

① 유량 ② 방향
③ 압력 ④ 유속

해설 릴리프 밸브란 유압회로내 최고 압력을 제한하는 밸브이다.

77 암 길이가 1000mm인 마찰동력계를 이용하여 1500rpm으로 회전하는 기관의 동력을 구하고자 한다. 이 때 측정 된 저울의 무게가 300N 일 때 이 기관의 축 동력은 약 몇 kW인가?

① 23.1 ② 31.4
③ 42.1 ④ 47.1

해설 $P_b = \dfrac{2\pi T N_e}{60000}$
$T = 300[N] \times 1[m] = 300[Nm]$
P_b : 기관의 제동출력[kW]
T : 제동 토크[Nm]
N_e : 회전속도[rpm]
$P_b = \dfrac{2\pi \times 300[Nm] \times 1500[rpm]}{60000}$
$= 47.12[kW]$

78 겨울철에 트랙터의 유압장치가 잘 작동되지 않는 원인이 될 수 없는 사항은?

① 유압오일이 적정량 들어있지 않다.
② 유압 파이프의 조임 볼트가 풀려 누유가 된다.
③ 유압오일의 질이 너무 묽다.
④ 부하가 너무 과중하다.

해설 겨울철에는 온도가 저하되므로 유압오일의 점도가 높아지므로 점도가 낮은 오일을 사용하는 것이 좋다.

79 작업기의 전중량을 트랙터 본체가 지지하는 부착 방법은?

① 견인식
② 반장착식
③ 3점 히치식
④ 요동식 견인봉

80 트랙터의 동력 취출장치(PTO)의 형식 중에서 파종기와 이식기의 회전 동력원으로 가장 적합한 것은?

① 독립형   ② 상시 회전형
③ 변속기 구동형 ④ 속도 비례형

제5과목 농업기계학

81 농업기계로써 갖춰야 할 조건이 아닌 것은?

① 자연환경에 직접 노출되어 사용되므로 환경에 대한 적응성이 좋아야 한다.
② 내구성이 좋아야 한다.
③ 연료 소비율이 높아야 한다.
④ 누구나 사용할 수 있도록 간단하면서 안전해야 한다.

해설 연료소비율이 높으면 일당 연료를 많이 소비한다는 뜻이다. 즉 연료소비율이 낮은 조건을 갖추어야 한다.

82 농업기계를 트럭에 적재 또는 경사지 작업 시 안전한 경사도는?

① 15°이하　② 20°이하
③ 30°이하　④ 40°이하

해설 트랙터는 무게중심이 바퀴축 중심보다 위쪽에 위치하기 때문에 전복위험이 크므로 경사지 15° 이하에서 사용해야 안전하다.

83 흙을 미리 절삭하여 보습의 절삭작용을 도와주는 기능을 하는 것은?

① 지측판　② 콜터
③ 앞쟁기　④ 흡인

해설
- **지측판** : 안정된 경심과 경폭을 유지하는 역할이며, 바닥쇠라고도 부른다.
- **콜터** : 쟁기의 앞쪽에 장착되어 역토와 미경지의 경계를 미리 수직으로 절단하는 기능
- **앞쟁기** : 보습 선단의 앞쪽 또는 콜터와 한조를 이루어 장착되는 작은 이체 장치

84 로터리 경운기의 경운축 평균 회전력을 350 N·m 경운 폭을 150cm, 경심을 12cm라고 할 때, 경운축 비회전력은 약 몇 N·m/cm² 인가?

① 0.127　② 0.156
③ 0.194　④ 0.257

해설 단위면적을 경운하는데 소요되는 경운폭의 평균회전력을 비회전력이라 하며 아래 식으로 계산된다.

$$K_t = \frac{T}{bh}$$

여기서, K_t : 비회전력 (Nm/cm²)
T : 평균회전력 (Nm)
b : 경폭 (cm)　h : 경심 (cm)

$$K_t = \frac{350}{150 \times 12} = 0.194 \, (Nm/cm^2)$$

85 스키드가 부착된 로타베이터의 작업 시 지면에서 스키드의 높이로 적당한 것은?

① 10mm　② 25mm
③ 60mm　④ 100mm

해설 스키드는 로타베이터 작업 시 쇄토깊이 조정에 사용되지만, 25mm 높이로 조정하는 것이 적당하다.

86 관리기 부속 작업기 중 비닐 피복의 각종 차륜의 작동 순서로 올바른 것은?

① 철차륜 - 배토판 - 디스크 차륜 - 스펀지 차륜
② 철차륜 - 배토판 - 스펀지 차륜 - 디스크 차륜
③ 디스크 차륜 - 배토판 - 스펀지 차륜 - 철차륜
④ 배토판 - 철차륜 - 디스크 차륜 - 스펀지 차륜

해설 구동륜이 철차륜을 지나면 배토판으로 흙을 모아주고 비닐을 덮기 위한 스펀지 차륜이 작동을 한다. 최종적으로 디스크 차륜은 바닥에 깔려져 있는 비닐을 흙으로 덮어주는 기능을 한다.

87 다음 중 종자판식 점파기에서 녹아웃(Knock-out)이 하는 주요 작용은?

① 종자의 크기를 선별한다.
② 홈 안의 종자를 종자관으로 떨어뜨린다.
③ 홈 위의 여분의 종자를 제거한다.
④ 종자의 흩어짐을 방지한다.

88 양수량 Q=20m³/min, 전양정 H=10m 일 때 펌프 효율 η=74%인 원심펌프의 축 동력은 몇 kW인가?

① 60　② 44
③ 33　④ 28

해설 펌프의 축동력은 원동기가 펌프를 운전하는데 필요한 동력으로서 수동력을 펌프의 전효율로 나눈 값이며 아래와 같이 계산된다.

$$S = \frac{QH\gamma}{1000 \times \eta_t}$$

여기서, S : 측동력 (kW)　Q : 양수량 (m³/s)
H : 전양정 (m)
γ : 물의 단위체적당 무게 (=9810 N/m³)
η_t : 펌프의 전효율

양수량이 20m³/min = 1/3 m³/s 이므로 펌프의 축동력은 아래와 같이 계산된다.

$$S = \frac{\rho g QH}{60,000\eta} = \frac{1000 \times 9.8 \times 20 \times 10}{60,000 \times 0.74}$$

$$= 44 kW$$

여기서, S : 측동력 (kW)　ρ : 유체의 밀도(kg/m³)
g : 중력가속도(m/s²)
Q : 양수량 (m³/min)
H : 전양중(m)　η : 펌프 효율

89 감자 파종기의 종자 공급방식에 해당되지 않는 것은?
① 엘리베이터형 반자동식
② 종자판형 반자동식
③ 피커휠 전자동식
④ 컨베이어식

해설 감자 파종기의 형태에는 엘리베이터형 반자동식, 종자판형 반자동식, 피커휠, 피커휠 전자동식 등이 있다.

90 양수기 펌프가 양수되는 물에 준 이론 동력인 수동력과 펌프의 전 효율을 고려한 축 동력 및 소요 실동력의 크기 순서로 올바른 것은?
① 수동력 < 축동력 < 소요실 동력
② 수동력 < 축동력 > 소요실 동력
③ 수동력 > 축동력 > 소요실 동력
④ 수동력 > 축동력 < 소요실 동력

해설 펌프를 작동시키는 데 필요한 동력원에는 전동기나 엔진이 사용되는데, 동력전달과정에서 손실이 있으므로 펌프를 구동하는 데 필요한 동력, 즉 실제 필요한 소요동력은 펌프의 축동력(shaft power)보다 크며 펌프의 축동력은 실제로 양수된 액체에 가해진 수동력(water power)보다 크다. 수동력은 손실 없이 전양정과 유량으로 양수하는 이상적인 동력이다.

91 동력 분무기를 무리 없이 사용하려면 여수량은 송출량의 몇 % 정도가 적당한가?
① 1 ~ 5% ② 15 ~ 20%
③ 35 ~ 40% ④ 45 ~ 50%

해설 동력분무기를 무리없이 사용하기 위해서는 여수량을 송출량의 20% 정도로 유지하는 것이 좋다.

92 미스트기의 살포방법 중 독성이 높은 약제를 살포할 경우 가장 적합한 작업방법은?
① 전진법 ② 횡보법
③ 후진법 ④ 대각선법

해설 미스트기는 분제나 약제를 살포하는 기계로 바람을 등지고 바람 방향으로 후진하면서 살포하는 것이 가장 안전하고 적합한 작업방법이다.

93 다음 중 동력 살분무기의 리드 밸브 점검으로 가장 양호한 것은?
① 리이드판은 몸체와 적당한 간극이 있어야 한다.
② 리이드판의 끝부분이 15°각으로 굽어야 한다.
③ 리이드판의 끝부분이 45°각으로 굽어야 한다.
④ 리이드판은 몸체와 완전히 밀착되어야 한다.

94 자동 탈곡기의 유효 주속도가 V (m/min), 급동의 회전수는 N(rpm), 급동의 유효지름이 D(m)일 때, 유효 주속도에 대한 관계식은?
① $V = \dfrac{\pi N}{D} (m/min)$
② $V = \pi ND (m/min)$
③ $V = \dfrac{\pi D}{N} (m/min)$
④ $V = \dfrac{N}{\pi D} (m/min)$

95 선별 대상물을 떨어뜨리면서 수평 방향으로 바람을 일으켜주면 비중이 큰 것은 가깝게 떨어지고 비중이 작은 것은 멀리 떨어지는 성질을 이용한 선별기는?
① 공기 선별기
② 중량 선별기
③ 자력 선별기
④ 광학 선별기

해설 공기(기류) 선별기는 곡물과 짚 검불 또는 다른 이물질 사이의 비중과 공기 저항의 차이를 이용하는 것으로 탈곡기나 콤바인에 널리 사용하는 방법이다.

96 습량기준 함수율 15%를 건량 기준 함수율로 환산한 값은?

① 15%   ② 17.6%
③ 20.3%   ④ 27.7%

해설 $\dfrac{15}{85} \times 100\% = 17.6$

97 500kg의 현미를 정미기에 투입하여 460kg의 정백미를 얻었다면, 정백 수율은?

① 90%   ② 92%
③ 95%   ④ 96%

해설 정백수율은 아래 식으로 계산된다.

$$정백수율(\%) = \dfrac{생산된\ 백미의\ 무게}{투입된\ 현미의\ 무게} \times 100$$
$$= \dfrac{460}{550} \times 100 = 92$$

98 다음 정맥기에 관한 설명 중 틀린 것은?

① 맥류는 벼에 비하여 정맥 작용이 어렵다.
② 보리의 도정에는 물을 이용하는 가수 도정법이 있다.
③ 연삭식 정맥기의 경우 금강사 롤러 표면의 경도는 정맥 효율에 큰 영향을 미친다.
④ 정맥실 내의 압력은 입구 유량으로 조절하나 정맥 정도와는 관계가 없다.

해설 보리에서 강층을 제거하는 원리는 현미에서 강층을 제거하는 것과 유사하지만 보리의 강층조직은 현미에 비해 단단하고, 특히 겉보리의 경우 부피가 종피와 밀착되어 있기 때문에 벼와 다른 도정법이 사용되고 있다.
  • 정맥식 도정법으로는 정맥 전에 보리의 표면에 물을 분사하거나 증기를 가하여 강층을 연약하게 한 다음 마찰식 도정을 하는 가수도정법이 있다.
  • 연삭식 정맥기의 금강사롤러의 입도와 경도는 정맥 효율과 밀접한 관계가 있으며 정맥실 내의 압력 및 정맥 정도는 출구저항장치에 의하여 조절된다.

99 다음 중에서 목초로 엔실리지를 만들 때 사용하는 기계는?

① 헤이 레이크
② 포리지 하베스터
③ 헤이 컨디셔너
④ 모워

해설
  • 포리지 하베스터 : 목초로 엔실리지를 만들 때 사용하는 기계
  • 헤이 레이크 : 목초를 집초할 때 사용하는 기계
  • 헤이 컨디셔너 : 목초를 압쇄할 때 사용하는 기계
  • 모워 : 풀을 벨 때 사용하는 기계

100 벨트의 걸이 방법에 관한 사항이다. 틀린 것은?

① 바로 걸이에 있어서는 아래쪽이 항상 인장측이 되게 해야 한다.
② 엇걸이는 바로 걸기의 경우보다 접촉각이 크다.
③ 벨트의 수명은 엇걸기가 길다.
④ 안내차를 두어 벨트가 벗겨지지 않게 할 수 있다.

해설 엇걸기를 하게 되면 풀리와의 접촉각이 넓어지므로 마찰이 커져 수명은 단축된다.

제1회 CBT 실전모의고사 정답

01	②	02	①	03	④	04	②	05	③	06	④	07	②	08	④	09	②	10	④
11	②	12	③	13	④	14	③	15	①	16	②	17	①	18	①	19	③	20	②
21	④	22	②	23	④	24	①	25	①	26	④	27	④	28	②	29	③	30	④
31	④	32	③	33	①	34	③	35	④	36	②	37	①	38	②	39	②	40	③
41	④	42	①	43	②	44	④	45	②	46	①	47	②	48	②	49	③	50	②
51	③	52	③	53	④	54	④	55	④	56	③	57	①	58	①	59	①	60	①
61	②	62	②	63	②	64	②	65	②	66	②	67	③	68	②	69	③	70	②
71	④	72	②	73	①	74	③	75	②	76	②	77	①	78	②	79	④	80	④
81	③	82	④	83	①	84	③	85	②	86	②	87	③	88	②	89	②	90	②
91	④	92	②	93	④	94	②	95	①	96	①	97	①	98	④	99	①	100	②

제2회 CBT 실전모의고사 정답

01	②	02	①	03	④	04	②	05	④	06	①	07	③	08	①	09	②	10	①
11	②	12	①	13	③	14	①	15	④	16	①	17	③	18	①	19	③	20	④
21	②	22	③	23	①	24	③	25	③	26	②	27	①	28	③	29	②	30	②
31	④	32	①	33	③	34	③	35	②	36	④	37	①	38	③	39	①	40	①
41	②	42	①	43	③	44	①	45	③	46	①	47	②	48	④	49	①	50	③
51	③	52	①	53	③	54	③	55	②	56	②	57	③	58	①	59	①	60	①
61	④	62	③	63	②	64	③	65	①	66	②	67	②	68	①	69	③	70	③
71	②	72	①	73	③	74	②	75	③	76	④	77	④	78	①	79	②	80	③
81	③	82	④	83	③	84	④	85	②	86	②	87	②	88	①	89	③	90	④
91	①	92	④	93	④	94	④	95	④	96	①	97	③	98	③	99	①	100	②

제3회 CBT 실전모의고사 정답

01	③	02	④	03	①	04	②	05	①	06	②	07	④	08	③	09	①	10	②
11	④	12	④	13	③	14	③	15	①	16	②	17	②	18	④	19	②	20	④
21	③	22	③	23	②	24	①	25	③	26	④	27	②	28	①	29	④	30	④
31	①	32	③	33	①	34	①	35	③	36	②	37	②	38	②	39	③	40	①
41	③	42	③	43	③	44	①	45	③	46	④	47	③	48	④	49	④	50	④
51	④	52	③	53	①	54	③	55	②	56	②	57	③	58	②	59	③	60	②
61	②	62	③	63	①	64	②	65	②	66	②	67	②	68	①	69	②	70	②
71	①	72	②	73	④	74	②	75	④	76	②	77	②	78	②	79	②	80	②
81	①	82	①	83	②	84	①	85	①	86	④	87	②	88	③	89	②	90	①
91	②	92	②	93	①	94	③	95	②	96	③	97	③	98	①	99	②	100	①

제4회 CBT 실전모의고사 정답

01	④	02	②	03	①	04	①	05	②	06	①	07	③	08	①	09	③	10	①
11	①	12	①	13	②	14	②	15	②	16	②	17	③	18	④	19	①	20	④
21	①	22	②	23	②	24	②	25	③	26	④	27	④	28	②	29	②	30	②
31	②	32	③	33	②	34	①	35	②	36	③	37	①	38	②	39	①	40	④
41	②	42	④	43	④	44	③	45	④	46	①	47	②	48	①	49	②	50	①
51	②	52	④	53	③	54	④	55	①	56	③	57	④	58	②	59	④	60	②
61	②	62	③	63	③	64	④	65	③	66	④	67	③	68	②	69	①	70	①
71	②	72	③	73	①	74	②	75	①	76	①	77	③	78	④	79	④	80	②
81	①	82	③	83	②	84	①	85	④	86	①	87	②	88	①	89	④	90	①
91	①	92	②	93	②	94	③	95	②	96	④	97	④	98	①	99	②	100	④

제5회 CBT 실전모의고사 정답

01	③	02	③	03	④	04	④	05	④	06	④	07	②	08	④	09	①	10	②
11	②	12	②	13	④	14	①	15	④	16	③	17	①	18	②	19	④	20	①
21	④	22	②	23	②	24	①	25	①	26	②	27	④	28	②	29	④	30	②
31	④	32	①	33	②	34	④	35	①	36	④	37	①	38	④	39	③	40	④
41	①	42	①	43	①	44	②	45	②	46	③	47	①	48	①	49	③	50	②
51	②	52	①	53	④	54	②	55	③	56	③	57	③	58	②	59	①	60	①
61	②	62	①	63	①	64	③	65	②	66	②	67	②	68	②	69	③	70	②
71	③	72	③	73	②	74	②	75	②	76	②	77	②	78	③	79	③	80	④
81	③	82	①	83	②	84	③	85	②	86	②	87	②	88	②	89	④	90	①
91	②	92	③	93	④	94	②	95	①	96	②	97	②	98	④	99	②	100	③

 집필진 소개

대표저자 : **강진석** (용인시농업기술센터)
공동저자 : **박영준** (서울대학교 교수)
　　　　　박재성 (부산대학교 교수)
　　　　　조우재 (경상국립대학교 교수)
　　　　　이아영 (농촌진흥청 연구사)
　　　　　남주석 (강원대학교 교수)

농업기계기사

초판 발행 | 2024년 1월 17일
초판2쇄발행 | 2025년 4월 30일

지 은 이 | (사)한국농업기계학회
발 행 인 | 정 옥 자
임프린트 | HJ골든벨타임
등　　록 | 제 3-618호(95. 5. 11)
ISBN | 979-11-91977-31-8
가　　격 | 29,000원

이 책을 만든 사람들

디　자　인 | 조경미, 박은경, 권정숙　　**제 작 진 행** | 최병석
웹매니지먼트 | 안재명, 양대모, 김경희　　**오프마케팅** | 우병춘, 오민석, 이강연
공 급 관 리 | 정복순, 김봉식　　　　　　**회 계 관 리** | 김경아

㉾ 04316 서울특별시 용산구 원효로 245(원효로1가 53-1) 골든벨빌딩 6F
● TEL : 도서 주문 및 발송 02-713-4135 / 회계 경리 02-713-4137
　　　　편집 · 디자인 02-713-7452 / 해외 오퍼 및 광고 02-713-7453
● FAX : 02-718-5510　　● http : // www.gbbook.co.kr　　● E-mail : 7134135@ naver.com

이 책에서 내용의 일부 또는 도해를 다음과 같은 행위자들이 사전 승인없이 인용할 경우에는
저작권법 제93조 「손해배상청구권」 에 적용 받습니다.
① 단순히 공부할 목적으로 부분 또는 전체를 복제하여 사용하는 학생 또는 복사업자
② 공공기관 및 사설교육기관(학원, 인정직업학교), 단체 등에서 영리를 목적으로 복제 · 배포하는 대표, 또는 당해 교육자
③ 디스크 복사 및 기타 정보 재생 시스템을 이용하여 사용하는 자

※ 파본은 구입하신 서점에서 교환해 드립니다.